高等学校“十三五”精品规划教材

建筑力学

主　编　周海龙　李晓丽
主　审　申向东

中国水利水电出版社
www.waterpub.com.cn
·北京·

内 容 提 要

本书是按照教育部高等学校力学教学指导委员会2012年发布的理工科非力学专业力学基础课程教学基本要求编写而成，旨在适应普通高等院校复合型、应用型人才培养的需求和实际。本书是内蒙古农业大学、河南城建学院和内蒙古建筑职业技术学院等多所院校的教师在长期从事建筑力学课程教学、科研及工程实践的基础上编写的，反映了几所高校建筑力学课程的教学经验与成果。

本书共分12章，主要内容包括：绪论、静力学基础、平面力系的合成与平衡、平面体系的几何组成分析、静定结构的内力计算、轴向拉伸与压缩、剪切与扭转、梁的弯曲、结构的位移计算、超静定结构的内力计算、影响线及其应用、压杆稳定。为了便于学习，全书各章均附有小结、复习思考题和习题，在书后附录给出了截面的几何性质、型钢表和部分习题答案。

本书可作为高等学校工程管理、园林、城乡规划、建筑学等非结构专业建筑力学课程的教材，也可作为其他专业及相关工程技术人员的参考用书。

图书在版编目（CIP）数据

建筑力学 / 周海龙，李晓丽主编. -- 北京 : 中国水利水电出版社，2017.7
高等学校“十三五”精品规划教材
ISBN 978-7-5170-5502-0

Ⅰ. ①建… Ⅱ. ①周… ②李… Ⅲ. ①建筑科学－力学－高等学校－教材 Ⅳ. ①TU311

中国版本图书馆CIP数据核字(2017)第205146号

书　名	高等学校“十三五”精品规划教材 **建筑力学** JIANZHU LIXUE
作　者	主　编　周海龙　李晓丽　主　审　申向东
出版发行	中国水利水电出版社 (北京市海淀区玉渊潭南路1号D座　100038) 网址：www.waterpub.com.cn E-mail：sales@waterpub.com.cn 电话：(010) 68367658（营销中心）
经　售	北京科水图书销售中心（零售） 电话：(010) 88383994、63202643、68545874 全国各地新华书店和相关出版物销售网点
排　版	中国水利水电出版社微机排版中心
印　刷	三河市鑫金马印装有限公司
规　格	184mm×260mm　16开本　21.25印张　504千字
版　次	2017年7月第1版　2017年7月第1次印刷
印　数	0001—5000册
定　价	**48.00**元

编 委 会 名 单

主　编　周海龙　李晓丽

副主编　崔燕伟　王　赞　姚占全

参　编　杜留记　张黎明　裴成霞　杨佳洁

主　审　申向东

前　言

建筑力学是工程管理、园林、城乡规划、建筑学等非结构专业的技术基础课。近年来，随着我国高等院校教育改革的不断深入，培养学生的工程意识与创新能力显得尤为重要，在授课学时有限的情况下，掌握建筑力学的基本原理和分析方法就成为建筑力学课程所面临的根本问题。

建筑力学的内容主要包括理论力学中的静力学、材料力学中的主干内容和结构力学的基本内容。为适应建筑力学的教学需求，本书对这三门课程的基本内容按照力学知识的内在联系进行了融合，在理论上力求简明，并结合建筑结构设计的特点深入浅出地介绍了力学原理在建筑结构设计中的应用，兼顾了学生自学的需要，同时也保持了力学思想应用于建筑结构设计中的连贯性，从而达到系统理解与掌握建筑力学基本原理的目的，为后续课程的学习打下良好的力学基础。全书主要讲述了静力学基础，构件的强度、刚度、稳定性问题，静定和超静定结构内力及位移计算，影响线等内容。在编写过程中，注重从认识规律出发，打破三大力学课程之间的壁垒，清除课程之间一些重复内容，弱化一些原理和公式的推导，重点突出基本概念、基本原理和基本方法，促使学生建立起一套完整的建筑力学知识框架体系。

参加本书编写的有内蒙古农业大学周海龙（第 5 章）、李晓丽（第 2、3 章）、姚占全（第 12 章、附录Ⅰ、附录Ⅱ）、裴成霞（第 8 章）；河南城建学院崔燕伟（第 1、10 章）、杜留记（第 7 章）、张黎明（第 6 章）；内蒙古建筑职业技术学院王赞（第 9、11 章）、内蒙古工程学校杨佳洁（第 4 章，附录Ⅲ）。全书由周海龙、李晓丽担任主编，由崔燕伟、王赞、姚占全担任副主编，最后由周海龙完成统稿和定稿工作。本书由内蒙古农业大学申向东教授担任主审，内蒙古建筑勘察设计研究院有限责任公司褚隆也为本书的编写提出了很多宝贵意见，在此表示感谢。

本书是内蒙古农业大学2016年度立项规划资助的教材，得到了学校教材出版基金的资助，在此致谢。同时，中国水利水电出版社编辑也为本书的编辑与出版提供了帮助，在此表示感谢。

最后编者虽尽全力，反复修改，但限于水平有限，不足之处在所难免，恳请读者朋友批评指正。

编者

2017年4月

目录

第1章 绪　论

1.1 建筑力学的研究对象和任务

建筑的主要作用是提供一个内部或外部的空间，建筑结构是使这一空间得以实现的重要保证。建筑结构的主要作用是承受荷载和传递荷载，合理的建筑结构设计应当是在满足安全性的基础上，最大限度地节省材料。**建筑力学**是研究各种建筑结构或构件在荷载作用下的平衡条件以及承载能力的科学。

1.1.1 建筑力学的研究对象

建筑力学的研究对象是各种各样的建筑物和构筑物。

建筑物中承受荷载而起骨架作用的部分称为**结构**，组成结构的每一个部分称为**构件**。结构和构件承受的荷载有其自重、风荷载、人群荷载、雪荷载、吊车压力等，同时，还承受其他因素的影响，如温度变化、支座沉降、地震作用等。

建筑结构由水平构件、竖向构件和基础组成。水平构件包括梁、板等，用以承受竖向荷载；竖向构件包括柱、墙等，其作用是支撑水平构件或承受水平荷载；基础的作用是将建筑物承受的荷载传至地基。人们在日常生活中常见桥梁的桥墩、桥跨、水坝也属于结构。有了结构，建筑物与构筑物就可以抵抗自然界与人为的各种作用。因此，结构必须是安全的。

图1-1为多层民用建筑结构，其一般由楼板、梁、柱、基础等构件组成。图1-2为单层工业厂房，其结构一般由屋面板、连系梁、屋架、吊车梁、柱、基础等构件组成。

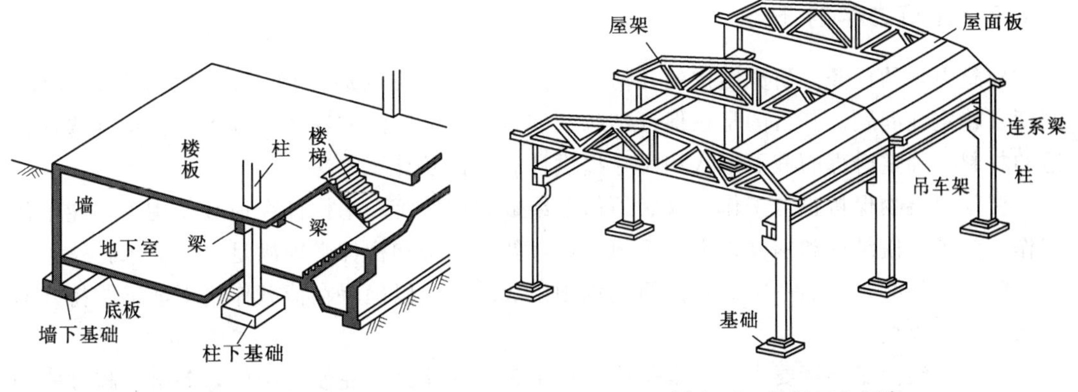

图1-1　多层民用建筑结构　　　　图1-2　单层工业厂房

结构的类型很多，按照结构构件的形状和几何尺寸，可以将结构分为杆系结构、板壳结构和实体结构三类。

杆系结构是由若干根杆件相互连接而成。杆件的几何特征是细而长的长条形，长度远大于其他两个尺度（横截面的长度和宽度）。杆又可分为直杆和曲杆，如图 1－3（a）所示。

板壳结构又称薄壁结构，是指其厚度远小于其他两个尺度（长度和宽度），薄壁结构的几何特征是宽而薄。中面为平面形状的称为板，中面为曲面形状称为壳，如图 1－3（b）所示。

实体结构是指长、宽、高 3 个尺度大体相近，内部大多为实体，如图 1－3（c）所示的挡土墙。

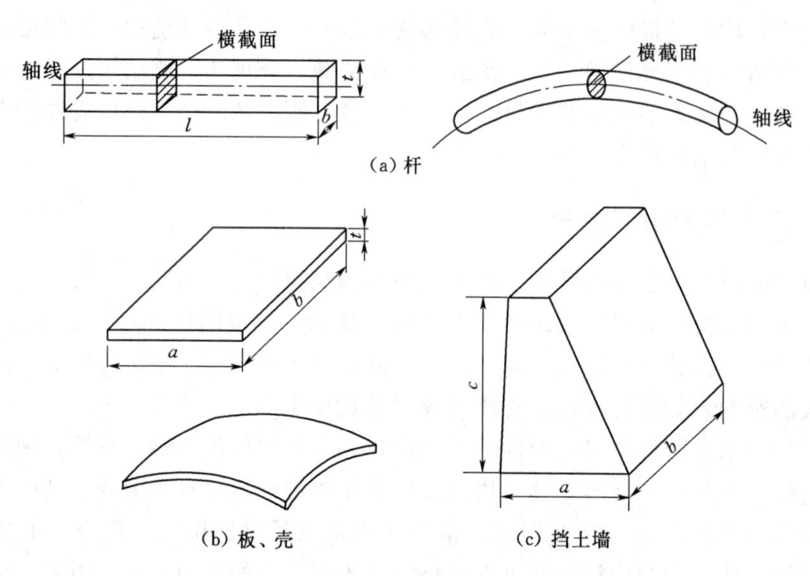

图 1－3 结构的分类

上述三类结构中，建筑力学的研究对象主要是杆系结构，而板壳结构和实体结构则由弹性力学来研究。

1.1.2 建筑力学的任务

建筑力学的任务是研究结构的几何组成规则，以及在荷载作用下结构或构件的强度、刚度、稳定性问题。其目的是在保证结构既安全可靠又经济节约的前提下，为构件选择合适的材料、确定合理的截面形状和尺寸提供计算理论及计算方法。

要使建筑物保持正常工作，就必须保证组成它们的每一个构件在荷载作用下都能正常工作。为了能使结构和构件正常安全地工作，要求结构和构件必须满足以下要求：

（1）构件必须按照一定的几何组成规则组成结构，以确保在荷载作用下能够维持几何形状不发生改变。

（2）必须满足强度要求。**强度**是构件抵抗破坏的能力。在使用期内，务必使构件安全可靠，不发生破坏，具有足够的承载能力。

（3）必须满足刚度要求。**刚度**是结构或构件抵抗变形的能力。在使用期内，务必使结构或构件不发生影响正常使用的变形。

(4) 必须满足稳定性要求。**稳定性**是结构或构件保持原有平衡形态的能力。在使用期内，务必使结构或构件平衡形态保持稳定。

从古代的洞穴建筑到现代的高层、超高层建筑，经历了成百上千年的演变，从中人们不断地积累了丰富的实际经验和理论方法，这种经验和理论方法可以指导我们能够在以后的土木建筑中更好、更快、更安全的发展。建筑力学就是人们从实际经验中提炼出来，又可以指导人们日常工作的一门理论基础科学，可以说，建筑力学是建筑工程中最基础，最具理论指导意义的科学，为后续课程的开展提供了必需的理论基础知识。

1.2 结构的计算简图

1.2.1 结构的计算简图

结构的计算简图是指在结构计算中，用以代替实际结构，并反映实际结构主要受力和变形特点的计算模型。其简化原则为略去次要因素，便于分析和计算，尽可能反映实际结构的主要受力特征。

1.2.2 结构简化的内容

1. 结构体系的简化

一般结构实际上都是空间结构，各部分相互连接成为一个空间整体，以承受各个方向可能出现的荷载。但多数情况下，常常可以忽略一些次要的空间约束而将实际结构分解为平面结构，使计算得以简化。本书主要讨论平面结构的计算问题。

2. 杆件的简化

用杆轴线代替杆件。如梁、柱等构件的纵轴线为直线，就用相应的直线表示；拱、曲杆等构件的纵轴线为曲线，则用相应的曲线来表示。

3. 结点的简化

结构中两个或两个以上的杆件共同连接处称为结点。根据结点的实际构造，通常简化为铰结点、刚结点和组合结点三种类型。

(1) 铰结点。铰结点的特征是约束杆端的相对线位移，但铰结点处各杆端可以相对转动，各杆间的夹角受荷载作用后发生改变，因此，铰结点不能承受和传递力矩。如图1-4 (a) 为一木屋架端结点，可简化为图 1-4 (b) 所示简化形式。

(2) 刚结点。刚结点的特征是约束结点处各杆端的相对线位移和相对转角，各杆间的夹角受荷载作用前后保持不变，因此，刚结点可以承受和传递力矩。如图 1-5 (a) 为一现浇钢筋混凝土梁柱结点，可简化为图 1-5 (b) 所示简化形式。

(3) 组合结点。若在同一结点处，某些杆间相互刚接，而另一些杆间相互铰接，则称为组合结点。例如，在图 1-6 中 E 结点则为组合结点。组合结点 E 由 FE、DE、BE 三杆在该结点相连，其中 FE 和 BE 两杆是刚性连接，DE 杆与 FE、BE 杆则由铰连接。组合结点处的铰又称为不完全铰。

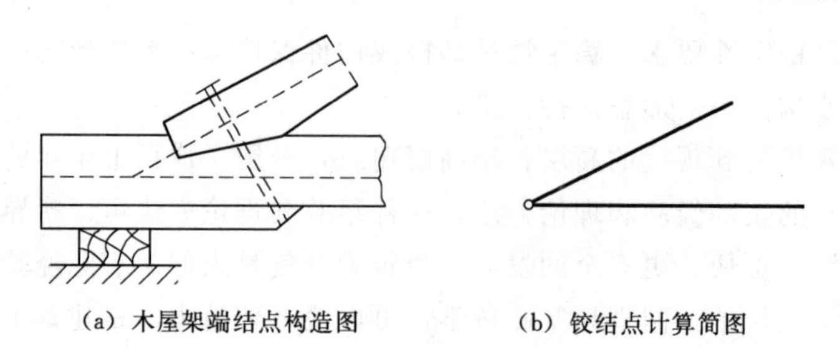

(a) 木屋架端结点构造图 (b) 铰结点计算简图

图1-4 木屋架结点

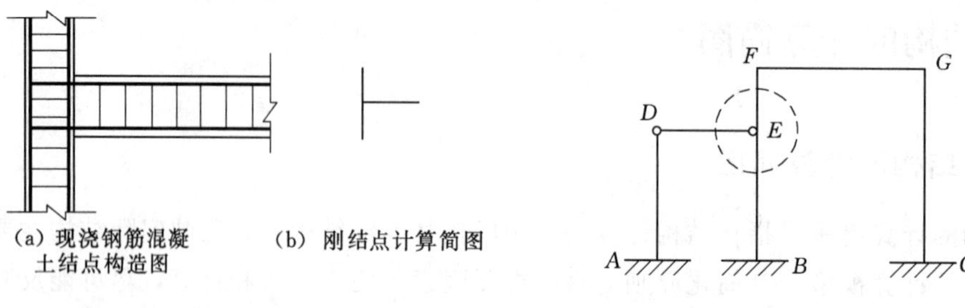

(a) 现浇钢筋混凝土结点构造图 (b) 刚结点计算简图

图1-5 现浇钢筋混凝土结点

图1-6 组合结点示例

4. 支座的简化

结构与基础相连接起来的装置称为支座，可分为固定铰支座［图1-7（a）和图1-7（b）］、活动铰支座［图1-7（d）］、固定支座［图1-7（c）］、定向支座［图1-7（e）］四种类型。

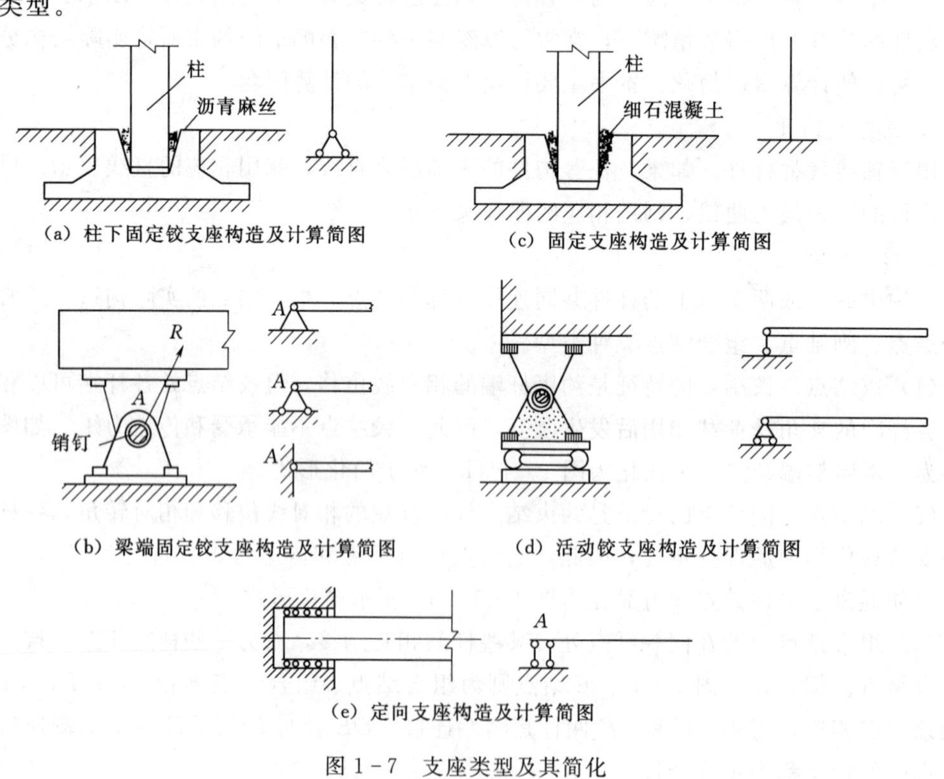

(a) 柱下固定铰支座构造及计算简图 (c) 固定支座构造及计算简图

(b) 梁端固定铰支座构造及计算简图 (d) 活动铰支座构造及计算简图

(e) 定向支座构造及计算简图

图1-7 支座类型及其简化

1.2.3 示例

【例 1-1】 图 1-8（a）所示为钢筋混凝土单层厂房结构，梁与柱都是预制的。柱子下端插入基础的杯口内，然后用细石混凝土填实。屋架与柱是通过梁端和柱顶的预埋钢板进行焊接连接。在横向平面内柱与屋架组成排架。在每个排架之间，在屋架上有屋面板连接，在柱的牛腿上有吊车梁连接。试确定其计算简图。

解：（1）结构体系的简化。从整体上看，该厂房是一个空间结构。但从其荷载传递来看，屋面荷载和吊车轮压都主要通过屋面板和吊车梁等构件传递到一个个的横向排架上，故在选择计算简图时，可以略去排架之间纵向联系的作用，而把这样的空间结构简化为一系列的平面排架来分析，如图 1-8（b）所示。

（2）屋架的计算简图。屋架承受屋面板传来的竖向荷载的作用，荷载大小按柱间中线之间所围的面积计算。屋架的计算简图如图 1-8（c）所示。这里采用了以下的简化：

1）屋架杆件用其轴线表示。

2）屋架杆件之间的连接简化为铰结点。

3）屋架的两端通过预埋件与柱顶焊接，可简化为一个固定铰支座和一个活动铰支座。

4）屋架荷载通过屋面板的四个角点以集中力的形式作用在屋架的上弦杆上。

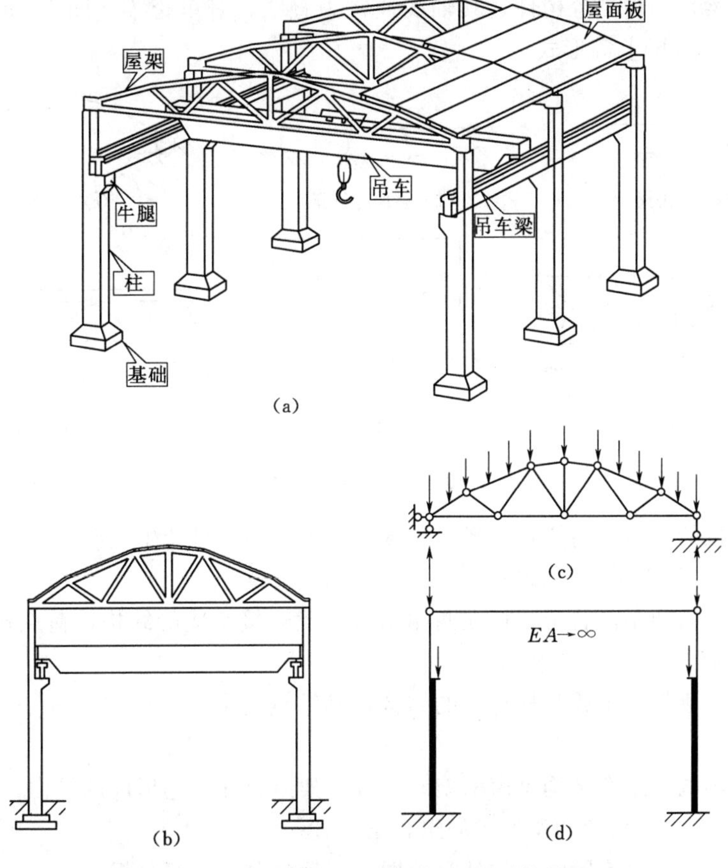

图 1-8 钢筋混凝土厂房结构及其计算简图

（3）排架的计算简图。竖向荷载作用下，排架柱的计算简图如图1-8（d）所示。这里采用了以下的简化：

1）柱用其轴线表示。由于上下两段柱的截面大小不同，因此，应分别用一条通过各自截面形心的连线来表示。

2）屋架以一链杆代替。由于屋架的刚度很大，相应变形很小，因此，认为两柱顶之间的距离在受荷载前后没有变化，即可用 $EA=\infty$ 的一根链杆代替该屋架。

3）柱插入基础后，用细石混凝土填实，柱基础视为固定支座。

4）排架柱除承受屋架传来的压力外，还承受牛腿上吊车梁传来的吊车荷载作用。

在建筑力学中，以计算简图作为力学计算的主要对象。

1.3 平面杆系结构的分类

由1.2节可知，建筑力学研究的对象并不是实际的建筑结构，而是代表实际结构的计算简图。因此，结构的分类，也就是指按计算简图的分类。按照空间特征，杆系结构可分为平面杆系结构和空间杆系结构。本书仅研究和讨论平面杆系结构，其常见的形式有下列几种。

（1）**梁**。梁是一种受弯构件，其轴线通常为直线，有单跨梁［图1-9（a）］和多跨连续梁［图1-9（b）］等形式。

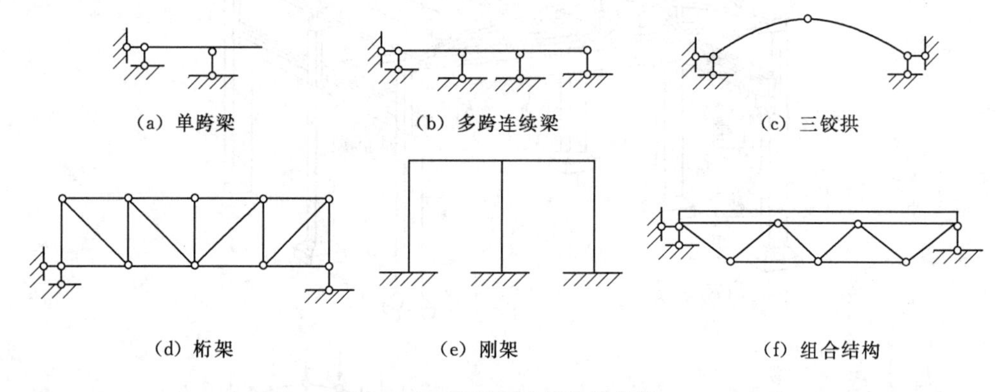

图1-9 平面杆系结构的分类

（2）**拱**。拱的轴线是曲线，在竖向荷载作用下，不仅可产生竖向反力，还会产生水平反力。图1-9（c）为静定三铰拱。

（3）**桁架**。桁架是由若干直杆在两端用铰结点连接组成的结构，荷载作用于结点上。图1-9（d）为常见的平行弦桁架。

（4）**刚架**。刚架是由梁和柱组成的结构，其结点通常为刚结点。图1-9（e）为单层双跨门型刚架。

（5）**组合结构**。组合结构是由桁架和梁或刚架组合在一起形成的结构，其中含有组合结点。图1-9（f）为桁架和梁形成的组合结构。

上述几种结构都是实际结构的计算简图，以后将分别进行分析。

1.4 荷载的分类

建筑物在施工过程及建成后的使用过程中，均受到各种各样的作用，使建筑物整体或局部发生变形、位移甚至破坏。工程中，对引起建筑物变形、位移甚至破坏的作用均称为荷载。工程中，作用在结构上的荷载是多种多样的，可从不同的角度进行分类。

（1）按荷载作用时间的长短，可分为**恒载**和**活载**。

恒载是指永久作用在结构上不变的荷载，即在结构建成以后，其大小和位置都不再发生变化。如结构的自重、土压力、固定于结构上的设备重量等。

活载是指在施工和建成后使用期间可能作用在结构上的可变荷载。如风荷载、雪荷载、人群、移动的汽车和吊车荷载等。

（2）按荷载作用在结构上的性质，可分为**静载**和**动载**。

静载是指荷载的大小、方向和位置不随时间发生变化或变化非常缓慢，不使结构产生显著的加速度，从而可以忽略惯性力的影响。如结构自重、住宅与办公楼的楼面活荷载、雪荷载等。

动载是指荷载随时间迅速变化或在短时间内突然作用或消失，使结构产生显著的加速度，不能忽略惯性力的影响。如地震作用、吊车设备振动、高空坠物冲击作用等。

（3）按荷载作用在结构上的分布情况，可分为**集中荷载**和**分布荷载**。

集中荷载是指作用在结构上的荷载，当作用面积远小于结构的尺寸时，则可认为此荷载分布范围很小，近似地认为作用在一点的荷载。当在建筑物原有的楼面或屋面承受一定重量的柱子，放置或悬挂较重物品（如洗衣机、冰箱、空调机、吊灯等）时，其作用面积很小，可简化为作用于某一点的集中荷载。其单位一般用 N 或 kN 来表示。

分布荷载是指连续分布在结构上的荷载。分布荷载又可分为均布荷载（面均布荷载和线均布荷载）和非均布荷载（如三角形和梯形分布等）。沿平面或曲面分布的荷载称为面均布荷载（单位：kN/m^2），建筑物楼面或墙面上分布的荷载，如铺设的木地板、地砖、花岗石、大理石面层等重量引起的荷载即为面均布荷载；沿直线或曲线分布的荷载称为线均布荷载（单位为 kN/m），建筑物原有的楼面或层面上的各种面荷载传到梁上或条形基础上时可简化为单位长度上的分布荷载即为线均布荷载。荷载连续作用，但大小各处不相同，称为非均布荷载。

（4）按荷载作用位置是否变化，可分为**固定荷载**和**移动荷载**。

固定荷载可认为荷载在结构上的作用位置是固定的，如恒载、雪荷载和风荷载等。

移动荷载指荷载在结构上的作用位置是移动的，最典型的是行列荷载，即一系列相互平行、彼此间距保持不变且能在结构上移动的荷载，如吊车荷载、车辆荷载等。

1.5 杆件变形的基本形式

工程中的杆件所受的外力是多种多样的，其变形也是多种多样的，而杆件的基本变形形式只有以下四种。

1.5.1　轴向拉伸或轴向压缩

受力：由大小相等、方向相反、作用线与杆件轴线重合的一对轴向外力的作用。

变形：杆件长度发生伸长［图1-10（a）］或缩短［图1-10（b）］。

1.5.2　剪切

受力：由大小相等、方向相反、作用线相距很近的横向外力作用。

变形：受剪杆件的两部分沿外力作用方向发生相对错动，如图1-10（c）所示。

1.5.3　扭转

受力：由大小相等、转向相反，作用平面与杆件轴线垂直的外力偶作用。

变形：表现为杆件的任意两个横截面发生绕杆轴线的相对转动，如图1-10（d）所示。

1.5.4　弯曲

受力：由大小相等、转向相反，作用在纵向平面内的外力偶作用。

变形：表现为杆件轴线由直线变为曲线，如图1-10（e）所示。

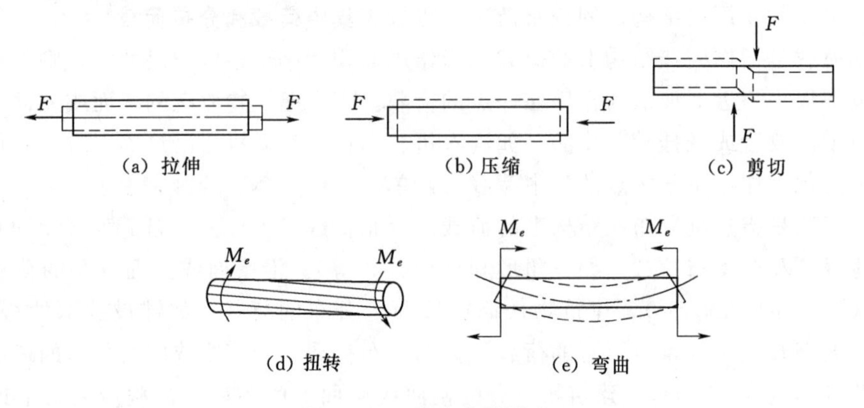

图1-10　基本变形形式

工程中还有一些杆件同时发生以上几种基本变形，称为**组合变形**。

1.6　刚体、变形固体及其基本假设

构件与结构可统称为物体。在建筑力学中通常将物体抽象化为刚体、变形固体两种理想计算模型。

1.6.1　刚体

刚体就是指在受力情况下保持其几何形状和尺寸不变的物体，亦即受力后任意两点之间的距离保持不变的物体。显然，这只是一个理想化的模型，实际上并不存在这样的物

体。这种抽象简化的方法，虽然在研究许多问题时是必要的，而且也是许可的，但它是有条件的。当变形因素对求解构件及结构平衡问题和内力问题影响甚微时，可以采用刚体模型；当研究物体在受力情况下的变形或破坏时，即使变形很小，也必须考虑物体的变形情况，即把物体视为变形体而不能再看作刚体。

1.6.2 变形固体

自然界中的任何物体在外力作用下，都会产生或大或小的变形。由于固体的可变形性质，所以又将固体称为**变形固体**。严格地讲，自然界中的一切固体均属变形固体。固体有多方面的属性，研究的角度不同，侧重面各不相同。研究构件的强度、刚度和稳定性时，需要研究构件在外力作用下的内效应，即内力、应力、变形等，此时，不能将物体视为刚体，而应视为变形固体。在进行理论分析时，为使问题得到简化，通常需略去一些次要因素，对变形固体材料的性质作如下基本假设。

（1）**连续性假设**：认为组成固体的物质毫无空隙地充满了固体的体积。空隙与构件的尺寸相比极其微小，可以不计，认为固体在其整个体积内是连续的。

（2）**均匀性假设**：认为从物体内部任意一点取出的体积单元，其力学性能可以代表整个物体的力学性能。这样，在研究构件时，可取构件内任意的微小部分作为研究对象。

（3）**各向同性假设**：认为材料沿各个方向的力学性能是完全相同的，即物体的力学性能不随方向的改变而改变。从不同的方向对这类材料进行理论分析可得到相同的结论。

有些材料沿不同方向表现出的力学性能是不同的，如木材、复合材料，这种材料称为各向异性材料。本书主要研究各向同性材料。

按照连续、均匀、各向同性假设而理想化了的变形固体称为**理想变形固体**。采用理想变形固体模型不但使理论分析和计算得到简化，而且计算所得的结果，在大多数情况下都能满足精度要求。

构件在外力作用的同时将发生变形。当外力较小时，大多数材料的变形在撤除外力后均可恢复。但当外力较大时，在撤除外力后只能部分地复原而残留一部分变形不能消失。在撤除外力后能完全消失的变形称为**弹性变形**，不能消失而残留下来的变形称为**塑性变形**。

在多数工程问题中，要求构件只发生弹性变形，也有些工程问题允许构件发生塑性变形。本书仅局限于研究弹性变形范围内的问题。

工程中大多数构件在荷载作用下，弹性变形与构件本身的尺寸相比都很小，称这类变形为**“小变形”**。由于变形很小，所以在研究构件的平衡、稳定等问题时，可忽略其变形，采用构件变形前的原始尺寸进行计算，从而使计算大为简化。

综上所述，当对构件进行强度、刚度、稳定性等力学方面的研究时，可把构件材料看作连续、均匀、各向同性、在弹性范围内工作的可变形固体。

本 章 小 结

本章主要讨论了建筑力学的研究对象和任务，结构的计算简图，结构和杆系结构的分类，荷载的分类，构件变形的基本形式和刚体及变形固体基本假设。

建筑力学的研究对象主要是杆系结构；建筑力学的任务是研究结构的几何组成规则，以及在荷载作用下结构或构件的强度、刚度、稳定性问题。

结构的计算简图是实际结构简化后的计算模型。选取结构计算简图是进行构件力学计算工作的前提和基础。要了解结构的计算简图的选择原则以及支座和结点的典型计算简图。

结构按其几何特征分为杆系结构、板壳结构和实体结构，杆系结构是应用最广泛的一种结构。平面杆系结构主要包括梁、拱、刚架、桁架和组合结构五种主要形式。

荷载是作用在结构上的主动力，可分为恒载和活载；静载和动载；集中荷载和分布荷载；固定荷载和移动荷载。

杆件有四种基本变形形式：轴向拉伸或轴向压缩、剪切、扭转和弯曲。任何复杂的变形都可以分解为这几种基本变形的组合。

建筑力学中存在两种模型：刚体模型和变形固体模型。在研究平衡问题和采用截面法求解内力问题时，应用刚体模型。在研究杆件的强度、刚度、稳定性问题时，假设材料符合连续性、均匀性、各向同性、线弹性假设，是理想的弹性体，并且杆件的变形是微小的。

第2章　静力学基础

静力学主要研究作用于物体上力系的平衡。

“力系”是指同时作用在同一物体上一群力的总称。

“平衡”是指物体机械运动的一种特殊状态，即物体相对于惯性参考系保持静止或做匀速直线运动的状态。在实际工程问题中，一般是把地球取作惯性参考系，因而通常所说的平衡状态，就是指物体相对于地球处于静止或匀速直线运动的状态。

如果一个物体在某个力系作用下处于平衡状态，则称该力系为平衡力系。一个平衡力系，其中各个力之间应该满足一定的条件，正是这种条件使力系成为平衡力系。使一个力系成为平衡力系的条件称为力系的平衡条件。

在静力学中，我们将主要研究以下3个方面的问题：

(1) 物体的受力分析。分析某个物体所受各力的大小、方向和作用位置。

(2) 力系的简化。力系的简化就是用一个简单的力系来等效地替换一个复杂的力系，表现出不同力系的共同本质，明确力系对物体作用的总效果。

(3) 建立各种力系的平衡条件。力系的平衡条件是进行静力学计算的基础。

利用力系的平衡条件，可以求出力系中的未知量，为工程结构（构件）和机械零件的设计提供依据。因而，静力学在工程中有着最广泛的应用。本章将主要解决第一个方面的问题，下一章将解决第二个与第三个方面的问题。

2.1　力、力矩、力偶

2.1.1　力

对**力**的认识是人们在长期的生活和生产实践中从感性到理性逐步形成得。力是物体间相互的机械作用，这种作用使物体的机械运动状态发生变化，包括变形。力对物体作用的效应一般可分为两个方面：①改变了物体的运动状态；②改变了物体的形状。前者称为力的外效应或运动效应，后者称为力的内效应或变形效应。

力的作用方式有两种：①通过物体之间的直接接触发生作用，如用手推小车，两物体直接发生碰撞等；②通过场的形式发生作用，如地球以重力场使物体受到重力的作用，磁场产生的磁力等。

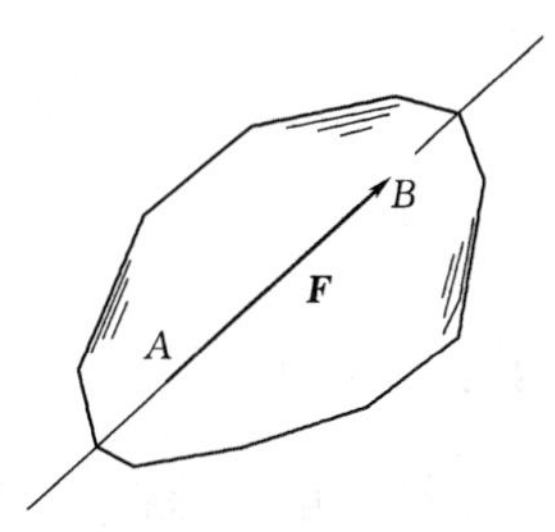

图2-1　力矢量

实践表明，力对物体的作用效果决定于3个要素：力的大小、力的方向和力的作用点。由此可见，力是矢量，如图2-1所示，物体在A点受到力$\boldsymbol{F}$的作用。矢量的长度表示力的大小

（按一定的比例尺），矢量的方位和箭头的指向表示力的方向。矢量的起点或终点表示力的作用点，而与矢量重合的直线表示力的作用线。

本书中用黑体字母 $\boldsymbol{F}$ 表示力矢量，而用普通字母 F 表示力的大小。

在国际单位制中，力的度量单位是牛顿（N），工程实际中常采用千牛顿（kN）。

2.1.2　力对点的矩

如图 2-2 所示，在力 $\boldsymbol{F}$ 所在的平面内，力 $\boldsymbol{F}$ 对平面内任意点 O 的矩定义为：力 $\boldsymbol{F}$ 的大小与矩心点 O 到力 $\boldsymbol{F}$ 的作用线的距离 h（称为力臂）的乘积，简称**力矩**，用 $M_O(\boldsymbol{F})$ 表示，即

$$M_O(\boldsymbol{F}) = \pm Fh \tag{2-1}$$

式中的正负号表示力矩的转向。在平面内规定：力使物体绕矩心逆时针转动时，力矩为正；力使物体绕矩心顺时针转动时，力矩为负。因此，力矩是个代数量，单位为 N·m 或 kN·m。

特殊情况：

（1）当 $M_O(\boldsymbol{F})=0$ 时，力的作用线通过矩心，力臂 $h=0$ 或 $F=0$。

（2）当力臂 h 为常量时，$M_O(\boldsymbol{F})$ 值为常数，即力 $\boldsymbol{F}$ 沿其作用线滑动，对同一点的矩为常数。

应当指出，力对点之矩与矩心的位置有关，计算力对点的矩时应指出矩心点。

合力矩定理：平面汇交力系的合力对力系所在平面内任一点的矩等于力系中各力对同一点矩的代数和。即

$$M_O(\boldsymbol{F}_{\mathrm{R}}) = \sum_{i=1}^{n} M_O(\boldsymbol{F}_i) \tag{2-2}$$

根据此定理，有时可以给力矩的计算带来较大的方便。如图 2-3 所示，将力 $\boldsymbol{F}$ 沿坐标轴分解得分力 $\boldsymbol{F}_x$、$\boldsymbol{F}_y$，于是就得到力对点 O 之矩的解析表达式为

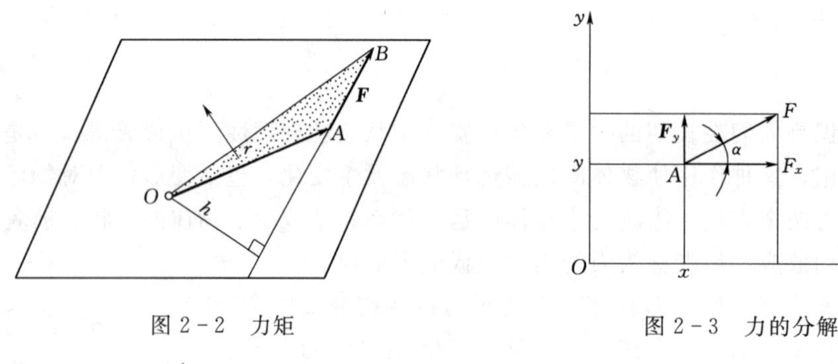

图 2-2　力矩　　　　图 2-3　力的分解

$$M_O(\boldsymbol{F}) = M_O(\boldsymbol{F}_x) + M_O(\boldsymbol{F}_y) = xF_y - yF_x \tag{2-3}$$

2.1.3　力偶

力偶是由一对等值、反向、不共线的平行力组成的特殊力系。它对物体的作用效果是使物体转动。为了度量力偶使物体转动的效果，可以考虑力偶中的两个力对物体内某点的

矩的代数和，这就引出了力偶矩的概念。

力偶中的两个力对其作用面内某点的矩的代数和，称为该力偶的力偶矩，记为 $M(\boldsymbol{F}, \boldsymbol{F}')$，简记为 M。

图 2-4 中，力 $\boldsymbol{F}$ 与 $\boldsymbol{F}'$ 组成一个力偶，两力之间的距离 d 称为力偶臂。在力偶作用面内任选一点 O，设点 O 到力 $\boldsymbol{F}'$ 的距离为 a，按定义，该力偶的力偶矩 $M(\boldsymbol{F}, \boldsymbol{F}')$ 为

$$M(\boldsymbol{F},\boldsymbol{F}')=F(d+a)-Fa=Fd$$

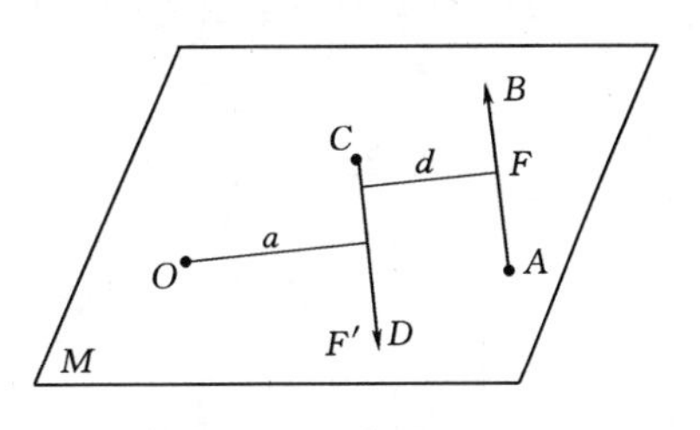

图 2-4 力偶矩

由上述计算知，力偶矩与点 O 的位置无关，即力偶对平面内任意一点的矩都等于力与力偶臂的乘积，并按逆时针为正，反之为负的原则冠以正负号。

力偶矩与矩心位置无关，这是力偶矩区别于力对点的矩的一个重要特性。正是由于这一点，写力偶矩时不必写明矩心，只写作 $M(\boldsymbol{F}, \boldsymbol{F}')$ 或 M 即可，于是有

$$M(\boldsymbol{F},\boldsymbol{F}')=\pm Fd \tag{2-4}$$

力偶中两个力在任意轴上的投影代数和总为零，这也是力偶所特有的性质。

由此还可推知：力偶不能与单个力等效，也不能与单个力相平衡，因此，力和力偶是力系中的两个基本要素。

根据力偶的特性，可以得到一个重要的结论，即同平面内力偶的等效定理：同一平面内的两个力偶等效的唯一条件是其力偶矩相等。

该结论等价于下列事实：

（1）力偶矩是力偶作用效果的唯一度量。

（2）在力偶矩不变的前提下，可以在作用面内任意移动和转动力偶。

（3）在力偶矩不变的前提下，可以同时改变力偶中力的大小和力偶臂的长短。

2.2 约束与约束力

作用在物体上的力大致可分为两大类：主动力和约束力。

运动受到约束的物体，简称为被约束体。限制被约束体运动的周围物体称为**约束**。约束施加于被约束物体上的力称为**约束力**。约束限制被约束体的运动（位移），是因为被约束体在给约束一个作用力时，约束对被约束体也施加了一个反作用力。约束对被约束体的反作用力称为约束反力，简称反力。显然约束反力的方向应当与它所能限制的被约束体的运动方向相反。这是确定约束反力方向的基本原则。

约束力以外的力均称为主动力或荷载。重力、风力、水压力、弹簧力、电磁力等均属于荷载。

约束的类型不同，限制物体运动的方式也不同，约束反力的类型也不相同。工程中约束物体多种多样，必须对约束物体进行抽象简化，得到合理准确的力学模型。下面介绍在工程中常见的几种约束类型，并分析其约束反力的特性。

2.2.1　柔索约束

缆索、链条、皮带等统称为柔索。由于这些物体只能承受拉力，故这种约束的特点是其所产生的约束力沿柔索方向，且只能是拉力，不能是压力，如图2-5所示。

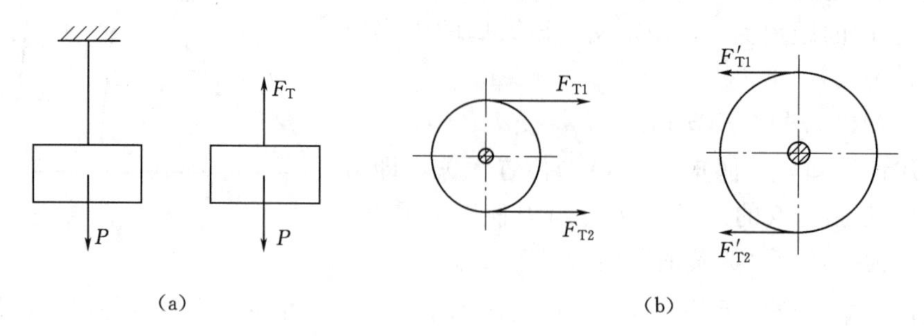

图2-5　柔索约束

2.2.2　光滑面约束

光滑面约束是由两个物体光滑接触所构成。两个物体的接触面处光滑无摩擦时，约束物体只能限制被约束物体沿二者接触面公法线方向的运动，而不限制沿接触面切线方向的运动。因此，光滑面约束的约束力只能沿着接触面的公法线方向，并指向被约束物体，故称为法向反力。图2-6（a）所示光滑路面对滚子的约束。图2-6（b）所示的直杆放在斜槽中，在A、B、C处受到槽的约束，此时可将尖端支撑处看作小圆弧与直线相切，则约束反力仍然是法向反力。

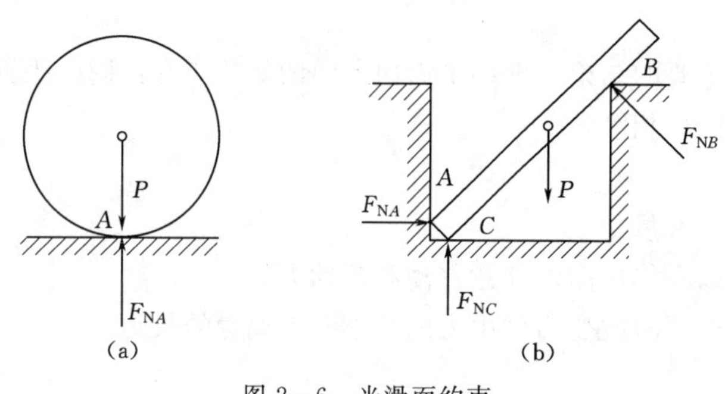

图2-6　光滑面约束

桥梁、屋架结构中采用的辊轴支承［图2-7（a）］也是一种光滑面约束。采用这种支承结构，主要是考虑到由于温度的改变，桥梁长度会有一定量的伸长或缩短，为使这种伸缩自由，辊轴可以沿伸缩方向作微小滚动；当不考虑辊轴与接触面之间的摩擦时，辊轴支承实际上是光滑面约束。其简图和约束力方向如图2-7（b）或图2-7（c）所示。

需要指出的是，某些工程结构中的辊轴支承，可限制被约束物体沿接触面公法线两个方向的运动。因此，约束力F_N垂直于接触面，可能指向被约束物体，也可能背离被约束物体。

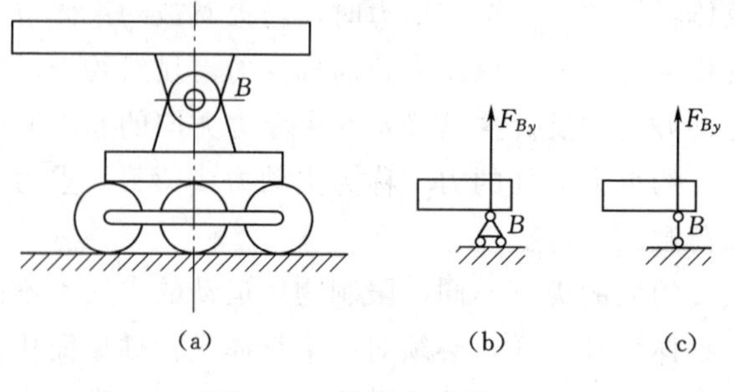

图2-7　辊轴支承约束

2.2.3 光滑圆柱铰链约束

只能限制两个物体之间的相对移动、而不能限制其相对转动的连接，称为铰链约束。若忽略摩擦影响，则称为光滑铰链约束。

光滑圆柱铰链又称为柱铰，或者简称为铰链。如图 2-8（a）所示，在 A、B 两物体上各钻出直径相同的圆孔，并用相同直径的圆柱形销钉插入孔内，所形成的连接称为圆柱形铰链约束。这时两个相连的构件互为约束与被约束物体，这种约束只能限制被约束的两物体在垂直于销钉轴平面内的相对移动，而不能限制被约束物体绕销钉轴的转动，由于被约束物体的钉孔表面和销钉表面均不考虑摩擦，故销钉与物体钉孔间的约束实质为光滑面约束。约束反力 F_N 应通过接触点 K 沿公法线方向通过销钉中心指向构件，如图 2-8（b）所示。但实际上预先很难确定接触点 K 的位置，因此，反力 F_N 的方向无法确定。为克服这一困难，通常用一对互相垂直的分力 F_x 与 F_y 表示约束反力 F_N，待根据平衡条件计算出 F_x 与 F_y 的大小后，再根据需要，用平行四边形规则求得合力 F_N 的大小和方向，如图 2-8（c）所示。

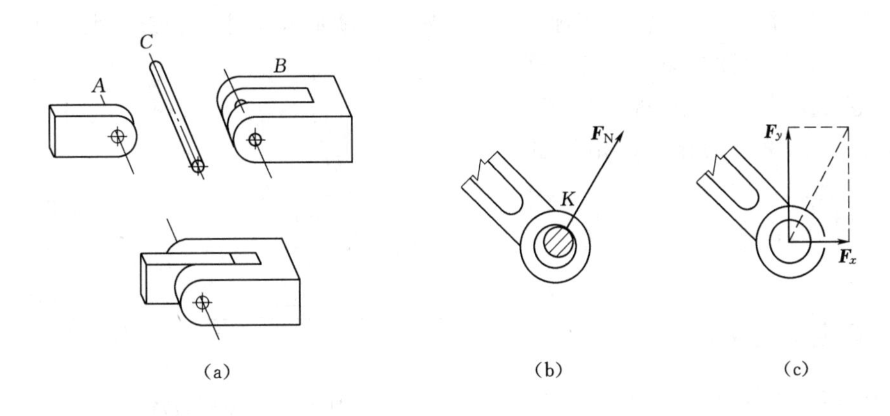

图 2-8 光滑圆柱铰链约束

由于这种铰链限制构件在垂直于销钉的平面内相对移动，故也称为平面铰链。这种约束在工程上有广泛应用，见如下的例子：

（1）**固定铰支座**。用以将构件和基础连接，桥梁的一端与桥墩连接时常采用这种约束，如图 2-9（a）所示，其力学计算简图及约束反力如图 2-9（b）和图 2-9（c）所示。

（2）**向心滚动轴承**。如轴颈处轴承，其约束特点与固定铰支座相似，作用线通过轴心且在与轴垂直的平面上，方向待定，通常用相互垂直的两个分力 F_x 与 F_y 表示，如图 2-10 所示。

（3）**连接铰链**。用来连接两个可以相对转动但不能移动的构件。如曲柄连

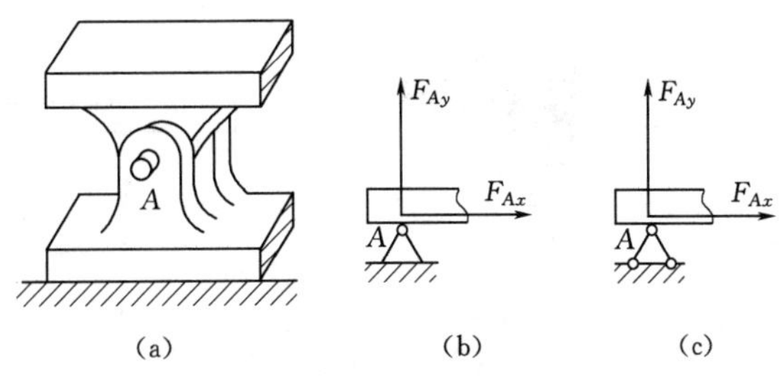

图 2-9 固定铰支座

杆机构中曲柄与连杆、连杆与滑块的连接。通常在两个构件连接处用一小圆圈表示铰链，如图 2－11 所示。

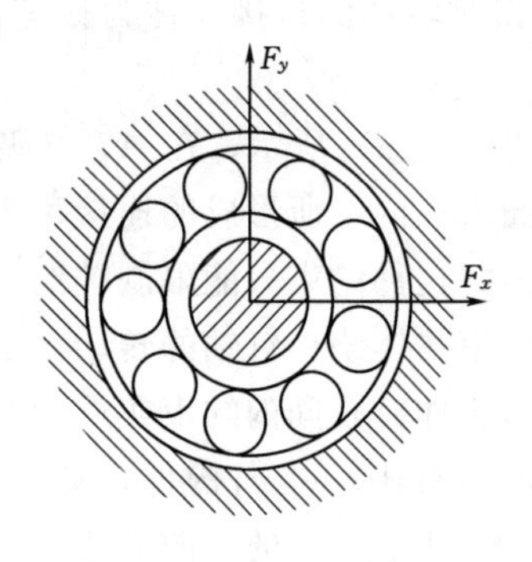

图 2－10 向心滚动轴承

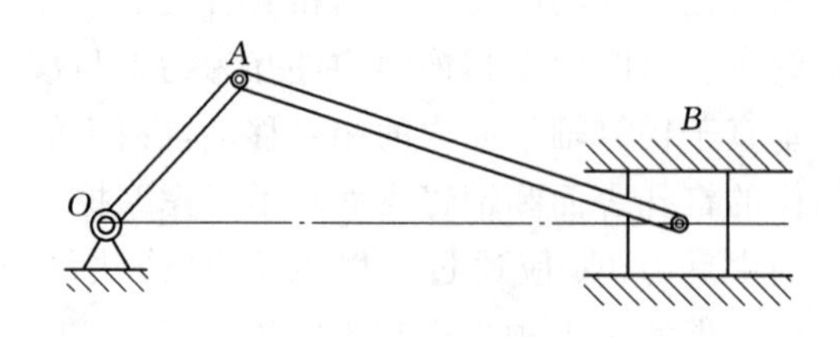

图 2－11 连接铰链

2.2.4 球形铰链约束

将固结于物体一端的球体置于球窝形的支座中，就形成了球形铰链约束，如图 2－12（a）所示。其计算简图如图 2－12（b）所示。当忽略球体与球窝间的摩擦，其约束特点是约束力的作用线沿接触点和球心的连线，指向不定，一般用三个相互垂直的正交分力 F_{Ax}、F_{Ay} 和 F_{Az} 表示。

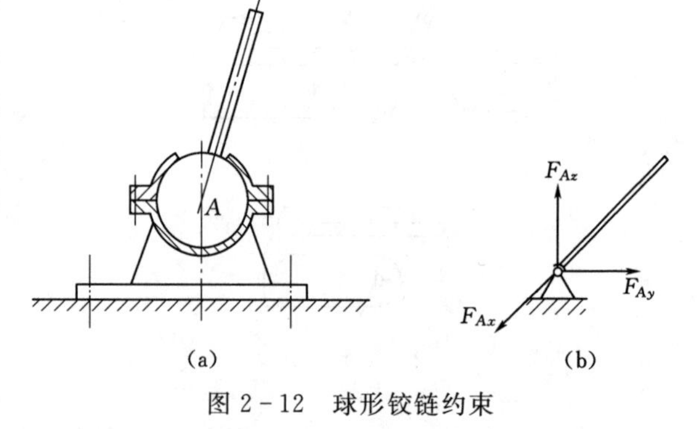

图 2－12 球形铰链约束

2.2.5 固定端约束

它是使被约束体插入约束体内部，被约束体一端与约束成为一体而完全固定，既不能移动也不能转动的一种约束形式。这种约束称为固定端约束，或称为固定支座。如图 2－13（a）所示，梁的 A 端牢固地插入墙内，墙就是梁的固定端约束。图 2－13（b）是其简化表示，其约束力的方向待定，通常采用两个正交分力 F_{Ax} 和 F_{Ay} 以及一个转向待定的力偶 M_A 表示，如图 2－13（c）所示。

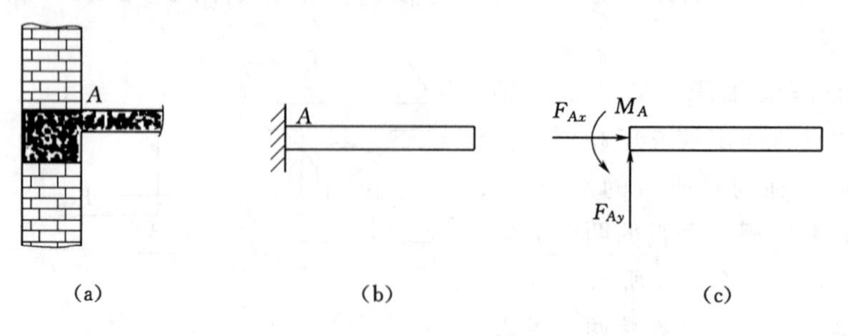

图 2－13 固定端约束

2.2.6 定向支座

在上述平面力系的固定端约束中，如果物体在一个方向上的移动不受限制，这种约束就称为定向支座。定向支座能够限制构件的转动和垂直于支承面方向的移动，但允许构件沿平行于支承面的方向移动，如图 2-14（a）所示。定向支座的约束力为一个垂直于支承面、指向待定的力和一个转向待定的力偶，图 2-14（b）是其简化图式和约束力的表示。当支承面与构件轴线垂直时，定向支座的约束力如图 2-14（c）所示。

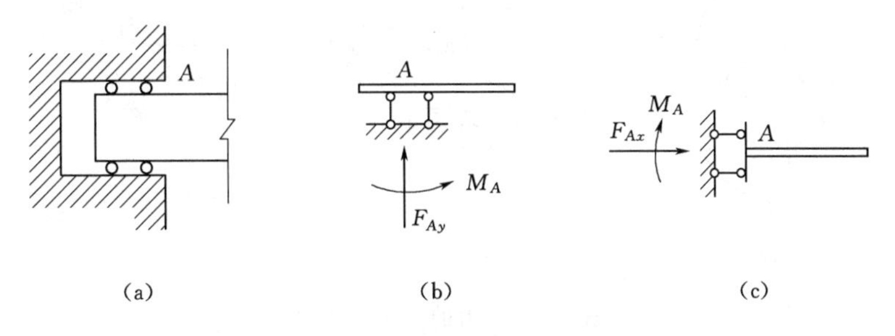

图 2-14 定向支座

以上列举了几种常见的比较理想化的约束，工程实际中的约束并不一定完全与这几种类型相同，这时就要具体分析约束的特点，适当忽略次要因素，以确定其约束反力的方向。

2.3 静力学公理

人们在长期的生产活动中发现和总结出一些最基本的、又经过实践反复检验并被证明是符合客观实际的最普通、最一般的规律。这些规律统称为**静力学公理**。

公理 1：力的平行四边形法则

作用于物体上同一点的两个力的合力，作用点仍作用在该点，以这两个力为邻边所作的平行四边形的对角线就是合力的大小和方向，如图 2-15 所示。

该法则指出了两个共点力合成的基本方法，即合力等于两个分力的几何和。其数学表达式为

$$\boldsymbol{F}_R = \boldsymbol{F}_1 + \boldsymbol{F}_2 \qquad (2-5)$$

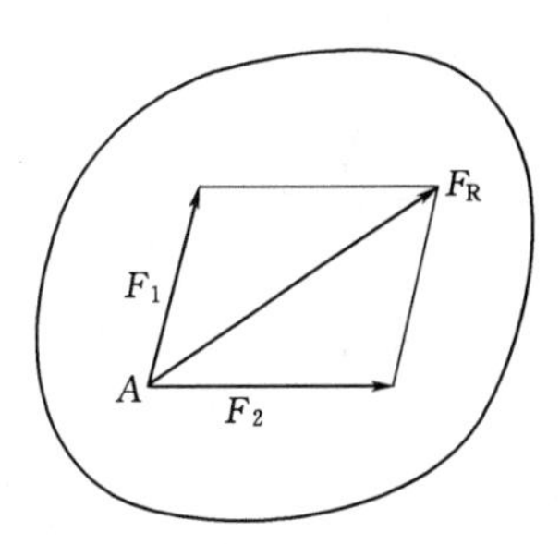

图 2-15 力的平行四边形法则

由公理 1 可以得到以下推论。

推论 1：力的三角形法则

设在刚体上的 A 点处作用着两个力 $\boldsymbol{F}_1$ 和 $\boldsymbol{F}_2$，由平行四边形法则可以求得其合力 $\boldsymbol{F}_R$，如图 2-16（a）所示。由于 $ABCD$ 构成一个平行四边形。故有 $AC//BD$，于是 BD 线段的长度和方向就是力矢 $\boldsymbol{F}_2$ 的大小和方向，而三角形 ABD 中的 AD 线段，其长度、方向和起点与合力 $\boldsymbol{F}_R$ 完全相同。从而也可以由下述方法求力 $\boldsymbol{F}_1$ 与 $\boldsymbol{F}_2$ 的合力：将力 $\boldsymbol{F}_1$ 与 $\boldsymbol{F}_2$ 首尾相接，再由第一个力的起点向第二个力的终点引矢量，则该矢量就是合力矢 $\boldsymbol{F}_R$，如图 2-16（b）所示。这样力 $\boldsymbol{F}_1$、$\boldsymbol{F}_2$ 与合力 $\boldsymbol{F}_R$ 构

成了一个三角形，称为**力三角形**。上述求合力的方法称为力的**三角形法则**。

在应用力的三角形法则求两个共点力的合力时，必须注意力三角形的矢序规则，即两个分力矢 $\boldsymbol{F}_1$ 与 $\boldsymbol{F}_2$ 要首尾相接，而合力矢 $\boldsymbol{F}_R$ 是从第一个分力矢的起点指向第二个分力矢的终点。

作图时分力矢的顺序可以随意确定，例如也可以先作 $\boldsymbol{F}_2$，再作 $\boldsymbol{F}_1$，这样得到的力三角形形状有变化，但合力矢 $\boldsymbol{F}_R$ 不变，如图 2-16（c）所示。

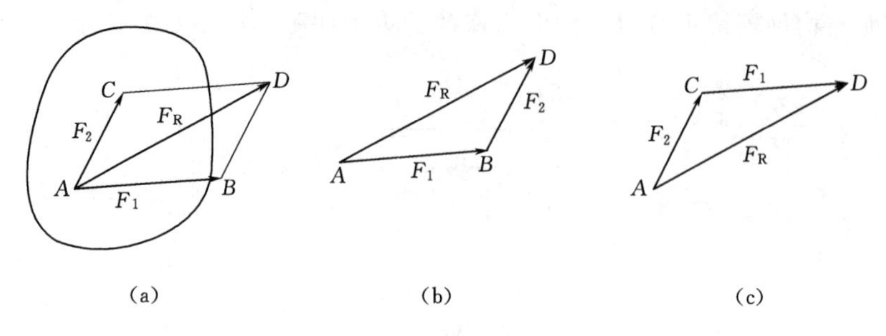

图 2-16　力的三角形法则

推论 2：力的多边形法则

各个力的作用线共平面且汇交于一点的力系称为平面汇交力系。设在刚体上 A 点作用着一个平面汇交力系，如图 2-17（a）所示。为简明起见，图中画了四个力 $\boldsymbol{F}_1$、$\boldsymbol{F}_2$、$\boldsymbol{F}_3$ 和 $\boldsymbol{F}_4$。为求其合力，可以连续应用力的三角形法则，即先将 $\boldsymbol{F}_1$ 与 $\boldsymbol{F}_2$ 首尾相接，求得它们的合力 $\boldsymbol{F}'_R=\boldsymbol{F}_1+\boldsymbol{F}_2$，再将 $\boldsymbol{F}'_R$ 与 $\boldsymbol{F}_3$ 首尾相接，求得合力 $\boldsymbol{F}''_R=\boldsymbol{F}'_R+\boldsymbol{F}_3=\boldsymbol{F}_1+\boldsymbol{F}_2+\boldsymbol{F}_3$，最后，将 $\boldsymbol{F}''_R$ 与 $\boldsymbol{F}_4$ 首尾相接，求得该力系的合力 $\boldsymbol{F}_R$。

于是 $\boldsymbol{F}_R=\boldsymbol{F}_1+\boldsymbol{F}_2+\boldsymbol{F}_3+\boldsymbol{F}_4=\sum_{i=1}^{4}\boldsymbol{F}_i$，具体求和过程如图 2-17（b）所示。

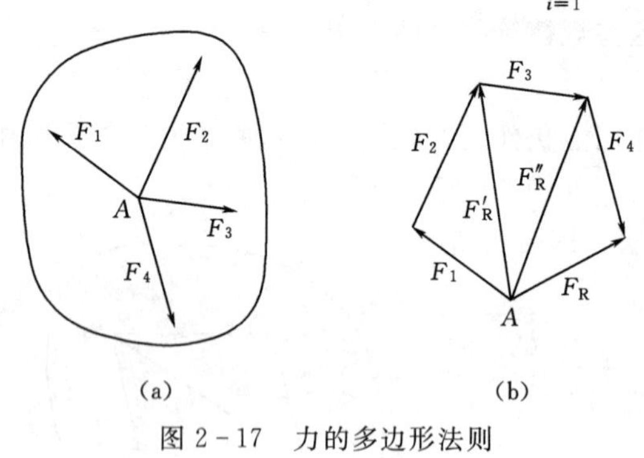

图 2-17　力的多边形法则

由图 2-17 可以看出：各分力矢与合力矢 $\boldsymbol{F}_R$ 一起构成了一个多边形，称该多边形为**力多边形**。在这个力多边形中，各分力首尾相接，而合力 $\boldsymbol{F}_R$ 是多边形的封闭边，其方向由第一个力矢的起点指向最后一个力矢的终点，这就是作力多边形所必须遵循的矢序规则。

若平面汇交力系由 n 个力组成，其合力矢以 $\boldsymbol{F}_R$ 表示，则有

$$\boldsymbol{F}_R=\boldsymbol{F}_1+\boldsymbol{F}_2+\cdots+\boldsymbol{F}_n=\sum_{i=1}^{n}\boldsymbol{F}_i \tag{2-6}$$

合力矢 $\boldsymbol{F}_R$ 仍作用在原力系的汇交点上，其大小和方向由各分力首尾相接所得到的力多边形的封闭边确定。

推论 3：平面汇交力系平衡的几何条件

由上述多边形法则知：若平面汇交力系有合力，则合力矢由力多边形的封闭边确定，如果所研究的力系是一个平衡的平面汇交力系，那么这个力系将无合力，即合力矢为零。

这样按力的多边形法则作出的力多边形将自行封闭，也就是说第一个力的起点将与最后一个力的终点重合。所以有：平面汇交力系平衡的几何条件是力多边形自行封闭。利用这一条件，可以求得一个平衡的平面汇交力系中的某些未知力的大小或方向。这种研究平面汇交力系平衡问题的方法称为几何法。

公理2：二力平衡公理

刚体只受两个力作用下保持平衡的充分与必要条件是：这两个力等值、反向、共线。图2－18中物体在 $\boldsymbol{F}_1$ 和 $\boldsymbol{F}_2$ 两个力作用下处于平衡状态，于是有：

$$\boldsymbol{F}_1=-\boldsymbol{F}_2 \tag{2-7}$$

二力平衡条件是作用于刚体上最简单的力系平衡时所必须满足的条件。

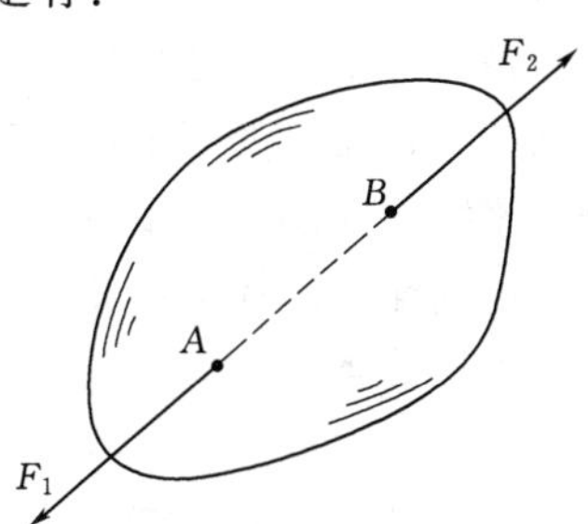

图2－18 二力平衡

公理3：加减平衡力系原理

在作用于刚体上的力系中，任意加上或减去一个平衡力系不会改变原力系对刚体的作用效果。

根据这个原理，为了实现简化力系的目的，可以人为地在刚体上加上或减去任意的平衡力系。这个公理是研究力系等效变换的重要依据。

推论4：力的可传性

作用在刚体上的力可以沿着其作用线在刚体内任意移动。

证明：设在刚体上 A 点处作用着力 $\boldsymbol{F}$，现在将其沿作用线移到 B 点，移动过程如图2－19所示。即在 B 点沿着力 $\boldsymbol{F}$ 的作用线加上一对平衡力 $\boldsymbol{F}=-\boldsymbol{F}_1=\boldsymbol{F}_2$，再将力 $\boldsymbol{F}_1$ 与 $\boldsymbol{F}$ 所构成的平衡力系减去，则在刚体上就只有 $\boldsymbol{F}_2=\boldsymbol{F}$ 作用在 B 点。

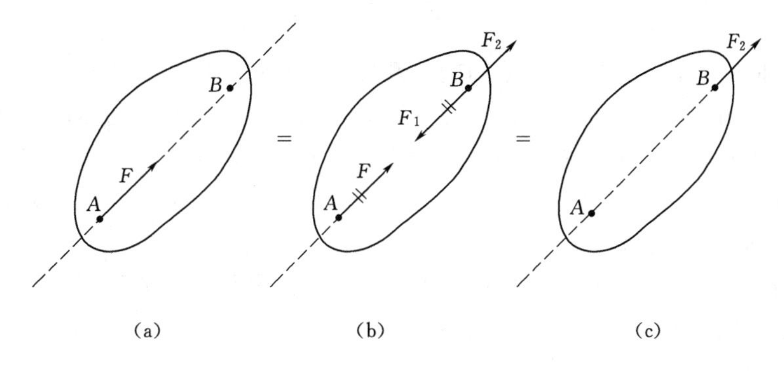

图2－19 力的可传性

因此，可以看作将力 F 沿其作用线从 A 点移至点 B，这就是力的可传性原理。

由此可见，力沿其作用线在刚体上任意移动，而不改变其对刚体的作用效应，故作用在刚体上的力是滑动矢量。

按照这个推理可知：就刚体而言，力的三要素为力的大小、方向和作用线。

推论5：三力平衡汇交定理

若刚体在三个互不平行的共面力作用下处于平衡状态，则这三个力的作用线必汇交于一点。

该推论的证明，请读者参照图 2-20 自行给出。

公理 4：作用与反作用定律

两物体之间的相互作用力总是等值、反向、共线，分别作用在这两个物体上。

这个定律揭示了物体之间相互作用力的定量关系，表明作用力与反作用力总是同时出现，同时消失。该定律是研究由多个物体组成的物体系统平衡问题的基础。

公理 5：刚化原理

若变形体在某力系作用下处于平衡状态，则将此变形体刚化为刚体后其平衡状态不变。该原理给出了把变形体看作刚体模型的条件。例如一根绳索，在一对等值、反向、共线的拉力作用下处于平衡状态，若将该绳索刚化为一根刚性杆，则这根杆在原力系作用下仍然平衡，如图 2-21 所示。但是若绳索所受的是一对压力，则不能保持平衡，此时绳索就不能简化为刚体。由此可知，作用在刚体上的平衡力系所满足的平衡条件，只是变形体平衡的必要条件而非充分条件。

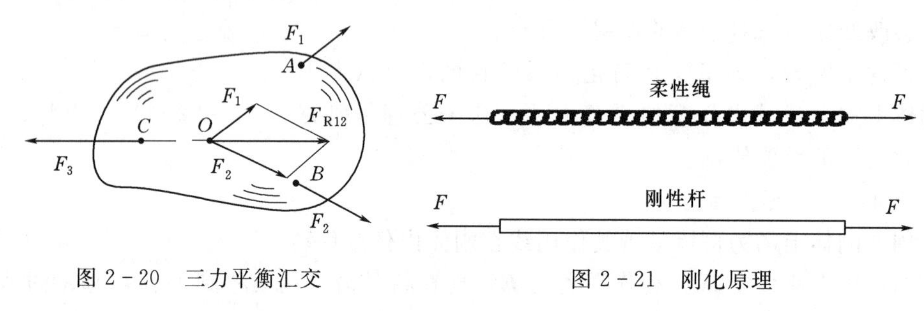

图 2-20　三力平衡汇交　　　　图 2-21　刚化原理

2.4　物体的受力分析

分析力学问题时，必须首先根据问题的性质、已知量和所要求的未知量、选择某一物体（或几个物体组成的系统）作为研究对象，并假想地将所研究的物体从与之接触或连接的物体中分离出来，即解除其所受的约束而代之以相应的约束力，解除约束后的物体，称为**隔离体**。分析作用在隔离体上的全部主动力和约束力。画出隔离体的受力简图——受力图，这一过程即为受力分析。

受力分析是求解静力学和动力学问题的重要基础。具体步骤如下：

（1）选取研究对象并作出隔离体简图。

（2）画出所有作用在隔离体上的主动力（一般皆为已知力）。

（3）逐个分析约束，根据约束的性质画出约束力。

当选择若干个物体组成的系统作为研究对象时，作用于系统上的力可分为两类：系统外物体作用于系统内物体上的力，称为**外力**；系统内物体间的相互作用力称为**内力**。应该指出，内力和外力的区分不是绝对的，内力和外力，只是相对于某一确定的研究对象才有意义。由于内力总是成对出现，它不会影响所选择的研究对象的平衡状态，因此，在画受力图时不必画出。此外，当所选择的研究对象不止一个时，要正确应用作用与反作用定律，保证相互联系的研究对象在同一约束处的约束反力应该大小相等。

【例 2-1】　重力为 P 的圆球放在板 AC 与墙壁 AB 之间，如图 2-22（a）所示。设

板 AC 的重力不计，试作出板与球的受力图。

解：(1) 先取球作为研究对象，画出隔离体图。球上作用主动力 P，约束反力 F_{ND} 和 F_{NE}，均属光滑面约束反力，为法向反力，于是得到球的受力图如图 2-22 (b) 所示。

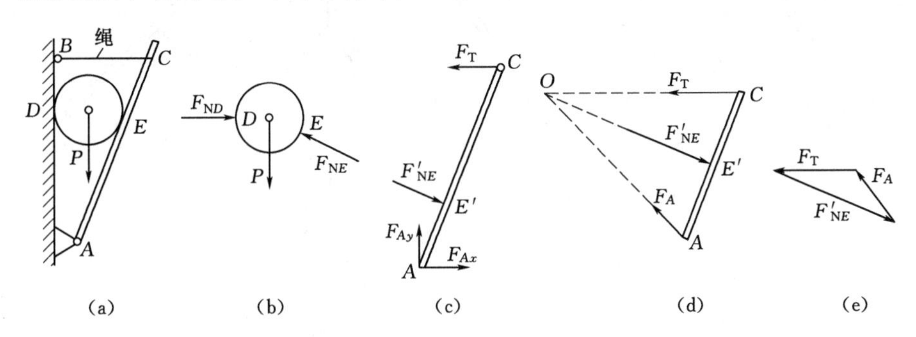

图 2-22 [例 2-1] 图

(2) 再取板作为研究对象。由于板的自重不计，故只有 A、C、E' 处有约束反力。其中 A 处为固定铰支座，其反力可用一对正交分力 F_{Ax} 和 F_{Ay} 表示；C 处为柔性约束，其反力为拉力 F_T；E' 处的反力为法向反力 F'_{NE}，要注意该反力与球在 E 处所受反力 F_{NE} 为作用与反作用关系。于是得到板的受力图如图 2-22 (c) 所示。

另外，注意到板 AC 上只有 A、E'、C 处三个约束反力，并且处于平衡状态。因此，可以利用三力平衡汇交定理确定出 A 处约束反力的方向。即先由力 F_T 与 F'_{NE} 的作用线延长后求得汇交点 O，再由点 A 向 O 点连线，则 F_A 的方向必沿着 AO 方向，于是板的受力图也可以按图 2-22 (d) 给出。

至于 F_A 的指向，可以由平面汇交力系平衡的几何条件，即由力多边形自行封闭的矢序规则定出，其力多边形（在此例中为三角形）如图 2-22 (e) 所示。

【例 2-2】 画出图 2-23 (a) 所示结构中各构件的受力图，不计各构件自重，所有约束处均为光滑约束。

解：当结构有中间铰时，受力图有两种画法。

(1) 将中间铰单独取出。这时将结构分为三部分：杆 AB、铰 B、杆 BC。其中杆 AB、BC 都是二力杆，所以，杆两端的约束力均沿杆端的连线方向，铰 B 处除受主动力 F 作用外，还受杆 AB、BC 在 B 处的反力 F'_{B1} 和 F'_{B2} 的作用，如图 2-23 (b) 所示。

注意这里所说的二力构件，是指只受两个力作用而平衡的构件。在实际结构中，有些构件当不计自重，又无其他主动力作用，只在两处受有光滑铰链约束，这样的构件都是二力构件。对于这类构件，根据二力平衡条件，无论该构件形状如何，所受约束如何，只要将两个力沿作用点连线方向并相对反向画出即可。

(2) 将中间铰置于任意一杆上。当将中间铰 B 固连在杆 AB 上，结构分为杆 AB（带铰 B）、杆 BC 两部分，受力分析结果如图 2-23 (c) 所示。

(3) 本例讨论。分析杆 AB（带铰 B），中间铰 B 固连在杆 AB 上，铰 B 与杆 AB 组成一个子系统，铰 B 与杆 AB 的相互作用力 F_{B1}、F'_{B1} 成为系统内力，不用画出；在 B 点要画出的是主动力 F 和杆 BC 对铰 B 的约束力 F'_{B2}（即系统外力）。若中间铰 B 固连在杆 BC 上，请读者自己分析其受力。

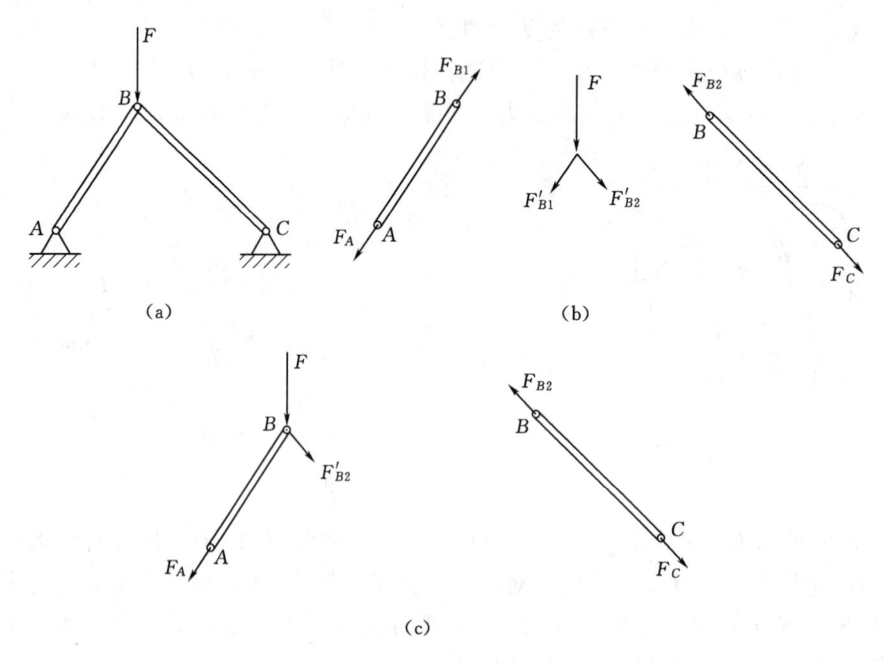

图 2-23 ［例 2-2］图

【例 2-3】 作图 2-24（a）所示三铰拱中两个构件的受力图。各构件自重不计。

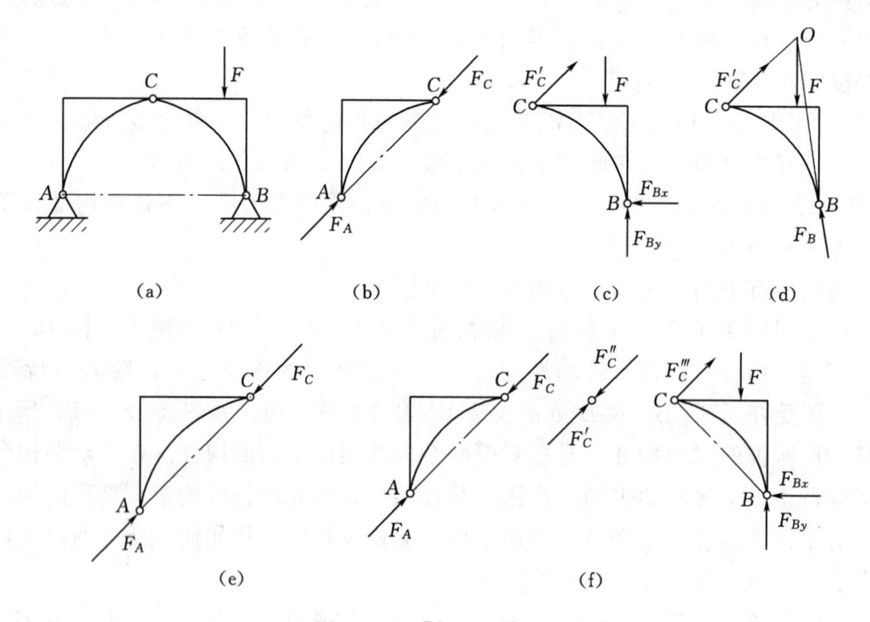

图 2-24 ［例 2-3］图

解：(1) 首先分析 AC 构件，由于不计拱的自重，AC 构件是一个二力构件，因此，先作它的受力图，如图 2-24（b）所示。

(2) 取拱 BC 为研究对象，其上有主动力 F，C 处铰链的约束反力方向已由 AC 部分定出；B 处固定铰链的约束反力可由一对正交分力表示，如图 2-24（c）所示；也可由三

力平衡汇交定理确定 F_B 的方向，如图 2-24（d）所示。

需要说明的是：在上述分析过程中，C 处用以连接两个构件的铰链销钉，并没有单独被取作研究对象，因为销钉的受力分析一般用处不大，故可以把它带在某个构件上一起取作研究对象，通常亦无需指明销钉带在哪个构件上。在上面的分析中认为销钉在 AC 或 BC 上都可以，如果有必要指明销钉是在哪个构件上，可以在带销钉构件的 C 处用表示铰链孔的圆圈内打一个点，如图 2-24（e）所示，表示销钉带在 AC 上。倘若有必要，还可以把销钉也单独取作研究对象。这时的受力图如图 2-24（f）所示。

【例 2-4】 如图 2-25 所示的结构，不计各杆及滑轮的自重，试画出整体和各杆及滑轮的受力图。

解： 先画整体受力图，如图 2-25（a）所示。

注意到结构中杆 BC 为二力杆，先作出其受力图，如图 2-25（b）所示。滑轮的受力图如图 2-25（c）所示。

杆 CDE 的受力图如图 2-25（d）所示，杆 ADB 的受力图如图 2-25（e）所示，注意其中 C、D、E 各点处的作用力与反作用力的关系。

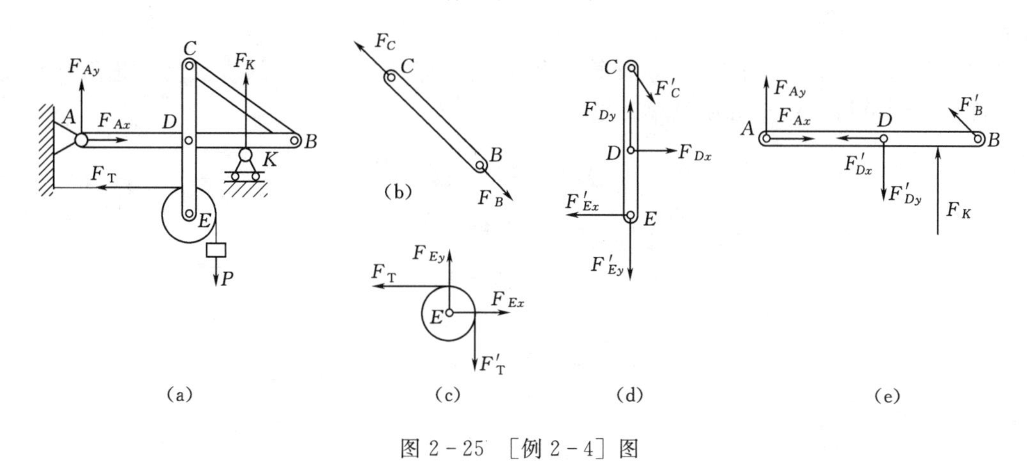

图 2-25 ［例 2-4］图

本 章 小 结

（1）力是物体间相互的机械作用，这种作用使物体的运动状态发生变化，同时使物体产生变形。力的作用效应取决于力的大小、方向、作用点。力是矢量。作用在刚体上的力可以沿作用线移动，是滑动矢量。

（2）力对点的矩是力 $\boldsymbol{F}$ 的大小与矩心点 O 到力 $\boldsymbol{F}$ 作用线的距离 h 的乘积，它是代数量。力使物体绕矩心逆时针转动时为正，顺时针为负。其计算公式可写为 $M_O(\boldsymbol{F})=\pm Fh$。

（3）力偶是由一对等值、反向、不共线的平行力组成的特殊力系。它对物体的作用效果是使物体转动。力偶矩与点 O 的位置无关，即力偶对平面内任意一点的矩都等于力与力偶臂的乘积，并按逆时针转为正，顺时针转为负的原则冠以正负号。

$$M(\boldsymbol{F},\boldsymbol{F}')=\pm Fd$$

（4）约束与约束反力。

1）约束是指限制物体运动的周围物体。这种机械作用称为约束反力。

2）几种常见的约束：柔索；光滑面约束；光滑圆柱铰链约束（包括固定铰支座）；球形铰链约束；固定端约束和定向支座。

（5）静力学公理是静力学的最基本、最普遍的客观规律，是实践、理论、再实践的反复过程中总结出来的真理。

公理1，力的平行四边形法则，力的平行四边形法则是简单力系合成的基础，也是力系简化的基础之一；公理2，二力平衡公理，二力平衡公理是求解平衡问题的基础；公理3，加减平衡力系原理，加减平衡力系原理是力系简化的依据；公理4，作用与反作用定律，作用与反作用定律阐明了两物体间相互作用的关系，在求解物体系统力学问题时是普遍适用的定律；公理5，刚化原理，刚化原理建立了刚体静力学与变形体静力学之间的联系，阐明了变形体抽象成刚体模型的条件。刚体的平衡条件只是变形体平衡的必要条件，不是充分条件。

注意：公理2对刚体是必要与充分条件，对非刚体只是必要条件，公理3只适用于刚体。力的可传性、三力平衡汇交定理也只适用于刚体。公理2与公理4有本质的区别，不可混淆。

（6）受力图。画受力图是力学计算中的关键步骤。画受力图的步骤为，选取研究对象、进行受力分析、根据分析结果画出受力图。

思　考　题

2-1　试说明下列式子的意义与区别。

①$\boldsymbol{F}_1=\boldsymbol{F}_2$ 和 $F_1=F_2$；②$\boldsymbol{F}_R=\boldsymbol{F}_1+\boldsymbol{F}_2$ 和 $F_R=F_1+F_2$。

2-2　回答下列问题。

（1）作用力与反作用力是一对平衡力吗？

（2）凡是合力都比分力大吗？

（3）力的可传性只适用于刚体，不适用于变形体吗？

（4）任意两个力都可以简化为一个合力吗？

（5）思考题2-2图（a）中所示的三铰拱架上的作用力 F 可否依据力的可传性原理移到 D 点？为什么？

（6）思考题2-2图（b）和思考题2-2图（c）中所画出的两个力三角形各表示什么意思？两者有什么区别？

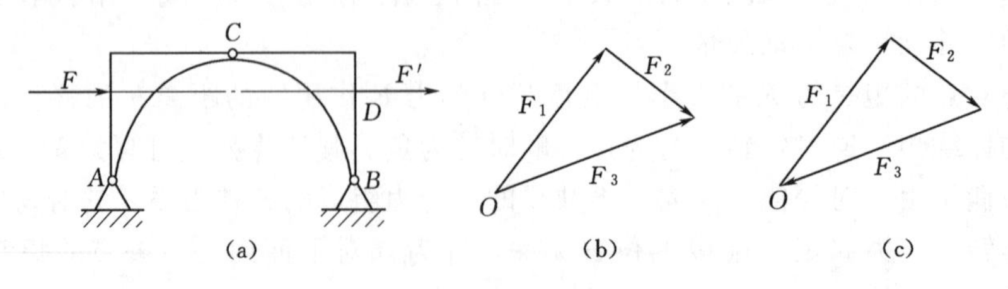

思考题2-2图

2-3　思考题2-3图所示各物体的受力图是否正确？若有错误请改正。

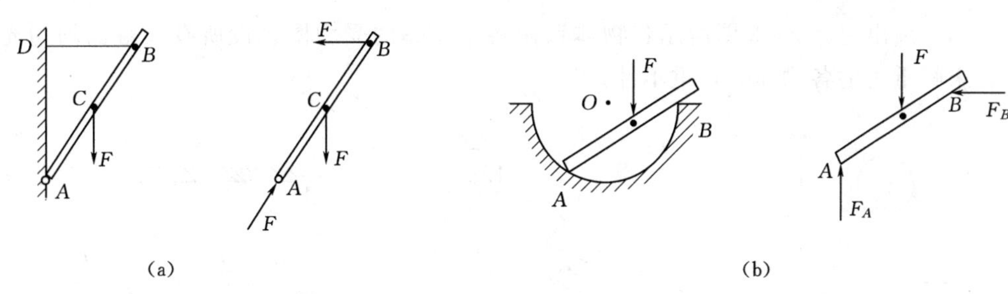

(a)　　　　　　　　　　　　　　(b)

思考题 2-3 图

习　题

2-1　试用几何法求习题 2-1 图所示平面汇交力系的合力。

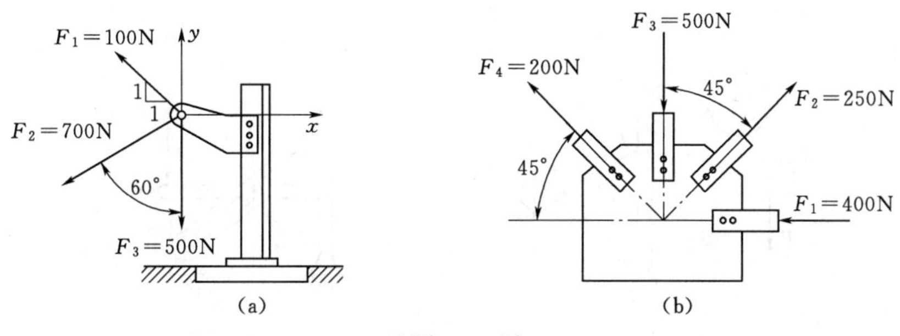

(a)　　　　　　　　　　　　　　(b)

习题 2-1 图

2-2　画出习题 2-2 图所示物体 A 或 AB 的受力图，所有接触面均为光滑接触。

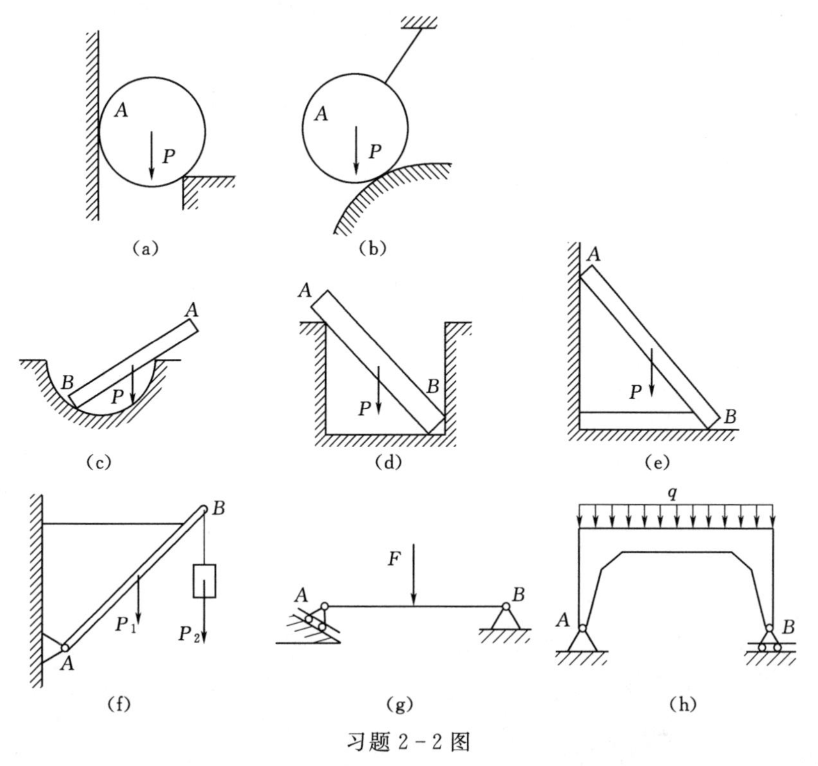

(a)　(b)　(c)　(d)　(e)　(f)　(g)　(h)

习题 2-2 图

2-3　画出习题2-3图所示各物体系中每个刚体的受力图。设所有接触面均为光滑接触，未画重力的各物体其自重不计。

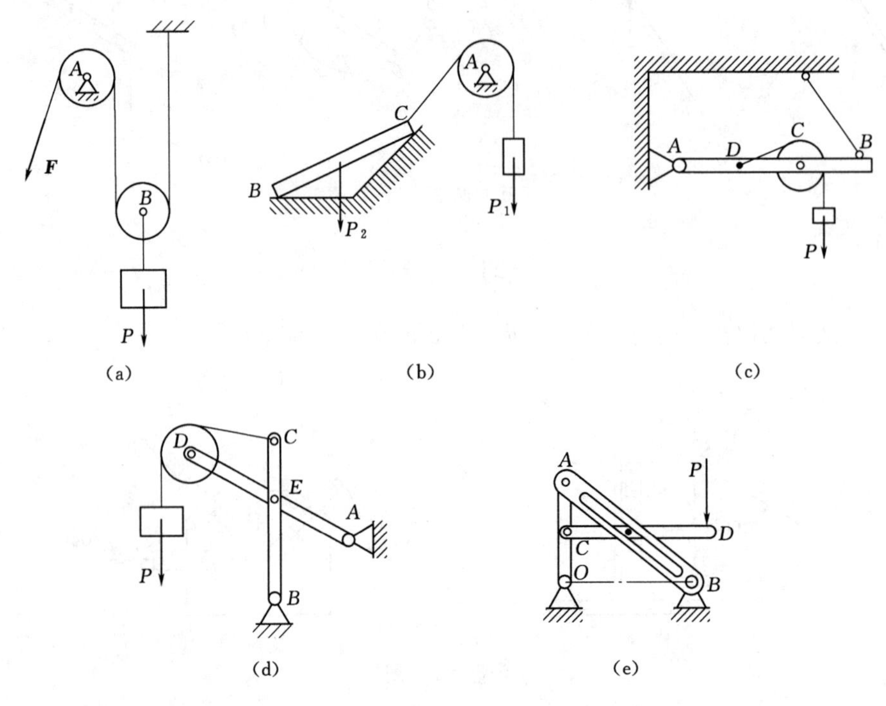

习题2-3图

第 3 章　平面力系的合成与平衡

作用在物体上的力系是多种多样的，为了更好地研究这些复杂力系，应将力系进行分类。如果各力作用线位于同一平面内，该力系称为平面力系，否则称为空间力系；平面力系是空间力系的一种特殊形式。如果将力系按作用线是否汇交或者平行，则可分为汇交力系、力偶系、平行力系和任意力系。本章将详细介绍平面力系的合成和平衡问题。

3.1　平面汇交力系的合成与平衡

3.1.1　力在坐标轴上的投影

设力 $\boldsymbol{F}$ 与 x 轴的夹角为 α，如图 3－1（a）所示，力在坐标轴上的投影定义为力矢量 $\boldsymbol{F}$ 与 x 轴单位向量 $\boldsymbol{i}$ 的标量积，记为

$$F_x=\boldsymbol{F}\cdot\boldsymbol{i}=F\cos\alpha \tag{3-1}$$

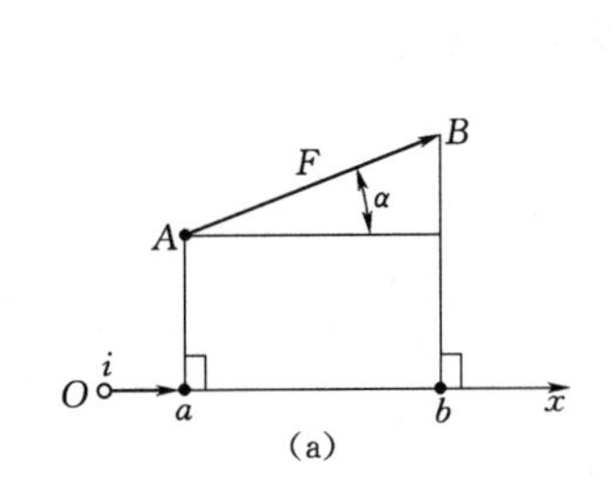

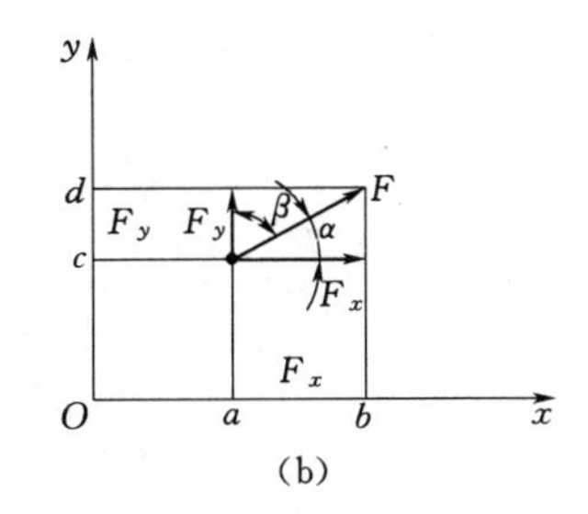

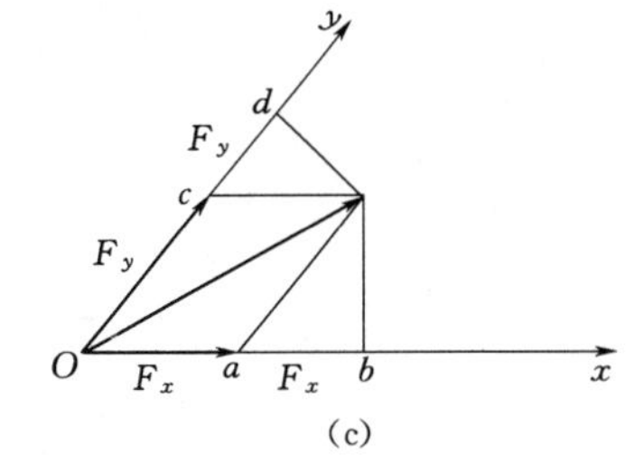

图 3－1　力在坐标轴上的投影

在力 $\boldsymbol{F}$ 所在的平面内建立直角坐标系 xOy，如图 3－1（b）所示，x 轴和 y 轴的单位向量分别为 $\boldsymbol{i}$ 和 $\boldsymbol{j}$，由力的投影定义，力 $\boldsymbol{F}$ 在 x 轴和 y 轴上的投影为

$$\left.\begin{aligned}F_x&=\boldsymbol{F}\cdot\boldsymbol{i}=F\cos(\boldsymbol{F}\cdot\boldsymbol{i})\\F_y&=\boldsymbol{F}\cdot\boldsymbol{j}=F\cos(\boldsymbol{F}\cdot\boldsymbol{j})\end{aligned}\right\} \tag{3-2}$$

其中 $\cos(\boldsymbol{F}\cdot\boldsymbol{i})$、$\cos(\boldsymbol{F}\cdot\boldsymbol{j})$ 分别是力 $\boldsymbol{F}$ 与坐标轴的单位向量 $\boldsymbol{i}$、$\boldsymbol{j}$ 夹角的余弦，称为方向余弦，$(\boldsymbol{F}\cdot\boldsymbol{i})=\alpha$、$(\boldsymbol{F}\cdot\boldsymbol{j})=\beta$ 称为方向角。

在图 3－1（b）中，若将力 $\boldsymbol{F}$ 沿直角坐标轴 x 和 y 分解得分力 $\boldsymbol{F}_x$ 和 $\boldsymbol{F}_y$，则力 $\boldsymbol{F}$ 在直角坐标系上投影绝对值与分力的大小相等，但应注意投影和分力是两种不同的量，不能混淆。投影是代数量，对物体不产生运动效应；分力是矢量，能对物体产生运动效应；同时在斜坐标系中投影与分力的大小是不相等的，如图 3－1（c）所示。

力 $\boldsymbol{F}$ 在平面直角坐标系中的解析式为

$$\boldsymbol{F}=F_x\boldsymbol{i}+F_y\boldsymbol{j} \tag{3-3}$$

若已知力 $\boldsymbol{F}$ 在平面直角坐标轴上的投影为 F_x 和 F_y，则力 $\boldsymbol{F}$ 的大小和方向为

$$\left.\begin{aligned} F&=\sqrt{F_x^2+F_y^2}\\ \cos\alpha&=\frac{F_x}{F}\\ \cos\beta&=\frac{F_y}{F}\end{aligned}\right\}\tag{3-4}$$

力既然是矢量，就满足矢量运算的一般规则。根据合矢量投影规则，可得到一个重要结论，即合力投影定理：合矢量在某一轴上的投影等于各分矢量在同一轴投影的代数和。

3.1.2　平面汇交力系合成的解析法

平面汇交力系是指各力的作用线都位于同一平面内且汇交于一点的力系，它是一种最简单的力系。设一平面汇交力系由 $\boldsymbol{F}_1$、$\boldsymbol{F}_2$、…、$\boldsymbol{F}_n$ 组成，如图 3-2 所示，于是根据合力投影定理，有

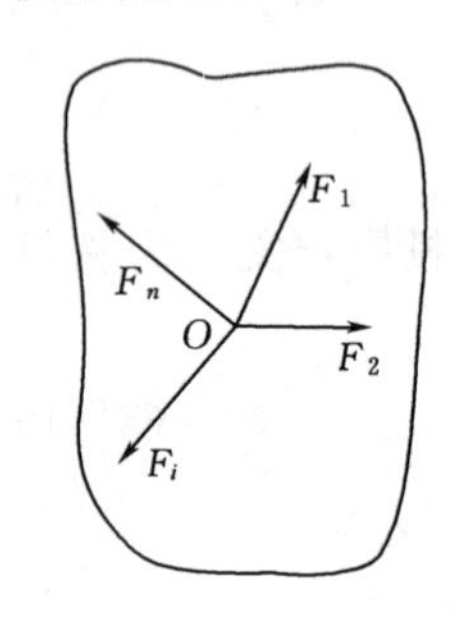

图 3-2　平面汇交力系

$$\left.\begin{aligned} F_{Rx}&=\sum_{i=1}^{n}F_{xi}\\ F_{Ry}&=\sum_{i=1}^{n}F_{yi}\end{aligned}\right\}\tag{3-5}$$

从而可得

$$\left.\begin{aligned} F_R&=\sqrt{F_{Rx}^2+F_{Ry}^2}=\sqrt{\left(\sum_{i=1}^{n}F_{xi}\right)^2+\left(\sum_{i=1}^{n}F_{yi}\right)^2}\\ \cos(\boldsymbol{F}_R\cdot\boldsymbol{i})&=\frac{F_{Rx}}{F_R}=\frac{\sum_{i=1}^{n}F_{xi}}{F_R},\\ \cos(\boldsymbol{F}_R\cdot\boldsymbol{j})&=\frac{F_{Ry}}{F_R}=\frac{\sum_{i=1}^{n}F_{yi}}{F_R}\end{aligned}\right\}\tag{3-6}$$

3.1.3　平面汇交力系的平衡

平面汇交力系平衡的充要条件是该力系的合力 $\boldsymbol{F}_R$ 等于零，由式（3-6）可得

$$F_R=\sqrt{F_{Rx}^2+F_{Ry}^2}=0$$

为使上式成立，必须同时满足两个方程，即：

$$\left.\begin{aligned} \sum F_x&=0\\ \sum F_y&=0\end{aligned}\right\}\tag{3-7}$$

故平面汇交力系的平衡方程有两个，因此，最多可以求解两个未知数。

【例 3-1】 图 3-3（a）所示拖拉机的制动蹬，制动时用力 $\boldsymbol{F}$ 踩踏板，通过拉杆 CD 使拖拉机制动。设 $F=100$N，踏板和拉杆自重不计，求图示位置拉杆的拉力 $\boldsymbol{F}_T$ 和铰链 B 处的支座反力。

解：（1）取研究对象，作受力图。因为踏板 ACB 上既有已知力 $\boldsymbol{F}$，又有未知力 $\boldsymbol{F}_T$ 和

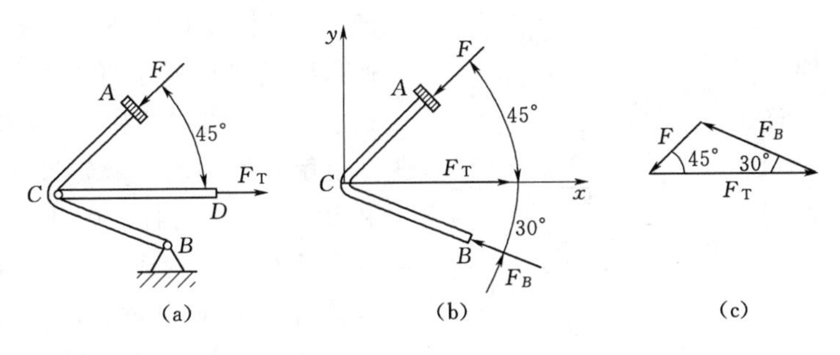

图 3-3 [例 3-1] 图

B 处的约束反力，所以取 ACB 为研究对象。注意到 ACB 上受有 $\boldsymbol{F}$、$\boldsymbol{F}_T$ 和 B 处约束反力 $\boldsymbol{F}_B$，三个力作用下维持平衡，故可用三力平衡汇交定理确定 $\boldsymbol{F}_B$ 的方向。至于 $\boldsymbol{F}_B$ 的指向，可先假设，待计算之后根据 $\boldsymbol{F}_B$ 的正负号再判断其真实方向。

另外，拉杆 CD 是二力杆，按二力平衡公理可直接确定 C 端约束反力的方向。因此，不必单独取拉杆 CD 作为研究对象，受力图如图 3-3（b）所示。

（2）列平衡方程式。

1）选择平衡方程的类型。由于 ACB 上受一个平面汇交力系作用，故应选用平面汇交力系的平衡方程，即式（3-7），共有两个投影式。

2）选择投影轴如图 3-3（b）所示。

列方程

$$\left.\begin{aligned}\sum F_x=0,\quad & F_T-F\cos45^\circ-F_B\cos30^\circ=0\\ \sum F_y=0,\quad & F_B\sin30^\circ-F\sin45^\circ=0\end{aligned}\right\}$$

3）解上述方程组得

$$F_B=F\frac{\sin45^\circ}{\sin30^\circ}=\sqrt{2}F=\sqrt{2}\times100=141.4(\text{N})$$

$$\begin{aligned}F_T&=F(\cos45^\circ+\sin45^\circ\cot30^\circ)\\&=100\times\left(\frac{\sqrt{2}}{2}+\frac{\sqrt{2}}{2}\times\sqrt{3}\right)=193.2(\text{N})\end{aligned}$$

最后由计算结果知：$\boldsymbol{F}_B$ 为正值，说明受力分析时假定的方向与实际方向一致。

分析讨论：

本例中所研究的力系是由三个力组成的平面汇交力系。对于这样的问题，亦可采用几何法求解，即利用平面汇交力系平衡的几何条件，将三个力组成自行封闭、各力首尾相接的力三角形，并根据几何关系求得未知力 $\boldsymbol{F}_T$ 与 $\boldsymbol{F}_B$。力三角形如图 3-3（c）所示。

根据正弦定理可以解出

$$F_B=F\frac{\sin45^\circ}{\sin30^\circ}=141.4(\text{N})$$

$$F_T=F\frac{\sin105^\circ}{\sin30^\circ}=193.2(\text{N})$$

按力三角形自行封闭的矢序规则，可确定出 $\boldsymbol{F}_B$ 的方向。

【例 3-2】 铰车系统如图 3-4（a）所示。其中直杆 AC 和 BC 铰接于 C 点，自重不

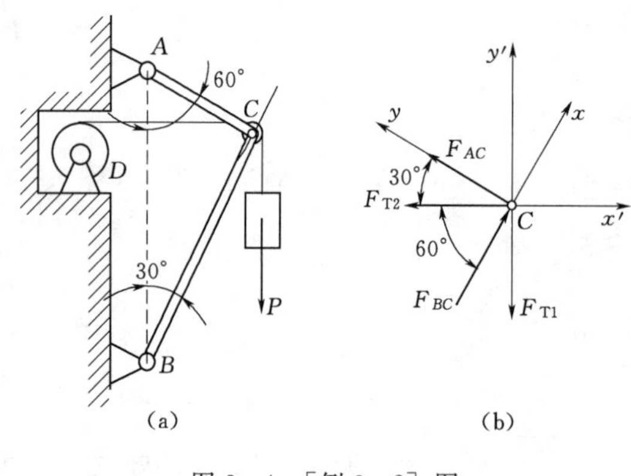

图3-4 ［例3-2］图

计。C处滑轮尺寸不计。重物 $P=20\text{kN}$，通过钢丝绳悬挂于滑轮上并与铰车相连。试求平衡时杆 AC 和 BC 所受的力。

解：由题意，滑轮尺寸不计，而 AC 和 BC 均为二力杆，因此，本题中各个力都交于 C 点，构成一个平面汇交力系，可取销钉 C 作研究对象，其受力如图3-4(b)所示，很容易得到绳的张力均为 P，即 $F_{T1}=F_{T2}=P$。

对于平面汇交力系，应选用方程式(3-7)，可以列出两个投影方程。注意到力系中的两个未知力 F_{AC} 和 F_{BC} 互相垂直，于是就按它们的方向取投影轴，从而得

$$\sum F_x=0,\quad F_{BC}-F_{T1}\cos30°-F_{T2}\cos60°=0$$

$$\sum F_y=0,\quad F_{AC}+F_{T2}\sin60°-F_{T1}\sin30°=0$$

这样选择投影轴的好处是：由于坐标轴的方向刚好与其中一个未知力垂直，从而使得每个投影方程中只包含了一个未知量，不需要解联立方程，很容易从中解得

$$F_{AC}=-0.336P=-7.32(\text{kN})$$

$$F_{BC}=1.336P=27.32(\text{kN})$$

假如当初不这样选取投影轴，而是以水平方向和铅垂方向为投影轴，则得到的方程组将是一个联立的方程组，虽然也可以得未知反力 F_{AC} 和 F_{BC}，但求解过程将比较繁琐。

另外，在所得到的结果中，F_{AC} 是负值，表明其实际方向与假设的方向相反，即 AC 杆与 BC 杆一样，均受压力。

还需说明，本题虽然也是平面汇交力系问题，但却不宜用几何法求解，因为共有四个力，将构成一个不规则的四边形，几何法求解比较麻烦。因此，解析法比几何法实用性更强。

3.2　平面力偶系的合成与平衡

设平面力偶系由 n 个力偶组成，其力偶矩分别为 M_1、M_2、…、M_n。现在想用一个最简单的力系来等效替换原力偶系，为此采取下述步骤（为方便起见，不失一般性，取 $n=2$，如图3-5所示）。

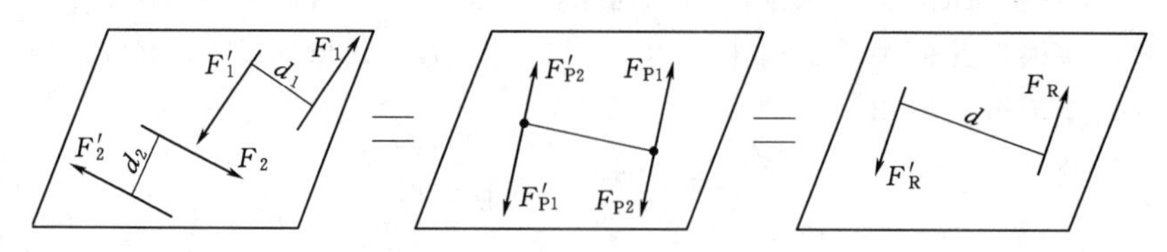

图3-5　平面力偶系的合成

(1) 保持各力偶矩不变，同时调整其力与力偶臂，使它们有共同的臂长 d，则有

$$M_i=F_id_i=F_{Pi}d$$

即
$$F_{Pi}=F_i\frac{d_i}{d}\quad (i=1,2,\cdots,n) \tag{3-8}$$
这是调整后各力的大小。

(2) 将各力偶在平面内移动和转动，使各对力的作用线分别共线。

(3) 求各共线力系的代数和。每个共线力系得一合力，而这两个合力等值、反向，相距为 d 构成一个合力偶，其力偶矩为

$$M = F_R d = \sum_{i=1}^{n} F_{Pi} d = \sum_{i=1}^{n} F_i d_i = \sum_{i=1}^{n} M_i \tag{3-9}$$

即，平面力偶系可以用一个力偶等效代替，其力偶矩为原来各力偶矩的代数和。

由于力偶矩是力偶作用效果的唯一度量，故以后图示力偶时，也可用图 3-6 所示的简化记号。

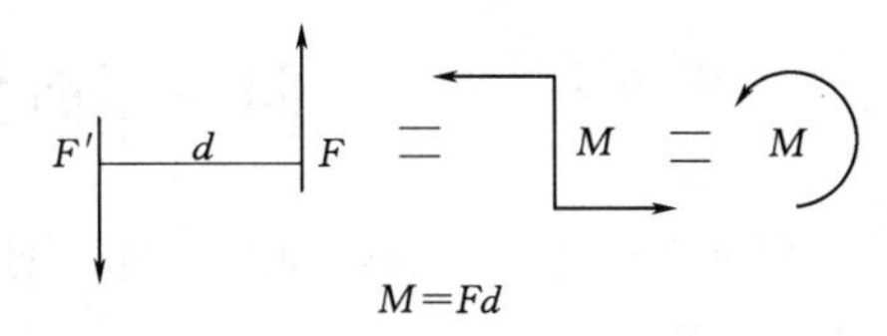

图 3-6 力偶矩的表示

对于平面力偶系，由于它简化后为一个合力偶，而力偶在任何轴上的投影都是零，因此平面力偶系的平衡方程式为：

$$\sum M_i=0 \tag{3-10}$$

故平面力偶系只有一个平衡方程，因此最多可以求解一个未知数。

【例 3-3】 如图 3-7 (a) 所示，机构的自重不计，圆轮上的销子 A 放在摇杆 BC 上的光滑导槽内。圆轮上作用一力偶，其力偶矩为 $M_1=2\text{kN}\cdot\text{m}$，$OA=r=0.5\text{m}$。图示位置时 OA 与 OB 垂直，$\alpha=30°$，且系统平衡。求作用于摇杆 BC 上力偶的矩 M_2 及铰链 O、B 处的约束反力。

解： 先取圆轮为研究对象，其上受有矩为 M_1 的力偶及光滑导槽对销子 A 的作用力 $\boldsymbol{F}_A$ 和铰链 O 处约束反力 $\boldsymbol{F}_O$ 的作用。由于力偶必须由力偶来平衡，因而 $\boldsymbol{F}_O$ 与 $\boldsymbol{F}_A$ 必定组成一力偶，力偶矩方向与 M_1 相反，由于 $\boldsymbol{F}_O$ 与 $\boldsymbol{F}_A$ 等值且反向，由此定出 $\boldsymbol{F}_A$ 指向如图 3-7 (b) 所示。由力偶平衡条件

$$\sum M_i=0,\quad M_1-F_A r\sin\alpha=0$$

解得

$$F_A=\frac{M_1}{r\sin 30°} \tag{a}$$

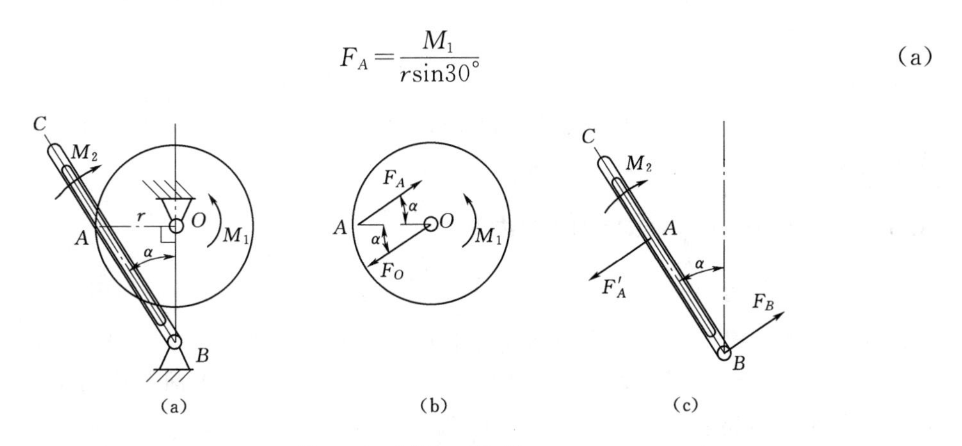

图 3-7 ［例 3-3］图

再以摇杆 BC 为研究对象，其上作用有矩为 M_2 的力偶及力 $\boldsymbol{F}'_A$ 与 $\boldsymbol{F}_B$，如图 3-7 (c)

所示。同理 $\boldsymbol{F}'_A$ 与 $\boldsymbol{F}_B$ 必组成力偶，由平衡条件

$$\sum M_i=0,\quad -M_2+F'_A\frac{r}{\sin\alpha}=0 \tag{b}$$

其中 $\boldsymbol{F}'_A=\boldsymbol{F}_A$。将式（a）代入式（b），得

$$M_2=4M_1=8(\mathrm{kN\cdot m})$$

$\boldsymbol{F}_O$ 与 $\boldsymbol{F}_A$ 组成力偶，$\boldsymbol{F}_B$ 与 $\boldsymbol{F}'_A$ 组成力偶，则有

$$F_O=F_B=F_A=\frac{M_1}{r\sin30^\circ}=8(\mathrm{kN})$$

方向如图 3-7（b）、图 3-7（c）所示。

3.3　平面任意力系向作用面内一点的简化

研究平面力系的简化问题，就是要用一个最简单的力系，等效替换一般的平面力系。在简化之前，先给出力的平移定理，它是力系简化的工具。

3.3.1　力的平移定理

作用在刚体上 A 点处的力 $\boldsymbol{F}$，可以平移到刚体内任一点 B，但必须在该力与 B 决定的平面内同时附加一个力偶，其力偶矩等于原来的力 $\boldsymbol{F}$ 对新作用点 B 的矩。这就是力的平移定理。

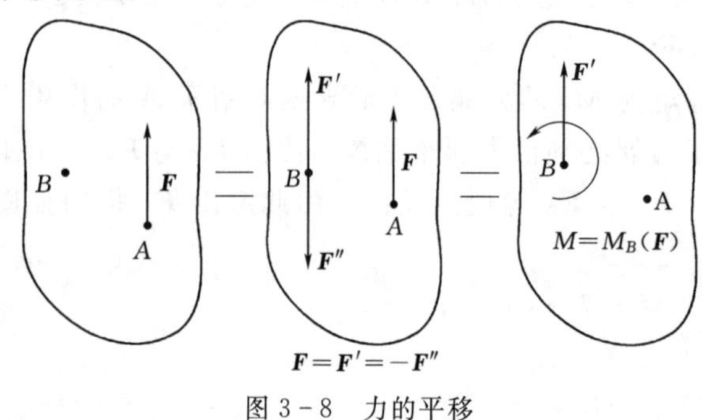

图 3-8　力的平移

证明：如图 3-8 所示，在刚体上 A 点作用着力 $\boldsymbol{F}$，在刚体上任选一点 B，由加减平衡力系原理，在 B 点加上一对平衡力 $\boldsymbol{F}'$ 和 $-\boldsymbol{F}''$，并令 $\boldsymbol{F}=\boldsymbol{F}'=-\boldsymbol{F}''$，则 $\boldsymbol{F}$ 和 $\boldsymbol{F}''$ 构成一个力偶，其矩为 $M=\pm Fd=M_B(\boldsymbol{F})$。

于是作用在 A 点的力 $\boldsymbol{F}$ 就由作用在 B 点的力 $\boldsymbol{F}'=\boldsymbol{F}$ 及附加力偶 M 等效地代替了，证毕。

此定理的逆过程为作用在刚体上一点的一个力和一个力偶可以用一个力等效，此力为原来力系的合力。

3.3.2　平面任意力系向作用面内一点简化

设刚体上作用的 n 个力 $\boldsymbol{F}_1$、$\boldsymbol{F}_2$、…、$\boldsymbol{F}_n$ 组成平面任意力系，如图 3-9（a）所示，在力系所在平面内任取点 O 作为简化中心，由力的平移定理，可将力系中各力矢量向 O 点平移，如图 3-9（b）所示，得到作用于简化中心 O 点的平面汇交力系 $\boldsymbol{F}'_1$、$\boldsymbol{F}'_2$、…、$\boldsymbol{F}'_n$ 和附加平面力偶系 M_1、M_2、…、M_n。

平面汇交力系 $\boldsymbol{F}'_1$、$\boldsymbol{F}'_2$、…、$\boldsymbol{F}'_n$ 可以合成为力的作用线通过简化中心 O 的一个力 $\boldsymbol{F}'_R$，此力称为原来力系的**主矢**，即主矢等于力系中各力的矢量和。有

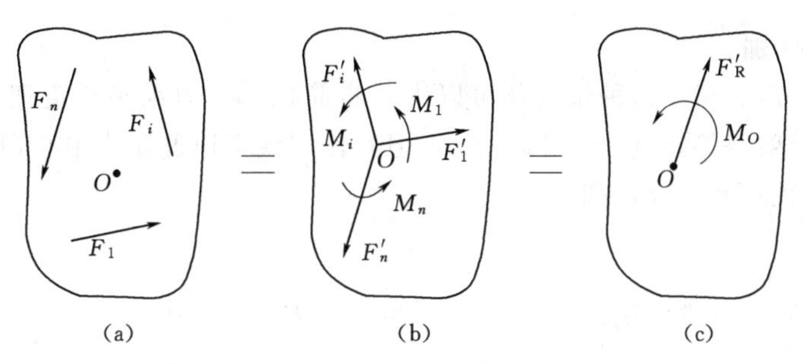

图 3-9 平面任意力系的简化

$$\boldsymbol{F}'_{\mathrm{R}} = \boldsymbol{F}'_1 + \boldsymbol{F}'_2 + \cdots + \boldsymbol{F}'_n = \boldsymbol{F}_1 + \boldsymbol{F}_2 + \cdots + \boldsymbol{F}_n = \sum_{i=1}^{n} \boldsymbol{F}_i \tag{3-11}$$

平面力偶系 M_1、M_2、…、M_n 可以合成一个力偶，其矩为 M_O，此力偶矩称为原来力系的**主矩**，即主矩等于力系中各力矢量对简化中心矩的代数和。有

$$M_O = M_1 + M_2 + \cdots + M_n = \sum_{i=1}^{n} M_O(\boldsymbol{F}_i) \tag{3-12}$$

结论：平面任意力系向力系所在平面内任意点简化，得到一个力和一个力偶，如图 3-9（c）所示,此力称为原来力系的主矢，与简化中心的位置无关；此力偶矩称为原来力系的主矩，与简化中心的位置有关。因此在提到主矩时必须指明简化中心。

力系主矢的计算，可以根据力在轴上的投影及合力投影定理，直接由原始力系得出。即选定直角坐标系 xOy，计算出各力在两轴上的投影，再根据合力投影定理得到主矢在两轴上的投影，最后求得主矢的大小和方向。即

$$F_{\mathrm{R}} = \sqrt{F'^2_{\mathrm{R}x} + F'^2_{\mathrm{R}y}} = \sqrt{\left(\sum_{i=1}^{n} F_{xi}\right)^2 + \left(\sum_{i=1}^{n} F_{yi}\right)^2} \tag{3-13}$$

$$\left.\begin{aligned} \cos(\boldsymbol{F}_{\mathrm{R}} \cdot \boldsymbol{i}) &= \frac{F'_{\mathrm{R}x}}{F'_{\mathrm{R}}} = \frac{\sum_{i=1}^{n} F_{xi}}{F_{\mathrm{R}}} \\ \cos(\boldsymbol{F}_{\mathrm{R}} \cdot \boldsymbol{j}) &= \frac{F'_{\mathrm{R}y}}{F'_{\mathrm{R}}} = \frac{\sum_{i=1}^{n} F_{yi}}{F_{\mathrm{R}}} \end{aligned}\right\} \tag{3-14}$$

主矩的解析表达式为

$$M_O(\boldsymbol{F}_{\mathrm{R}}) = \sum_{i=1}^{n} (x_i F_{yi} - y_i F_{xi}) \tag{3-15}$$

3.3.3 平面任意力系简化结果讨论

平面力系向作用面内一点简化后得到的主矢和主矩，进一步分析可能出现以下四种情况：①$\boldsymbol{F}'_{\mathrm{R}}=0$，$M_O \neq 0$；②$\boldsymbol{F}'_{\mathrm{R}} \neq 0$，$M_O=0$；③$\boldsymbol{F}'_{\mathrm{R}} \neq 0$，$M_O \neq 0$；④$\boldsymbol{F}'_{\mathrm{R}}=0$，$M_O=0$。

分别讨论这些情况，可以得到力系简化的最终结果和一些有用的结论，分别如下：

（1）$\boldsymbol{F}'_{\mathrm{R}}=0$，$M_O \neq 0$。说明该力系无主矢，而最终简化为一个力偶，其力偶矩就等于力系的主矩。值得指出的是：当力系简化为一个力偶时，主矩将与简化中心的选取无关。

（2）$\boldsymbol{F}'_{\mathrm{R}} \neq 0$，$M_O=0$。这说明原力系的简化结果是一个力，而且这个力的作用线恰好通过简化中心 O 点，这个力就是原力系的合力。在这种情况下，记 $\boldsymbol{F}'_{\mathrm{R}}=\boldsymbol{F}_{\mathrm{R}}$，以将它与一

般力系的主矢相区别。

（3）$\boldsymbol{F}'_{\mathrm{R}}\neq 0$，$M_O\neq 0$。这种情况还可以进一步简化。由力系平移定理知：$\boldsymbol{F}'_{\mathrm{R}}$与$M_O$可以由一个力$\boldsymbol{F}_{\mathrm{R}}$等效替换，这个力$\boldsymbol{F}_{\mathrm{R}}=\boldsymbol{F}'_{\mathrm{R}}$，但其作用线不通过简化中心$O$。若设合力作用线到简化中心$O$的距离为$d$，则

$$d=\frac{M_O}{F'_{\mathrm{R}}}$$

图3-10可说明上述简化过程，其中O'为合力$\boldsymbol{F}_{\mathrm{R}}$的作用点。

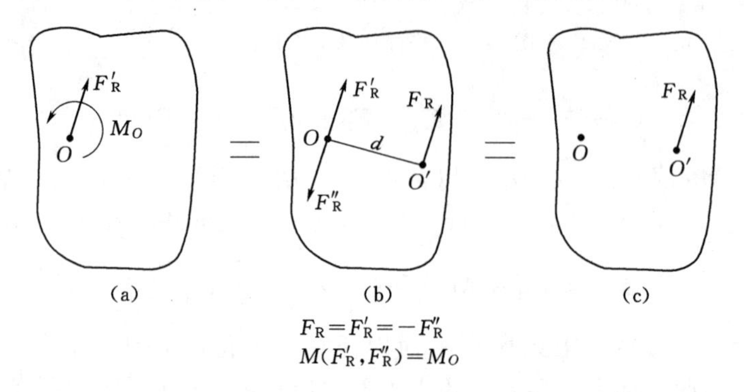

图3-10　主矢与主矩的进一步简化

另外，由图3-10（b）及简化过程知：

$$M_O(\boldsymbol{F}_{\mathrm{R}})=F_{\mathrm{R}}d=M_O=\sum_{i=1}^{n}M_O(\boldsymbol{F}_i)$$

于是得**合力矩定理**：平面任意力系的合力对力系所在平面内任意点的矩等于力系中各力对同一点矩的代数和。

（4）$\boldsymbol{F}'_{\mathrm{R}}=0$，$M_O=0$。这表明：该力系对刚体总的作用效果为零。根据牛顿惯性定理知，此时物体将处于静止或匀速直线运动状态，即物体处于平衡状态。这种情形将在3.4节中讨论。

【例3-4】 重力坝受力如图3-11（a）所示，设$P_1=450\mathrm{kN}$，$P_2=200\mathrm{kN}$，$F_1=300\mathrm{kN}$，$F_2=70\mathrm{kN}$。求力系的合力$\boldsymbol{F}_{\mathrm{R}}$的大小和方向余弦、合力与基线$OA$的交点到点$O$的距离$x$，以及合力作用线方程。

解：（1）先将力系向点O简化，求得其主矢$\boldsymbol{F}'_{\mathrm{R}}$和主矩$M_O$［图3-11（b）］。由图3-11（a）有

$$\alpha=\angle ACB=\arctan\frac{AB}{CB}=16.7°$$

所以主矢$\boldsymbol{F}'_{\mathrm{R}}$在$x$、$y$轴上的投影为：

$$F'_{\mathrm{R}x}=\sum F_x=F_1-F_2\cos\theta=232.9(\mathrm{kN})$$
$$F'_{\mathrm{R}y}=\sum F_y=-P_1-P_2-P_2\sin\theta=-670.1(\mathrm{kN})$$

由式（3-13）可得主矢$\boldsymbol{F}'_{\mathrm{R}}$大小为

$$F'_{\mathrm{R}}=\sqrt{(\sum F_x)^2+(\sum F_y)^2}=709.4(\mathrm{kN})$$

由式（3-14）可得主矢$\boldsymbol{F}'_{\mathrm{R}}$的方向余弦为

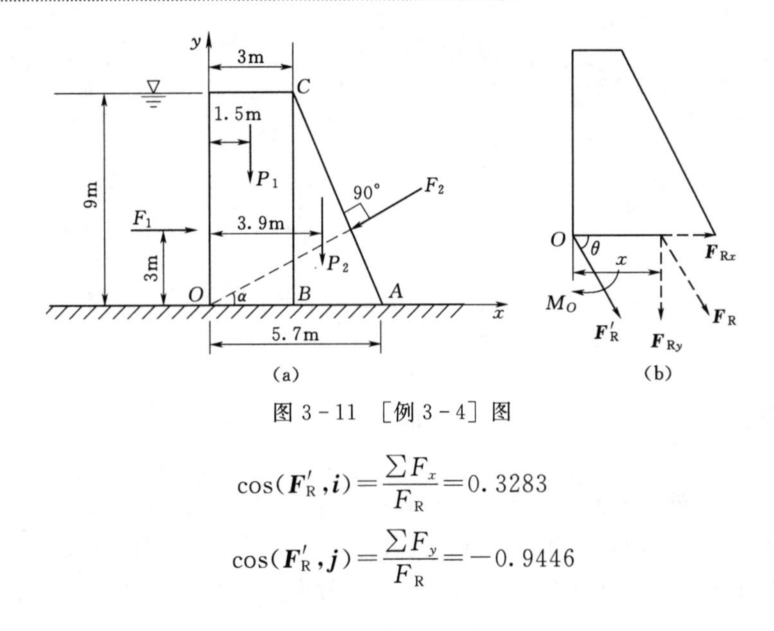

图 3-11 [例 3-4] 图

$$\cos(\boldsymbol{F}'_R,\boldsymbol{i})=\frac{\sum F_x}{F_R}=0.3283$$

$$\cos(\boldsymbol{F}'_R,\boldsymbol{j})=\frac{\sum F_y}{F_R}=-0.9446$$

则有

$$\angle(\boldsymbol{F}'_R,\boldsymbol{i})=\pm 70.84°$$

$$\angle(\boldsymbol{F}'_R,\boldsymbol{j})=180°\pm 19.16°$$

由于 F'_{Rx} 为正，F'_{Ry} 为负，故主矢 $\boldsymbol{F}'_R$ 在第四象限内，与 x 轴的夹角为 $-70.84°$。

由式（3-12）可得力系对点 O 的主矩为

$$M_O=\sum M_O(\boldsymbol{F})=-3F_1-1.5P_1-3.9P_2=-2355(\text{kN}\cdot\text{m})$$

（2）合力 $\boldsymbol{F}_R$ 的大小和方向与主矢 $\boldsymbol{F}'_R$ 相同。其作用线位置的 x 值可根据合力矩定理求得［图 3-11（b）］，即

$$M_O=M_O(\boldsymbol{F}_R)=M_O(\boldsymbol{F}_{Rx})+M_O(\boldsymbol{F}_{Ry})$$

其中

$$M_O(\boldsymbol{F}_{Rx})=0$$

故

$$M_O=M_O(\boldsymbol{F}_{Ry})=F_{Ry}x$$

解得

$$x=\frac{M_O}{F_{Ry}}=3.514(\text{m})$$

（3）设合力作用线上任一点的坐标为（x，y），将合力作用于此点，则合力为 $\boldsymbol{F}_R$ 对坐标原点的矩的解析表达式为

$$M_O=M_O(\boldsymbol{F}_R)=xF_{Ry}-yF_{Rx}=x\sum F_y-y\sum F_x$$

将已求得的 M_O、$\sum F_x$、$\sum F_y$ 的代数值代入上式，得合力作用线方程为

$$-2355=x(-670.1)-y(232.9)$$

即

$$670.1x+232.9y-2355=0$$

3.4 平面任意力系的平衡条件和平衡方程

平面任意力系平衡的必要与充分条件：力系的主矢和对任意点的主矩均等于零。即

$$F'_R=0,\quad M_O=0 \tag{3-16}$$

由式（3－13）和式（3－15）得

$$\left.\begin{aligned}\sum_{i=1}^{n}F_{xi}&=0\\ \sum_{i=1}^{n}F_{yi}&=0\\ \sum_{i=1}^{n}M_O(F_i)&=0\end{aligned}\right\} \tag{3-17}$$

可简写成：

$$\left.\begin{aligned}\sum F_x&=0\\ \sum F_y&=0\\ \sum M_O&=0\end{aligned}\right\}$$

方程（3－17）就是平面力系平衡方程式的基本形式，它由两个投影式和一个力矩式组成，即平面力系平衡的充分和必要条件是各力在作用面内对直角坐标轴上的投影之代数和以及各力对作用面内任意点 O 矩的代数和同时为零。式（3－17）是三个独立方程，最多只能解三个未知力。

用解析表达式表示平衡条件的方式不是唯一的。平衡方程式的形式还有二力矩式和三力矩式两种。

二力矩式方程为

$$\left.\begin{aligned}&\sum F_x=0\quad 或\quad \sum F_y=0\\ &\sum M_A=0\\ &\sum M_B=0\end{aligned}\right\} \tag{3-18}$$

其中 x 轴（y 轴）不能与 A、B 连线垂直。

方程式（3－18）也完全表达了力系的平衡条件：由 $\sum M_A=0$ 知，该力系不能与力偶等效，只能简化为一个作用线过矩心 A 的合力或者平衡；又由 $\sum M_B=0$ 知，若该力系有合力，则合力作用线必通过 A、B 两点；最后由 $\sum F_x=0$ 知，若有合力，则它必垂直于 x 轴；而根据限制条件，A、B 连线不垂直于 x 轴，故该力系不可能简化为一个合力，从而证明了所研究的力系必定为平衡力系。

三力矩式方程为

$$\left.\begin{aligned}\sum M_A&=0\\ \sum M_B&=0\\ \sum M_C&=0\end{aligned}\right\} \tag{3-19}$$

其中 A、B、C 三点不共线。

由 $\sum M_A=0$，$\sum M_B=0$ 知，该力系只可能有作用线过 A、B 两点的合力或是平衡力系；而由 $\sum M_C=0$ 且 C 点不在 A、B 连线上知，该力系无合力，为平衡力系。

总之，平面任意力系共有三种形式的平衡方程，但求解时应根据具体问题而定，只能选择其中的一种形式，且列三个平衡方程，最多只能求解三个未知力。若列第四个方程，它是不独立的，是前三个方程的线性组合；同时，在求解时应尽可能地使一个方程含有一个未知力，避免联立求解，这一点学习时应多作练习。

【例 3-5】 用平面任意力系的平衡方程求解［例 3-1］。

解： 若在受力分析中不利用三力平衡汇交定理，则 B 处约束反力亦可由一对正交分力 $\boldsymbol{F}_{Bx}$ 与 $\boldsymbol{F}_{By}$ 表示，如图 3-12 所示。这样踏板上所受的就是一个平面任意力系，于是需要选用平面任意力系的平衡方程，如基本式（3-17）。选用坐标如图 3-12 所示，并以 B 点为矩心。

$$\left.\begin{aligned}&\sum F_x=0, \quad -F\cos45°+F_{\mathrm{T}}+F_{Bx}=0\\&\sum F_y=0, \quad -F\sin45°+F_{By}=0\\&\sum M_B=0, \quad F\sin75°BC-F_{\mathrm{T}}\sin30°BC=0\end{aligned}\right\}$$

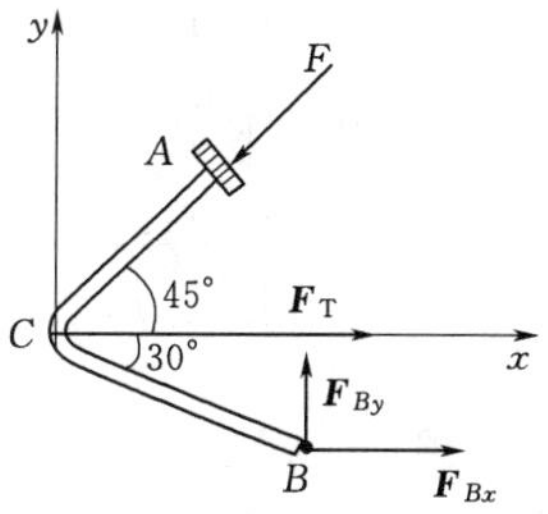

图 3-12 ［例 3-5］图

另外，注意到题中 BC 未知，但在上式第三个方程中可约去。

由上式可解得

$$F_{By}=F\sin45°=100\times\frac{\sqrt{2}}{2}=70.7(\mathrm{N})$$

$$F_{\mathrm{T}}=\frac{\sin75°}{\sin30°}F=1.932F=1.932\times100=193.2(\mathrm{N})$$

$$F_{Bx}=F\cos45°-F_{\mathrm{T}}=100\times\frac{\sqrt{2}}{2}-193.2=-122.5(\mathrm{N})$$

为了与前面的结果进行比较，可将 $\boldsymbol{F}_{Bx}$ 与 $\boldsymbol{F}_{By}$ 合成为 $\boldsymbol{F}_B$，即

$$F_B=\sqrt{(F_{Bx})^2+(F_{By})^2}=\sqrt{(-122.5)^2+70.7^2}=141.4(\mathrm{N})$$

$\boldsymbol{F}_B$ 的方向可由角 α 表示

$$\tan\alpha=\frac{F_{By}}{F_{Bx}}=-\frac{70.7}{122.5}=-0.577$$

所以 $\alpha=150°$，与前面的结果一致。注意这里的 α 是力 $\boldsymbol{F}_B$ 与 x 轴正向之间的夹角。

3.5　平面平行力系的合成与平衡

对于平面平行力系，即各力作用线共面且平行的力系，简化后其主矢必与各力平行，从而方向已知，这时可取两个投影轴分别与力系平行和垂直，则与力系垂直的轴上的投影方程总是自然满足。图 3-13 为 n 个力组成的平行力系，若选 x 轴与各力垂直，y 轴与各力平行，故其平衡方程式为式（3-17）的后两个方程，即

$$\left.\begin{aligned}&\sum F_y=0\\&\sum M_O=0\end{aligned}\right\}\tag{3-20}$$

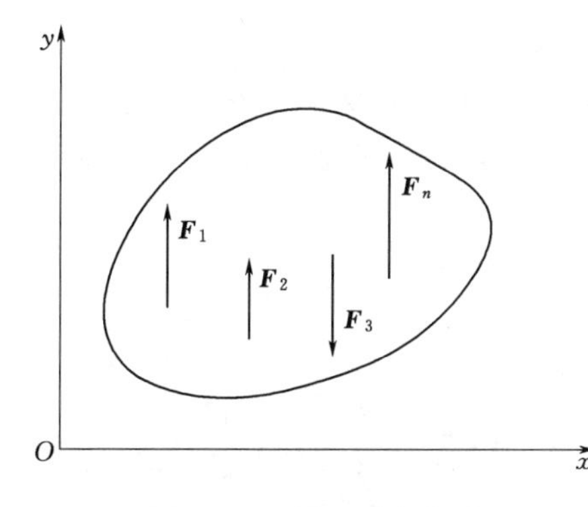

图 3-13　平面平行力系

平面汇交力系和平面平行力系的平衡方程式还可以写出其他形式，请读者思考。

【例 3-6】 塔式起重机如图 3-14 所示。其中机身重心位于 C 处，自重 $P_1=800\mathrm{kN}$。起吊重力 $P_2=300\mathrm{kN}$ 的重物，几何尺寸如图所示，其中

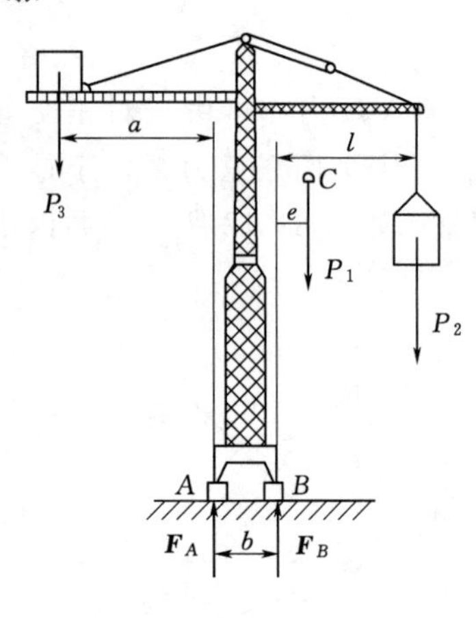

图 3-14 ［例 3-6］图

$a=5\text{m}$，$b=3\text{m}$，$l=8\text{m}$，$e=1\text{m}$。试求：

（1）为使起重机满载和空载时都不致翻倒，平衡配重 P_3 应取何值？

（2）若取 $P_3=500\text{kN}$，则满载时导轨 A 和 B 所受压力各为多少？

解： 取整个起重机为研究对象，进行受力分析后得知，这是一个平面平行力系的问题。为使起重机不翻倒而始终处于平衡状态，主动力 $\boldsymbol{P}_1$、$\boldsymbol{P}_2$、$\boldsymbol{P}_3$ 和约束力 $\boldsymbol{F}_A$、$\boldsymbol{F}_B$ 必须满足平衡条件，即满足平面平行力系的平衡方程式（3-20）。

（1）为使起重机不翻倒，应分别考虑满载和空载时起重机处于极限平衡状态的情况。

满载时，机身处于可能绕 B 点转动而翻倒的极限平衡状态。此时应有 A 支座处的约束反力 $F_A=0$，即 A 轮与地面将要脱离接触。这时求出的平衡配重应为最小值，记为 $P_{3\min}$。

应用平衡方程式（3-20），可求得此时的 $\boldsymbol{F}_B$ 及 $\boldsymbol{P}_{3\min}$，但据题意只求 $\boldsymbol{P}_{3\min}$，故只需列方程 $\sum M_B=0$，即可求得 $\boldsymbol{P}_{3\min}$，而不必去求 $\boldsymbol{F}_B$。

由 $\sum M_B=0$ 得

$$-P_2 l-P_1 e+P_{3\min}(a+b)=0$$

解得
$$P_{3\min}=\frac{P_2 l+P_1 e}{a+b}=\frac{300\times8+800\times1}{5+3}=400(\text{kN})$$

空载时，起重机可能绕 A 点向左翻倒。在这种极限平衡状态下，有 B 支座处约束反力 $\boldsymbol{F}_B=0$，由此可求得平衡配重的最大值 $\boldsymbol{P}_{3\max}$。

由 $\sum M_A=0$ 得

$$-P_1(b+e)+aP_{3\max}=0$$

解得
$$P_{3\max}=P_1\left(\frac{b+e}{a}\right)=800\times\left(\frac{3+1}{5}\right)=640(\text{kN})$$

于是为使起重机不致翻倒，平衡配重 $\boldsymbol{P}_3$ 应满足

$$400(\text{kN})\leqslant P_3\leqslant640(\text{kN})$$

（2）由题意知，$P_3=500\text{kN}$，根据前面的计算，起重机可以保持平衡，为求 $\boldsymbol{F}_A$ 和 $\boldsymbol{F}_B$，利用方程（3-20），以铅垂轴 y 为投影轴，并以 A 为矩心，于是有

$$\sum F_y=0, F_A+F_B-P_1-P_2-P_3=0$$
$$\sum M_A=0, F_B b+P_3 a-P_1(b+e)-P_2(b+l)=0$$

可解得
$$F_B=\frac{P_1(b+e)+P_2(b+l)-p_3 a}{b}$$
$$=[800\times(3+1)+300\times(3+8)-500\times5]\times\frac{1}{3}=1333.3(\text{kN})$$
$$F_A=P_1+P_2+P_3-F_B$$

$=300+500+800-1333.3=266.7(\text{kN})$

顺便指出，平面平行力系的平衡方程式也不是只有式（3-20）一种形式，如本题（2）中亦可由方程式$\sum M_A=0$，$\sum M_B=0$求出$\boldsymbol{F}_A$和$\boldsymbol{F}_B$。

3.6 物体系统的平衡

所谓物体系统，是指由若干个构件按一定方式组合而成的结构。这里构成物体系统的构件主要是刚体。因此也称为刚体系统。

若物体系统中的每个物体和物体系统整体都处于平衡状态，则称该物体系统处于平衡状态，研究物体系统平衡问题的主要目的是：

（1）求外界对物体系整体的约束反力。

（2）求物体系内各物体之间相互作用的内力。

既然物体系统平衡，那么其中任何一构件也处于平衡，因此求解这类问题时，应当根据题目的具体要求（不外乎上述两种目的），适当地选取研究对象，逐步进行求解。求解物体系统平衡问题的关键，在于正确分析、适当选取研究对象，最好在解题之前，先建立一个清晰的解题思路，再按思路依次选取研究对象进行求解。

另外还必须指出，在给定一个力系之后，按照平衡条件所能写出的独立平衡方程的数目是一定的。如一个平面力系，最多有3个独立的平衡方程式，因此从中最多可以求出3个未知量。对于物体系统平衡问题也是这样，设物体系统由n个物体组成，每个物体上都作用着一个平面力系，则最多可能有$3n$个独立的平衡方程式。若其中某些物体上作用的力系是汇交力系，平行力系等，则独立的平衡方程式数目还要随之减少。相应地，最多可以由这些方程中求得$3n$个未知量。这就是说，若物体系统所能列出的独立的平衡方程个数与物体系统中所包含的未知量个数相同，则这样的问题仅用静力学条件就能求解；若所能列出的独立的平衡方程个数少于未知量总数，则仅用静力学条件不能求出全部未知量。据此分析，可以把物体系统的平衡问题分成两大类：

（1）静定问题，即所研究的问题中包括的独立平衡方程的个数与未知量（主要是约束反力）个数相等，这样可以仅依靠静力平衡条件求解全部未知量。静定问题是静力学（严格地说是刚体静力学）研究的主要问题。静定问题对应的物体系统就是静定结构。

（2）静不定问题，即问题中包含的独立平衡方程的个数少于未知量个数。这类问题仅用静力学条件不能求出所有的未知量，这时就要考虑物体的变形，从而列出补充方程，使方程数与未知量数相等，以求出全部未知量。静不定问题对应的物体系统就是超静定结构。

静不定问题也称为超静定问题，其未知量总数与独立的平衡方程总数之差，称为该问题的静不定次数或超静定次数。

总之，求解物体系统平衡问题时，应先判断其是否静定，只有静定的才能用刚体静力学的方法求解。本章主要是静定问题，静不定问题的求解在第10章中讲解。

【例3-7】 图3-15所示的组合梁由AC和CD在C处铰接而成。梁的A端插入墙内，B处为滚动支座。已知$F=20\text{kN}$，均布荷载$q=10\text{kN/m}$，$M=20\text{kN}\cdot\text{m}$，$l=1\text{m}$。

试求插入端 A 及滚动支座 B 的约束反力。

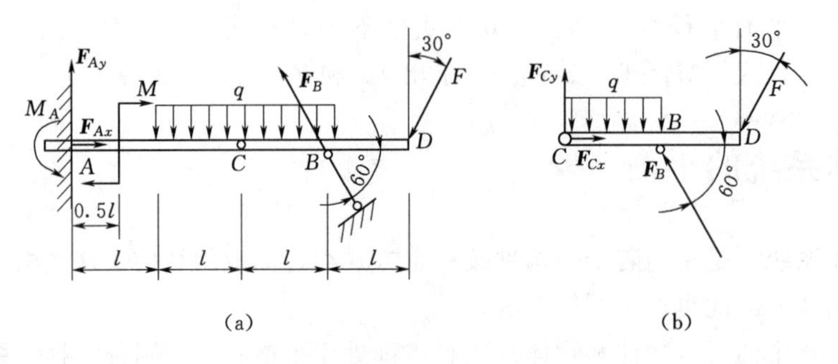

图 3－15 ［例 3－7］图

解：先以整体为研究对象，组合梁在主动力 M、$\boldsymbol{F}$、$\boldsymbol{q}$ 和约束反力 $\boldsymbol{F}_{Ax}$、$\boldsymbol{F}_{Ay}$、M_A 及 $\boldsymbol{F}_B$ 作用下平衡，受力如图 3－15（a）所示。其中均布荷载的合力通过点 C，大小为 $2ql$。列平衡方程有

$$\sum F_x=0,\quad F_{Ax}-F_B\cos60°-F\sin30°=0 \tag{a}$$

$$\sum F_y=0,\quad F_{Ay}+F_B\sin60°-2ql-F\cos30°=0 \tag{b}$$

$$\sum M_A(\boldsymbol{F})=0,\quad M_A-M-2ql\times2l+F_B\sin60°\times3l-F\cos30°\times4l=0 \tag{c}$$

以上 3 个方程中包含有 4 个未知量，必须再补充方程才能求解。为此可取梁 CD 为研究对象，受力如图 3－15（b），列出对点 C 的力矩方程，即

$$\sum M_C(F)=0,\quad F_B\sin60°l-ql\times\frac{l}{2}-F\cos30°\times2l=0 \tag{d}$$

由式（d）可得：

$$F_B=45.77(\text{kN})$$

代入式（a）～式（c）求得：

$$F_{Ax}=32.89(\text{kN})$$

$$F_{Ay}=2.32(\text{kN})$$

$$M_A=10.37(\text{kN}\cdot\text{m})$$

如需求解铰链 C 处的约束反力，可以梁 CD 为研究对象，由平衡方程 $\sum F_x=0$ 和 $\sum F_y=0$ 求得。

此题也可以先取梁 CD 为研究对象，求得 $\boldsymbol{F}_B$ 后，再以整体为研究对象，求出 $\boldsymbol{F}_{Ax}$、$\boldsymbol{F}_{Ay}$、M_A。

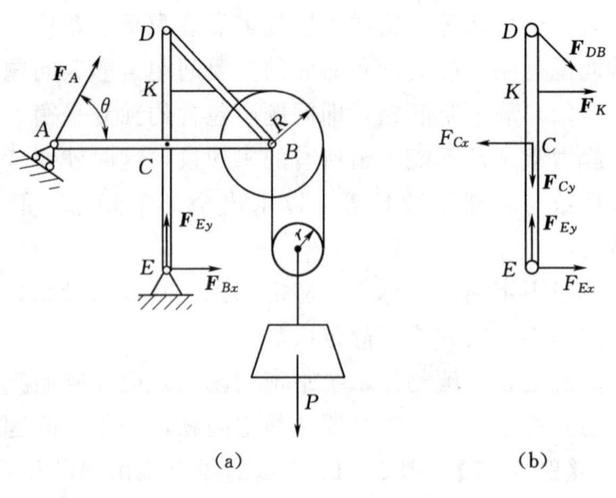

图 3－16 ［例 3－8］图

【例 3－8】 图 3－16（a）所示的平面构架，由杆 AB、DE 及 DB 铰接而成，A 为滚动支座，E 为固定铰链。钢绳一端拴在 K 处，另一端绕过定滑轮和动滑轮后拴在销钉 B 上。已知重力为 $\boldsymbol{P}$，$DC=CE=AC=CB=$

$2l$；定滑轮半径为 R，动滑轮半径为 r，且 $R=2r=l$，$\theta=45°$。试求 A、E 支座的约束反力及 BD 杆所受的力。

解：应依据已知与待求量，选取适当的系统为研究对象，并列适当的平衡方程，尽量能使一个方程解出一个未知量。

先取整体为研究对象，其受力如图 3-16（a）所示。列平衡方程

$$\sum M_E(\boldsymbol{F})=0,\quad -F_A\times\sqrt{2}\times 2l-P\,\frac{5}{2}l=0 \tag{a}$$

$$\sum F_x=0,\quad F_A\cos45°+F_{Ex}=0 \tag{b}$$

$$\sum F_y=0,\quad F_A\sin45°+F_{Ey}-P=0 \tag{c}$$

由式（a）解得

$$F_A=\frac{-5\sqrt{2}}{8}P$$

代入式（b）和式（c）得

$$F_{Ex}=\frac{5}{8}P$$

$$F_{Ey}=P-F_A\sin45°=\frac{13}{8}P$$

为了求 BD 杆所受的力，应取包含此力的物体或系统为研究对象。取杆 DCE 为研究对象最为方便，杆 DCE 的受力图如图 3-16（b）所示。

列平衡方程

$$\sum M_C(\boldsymbol{F})=0,\quad -F_{DB}\cos45°\times 2l-F_K l+F_{Ex}\times 2l=0 \tag{d}$$

式中 $\boldsymbol{F}_K$ 由动滑轮、定滑轮和绳索的受力分析可得，$F_K=P/2$（请读者自行分析）。

所以得
$$F_{DB}=\frac{3\sqrt{2}}{8}P$$

3.7 考虑摩擦的平衡

在前面各节的研究中，均假设物体间相互接触表面绝对光滑，而忽略了摩擦作用。事实上，摩擦是客观存在的，只是在某些情况下，摩擦对物体运动状态的影响较小，因而略去。但在另一些情况下，摩擦却是主要因素，直接决定着物体所处的运动状态，必须加以考虑。例如梯子斜靠在墙面上静止不动，摩擦力是使其保持静止的决定因素；皮带轮传动中，主动轮和从动轮之间运动的传递就是通过皮带与轮之间的摩擦作用实现的。可见在这种情况下必须考虑摩擦的作用。

摩擦是一种极其复杂的物理—力学现象，在日常生活和工程实际中普遍存在。研究摩擦现象，熟悉和掌握它的规律，具有很大的实际意义。从摩擦在阻碍运动、消耗能量、磨损机件等方面而言，摩擦是不利的，我们应采用润滑等方法减少摩擦。但另一方面，我们也常常利用摩擦规律工作，如摩擦轮传动、制动车轮等。关于摩擦机理及由此引出的磨损、润滑的理论研究已经形成一门专门的学科——摩擦学。

当两物体的接触表面不光滑，并且有相对滑动或相对滑动趋势时，在接触表面上产生

阻止相对滑动的作用称为**滑动摩擦**。滑动摩擦作用可以看成一种特殊的约束形式，其约束反力就是阻止相对滑动的阻力称为**滑动摩擦力**。滑动摩擦力作用于相互接触处，其方向与相对滑动或相对滑动的趋势方向相反。它的大小则根据主动力及物体运动状态可分为三种情况：静滑动摩擦力、最大静滑动摩擦力和动滑动摩擦力，分别由平衡方程、静摩擦定律和动摩擦定律求出。

3.7.1　静滑动摩擦力

静滑动摩擦力的性质及其定律可通过一个简单的实验获得。

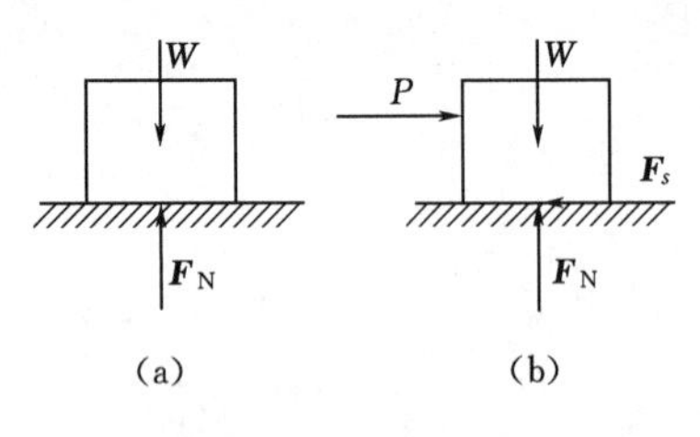

图 3－17　摩擦试验

自重为 $\boldsymbol{W}$ 的物块放在粗糙的水平面上，该物块在重力 $\boldsymbol{W}$ 和法向反力 $\boldsymbol{F}_N$ 的作用下处于平衡状态，如图 3－17（a）所示，此时物块无滑动趋势，摩擦力为零。现在该物块上作用一可逐渐增大的水平推力 $\boldsymbol{P}$，当力 $\boldsymbol{P}$ 由零逐渐增大时，物块仍保持静止状态。显然物块与地面接触面上除作用法向反力 $\boldsymbol{F}_N$ 外，还有一个阻碍物块沿水平面向右滑动的切向反力，此力即为**静滑动摩擦力**，简称静摩擦力，用 $\boldsymbol{F}_s$ 表示，如图 3－17（b）所示。可见，静摩擦力就是接触面对物体作用的切向约束反力，它的方向与物体相对滑动趋势相反，大小可由平衡方程求得，即

$$\sum F_x=0,\quad F_s=P$$

由上式可知，静摩擦力随水平力 $\boldsymbol{P}$ 的增大而增大，与一般的约束反力具有相同的性质。

当水平推力 $\boldsymbol{P}$ 继续增大时，超过某一极限时，物块就会沿水平面产生滑动。当水平推力 $\boldsymbol{P}$ 达到这一极限值时，物块处于将要滑动但尚未开始滑动的临界状态。这时，只要水平推力 $\boldsymbol{P}$ 再增加一点儿，物块即开始滑动。如果研究物块处于临界平衡状态时的受力，可以发现地面提供的静摩擦力已经达到了极限值，称为**最大静滑动摩擦力**，简称最大静摩擦力，以 $\boldsymbol{F}_{max}$ 表示。此后，如果再继续增大力 $\boldsymbol{P}$，地面提供的静摩擦力不能再随之增大，物块将失去平衡而滑动。可见静摩擦力与一般的约束反力不同，它不能随主动力的增大而无限制地增大，这就是静摩擦力的特点。

大量实验证明，最大静摩擦力的方向与相对滑动趋势的方向相反，其大小与两物体间接触面的法向反力 $\boldsymbol{F}_N$ 的大小成正比，即

$$F_{max}=f_sF_N \tag{3-21}$$

式中 f_s 是比例常数，称为静摩擦因数，它是一个无量纲量。式（3－21）称为**静摩擦定律或库仑定律**。

静摩擦因数的数值由实验测定，它与接触表面的材料以及粗糙程度、温度、湿度等有关，与接触面积大小无关。

静摩擦因数的参考数值可在工程手册中查到，表 3－1 中列出了部分常用材料的静摩擦因数。必须指出，影响静摩擦因数的因素很复杂，需要比较精确的数值时，应在具体条

件下实验测取。式（3-21）也是近似的，它远没有反映出静滑动摩擦的复杂物理规律，但由于公式简单，计算方便，且能满足一般工程精度需要，故在工程实际中被广泛地应用。

表 3-1　　常用材料的静摩擦因数

材料名称	静摩擦因素	材料名称	静摩擦因素
钢-钢	0.15	木材-木材	0.40～0.60
钢-铸铁	0.20～0.30	木材-土	0.30～0.70
混凝土-砖	0.70～0.80	皮革-铸铁	0.30～0.50
混凝土-土	0.30～0.40	橡胶-铸铁	0.50～0.80
砖-砖	0.60～0.70	软钢-青铜	0.2

综上所述，静滑动摩擦力的大小可由平衡条件确定，并在一个确定的范围内变化，即

$$0 \leqslant F_s \leqslant F_{max} \tag{3-22}$$

极限值 $\boldsymbol{F}_{max}$ 由静摩擦定律确定。

3.7.2　动滑动摩擦力

当静滑动摩擦力达到极限值时，若再继续增大水平推力 $\boldsymbol{P}$，接触面之间将出现相对滑动。此时，接触面间仍存在阻碍相对滑动的阻力，这种阻力称为动滑动摩擦力，简称为动摩擦力，记为 $\boldsymbol{F}_m$。

实验表明，动摩擦力的方向与两物体接触面间的相对速度方向相反，其大小与法向反力 $\boldsymbol{F}_N$ 的大小成正比，即

$$\boldsymbol{F}_m = f\boldsymbol{F}_N \tag{3-23}$$

式中 f 称为动滑动摩擦因数，它与接触物体的材料、表面状况及两接触物体的相对运动速度有关。多数情况下，动摩擦因数随相对滑动速度的增大而稍减小，但当相对滑动速度不大时，动摩擦因数可近似认为是一个常数，动滑动摩擦因数略小于静摩擦因数。式（3-23）称为动摩擦定律。

滑动摩擦力 $\boldsymbol{F}_m$ 的大小与水平推力 $\boldsymbol{P}$ 的大小关系及确定方法如图 3-18 所示。

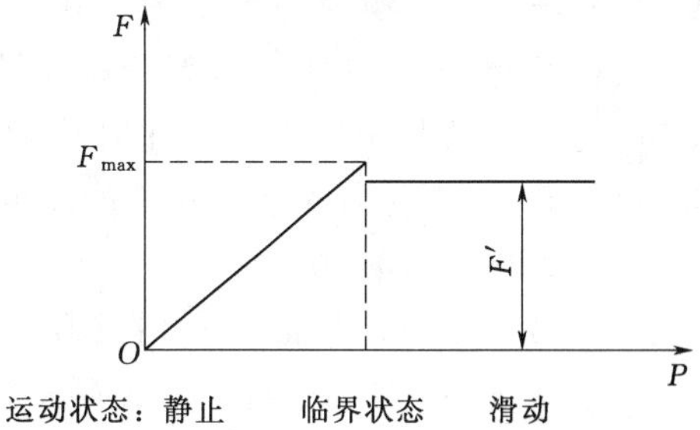

运动状态：静止　　临界状态　　滑动

F 的确定：平衡方程　$F_{max}=f_s F_N$　$F_m=fF_N$

图 3-18　滑动摩擦力与水平推力的相互关系

3.7.3　摩擦角

将重物静止放置在粗糙的水平面上，接触面对物体的约束反力包括两个分量，即法向反力 $\boldsymbol{F}_N$ 和静摩擦力 $\boldsymbol{F}_s$，其合力 $\boldsymbol{F}_R = \boldsymbol{F}_N + \boldsymbol{F}_s$ 称为接触面的全约束反力。它的作用线与接触面的公法线成一偏角 φ，如图 3-19（a）所示。当物体处于临界平衡状态时，静摩擦力达到最大值 $\boldsymbol{F}_{max}$，偏角 φ 也达到最大值 φ_m。全约束反力与法线夹角的最大值 φ_m 称为**摩擦角**。于是有下面的关系

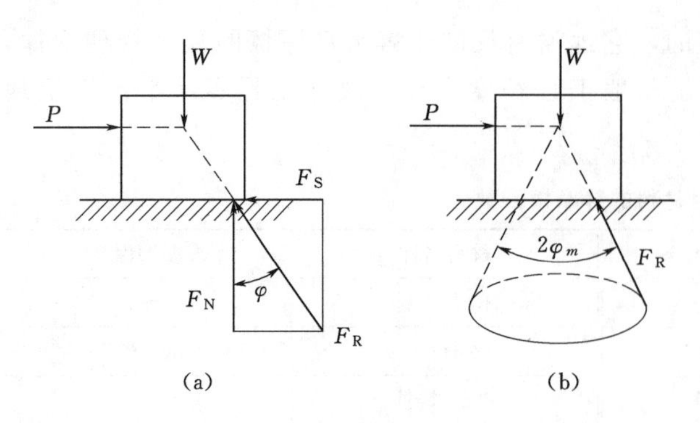

图3-19　摩擦角和摩擦锥

$$\tan\varphi_m=\frac{F_{max}}{F_N}=\frac{f_sF_N}{F_N}=f_s \tag{3-24}$$

即摩擦角的正切等于静摩擦因数。可见，摩擦角和静摩擦因数都是表示材料表面性质的物理量。

当物体的运动趋势方向改变时，对应于每一个方向都有一个全约束反力的极限位置，这些全约束反力的作用线组成一个锥面，称为**摩擦锥**。如果各个方向的摩擦因数都相同，那么这个锥面就是一个顶角为 $2\varphi_m$ 的圆锥面，如图3-19（b）所示。

3.7.4　自锁现象

物块平衡时，静摩擦力在零到最大值 $\boldsymbol{F}_{max}$之间，而此时全约束反力和法线间的夹角 φ 也在零和摩擦角 φ_m 之间，即

$$0\leqslant\varphi\leqslant\varphi_m \tag{3-25}$$

由于静摩擦力不可能超过最大值，因此，全约束反力作用线必定在摩擦角范围内，这是由摩擦的性质决定的。可见：

（1）若作用于物块上的主动力，其合力 $\boldsymbol{R}$ 的作用线在摩擦角范围内，则无论这个力多大，物块总能保持静止。这种现象称为**自锁**。因为，此时主动力的合力 $\boldsymbol{R}$ 和全约束反力 $\boldsymbol{F}_R$ 必能满足二力平衡条件，如图3-20（a）所示。

（2）若作用于物块的主动力，其合力 $\boldsymbol{R}$ 的作用线在摩擦角范围外，则无论这个力多小，物块一定会滑动起来。因为，此时接触面的全约束反力 $\boldsymbol{F}_R$ 和主动力的合力 $\boldsymbol{R}$ 不能满足二力平衡条件，如图3-20（b）所示。

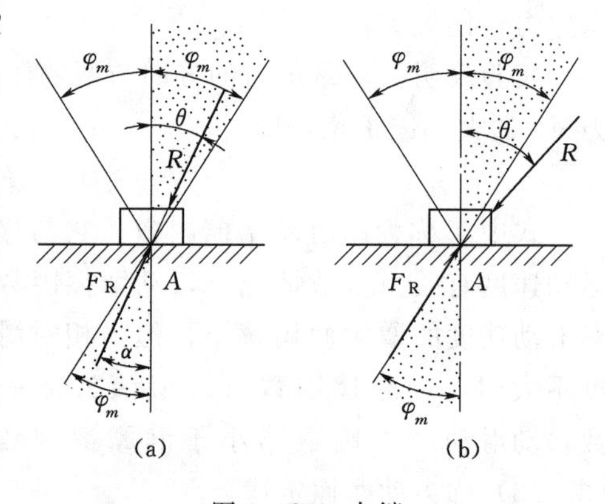

图3-20　自锁

在工程实际中，常常要利用或避免自锁现象，如千斤顶、夹具和螺钉等，只有自锁才能保证不松脱、转动；而在传动装置中，则不应发生自锁，如螺纹丝杠传动时，设计时就应保证不自锁。

如图3-21所示，螺纹和斜面的自锁条件为 $\alpha\leqslant\varphi_m$。请读者自行讨论。

3.7.5　考虑摩擦的平衡问题

考虑摩擦的平衡问题的解法和不考虑摩擦时基本相同，只是在分析物体受力情况时，必须画上摩擦力。由于摩擦力不同于一般的约束反力，有其自身的特点，即物体平衡时 $F_s\leqslant F_{max}$；在平衡的临界状态下，$F_s=F_{max}$。并且摩擦力的方向与运动趋势方向相反，在

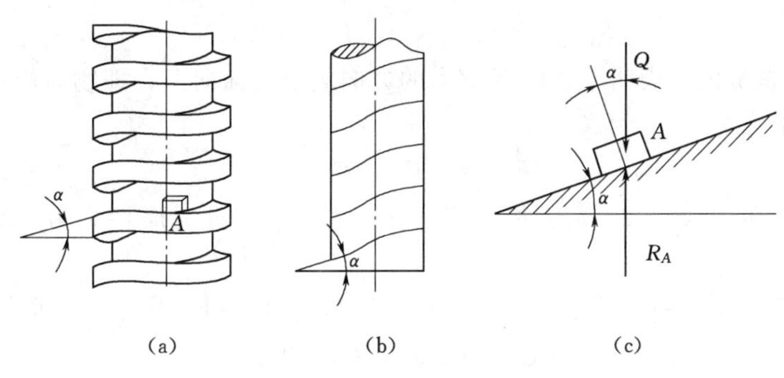

图 3-21 自锁的应用

运动趋势已知时，摩擦力方向属已知条件，不能假定；在运动趋势方向未知时，应首先假设运动趋势方向。由于有摩擦力，增加了未知力的个数，在求解时除平衡方程外还需增加补充方程 $F_s \leqslant F_{max} = fF_N$，补充方程的数目与摩擦力的数目相同。而且由于有不等式方程，解方程的结果亦是一个范围，而不是一个确定的值。

有时工程中的问题只需要分析平衡的临界状态，此时静摩擦力等于最大静摩擦力，补充方程只取等号。有时在分析平衡范围等问题时，为了计算方便，避开解不等式方程，也先求临界平衡状态下的结果，再分析、讨论解的平衡范围。

有摩擦的平衡问题一般可分为以下几种类型：

（1）已知作用在物体上的主动力，判断物体是否处于平衡状态，确定摩擦力的大小和方向。

（2）分析平衡的临界状态。

（3）求解物体的平衡范围。

【例 3-9】 一物块重 $P=1000$N，放在倾角 30°的斜面上，斜面与物块间静摩擦因数为 $f_s=0.25$，动摩擦因数 $f=0.18$。物块受水平推力 $Q=300$N 作用，如图 3-22（a）所示。问物块是否静止，并求此时摩擦力的大小和方向。

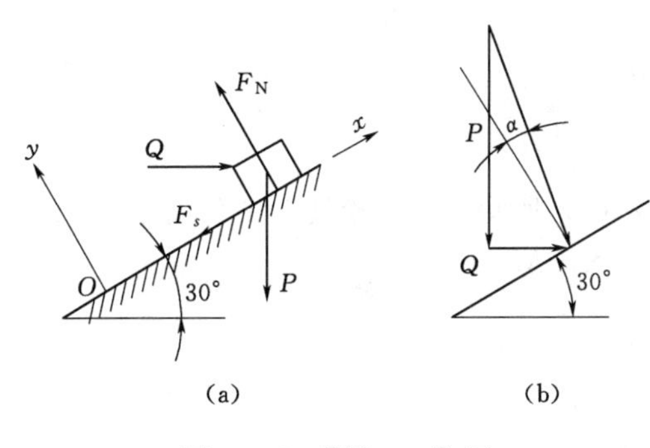

图 3-22 ［例 3-9］图

解：此题是判断物体是否静止的问题。解此类问题时，可先假设物体静止，应用平衡方程求得物体的约束反力和摩擦力，将求得的摩擦力与最大静摩擦力比较，若满足 $F_s \leqslant F_{max}$，则物体静止；反之，若 $F_s > F_{max}$，接触面不可能提供如此大的静摩擦力以维持平衡，物体必运动。

取物块为研究对象。假设物块静止在斜面上，且具有向上滑动的趋势，则摩擦力沿斜面向下。受力如图 3-22（a）所示。列平衡方程得

$$\left.\begin{aligned}\sum F_x=0,\quad -P\sin 30^\circ+Q\cos 30^\circ-F_s=0\\ \sum F_y=0,\quad -P\cos 30^\circ-Q\sin 30^\circ+F_N=0\end{aligned}\right\}$$

代入数值，解得

$$F_s=-240.2(\mathrm{N}),\quad F_{\mathrm{N}}=1016(\mathrm{N})$$

摩擦力 $\boldsymbol{F}_s$ 是负值，表明平衡时摩擦力的方向应沿斜面向上，即物体应具有下滑趋势。此时最大静摩擦力为

$$F_{\max}=f_sF_{\mathrm{N}}=254(\mathrm{N})$$

上述计算表明，$|F_s|<F_{\max}$，物块将静止在斜面上。此时摩擦力为 240.2N，方向沿斜面向上。

本题也可用摩擦角和自锁的概念来分析。如图 3-22（b）所示。斜面的摩擦角为

$$\varphi_m=\arctan f_s=14.04°$$

主动力 $\boldsymbol{P}$ 和 $\boldsymbol{Q}$ 的合力与斜面法线的夹角为

$$\alpha=30°-\arctan\frac{Q}{P}=13.3°$$

$\alpha<\varphi_m$，可见主动力的合力在摩擦角范围内，物块将静止在斜面上。此时，摩擦力大小为

$$F=\sqrt{P^2+Q^2}\sin\alpha=240.2(\mathrm{N})$$

此题中如果物块与接触面间的静摩擦因数 $f_s=0.2$，那么最大静摩擦力等于 203.2N，它小于物块在斜面上静止应有的摩擦阻力 240.2N。这说明物体不可能静止在斜面，而是沿斜面下滑，则此时的摩擦力

$$F=fF_{\mathrm{N}}=182.9(\mathrm{N})$$

【例 3-10】 制动装置如图 3-23（a）所示，已知鼓轮与制动块之间的摩擦因数为 f，作用在鼓轮上的主动力矩为 $\boldsymbol{M}$，其他尺寸如图所示。求制动鼓轮所需的最小力 $\boldsymbol{P}$。

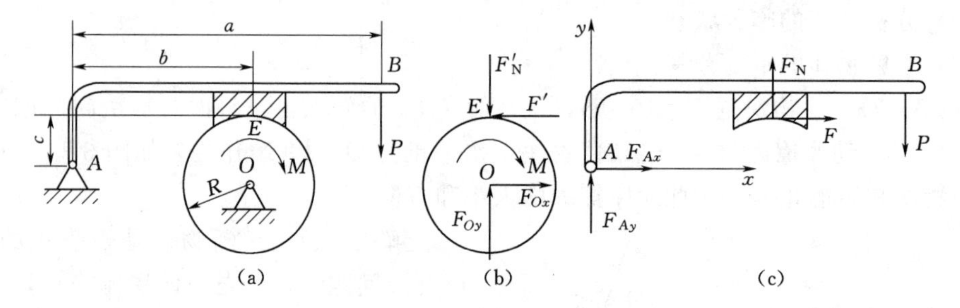

图 3-23 ［例 3-10］图

解：首先取鼓轮为研究对象，受力如图 3-23(b) 所示。因鼓轮处于平衡状态，所以

$$\sum M_O(\boldsymbol{F})=0,\quad F'R-M=0$$

解得

$$F'=\frac{M}{R}$$

根据题意，此时摩擦力应为最大值，即

$$F'=fF'_{\mathrm{N}}$$

由此得

$$F'_{\mathrm{N}}=\frac{M}{fR}$$

其次取手柄与制动块为研究对象，受力如图 3-23（c）所示。列平衡方程得

$$\sum M_A(\boldsymbol{F})=0,\quad -aP+bF_{\mathrm{N}}-cF=0$$

解得

$$P=\frac{M}{aR}\left(\frac{b}{f}-c\right)$$

从上式可以看出，设计这种制动器时，应尽可能使 b 小些，而 R、a 和 f 则应大些，以使 $\boldsymbol{P}$ 尽可能地小。

本例题图中鼓轮上主动力矩方向为顺时针方向。如果为逆时针方向，结果又如何，对设计参数又有何要求，请读者自行分析。

本 章 小 结

（1）力的平移定理。作用在刚体上任意点 A 的力 $\boldsymbol{F}$ 可以平行移到另一点 B，只需附加一个力偶，此力偶的矩等于原来的力 $\boldsymbol{F}$ 对平移点 B 的矩。

（2）平面任意力系的简化。平面任意力系向力系所在平面内任意点简化，得到一个力和一个力偶，此力称为原来力系的主矢，与简化中心的位置无关；此力偶矩称为原来力系的主矩，与简化中心的位置有关。

主矢：
$$\boldsymbol{F}'_{\mathrm{R}} = \sum_{i=1}^{n} \boldsymbol{F}_i$$

主矩：
$$M_O = \sum_{i=1}^{n} M_O(\boldsymbol{F}_i)$$

（3）平面任意力系简化结果

1）当 $\boldsymbol{F}'_{\mathrm{R}}=0$，$M_O\neq 0$ 时，简化为一个力偶。此时的力偶矩与简化的位置无关，主矩 M_O 为原来力系的合力偶矩。

2）当 $\boldsymbol{F}'_{\mathrm{R}}\neq 0$，$M_O=0$ 时，简化为一个力。此时的主矢为原来力系的合力，合力的作用线通过简化中心。

3）当 $\boldsymbol{F}'_{\mathrm{R}}\neq 0$，$M_O\neq 0$ 时，简化为一个力，此时合力的大小与主矢的大小相等，合力的作用线到 O 点的距离 d 为

$$d=\frac{M_O}{F'_{\mathrm{R}}}$$

4）当 $\boldsymbol{F}'_{\mathrm{R}}=0$，$M_O=0$ 时，平面任意力系为平衡力系。

（4）合力矩定理。平面任意力系的合力对力系所在平面内任意点的矩等于力系中各力对同一点的矩的代数和。即

$$M_O(\boldsymbol{F}_{\mathrm{R}}) = \sum_{i=1}^{n} M_O(\boldsymbol{F}_i)$$

（5）平面任意力系的平衡。平面任意力系平衡的必要与充分条件是力系的主矢和对任意点的主矩均等于零。即

$$\boldsymbol{F}'_{\mathrm{R}}=0,\quad M_O=0$$

（6）平面任意力系的平衡方程。

1）基本形式：$\sum_{i=1}^{n} F_{xi} = 0$；$\sum_{i=1}^{n} F_{yi} = 0$；$\sum_{i=1}^{n} M_O(\boldsymbol{F}_i) = 0$。

2）二力矩式：$\sum_{i=1}^{n} M_A(\boldsymbol{F}_i) = 0$；$\sum_{i=1}^{n} M_B(\boldsymbol{F}_i) = 0$；$\sum_{i=1}^{n} F_{xi} = 0$。

其中，x 轴不能与 A、B 连线垂直。

3）三力矩式：$\sum_{i=1}^{n} M_A(\boldsymbol{F}_i) = 0$；　$\sum_{i=1}^{n} M_B(\boldsymbol{F}_i) = 0$；　$\sum_{i=1}^{n} M_C(\boldsymbol{F}_i) = 0$。

其中，A、B、C 三点不共线。

4）平面任意力系中特殊的平衡方程

平面汇交力系：　$\sum_{i=1}^{n} F_{xi} = 0$；　$\sum_{i=1}^{n} F_{yi} = 0$

平面力偶系：　$\sum_{i=1}^{n} M_i = 0$

平面平行力系：　$\sum_{i=1}^{n} M_O(\boldsymbol{F}_i) = 0$；　$\sum_{i=1}^{n} F_{yi} = 0$

或者　$\sum_{i=1}^{n} M_A(\boldsymbol{F}_i) = 0$；　$\sum_{i=1}^{n} M_B(\boldsymbol{F}_i) = 0$

其中 A、B 连线不能与力的作用线平行。

（7）摩擦力是两个相互接触物体表面起阻碍相对运动或相对运动趋势的阻力。两个接触表面有相对滑动的趋势，但尚未产生滑动时的摩擦力称为静滑动摩擦力；已产生滑动时的摩擦力称为动滑动摩擦力。静滑动摩擦力的方向与接触面间相对滑动趋势的方向相反；大小随主动力变化，其范围在 0 与最大值 F_{max} 之间，即：$0 \leqslant F_s \leqslant F_{max}$。

（8）最大静滑动摩擦力的大小由静滑动摩擦定律决定：$F_{max} = f_s F_N$。

动滑动摩擦力的大小由动滑动摩擦定律决定：$F' = fF_N$。

（9）摩擦角。重物静止在粗糙水平面上时，接触面对物体的约束反力包括两个分量，即法向反力 $\boldsymbol{F}_N$ 和静摩擦力 $\boldsymbol{F}_s$。其合力 $\boldsymbol{F}_R = \boldsymbol{F}_N + \boldsymbol{F}_s$ 称为接触面的全约束反力。全约束反力与法线夹角的最大值 φ_m 称为摩擦角：

$$\tan\varphi_m = \frac{F_{max}}{F_N} = \frac{f_s F_N}{F_N} = f_s$$

即摩擦角的正切等于静摩擦因数。

（10）自锁现象。物块平衡时，静摩擦力在零到最大值 $\boldsymbol{F}_{max}$ 之间，而此时全约束反力和法线间的夹角 φ 也在零和摩擦角 φ_m 之间，即：$0 \leqslant \varphi \leqslant \varphi_m$，全约束反力作用线必在摩擦角范围内。

1）若作用于物块上主动力的合力 $\boldsymbol{R}$ 的作用线在摩擦角范围内，则无论这个力多大，物块总能保持静止，这种现象称为自锁。

2）若作用于物块上主动力的合力 $\boldsymbol{R}$ 的作用线在摩擦角范围外，则无论这个力多小，物块一定会滑动起来。

（11）考虑摩擦的平衡问题。考虑摩擦的平衡问题的解法和不考虑摩擦时基本相同，只是在分析物体受力情况时，必须画上摩擦力。摩擦力的方向与运动趋势方向相反，在运动趋势已知时，摩擦力方向属已知条件，不能假定；在运动趋势方向未知时，应首先假设运动趋势方向。在求解时除平衡方程外还需增加补充方程 $F_s \leqslant F_{max} = fF_N$，补充方程的数目与摩擦力的数目相同。

思　考　题

3-1　用解析法求解汇交力系的平衡问题，坐标系原点是否可以任意选取？所选的投

影轴是否必须垂直？为什么？

3-2　平面一般力系的二力矩式和三力矩式的附加条件是什么？如果仅满足二力矩式或三力矩式，不满足附加条件，力系能够平衡吗？

3-3　力系的主矢和主矩与合力和合力偶的概念有什么不同？有什么联系？

3-4　在进行物体系统的平衡计算时，需要注意哪些问题？

3-5　静滑动摩擦力与动滑动摩擦力有何区别？

3-6　考虑摩擦的平衡问题的求解与不考虑摩擦的平衡问题的求解，在解法上有何不同？

3-7　怎样判断静定和静不定问题？思考题3-7图所示结构哪个是静定的，哪个是超静定的？

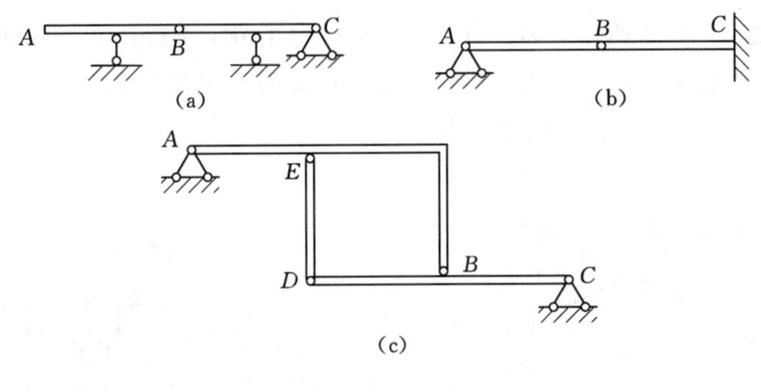

思考题3-7图

习　题

3-1　试用解析法求习题3-1图所示平面汇交力系的合力。

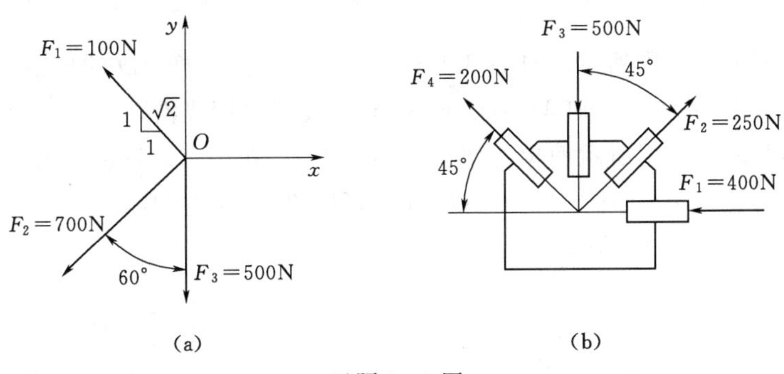

习题3-1图

3-2　求习题3-2图中所示平面力系的合成结果。

3-3　AC和BC两杆用铰链C连接，两杆的另一端分别铰支在墙上，如习题3-3图中所示。在点C悬挂重10kN的物体。已知$AB=2$m，$BC=1$m，$AC\perp BC$。若杆自重不计，求两杆所受的力。

3-4　物体重$P=20$kN，用绳子挂在支架上的滑轮B上，绳子另一端接在铰车D上，如习题3-4图所示。转动铰车，物体便能升起。设滑轮的大小、AB与CB杆自重及摩擦略去不

计，A、B、C三处均为铰链连接。当物体处于平衡状态时，试求拉杆AB和支杆CB所受的力。

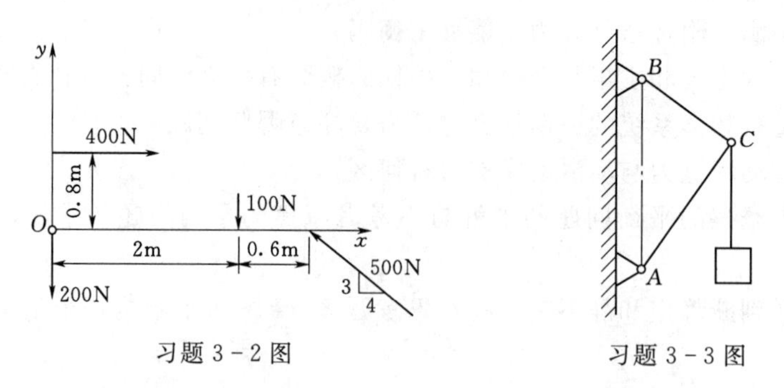

习题3-2图　　习题3-3图

3-5　如习题3-5图所示，A、B、C、D均为滑轮，绕过B、D两滑轮的绳子两端的拉力为400N，绕过A、C两滑轮的绳子两端的拉力$F=300$N，$\alpha=30°$。试求该两力偶的合力偶矩的大小和转向，滑轮尺寸不计。

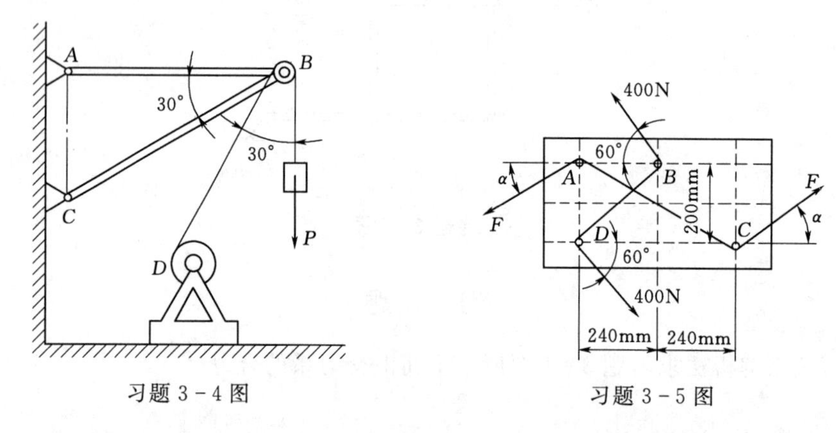

习题3-4图　　习题3-5图

3-6　如习题3-6图所示，杆AB上有一销子E，置于杆CD的导槽中，杆AB及杆CD受力偶作用如图所示，已知$M_1=1000$N·m，设接触面光滑，求平衡时M_2之值。

3-7　如习题3-7图所示简单构架中，AC和DF在中点以销钉E铰接，不计各杆自重，已知$AE=BC=CE=DE=EF=FG=a$，$GH=2a$，受力如图，求：①FG杆的受力；②A的约束反力；③CD杆的受力。

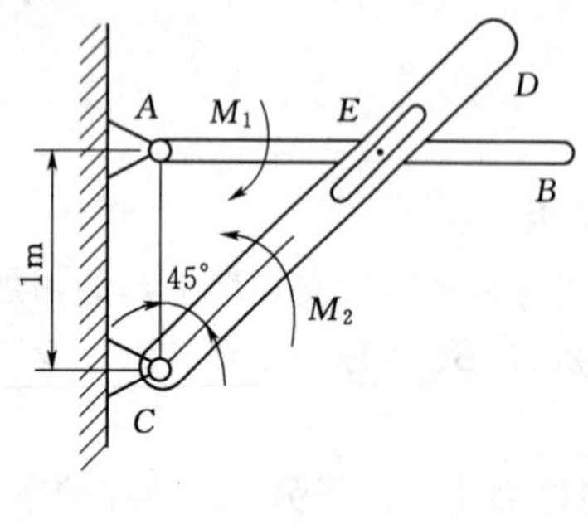

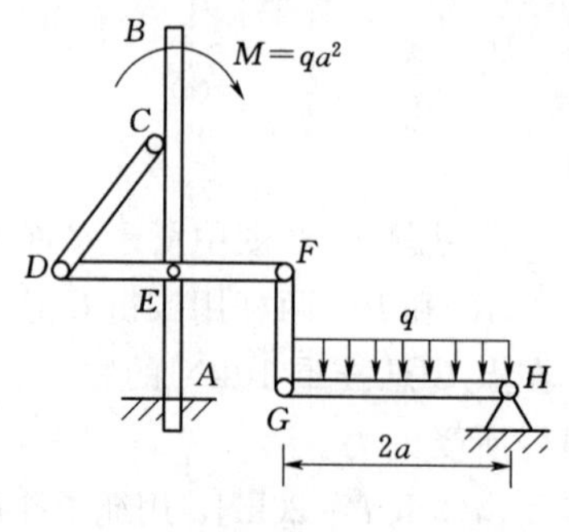

习题3-6图　　习题3-7图

3-8　铰链四杆机构 $CABD$ 的 CD 边固定，在铰链 A、B 处有力 $\boldsymbol{F}_1$、$\boldsymbol{F}_2$ 作用，如习题 3-8 图所示。该机构在图示位置平衡，杆重略去不计。求力 $\boldsymbol{F}_1$、$\boldsymbol{F}_2$ 的关系。

3-9　如习题 3-9 图所示三铰拱受铅垂力 $\boldsymbol{F}$ 作用，若拱的重量不计，求 A、B 处的支座反力。

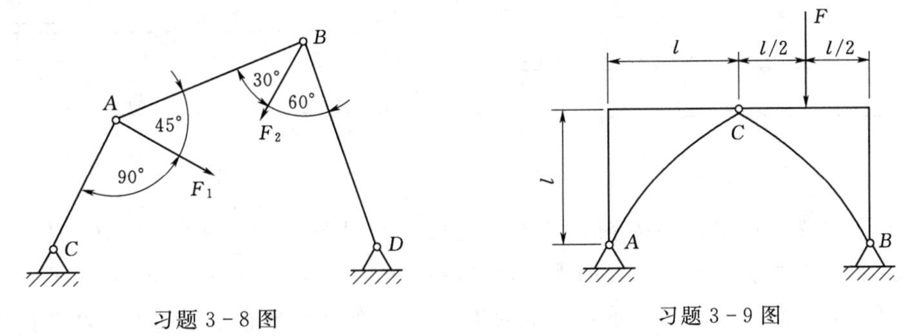

习题 3-8 图　　　　习题 3-9 图

3-10　求习题 3-10 图所示各梁的约束反力。

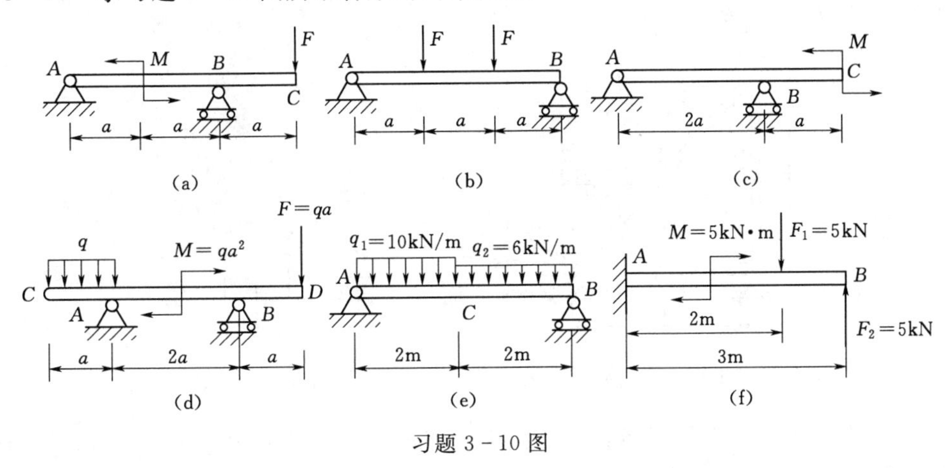

习题 3-10 图

3-11　梯子放在水平面上，其一边作用有铅垂力 $\boldsymbol{F}$，尺寸如习题 3-11 图所示。不计梯重，求绳索 DE 的拉力及 A 处的约束反力。

3-12　如习题 3-12 图所示，倾斜悬臂梁 AB 与水平简支梁 BC 在 B 处铰接。梁上荷载 $q=400\text{N/m}$，$M=500\text{N}\cdot\text{m}$，求固定端 A 处的约束反力。

3-13　如习题 3-13 图所示外伸梁 ACB 与水平简支梁 BD 在 B 处铰接。梁上荷载 $q=200\text{N/m}$，$a=1\text{m}$，求 A、B、C、D 处的约束反力。

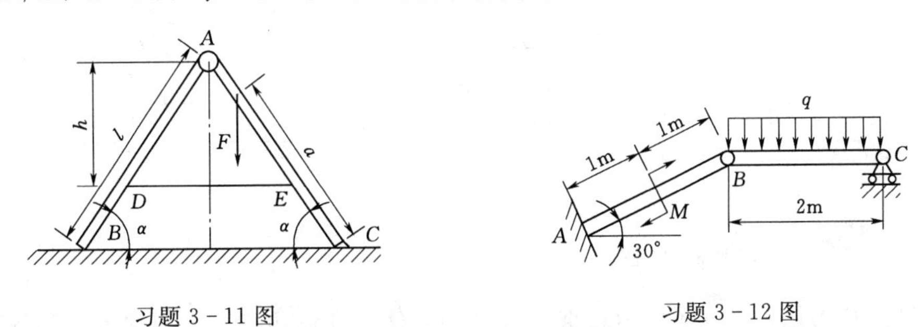

习题 3-11 图　　　　习题 3-12 图

3－14　如习题 3－14 图所示结构中的各构件自重不计，受力如图。试求 A、B 及 D 处的约束反力。

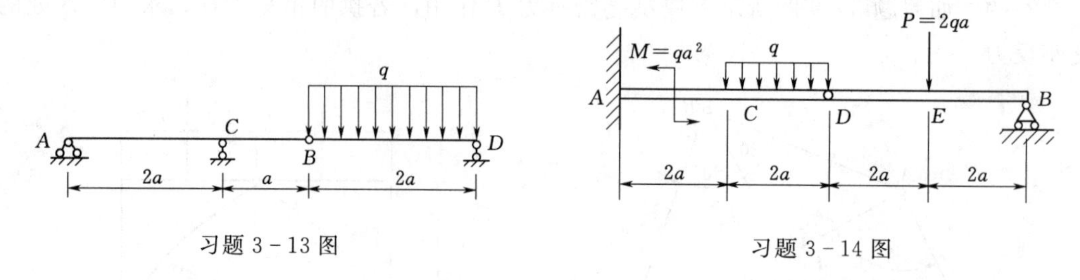

习题 3－13 图　　习题 3－14 图

3－15　构架由杆 AB、AC 和 DF 铰接而成，如习题 3－15 图所示。在 DEF 杆上作用力偶矩为 M 的力偶。不计各杆的重量，求 AB 杆上铰链 A、D 和 B 所受的力。

3－16　如习题 3－16 图所示，一重为 $P=100\text{N}$ 的物块放在水平面上，其摩擦因数为 $f=0.3$，当作用于物块的水平推力分别为 10N、20N、40N 时，试分析三种情形下物块是否平衡？摩擦力等于多少？

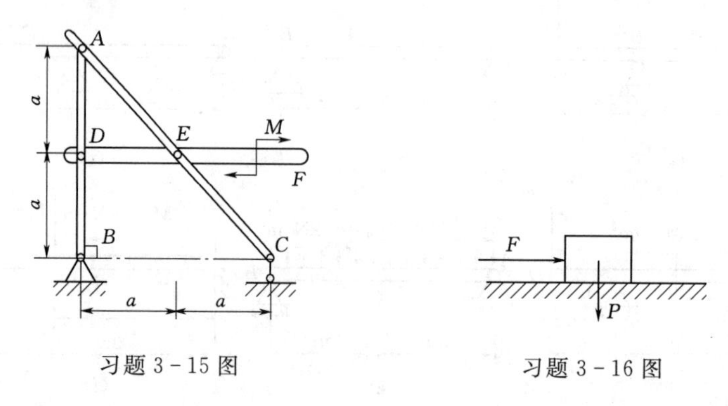

习题 3－15 图　　习题 3－16 图

3－17　如习题 3－17 图所示，已知物块重 $P=100\text{N}$，斜面倾角 $\alpha=30°$，物块与斜面间摩擦因数 $f=0.38$。

(1) 求物块与斜面间的摩擦力；并问，此时物块在斜面上是静止还是下滑？

(2) 如要使物块沿斜面向上运动，求加于物块上并与斜面平行的推力至少要多大。

3－18　物块重 $\boldsymbol{P}$，一力 $\boldsymbol{F}$ 作用在摩擦角之外，如习题 3－18 图所示。已知 $\theta=25°$，摩擦角 $\varphi=20°$，且 $F=P$，问物块动不动？为什么？

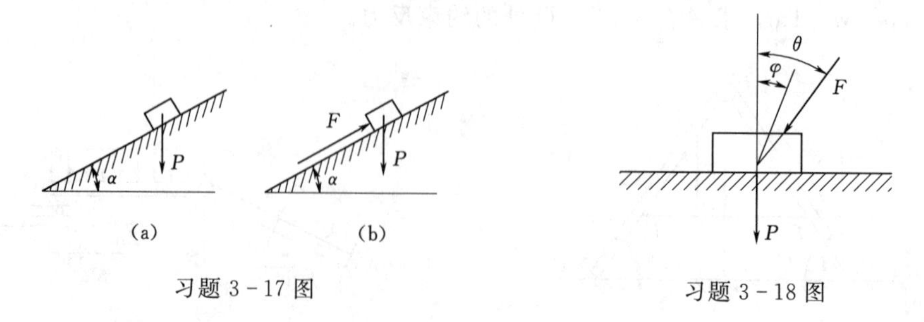

习题 3－17 图　　习题 3－18 图

3－19　如习题 3－19 图所示，重量为 $\boldsymbol{P}$ 的物体放在倾角为 α 的斜面上，物体与斜面

间的摩擦角为 φ_m，且 $\alpha > \varphi_m$，如在物体上作用与斜面平行 $\boldsymbol{F}_1$，试求能使物体保持静止时力 $\boldsymbol{F}_1$ 的最大值和最小值。

3-20　如习题 3-20 图所示，梯子 AB 长 l，一端靠在光滑的墙面上，另一端置于地板上。地板与梯子之间的静摩擦因数为 f，梯子自重不计。今有一重 $\boldsymbol{P}$ 的人沿梯子向上爬，欲保证人爬到顶端时梯子不滑倒，求梯子与墙面的夹角 α。

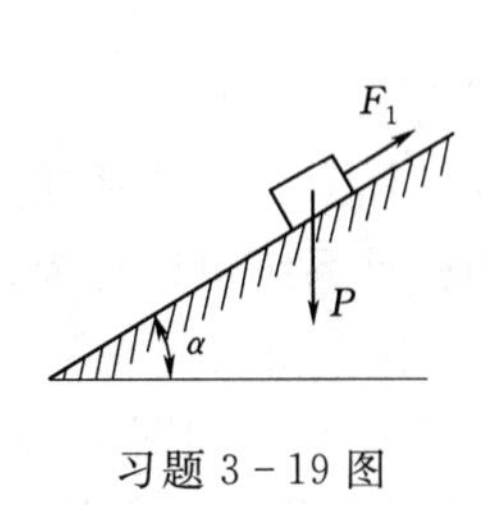

习题 3-19 图

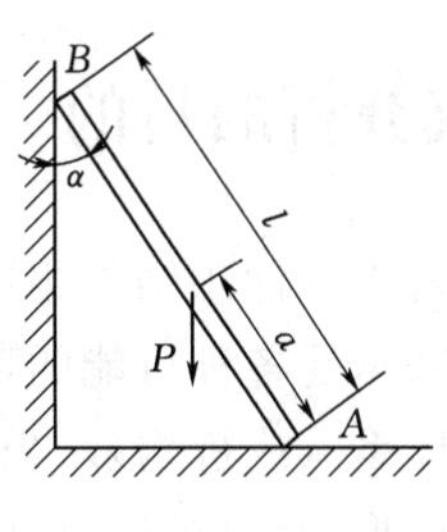

习题 3-20 图

第 4 章　平面体系的几何组成分析

4.1　几何组成分析的目的

杆件结构是由若干杆件用结点相连组成的一个杆件体系，该体系通过支座与地基连接组成一个整体，用来承受各种可能的荷载。工程中的杆件系统可以分为几何不变体系（或结构）和几何可变体系（或机构）。当体系受到任意荷载作用后，在不考虑材料应变的条件下，能保持其几何形状和位置不变的，称为几何不变体系，如图 4－1（a）所示。当体系在受到任意荷载作用后，在不考虑材料应变的条件下，若不能保持其位置和形状不变者，称为几何可变体系，如图 4－1（b）所示。显然，几何可变体系不能作为建筑结构使用，结构必须为几何不变体系。为确定体系属于哪一类而分析其几何组成，称为体系的几何组成分析，又称为机动分析或几何构造分析。

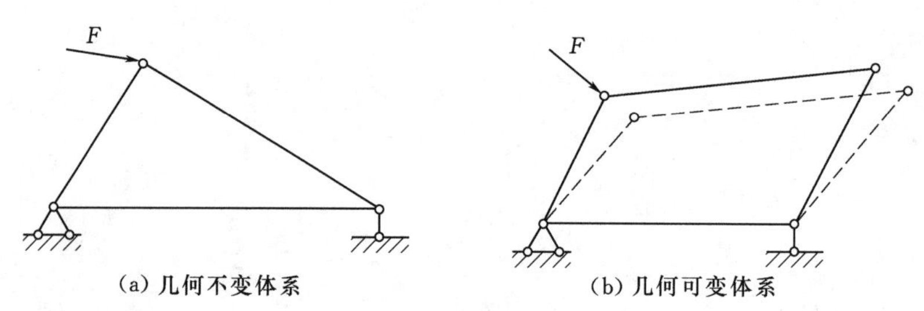

(a) 几何不变体系　　(b) 几何可变体系

图 4－1　两种体系

几何组成分析的目的如下：

（1）判定一个体系是否几何可变，从而确定它能否作为结构。

（2）区分静定和超静定结构，以指导结构的内力计算。

（3）了解结构各组成部分之间的构造关系，以便选择合理的计算顺序。

4.2　几何组成分析的基本概念

4.2.1　刚片

几何形状不变的平面物体，称为刚片。在几何构造分析中，由于不考虑材料的弹性变形，故所有平面杆件均可视为刚片。例如，一个杆件、一根梁或柱是一个刚片；同样，支承体系的基础也可看成一个刚片。

4.2.2　自由度

一个体系的自由度，是指该体系运动时，确定其位置所需的独立坐标的数目。图4－2（a）

所示的平面内一个动点 A，确定其位置要用两个坐标 x 和 y 确定，所以平面内一个点的自由度等于 2。图 4-2（b）所示的一个刚片在平面内自由运动时，它的位置由其上面的任一点 A 的坐标 x、y 和过 A 点的任一直线的倾角 φ 来完全确定。因此，平面内一刚片的自由度等于 3。

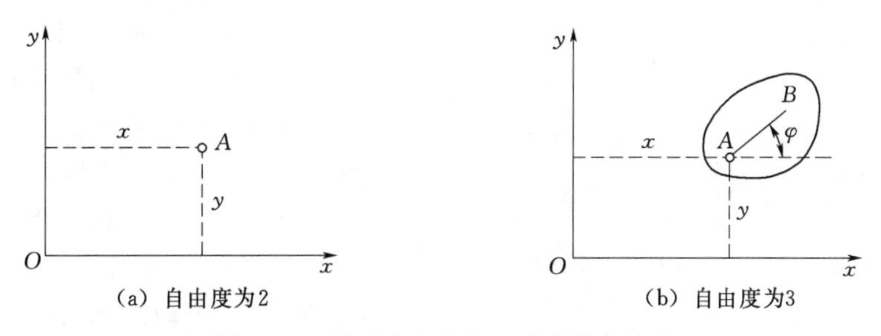

图 4-2　平面内一点和一刚片的自由度

4.2.3　约束

约束是指限制杆件或体系运动的各种装置。对刚片加以约束，它的自由度一般会减少，凡是能减少一个自由度的装置称为一个约束或一个联系。常见的约束有链杆和铰。

（1）链杆。如图 4-3（a）所示，用一根链杆将刚片与基础相连，则刚片不能沿链杆方向移动，但可沿垂直链杆方向移动和绕 A 点转动，刚片的自由度由 3 减少为 2，因而减少了 1 个自由度，故一根链杆为一个约束。

（2）铰。连接两个刚片的铰称为单铰，如图 4-3（b）所示。未连接前，刚片Ⅰ、Ⅱ共有 6 个自由度，加单铰后，刚片Ⅰ仍有 3 个自由度，在刚片Ⅰ的位置被确定后，刚片Ⅱ只能绕 A 点作相对转动，此时，由刚片Ⅰ、Ⅱ所组成的体系在平面内的自由度为 4，因而减少了 2 个自由度。由此可见，一个单铰相当于两个约束，也相当于两根相交链杆的约束作用，如图 4-3（c）所示。

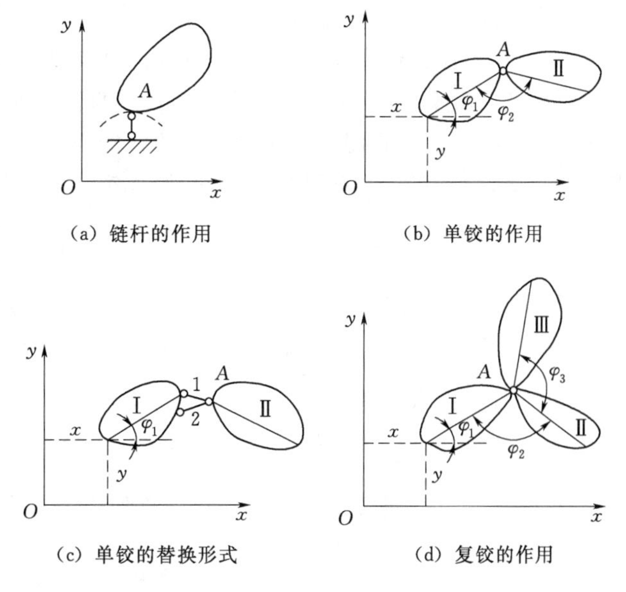

图 4-3　约束或联系

连接 3 个或 3 个以上的刚片的铰称为复铰，如图 4-3（d）所示。3 个刚片Ⅰ、Ⅱ、Ⅲ在未连接前，体系有 9 个自由度，用铰 A 连接后，若刚片Ⅰ的位置被固定，则刚片Ⅱ和Ⅲ都只能作绕 A 点的转动，此时体系有 5 个自由度，减少了 4 个自由度。故连接三个刚片的复铰相当于两个单铰的作用。

当 n 个刚片用一个复铰连接在一起时，从减少自由度的观点来看，连接 n 个刚片的复

铰可以看作 $n-1$ 个单铰。

4.2.4　多余约束

在一个体系中增加（去掉）一个约束，体系的自由度并不因此而减少（增加），则该约束称为多余约束。例如平面内一个点 A 有 2 个自由度，如果用两根不共线的链杆 1 和 2 将点 A 与基础相连接[图 4-4 (a)]，则点 A 减少两个自由度，即被固定。如果用三根不共线的链杆将点 A 与基础相连接[图 4-4 (b)]，实际上仍只减少两个自由度。故这三根链杆中有一根是多余约束。非多余约束（必要约束）对体系的自由度有影响，而多余约束对体系的自由度没有影响。

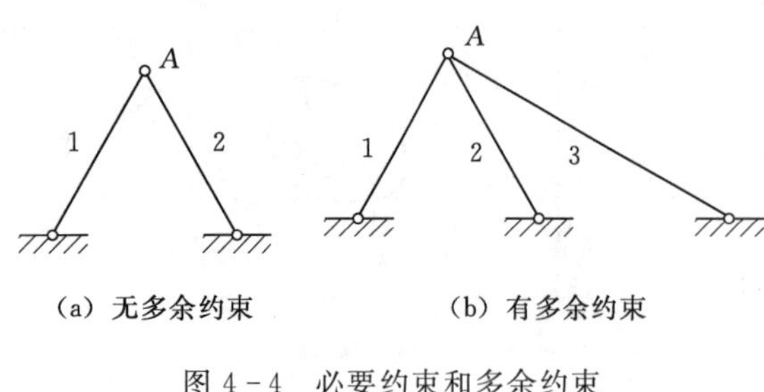

(a) 无多余约束　　(b) 有多余约束

图 4-4　必要约束和多余约束

4.2.5　虚铰

同时连接两个刚片的两根链杆延长线的交点，称为**虚铰**。如图 4-5 (a) 所示的两刚片Ⅰ、Ⅱ用两根链杆相连，若把刚片Ⅱ看作基础，则刚片Ⅰ只能绕两杆的延长线的交点 O 转动，因此，两个刚片可看成是在点 O 处用铰相连，这个铰称为虚铰。另外，从瞬时微小运动来看，这个转动中心会随着刚片作微小转动而改变，故这个铰也称为瞬铰。相对于虚铰而言，前述的单铰和复铰则称为实铰。

图 4-5 (b)、图 4-5 (c) 为虚铰的两种特殊形式。图 4-5 (b) 中两个刚片通过两根链杆相连，其交点在 O 处，但 O 处并没有真正意义上的铰，故交点 O 为虚铰；图 4-5 (c) 中两个刚片Ⅰ、Ⅱ用两根相互平行的链杆相连，这时可视为这两根链杆的延长线在无穷远处相交，虚铰在无穷远处，两刚片沿无穷大的半径做相对运动。

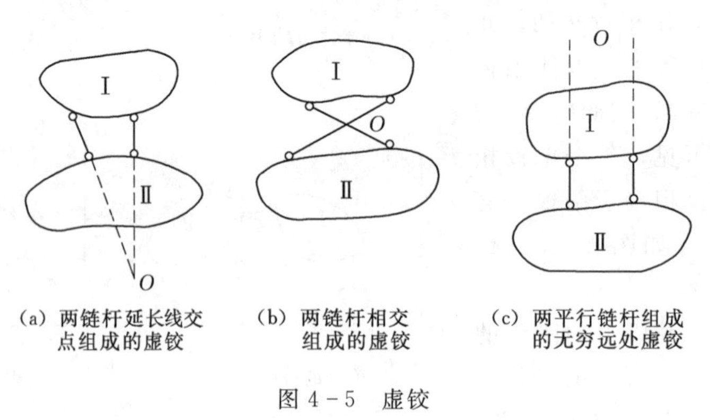

(a) 两链杆延长线交点组成的虚铰　　(b) 两链杆相交组成的虚铰　　(c) 两平行链杆组成的无穷远处虚铰

图 4-5　虚铰

4.3　平面体系的计算自由度

结构体系要成为几何不变体系应满足两个方面的条件：①刚片间具有足够数量的约

束；②约束的布置要合理。因此，体系能否具有几何不变性，要从这两个方面进行具体分析。

结构体系中约束的数量是否足够，可以根据其计算自由度进行判别。本节将主要针对计算自由度进行讨论。

4.3.1 平面体系的实际自由度与计算自由度

平面体系一般是由若干刚片加入一些约束与基础相连组合而成。所谓体系的实际自由度，是指体系中各刚片的自由度总和与必要约束总和的差值。所谓计算自由度，是指体系中各刚片的自由度总和与加入的约束数目总和之差，记为 W。由前面的分析可知，多余约束不会影响体系的自由度变化，所以，计算自由度并不一定能反映体系的实际自由度，只有当体系的全部约束中没有多余约束时，体系的计算自由度才等于实际自由度。然而，在分析体系是否几何可变时，还是可以根据 W 判断总的约束数目是否足够。

4.3.2 平面体系的计算自由度

设一个平面体系中，刚片总数（不计入地基）为 m，单铰数为 h，支座链杆数为 r，则其计算自由度 W 为

$$W=3m-(2h+r) \tag{4-1}$$

对于完全由两端铰结的杆件组成的体系，称为铰结链杆体系。这类体系的计算自由度，除可用式（4-1）计算外，还可用下面简便的公式来计算。设 j 为结点数，b 为杆件数，r 为支座链杆数，则其计算自由度 W 为

$$W=2j-(b+r) \tag{4-2}$$

【例 4-1】 试确定图 4-6 所示体系的计算自由度。

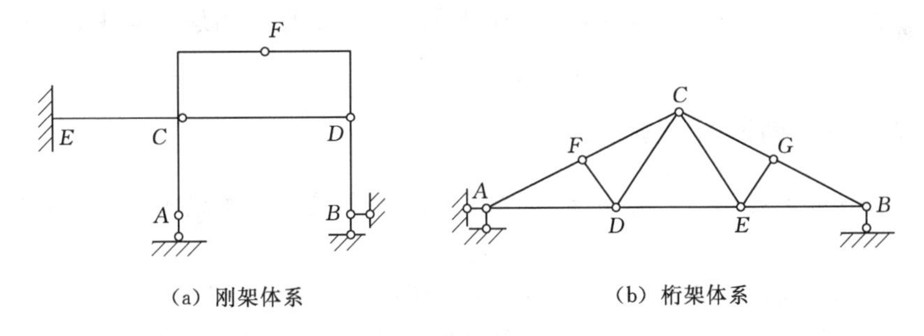

(a) 刚架体系　　(b) 桁架体系

图 4-6 [例 4-1] 图

解： 图 4-6 (a) 为一般杆件体系，按照式（4-1）进行计算，体系是由 $ACEF$、BD、DF 和 CD 4 个刚片组成。复铰 D 相当于两个单铰，C 处和 F 处各有一个单铰，E 处为固定支座，相当于三根链杆，故刚片数 $m=4$，单铰数 $h=4$，支座链杆数 $r=6$，则该体系的计算自由度为

$$W=3m-(2h+r)=3\times4-(2\times4+6)=-2<0$$

故体系有两个多余约束。

解： 图 4-6 (b) 为铰结链杆体系，按照公式（4-2）进行计算，体系中 $A\sim G$ 处都

为一个结点，结点之间的连接为杆件，故结点数 $j=7$，杆件数 $b=11$，支座链杆数 $r=3$，则该体系的计算自由度为

$$W=2j-(b+r)=2\times 7-(11+3)=0$$

4.3.3　计算自由度与体系几何不变性的关系

任何平面体系的计算自由度，按式（4-1）或式（4-2）计算的结果，将有以下三种情况：

（1）$W>0$，表明体系缺少足够的约束，可以产生某种运动，该体系几何可变。

（2）$W=0$，表明体系具有保证其几何不变所需的最少约束的数目。如果约束布置恰当，则体系几何不变；若约束布置不当，则体系几何可变。

（3）$W<0$，表明体系具有多余约束，但体系是否为几何不变体系还要考虑约束的布置方式是否合理。

因此，一个几何不变体系必须满足 $W\leqslant 0$ 的条件。有时不考虑支座链杆，而只检查体系本身（或体系内部）的几何不变性。这时，由于体系本身为几何不变的体系，作为一个刚片在平面内具有 3 个自由度，因此，体系本身为几何不变时必须满足 $W\leqslant 3$ 的条件。所以，计算自由度 $W\leqslant 0$（或只就体系本身 $W\leqslant 3$），只是体系几何不变的必要条件，还不是充分条件。

4.4　平面几何不变体系的组成规则

通过上节的分析，我们知道当体系的计算自由度满足要求，即体系具有足够数量的约束时，要保证结构体系几何不变，还需进一步研究几何不变的组成规则。本节只讨论平面杆件体系的基本组成规则，一般归结为 3 个规则，这 3 个规则都是根据基本三角形几何不变的性质建立起来的。

4.4.1　规则一：两刚片规则

两刚片用不完全交于一点也不全平行的三根链杆相连，则所组成的体系是没有多余约束的几何不变体系。

如图 4-7（a）所示，刚片Ⅰ、Ⅱ用三根链杆连在一起，其中链杆 1、2 可看作交于 O 点的虚铰。如没有链杆 3，刚片Ⅰ、Ⅱ有可能发生绕点 O 的相对转动。但是，由于链杆 3 的存在，限制了刚片Ⅰ、Ⅱ之间的相对转动，所以，这时所组成的体系是无多余约束的几何不变体系。

由于两根链杆的作用相当于一个单铰，故规则一也可表述为：两刚片用一个铰和一根不通过该铰心的链杆相连，则所组成的体系是无多余约束的几何不变体系［图 4-7（b）和图 4-7（c）］。

4.4.2　规则二：三刚片规则

三个刚片用不在一条直线上的三个单铰两两相连，则所组成的体系是没有多余约束的

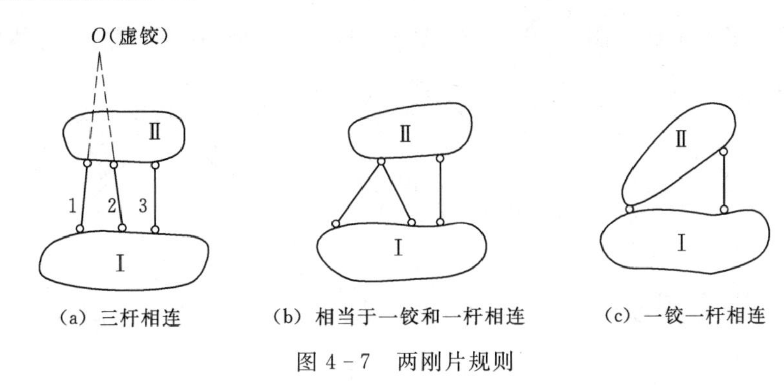

（a）三杆相连　　（b）相当于一铰和一杆相连　　（c）一铰一杆相连

图4-7　两刚片规则

几何不变体系。

图4-8（a）所示刚片Ⅰ、Ⅱ、Ⅲ用不在同一直线上的三个铰 A、B、C 两两相连，若将刚片Ⅰ固定不动，则刚片Ⅱ只能绕 A 点转动，其上 C 点必在半径为 AC 的圆弧上运动；同理，刚片Ⅲ则只能绕 B 点转动，其上 C 点必在半径为 BC 的圆弧上运动。现在因为在 C 点用铰把刚片Ⅱ、Ⅲ相连，这样 C 点不可能同时在两个不同的圆弧上运动，故刚片Ⅰ、Ⅱ、Ⅲ之间不可能发生相对运动，它们所组成的体系是没有多余约束的几何不变体系。

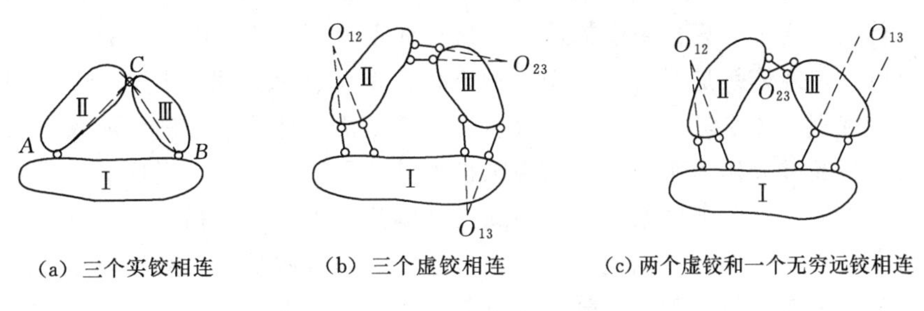

（a）三个实铰相连　　（b）三个虚铰相连　　（c）两个虚铰和一个无穷远铰相连

图4-8　三刚片规则

由于两根链杆的作用相当于一个单铰，故可将任一单铰转换为两根链杆所构成的虚铰。因此，图4-8（b）所示体系也是无多余约束的几何不变体系。对于图4-8（c）所示体系，三刚片用不在同一直线上的三个虚铰相连，故该体系满足三刚片规则，为无多余约束的几何不变体系。

4.4.3　规则三：二元体规则

在一个体系上增加或拆除二元体，不会改变原体系的几何组成性质。

所谓二元体是指由两根不在同一直线上的链杆连接一个新结点的构造，如图4-9（a）所示的 ACB 部分，这种新增加的二元体不会改变原体系的自由度。因为在平面内新增加一个点 C，就会增加两个自由度，而新增加的两根不共线链杆恰好能减去新增加的结点 C 的两个自由度，自由度的数目不变。因此，当原体系为几何不变体系时，增加一个二元体，其仍然是几何不变体系；当原体系为几何可变体系时，增加一个二元体也不会改变原体系的几何可变性。由此可见，在一个已知体系上依次加入二元体，不会改变原体系的几何组成性质。同理，在一个已知体系上，依次拆除二元体，也不会改变原体系的几何组成性质。

二元体形式多种多样，图 4-9（b）、图 4-9（c）也是一些常见的二元体构造形式。

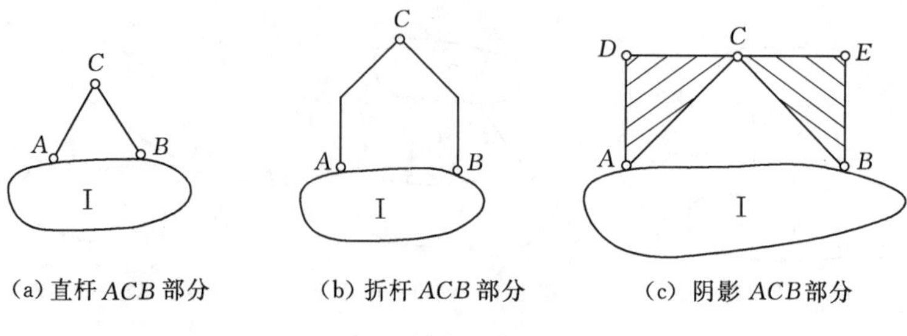

(a) 直杆 ACB 部分　　(b) 折杆 ACB 部分　　(c) 阴影 ACB 部分

图 4-9　二元体构造

以上三个规则都有一些限定条件，当这些条件不满足时，体系就会变为几何可变体系，具体就是瞬变体系或者常变体系。

4.5　几何组成分析的方法及示例

几何组成分析的方法就是正确地计算 W 和灵活地应用上述三个基本规则。对于较复杂的体系，首先可通过计算自由度的计算，检查体系是否具备足够数目的约束；然后进行几何组成分析，判定体系是否几何不变。对于较简单的体系，可直接进行几何组成分析。应用基本组成规则对体系进行几何组成分析的关键是恰当地选取基础、体系中的杆件或可判别为几何不变的部分作为刚片，应用规则扩大其范围，如能扩大至整个体系，则体系为几何不变；如不能，则应把体系简化成二或三个刚片，再应用规则进行分析。体系中若有二元体，则先将其逐一拆除，以便分析简化。若体系与基础是按两刚片规则相连接时，则可先撤去这些支座链杆与基础，只分析体系本身即可，分析的结果代表整个体系的性质。下面举例加以说明。

【例 4-2】 试对图 4-10 所示体系进行几何组成分析。

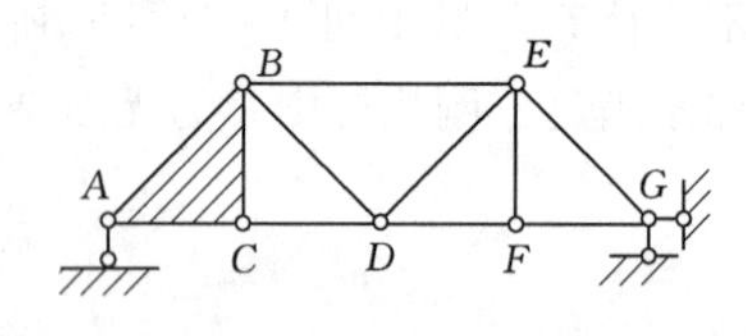

图 4-10 ［例 4-2］图

解： 体系与基础用不全交于一点也不全平行的三根链杆相连，符合两刚片连接规则，先撤去这些支座链杆与基础，只分析体系内部的几何组成即可。任选铰接三角形 ABC 作为基本刚片，依次增加二元体 BDC、DEB、EFD 和 FGE，根据二元体规则，可见原体系是几何不变的，且无多余约束。

当然，也可以依次拆除二元体的方式进行，最后剩下刚片 ABC，同样得出该体系是无多余约束的几何不变体系。

【例 4-3】 试对图 4-11 所示体系进行几何组成分析。

解： 本例题的支座链杆多余三根，故基础不可去掉，体系本身应与基础一同进行分析。杆件 DE 与 E 支座链杆共同构成二元体，可以首先拆除。然后分析剩余部分的体系，先选取基础为刚片，杆 AB 作为另一刚片，该刚片由三根链杆相连，符合两刚片连接规则，组成一个扩大刚片，记为刚片Ⅰ。再取杆 CD 作为刚片Ⅱ，它与刚片Ⅰ之间用链杆 BC 和两根支座链杆相连，符合两刚片规则，故剩余部分的体系为无多余约束的几何不变

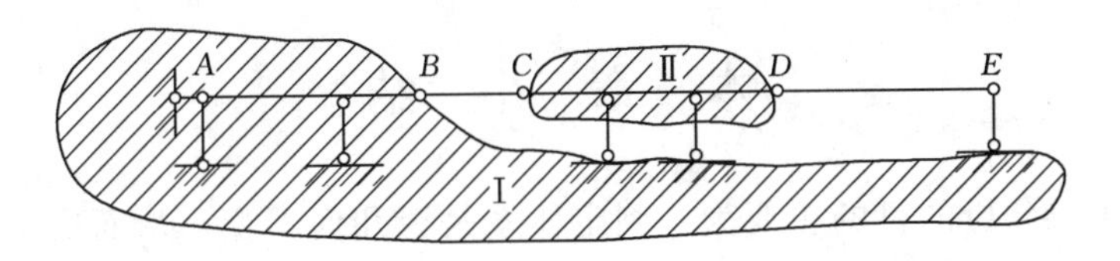

图 4-11 [例 4-3] 图

体系。因此，整个体系是无多余约束的几何不变体系。

【例 4-4】 试对图 4-12 所示体系进行几何组成分析。

解： 该体系比较复杂，为铰结链杆体系，首先应按照式（4-2）计算体系的计算自由度：

$$W=2j-(b+r)=2\times 6-(8+4)=0$$

体系满足几何不变所必需的最小约束数。

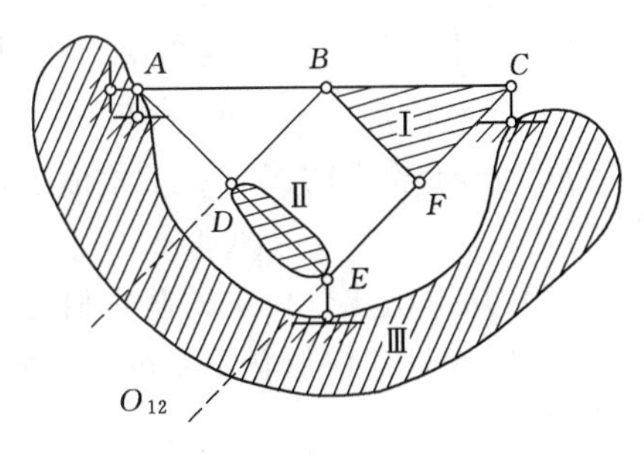

图 4-12 [例 4-4] 图

再进行几何组成分析。选三角形 CBF 为刚片Ⅰ，DE 杆为刚片Ⅱ，基础连同固定铰支座 A（固定铰支座 A 可以看作基础之上增加的二元体）作为刚片Ⅲ。刚片Ⅰ、Ⅱ用链杆 BD 和 FE 相连，两杆平行，虚铰 O_{12} 在两杆延长线无穷远处；刚片Ⅱ、Ⅲ用链杆 AD 和 E 支座链杆相连，交于虚铰 E 点；刚片Ⅰ、Ⅲ通过链杆 AB 和 C 支座链杆相连，交于虚铰 C 点。由三刚片规则知，三个虚铰 O_{12}、E、C 在同一直线上，故原体系为一瞬变体系。

4.6 体系的几何组成与静力特性

用来作为结构的体系，必须是几何不变的。几何不变体系可分为无多余约束［图 4-13（a）］和有多余约束［图 4-13（b）］两大类。对于一个平衡的体系来说，可以列出独立平衡方程的数目是确定的。如果平衡体系的全部未知量的数目，等于体系的独立平衡方程的数目，能用静力平衡方程求解全部未知量，则所研究的平衡问题是静定问题，这类结构称为静定结构。

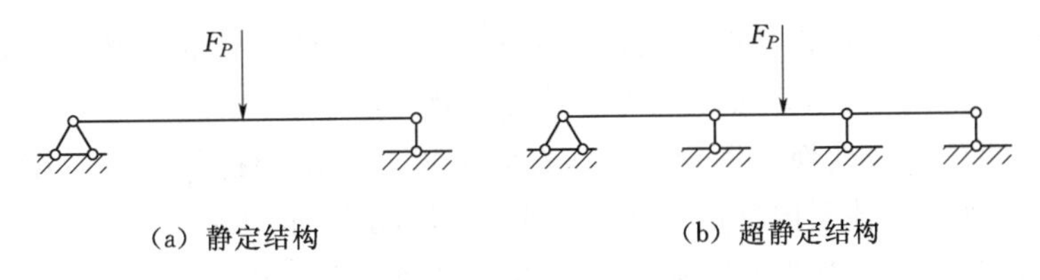

（a）静定结构　　（b）超静定结构

图 4-13 静定结构与超静定结构

工程中为了减少结构的变形，增加其强度和刚度，常常在静定结构上增加约束，形成有多余约束的结构，从而增加了未知量的数目。未知量的数目大于独立的平衡方程的数目，仅用静力平衡方程不能求解出全部未知量，则所研究的问题称为超静定问题，这类结构称为超静定结构。

本 章 小 结

（1）几何组成分析的目的主要为：判定体系是否几何不变，从而决定它能否用做结构；研究几何不变体系的组成规则，以便正确选择静力计算方法和计算次序。

（2）无多余约束几何不变体系的组成规则有三个。

1）两刚片规则：两刚片用不全交于一点也不全平行的三根链杆相连，或用一个铰及一根不通过该铰心的链杆相连。

2）三刚片规则：三刚片用不在同一直线上的三个单铰两两相连。

3）二元体规则：一刚片和一个点用不共线的两根链杆相连。

以上三个规则的实质是三角形规则，即三角形的三个边长一定，其几何形状是唯一确定的。

（3）几何组成分析中的基本概念。

1）刚片是几何形状不变的平面物体，它是建筑力学中由于研究问题的需要引入的基本概念。

2）自由度是确定体系位置所需要的独立参数的数目，一个点在平面中的自由度为 2，一个刚片在平面中的自由度为 3。

3）约束是减少自由度的装置，一根链杆相当于一个约束，一个单铰相当于两个约束，也相当于两根相交链杆的约束作用；连接 n 个刚片的复铰相当于（$n-1$）个单铰作用。

4）多余约束是相对于必要约束而言，仅是从几何组成的角度上说是多余的，并不是说没有用。

5）虚铰是同时连接两个刚片的链杆的交点，无穷远铰是虚铰的特殊形式。

6）体系的计算自由度，其物理意义就是反映加约束前后体系自由度的变化，只有当不存在多余约束时，其才能反映体系的实际自由度。

（4）体系的几何组成分析。

1）计算自由度的计算是体系进行几何组成分析的辅助手段。

2）二元体规则的恰当应用，可以使分析得以简化；体系本身与基础是按照两刚片规则相连接时，基础可去掉，只分析体系本身即可。

3）每个体系的组成过程各有特点，分析方法也有多种，有的从基础开始分析，有的从体系内部开始分析。但不管怎样，其分析的结论只有一个。

4）注意约束的等效变换，固定铰支座有时可以看作两根链杆，有时按照基础之上增加的二元体进行处理，体系内部的铰接三角形也不总是看作刚片。

（5）静定结构的几何构造特征是几何不变无多余约束，超静定结构则是几何不变有多余约束。

思 考 题

4-1　几何组成分析的目的是什么？

4-2　什么是刚片？什么是链杆？链杆能否作为刚片？刚片能否作为链杆？

4-3　何为单铰、复铰、虚铰？体系中的任何两根链杆是否相当于在其交点处的一个虚铰？

4-4　几何不变体系的3个规则之间有何联系？它们实质上是否是同一规则？

4-5　何为瞬变体系与常变体系？

4-6　何为静定结构？何为超静定结构？它们之间有何区别和联系？

习　题

4-1　试对习题4-1图所示示体系作几何组成分析。若是具有多余约束的几何不变体系，需指出其多余约束的数目。

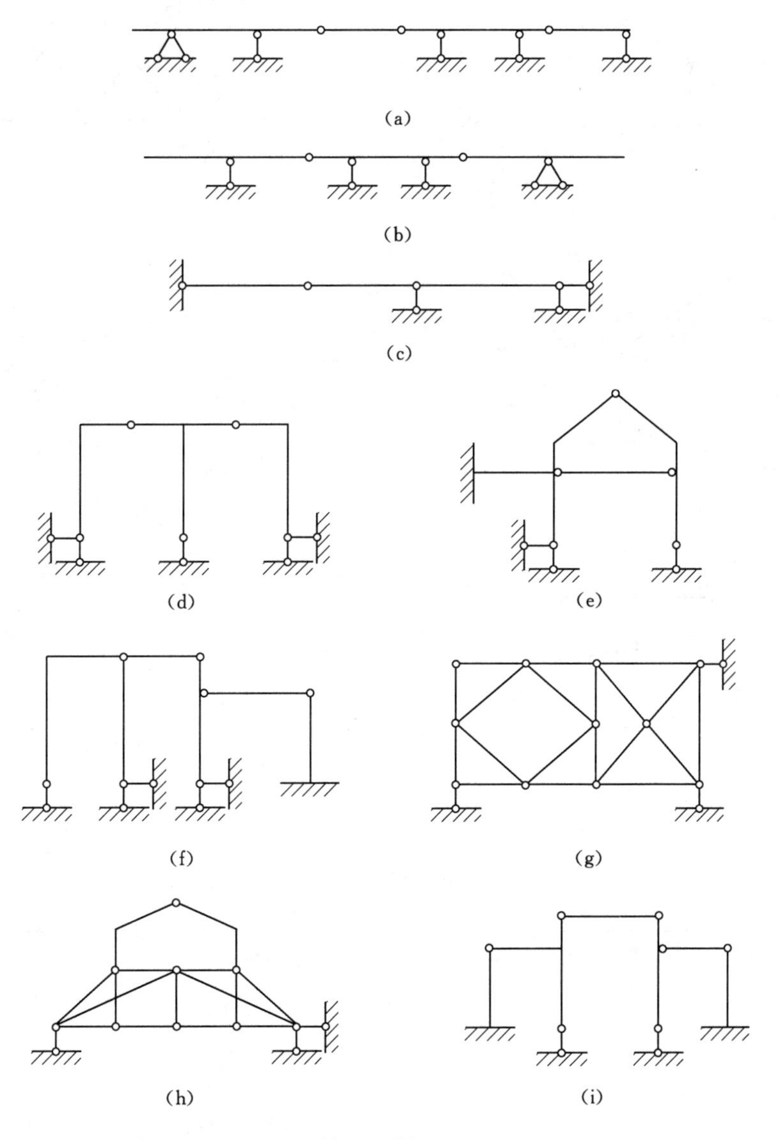

习题4-1图（一）

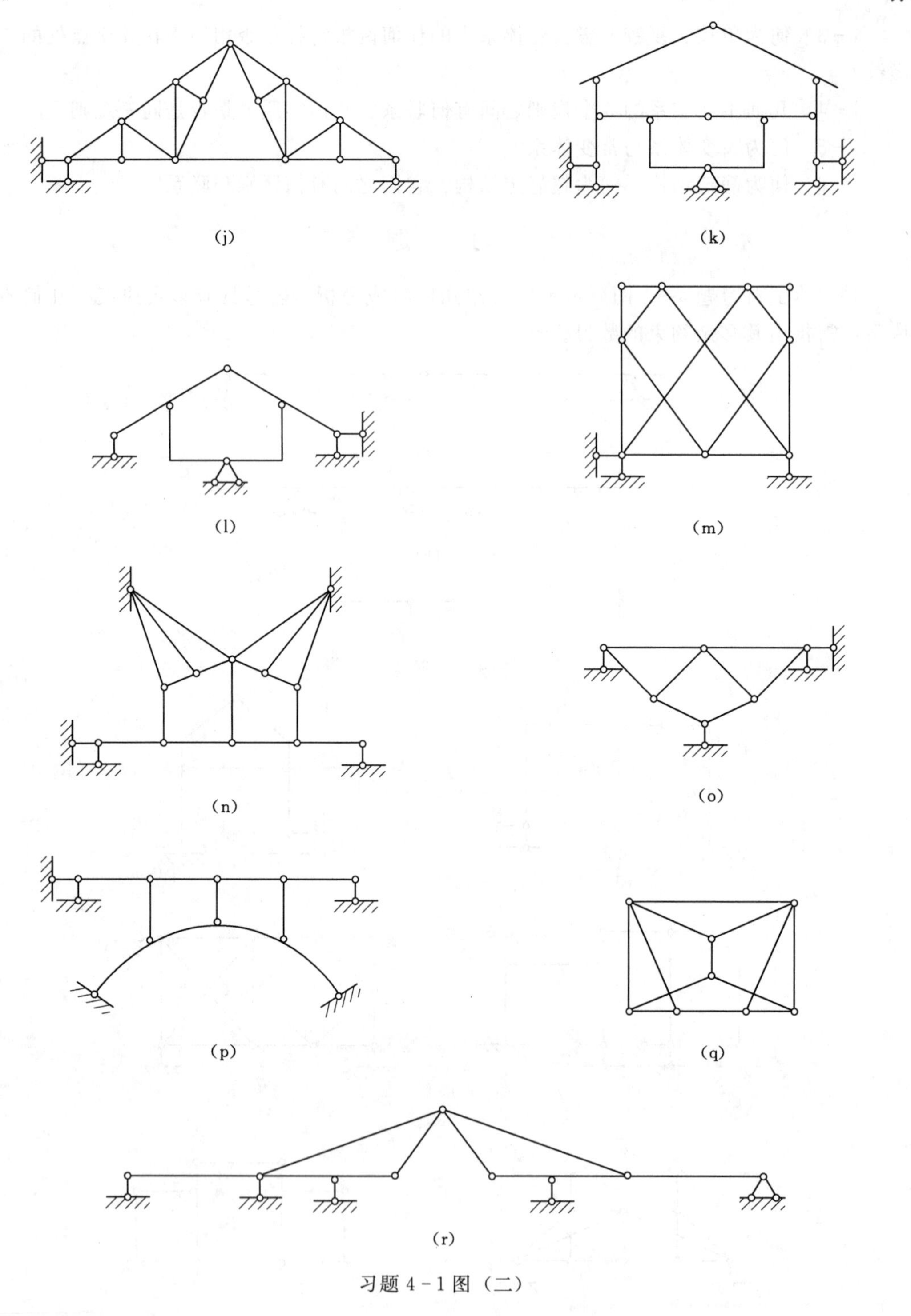

习题 4-1 图（二）

第5章　静定结构的内力计算

物体因受外力作用，在物体各部分之间所产生的相互作用力称为物体的**内力**。

为了满足建筑工程结构的安全要求和使用条件，结构的构件应具有一定的强度、刚度和稳定性。解决强度、刚度问题，必须首先确定内力。静定结构的内力计算是结构位移计算和超静定结构内力计算的基础。因此，熟练地掌握静定结构的内力计算方法，深入了解各种结构的力学性能，对于学习本书的下面各章至关重要。本章结合几种常见的典型结构形式（如梁、刚架、拱、桁架和组合结构等）讨论静定结构和构件的内力计算问题。

5.1　截面法求内力

5.1.1　杆件的内力

物体在外力或其他因素（如温度变化）作用下将产生变形，其内部各点间的相对位置将发生变化，从而产生抵抗变形的相互作用力，即内力。由此可知，内力是由外力引起，外力增大，内力也增大，外力去掉后，内力随之消失。本章主要讨论杆件内力的计算方法。

以图5-1（a）中的梁 AB 为例，该梁在外力（荷载和支座反力）作用下处于平衡状态，现讨论距左支座为 a 处横截面 C 上的内力。假设外力作用在通过杆件轴线的同一平面内。

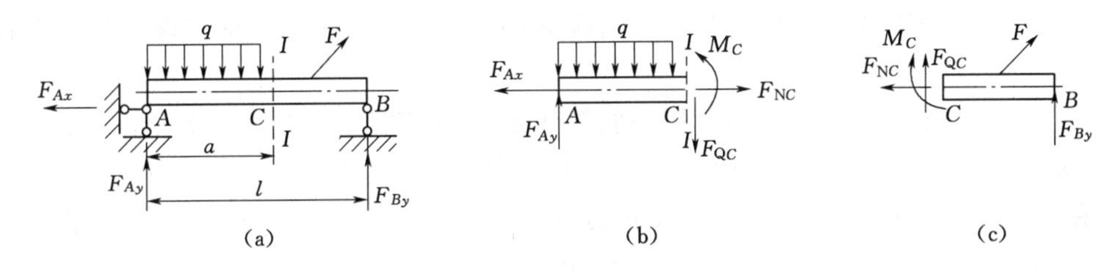

图5-1　简支梁横截面 C 的内力

假想在截面 C 处用截面Ⅰ-Ⅰ将梁 AB 截为两段，并以左段为隔离体，右段视为左段的约束。由于两段间既不能有相对移动，也不能有相对转动，所以约束力应该用沿杆件轴线和垂直于杆件轴线的两垂直的力和一个力偶表示。这两个力和一个力偶就是横截面 C 上的内力。由图5-1（b）、图5-1（c）可以看出，内力总是成对出现，它们等值、反向地作用在截面左、右两段的 C 横截面上。

沿杆件轴线方向的内力 $\boldsymbol{F}_{\mathrm{N}}$ 称为**轴力**。规定轴力使所研究的杆段受拉时为正，反之为负，如图5-2（a）所示。

沿杆件横截面（垂直杆件轴线）方向的内力 $\boldsymbol{F}_Q$ 称为**剪力**。规定剪力使所研究的杆段有顺时针方向转动趋势时为正，反之为负，如图 5-2（b）所示。

力偶的力偶矩 $\boldsymbol{M}$ 称为**弯矩**。规定弯矩使所研究的杆段凹向向上弯曲（杆的上侧纵向受压，下侧纵向受拉）时为正，反之为负，如图 5-2（c）所示。

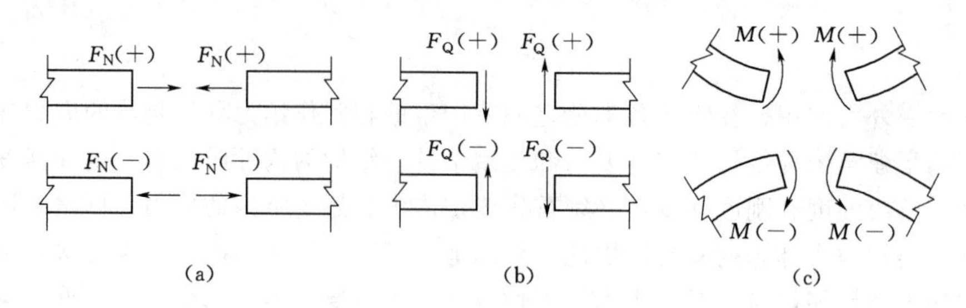

图 5-2　杆段内力的正负号

由此可以看出，在图 5-1 中截面 C 上的三种内力都是按正向画出的。从图 5-1（b）和图 5-1（c）中可以看出，无论是研究左段还是研究右段，同一截面上内力的正负号总是一致的，如果取左段时某一内力为正，取右段时该内力同样为正。

5.1.2　截面法

求杆件内力的常用方法为截面法。即用假想的截面将杆件截为两段，暴露出截面的内力（均按正向画出），任选其中的一段为隔离体，应用静力学平衡方程求解杆件内力值的大小，这种求截面内力的方法称为**截面法**。

应当指出，截面法求内力，实质是以截面为界，求截面两侧各部分的相互作用力。因此，作用在其中某一部分上的荷载，可在该部分上等效移动，而不影响所求内力的值。但是绝不允许将某一部分上的荷载移动到另一部分上，这必然会改变两部分的相互作用力，即改变所求内力的值。

【例 5-1】　一等截面直杆，其受力情况如图 5-3（a）所示，试求该杆指定截面的轴力。

解：（1）求截面 1-1 的内力。用一假想截面 1-1 将杆件分割为两部分，取右侧为隔离体，如图 5-3（b）所示，在隔离体图上只有外荷载 20kN，以及截面 1-1 上的轴力 $\boldsymbol{F}_{N1}$。截面剪力 $\boldsymbol{F}_{Q1}$ 和截面弯矩 M_1 由平衡方程可知均为零。列平衡方程 $\sum F_x=0$ 得

$$20-F_{N1}=0$$

解得 $F_{N1}=20\text{kN}$，轴力 F_{N1} 为正值，表明 F_{N1} 是拉力。

（2）求截面 2-2 的内力。取截面 2-2 右侧为隔离体，受力如图 5-3（c）所示。由平衡方程 $\sum F_x=0$ 得

$$20-70-F_{N2}=0$$

解得 $F_{N2}=-50\text{kN}$，轴力 F_{N2} 为负值，表明 F_{N2} 是压力。

（3）求截面 3-3 的内力。取截面 3-3 右侧为隔离体，受力如图 5-3（d）所示。由平衡方程 $\sum F_x=0$ 得

$$20-70+80-F_{N3}=0$$

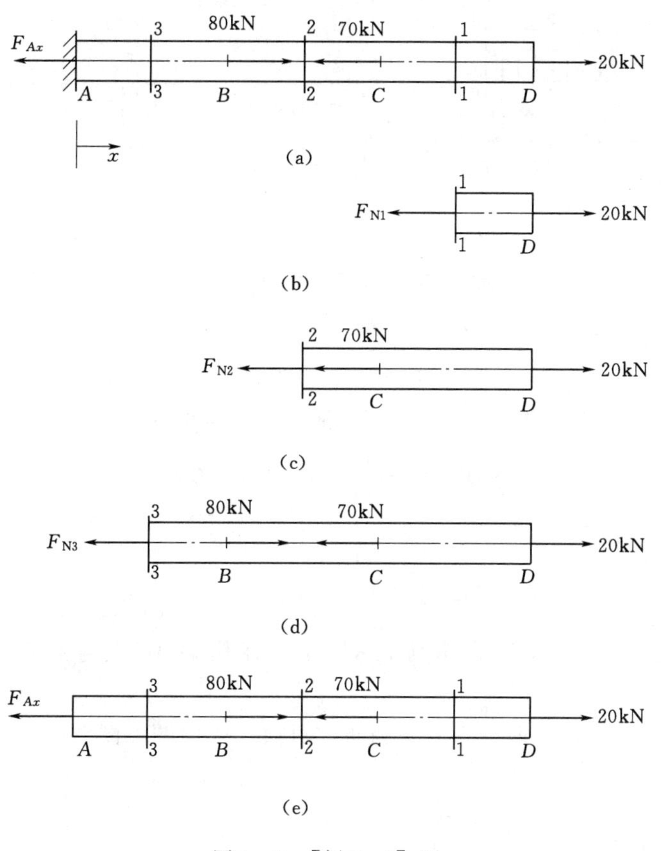

图 5-3 [例 5-1] 图

解得 $F_{N3}=30\text{kN}$，轴力 F_{N3} 为正值，表明 F_{N3} 是拉力。

在求上述各横截面的轴力时，也可取截面左侧为隔离体，这时首先应以全杆 AD 为研究对象，计算出支座反力，如图 5-3（e）所示，由平衡方程 $\sum F_x=0$ 得

$$-F_{Ax}+80-70+20=0$$

解得支座的约束反力 $F_{Ax}=30\text{kN}$（←），支座反力 F_{Ax} 为正值，说明实际支座反力的方向与假定方向一致，支座反力的计算结果通常要在其后的括号中标明其实际的方向。

【例 5-2】 简支梁 AB 如图 5-4（a）所示，试求截面 $a-a$ 上的内力。

解：(1) 求梁的支座反力。梁的受力如图 5-4（a）所示，由平衡方程

$$\sum F_x=0,\quad -F_{Ax}=0$$

$$\sum F_y=0,\quad F_{Ay}+F_{By}-\frac{l}{2}q=0$$

$$\sum M_A(F)=0,\quad -q\frac{l}{2}\frac{l}{4}+F_{By}l=0$$

解得支座反力 $F_{Ax}=0$，$F_{Ay}=\dfrac{3}{8}ql(\uparrow)$，$F_{By}=\dfrac{1}{8}ql(\uparrow)$。

(2) 利用截面法求截面 $a-a$ 的内力。用截面 $a-a$ 将梁 AB 截为左、右两段，为计算方便，取右段为隔离体，截面内力均按正向画出。受力图如图 5-4（b）所示。

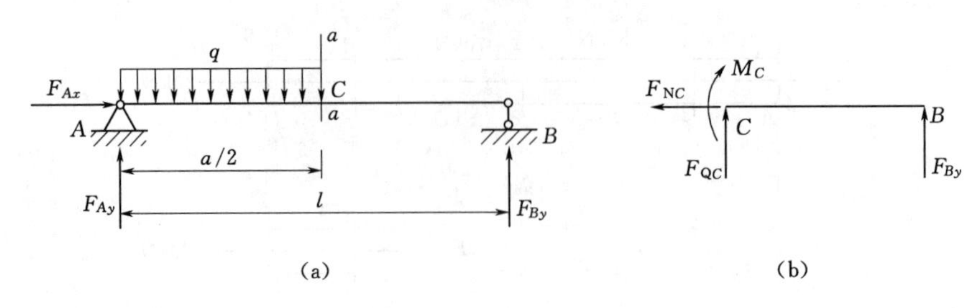

(a)　　　　(b)

图 5-4 [例 5-2] 图

列平衡方程求内力：

$$\sum F_x=0,\quad -F_{NC}=0$$

$$\sum F_y=0,\quad F_{QC}+F_{By}=0$$

$$\sum M_A(F)=0,\quad F_{By}\frac{l}{2}-M_C=0$$

解得

$$F_{NC}=0,\quad F_{QC}=-\frac{1}{8}ql,\quad M_C=\frac{1}{16}ql^2$$

【例 5-3】 如图 5-5（a）所示刚架 ABC，试求横梁 AC 上与支座 A 相距为 x 的截面 D 上的内力。

解：(1) 求支座反力。取整个刚架为研究对象，受力图如图 5-5（a）所示。

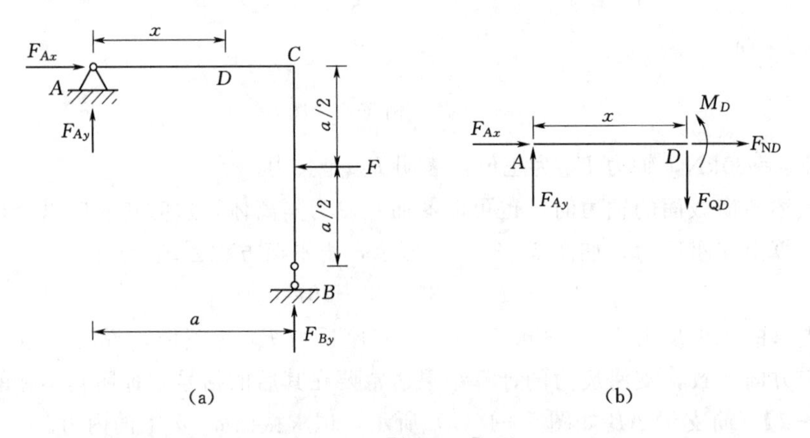

(a)　　　　(b)

图 5-5 [例 5-3] 图

根据平衡方程

$$\sum M_A(F)=0,\quad F_{By}a-F\frac{a}{2}=0$$

$$\sum F_x=0,\quad F_{Ax}-F=0$$

$$\sum F_y=0,\quad F_{Ay}+F_{By}=0$$

解得支座反力 $F_{Ax}=F(\rightarrow)$，$F_{Ay}=-\dfrac{F}{2}(\downarrow)$，$F_{By}=\dfrac{F}{2}(\uparrow)$。

(2) 用截面法求截面 D 上的内力。用截面在 D 点将刚架截成两部分，取 AD 杆段为隔离体，截面 D 的内力均按正方向画出，受力图如图 5-5（b）所示。

列平衡方程求内力：

$$\sum F_x=0,\quad F_{Ax}+F_{ND}=0$$
$$\sum F_y=0,\quad F_{Ay}-F_{QD}=0$$
$$\sum M_A(F)=0,\quad M_D-F_{QD}x=0$$

解得

$$F_{ND}=-F,\quad F_{QD}=-\frac{F}{2},\quad M_D=-\frac{1}{2}Fx$$

根据内力正负号规定，总结实例中内力和外力的关系，得出内力计算法则如下：

轴力等于隔离体上所有外力沿杆件轴线切线方向投影的代数和，对切开面而言，外力为拉力产生正的轴力，外力为压力产生负的轴力。

剪力等于隔离体上所有外力沿杆件轴线法线方向投影的代数和，对切开面而言，使隔离体产生顺时针转动趋势的外力引起正的剪力；反之，使隔离体产生逆时针转动趋势的外力引起负的剪力。

弯矩等于隔离体上所有外力对切开面形心力矩的代数和，对水平杆件而言，使隔离体下侧受拉的外力引起正的弯矩，使隔离体上侧受拉的外力产生负的弯矩。

根据以上法则，求杆件某一指定截面上的内力时，不必再把隔离体单独画出来，可以针对所取的隔离体直接应用内力计算法则求出指定截面的内力。

但对于初学者，建议应作隔离体，由平衡条件求截面内力，但应注意下列各点：

(1) 与隔离体相连接的所有约束要全部截断，并以相应的约束力代替。

(2) 不能遗漏作用于隔离体上的力，包括荷载及被截断的约束处的约束力（反力和内力）。

(3) 为了计算方便，应选取较简单的隔离体进行计算，同时，一般假设指定截面上的内力为正号，若计算结果为正值，则内力的实际方向与假设的方向一致；反之，则内力的实际方向与假设的方向相反。

(4) 若隔离体为平面一般力系，则只能由隔离体的平衡条件求解三个未知内力；若隔离体为平面汇交力系，则只能由隔离体的平衡条件求解两个未知内力。

5.2 内力方程和内力图

5.2.1 概述

由上节的讨论和例题知，截面的内力会因截面位置的不同而变化，若取横坐标轴 x 与杆件轴线平行，则可将杆件截面的内力表示为截面坐标 x 的函数，称之为**内力方程**。如用纵坐标 y 表示内力值，就可以将内力随截面位置变化的图线画在如图 5-6 所示的坐标平面上，称之为**内力图**，如轴力图、剪力图和弯矩图等。在［例 5-3］中已由平衡方程求得了刚架横梁 AC 的内力方程，分别为

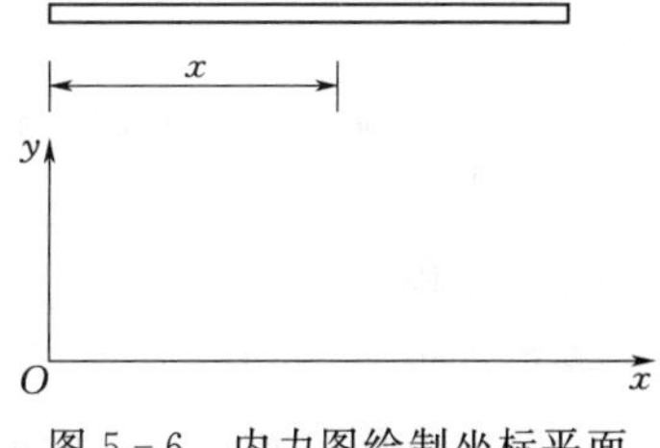

图 5-6 内力图绘制坐标平面

$$\left.\begin{aligned}&\text{轴力方程：}\quad F_N(x)=-F\\&\text{剪力方程：}\quad F_Q(x)=-\frac{F}{2}\\&\text{弯矩方程：}\quad M(x)=-\frac{F}{2}x\end{aligned}\right\}\quad(0\leqslant x\leqslant a)$$

根据以上内力方程，可绘出横梁 AC 的轴力图、剪力图和弯矩图分别如图5-7所示。

在土木工程问题中，内力图上一般不画坐标轴而是以杆线作为基线，竖向坐标表示内力值的大小，但是必须要表明内力图的名称；轴力图、剪力图要在内力图上用⊕或⊖来标明；弯矩图画在杆件受拉的一侧。因此，图5-7的实用画法应如图5-8所示。

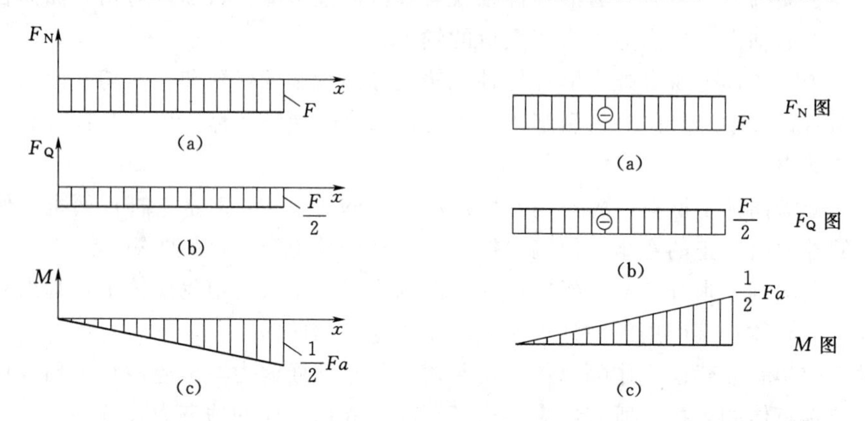

图5-7 ［例5-3］中刚架横梁 AC 的内力图　图5-8 ［例5-3］中刚架横梁 AC 的内力图

5.2.2 梁的内力方程和内力图

常见的单跨静定梁有简支梁、悬臂梁和外伸梁三种，如图5-9所示。下面讨论梁的内力方程和内力图。由于梁一般承受竖向（垂直梁轴线）荷载作用，此时不产生轴向内力，以下讨论中不予涉及。

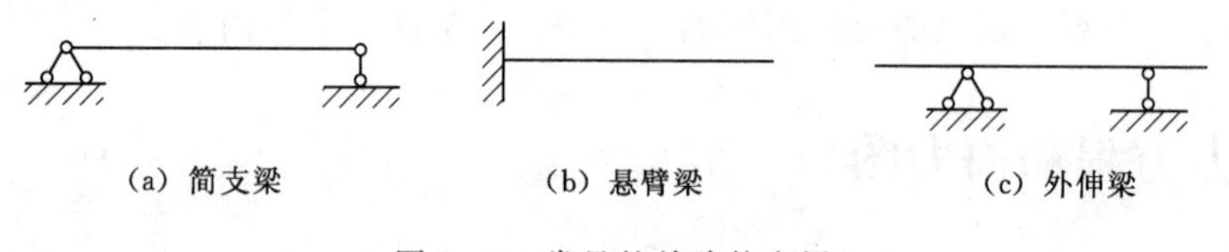

图5-9 常见的单跨静定梁

1. 悬臂梁

研究长为 l 的悬臂梁，自由端作用荷载 F ［图5-10（a）］，写出内力方程，并画内力图。

取距自由端为 x 的截面，按图5-10（b）所示的受力图，可由平衡方程求得该段的内力方程为

$$\left.\begin{aligned}&\text{剪力方程：}\quad F_Q(x)=-F\\&\text{弯矩方程：}\quad M(x)=-Fx\end{aligned}\right\}\quad(0\leqslant x\leqslant l)$$

由剪力方程可知，各截面的剪力值为常量 F，负号表明各截面的剪力使所研究的杆段

有逆时针转动的趋势。

由弯矩方程可知，各截面的弯矩值与其到自由端的距离成正比，在固定端截面取最大值为 Fl。负号表明梁的上侧受拉，即 M 图应画于基线上侧。

由剪力方程和弯矩方程，可以画出剪力图和弯矩图分别如图 5-10（c）和图 5-10（d）所示。

从本例可总结出梁上横截面内力图的规律：当某梁段除端面外全段上不受外力作用时，则有①该段上的剪力方程 $F_Q(x)=$常量，故该段的剪力图为水平线；②该段上的弯矩方程 $M(x)$ 是 x 的一次函数，故该段的弯矩图为斜直线。

图 5-10　悬臂梁（集中荷载作用）

2. 简支梁

（1）简支梁在满跨均布荷载作用下。研究受均布荷载作用的长为 l 的简支梁［图 5-11（a）］。写出其内力方程，并画内力图。

首先求梁的支座反力，即

$$F_{Ay}=F_{By}=\frac{1}{2}ql(\uparrow)$$

然后取距 A 端为 x 的截面，假设内力方向如图 5-11（b）所示，由平衡方程求得简支梁的内力方程为

$$\left.\begin{aligned}&\text{剪力方程：}\quad F_Q(x)=F_{Ay}-qx=q\left(\frac{l}{2}-x\right)\\&\text{弯矩方程：}\quad M(x)=F_{Ay}x-qx\,\frac{x}{2}=\frac{q}{2}x(l-x)\end{aligned}\right\}\quad(0\leqslant x\leqslant l)$$

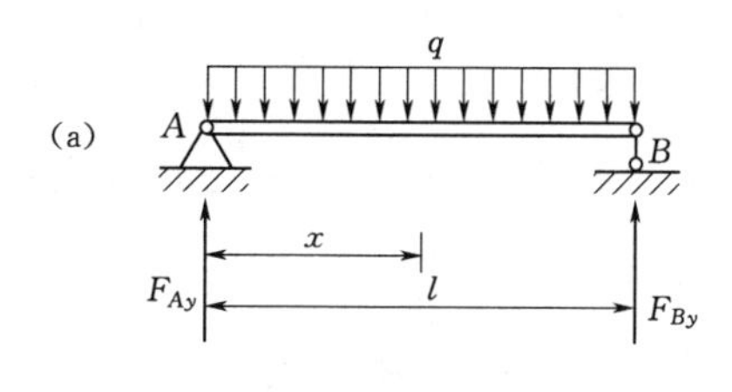

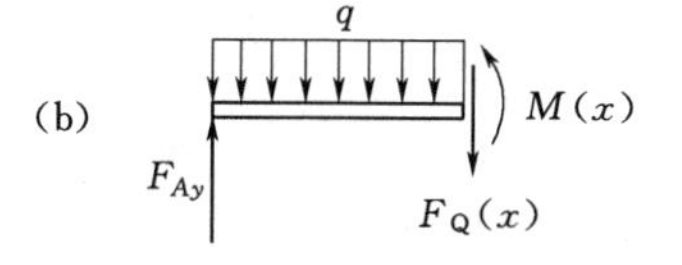

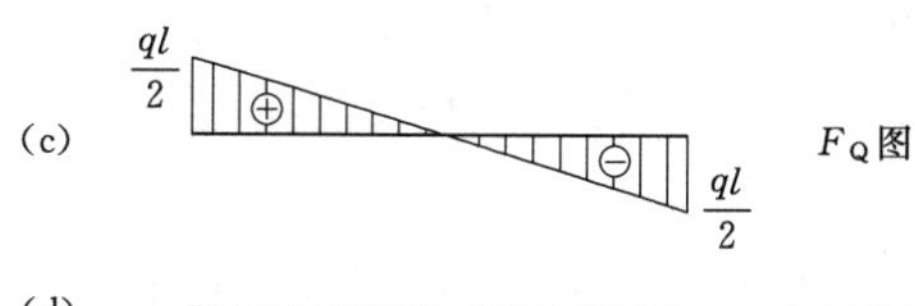

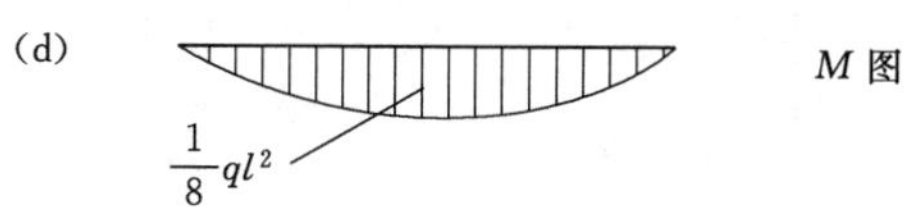

图 5-11　简支梁（满跨均布荷载作用）

由剪力方程可知，剪力是 x 的一次函数，当 $x=0$ 时，$F_Q(0)=\frac{1}{2}ql$；当 $x=l$ 时，$F_Q(l)=-\frac{1}{2}ql$。由此可画出剪力图如图 5-11（c）所示。

由弯矩方程可知，弯矩是 x 的二次函数。$M(0)=M(l)=0$，当 $x=\frac{l}{2}$ 时，弯矩最大，其值为 $M\left(\frac{l}{2}\right)=\frac{1}{8}ql^2$。

从本例可总结出梁上横截面内力图的规律：当某梁段除端截面外全段上只受均布荷载作用时，则有：①该段上的剪力方程 $F_Q(x)$ 是 x 的一次函数，故该段的剪力图为斜直线；②该段上的弯矩方程 $M(x)$ 是 x 的二次函数，故该段的弯矩图为二次曲线。

（2）简支梁在集中荷载作用下。研究集中

荷载作用的长为 l 的简支梁［图5-12（a）］。写出其内力方程，并画内力图。

首先求支座反力。由梁的平衡方程得

$$F_{Ay}=\frac{Fb}{l}(\uparrow),\quad F_{By}=\frac{Fa}{l}(\uparrow)$$

其次列出剪力方程和弯矩方程。取图中的 A 点为坐标原点，建立 x 轴。因为 AC、CB 段的内力方程不同，所以必须分别列出。两段的内力方程分别为

AC 段：

$$F_Q(x)=F_{Ay}=\frac{Fb}{l}\quad(0<x<a)$$

$$M(x)=F_{Ay}x=\frac{Fb}{l}x\quad(0\leqslant x\leqslant a)$$

CB 段：

$$F_Q(x)=F_{Ay}-F=-\frac{Fa}{l}\quad(a<x<l)$$

$$M(x)=F_{By}(l-x)=\frac{Fa}{l}(l-x)\quad(a\leqslant x\leqslant l)$$

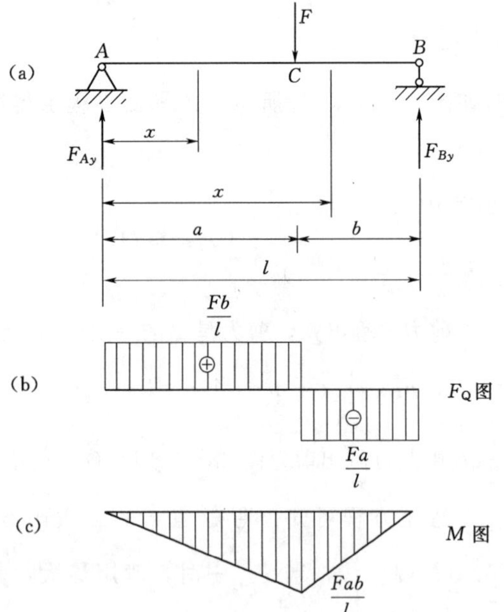

图5-12　简支梁（集中荷载作用）

最后绘制剪力图和弯矩图。由剪力方程知，两段梁的剪力图均为水平线。在向下的集中力 F 作用于的 C 处，剪力图出现向下的突变［图5-12（b）］，突变值等于集中力的大小。由弯矩方程知，两段梁的弯矩图均为斜直线，但两直线的斜率不同，在 C 处形成向下凸的尖角［图5-12（c）］。

由图5-12（b）和图5-12（c）可见，如果 $a>b$，则最大剪力发生在 CB 段梁的任一横截面上，其值为 $|F_Q|_{max}=\frac{Fa}{l}$；最大弯矩发生在集中力 F 作用的截面上，其值为 $M_{max}=\frac{Fab}{l}$，剪力图在此处改变了正、负号。如果 $a=b=\frac{l}{2}$，则 $M_{max}=\frac{Fl}{4}$。

从本例可总结出梁上横截面内力图的规律：在集中力 F 所作用的截面，剪力发生突变，突变值等于 F。弯矩图在该处发生转折。

（3）简支梁在集中力偶作用下。研究集中力偶作用的长为 l 的简支梁［图5-13（a）］。写出其内力方程，并画内力图。

首先求支座反力。支座 A、B 处的反力 F_{Ay} 和 F_{By} 组成一力偶，与力偶 M_e 相平衡，故

$$F_{Ay}=F_{By}=\frac{M_e}{l}$$

其次列出剪力方程和弯矩方程。AC 和 CB 两段梁的内力方程分别为

AC 段：

$$F_Q(x)=-F_{Ay}=-\frac{M_e}{l}\quad(0<x\leqslant a)\qquad\text{(a)}$$

$$M(x)=-F_{Ay}x=-\frac{M_e}{l}x\quad(0\leqslant x<a)$$

CB 段：

$$F_Q(x)=-F_{By}=-\frac{M_e}{l}\quad(a\leqslant x<l)$$

$$M(x)=-F_{By}(l-x)=\frac{M_e}{l}(l-x)\quad(a<x\leqslant l)\qquad\text{(b)}$$

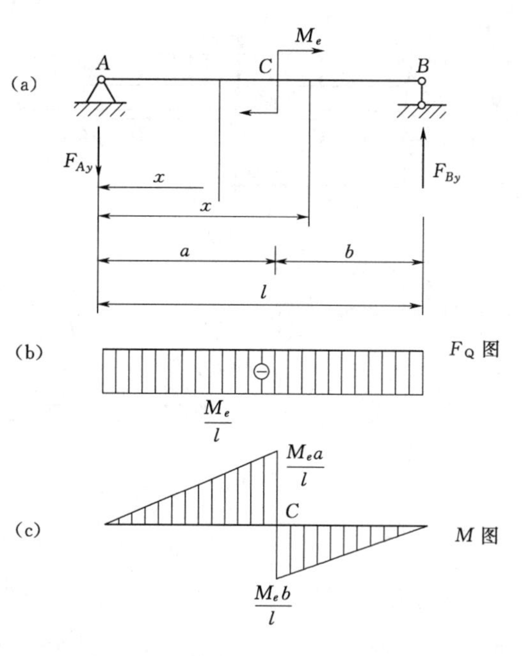

图 5-13　简支梁（集中力偶作用）

在集中力偶作用的截面 C 处，弯矩有突变而为不定值，故弯矩方程的适用范围用开区间的符号表示。

最后绘制剪力图和弯矩图。由剪力方程可知，剪力图是一条与 x 轴平行的直线［图5-13（b）］。由弯矩方程可知，弯矩图是两条互相平行的斜直线，C 处截面上的弯矩出现突变［图 5-13（c）］，突变值等于集中力偶矩的大小。(c)

如图 5-13（b）和图 5-13（c）可见，如果 $a>b$，则最大弯矩发生在集中力偶 M_e 作用处稍左的横截面上，其值为 $|M|_{max}=\frac{M_ea}{l}$。不管集中力偶 M_e 作用在梁的任何横截面上，梁的剪力图都与图 5-13（b）一样。可见，集中力偶不影响剪力图。

从本例可总结出梁上横截面内力图的规律：在力偶作用的截面剪力无变化，弯矩有突变，且突变值为力偶矩 M。

5.2.3　内力与荷载集度之间的三种关系

1. 微分关系

图 5-14（a）所示的梁 AB，在 CD 段作用横向荷载集度 $q(x)$，全跨作用轴向荷载集度 $p(x)$，建立如图所示的坐标系，$q(x)$ 和 $p(x)$ 均为正的方向，取出微段 dx 为隔离体，两侧的内力均以正方向给出，如图 5-14（b）所示，O 点为横向荷载的合力矩中心，距微段左侧为 αdx，距微段右侧为 $(1-\alpha)dx$，α 为 0～1 之间的正数，由静力平衡方程，可以导出内力 F_N、F_Q 和 M 与荷载集度 $p(x)$ 和 $q(x)$ 的微分关系：

由 $\sum F_x=0$ 得

$$F_{N(x)}+dF_{N(x)}+p(x)dx=F_{N(x)}$$

$$\therefore\qquad \frac{dF_{N(x)}}{dx}=-p(x)\qquad(5-1)$$

几何意义：轴力图上某点处切线的斜率等于该点处的轴向荷载集度，但方向相反；

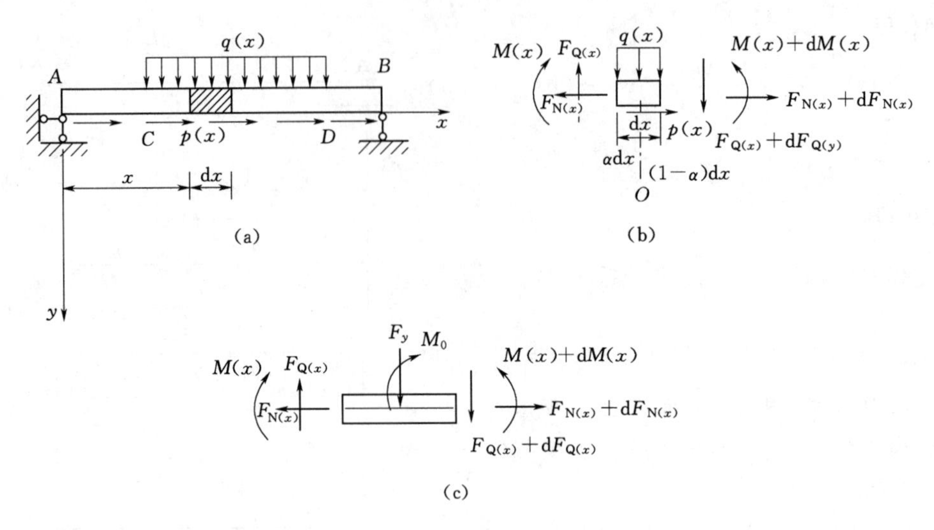

图 5-14　内力与荷载集度的三种关系

由 $\sum F_y=0$ 得

$$F_{Q(x)}=F_{Q(x)}+dF_{Q(x)}+q(x)dx$$

所以
$$\frac{dF_{Q(x)}}{dx}=-q(x) \tag{5-2}$$

几何意义：剪力图上某点处切线的斜率等于该处的横向荷载集度，但符号相反；由 $\sum M_O=0$ 得

$$F_{Q(x)}\alpha dx+M(x)+(F_{Q(x)}+dF_{Q(x)})(1-\alpha)dx=M(x)+dM(x)$$

略去高阶无穷小，得到 $F_{Q(x)}dx=dM(x)$

所以
$$\frac{dM(x)}{dx}=F_{Q(x)} \tag{5-3}$$

几何意义：弯矩图的某点处切线的斜率等于该点处的剪力；

将式（5-2）代入式（5-3）得

$$\frac{d^2M(x)}{dx^2}=-q(x) \tag{5-4}$$

几何意义：弯矩图上某点的曲率等于该点的横向荷载集度，但符号相反。

2. 积分关系

如图 5-14（a）和图 5-14（b）所示，由以上荷载与集度的微分关系，可以导出截面 D 与截面 C 之间的内力关系式

$$\left.\begin{aligned}F_{ND}&=F_{NC}-\int_C^D p(x)dx\\F_{QD}&=F_{QC}-\int_C^D q(x)dx\\M_D&=M_C+\int_C^D F_{Q(x)}dx\end{aligned}\right\} \tag{5-5}$$

几何意义：截面 D 的轴力等于截面 C 的轴力减去 CD 段轴向荷载集度 $p(x)$ 图的面积；

截面 D 的剪力等于截面 C 的剪力减去 CD 段横向荷载集度 $q(x)$ 图的面积；

截面 D 的弯矩等于截面 C 的弯矩加上 CD 段剪力图的面积。

3. 增量关系

当梁上某截面处作用集中力 F_y 和集中力偶 M_0 时，讨论左右截面内力的变化规律就是增量关系，如图 5－14（c）所示，由 $\sum F_y=0$ 得

$$F_{Q(x)}+\mathrm{d}F_{Q(x)}+F_y=F_{Q(x)}$$

$$\therefore \qquad \mathrm{d}F_{Q(x)}=-F_y \tag{5-6}$$

对集中力作用位置取矩得

$$M(x)+\mathrm{d}M(x)=M(x)+M_0$$

$$\therefore \qquad \mathrm{d}M(x)=M_0 \tag{5-7}$$

几何意义：在横向集中荷载作用处，左右截面的剪力要发生突变，突变值为横向集中荷载的大小；在集中力偶作用处，左右截面的弯矩要发生突变，突变值大小为集中力偶大小。至于向大或向小突变，取决于集中力和集中力偶的作用方向。

【例 5－4】 试绘制图 5－15（a）杆件的轴力图。

解：（1）求轴力。计算过程略，同［例 5－1］。

（2）画轴力图。因 CD、BC、AB 三段上均无荷载作用，故各段内各横截面上的轴力分别与横截面 1－1、2－2、3－3 上的轴力相等。按轴力图的做法，画出轴力图如图 5－15（b）所示。由该图可见，最大轴力为 50kN，产生在 BC 段内各横截面上。由轴力图还可以看出，在杆集中力作用处的左右两侧横截面上，轴力有突变，且突变值等于集中力大小。

【例 5－5】 作图 5－16（a）所示简支梁的剪力图与弯矩图。

解法一： 采用简易作图方法，利用微分关系作图。

（1）求支座反力。取整体 AB 为隔离体，由静力平衡方程求得

$F_{Ay}=8\text{kN}(\uparrow);F_{By}=12\text{kN}(\uparrow)$

（2）根据 AB 杆的实际受力情况可以分为 AC、CD、DE、EB 四段。

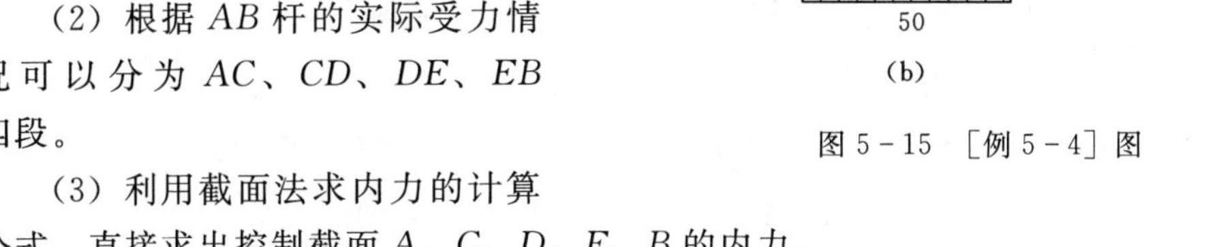

图 5－15 ［例 5－4］图

（3）利用截面法求内力的计算公式，直接求出控制截面 A、C、D、E、B 的内力。

剪力：

$F_{QA}=8(\text{kN})$，$F_{QC}=8-10=-2(\text{kN})$，$F_{QD}=F_{QE}^L=F_{QC}=-2(\text{kN})$，$F_{QE}^R=F_{QB}=-12(\text{kN})$

弯矩：

$M_A=0$，$M_C=8\times2-5\times2\times1=6(\text{kN}\cdot\text{m})$，$M_D^L=8\times3-5\times2\times2=4(\text{kN}\cdot\text{m})$，

$M_D^R=12\times2-10\times1=14(\text{kN}\cdot\text{m})$，$M_E=12\times1=12(\text{kN}\cdot\text{m})$，$M_B=0$

（4）根据内力和荷载集度的微分关系，判断各分段内 F_Q、M 的变化规律。AC 段，$q(x)$ 为常数，且方向向下，F_Q 图为斜率是 $-q$ 的斜直线，M 图为二次抛物线。CD、DE、EB 段，$q(x)$ 为零，F_Q 图为平行于杆轴的直线，M 图为斜率是 F_Q 的斜直线。

（5）确定峰值弯矩的大小。根据内力与荷载集度的微分关系，在均布荷载作用的杆段，剪力为零处（截面 F），对应的弯矩应取得极值。设 A 为坐标原点，杆件 AB 所在的方向为 x 轴的正方向，于是在 AC 段距离 A 端任意截面 x 处的剪力方程可以表示为 $F_Q(x)=8-5x$，根据剪力图中 AC 段竖标的比例关系，可以求得 $AF=1.6\text{m}$，然后利用积分关系求得 M_F。

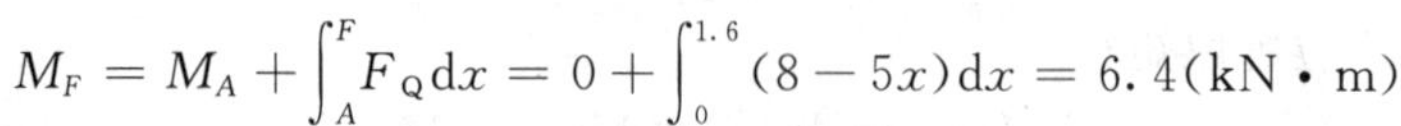

$$M_F=M_A+\int_A^F F_Q\,\mathrm{d}x=0+\int_0^{1.6}(8-5x)\,\mathrm{d}x=6.4(\text{kN}\cdot\text{m})$$

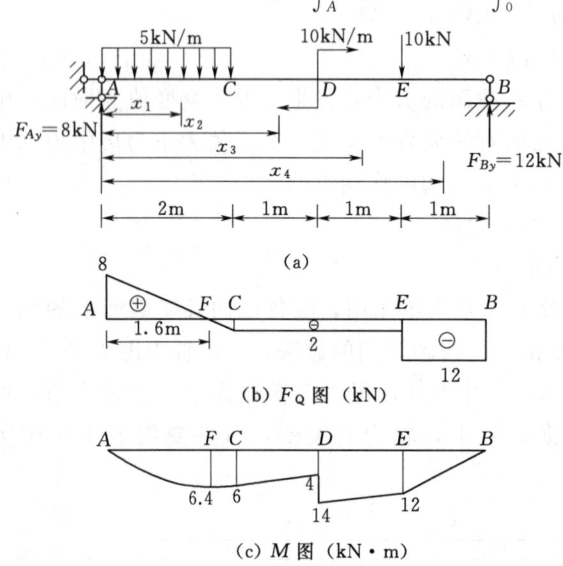

图 5-16 ［例 5-5］图

（6）根据以上（3）～（5）步的计算和分析直接画出 F_Q 和 M 图，如图 5-16（b）、图 5-16（c）所示。

解法二：根据内力方程作内力图。

（1）根据梁的平衡条件确定支座反力。计算过程同解法一。

（2）建立坐标系。选取 A 为坐标原点，沿轴线为 x 轴建立坐标系，如图 5-16（a）所示。

（3）根据荷载变化情况对梁进行分段。分段同解法一。

（4）列出每一段的剪力方程和弯矩方程。

AC 段：$F_Q(x_1)=8-5x_1 \quad (0<x_1\leqslant2)$　　(a)

$$M(x_1)=8x_1-\frac{1}{2}\times5x_1^2=8x_1-2.5x_1^2 \quad (0\leqslant x_1\leqslant2) \tag{b}$$

CD 段：
$$F_Q(x_2)=8-5\times2=-2 \quad (2\leqslant x_2\leqslant3) \tag{c}$$

$$M(x_2)=8x_2-5\times2\times(x_2-1)=10-2x_2 \quad (2\leqslant x_2<3) \tag{d}$$

DE 段：
$$F_Q(x_3)=8-5\times2=-2 \quad (3\leqslant x_3<4) \tag{e}$$

$$M(x_3)=8x_3-5\times2\times(x_3-1)+10=20-2x_3 \quad (3<x_3\leqslant4) \tag{f}$$

EB 段：
$$F_Q(x_4)=8-5\times2-10=-12 \quad (4<x_4<5) \tag{g}$$

$$M(x_4)=8x_4-5\times2\times(x_4-1)+10-10\times(x_4-4)=60-12x_4 \quad (4\leqslant x_4\leqslant5) \tag{h}$$

（5）根据剪力方程和弯矩方程画出剪力图和弯矩图。

根据式（a）、（c）、（e）、（g）作剪力图，如图 5-16（b）所示。

根据式（b）、（d）、（f）、（h）作弯矩图，如图5-16（c）所示。

5.2.4 用叠加法作剪力图和弯矩图

当梁上有几项荷载作用时，梁的反力和内力都可以这样计算：先分别计算出每项荷载单独作用下的反力和内力，然后把这些相应计算结果代数相加，即得到几项荷载共同作用时的反力和内力。例如一悬臂梁上作用有均布荷载 q 和集中力 F [图5-17（a）]，梁的固定端处的反力为

$$F_{By}=F+ql \tag{a}$$

$$M_B=Fl+\frac{1}{2}ql^2 \tag{b}$$

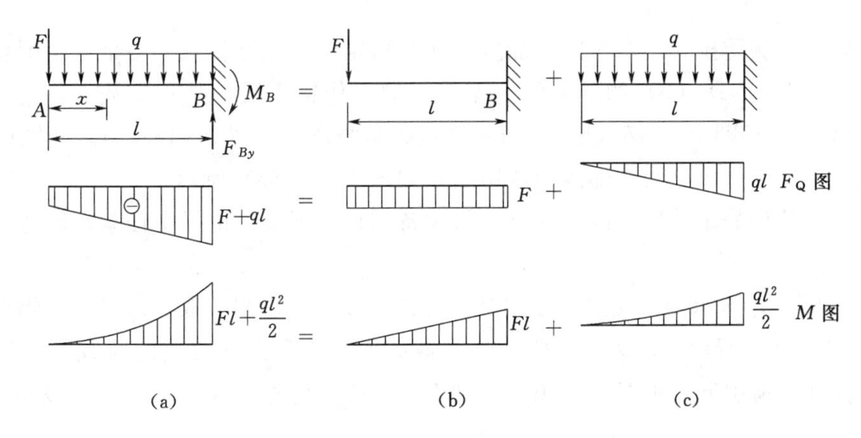

图5-17 叠加法绘制剪力图与弯矩图

在距左端为 x 处任一横截面上的剪力和弯矩分别为

$$F_Q(x)=-F-qx \tag{c}$$

$$M(x)=-Fx-\frac{1}{2}qx^2 \tag{d}$$

由上述式（a）～式（d）可以看出，梁的反力和内力都是由两部分组成。各式中第一项与集中力 F 有关，是由集中力 F 单独作用在梁上所引起的反力和内力[图5-17（b）]；各式中第二项与均布荷载 q 有关，是由均布荷载 q 单独作用在梁上引起的反力和内力[图5-17（c）]。两种情况的内力值代数相加，即为两项荷载共同作用的内力值。这种方法即为**叠加法**。采用叠加法作内力图会带来很大的方便，例如在图5-17中，可将集中力 F 和均布荷载 q 单独作用下的剪力图和弯矩图分别画出，然后再叠加，就得两项荷载共同作用的剪力图和弯矩图[图5-17（a）]。

值得注意的是，内力图的叠加是指内力图的纵坐标代数相加，而不是内力图图形的简单合并。

【例5-6】 试用叠加法作出图5-18（a）所示简支梁的弯矩图。

解： 先分别画出力偶 M_e 和均布荷载 q 单独作用时的弯矩图，如图5-18（b）和图5-18（c）所示。其中力偶 M_e 作用下的弯矩图是使梁的上侧受拉，均布荷载 q 作用下的弯

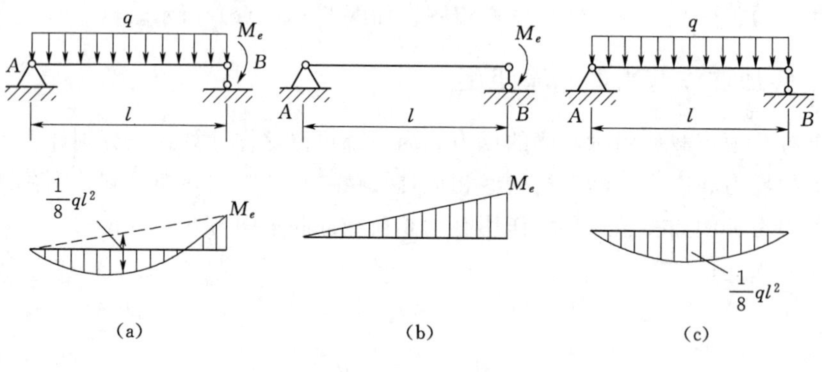

图 5－18 ［例 5－6］图

矩图是使梁的下侧受拉。二弯矩图叠加应是两个弯矩图的纵标相减。两个弯矩图叠加的作法是：以弯矩图 5－18（b）的斜直线为基线，向下作铅直线，其长度等于图 5－18（c）中相应的纵标，即以图 5－18（b）上的斜直线为基线作弯矩图 5－18（c）。两图的重叠部分相互抵消，不重叠部分为叠加后的弯矩图，如图 5－18（a）所示。

为给后续几种静定结构的内力计算提供预备知识，下面讨论梁中任意杆段弯矩图的一种绘制方法。

图 5－19（a）所示一简支梁，欲求其上杆段 AB 的弯矩图。取杆段 AB 为隔离体，受力如图 5－19（b）所示。显然，杆段上任意截面的弯矩是由杆段上的荷载 q 及杆段端面的内力共同作用所引起。但是，轴力 F_{NA} 和 F_{NB} 不产生弯矩。现在，取一简支梁 AB，令

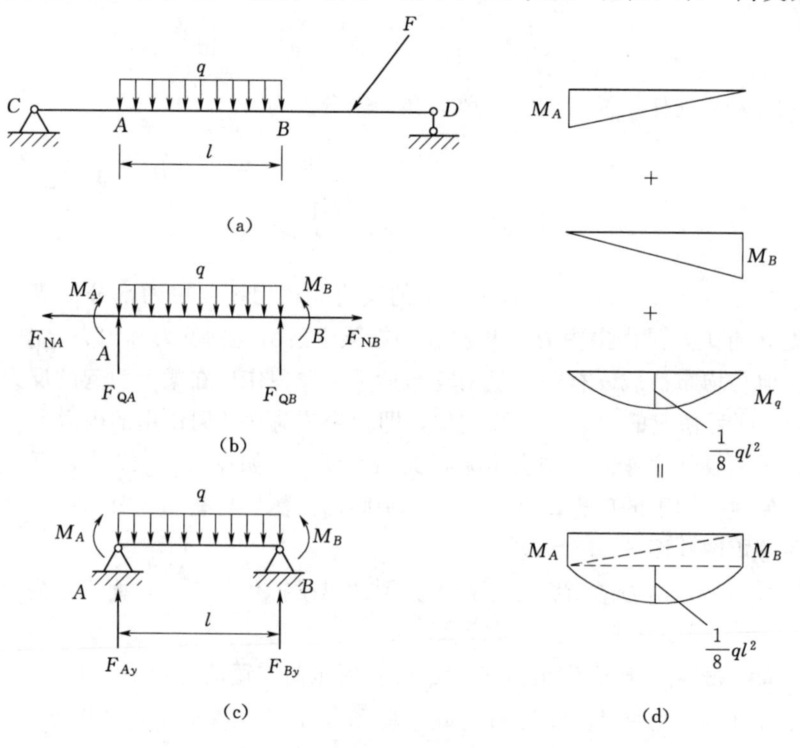

图 5－19　杆端 AB 内力的等效变换

其跨度等于杆段 AB 的长度，并将杆段 AB 上的荷载以及杆端弯矩 M_A、M_B 作用在简支梁 AB 上［图 5－19（c)］。这时，由平衡方程可知，该简支梁的反力 F_{Ay} 和 F_{By} 分别等于杆段端面的剪力 F_{QA} 和 F_{QB}。于是可断定，简支梁 AB 的弯矩图与杆端 AB 的弯矩图相同。简支梁 AB 的弯矩图可按叠加法作出，如图 5－19（d）所示，其中 M_A 图、M_B 图、M_q 图分别是杆端弯矩 M_A、M_B 及均布荷载 q 所引起的弯矩图，三者均使 AB 梁段下侧受拉，纵坐标叠加后即为简支梁 AB 的弯矩图。

综上所述，作某杆段的弯矩图时，只需求出该杆段的杆端弯矩，并将杆端弯矩作为荷载，用叠加法作相应的简支梁的弯矩图即可。当将叠加法应用于某一杆段弯矩图绘制时，该方法也被称为**分段叠加法**或**区段叠加法**，应用这一方法可以简便地绘制出平面刚架的弯矩图。

5.2.5 斜梁的内力图

在建筑工程中，经常会遇到杆轴线倾斜的梁，称为**斜梁**。常见的斜梁有楼梯、锯齿形楼盖和火车站雨篷等。计算斜梁的内力仍采用截面法，内力图的绘制和水平梁类似。但要注意斜梁的轴线与水平方向有一个角度，由此带来一些不同之处，下面举例加以说明。

【例 5－7】 绘制图 5－20（a）所示楼梯斜梁的内力图。已知 q_1、q_2、l、h。

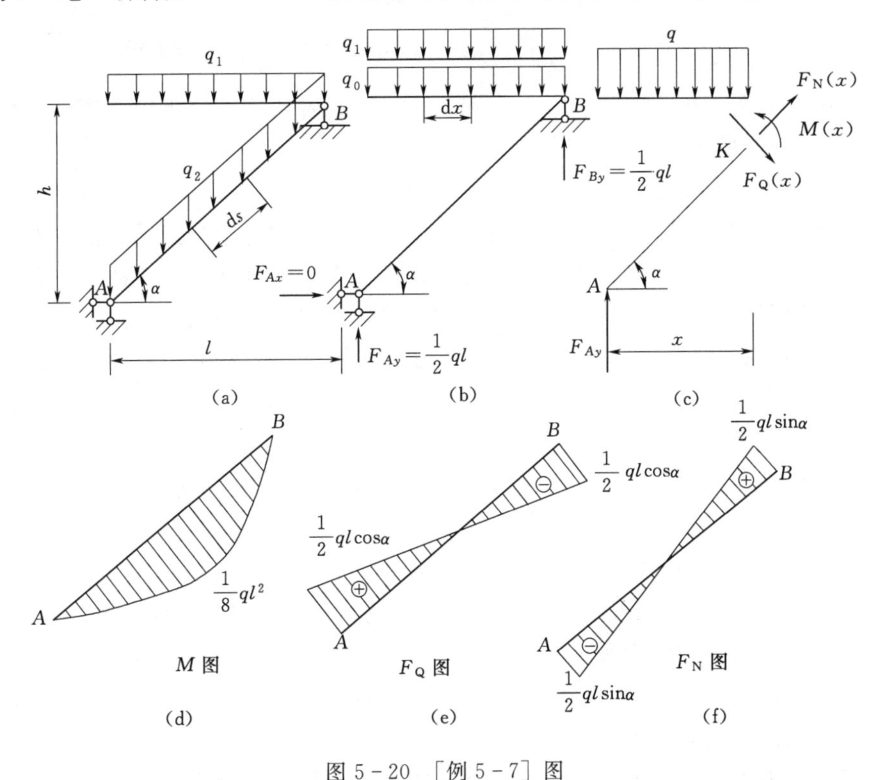

图 5－20 ［例 5－7］图

解： 楼梯斜梁的荷载一般分两部分：一是沿水平方向均布的楼梯上的人群荷载 q_1；二是沿楼梯梁轴线方向均布的楼梯的自重荷载 q_2，如图 5－20（a）所示。为了计算的方便，通常将沿楼梯轴线方向均布的自重荷载 q_2 换算成沿水平方向均布的荷载 q_0，如图

5－20（b）所示。然后再进行内力的计算和内力图的绘制。

（1）换算荷载。换算时可以根据在同一微段上合力相等的原则进行，即

$$q_0 \mathrm{d}x = q_2 \mathrm{d}s$$

因此

$$q_0 = \frac{q_2 \mathrm{d}s}{\mathrm{d}x} = \frac{q_2}{\cos\alpha}$$

沿水平方向总的均布荷载为

$$q = q_1 + q_0$$

（2）求支座反力。取斜梁为研究对象，由平衡方程求得支座反力为

$$F_{Ax} = 0, \quad F_{Ay} = F_{By} = \frac{1}{2} q l (\uparrow)$$

（3）计算任一截面 K 上的内力。取如图 5－20（c）所示的 AK 段为隔离体，由平衡方程可以求得内力表达式为

$$M(x) = F_{Ay} x - \frac{1}{2} q x^2 = \frac{1}{2} q l x - \frac{1}{2} q x^2$$

$$F_Q(x) = F_{Ay} \cos\alpha - q x \cos\alpha = \left(\frac{1}{2} q l - q x\right) \cos\alpha$$

$$F_N(x) = -F_{Ay} \sin\alpha + q x \sin\alpha = -\left(\frac{1}{2} q l - q x\right) \sin\alpha$$

（4）绘制内力图。由 $M(x)$、$F_Q(x)$ 和 $F_N(x)$ 的表达式，绘出内力图。如图 5－20（d）～图 5－20（f）所示。

综合以上分析，绘制梁内力图的方法有内力方程法、微分关系法和区段叠加法。内力方程法是绘制内力图的基本方法，但当荷载复杂时，这种方法十分繁琐，很少采用；微分关系法比较简便，在工程中经常采用，也称为控制截面法；区段叠加法适用在有跨间荷载梁段弯矩图的绘制，它常与微分关系法结合起来使用。以后绘制结构的内力图，采用的基本方法推荐采用控制截面法，首先计算出控制截面处的内力，然后根据内力和荷载集度的微分关系即可做出。具体步骤如下：

（1）利用静力平衡方程求出支反力。

（2）以集中力、集中力偶、分布荷载的起始点和终止点作为分段点，将杆件分为若干段。

（3）按截面法求控制截面（分段点处所在截面）的内力。

（4）根据内力和荷载集度的微分关系确定各分段 F_N、F_Q 和 M 的变化规律。

（5）根据控制截面的内力和各段内力的变化规律，就可作出内力图，当杆件上有跨间荷载作用时，利用直杆弯矩图的叠加法（分段叠加法）作出弯矩图，当无跨间荷载作用时，直接将杆端内力连线做出。

一个完整的内力图包括五个方面的要素：图名、单位、关键值、比例和正负。但是要准确地绘制，必须把握以下几个特征：

（1）均布荷载作用段，弯矩图为二次抛物线，且抛物线凸向均布荷载所指的方向。剪力图为斜直线，当 q 向下时，剪力图为左高右低（可以理解为“下坡”）的斜直线；当 q

向上时，剪力图为左低右高（可以理解为“上坡”）的斜直线。剪力图为零处，对应弯矩图的极值点。

（2）集中荷载作用点，弯矩图有一个尖角；剪力图有一个突变，突变值为集中荷载的大小。

（3）集中力偶作用点，弯矩图有一个突变，当力偶顺时针作用时，弯矩图向下突变；当力偶逆时针作用时，弯矩图向上突变。剪力图不受影响。

（4）无荷载段，弯矩图为斜直线，剪力图平行于基线，为常数。

（5）铰结点和铰支座处，弯矩为零。

5.3 多跨静定梁

多跨静定梁是由若干根单跨梁用铰和链杆连接而成的静定结构，它常用来跨越几个相连的跨度。图 5-21（a）所示为桥梁建设中多孔悬臂梁桥，各单跨梁之间的连接采用企口结合的形式，这种结点可视为铰结点，其计算简图如图 5-21（b）所示。房屋建筑中屋面结构的木檩条也常采用多跨静定梁这种形式，如图 5-22（a）所示。在檩条接头处采用斜搭接并用螺栓系紧，这种结点也可以视为铰结点，计算简图如图 5-22（b）所示。

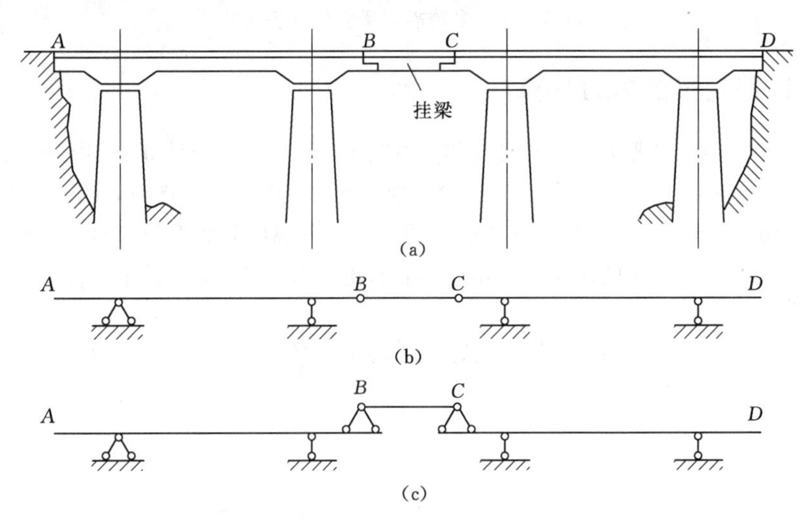

图 5-21 多跨静定梁实例（桥梁）

5.3.1 多跨静定梁的几何组成分析

为了选择合理的计算次序，必须进行多跨静定梁的几何组成分析。多跨静定梁从几何组成上看，可以分为**基本部分**和**附属部分**。如图 5-21（b）所示的结构，其中 AB 部分有三根支座链杆直接与地基相连，它不依赖其他部分的存在而能独立地维持其几何不变性，我们称它为基本部分。同理，CD 部分在竖向荷载作用下，与地基通过两根竖向支座链杆相连，也能维持平衡，故也看作基本部分。而 BC 部分则必须依靠基本部分才能维持其几何不变性，故称为附属部分。显然，若附属部分被破坏或撤除，基本部分仍为几何不变；反之，若基本部分被破坏，则附属部分随之连同倒塌。为了更加清晰地表示各部分之间的支承关系，可以将基本部分画在下层，而把附属部分画在上层，如图 5－21（c）所示，这称为**层次图**。对于图 5－22（b）所示结构，梁 ABC、$DEFG$、HIJ 是基本部分，梁 CD、GH 是附属部分，其结构层次图如图 5－22（c）所示。需要指明的是，层次图上有些梁只有两根支杆，而有些梁却有四根支杆，这些仅是层次图上的图式，实际上，图 5－21（b）中的挂梁 BC 及图 5－22（b）中的挂梁 CD、GH 在整个梁中均起了水平约束的作用，整个体系是无多余约束的几何不变体系，是静定结构。

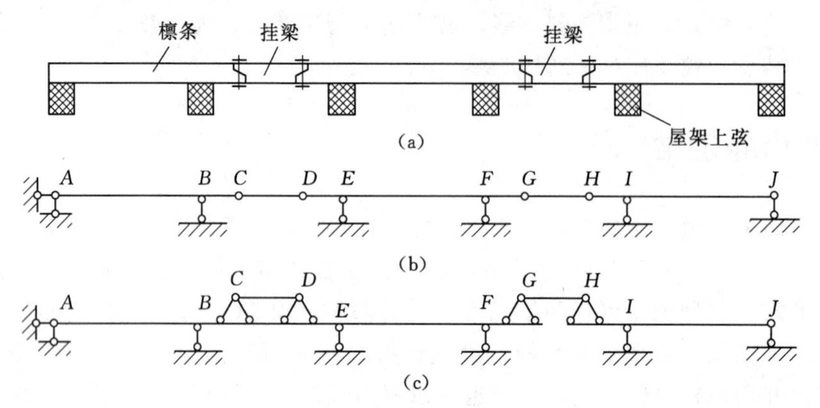

图 5－22　多跨静定梁实例（房建）

5.3.2　多跨静定梁的内力计算

对于多跨静定梁，只要了解它的组成和传力次序，就不难进行计算。如图 5－23（a）所示的多跨静定梁，它是由 AC、CE、EF 三部分组成，其中 AC 为基本部分，CE 为支承于基础部分 AC 上的附属部分，而 EF 又是支承于组合的基本部分 AE 上的附属部分，它们之间的支承关系可用图 5－23（b）所示的层次图表示。由此看出，对于 AC 梁，其上不仅直接受外荷载 F_1

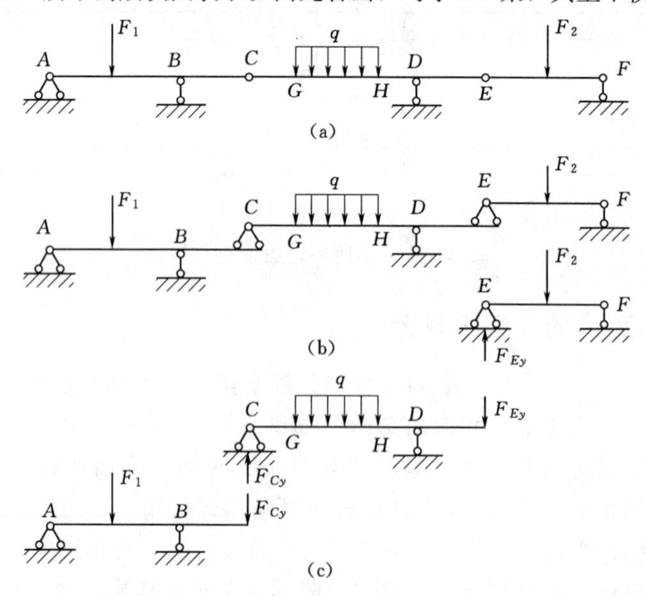

图 5－23　多跨静定梁内力分析实例

的作用，而且还受到梁 CE 在铰 C 处传来的作用力；对梁 CE 来说，其上不仅受有荷载 q 的作用，而且还受到梁 EF 在铰 E 处传来的作用力；至于梁 EF，则仅受到作用于它本身的荷载 F_2。显然，计算支座反力和内力时，应先从梁 EF 开始，然后分析梁 CE，最后分析梁 AC。

由此可见，基本部分和附属部分的受力特征为：基本部分的受力对附属部分无传递，而附属部分的受力对基本部分有传递。因此，应从最上层的附属部分开始计算反力和内力，将附属部分的支座反力，反向作用在支承它的基本部分上，按此逐层计算如图 5-23（c）所示。当每取一部分为隔离体进行计算时，其支座反力和内力的计算均与单跨梁的情况无异。最后把各单跨梁的内力图连在一起，就得到了多跨静定梁的内力图。

通过以上分析，现在总结一下多跨静定梁内力计算的步骤：

（1）首先进行几何组成分析，找出基本部分和附属部分，根据基本部分和附属部分的几何组成特征，按照附属部分支承于基本部分的原则，绘出表示结构构成和传力层次的层次图。

（2）根据所绘的层次图和基本部分、附属部分的受力特征，先从最上层的附属部分开始，依次计算各梁段的反力（包括支座反力和铰接处的约束反力）。

（3）按照绘制单跨梁内力图的方法，分别绘出各段梁的内力图，然后将其连在一起，即为整个多跨静定梁的内力图。

（4）校核：①反力校核：依据平衡条件；②内力图校核：利用微分关系及内力图的特征进行。

根据多跨静定梁的几何组成特点进行受力分析，可以较简便地求出各铰接处的约束力和各支座反力，而避免求解联立方程或减少联立方程的数目。这种分析方法，对于其他类型具有基本部分和附属部分的结构，其计算步骤原则上也是如此。

【例 5-8】 试绘制图 5-24（a）所示多跨静定梁的内力图。

解：根据上述的多跨静定梁内力计算的步骤进行。

（1）绘层次图。梁 ABC 固定在基础上，是基本部分；梁 CDE 固定在梁 AB 上，是第一级附属部分；梁 EF 固定在梁 CDE 上，是第二级附属部分，于是可以画出其层次图，如图 5-24（b）所示。

（2）计算各单跨梁的反力。根据图 5-24（b）所示的层次图，按先附属后基本的原则，依次取各段梁为隔离体，受力图如图 5-24（c）所示，根据平衡方程分别求出各梁段的约束反力，计算过程略。

（3）绘内力图。依据 5-24（c）中计算出的约束反力，按单跨梁绘制内力图的方法，分别绘出各梁段的内力图，然后连在一起即为所求的多跨静定梁的弯矩图和剪力图，如图 5-24（d）和图 5-24（e）所示。

（4）校核：

1）反力校核：由图 5-24（c）列出

$$\sum F_y = 5+35+10+4-20-16-10-8=0$$

2）内力图校核：本例所得的各内力图特征均与实际荷载情况符合，并且梁中任一局部满足静力平衡条件，表明内力图是正确的。

另外，本题有三点值得注意：①作用在 C 铰上的集中力在层次图中被归入基本部分

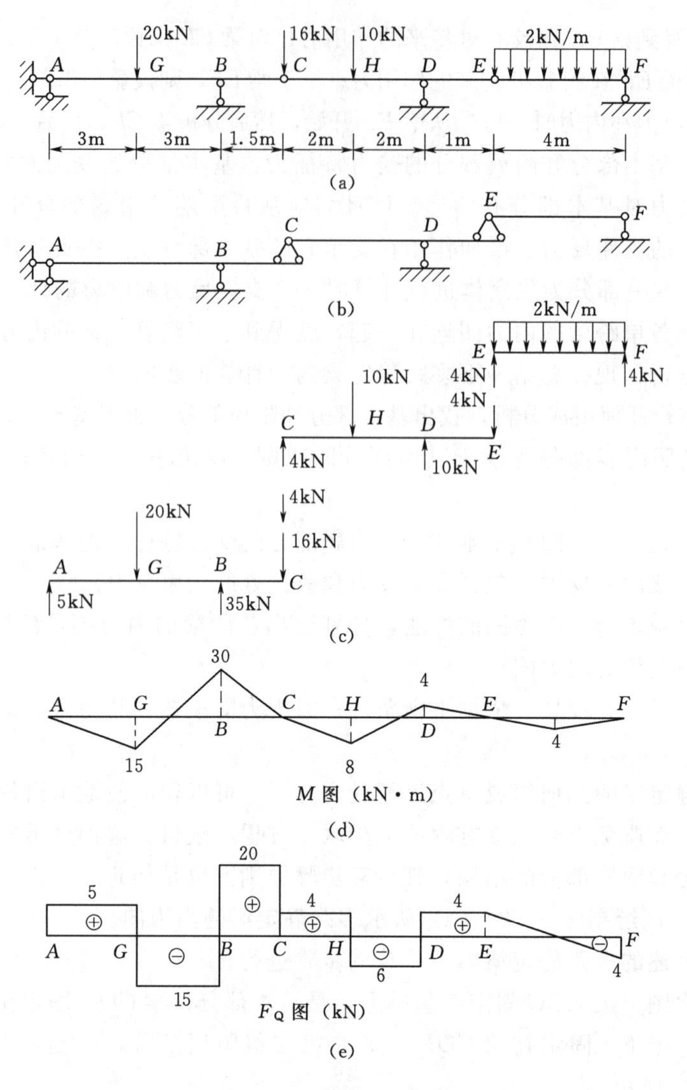

图 5-24 ［例 5-8］图

ABC 计算，如果归入附属部分 CDE 计算，结果完全一样；②AB 梁端和 CD 梁端也可以用直杆区段叠加法绘制其弯矩图；③有了弯矩图，剪力图即可根据微分关系或平衡条件求得。具体来讲，对于弯矩图为直线的区段，利用弯矩图的坡度（即斜率）来求剪力，至于剪力的正负号，可按如下方法迅速判定：若弯矩图是从基线顺时针方向转的（以小于 90°的转角），则剪力为正，反之为负；据此可知 AG 段的剪力为正，大小为该段弯矩图的斜率，有

$$F_{QAG}=\frac{15}{3}=5(\text{kN})$$

对于弯矩图为曲线的区段，此时利用杆端平衡条件来求其两端剪力。

5.4　静定平面刚架

由梁和柱等直杆组成的具有刚结点的结构，称为**刚架**。杆轴和荷载均在同一平面内且

无多余约束的几何不变刚架，称为**静定平面刚架**。

5.4.1 静定平面刚架的几何组成形式

如图 5-25 所示，静定平面刚架的基本几何组成形式有三种：悬臂刚架、简支刚架和三铰刚架。

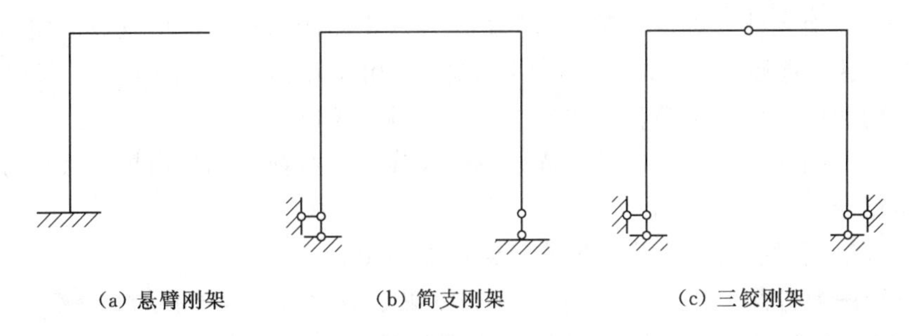

图 5-25 刚架的基本形式

以上述三种刚架为基本部分，按照类似多跨静定梁的几何组成原理，在其上添加附属部分，即可形成更加复杂的静定平面刚架，如图 5-26 所示。

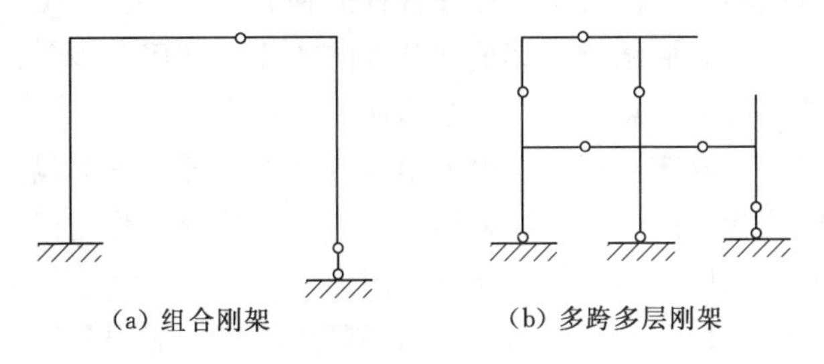

图 5-26 刚架的复杂形式

5.4.2 静定平面刚架的杆端内力的计算及内力图绘制

1. 刚架内力的符号规定

在一般情况下，刚架中各杆的内力有弯矩、剪力和轴力。

为后续描述方便，尤其是为了区分汇交于同一结点的各杆端截面的内力，使之不致混淆，在内力符号 M、F_Q、F_N 后面引用两个角标：第一个表示内力所属截面，第二个表示该截面所属杆件的另一端。例如 M_{AB} 表示 AB 杆 A 端截面的弯矩，M_{BA} 表示 AB 杆 B 端截面的弯矩，F_{QAC} 表示 AC 杆 A 端截面的剪力等。

在刚架的内力计算中，弯矩可自行规定正负，例如可规定以使刚架内侧纤维受拉的为正，但必须注明受拉一侧。剪力和轴力的正负号规定同前，即剪力以使隔离体产生顺时针转动趋势时为正，反之为负；轴力以使拉力为正，压力为负。

2. 刚架内力图的绘制

利用控制截面法绘制刚架的内力图。一般在求出支座反力后，将刚架拆成单个杆件。用截面法计算各杆杆端截面的内力值，然后利用荷载与内力之间的微分关系和分段叠加法逐杆绘出其内力图，最后将各杆内力图组合在一起就是整个刚架的内力图。

刚架内力图的绘制要点如下：

(1) 作弯矩图。逐杆或逐段计算出两端截面（即控制截面）的弯矩值，将弯矩纵标画在受拉一侧，当杆件上无外荷载作用时，将杆端弯矩纵标以直线相连即可作出弯矩图；当杆件上有荷载作用时，将两端弯矩纵标顶点连一虚线，以此虚线为基线，在此基线上叠加相应的简支梁荷载作用下的弯矩图，弯矩图绘于受拉边，不需注明正、负号。

当两杆结点上无外力矩作用时，结点处两杆弯矩图的纵标在同侧且数值相等。

铰支端和悬臂端无外力矩作用时，弯矩为零；作用外力矩时，该端的弯矩值等于外力矩。

(2) 作剪力图。可采用两种方法逐杆或逐段进行绘制。

方法一：根据荷载和求出的反力逐杆或逐段计算杆端剪力和杆内控制截面剪力，然后按单跨静定梁绘制剪力图。

方法二：利用微分关系由弯矩图直接绘出剪力图。

对于弯矩图为斜直线的杆段，由弯矩图斜率确定剪力值；对于有均布荷载作用的杆段，可应用叠加原理计算出两端剪力，并用直线连接两端剪力的纵标。剪力图可以画在杆件的任意一侧，但必须标明正负号。习惯上将横梁部分的正剪力画在上侧，负剪力画在下侧。

(3) 作轴力图。可采用两种方法逐杆或逐段进行绘制。

方法一：根据荷载和已求出的反力计算各杆的轴力。

方法二：根据剪力图截取结点或其他部分为隔离体，利用平衡条件计算轴力。

轴力图可以画在杆件的任意一侧，但必须注明正负号。

(4) 校核内力图。选取在计算过程中未用到的结点或杆件作为隔离体，根据已绘出的内力图，画出隔离体的受力图，利用隔离体的平衡方程校核计算正误，然后按内、外力的微分关系，具体讲就是利用内力图的特征校核内力图。

无论是杆端内力的计算还是内力图的绘制，都可以考虑应用静定结构的对称性来简化计算。静定结构的对称性是指结构的几何形状和支座形式均对称于某一几何轴线（对称轴）。对称结构在正对称荷载作用下，结构内力呈正对称分布；对称结构在反对称荷载作用下，结构内力呈反对称分布。利用对称性，使得内力分析得到简化。

下面举例说明悬臂刚架、简支刚架、三铰刚架如何计算杆端内力和绘制内力图。

【例 5-9】 绘制图 5-27 (a) 所示悬臂刚架的内力图。

解： 悬臂刚架可以从悬臂端开始直接求出控制截面的内力，不需要计算支反力，然后利用叠加法作内力图。

(1) 求控制截面内力。本刚架由 AB 和 BC 两杆段组成，分别计算如下：

BC 杆截面 C：　　$M_{CB}=0$，$F_{QCB}=-3(\text{kN})$，$F_{NCB}=0$

BC 杆截面 B [取 BC 为隔离体，图 5-27 (b)]：

$$M_{BC}=3\times4-2\times4\times2=-4(\text{kN}\cdot\text{m})\text{（上侧受拉）}$$

$$F_{QBC}=2\times4-3=5(\text{kN})$$

$$F_{NBC}=0$$

AB 杆截面 B [取 BC 为隔离体，图 5-27 (c)]：

$$M_{BA}=3\times4-2\times4\times2-2=M_{BC}-2=-6(\text{kN}\cdot\text{m})\text{（左侧受拉）}$$

$$F_{QBA}=0,\ F_{NBA}=3-2\times4=-5(\text{kN})\text{（压力）}$$

AB 杆截面 A［取 ABC 为隔离体，图 5-27（d）］：

$$M_{AB}=3\times4-2\times4\times2-2-3\times2=-12(\text{kN}\cdot\text{m})\ (\text{左侧受拉})$$

$$F_{QAB}=3(\text{kN}),\ F_{NAB}=3-2\times4=-5(\text{kN})\ (\text{压力})$$

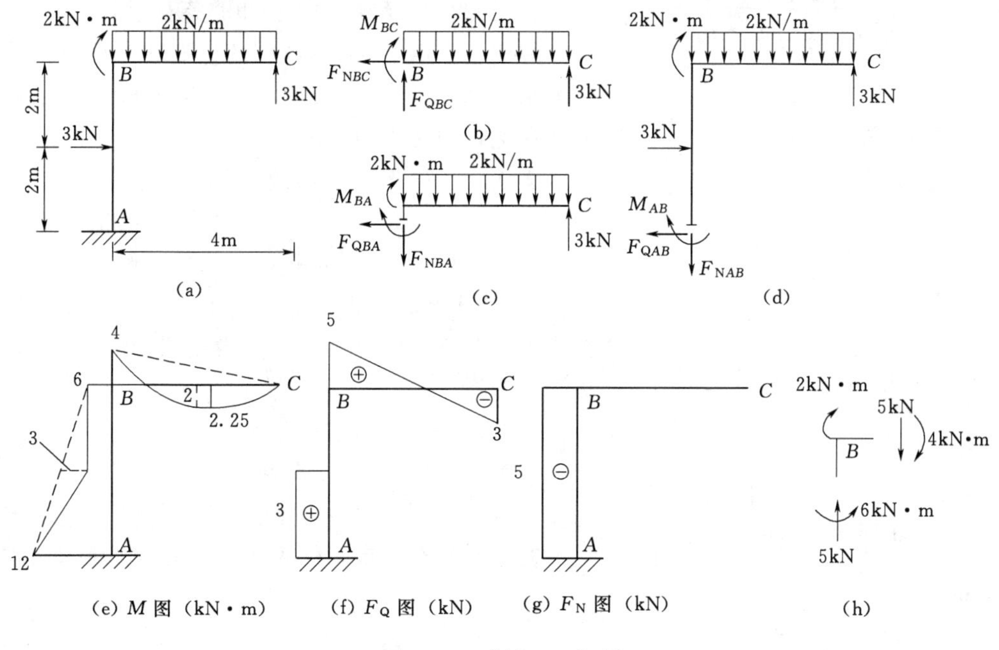

图 5-27 ［例 5-9］图

（2）绘制内力图。

1）弯矩图。杆 BC：利用已求出的杆端弯矩 $M_{BC}=-4\text{kN}\cdot\text{m}$（上侧受拉），$M_{CB}=0$ 绘出弯矩图在 B 端和 C 端的竖标，然后连以虚线，在此虚线基础上叠加简支梁在均布荷载作用下的弯矩图即为杆 BC 的弯矩图。杆 AB：利用已求出的杆端弯矩 $M_{AB}=-12\text{kN}\cdot\text{m}$（左侧受拉），$M_{BA}=-6\text{kN}\cdot\text{m}$（左侧受拉），绘出弯矩图在 A 端和 B 端的竖标，然后连以虚线，在此虚线基础上叠加简支梁在跨中集中荷载作用下的弯矩图，即为杆 AB 的弯矩图。把杆 AB、BC 的弯矩图组合在一起，即为整个刚架的弯矩图，如图 5-27（e）所示。

2）剪力图。绘制剪力图仍逐杆进行。

方法一：根据 BC 和 AB 杆的杆端剪力，按单跨静定梁的方法绘制剪力图，整个刚架的剪力图如图 5-27（f）所示，剪力图可画在杆件的任一侧，但必须标出正负。

方法二：根据弯矩图画剪力图，也是逐杆进行。

取 BC 为隔离体，如图 5-28（a）所示，根据已绘出的弯矩图［图 5-27（e）］可知，C 端弯矩为零，B 端弯矩为 $-4\text{kN}\cdot\text{m}$，且上侧受拉，即为反时针力偶，未知杆端剪力 F_{QBC}、F_{QCB} 均按正方向标出（因轴力对求剪力无影响，故图中未标出），如图 5-28（a）所示。

由 $\sum M_C=0$，$4F_{QBC}-4-2\times4\times2=0$，$F_{QBC}=5\text{kN}$。

由 $\sum M_B=0$，$4F_{QCB}+2\times4\times2-4=0$，$F_{QCB}=-3\text{kN}$。

同理取 AB 为隔离体，受力图如图 5-28（b）所示。

由$\sum M_A=0$，$4F_{QBA}+6+3\times2-12=0$，所以$F_{QBA}=0$。

由$\sum M_B=0$，$4F_{QAB}-12-3\times2+6=0$，所以$F_{QAB}=3\text{kN}$。

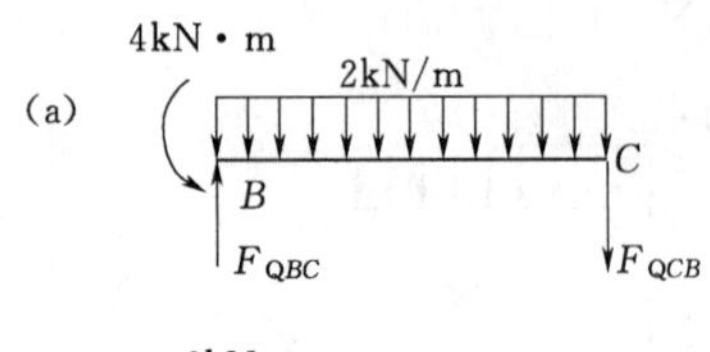

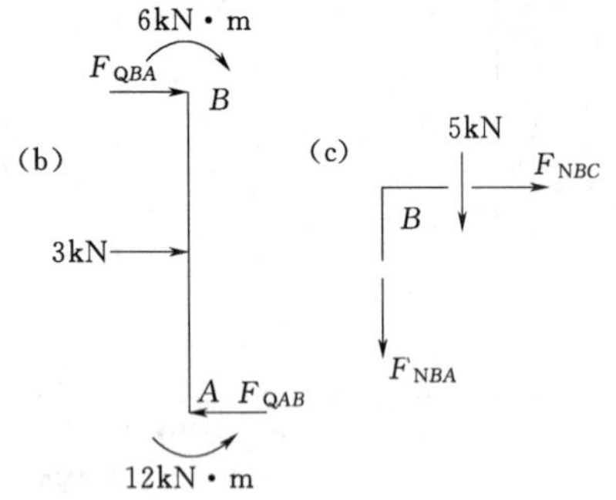

图5-28 ［例5-9］由杆端弯矩求杆端剪力和轴力

计算结果同方法一完全一样。

3）轴力图。绘制轴力图也是逐杆进行。

方法一：由BC和AB杆的杆端轴力可直接绘出轴力图，如图5-27（g）所示。轴力可以画在杆件的任一侧，但必须标正负。

方法二：根据剪力图绘制轴力图。取结点B为隔离体如图5-28（c）所示，根据已绘出的剪力图［图5-27（f）］，已知$F_{QBC}=5\text{kN}$（顺时针方向），$F_{QBA}=0$，未知轴力F_{NBC}和F_{NBA}按正方向标出，应用投影平衡方程（因弯矩对求轴力的投影方程无影响，故图中未标出）。

由$\sum F_y=0$，所以$F_{NBA}=-5\text{kN}$。

由$\sum F_x=0$，所以$F_{NBC}=0$。

计算结果同方法一也完全一样。

对于较复杂的带斜杆的结构，按第二种方法求剪力和轴力较为方便。

（3）校核。

1）平衡条件的校核。根据图5-27绘出的弯矩图、剪力图和轴力图，取BC杆、AB杆或B点之一进行校核。如取结点B，如图5-27（h）所示。

满足：$\sum M=2+4-6=0$；$\sum F_y=5-5=0$；$\sum F_x=0$，计算结果正确。

2）内力图的校核。水平杆件BC受到竖直向下的均布荷载作用，故该杆的弯矩图为抛物线，且曲线的凸出方向与荷载方向一致，剪力图为斜直线，轴力图由于杆上无轴向荷载作用，故其内力为零；竖杆AB在跨中作用一个水平向右的集中荷载，故该杆的弯矩图在该集中荷载处有一个尖角，尖角的指向与荷载方向一致，剪力图在集中荷载处有一个突变，突变值与荷载值一致，轴力的数值全杆没有发生变化；刚结点B作用一个顺时针的集中力偶，所以B结点连接两杆端的杆端弯矩要发生突变，突变值为集中力偶大小。各杆内力图的特征与实际荷载情况都是符合的。

【例5-10】 绘制图5-29（a）所示简支刚架的内力图。

解：（1）计算支座反力。

此刚架为一简支刚架，反力只有三个，考虑刚架的整体平衡。

由$\sum F_x=0$可得，$F_{Ax}=6\times8=48(\text{kN})$（←）。

由$\sum M_A=0$可得，$F_{By}=\dfrac{6\times8\times4+20\times3}{6}=42(\text{kN})$（↑）。

由$\sum F_y=0$可得，$F_{Ay}=42-20=22(\text{kN})$（↓）。

各反力图如图5-29（a）所示。

（2）绘制弯矩图。作弯矩图时应逐杆考虑。首先考虑CD杆，该杆为一悬臂梁，故其

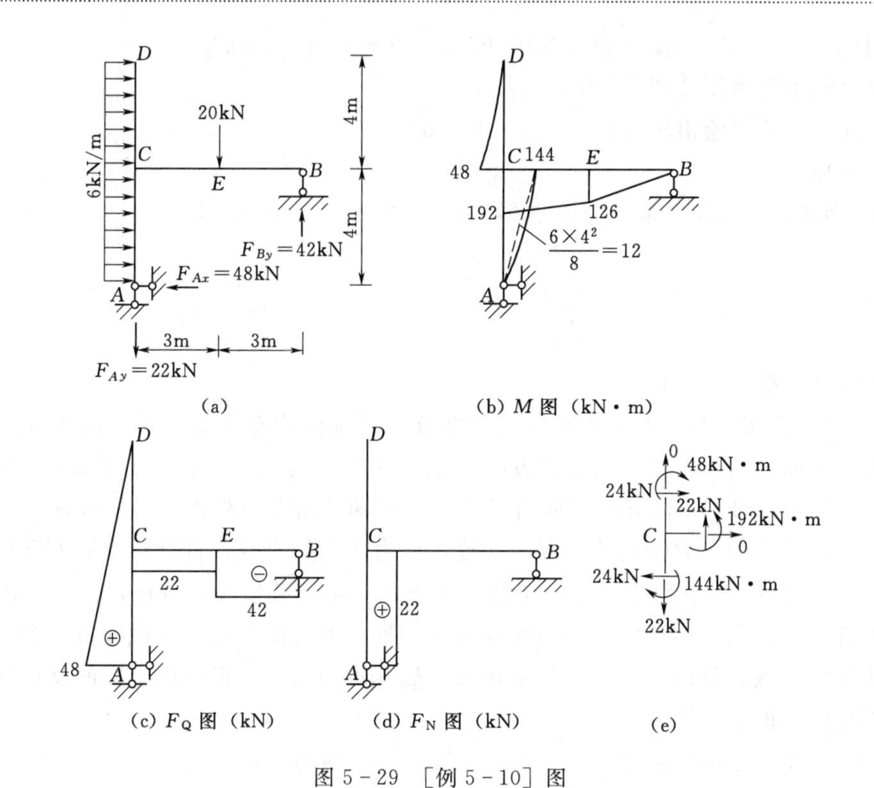

图 5-29 [例 5-10] 图

弯矩图可直接绘出。其 C 端弯矩为

$$M_{CD}=\frac{6\times4^2}{2}=48(\text{kN}\cdot\text{m})(\text{左侧受拉})$$

其次考虑 CB 杆。该杆上作用一集中荷载，可分为 CE 和 EB 两无荷区段，用截面法求出下列控制截面的弯矩：

$$M_{BE}=0$$

$$M_{EB}=M_{EC}=42\times3=126(\text{kN}\cdot\text{m})(\text{下侧受拉})$$

$$M_{CB}=42\times6-20\times3=192(\text{kN}\cdot\text{m})(\text{下侧受拉})$$

便可绘出该杆的弯矩图。

最后考虑 AC 杆。该杆受均布荷载作用，可用叠加法绘其弯矩图。为此，先求出该杆两端弯矩：

$$M_{AC}=0,\quad M_{CA}=48\times4-6\times4\times2=144(\text{kN}\cdot\text{m})(\text{右侧受拉})$$

这里 M_{CA} 是取截面 C 下边部分为隔离体算得的。将两端弯矩绘出并连以虚线，在此虚线上叠加相应简支梁在均布荷载作用下的弯矩图即成。

以上所得整个刚架的弯矩图如图 5-29 (b) 所示。

(3) 绘制剪力图和轴力图。作剪力图时同样逐杆考虑。根据荷载和已求出的反力，用截面法不难求得各控制截面的剪力值如下：

CD 杆： $F_{QDC}=0$，$F_{QCD}=6\times4=24(\text{kN})$

CB 杆： $F_{QBE}=-42(\text{kN})$，$F_{QEC}=F_{QCE}=-42+20=-22(\text{kN})$

AC 杆：$F_{QAC}=48(kN)$，$F_{QCA}=48-6\times4=24(kN)$

据此可绘出剪力图［图5-29（c）］。

用同样的方法可绘出轴力图［图5-29（d）］。

（4）校核。

1）平衡条件的校核。取结点 C 为隔离体［图5-29（e）］，有

$$\sum M_C=48-192+144=0$$

$$\sum F_x=24-24=0$$

$$\sum F_y=22-22=0$$

故平衡条件满足。

2）校核内力图。杆件 CD 受到向右且垂直于杆轴的均布荷载作用，故该杆的弯矩图为抛物线，且曲线的凸出方向与荷载方向一致，剪力图为斜直线，杆上无轴向荷载作用，故其轴力为零；杆件 AC 同样受到向右且垂直于杆轴的均布荷载作用，故该杆的弯矩图为抛物线，且曲线的凸出方向与荷载方向一致，剪力图为斜直线，且其斜率同 CD 杆，轴力为常数；水平杆件 CB 在跨中承受一个竖直向下的集中荷载作用，故该杆的弯矩图在该集中荷载处有一个尖角，尖角的指向与荷载方向一致，剪力图在集中荷载处有一个突变，突变值与荷载值一致，杆件上无轴向荷载作用，故其轴力为零。各杆内力图的特征与实际荷载情况都是符合的。

【例5-11】 绘制图5-30（a）所示三铰刚架的内力图。

解：（1）计算支座反力。该刚架是按三刚片规则组成的，整体分析有四个支座反力，需建立四个平衡方程求解四个未知反力，取刚架整体为隔离体建立三个平衡方程。另外利用铰 C 处的弯矩为零这一已知条件，取左半刚架或右半刚架为隔离体，再建立一补充方程即可求出全部支座反力。取刚架整体为隔离体，受力如图5-30（a）所示，由平衡方程知：

$\sum M_A=0$，$F_{By}\times12-2\times6\times3=0$，所以 $F_{By}=3(kN)$（↑）。

$\sum M_B=0$，$F_{Ay}\times12-2\times6\times9=0$，所以 $F_{Ay}=9(kN)$（↑）。

$\sum F_x=0$，$F_{Ax}-F_{Bx}=0$，所以 $F_{Ax}=F_{Bx}$。

再取右半刚架 BEC 为隔离体，如图5-30（b），由平衡方程知

$$\sum M_C=0,\quad 6F_{Bx}-6F_{By}=0$$

又因为 $F_{By}=3(kN)$

所以 $F_{Bx}=F_{By}=3(kN)$（←），$F_{Ax}=3(kN)$（→）

（2）求控制截面的内力，绘内力图。

1）绘制弯矩图。各杆杆端弯矩为：

AD 杆：$M_{AD}=0$，$M_{DA}=3\times4=12(kN\cdot m)$（外侧受拉）

DC 杆：$M_{DC}=M_{DA}=12(kN\cdot m)$（外侧受拉），$M_{CD}=0$

BE 杆：$M_{BE}=0$，$M_{EB}=3\times4=12(kN\cdot m)$（外侧受拉）

EC 杆：$M_{EC}=M_{EB}=12(kN\cdot m)$，$M_{CE}=0$

根据各杆杆端弯矩，按叠加法绘出各杆的弯矩图，组合形成整个刚架的弯矩图，如图5-30（c）所示，其中 DC 杆的中点弯矩为：$-\frac{1}{2}\times12+\frac{1}{8}\times2\times6^2=3(kN\cdot m)$（下侧受拉）。

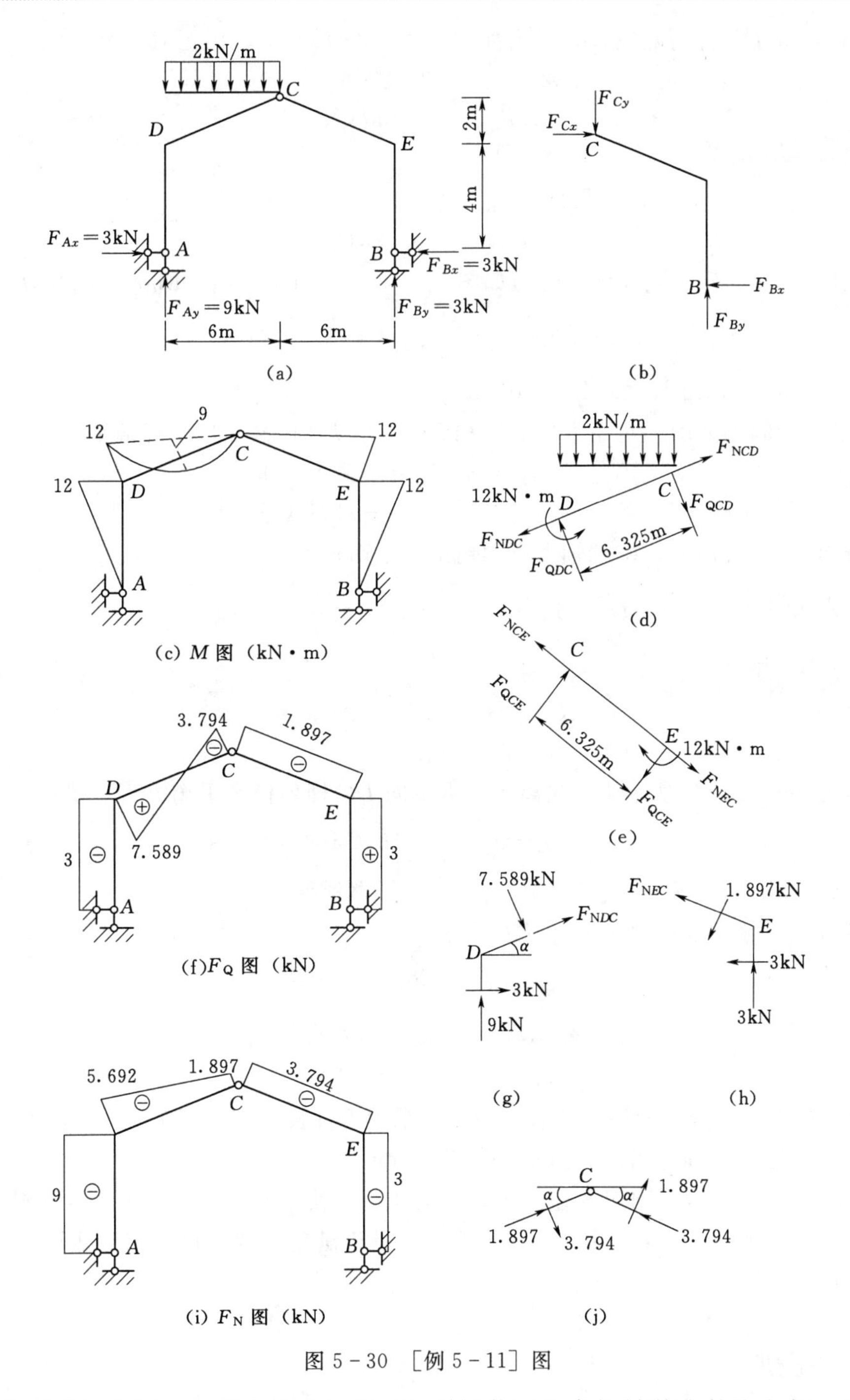

图 5-30 [例 5-11] 图

2）绘制其剪力图。对于直杆 AD 和 BE 利用截面法求杆端剪力较为方便，而对于斜杆 DC 和 EC，若利用截面法求杆端剪力，则投影关系比较复杂，而取杆 DC 或 EC 为隔离体，利用力矩平衡方程求解比较简单。

AD 杆：
$$F_{QAD}=F_{QDA}=-F_{Ax}=-3(\text{kN})$$

BE 杆：
$$F_{QBE}=F_{QEB}=F_{Bx}=3(\text{kN})$$

DC 杆：取 DC 杆为隔离体，受力如图 5-30（d）所示，由 $\sum M_C=0$ 得

$$6.325F_{QDC}-12-2\times6\times3=0$$
$$\therefore F_{QDC}=7.589(\mathrm{kN})$$

由 $\sum M_D=0$ 得

$$6.325F_{QCD}+2\times6\times3-12=0$$
$$\therefore F_{QCD}=-3.794(\mathrm{kN})$$

EC 杆：取 EC 杆为隔离体，受力如图 5-30（e）所示，由 $\sum M_C=0$ 或 $\sum M_E=0$ 得

$$F_{QEC}=F_{QCE}=-\frac{12}{6.325}=-1.897(\mathrm{kN})$$

于是可以绘出 F_Q 图，如图 5-30（f）所示。

3）最后绘制轴力图。对于直杆 AD 和 BE，可以利用截面法求杆端轴力：

AD 杆：　$F_{NAD}=F_{NDA}=-F_{Ay}=-9\mathrm{kN}$（压力）

BE 杆：　$F_{NBE}=F_{NEB}=-F_{By}=-3\mathrm{kN}$（压力）

对于斜杆 DC 和 EC，杆端轴力可利用结点平衡求解。

取结点 D［图 5-30（g）］，其中 $\sin\alpha=\frac{1}{\sqrt{10}}$，$\cos\alpha=3/\sqrt{10}$。

由 $\sum F_x=0$ 得

$$F_{NDC}\cos\alpha+7.589\sin\alpha+3=0$$
$$\therefore F_{NDC}=-5.692(\mathrm{kN})$$

再由图 5-30（d）所示 DC 隔离体，沿轴向 DC 杆列投影平衡方程，得

$$F_{NCD}-F_{NDC}-2\times6\times\sin\alpha=0$$
$$\therefore F_{NCD}=-1.897(\mathrm{kN})$$

取结点 E［图 5-30（h）］，由 $\sum F_x=0$ 得

$$F_{NEC}\cos\alpha+1.897\sin\alpha+3=0$$

即

$$F_{NEC}\times3/\sqrt{10}+1.879\times1/\sqrt{10}+3=0$$
$$\therefore F_{NEC}=-3.794(\mathrm{kN})$$

因杆 EC 上沿轴线方向没有荷载作用，故轴力沿杆长不变，即 $F_{NCE}=-3.794\mathrm{kN}$。

于是可以绘出其轴力图，如图 5-30（i）所示。

（3）校核。可以截取刚架的任何部分校核其是否满足平衡条件。如取结点 C，隔离体如图 5-30（j）所示，验算 $\sum F_x=0$ 和 $\sum F_y=0$ 是否满足，读者可自行完成计算正误及内力图的校核。

5.5　三铰拱

5.5.1　概述

1. 拱结构及其形式

拱结构是应用比较广泛的结构型式之一，在房屋建筑、地下建筑、桥梁及水工建筑中

常采用，如剧院看台中的圆弧梁、水塔、圆形隧道、圆形管涵、圆形沉箱等。

拱结构的计算简图从几何构造上讲，拱式结构可以分为无多余约束的三铰拱［图 5 - 31 (a)］和有多余约束的两铰拱［图 5 - 31（b)］和无铰拱［图 5 - 31（c)］。从内力分析上讲，前者属于静定结构、而后面两种属于超静定结构。本节只讨论静定三铰拱的计算。

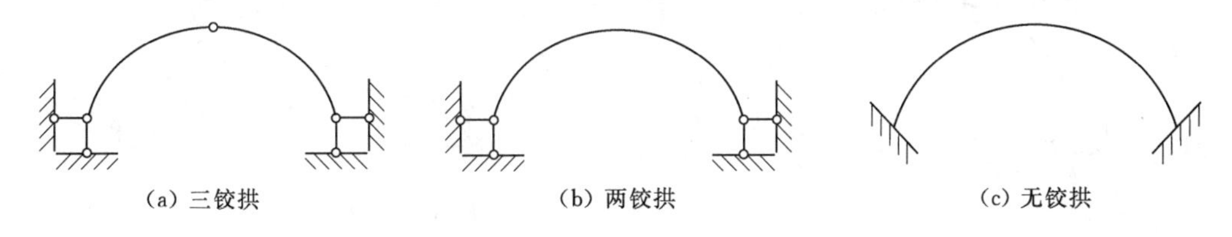

图 5 - 31 拱结构的形式

三铰拱是一种静定的拱式结构。图 5 - 32（a）为一三铰拱桥结构，拱架的计算简图如图 5 - 32（b）所示。拱体各截面形心的连线称为拱轴线。拱的两端与支座连接处称为拱趾或拱脚。拱轴的最高点称为拱顶，三铰拱的中间铰一般设在拱顶处。两拱趾的水平距离 l 称为拱的跨度，拱顶至两拱趾连线的竖向距离 f 称为拱高或矢高，拱高与跨度之比 f/l 称为拱的高跨比（或矢跨比），它是控制拱受力的重要数据。

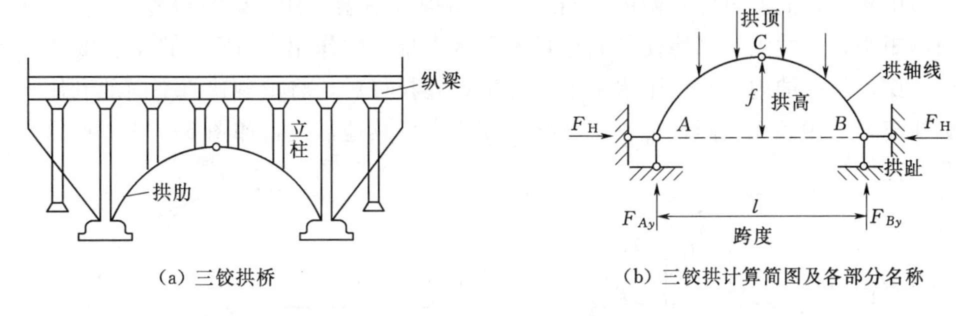

图 5 - 32 三铰拱及其计算简图

两个拱趾位于同一标高处上的拱称为平拱，如图 5 - 33（a）所示；两个拱趾位于不同标高处的拱称为斜拱，如图 5 - 33（b）所示。

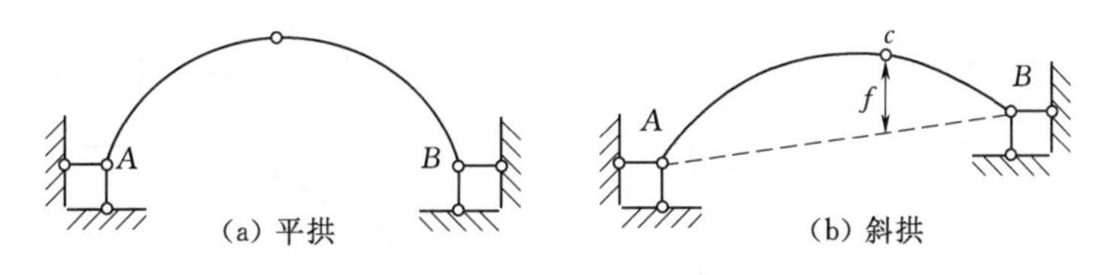

图 5 - 33 平拱和斜拱

2. 拱结构的力学特性

为了说明拱式结构的受力特点，可将拱式结构与梁式结构做一对比。所谓拱式结构是指杆轴通常为曲线，而且在竖向荷载作用下支座将产生水平反力的结构。这种水平反力又称为水平推力。拱式结构与梁式结构的区别，不仅在于外形不同，更重要的还在于水平推力是否存在。如图 5 - 34（a）所示的结构，其杆轴虽为曲线，但在竖向荷载作用下支座并不产生水平推力，它的弯矩与相应简支梁的相同，故称为曲梁；但如图 5 - 34（b）所示的结构，由于其两端都有水平支座链杆，在竖向荷载作用下支座将产生水平推力，故属于拱式结构。由此可知，推力的存在是拱式结构区别于梁式结构的一个重要标志，因此通常又把拱式结构称为推力结构。

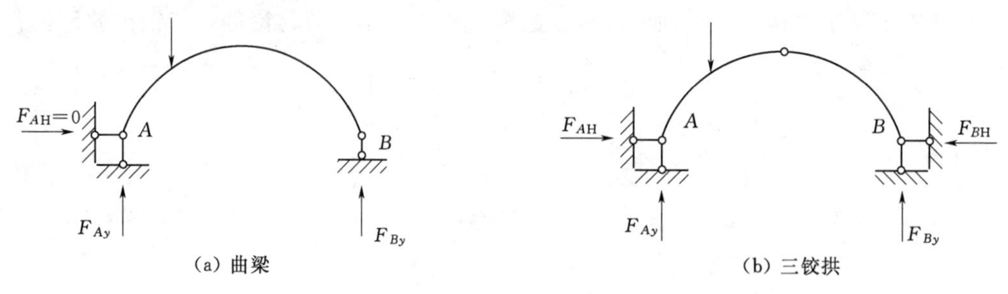

图 5－34　拱与曲梁的区别

由于水平推力的存在，拱中各截面的弯矩将比相应的曲梁，或相应简支梁的弯矩小得多，这就会使整个拱体主要承受压力。因此，拱结构可用抗压强度较高而抗拉强度较低的砖、石、混凝土等建筑材料来建造。

3. 带拉杆的三铰拱

拱与梁相比，需要更为坚固的基础或支承结构（如墙、柱、墩或台等）。为了既能利用拱内弯矩小这一优点，又能使基础尽量不受水平推力的作用，可采用图 5－35 所示有拉杆的弓弦拱，拉杆的内力相当于水平推力。但设置拉杆后，将影响建筑空间的利用，有时为能更加充分利用建筑空间，可以将拉杆提高或做成其他形式，如图 5－36 所示。

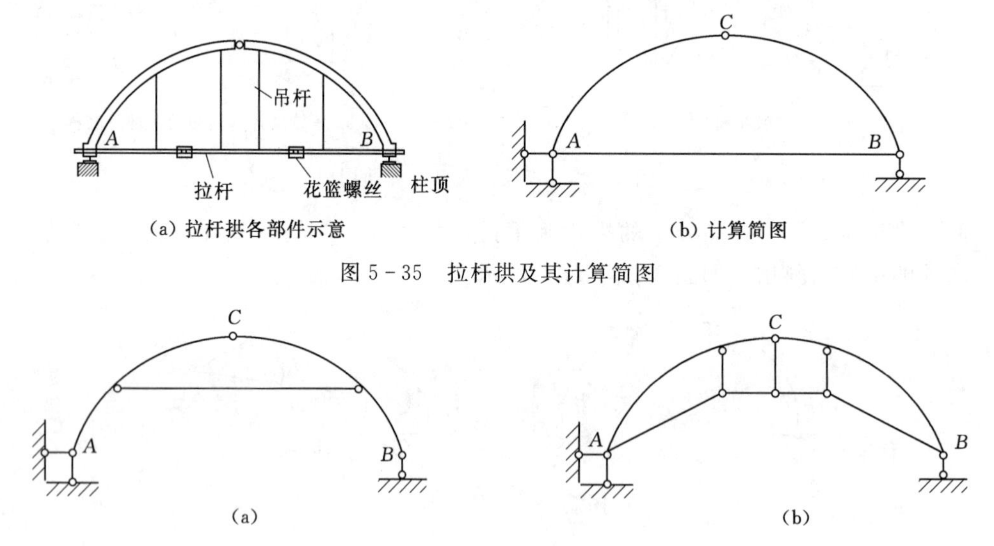

图 5－35　拉杆拱及其计算简图

图 5－36　拉杆拱的其他形式

5.5.2　三铰拱的内力计算

三铰拱为静定结构，其全部反力与内力都可由静力平衡方程求出。下面将讨论图 5－37 (a)所示的三铰平拱在竖向荷载作用下反力与内力的计算问题，为了进一步说明三铰拱的受力特性，常把它与同跨度、同荷载的简支梁（称为相应简支梁或代梁）的反力与

内力加以比较。

1. 支座反力的计算

三铰拱的尺寸，受力如图 5-37（a）所示，相应的代梁如图 5-37（c）所示。对于图 5-37（a）所示的三铰拱结构，两端均为固定铰支座，有四个支座反力 F_{Ax}、F_{Ay}、F_{Bx}、F_{By}，需建立四个方程求解，考虑整体平衡可列出三个平衡方程，再利用中间铰处不能抵抗弯矩的特征，即 $M_C=0$ 建立补充方程，可求出四个支座反力，所以，三铰拱是静定结构。

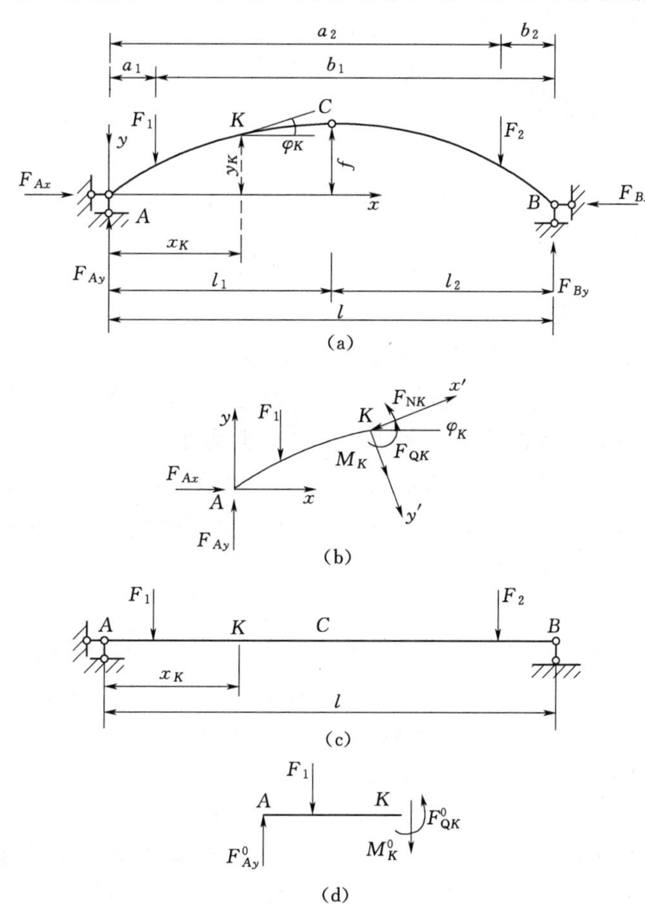

图 5-37　三铰平拱内力求解图

首先，考虑拱的整体平衡，取整体为隔离体，由整体平衡方程：

$$
\left.
\begin{aligned}
&\text{由}\sum M_B=0 \qquad & F_{Ay}&=\frac{1}{l}(F_1b_1+F_2b_2)\\
&\text{由}\sum M_A=0 \qquad & F_{By}&=\frac{1}{l}(F_1a_1+F_2a_2)\\
&\text{由}\sum F_x=0 \qquad & F_{Ax}&=F_{Bx}=F_{\mathrm{H}}
\end{aligned}
\right\}
\tag{5-8}
$$

可见，A、B 两点水平推力大小相等、方向相反，以 F_{H} 表示推力的大小。

其次，取左半拱 AC 为隔离体，利用 $\sum M_C=0$ 的条件，求出水平推力 F_{H}，即

$$F_{\mathrm{H}}=\frac{F_{Ay}l_1-F_1(l_1-a_1)}{f} \tag{5-9}$$

对图5-37（c）所示的代梁，由于荷载是竖向的，梁没有水平反力，只有竖向反力F_{Ay}^0和F_{By}^0，由代梁的整体平衡方程：

$$\left.\begin{aligned}\sum M_B=0,F_{Ay}^0=\frac{1}{l}(F_1b_1+F_2b_2)\\\sum M_A=0,F_{By}^0=\frac{1}{l}(F_1a_1+F_2a_2)\end{aligned}\right\}\tag{5-10}$$

代梁跨中弯矩：

$$M_C^0=F_{Ay}l_1-F_1(l_1-a_1)\tag{5-11}$$

对比式（5-8）、式（5-10）和式（5-9）、式（5-11），得出三铰拱的支座反力与相应代梁的支座反力之间的关系为：

$$\left.\begin{aligned}&F_{Ay}=F_{Ay}^0\\&F_{By}=F_{By}^0\\&F_H=F_{Ax}=F_{Bx}=\frac{M_C^0}{f}\end{aligned}\right\}\tag{5-12}$$

由式（5-12）可以看出：

（1）三铰拱只受竖向荷载作用时，两固定铰支座的竖向反力与代梁反力相等，水平推力等于三铰拱顶铰所对应代梁截面位置的弯矩与矢高之比，因此，可利用代梁的支座反力和顶铰所对应代梁截面位置处的弯矩来计算拱的支座反力。

（2）推力与拱轴的曲线形式无关，而与拱高f成反比，拱越低推力越大。如果f趋近于零，推力趋于无限大，这时A、B、C三铰在一条直线上，成为几何瞬变体系，不能作为结构。

2. 内力计算

计算拱任一横截面上的内力，仍然利用截面法，取与拱轴线成正交的截面，并与对应代梁相应截面的内力加以比较，以找出两者对应截面上内力之间的关系。如求拱轴线上任一截面K的内力，截面K的位置由该截面形心的坐标x_k、y_k以及该处拱轴的切线的倾角φ_k决定，x_k、y_k的正负由坐标系确定，在图示坐标中φ_k以左半拱为正，右半拱为负。取AK为隔离体，受力如图5-37（b）所示，其中截面K上内力有弯矩M_K、剪力F_{QK}、轴力F_{NK}。M_K以内侧受拉为正，外侧受拉为负；F_{QK}以使隔离体顺时针转为正，逆时针转为负；F_{NK}以受压为正，以受拉为负（这是因为拱结构一般是受压的，注意与其他结构内力符号规定的区别）。

如图5-37（b）所示截面K上的内力均按正向标出。考虑AK隔离体的平衡：

$$\left.\begin{aligned}&\text{由}\sum M_K=0 && M_K=[F_{Ay}x_K-F_1(x_K-a_1)]-F_Hy_K\\&\text{由}\sum F_{y'}=0 && F_{QK}=(F_{Ay}-F_1)\cos\varphi_K-F_H\sin\varphi_K\\&\text{由}\sum F_{x'}=0 && F_{NK}=(F_{Ay}-F_1)\sin\varphi_K+F_H\cos\varphi_K\end{aligned}\right\}\tag{5-13}$$

对于代梁的对应截面K，其内力如图5-37（d）所示，根据平衡方程：

$$\left.\begin{aligned}&\text{由}\sum M_K=0 && M_K^0=F_{Ay}^0x_K-F_1(x_K-a_1)\\&\text{由}\sum F_y=0 && F_{QK}^0=F_{Ay}-F_1\\&\text{由}\sum F_x=0 && F_{NK}^0=0\end{aligned}\right\}\tag{5-14}$$

对比式（5-13）和式（5-14）得出在竖向荷载作用下，拱任一横截面上的内力与代

梁对应横截面上的内力之间的关系为

$$\left.\begin{aligned}M_K&=M_K^0-F_H y_K\\F_{QK}&=F_{QK}^0\cos\varphi_K-F_H\sin\varphi_K\\F_{NK}&=F_{QK}^0\sin\varphi_K+F_H\cos\varphi_K\end{aligned}\right\}\qquad(5-15)$$

对于式（5-15），有以下几点值得注意：

（1）三铰拱的内力值不但与荷载及三个铰的位置有关，而且与各铰间的拱轴线的形式有关。

（2）三铰拱剪力为零处，弯矩取得极值，同梁中内力图的这个特征是一致的。

（3）由于推力的存在，三铰拱截面上的弯矩和剪力比代梁的弯矩和剪力小，这就说明同样的材料采用拱结构形式比采用梁结构形式建造的跨度要大。

（4）该式只适用于竖向荷载作用下的三铰平拱，对于其他形式的拱以及当荷载不同时，要利用平衡方程另行推导。

3. 内力图的绘制

三铰拱内力图的绘制，由于拱轴线为曲线，要比前面介绍的其他几种静定结构内力图的绘制要稍显复杂，但基本原理是一样的，三铰拱内力图的绘制必须采取描点绘图，首先将三铰拱沿其跨度方向分成若干等份，如 8 等份或 12 等份，划分等份时注意将集中荷载、分布荷载的起始点以及集中力偶的作用点作为等分点，同时要兼顾拱结构的一些内力验算特征点，如两拱脚、拱顶、$1/4l$ 及 $3/4l$ 等位置也应处于等分点上。内力图可以是以拱跨水平线为基线绘制，也可直接在原拱轴线上绘制。

【例 5-12】 已知三铰拱的受力和尺寸如图 5-38（a）所示，在图示坐标下，拱轴方程为 $y=\frac{4f}{l^2}(l-x)x$，试绘出此三铰拱的内力图。

解：（1）求支座反力。为了加深大家对拱内力与梁内力之间区别的认识，现画出图示三铰拱相对应的代梁，见图 5-38（b）所示，由式（5-12）得

$$F_{Ay}=F_{Ay}^0=\frac{50\times9+10\times6\times3}{12}=52.5(\text{kN})(\uparrow)$$

$$F_{By}=F_{By}^0=\frac{50\times3+10\times6\times9}{12}=57.5(\text{kN})(\uparrow)$$

$$F_H=\frac{M_C^0}{f}=\frac{52.5\times6-50\times3}{4}=41.25(\text{kN})$$

（2）内力计算。按式（5-15）可以求出任一截面的内力。为计算方便，现将拱沿跨度方向分成 8 等份，如图 5-38（a）所示，利用式（5-15）可求出每一等分点的内力，详细计算数据见表 5-1。

现以 2 等分点截面为例进行说明。

截面 2 的几何参数：

$$x_2=3\text{m 时},\ y_2=\frac{4f}{l^2}x(l-x)=\frac{4\times4}{12^2}\times3\times(12-3)=3(\text{m})$$

$$\tan\varphi_2=\frac{\mathrm{d}y}{\mathrm{d}x}=\frac{4f}{l}\left(1-\frac{2x}{l}\right)=\frac{4\times4}{12}\times\left(1-\frac{2\times3}{12}\right)=0.667$$

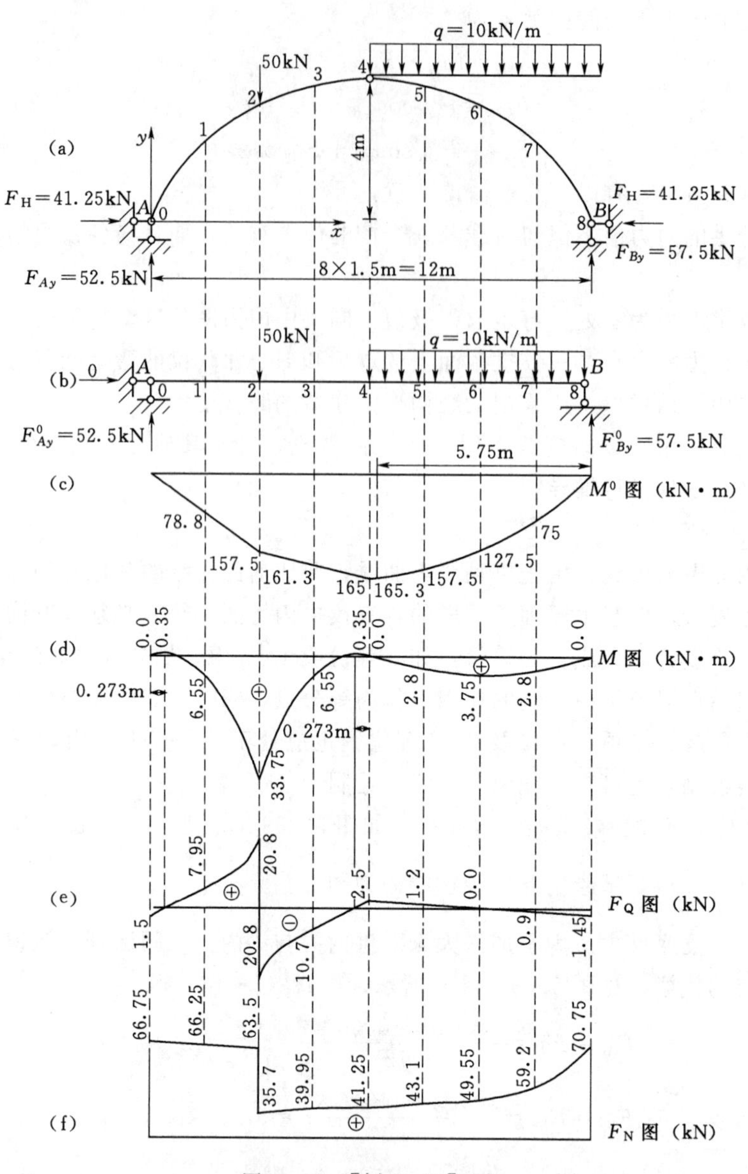

图5-38 [例5-12] 图

则
$$\sin\varphi_2=0.555,\ \cos\varphi_2=0.832$$

截面2的内力，由式（5-15）得

$$M_2=M_2^0-F_H y_2=52.5\times3-41.25\times3=33.75(\text{kN}\cdot\text{m})$$

$$F_{Q2}^L=F_{Q2}^{0L}\cos\varphi_2-F_H\sin\varphi_2=52.5\times0.832-41.25\times0.555=20.8(\text{kN})$$

$$F_{Q2}^R=F_{Q2}^{0R}\cos\varphi_2-F_H\sin\varphi_2=2.5\times0.832-41.25\times0.555=-20.8(\text{kN})$$

$$F_{N2}^L=F_{Q2}^{0L}\sin\varphi_2+F_H\cos\varphi_2=52.5\times0.555+41.25\times0.832=63.5(\text{kN})$$

$$F_{N2}^R=F_{Q2}^{0R}\sin\varphi_2+F_H\cos\varphi_2=2.5\times0.555+41.25\times0.832=35.7(\text{kN})$$

根据表5-1计算出的各等分点的内力，点绘拱的内力图，如图5-38（d）～图5-38（f）所示。在绘 M 图时应注意在剪力为零的截面上将出现弯矩极值，如在0-1分段上，

表 5-1　　三铰拱等分点内力计算表

拱轴等分点	y/m	$\tan\varphi_K$	$\sin\varphi_K$	$\cos\varphi_K$	F_{QK}^0/kN	M/kN·m			F_Q/kN			F_N/kN		
						M_K^0	$-F_H y_K$	M_K	$F_{QK}^0\cos\varphi_K$	$-F_H\sin\varphi_K$	F_{QK}	$F_{QK}^0\sin\varphi_K$	$F_H\cos\varphi_K$	F_{NK}
0	0	1.333	0.800	0.599	52.5	0	0	0	31.5	−33.0	−1.5	42.0	24.75	66.75
1	1.75	1.000	0.707	0.707	52.5	78.75	−72.2	6.55	37.1	−29.15	7.95	37.1	29.15	66.25
2^L	3	0.667	0.555	0.832	52.5	157.5	−123.75	33.75	43.7	−22.9	20.8	29.2	34.3	63.5
2^R	3	0.667	0.555	0.832	2.5	157.5	−123.75	33.75	2.1	−22.9	−20.8	1.4	34.3	35.7
3	3.75	0.333	0.316	0.948	2.5	161.25	−154.7	6.55	2.35	−13.05	−10.7	0.8	39.15	39.95
4	4	0.000	0.000	1.000	2.5	165.0	−165.0	0	2.5	0	2.5	0	41.25	41.25
5	3.75	−0.333	−0.316	0.948	−12.5	157.5	−154.7	2.8	−11.85	13.5	1.2	3.95	39.15	43.1
6	3	−0.667	−0.555	0.832	−27.5	127.5	−123.75	3.75	−22.9	22.9	0	15.25	34.3	49.55
7	1.75	−1.000	−0.707	0.707	−42.5	75.0	−72.2	2.8	−30.05	29.15	−0.9	30.05	29.15	59.2
8	0	−1.333	−0.800	0.599	−57.5	0	0	0	−34.45	33.0	−1.45	46.0	24.75	70.75

根据 $F_Q=0$ 的条件可求得 $x=0.273\text{m}$，相应处 $y=0.356\text{m}$，代入式（5-15）得

$$M_{min}=52.5\times0.273-41.25\times0.356=-0.35(\text{kN}\cdot\text{m})$$

图5-38（c）绘出了代梁的弯矩图，对比图5-38（c）和图5-38（d）可以看出，三铰拱与对应代梁相比，弯矩要小很多（简支梁的最大弯矩为165.3kN·m，而三铰拱的最大弯矩则下降为33.75kN·m）。其弯矩下降原因完全是由于推力造成的。因此，在竖向荷载作用下产生水平推力是拱式结构的基本特点。由于这个原因，拱式结构也叫作推力结构。

5.5.3　三铰拱的合理拱轴线

1. 合理拱轴线的概念

对于三铰拱来说，在一般情况下，截面上有弯矩、剪力和轴力的存在而处于偏心受压状态，其正应力分布不均匀。但是我们可以选取一根适当的拱轴线，使得在给定荷载作用下，拱上各截面只承受轴力，而弯矩为零。此时，任一截面上正应力分布是均匀的，因而拱体材料能够得到充分利用。我们将这种在固定荷载作用下使拱处于无弯矩状态的轴线称为**合理拱轴线**。

2. 简析法求三铰拱的合理拱轴线

利用解析法及图解法均可求得拱的合理轴线，本节只讨论解析法。下面用解析法推导竖向荷载作用下三铰平拱的合理拱轴线。

（1）竖向荷载作用下合理拱轴线的一般表达式。由式（5-15）可知，在竖向荷载作用下，三铰拱任意截面的弯矩计算公式为

$$M_K=M_K^0-F_H y_K$$

将拱上任意截面形心处纵坐标用 $y(x)$ 表示；该截面弯矩用 $M(x)$ 表示；相应简支梁上相应截面的弯矩用 $M^0(x)$ 表示。当拱轴为合理拱轴时，$M(x)=M^0(x)-F_H y(x)=0$，于是可得合理拱轴方程为

$$y(x)=\frac{M^0(x)}{F_H} \tag{5-16}$$

式（5-16）即为竖向荷载作用下三铰拱合理拱轴的一般表达式。该式表明，在竖向荷载作用下，三铰拱的合理轴线的纵坐标与相应简支梁的弯矩成正比。在已知竖向荷载作用下，将代梁的弯矩方程除以拱的水平推力 F_H，便得到合理拱轴方程。了解合理拱轴线的概念，有助于在设计中选择合理的拱轴曲线形式。

但应注意，某一合理拱轴只是对应于某一确定的固定荷载而言的，当荷载的布置改变时，合理拱轴亦就相应地改变。另外，三铰拱在某已知荷载作用下，若两个拱脚的位置已确定，而拱顶顶铰的位置未确定时，则水平推力为不定值，因此就有无限多条曲线可作为合理拱轴。只有在三个铰的位置确定的情况下，水平推力才是一个确定的常数，这时就有唯一的拱轴线。

（2）三铰拱在满跨竖向均布荷载作用下的合理拱轴线。

【例5-13】 求图5-39（a）所示三铰拱的合理拱轴线。

解： 图5-39（a）所示三铰拱的相应代梁如图5-39（b）所示，其弯矩方程为

$$M^0(x)=\frac{1}{2}qx(l-x)$$

由式（5-12）求得图示荷载作用下的水平推力为：

$$F_H=\frac{M_C^0}{f}=\frac{\frac{1}{8}ql^2}{f}=\frac{ql^2}{8f}$$

由式（5-16）求得拱的合理拱轴线方程为：

$$y(x)=\frac{M^0(x)}{F_H}=\frac{\frac{1}{2}qx(l-x)}{\frac{ql^2}{8f}}=\frac{4f}{l^2}x(l-x)$$

由此可知，三铰拱在沿水平线均匀分布的竖向荷载作用下，合理拱轴线为二次抛物线。在合理拱轴线方程中，拱高 f 没有确定，可见具有不同高跨比的一组抛物线都是合理拱轴线。房屋建筑中拱的轴线常采用抛物线。

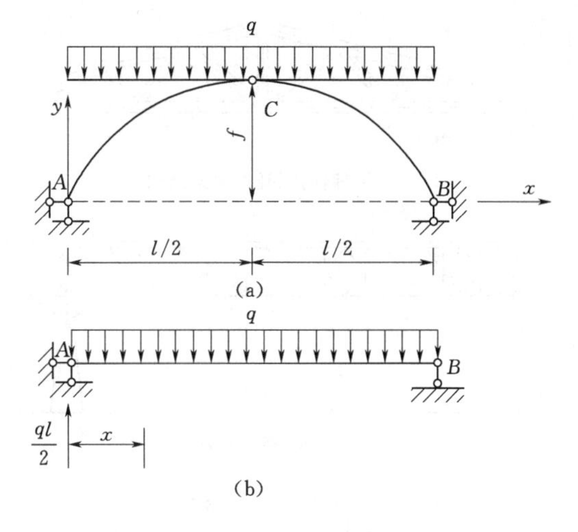

图 5-39 ［例 5-13］图

另外，拱在承受不同荷载时有不同的合理拱轴线。因此，根据某一固定荷载所确定的合理轴线并不能保证拱在各种荷载作用下都处于无弯矩状态。在设计中应尽可能使拱的受力状态接近于无弯矩状态。通常是以主要荷载作用下的合理轴线作为拱的轴线。这样，在一般荷载作用下产生的弯矩就较小。

5.6 静定平面桁架

5.6.1 概述

桁架是土木中广泛采用的结构形式之一，如工业与民用房屋的屋架、托架、天窗架，起重机塔架、输电塔架，铁路和公路的桁架桥，建筑施工用的支架等。

如图 5-40（a）和图 5-40（b）所示的钢筋混凝土屋架与桥梁结构就是采用的桁架结构。

桁架是由若干直杆构成，所有杆件的两端均用铰连接。若铰结桁架无多余约束存在，则称为**静定桁架**；有多余约束存在，则称为**超静定桁架**。当桁架各杆的轴线以及外力的作用线都在同一平面内时，称为**平面桁架**；不在同一平面内时，称为**空间桁架**。无多余约束的平面桁架称为**静定平面桁架**。本节只讨论静定平面桁架，即所有杆件的轴线以及外力的作用线都位于同一平面内的无多余约束的桁架结构。

为了既便于计算，又能反映桁架的主要受力特征，通常对实际桁架的计算简图采用下列假定：

（1）各杆的轴线是直线。

（2）各杆在两端用光滑而无摩擦的理想铰相互连接，且杆轴线通过铰心。

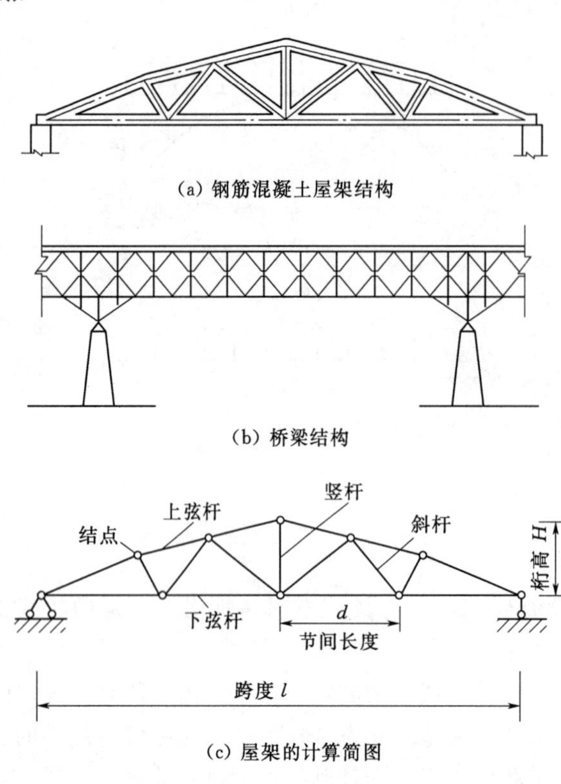

(a) 钢筋混凝土屋架结构

(b) 桥梁结构

(c) 屋架的计算简图

图 5-40　桁架结构图

(3) 全部荷载和支座反力都作用在铰结点上。

按照以上假定，图 5-40 (a) 的计算简图如图 5-40 (c) 所示，满足上述假定的桁架称为理想桁架。

桁架中的杆件，根据所在位置的不同，可分为弦杆和腹杆两类。弦杆又分为上弦杆和下弦杆两种。腹杆又分为斜杆和竖杆两种。弦杆上相邻两结点间的区间称为节间，其间距 d 称为节间长度。两支座间的水平距离 l 称为跨度。支座连线至桁架最高点的距离 H 称为桁高，如图 5-40 (c) 所示。

静定平面桁架的类型很多，根据不同特征，可作如下分类。

(1) 按外形分。

1) 平行弦桁架，如图 5-41 (a) 所示。

2) 抛物线桁架，如图 5-41 (b) 所示。

3) 三角形桁架，如图 5-41 (c) 所示。

4) 梯形桁架，如图 5-41 (d) 所示。

(2) 按整体受力特征分类。

1) 梁式桁架，指竖向荷载作用下支座无水平推力的桁架，如图 5-41 (a)～图 5-41 (d)、图 5-41 (f)、图 5-41 (g) 所示。

2) 拱式桁架，指竖向荷载作用下支座有水平推力的桁架，如图 5-41 (e) 所示。

(3) 按桁架的几何组成分类。

1) 简单桁架：由基础或一个基本铰接三角形开始，依次增加二元体所组成的桁架，如图 5-41 (a)～图 5-41 (d) 所示。

2) 联合桁架：由几个简单桁架按照两刚片或三刚片规则所组成的桁架，如图 5-41 (e)、图 5-41 (f) 所示。

3) 复杂桁架：不是按照上述两种方式组成的其他静定桁架，如图 5-41 (g) 所示，复杂桁架的几何不变性往往无法用两刚片或三刚片组成规则进行判别分析，需要用其他方法予以判别。

5.6.2　内力计算

桁架内力的计算方法，就手算而言，有数解法、图解法和约束替代法等，本节介绍的

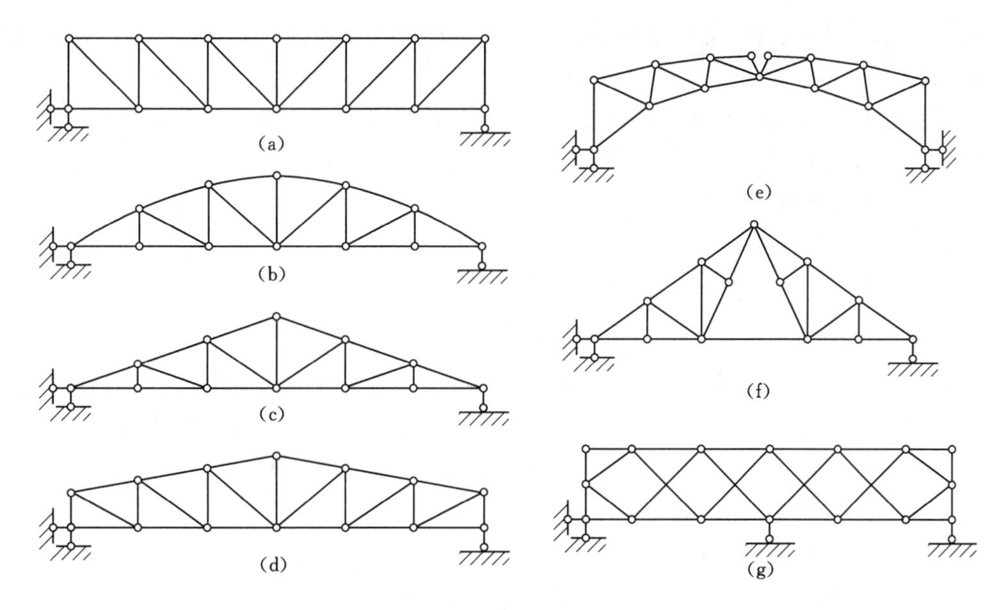

图 5-41 桁架的分类

桁架杆件内力计算方法是数解法，至于其他计算方法同学们可以参考其他结构力学的相关教材。

数解法就是截取桁架中的一部分为隔离体，考虑隔离体的平衡，通过建立平衡方程，由平衡方程解出所求杆件内力的方法。如果所截取的隔离体只包含一个结点，这种方法称为**结点法**。如果所截取的隔离体包含两个以上的结点，这种方法称为**截面法**。如果需要同时利用结点法和截面法才能确定所求杆件的内力时，这种方法称为**联合法**。

本节将重点介绍这三种方法的计算原理，并且举例说明各自如何应用。

1. 结点法

结点法是分析桁架内力的基本方法之一，从原则上讲，任何静定桁架的内力和反力都可以用结点法求出。因为作用于任一结点的各力（包括荷载、反力和杆件轴力）组成一平面汇交力系，故每一结点可列出两个平衡方程进行计算。为了避免解算联立方程，应从未知力不超过两个的结点开始，依次推算。显然，由简单桁架的组成方式能保证按照这一要求进行。因为简单桁架是从一个基本铰接三角形开始，依次增加二元体所构成，其最后一个结点只包括两根杆件。因此，用结点法计算简单桁架时，先由整体平衡求出约束反力，然后按桁架组成的相反顺序依次取各结点为隔离体，就可以顺利地求出所有杆件的内力。

在计算时，通常先假定各杆的轴力为拉力，若计算结果为负，则说明实际轴力为压力。此外，在建立结点平衡方程时，要注意斜杆内力 F_N 在水平和竖直方向的投影 F_{Nx}、F_{Ny} 和对应杆长 l 在水平和竖直方向投影 l_x、l_y 对应比例关系的应用，如图 5-42 所示，由相似三角形的比例关系得出：

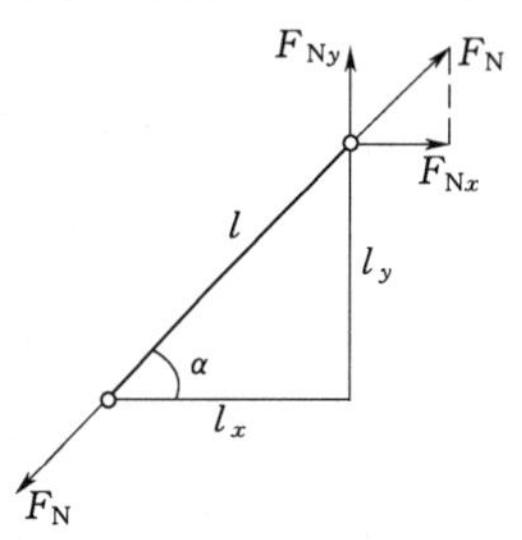

图 5-42 斜杆轴力及投影与杆长及投影的关系

$$\frac{F_N}{l}=\frac{F_{Nx}}{l_x}=\frac{F_{Ny}}{l_y} \tag{5-17}$$

这样，在 F_N、F_{Nx} 和 F_{Ny} 三者中，任知其一便可很方便地推算其余两个，而不需要使用三角函数。

结点法适用于简单桁架求各杆内力的题型，下面举例详细说明结点法的应用。

【例 5-14】 试用结点法计算图 5-43（a）所示桁架各杆的内力。

解：（1）由整体平衡求得支座反力。

$$F_{1x}=0,\quad F_{1y}=F_{8y}=\frac{1}{2}(2\times10+3\times20)=40(\text{kN})(\uparrow)$$

（2）按“组成相反顺序”的原则计算各杆轴力。

图 5-43（a）所示桁架可以认为在铰接三角形 876 基础上依次增加二元体构成，其构成顺序为 876→5→4→3→2→1，按构成顺序的相反顺序依次取各结点为隔离体，即可根据各结点的平衡方程求出各杆的内力。应注意，对于本题，以上构成方法不是唯一的。依次取结点的顺序也不是唯一的。

结点 1：取隔离体如图 5-43（b）所示。

由 $\sum F_y=0$ 得，$F_{N13y}+40-10=0$，$F_{N13y}=-30$（kN）。

利用比例关系，$F_{N13x}=\frac{2}{1}F_{N13y}=-60$（kN），$F_{N13}=\frac{\sqrt{5}}{1}F_{N13y}=-30\sqrt{5}=-67.08$（kN）。

由 $\sum F_x=0$ 得，$F_{N12}+F_{N13x}=0$，$F_{N12}=-F_{N13x}=60(\text{kN})$。

结点 2：取隔离体如图 5-43（c）所示。

由 $\sum F_x=0$ 得，$F_{N25}=60$（kN）。

由 $\sum F_y=0$ 得，$F_{N23}=0$。

结点 3：取隔离体如图 5-43（d）所示。

在这一结点上，两个未知内力 F_{N34} 和 F_{N35} 对水平轴都有倾角 α。若按水平和竖向列投影方程，则必须求解联立方程。为了避免解算联立方程，可适当选取投影轴，使每个方程中只包括一个未知力，如图 5-43（d）所示。

由 $\sum F_{m-m}=0$ 得，$F_{N35}\cos(180°-2\alpha-90°)+20\times\cos\alpha=0$。

$$\therefore\qquad F_{N35}=-10\sqrt{5}=-22.36(\text{kN})$$

由 $\sum F_x=0$ 得，$(30\sqrt{5}+F_{N34})\cos\alpha+F_{N35}\cos\alpha=0$，$F_{N34}=-20\sqrt{5}=-44.72(\text{kN})$。

结点 4：取隔离体如图 5-43（e）所示。

由 $\sum F_x=0$ 得，$F_{N46x}+40=0$，$F_{N46x}=-40(\text{kN})$。

由比例关系，$F_{N46y}=\frac{1}{2}\times(-40)=-20(\text{kN})$。

$$F_{N46}=\frac{\sqrt{5}}{2}\times(-40)=-20\sqrt{5}=-44.72(\text{kN})$$

再由 $\sum F_y=0$ 得，$-20+20-20+F_{N45}=0$，$F_{N45}=20(\text{kN})$。

至此，桁架左半边各杆的轴力均已求出，继续取 5、7、6 结点为隔离体，可求得桁架右半边各杆的内力。最后利用 8 结点的平衡条件可作校核。各杆的轴力如图 5-43（f）所示。

总结［例 5-14］，利用结点法计算桁架内力时，应注意以下两点：

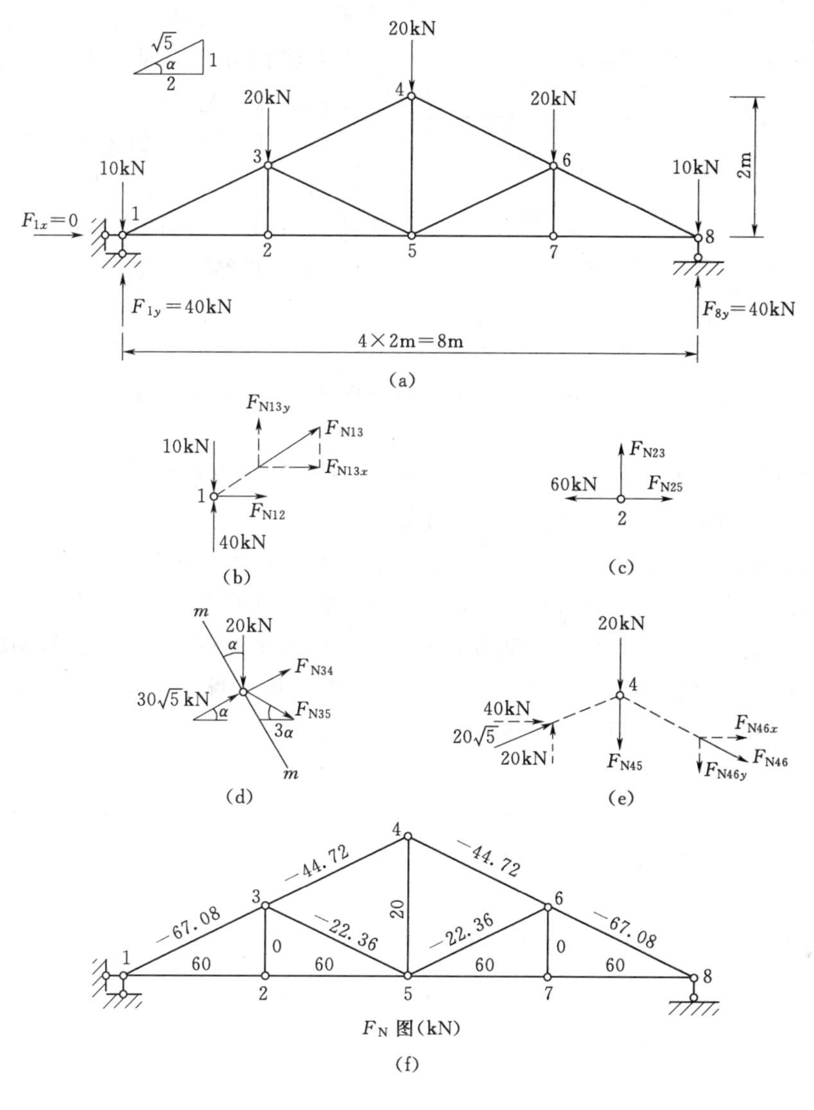

图 5-43 [例 5-14] 图

(1) **静定结构的对称性**。静定结构的几何形状和支承情况对某一轴线对称，称为对称静定结构。对称静定结构在正对称或反对称荷载作用下，其内力和变形必然正对称或反对称，这称为静定结构的对称性。利用此性质，可以只计算对称轴一侧杆件的内力，另一侧杆件的内力可由对称性直接得到。[例 5-14] 的计算结果已证明了这一结论。

(2) **结点单杆和零杆**。汇交于某结点的所有内力未知的各杆中，除其中一杆外，其余各杆都共线，则该杆称为此结点的单杆。结点单杆有以下两种情况：①结点只包含两个未知力杆，且此二杆不共线 [图 5-44 (a)]，则两杆都是单杆；②结点只包含三个未知力杆，其中有两杆共线 [图 5-44 (b)]，则第三杆为单杆。结点单杆的内力，可由该结点的平衡条件直接求出，而非结点单杆的内力不能由该结点的平衡条件直接求出。根据结点荷载状况可判断该结点单杆内力是否为零。零内力杆简称零杆。或者利用结点平衡的某些

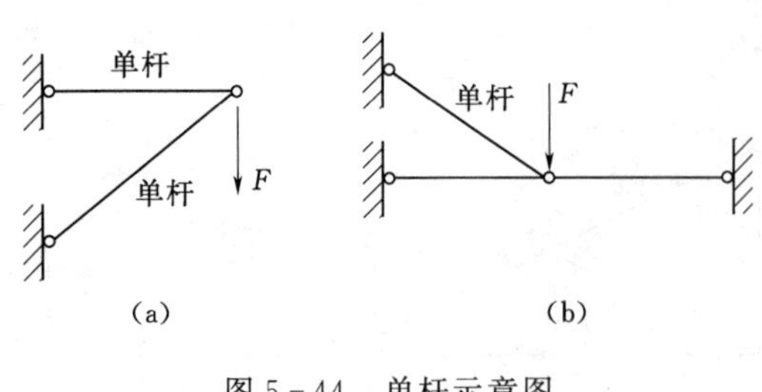

图 5-44　单杆示意图

特殊情况，可以判定与某一结点相联的两杆内力数值相等，从而使计算得以简化，这几种特殊情况是：

1）L 形结点。如图 5-45（a）所示，不在同一条直线上的两杆相交，当结点上无荷载作用时，两杆均为零杆。

2）T 形结点。如图 5-45（b）所示，当三杆交于一结点，其中两杆在一条直线上，则这两杆内力相等，另外一杆为零杆；如图 5-45（c）所示，当不在同一条直线上的两杆相交于结点处，一集中荷载沿其中一杆方向作用于结点处，则该杆的内力等于集中荷载大小，另外一杆为零杆。

3）X 形结点。如图 5-45（d）所示，四杆汇交，且两两共线，当结点上无荷载作用时，则共线两杆的轴力大小相等且拉压性质相同。

4）K 形结点。如图 5-45（e）所示，四杆汇交，其中两杆共线，另外两杆在直线同侧且交角相等，当结点上无荷载作用时，若共线两杆轴力不等，则不共线两杆轴力大小相等，但拉压性质相反；若共线两杆轴力大小相等，拉压性质相同，则不共线两杆为零杆。

5）Y 形结点。如图 5-45（f）所示，三杆汇交，其中两杆分别与第三根杆的夹角相互等，则这两杆内力大小相等，拉压性质相同。

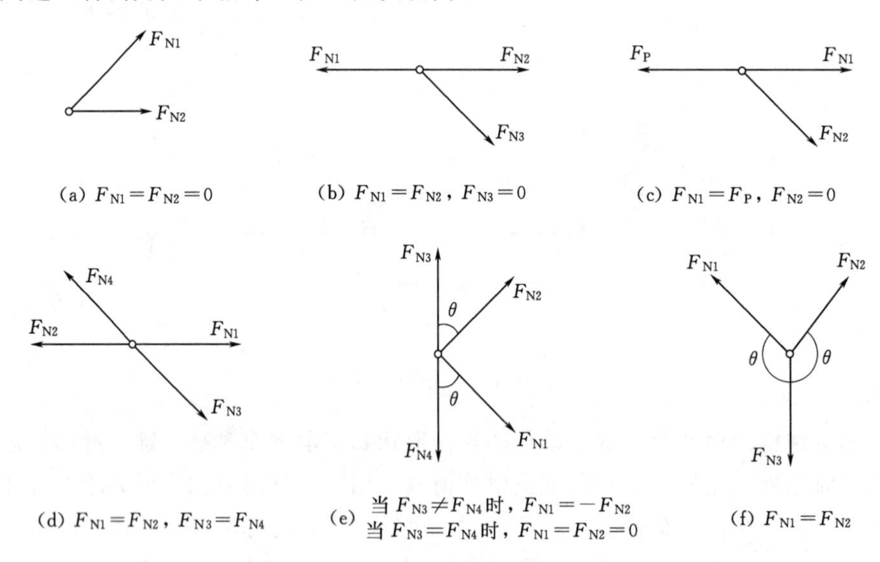

图 5-45　零杆与等力杆的判定

上述结论都可根据结点静力平衡方程得出。

应用上述结论，容易看出图 5-46 所示桁架中虚线所示各杆均为零杆。

2. 截面法

当桁架杆件较多，又指定求某几根杆件的内力时，利用结点法求解相当繁琐，此时，可选择一适当截面，把桁架截开成两部分，取其中一部分（受力和杆件较少）为

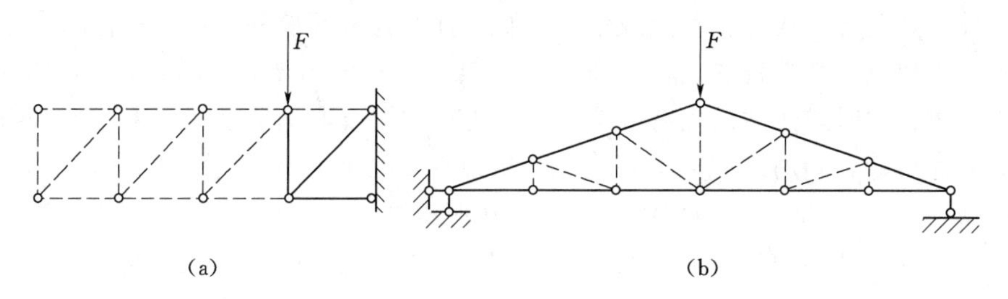

图 5-46 零杆示意图

隔离体，其上作用有外荷载、支座反力、另一部分对留取部分的作用力，共同构成一平面任意力系，利用隔离体的平衡条件求出指定杆件的内力，这种方法称为截面法。利用截面法求解桁架内力时，隔离体上的未知力一般不多于三个，但特殊情况例外。计算时，仍先假设未知力为拉力，计算结果为正，则实际轴力就是拉力，反之是压力。为了避免解联立方程，应注意对平衡方程加以选择；同时注意在适当的位置对未知轴力进行分解以简化计算。

【例 5-15】 试计算图 5-47（a）所示桁架 a、b、c 三杆的内力。

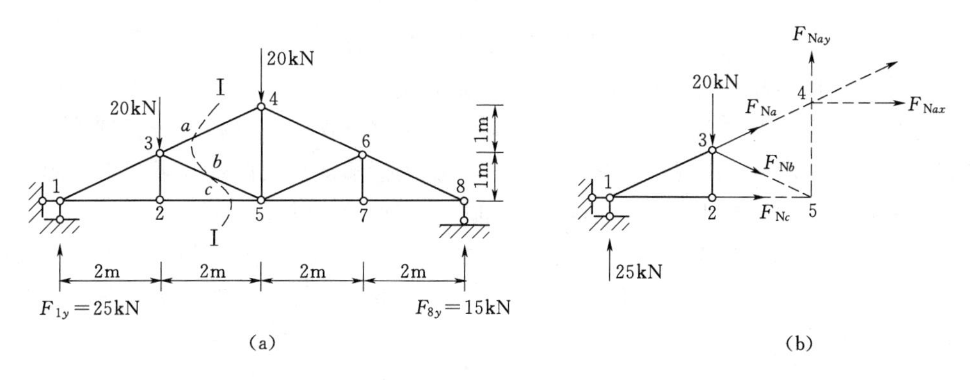

图 5-47 ［例 5-15］图

解：取整体为隔离体由平衡方程求得：

$$F_{1y}=25(\text{kN})(\uparrow);\quad F_{8y}=15(\text{kN})(\uparrow)$$

用截面Ⅰ-Ⅰ把桁架在图示位置切开分成两部分，取左半部分为隔离体，如图 5-47（b）所示，为了避免解联立方程，将杆 a 的轴力 F_{Na} 在 4 结点处分解为 F_{Nax} 和 F_{Nay} 两个分量，由 $\sum M_5=0$ 得，$F_{Nax}\times2+25\times4-20\times2=0$，所以 $F_{Nax}=-30(\text{kN})$。

由比例关系得，$F_{Nay}=-15\text{kN}$，所以 $F_{Na}=-15\sqrt{5}=-33.54(\text{kN})$。

由 $\sum M_3=0$ 得，$F_{Nc}\times1-25\times2=0$，所以 $F_{Nc}=50(\text{kN})$。

由 $\sum F_y=0$ 得，$25+F_{Nay}-20-F_{Nby}=0$，所以 $F_{Nby}=-10.0(\text{kN})$。

由比例关系得，$F_{Nb}=-10\sqrt{5}=-22.36(\text{kN})$。

利用截面法进行内力计算时，值得注意的是，若所截各杆件中的未知力数目超过三个，则一般不能利用隔离体的三个平衡条件将其全部解出。但对于某些特殊情况，仍可利用平衡条件解出其中某一杆件的未知力，使分析取得突破。一般地，在被截取的杆件中，除某一杆外，其余各杆均交于一点或平行，则该杆称为**截面单杆**。截面单杆的内力可以直接通过力矩方程或投影方程求出。如图 5－48（a）所示的桁架，取截面Ⅰ－Ⅰ左部分或右部分为隔离体，这时虽然截面上有 5 个未知轴力，但除 a 杆外，其余各杆都汇交于 C 点，故 a 杆为截面单杆。利用 $\sum M_C=0$ 可直接求出单杆 a 的轴力 F_{Na}。如图 5－48（b）所示的桁架，取截面Ⅰ－Ⅰ的下部为隔离体，虽然截断四根杆件，但除 a 杆外，其余各杆都相互平行，故 a 杆为该截面的单杆，利用沿其余各杆垂直方向列投影方程可直接求出 a 杆的轴力。

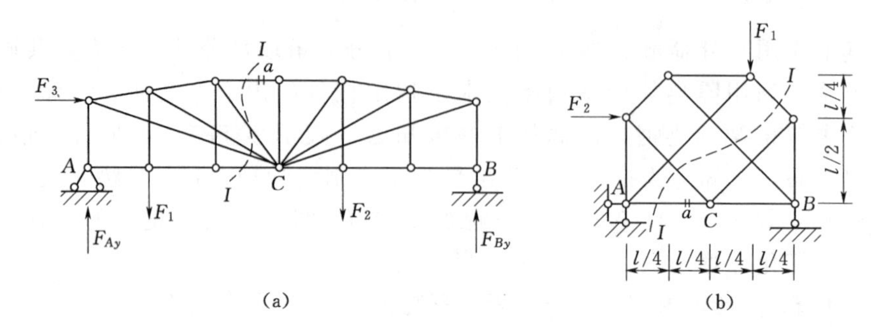

图 5－48　截面单杆 a

在计算联合桁架和某些复杂桁架时，要注意应用截面单杆的性质。图 5－49 所示桁架都是联合桁架，每一个结点都不存在结点单杆，利用结点法无法计算。分析这些联合桁架的几何组成，对于图 5－49（a）、图 5－49（b）所示桁架都是按两刚片规则组成的。对于图中所示的截面，连接杆 1、2、3 都是截面单杆，因而可直接求出其轴力。所以，计算联合桁架时，一般宜先采用截面法，并从刚片之间的连接处截开，开始计算。而对于图 5－49（c）所示联合桁架取截面Ⅰ－Ⅰ以内部分为隔离体，虽然截断了五根杆件，但除 a 杆外，其余四杆均交于 A 点，故可利用 $\sum M_A=0$ 求出 a 杆的内力 F_{Na}。

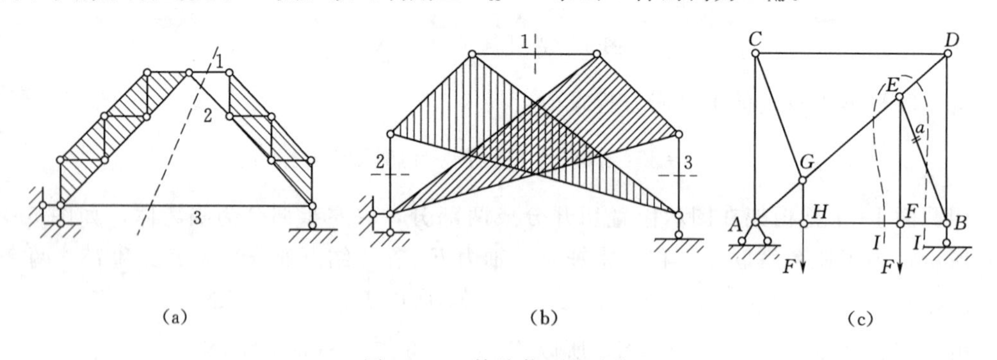

图 5－49　特殊截面的选取

3. 联合法

在桁架计算中，若某一杆件的内力仅凭借一个结点的平衡条件或只作一次截面均无法解得时，常可将截面法和结点法联合应用，以求突破。

【例 5－16】　求图 5－50（a）所示桁架中 DF 杆的内力。

解：该题单独利用结点法或者单独利用截面法均无法求解，所以考虑利用联合法进行

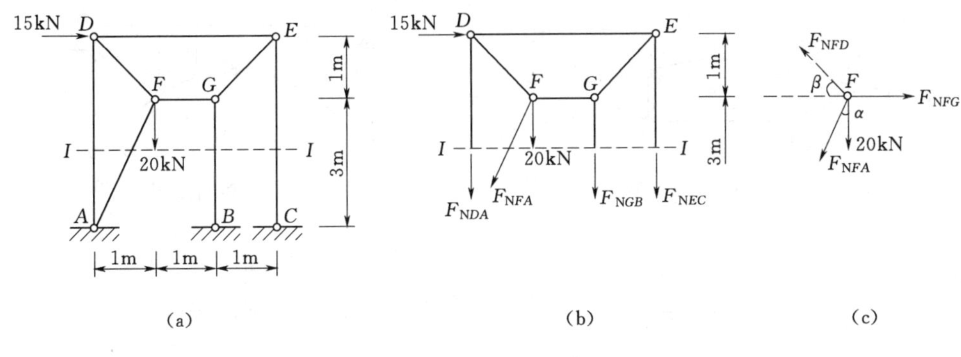

图 5-50 [例 5-16] 图

求解。用截面Ⅰ-Ⅰ图示桁架，取上部分为隔离体，见图 5-50（b）所示，由$\sum F_x=0$得，$15-F_{NFAx}=0$，所以 $F_{NFAx}=15(kN)$。

利用比例关系得，$F_{NFAy}=3F_{NFAx}=3\times15=45(kN)$，$F_{NFA}=\sqrt{10}F_{NFAx}=15\sqrt{10}=47.43(kN)$

然后取 F 结点为隔离体，如图 5-50（c）所示。

由$\sum F_y=0$得，$F_{NFDy}-20-F_{NFAy}=0$，所以 $F_{NFDy}=65(kN)$。

利用比例关系得，$F_{NFD}=\sqrt{2}F_{NFDy}=65\sqrt{2}=91.91(kN)$。

5.7 静定组合结构

5.7.1 组合结构的概念

组合结构是指由若干链杆和刚架式杆件联合组成的结构，其中链杆只承受轴力，属二力杆；刚架式杆件则一般受到弯矩、剪力和轴力的共同作用。组合结构常用于房屋建筑中的屋架、吊车梁以及桥梁等承重结构。例如，图 5-51（a）所示的下撑式五角形组合屋架，图 5-51（b）所示为静定拱式组合结构，图 5-51（c）所示的静定悬吊式桥梁。根据组合结构中两类杆件受力特点的差异，工程中常采用不同的材料制作以达到经济目的。例如，组合屋架的上弦杆由钢筋混凝土制成，而下弦杆可采用型钢构件，撑杆可用混凝土或型钢制作。

拱式组合结构是由若干根链杆组成的链杆拱与加劲梁用竖向链杆连接而组成的几何不变体系，当跨度大时，加劲梁亦可换为加劲桁架。悬吊式桥梁可以看作是一个倒置的拱式组合结构。

5.7.2 组合结构的内力计算

组合结构的内力计算，一般是先计算支座反力，然后计算链杆的轴力，最后计算梁式杆的内力并绘制结构的内力图。计算时要注意区分链杆和梁式杆。链杆的内力只有轴力，梁式杆的内力有弯矩、剪力和轴力。为了减少隔离体上未知力的数目，应尽量避免截断梁式杆。

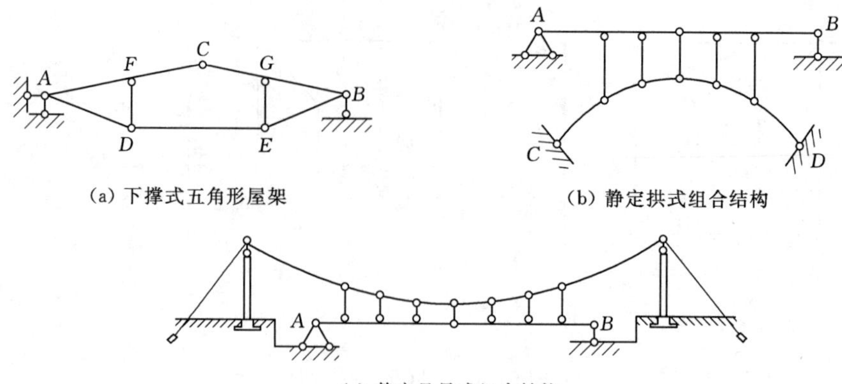

(a) 下撑式五角形屋架　　(b) 静定拱式组合结构

(c) 静定悬吊式组合结构

图 5－51　组合结构实例

【例 5－17】 绘制图 5－52（a）所示下撑式五角形屋架的内力图。

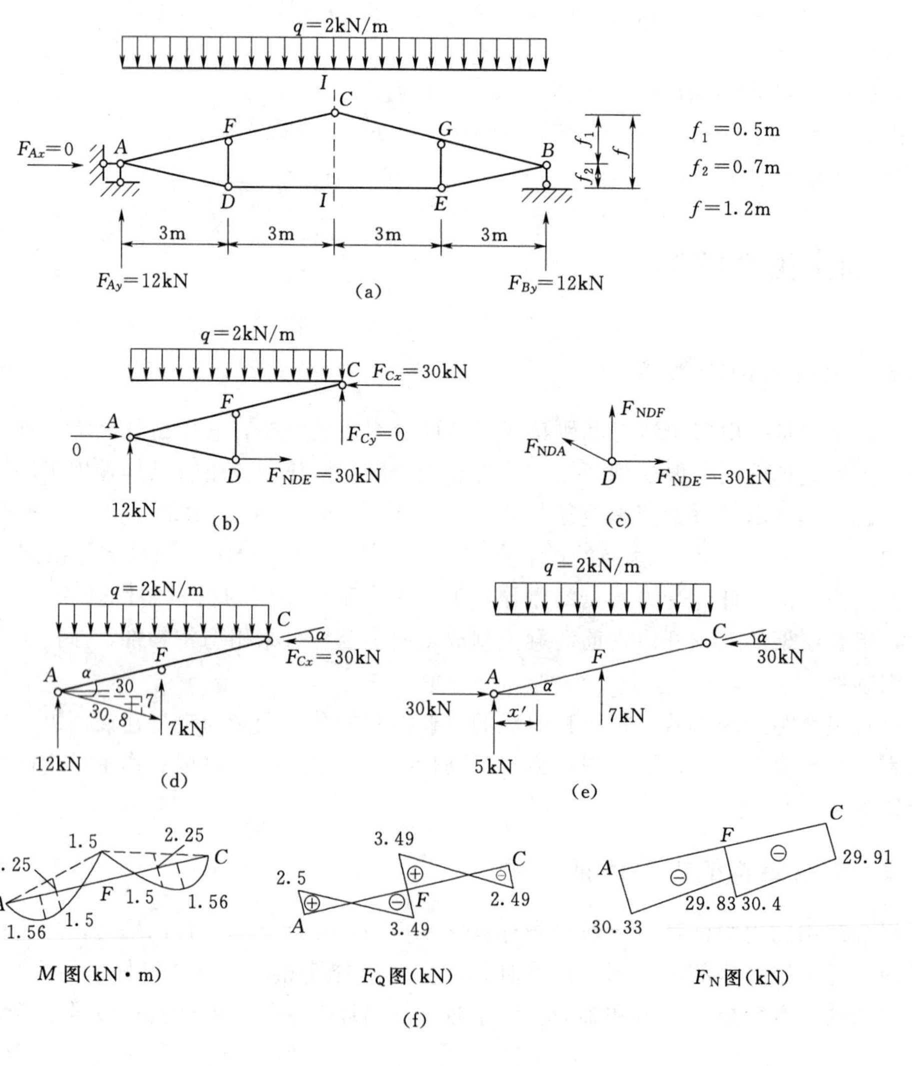

图 5－52　［例 5－17］图

解：(1) 计算支座反力。先根据整体平衡条件，求得支座反力为

$$F_{Ay}=F_{By}=12\text{kN}(\uparrow),\quad F_{Ax}=0$$

(2) 计算链杆的轴力。该屋架是由刚片 ACD 和 BCE 用铰 C 和链杆 DE 连接而成，计算时可用截面Ⅰ-Ⅰ将铰 C 和链杆 DE 切开，取左半部分为隔离体，如图 5-52 (b) 所示。

由 $\sum M_C=0$，$F_{NDE}\times1.2+6\times2\times3-12\times6=0$，所以 $F_{NDE}=30(\text{kN})$。

由 $\sum F_x=0$，$F_{Cx}=F_{NDE}=30(\text{kN})$。

由 $\sum F_y=0$，$F_{Cy}=0$。

再取结点 D 可求得链杆 AD 和 DF 的轴力，如图 5-52 (c) 所示。

由 $\sum F_x=0$，$F_{NDAx}=F_{NDE}=30\text{kN}$，$F_{NDA}=\frac{30}{3}\sqrt{3^2+0.7^2}=30.8(\text{kN})$。

由 $\sum F_y=0$，$F_{NDF}=-\frac{30}{3}\times0.7=-7(\text{kN})$。

由结构荷载的对称性，得出链杆 GE、EB 的轴力。

$$F_{NGE}=F_{NDF}=-7(\text{kN}),\quad F_{NEB}=F_{NDA}=30.8(\text{kN})。$$

(3) 计算梁式杆的内力。取杆 AFC 为隔离体，受力如图 5-52 (d) 所示。在结点 A 处，将支座反力 $F_{Ay}=12\text{kN}$ 和链杆 AD 的轴力 $F_{NAD}=30\text{kN}$ 进行合并后的受力图如图 5-52 (e) 所示，根据控制截面法，可求出杆 AFC 上任一截面的内力。其剪力和轴力的统式为

$$F_Q=F_Q^0\cos\alpha-30\sin\alpha,\quad F_N=-F_Q^0\sin\alpha-30\cos\alpha$$

式中：F_Q^0 为与该斜杆水平投影长度相同梁的对应横截面上的剪力，$\sin\alpha=0.083$，$\cos\alpha=0.997$。

若利用上式计算 BGC 杆上任一截面的内力，则只需将 $\sin\alpha=-0.083$，$\cos\alpha=0.997$ 代入即可。

截面 A 的内力：$M_A=0$

$$F_{QAF}=5\times0.997-30\times0.083=2.5(\text{kN})$$

$$F_{NAF}=-5\times0.083-30\times0.997=-30.33(\text{kN})$$

截面 F 的内力：$M_F=5\times3-30\times0.25-2\times3\times1.5=-1.5(\text{kN}\cdot\text{m})$（上侧受拉）

$$F_{QFA}^L=(5-6)\times0.997-30\times0.083=-3.49(\text{kN})$$

$$F_{QFC}^R=(5+7-6)\times0.997-30\times0.083=3.49(\text{kN})$$

$$F_{NFA}^L=-(5-6)\times0.083-30\times0.997=-29.83(\text{kN})$$

$$F_{NFC}^R=-(5+7-6)\times0.083-30\times0.997=-30.4(\text{kN})$$

截面 C 的内力：$M_C=0$

$$F_{QCF}=(5+7-12)\times0.997-30\times0.083=-2.49(\text{kN})$$

$$F_{NCF}=-(5+7-12)\times0.083-30\times0.997=-29.91(\text{kN})$$

其中最大弯矩发生在剪力为零处的截面上，以 x' 表示其横坐标 [图 5-52 (e)]。

由 $F_Q=F_Q^0\cos\alpha-30\sin\alpha=0$，所以 $F_Q^0=30\tan\alpha$。

在 AF 段，$F_Q^0=5-qx'$，即 $5-qx'=30\tan\alpha$，$x'=1.25$(m)。

$$M_{max}=M_{x'}=5\times1.25-30\times\left(\frac{0.5}{6}\times1.25\right)-\frac{1}{2}\times2\times1.25^2=1.56(\text{kN}\cdot\text{m})$$

梁式杆 AFC 的内力图如图 5-52（f）所示。利用对称性可以绘出原组合结构的内力图，如图 5-53 所示。

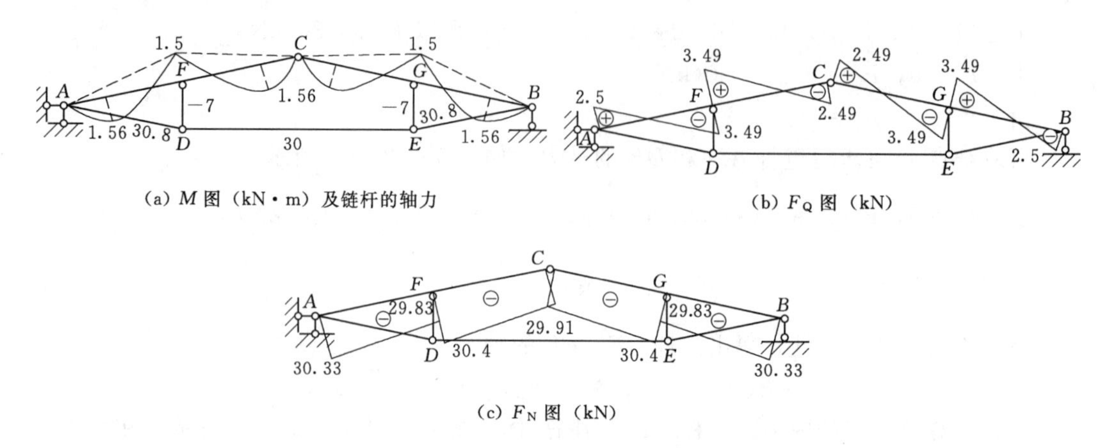

图 5-53　［例 5-17］组合结构的内力图

5.8　静定结构的静力特性

通过前几节常见静定结构的几何组成分析和内力计算，不难发现静定结构有两个基本特征：在几何组成方面，它是无多余约束的几何不变体系；在静力方面，静定结构的全部反力和内力都可由静力平衡方程求出，而且得到的解答是唯一的。这一静力特征称为静定结构解答的唯一性定理。在此基础上可以推演出静定结构的一些其他静力特性。

1. 温度变化、支座位移、材料收缩和制造误差等非荷载因素不引起静定结构的反力和内力

由于静定结构没有多余约束，当有上述非荷载因素之一时，结构上的约束仅做某些转动和移动，并不产生内力。如图 5-54（a）所示的悬臂梁，当 $t_1>t_2$ 时，悬臂梁仅发生如图虚线所示的弯曲变形，但梁内不会产生内力，图 5-54（b）所示的简支梁，当支座 B 下沉发生支座位移 Δ 到 B' 时，梁 AB 仅产生了绕 A 点的转动，形成刚体位移 AB'，梁内不会产生内力。由于无荷载作用，根据静定结构解答的唯一性，零解能满足静定结构的所有平衡条件，因而在上述非荷载因素影响时，静定结构中均不引起反力和内力。零内力（反力）便是唯一的解答。

2. 静定结构在平衡力系作用下的局部平衡性

当由平衡力系组成的荷载作用于静定结构某一几何不变部分上或可独立承受该平衡力系的部分上时，则只有该部分受力，而其余部分的反力和内力均等于零。如图 5-55（a）所示的多跨静定梁，BD 段（附属部分）依靠 AD 段（基本部分）构成几何不变部分，当在 EF 段作用一平衡力系时，根据平衡条件，只有 EF 段有内力，其余各段均无内力。又

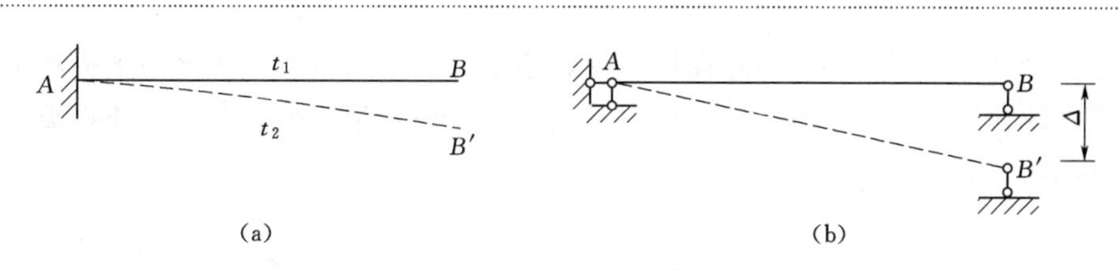

图 5-54 非荷载因素的影响

如图 5-55 (b) 所示的静定桁架，在平衡力系作用下，只有 ABC 部分（图中阴影线范围的杆件）受力，其余各杆均为零杆。根据静定结构解答的唯一性，作用的平衡力系与该部分的内力之间可以得到平衡，其余部分的反力和内力等于零可以满足整体或局部的平衡条件，故上述结论就是真实的结论。

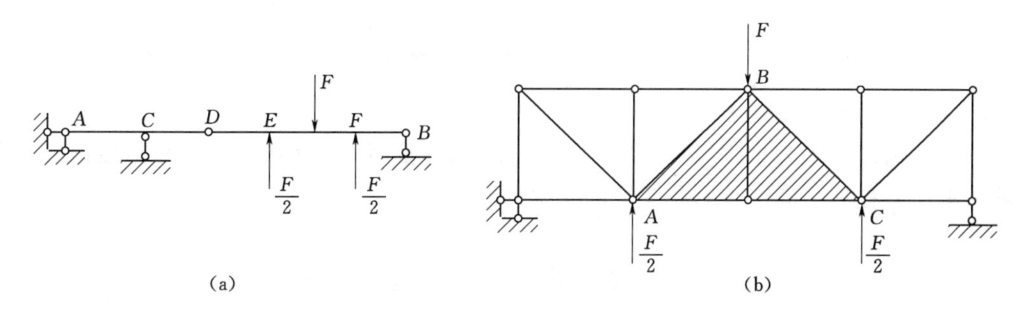

图 5-55 局部平衡性

3. 静定结构在静力等效荷载作用下的局部变化性

当对作用于静定结构某一几何不变部分上的荷载进行等效变换（主矢和对同一点的主矩均相等）时，只有该部分的内力发生变化，而其余部分的反力和内力均保持不变。图 5-56 (a) 所示的简支梁在 F 作用下的内力为 S_1，把荷载 F 等效变化成图 5-56 (b) 所示的形式，产生的内力为 S_2。为了寻找 S_1 和 S_2 之间的关系，把图 5-56 (a) 和图 5-56 (b) 两种情况组合成图 5-56 (c) 所示的形式，其内力为 S_1-S_2，根据静定结构的局部平衡性可知，只有 BC 段有内力，其余各段内力为零，也就是在段 BC 上 $S_1 \neq S_2$，而在其他各段 S_1 均恒等于 S_2。

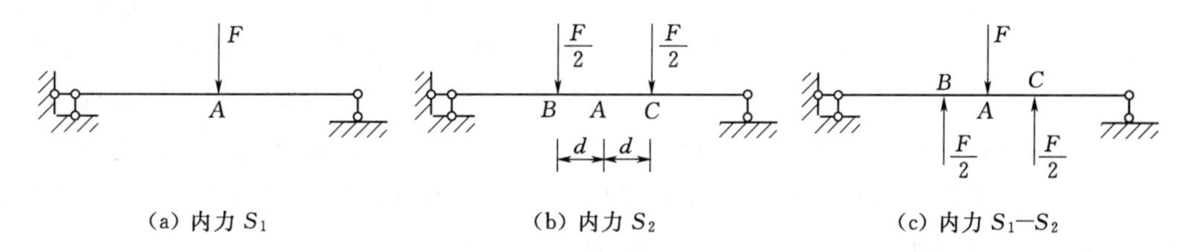

图 5-56 荷载等效变化性

4. 静定结构的构造变换性

当静定结构中的某一几何不变部分作构造改变时，则只有该部分的内力发生变化，其余部分的反力和内力均保持不变。

例如图 5-57 (a) 所示的静定桁架，若把 CD 杆换成如图 5-57 (b) 所示的小桁架 $CDFG$，而作用的荷载和端部 C、D 的约束性质没有改变时，此时只有 CD 杆件的内力发生改变，其余部分的反力和内力均保持不变。这是因为，此时其余部分的平衡均能维持，而小桁架在原荷载和约束力构成的平衡力系作用下也能保持平衡，所以上述构造改变后，其余部分的内力状态不变。

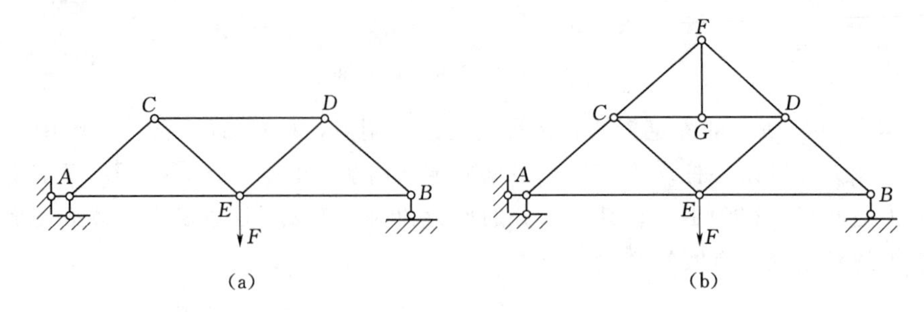

图 5-57　局部构造变换性

5. 静定结构的内力特性

静定结构的内力大小，与结构的材料性质及构件截面尺寸无关。因为静定结构的内力由静力平衡方程唯一确定，不涉及结构的材料性质及截面尺寸。

本 章 小 结

本章主要介绍了内力与截面法的概念、用截面法求拉压杆与单跨梁的内力，常用的五种静定结构的形式、受力和变形特点、内力计算方法、内力图的绘制；并讨论了静定结构在几何组成方面与静力方面的特性以及一些衍生特性。

现将本章的一些知识要点总结如下：

（1）内力是指因外力作用而引起的物体内部各质点间相互作用力的改变量。截面法是求构件内力的基本方法，用截面法求构件内力可分为截开、取出、代替、平衡等四个步骤。单跨梁横截面上的内力有弯矩和剪力，其可由截面法进行计算。内力图的绘制可以采用内力方程法、微分关系法和区段叠加法。内力方程法是绘制剪力图和弯矩图的基本方法；但在实际应用中常采用微分关系法与区段叠加法结合起来进行使用，即控制截面法。

（2）静定结构内力图绘制的常用方法是控制截面法：首先是确定结构中的控制截面，利用隔离体平衡条件计算出这些截面的内力；其次，将被控制截面分开的各杆段视作单跨静定梁，利用分段叠加法、内力图的特征、单跨静定梁在单一荷载作用下的内力图以及结点平衡等条件，绘出全部杆段的弯矩图；最后，根据弯矩图、内力图的特征以及结点平衡条件，绘出剪力图和轴力图。另外，根据内力方程也可以绘制内力图。

（3）对于多跨静定梁和静定平面刚架的内力图绘制时，总的原则是根据具体结构形式，进行几何组成分析，确定结构的基本部分和附属部分，按照先计算附属部分，再计算基本部分的次序，逐杆绘制内力图，最后将各部分的内力图连接到一起，就是整个结构的内力图。对于内力图的校核，可以取结构上的任何一部分或者整体为隔离体进行校核，包括平衡条件校核和内力图的特征分析校核。刚架中的结点平衡条件可用于内力图的计算，也可以用于内力图的校核。

(4) 三铰拱是按三刚片规则组成的静定结构，其内力和所有的反力都可由静力平衡方程求出。本章中也给出了竖向荷载作用下三铰平拱的反力与内力的计算公式，对于其他形式的拱，应视具体情况列平衡方程求解。拱的内力主要是轴力，弯矩和剪力很小，利用合理拱轴线的概念可以使拱的弯矩达到最小，充分发挥截面材料的作用，对于不同的荷载，其合理拱轴线也是不同的。

(5) 静定平面桁架的内力计算方法有结点法和截面法，也可采用结点法和截面法的联合应用（简称联合法）。结点法是取结点为隔离体，每个结点可建立两个独立的平衡方程。因此，应注意先从只有两个未知力的结点开始计算，适合于计算简单桁架的内力。截面法是截取桁架的一部分为隔离体，每次可列三个独立的平衡方程。因此，截面的选取是关键，它适合于计算联合桁架的内力；联合法，综合应用结点法与截面法各自的优势，适合于计算复杂桁架的内力。在计算桁架内力时，注意利用对称性和判断零杆与等力杆，从而使计算得以简化。

(6) 静定组合结构是由若干链杆和刚架式杆件组成的。链杆只承受轴力，称为二力杆；刚架式杆件一般承受弯矩、剪力和轴力的共同作用。其受力分析次序是先计算链杆的内力，再计算刚架式杆件的内力。计算时须分清链杆和刚架式杆件。

(7) 静定结构的静力特性最基本就是满足平衡条件的反力和内力解的唯一性。根据此特性可以派生出其他一些特性，在静力分析中应予以注意，并加以利用。

思　考　题

5-1　什么是截面法？截面内力的正负号是如何规定的？

5-2　为什么相同跨度、相同荷载作用的斜梁和水平梁的弯矩是一样的？

5-3　对于基本部分与附属部分组成的静定结构而言，当荷载作用在基本部分时，附属部分是否引起内力？反之，当荷载作用在附属部分时，基本部分是否引起内力？为什么？

5-4　刚架与梁相比，力学性能有什么不同？内力计算上有哪些异同？

5-5　思考题5-5图中(a)、(b)所示刚架的刚结点处内力图有何特点？试列出图示刚架在结点C处各杆端内力应满足的关系式。

5-6　你能不通过计算，直接画出思考题5-6图示结构的弯矩图吗？

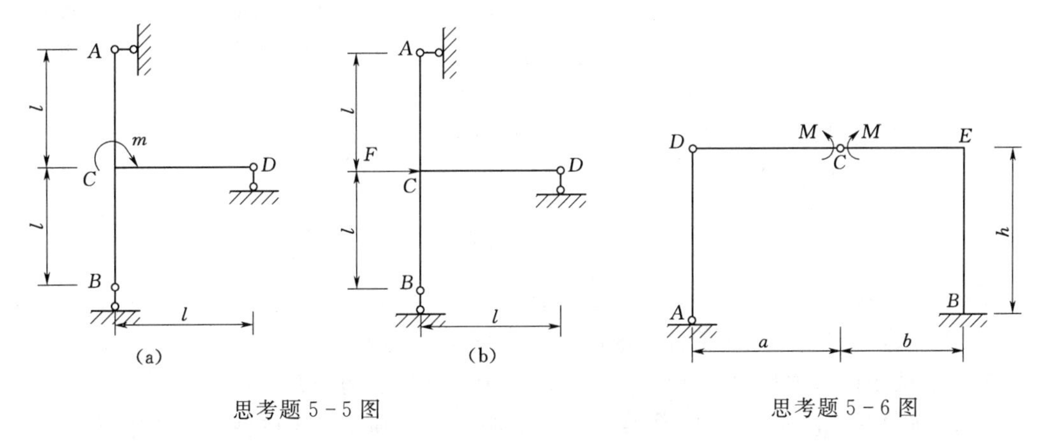

思考题5-5图　　思考题5-6图

5－7　指出思考题 5－7 图各弯矩图错误之处，简要说明理由，然后加以修正。

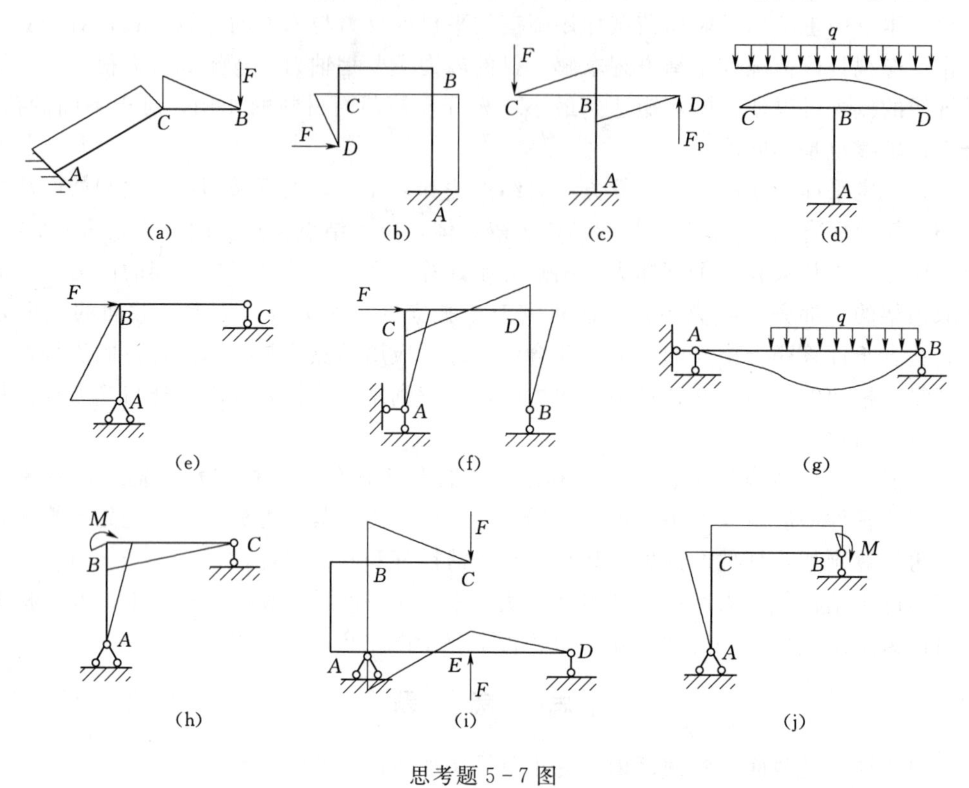

思考题 5－7 图

5－8　作思考题 5－8 图示外伸梁的弯矩图时，要求分为 AB、BD 区段，AB 段可用叠加法进行绘制，你认为可以吗？应该如何进行？

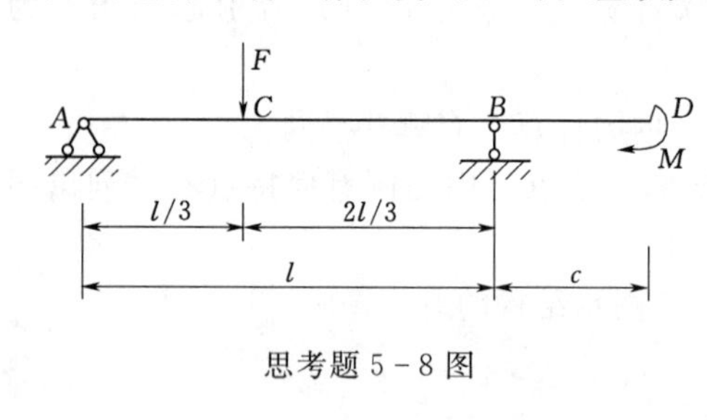

思考题 5－8 图

5－9　三铰拱、静定梁和静定刚架在内力图绘制时所采用的方法有何不同？为什么会有差别？

5－10　什么是拱的合理拱轴线？拱的合理拱轴线与哪些因素有关？

5－11　什么是结点单杆和截面单杆？它们各有什么特点，在桁架内力计算中各有什么用处？

5－12　静定组合结构分析应注意什么？

5－13　静定结构有哪些特性？

习　　题

5－1　求习题 5－1 图所示各杆指定截面上的轴力，并绘制轴力图。

5－2　求习题 5－2 图所示各梁指定截面上的剪力和弯矩。

5－3　试用内力方程法绘制习题 5－3 图所示各梁的剪力图和弯矩图。

5－4　试用微分关系和区段叠加法绘制习题 5－4 图所示各梁的剪力图和弯矩图。

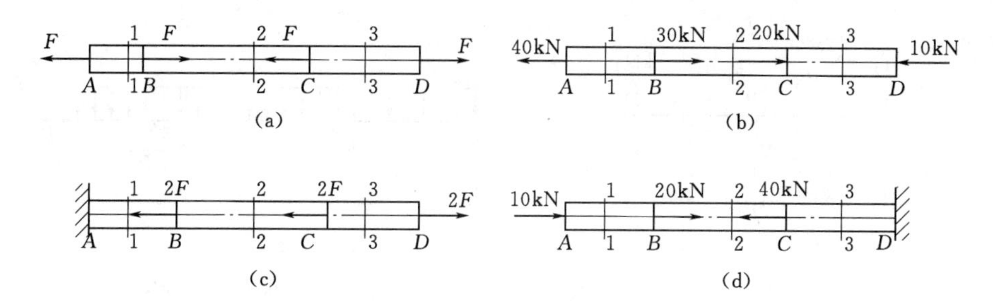

习题 5 - 1 图

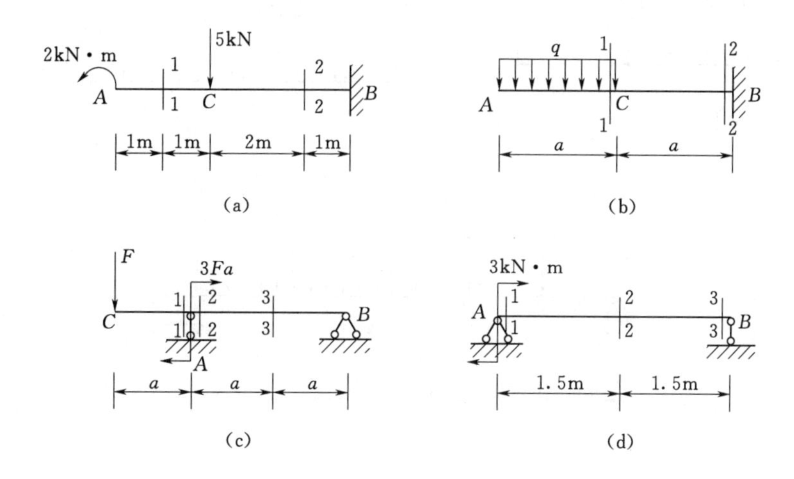

习题 5 - 2 图

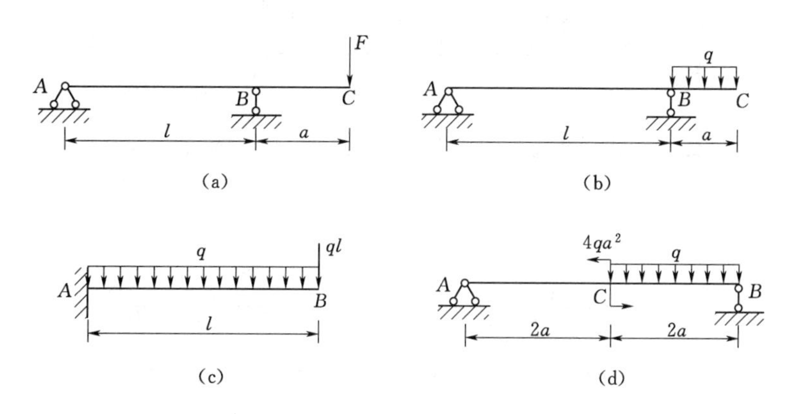

习题 5 - 3 图

5 - 5　指出习题 5 - 5 图所示各多跨静定梁哪些是附属部分，哪些是基本部分，求出各支座反力，并作梁的剪力图和弯矩图。

5 - 6　试绘制习题 5 - 6 图所示刚架的内力图。

5 - 7　求习题 5 - 7 图所示抛物线三铰拱的支座反力，并求截面 D 和截面 E 的内力。

5 - 8　求习题 5 - 8 图所示三铰拱在均布荷载作用下的合理拱轴线。

5 - 9　试选择简便方法计算习题 5 - 9 图所示桁架中指定杆件中的内力。

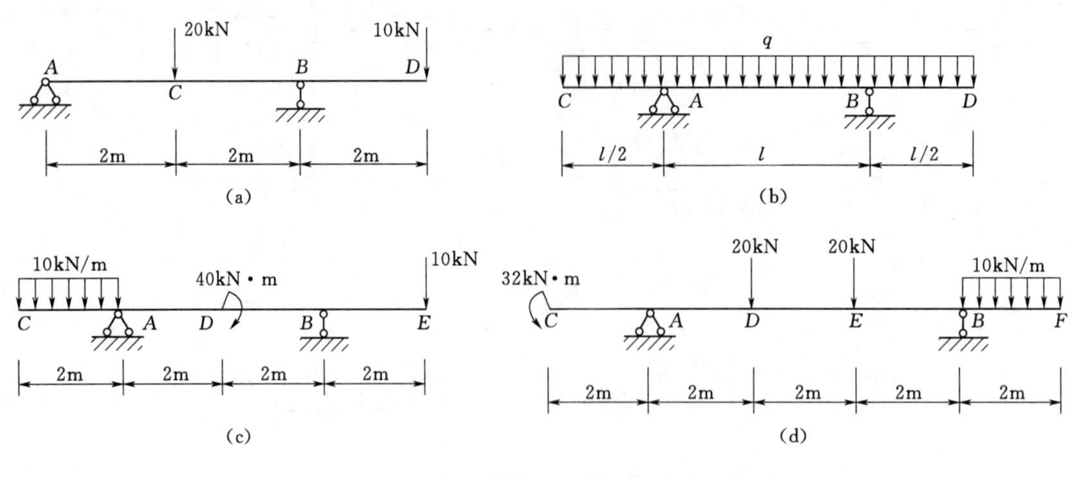
20kN
10kN
A
B
D
C
2m
2m
2m
(a)
q
C
A
B
D
l/2
l
l/2
(b)
10kN/m
10kN
40kN · m
C
A
D
B
E
2m
2m
2m
2m
(c)
20kN
20kN
32kN · m
10kN/m
C
A
D
E
B
F
2m
2m
2m
2m
2m
(d)

习题 5 - 4 图

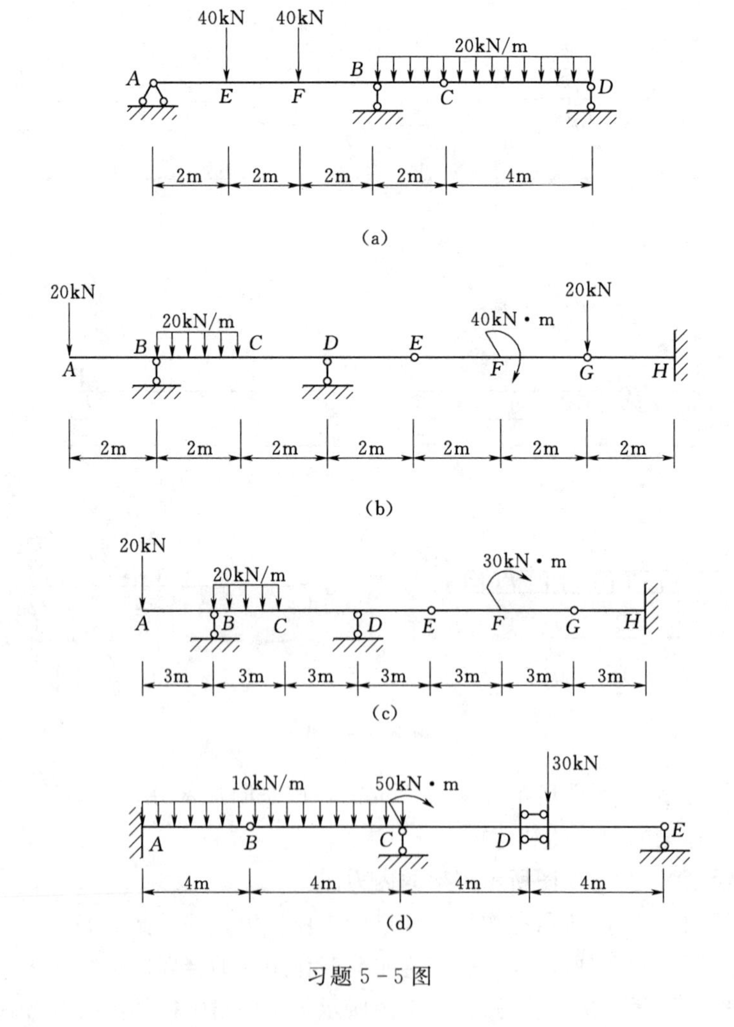
40kN
40kN
20kN/m
A
E
F
B
C
D
2m
2m
2m
2m
4m
(a)
20kN
20kN/m
20kN
40kN · m
A
B
C
D
E
F
G
H
2m
2m
2m
2m
2m
2m
2m
(b)
20kN
20kN/m
30kN · m
A
B
C
D
E
F
G
H
3m
3m
3m
3m
3m
3m
3m
(c)
10kN/m
50kN · m
30kN
A
B
C
D
E
4m
4m
4m
4m
(d)

习题 5 - 5 图

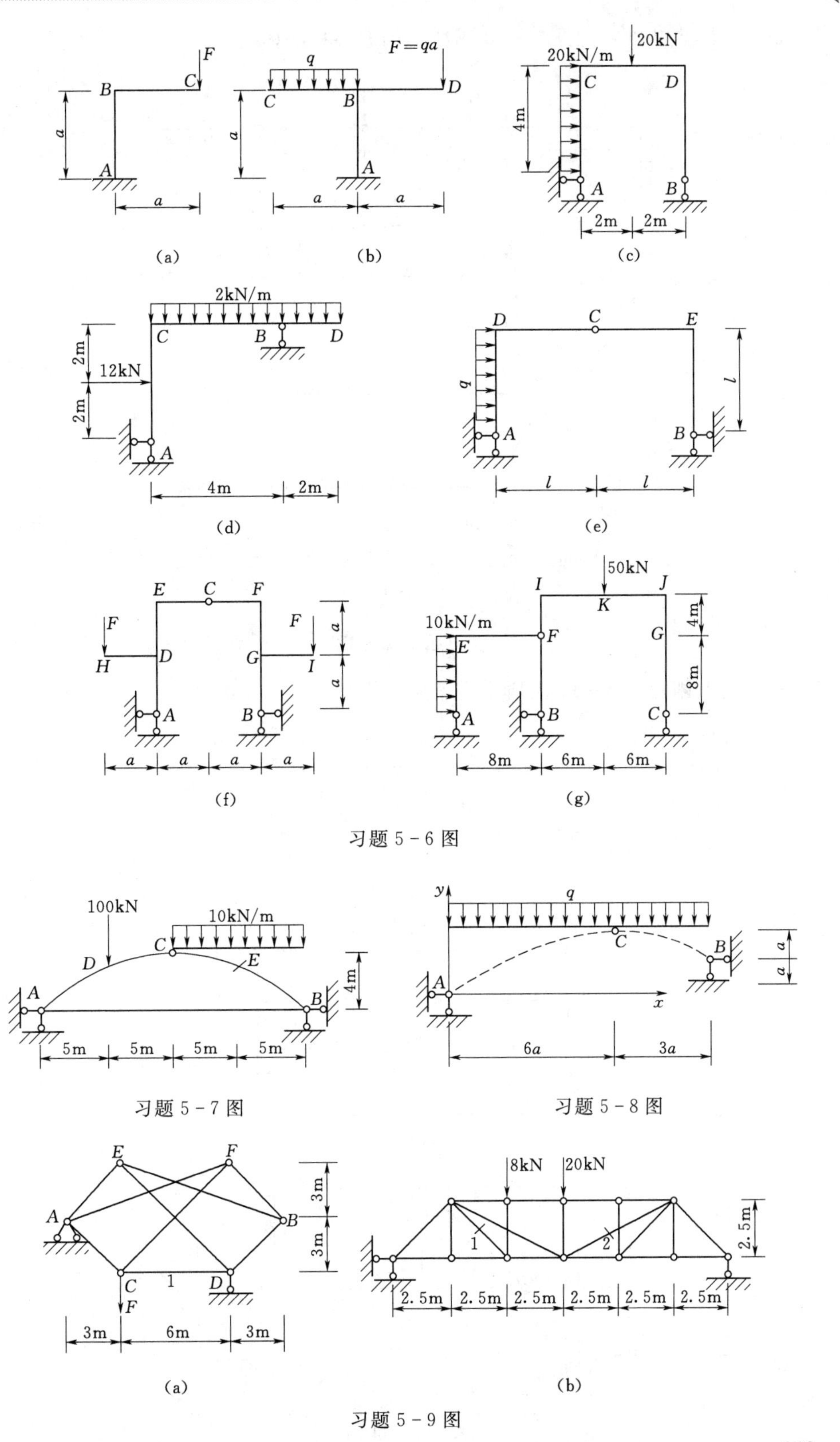

习题 5-6 图

习题 5-7 图

习题 5-8 图

习题 5-9 图

5－10　用结点法计算习题 5－10 图所示桁架各杆的内力。

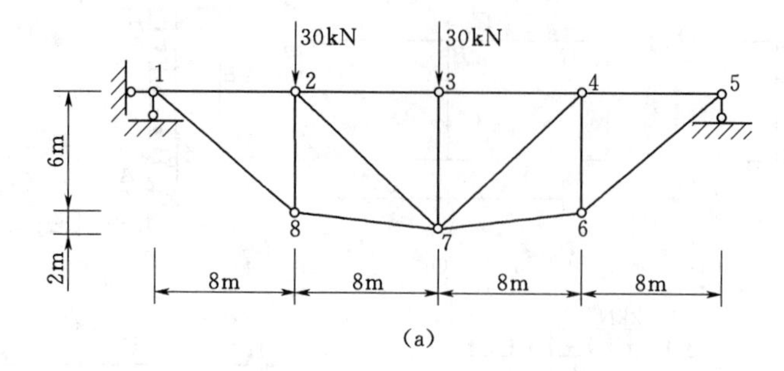

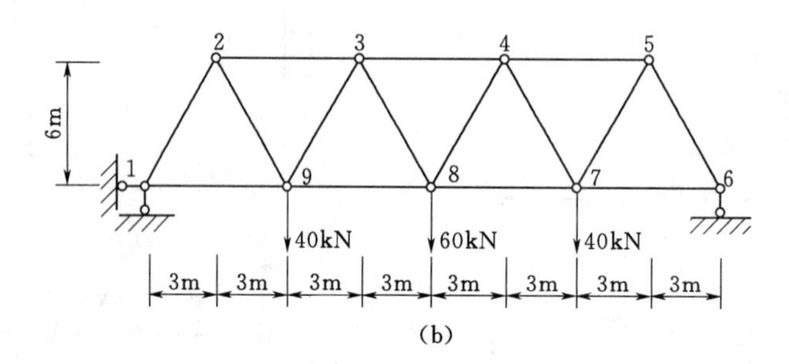

习题 5－10 图

5－11　试判断习题 5－11 图所示桁架中的零杆。

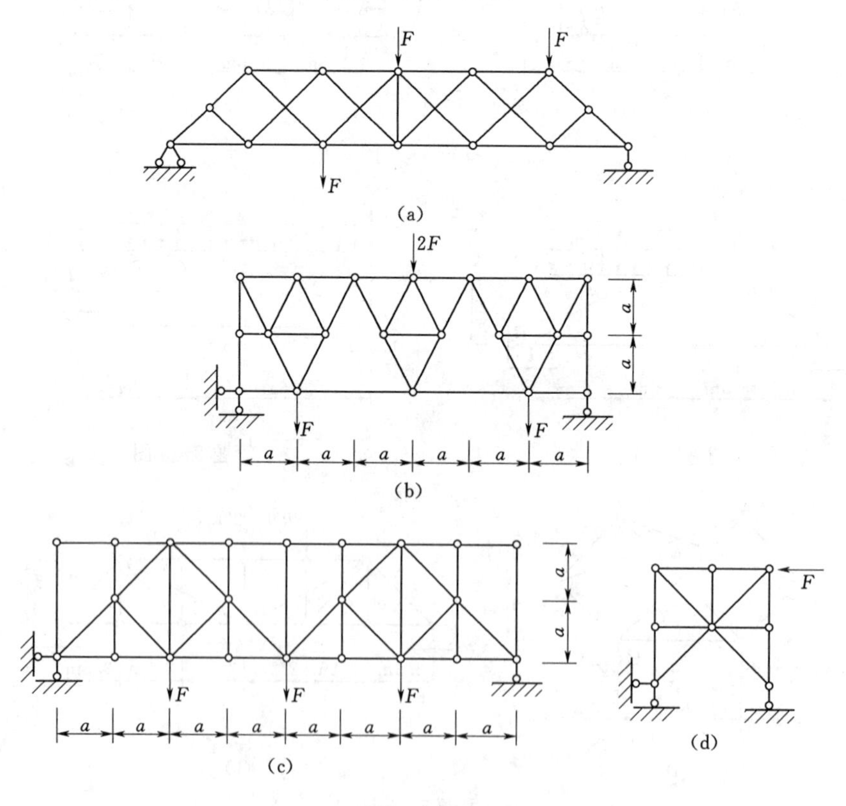

习题 5－11 图

5 - 12　试计算习题 5 - 12 图所示组合结构的内力。

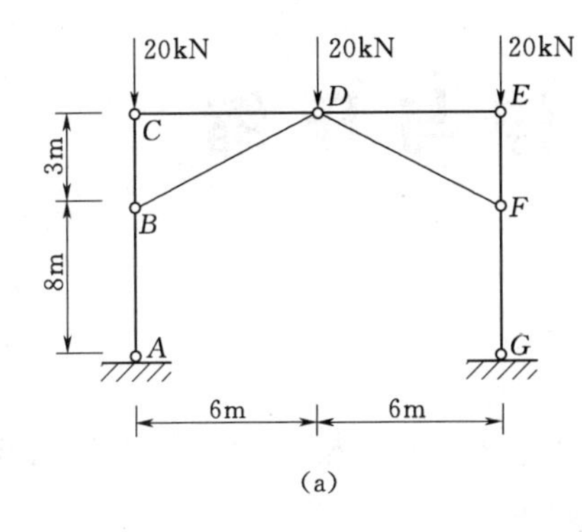

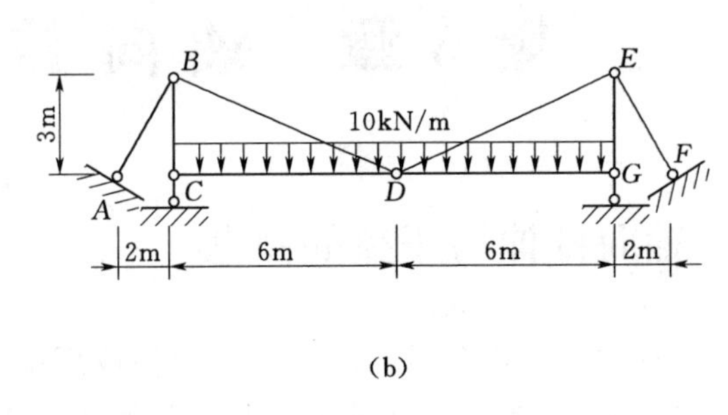

习题 5 - 12 图

第6章　轴向拉伸与压缩

6.1　轴向拉伸与压缩的概念

在工程中，经常会遇到承受轴向拉伸或压缩的杆件。例如桁架中的杆件［图6-1(a)］，斜拉桥中的拉索［图6-1(b)］以及砖柱［图6-1(c)］等。

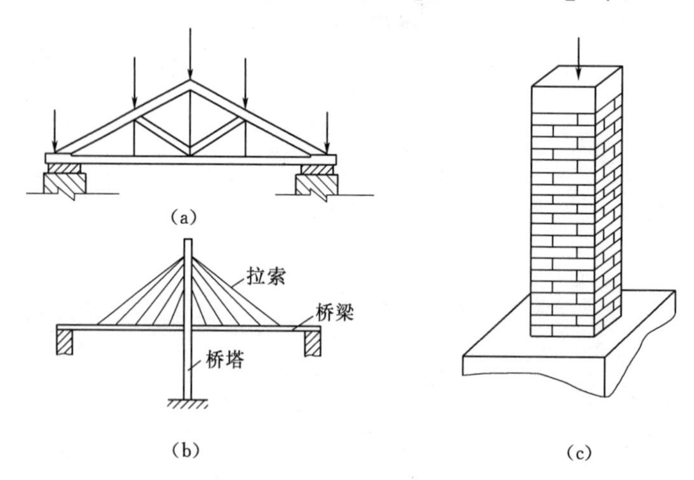

图6-1　轴向受力构件

承受轴向拉伸或压缩的杆件简称为拉（压）杆。实际拉压杆的几何形状和外力作用方式各不相同，若将它们加以简化，则都可抽象为如图6-2所示的计算简图。其受力特点是外力或外力合力的作用线与杆件的轴线重合；变形特征是沿轴线方向的伸长或缩短，同时横向尺寸也发生变化。

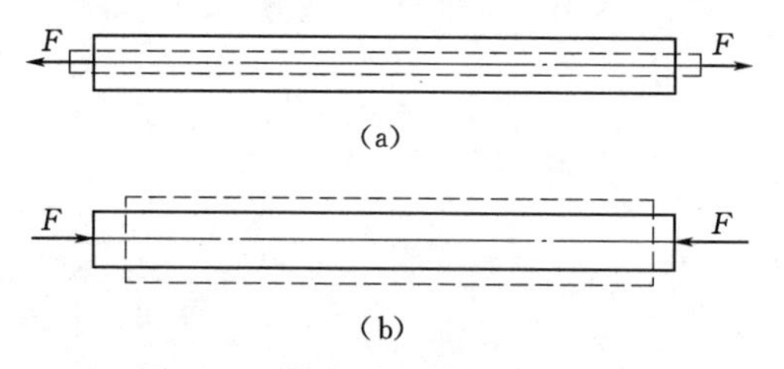

图6-2　轴向受力构件计算简图

本章研究拉压杆的应力、变形以及材料在拉伸压缩时的力学性能，并在此基础上，分析拉压杆的强度与刚度问题，对于拉压杆的内力问题，在第5.1节中已经阐述。此外，本章还将研究应力集中问题。

6.2　轴向拉伸与压缩横截面上的应力

杆件横截面上的内力为连续分布力系，很多情况下，这种分布是不均匀的，即便在均匀分布的情况下，内力相同而横截面积不同时，内力分布的集度也是不同的。这就需要引

入一个新的物理量——应力，以便度量横截面上内力的集度。

6.2.1　应力的概念

所谓**应力**，是受力构件某截面上一点处的内力集度。若分析图 6-3（a）所示隔离体截面上 K 点的应力，在 K 点取小面积 ΔA，ΔA 面积上分布内力的合力为 ΔF，于是 ΔF 在 ΔA 上的平均集度即平均应力为

$$p_m=\frac{\Delta F}{\Delta A} \tag{6-1}$$

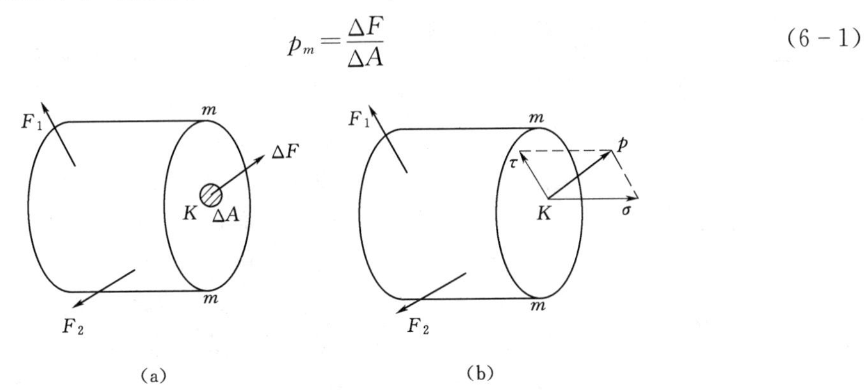

图 6-3　隔离体截面上 K 点的应力分析

一般认为，截面上内力分布是不均匀的，当面积 ΔA 取得很小时，其极限值为

$$p=\lim_{\Delta\to 0}\frac{\Delta F}{\Delta A}=\frac{\mathrm{d}F}{\mathrm{d}A} \tag{6-2}$$

p 即为点 K 处的内力集度，称为截面上 K 点处的**总应力**。如图 6-3（b）所示，总应力 p 与截面成一角度，将其沿截面的法向和切向分解，可得截面法向应力分量 σ 和截面切向应力分量 τ。法向应力分量 σ 称为正应力，切向应力分量 τ 称为切应力。

从应力的定义可见，应力具有以下特征：

（1）应力是指受力构件某一截面上某一点处的应力，因此在讨论应力时，首先必须明确其是在哪个截面的哪个点上。

（2）某一截面上一点处的应力是矢量。一般来说，其既不与截面垂直，也不与截面相切，通常情况下将其分解为与截面垂直的应力分量 σ 和与截面相切的应力分量 τ 分别计算，然后合成。

（3）应力的量纲为［力］/［长度］^{2}，国际单位为 Pa（N/m^2）。工程上常采用 MPa 和 GPa，它们间的换算关系为 1MPa$=10^6$Pa，1GPa$=10^9$Pa。

6.2.2　拉（压）杆横截面上的应力

通过截面法，可以求出构件的轴力。但是只进行轴力分析并不能判断构件是否具有足够的强度。例如，用同一材料制成粗细不同的两根杆，在相同拉力作用下，两杆的轴力自然是相同的，但当拉力逐渐增大时，细杆必定先被拉断。这说明拉杆的强度不仅与轴力的大小有关，而且与横截面的面积有关。所以必须用横截面的应力来度量杆的受力程度。

在拉（压）杆的横截面上，与轴力 F_N 对应的应力是 σ。根据连续性假设，横截面上

到处都存在内力。若以 A 表示横截面面积。则微面积 dA 上的内力元素 σdA（微内力）组成一个垂直于横截面的平行力系，其合力就是轴力 F_N。于是由静力学关系

$$F_N = \int_A \sigma dA \tag{a}$$

由于应力 σ 的分布规律未知，故式（a）尚不能直接用来计算正应力。

为了求得 σ 的分布规律，应从研究构件变形的实验入手，如图 6-4 所示。加载前，在等直杆的侧面上画垂直于杆轴的直线 ab 和 cd；加载后，构件发生了变形，发现 ab 和 cd 仍然为直线，且仍然垂直于轴线，只是分别平移至 $a'b'$ 和 $c'd'$。根据这一现象，可以假设：变形前为平面的横截面，变形后仍保持为平面且仍垂直于轴线，这就是平面假设。由这一假设可以推断，拉杆所有纵向纤维的伸长相等。根据均匀连续性假设，所有纵向纤维的力学性能相同。所以横截面上各点的正应力 σ 相等，且均匀分布在横截面上，为一常量。于是由式（a）得

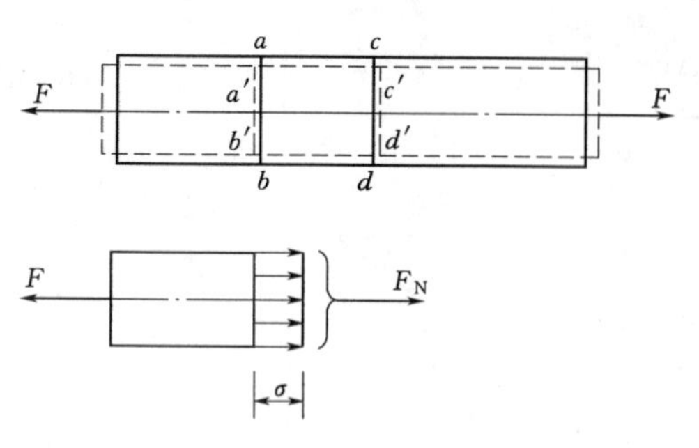

图 6-4　横截面应力

$$F_N = \sigma\int_A dA = \sigma A \tag{b}$$

$$\sigma = \frac{F_N}{A} \tag{6-3}$$

式中：F_N 为轴力；A 为杆的横截面面积。

由式（6-3）可知，正应力与轴力具有相同的正负号，即拉应力为正，压应力为负。

式（6-3）是在横截面上正应力均匀分布的应力计算式，其适用条件是，作用在杆件上的外力（或外力的合力）的作用线必须与杆轴线重合。当等直杆受到几个轴向外力作用时，由轴力图可求得其最大轴力 $F_{N,max}$，代入式（6-3），即得杆内的最大正应力为

$$\sigma_{max} = \frac{F_{N,max}}{A} \tag{6-4}$$

等直杆最大轴力所在的横截面称为危险截面，其上的正应力称为最大工作应力。

【例 6-1】 一正方形截面的砖柱分为上、下两段，其受力情况、各段长度及横截面尺寸如图 6-5（a）所示，长度单位为 mm。已知 $F=50$kN，试求荷载引起的最大工作应力。

解： 用截面法求得上、下两段横截面上的轴力分别为

$$F_{N1} = -50(\text{kN}),\quad F_{N2} = -150(\text{kN})$$

绘出砖柱的轴力图如图 6-5（b）所示。

因为上、下两段横截面的面积不相同，所以必须算出各段横截面的应力，加以比较后才能确定各柱的最大正应力。由式（6-3）得

$$\sigma_1 = \frac{F_{N1}}{A_1} = \frac{-50\times10^3}{0.24\times0.24} = -0.87\times10^6 = -0.87(\text{MPa})(\text{压应力})$$

$$\sigma_2 = \frac{F_{N2}}{A_2} = \frac{-150\times10^3}{0.37\times0.37} = -1.1\times10^6 = -1.1(\text{MPa})(\text{压应力})$$

由上述计算结果可见，砖柱的最大工作应力在柱的下段，其值为 1.1MPa，是压应力。

以后我们称应力较大的点为危险点，例如本题中柱下段横截面上各点。

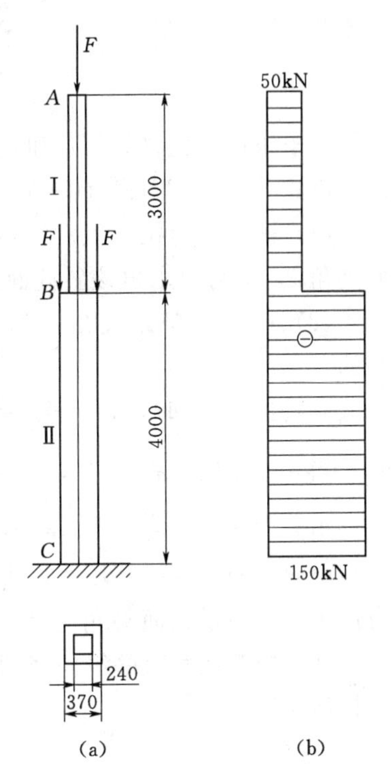

图 6-5 ［例 6-1］图

6.2.3　拉（压）杆斜截面上的应力

前面讨论了轴向拉（压）杆横截面上的正应力，作为强度计算的依据。但不同材料的试验表明，拉（压）杆的破坏并不总是沿横截面发生，有时也沿斜截面发生。因此，为了能够全面了解杆件的强度，还需进一步研究斜截面的应力。

以图 6-6（a）拉杆为例，利用截面法，沿任一斜截面 $m-m$ 将杆切开，该截面的方位以其外法线 On 与 x 轴的夹角 α 表示，即 α 为斜截面与横截面的夹角。仿照证明横截面上正应力均匀分布的方法，也可得出斜截面 $m-m$ 上的应力 p_α 也为均匀分布图 6-6（b），且方向必与杆轴平行。

设杆件横截面的面积为 A，则根据上述分析，得杆左段的平衡方程为

$$p_\alpha \frac{A}{\cos\alpha} - F = 0$$

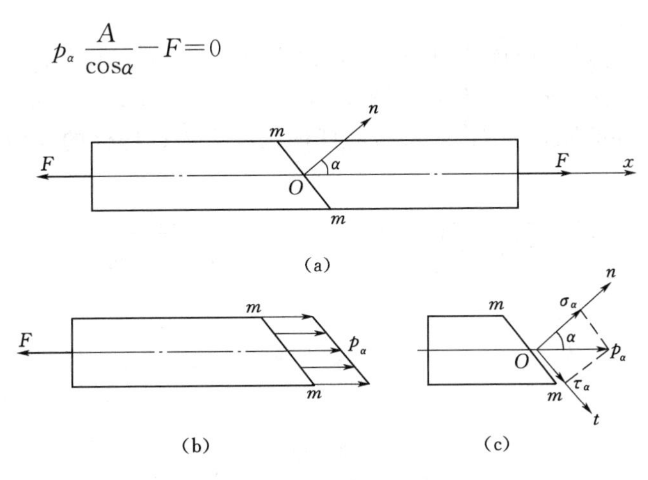

图 6-6　斜截面应力

由此得 α 截面 $m-m$ 上各点处的应力为

$$p_\alpha = \frac{F\cos\alpha}{A} = \sigma\cos\alpha$$

其中，$\sigma = F/A$，代表杆件横截面上的正应力。

将应力 p_α 沿横截面法向与切向分解［图 6-6（c）］，得斜截面上的正应力和切应力分别为

$$\sigma_\alpha = p_\alpha\cos\alpha = \sigma\cos^2\alpha \tag{6-5}$$

和

$$\tau_\alpha = p_\alpha \sin\alpha = \frac{\sigma}{2}\sin 2\alpha \tag{6-6}$$

对于压杆，式（6－5）和式（6－6）同样适用，只是式中的 p_α 和 σ 为压应力。

由式（6－5）和式（6－6）可以看出：

（1）该式即为拉（压）杆斜截面上的应力计算。只要知道横截面上的正应力 σ 及斜截面夹角 α，就可以求出该斜截面上的正应力 σ_α 和切应力 τ_α。

（2）σ_α 和 τ_α 都是夹角 α 的函数，即在不同角度的斜截面上，正应力与切应力是不同的。

（3）当 $\alpha=0°$时，$\sigma_{0°}=\sigma_{\max}=\sigma$，$\tau_{0°}=0$；

当 $\alpha=45°$时，$\sigma_{45°}=\frac{\sigma}{2}$，$\tau_{45°}=\tau_{\max}=\frac{\sigma}{2}$；

当 $\alpha=90°$时，$\sigma_{90°}=0$，$\tau_{90°}=0$。

由此表明，在拉（压）杆中，斜截面上不仅有正应力，还有切应力；在横截面上正应力最大；在与横截面夹角为 45°的斜截面上切应力最大，其值等于横截面上正应力的一半；在与横截面垂直的纵向截面上部不存在任何应力，说明杆的各纵向“纤维”无牵拉也无挤压作用。

6.3　轴向拉伸或压缩时的变形

构件在轴向拉力或压力的作用下，沿轴线方向将发生伸长或缩短，同时，横向（与轴线垂直的方向）必发生缩短或伸长，如图 6－7 所示，图中实线为变形前的形状，虚线为变形后的形状。杆件的原长为 l，变形后的杆件长度为 l_1；杆件的横向尺寸变形前为 d，变形后为 d_1。

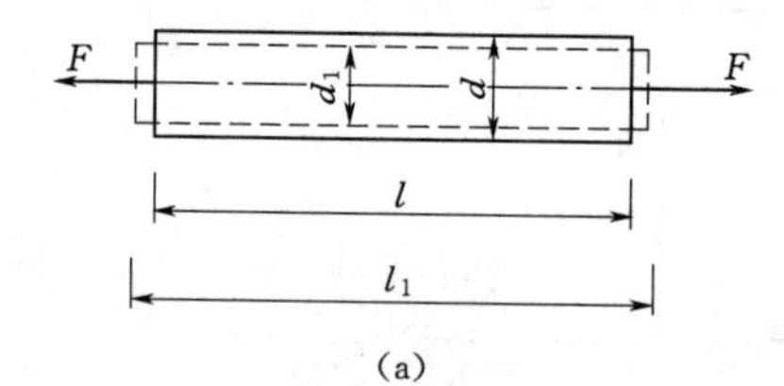

(a)

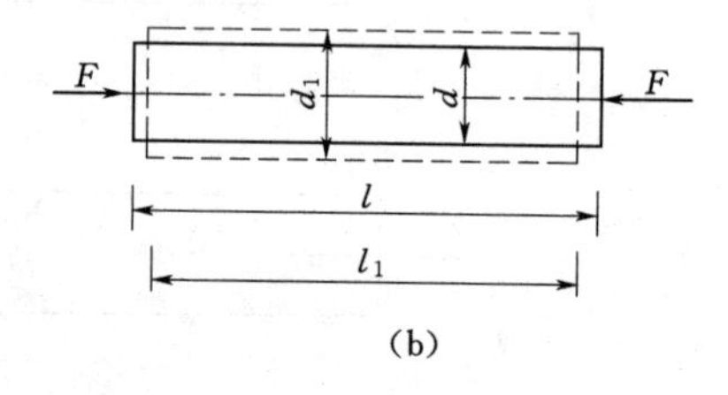

(b)

图 6－7　伸长与缩短变形

6.3.1　纵向变形和横向变形

纵向绝对变形

$$\Delta l = l_1 - l \tag{a}$$

符号规定：伸长为正，缩短为负。

纵向相对变形

$$\varepsilon = \frac{\Delta l}{l} \tag{b}$$

ε 也称为纵向线应变或轴向线应变，表示杆件单位长度变形，为一无量纲的量。符号规定和绝对变形一致。

杆件在纵向变形的同时，横向也将产生变形。

横向绝对变形 $$\Delta d = d_1 - d \tag{c}$$

横向相对变形 $$\varepsilon' = \frac{\Delta d}{d} \tag{d}$$

ε'称为横向线应变，显然纵向变形和横向变形符号相反。若纵向伸长，则横向就缩短，反之亦然。

6.3.2 胡克定律

实验证明，在弹性变形的范围内，拉（压）杆的伸长 Δl 与轴向拉力 F 和杆件的长度 l 成正比，与杆件的横截面积 A 成反比，即

$$\Delta l \propto \frac{Fl}{A} \tag{e}$$

引入比例常数 E，则有

$$\Delta l = \frac{Fl}{EA} \tag{f}$$

由于轴力 $F_N = F$，故上式可写为

$$\Delta l = \frac{F_N l}{EA} \tag{6-7}$$

式（6－7）即为表示受力与变形关系的胡克定律。式中，比例常数 E 称为材料的弹性模量，其值由实验测定，量纲为 Pa，与应力单位相同，它反映了材料抵抗拉（压）变形的能力。EA 称为杆件的拉（压）刚度。对于长度相同、受力相同的杆件，EA 值越大，则杆的变形 Δl 越小；EA 值越小，则杆的变形 Δl 越大。因此，拉压刚度反映了杆件抵抗变形的能力。

若将式（6－7）改写为

$$\frac{\Delta l}{l} = \frac{F_N}{EA} \tag{g}$$

则有 $$\varepsilon = \frac{\sigma}{E} \quad 或 \quad \sigma = E\varepsilon \tag{6-8}$$

此式表明，在弹性范围内，应力和应变成正比。它是用应力应变表示的胡克定律。

故式（6－7）和式（6－8）是胡克定律的两种表达形式，它揭示了材料在弹性范围内，力与变形或应力与应变之间的物理关系。

6.3.3 纵向变形与横向变形的关系

实验证实，在弹性变形范围内，横向应变与纵向应变之间保持一定的比例关系，即

$$\mu = \left| \frac{\varepsilon'}{\varepsilon} \right| \tag{6-9}$$

由于ε'与ε 始终异号，故有

$$\varepsilon' = -\mu\varepsilon \tag{6-10}$$

其中，μ 称为横向变形系数或泊松比，是材料的常数，为一无量纲的量，由实验测定。

E 和 μ 都是表征材料弹性的常数，表 6-1 给出了常用几种材料的 E、μ 值。

表 6-1　　常用材料的 E、μ 值

材　料	E/GPa	μ
碳钢	200～220	0.245～0.33
合金钢	190～220	0.24～0.33
灰口铸铁	60～162	0.23～0.27
铜及其合金（黄铜、青铜）	74～130	0.31～0.42
铝合金	71	0.33
混凝土	14.6～36	0.16～0.18
木材（顺纹）	9～12	0.0539
砖砌体	2.7～3.5	0.12～0.2
橡胶	0.0078	0.47

【例 6-2】 如图 6-8（a）所示为一等截面圆钢杆，材料的弹性模量 E=210GPa。试计算：

①每段的伸长；②每段的线应变；③全杆总伸长。

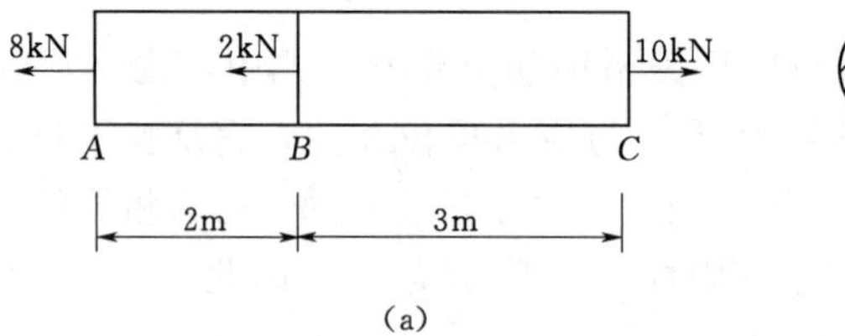

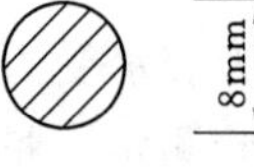

(a)

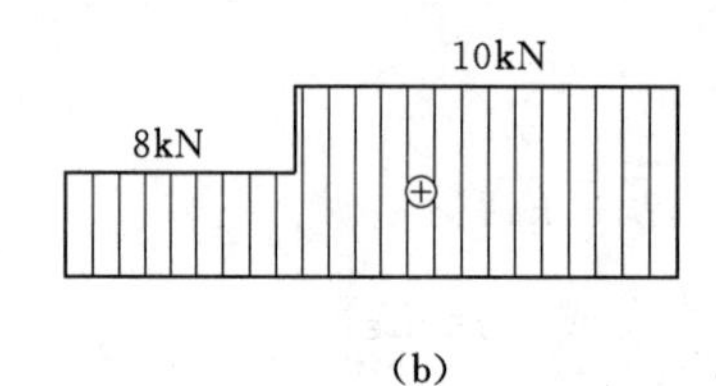

(b)

图 6-8 ［例 6-2］图

解： 首先计算每段杆件的轴力，并作轴力图，如图 6-8（b）所示，由图可知

$$F_{NAB}=8(\text{kN}),\quad F_{NBC}=10(\text{kN})$$

（1）计算每段伸长。

$$\Delta l_{AB}=\frac{F_{NAB}l_{AB}}{EA}=\frac{8\times10^3\times2}{210\times10^9\times\frac{\pi}{4}\times8^2\times10^{-6}}=0.00152(\text{m})=1.52(\text{mm})$$

$$\Delta l_{BC}=\frac{F_{NBC}l_{BC}}{EA}=\frac{8\times10^3\times3}{210\times10^9\times\frac{\pi}{4}\times8^2\times10^{-6}}=0.00284(\text{m})=2.84(\text{mm})$$

（2）计算每段线应变。

$$\varepsilon_{AB}=\frac{\Delta l_{AB}}{l_{AB}}=\frac{0.00152}{2}=7.6\times10^{-4}$$

$$\varepsilon_{BC}=\frac{\Delta l_{BC}}{l_{BC}}=\frac{0.00284}{3}=9.47\times10^{-4}$$

（3）计算全杆的总伸长。

$$\Delta l_{AC}=\Delta l_{AB}+\Delta l_{BC}=0.00152+0.00284=0.00436(\text{m})=4.36(\text{mm})$$

【例 6-3】 图 6-9（a）所示为一等直杆，长 l，截面积 A，材料容重 γ。求整个构件的最大正应力及由自重引起的杆件的伸长 Δl 值。

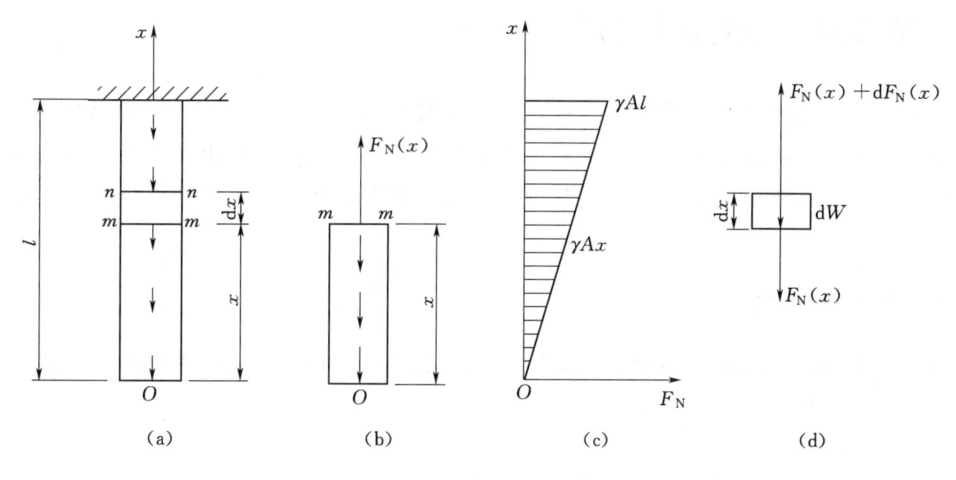

图 6-9 ［例 6-3］图

解：（1）计算最大正应力。在杆的 O 处建立坐标系如图 6-9（a）所示，用截面法在 x 处截开杆件，取下段为研究对象，如图 6-9（b）所示。根据平衡方程知 x 截面上的轴力为

$$F_N(x)=\gamma Ax$$

根据上式可知轴力 $F_N(x)$ 沿轴线坐标 x 线性变化，可画出其轴力图，如图 6-9（c）所示，最大轴力在上端处。其值为

$$F_{N\max}=\gamma Al$$

横截面上最大正应力，由式（6-4）得

$$\sigma_{\max}=\frac{F_{N\max}}{A}=\frac{\gamma Al}{A}=\gamma l$$

（2）计算杆的伸长。在自重作用下，不同截面上的轴力是变量，所以不能直接用式（6-7）来计算伸长值，而需要取一微段杆来考虑。

在离自由端距离 x 处取一微段，长为 dx，以此为隔离体，其受力如图 6-9（d）所示，图中 $F_N(x)$ 为长为 x 的杆段自重，即 $F_N(x)=\gamma Ax$，微段上端 $dF_N(x)$ 为微段内力的增量，即为微段杆的自重，记为 dW，即 $dF_N(x)=dW=dxA\gamma$。由于微段的自重 γAdx 与微段上的轴力 $F_N(x)$ 相比是一个微量，因此可忽略微段的自重 γAdx 对微段变形的影响。于是就可直接利用胡克定律式（6-7）来求微段杆的伸长 $\Delta(dx)$：

$$\Delta(dx)=\frac{F_N(x)dx}{EA}=\frac{\gamma xdx}{E}$$

整个构件的伸长为

$$\Delta l=\int_l \Delta(\mathrm{d}x)=\int_0^l \frac{\gamma x\,\mathrm{d}x}{E}=\frac{\gamma l^2}{2E}=\frac{(\gamma Al)l}{2EA}=\frac{Wl}{2EA}=\frac{1}{2}(\Delta l)'$$

式中：W 为整根杆件自重，$W=\gamma Al$；$(\Delta l)'$为相当于把杆的自重作为集中荷载作用在杆端所引起的伸长。

由此可得结论：等直杆自重所引起的伸长等于把自重当作集中荷载作用在杆端所引起的伸长的一半。

6.4　拉伸或压缩时材料的力学性能

分析构件的强度时，除计算应力外，还应了解材料的力学性能。材料的力学性能是材料在外力作用下其强度和变形等方面表现出来的性质，它是构件强度计算及材料选用的依据。材料的力学性能由试验测定。本节重点讨论常温、静载条件下材料在拉伸与压缩时的力学性能。

6.4.1　试样与设备

为了使不同材料的试验结果进行对比，试件的尺寸应按照国家标准制作。试件分为拉伸试件和压缩试件。

1. 拉伸试件

为了避开试样两端受力部分对测试结果的影响，试验前先在试样的中间等直部分上划两条横线，如图6-10所示，当试样受力时，横线之间的一段杆中任何横截面上的应力均相等，这一段即为杆的工作段，其长度称为**标距**。拉伸试件分圆形截面和矩形截面两种试件。试件的规格如下。

对于圆形截面试件，标距 l 和横截面直径 d 的关系为

$$l=10d \quad 或 \quad l=5d$$

对于矩形截面试件，标距 l 和横截面直径 d 的关系为

$$l=11.3\sqrt{A} \quad 或 \quad l=5.65\sqrt{A}$$

2. 压缩试件

为了防止在加载过程中，把试件压弯，压缩试件较短，如图6-11所示。一般圆形截

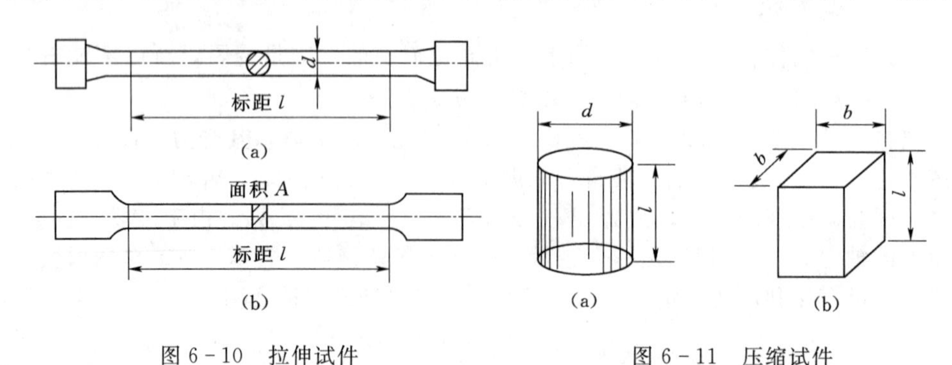

图6-10　拉伸试件　　图6-11　压缩试件

面压缩试件的高度 h 和横截面的直径 d 的关系为

$$h=(1\sim3)d$$

对于矩形截面压缩试件，常采用立方块。

拉伸或压缩试验时多采用多功能万能试验机。万能试验机由机架、加载系统、测力示值系统、荷载位移记录系统、夹具以及附具等五个基本部分组成。

6.4.2 材料在拉伸时的力学性能

1. 低碳钢在拉伸时的力学性能

低碳钢是指含碳量在0.25%以下的碳素钢。这类材料在工程中应用广泛，其拉伸时力学性能最为典型。

把低碳钢的拉伸试件安装在万能材料试验机上，缓缓加载。万能试验机上的绘图仪将绘出反映试件受力和变形关系的荷载—变形图，即 $F-\Delta l$ 图，如图6-12（a）所示。由于 $F-\Delta l$ 曲线与试件的尺寸有关，为了消除试件尺寸的影响，把纵坐标 F 除以试件的横截面积 A，得出正应力 $\sigma=F/A$ 为纵坐标；把横坐标 Δl 除以标距 l，得出用线应变 $\varepsilon=\Delta l/l$ 为横坐标。这样得到了能反映材料力学性能的应力—应变图，即 $\sigma-\varepsilon$ 图，如图6-12（b）所示。$F-\Delta l$ 图和 $\sigma-\varepsilon$ 图在形状上是相似的。

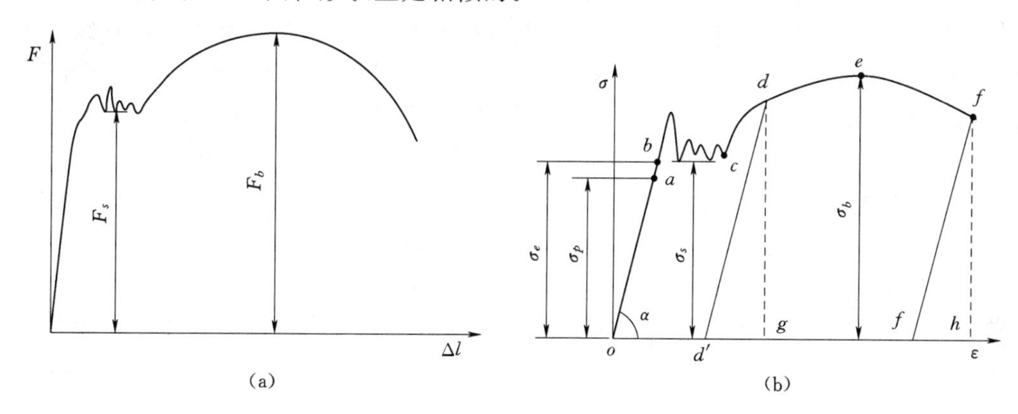

图6-12 低碳钢拉伸曲线

根据 $\sigma-\varepsilon$ 曲线，可以把低碳钢在拉伸时的变形过程分为四个阶段：

（1）弹性阶段。由斜直线 oa 和很短的微弯曲线 ab 组成。斜直线 oa 表示应力和应变成正比关系，即 $\sigma\propto\varepsilon$，直线的斜率即为材料的弹性模量 E，写成等式 $\sigma=E\varepsilon$，就是拉伸或压缩的胡克定律。与 a 点对应的应力 σ_p 称为比例极限。显然，只有应力低于比例极限时，应力才与应变成正比，材料才服从胡克定律。这时，称材料是线弹性的。

对于微弯段 ab，应力和应变之间不再服从线性关系，但解除拉力后变形仍可完全消失，这种变形称为弹性变形，b 点对应的应力 σ_e 是材料只出现弹性变形的极限值，称为弹性极限。由于 ab 阶段很短，σ_e 和 σ_p 相差很小，通常并不严格区分。低碳钢的比例极限 $\sigma_p\approx200\text{MPa}$，弹性模量 $E\approx206\text{GPa}$。

（2）屈服阶段。如图6-12（b）所示的 bc 段，当应力达到 $\sigma-\varepsilon$ 曲线的 b 点，应力几乎不再增加或在一微小范围内波动，变形却继续增大，在 $\sigma-\varepsilon$ 曲线上出现一条近似水平的小锯齿形线段，这种应力集合保持不变而应变显著增大的现象，称为屈服或流动，bc 阶段称为屈服阶段。在屈服阶段内的最高应力和最低应力分别称为上屈服极限和下屈服极限。上屈服极限的数值与试件形状、加载速度等因素有关，一般是不稳定的。下屈服极限则相对较为稳定，能够反映材料的性质，通常就把下屈服极限称为屈服极限或屈服点，用 σ_s 来表示。屈服极限是衡量材料强度的重要指标。低碳钢的屈服极限为 $\sigma_s \approx 235\text{MPa}$。在此阶段，如果试件表面抛光，可以看到试件表面有许多与试件轴线约成 45°角的条纹线，称为滑移线，如图 6－13 所示，这是由于试件的 45°斜截面上作用有最大切应力，这种作用力是材料内部晶体相互错动而引起的。

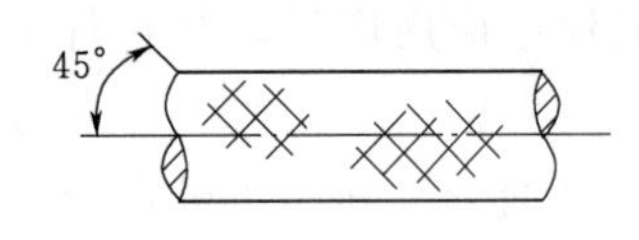

图 6－13　滑移线

（3）强化阶段。材料过屈服阶段后，$\sigma-\varepsilon$ 曲线重新呈现上升趋势，这说明材料又恢复了抵抗变形的能力，要使它继续变形必须增加拉力，这种现象称为材料的强化。从图 6－12（b）所示的 c 点到曲线的最高点 e，即 ce 阶段为强化阶段。e 点对应的应力 σ_b 是材料所能承受的最大应力，称为强度极限或抗拉强度。它是衡量材料强度的另一重要指标。在强化阶段，试件标距长度明显地变长，直径明显地缩小。

如果在 ce 段中任意一点 d 处，逐渐卸掉拉力，此时 $\sigma-\varepsilon$ 关系将沿着斜直线 dd' 回到 d' 点，斜直线 dd' 近似地平行于 oa。这说明：在卸载过程中，应力和应变按直线规律变化。这就是卸载定律。拉力完全卸除后，应力-应变图中，$d'g$ 表示消失了的弹性变形，而 od' 表示保留下来的塑性变形。卸载后，若在短期内再次加载，则应力-应变关系大体上沿着卸载时斜直线 $d'd$ 变化，到 d 点后又沿曲线 def 变化，直至断裂。从图 6－12（b）可以看出，在重新加载过程中，直到 d 点之前，材料的变形是线弹性的，过 d 点后才开始有塑性变形，比较图中的 $oabcdef$ 和 $d'def$ 两条曲线可知，重新加载时其比例极限得到提高，但塑性变形却有所降低。这说明，如果将卸载后已有塑性变形的试样重新加载进行拉伸试验，其比例极限或者弹性极限将得到提高，这一现象称为冷作硬化。在工程中常利用冷作硬化来提高钢绳和钢缆绳的强度，例如用冷拉的办法可以提高钢筋的强度。

（4）局部变形阶段。在 e 点之前，在工作长度 l 范围内变形通常是均匀的。但到达 e 点后，试件变形开始集中于某一薄弱的区域内，该处的横截面面积急剧降低，出现“颈缩”现象，如图 6－14 所示。由于局部的截面收缩，使试件继续变形所需的拉力逐渐减小，直到 f 点试件断裂。故这一阶段 ef 称为局部变形阶段。

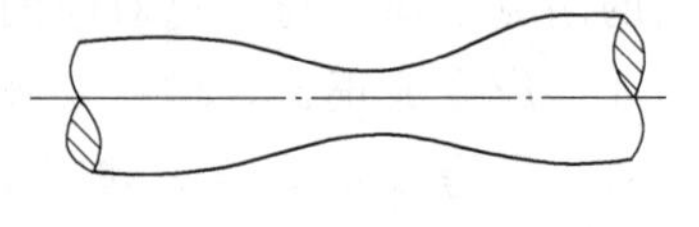
图 6－14　颈缩现象

从上面的实验现象可知，当应力达到 σ_s 时，材料会产生显著的塑性变形，进而影响结构的正常工作；当应力达到 σ_b 时，材料会由于发生颈缩而进一步断裂。屈服和断裂，均属于破坏现象。因此，σ_s 和 σ_b 是衡量材料强度的两个重要指标。

材料产生塑性变形的能力称为材料的塑性性能。塑性性能是工程中评定材料质量优劣的重要方面，衡量材料塑性的指标有延伸率 δ 和断面收缩率 ψ，其两者定义如下：

1）延伸率。设试件拉断后标距长度为 l_1，原始长度为 l，则延伸率定义为

$$\delta=\frac{l_1-l}{l}\times 100\%$$

2）断面收缩率。设试件标距范围内的横截面面积为 A，拉断后颈部的最小横截面面积为 A_1，则断面收缩率定义为

$$\psi=\frac{A-A_1}{A}\times 100\%$$

δ 和 ψ 越大，说明材料的塑性变形能力越强。工程上通常按延伸率的大小把材料分为两大类：$\delta\geqslant 5\%$ 的材料称为塑性材料；$\delta<5\%$ 的材料称为脆性材料。低碳钢的延伸率 $\delta=20\%\sim30\%$，断面收缩率 $\psi=60\%$，是典型的塑性材料；而铸铁、玻璃、陶瓷、混凝土等属于脆性材料。

2. 其他材料拉伸时的力学性能

工程上常用的塑性材料除低碳钢外，还有中碳钢、某些高碳钢和合金钢、铝合金、青铜、黄铜等。图 6-15（a）给出了几种塑性材料拉伸时的 $\sigma-\varepsilon$ 曲线。它们有一个共同特点是拉断前均有较大的塑性变形，然而它们的应力-应变规律却大不相同。除了 16Mn 钢和低碳钢一样有明显的弹性阶段、屈服阶段、强化阶段和局部变形阶段外，其他材料并没有明显的屈服阶段。对于没有明显屈服阶段的塑性材料，通常以产生塑性应变为 0.2%时的应力作为屈服极限，称为**名义屈服极限**，用 $\sigma_{0.2}$ 表示，如图 6-15（b）所示。

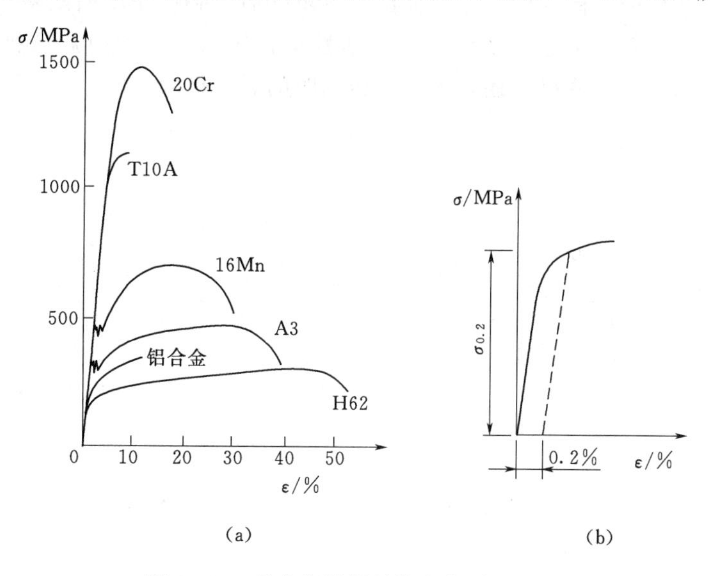

图 6-15 其他塑性材料的应力-应变曲线

工程中的脆性材料很多，铸铁非常具有代表性，图 6-16 为灰口铸铁拉伸时的 $\sigma-\varepsilon$ 曲线，与低碳钢相比，其特点为：

（1）整个拉伸过程中应力应变关系是一条微弯曲线，从开始受力直到拉断，试件变形始终很小，既不存在屈服阶段，也没有颈缩现象。断裂时应变仅仅是 0.4%～0.5%。

（2）在工程中，通常用总应变为 0.1%时的应力-应变曲线的割线斜率作为弹性模量 E。这样确定的弹性模量称为**割线弹性模量**，如图 6-16 所示。由于铸铁没有屈服现象，因此强度极限 σ_b 是衡量强度的唯一指标。

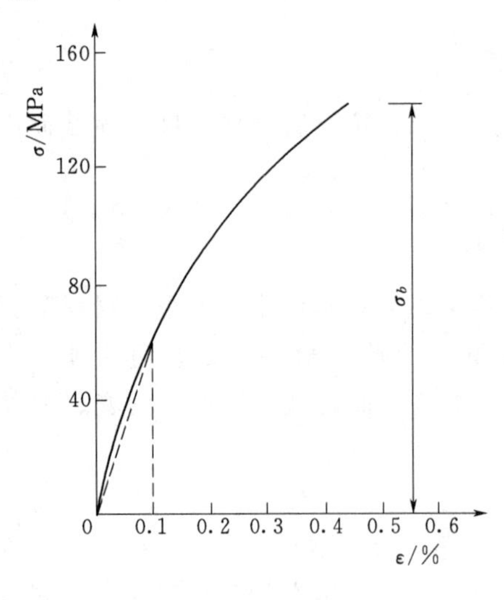

图 6-16 铸铁拉伸曲线

6.4.3 材料在压缩时的力学性能

1. 低碳钢在压缩时的力学性能

材料的压缩试件一般做成短而粗的形状，以免发生失稳。低碳钢等金属材料的压缩试件为圆柱形。将圆柱形试件放在压力机上进行压缩试验，得到低碳钢压缩时的应力-应变曲线如图 6-17 所示，为了便于比较，同时在图 6-17 中用虚线表示出了拉伸时的应力-应变曲线。由图可以看出，在屈服阶段以前，低碳钢拉伸与压缩的应力-应变曲线基本重合。因此，低碳钢压缩时的弹性模量 E、屈服极限 σ_s 都与拉伸试验的结果基本相同。在屈服阶段后，试件出现了显著的塑性变形，越压越扁，由于上下压板与试件之间的摩擦力约束了试件两端的横向变形，试件被压成鼓形，如图 6-17 所示。由于横截面不断增大，要继续产生压缩变形，就要进一步增加压力，因此由 $\sigma=F/A_1$ 得出的 $\sigma-\varepsilon$ 曲线呈上翘趋势。由此可见，低碳钢压缩时的一些性能指标，可通过拉伸试验测出，而不必再作压缩试验。

一般塑性材料都存在上述情况。但有些塑性材料压缩与拉伸时屈服极限不同。如铬钢、硅合金钢，因此对这些材料还要测定其压缩时的屈服极限。

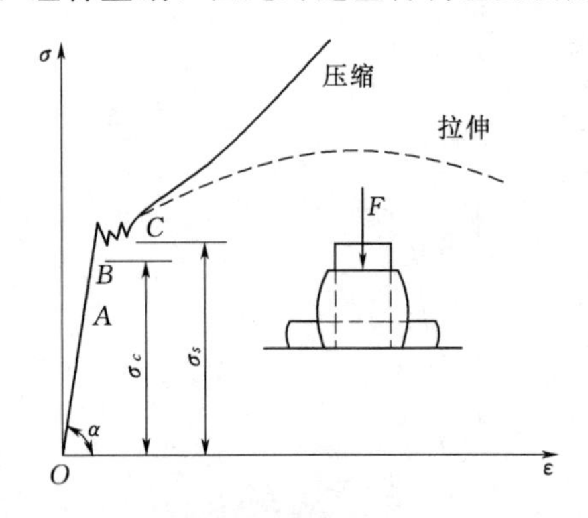

图 6-17 低碳钢压缩时的应力-应变曲线

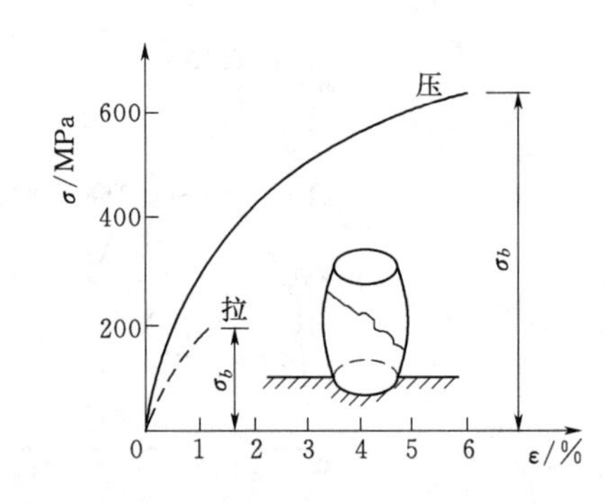

图 6-18 铸铁压缩时的应力-应变曲线

2. 铸铁压缩时的力学性能

为了便于比较，同样地将铸铁在拉伸和压缩时的 $\sigma-\varepsilon$ 曲线绘在同一图中，如图 6-18 所示。由图可见，此两条曲线相类似，同样没有直线部分，没有屈服现象，在变形很小时就断裂。但是，压缩强度极限提高，约为拉伸强度极限的 4～5 倍，说明抗压能力远大于抗拉能力。铸铁在拉伸断裂时，断面为横截面；而压缩断裂时，断面与轴线间的夹角约为 50°。

3. 混凝土压缩时的力学性能

混凝土是由水泥、石子、沙子以及外加剂用水拌和，经过凝固硬化后而形成的人工石料。它也是工程上广泛使用的脆性材料，其抗压试件一般做成立方体。

图 6－19（a）为混凝土拉、压时的 $\sigma-\varepsilon$ 曲线，由图可知，混凝土的抗压强度为抗拉强度的 10 倍左右。混凝土做压缩试验时，以成型时的侧面作为受压面，将混凝土试件置于压力机中心位置对中，两端由压板传递压力。其破坏形式与端部的摩擦有关，图 6－19（b）为立方体试件端部未加润滑剂的情况，由于两端未加润滑剂，压板与混凝土之间的摩擦力约束了试件两端的变形，因此试件破坏时先自中间部分开始四面向外逐渐剥落形成 X 状。图 6－19（c）是端部加了润滑剂的情况，压板与混凝土之间的摩擦力约束力较小，因此沿纵向裂开。两种破坏形式所对应的抗压强度不同，后者破坏荷载较小。工程中统一规定采用两端不加润滑剂的试验结果来确定材料的抗压强度。

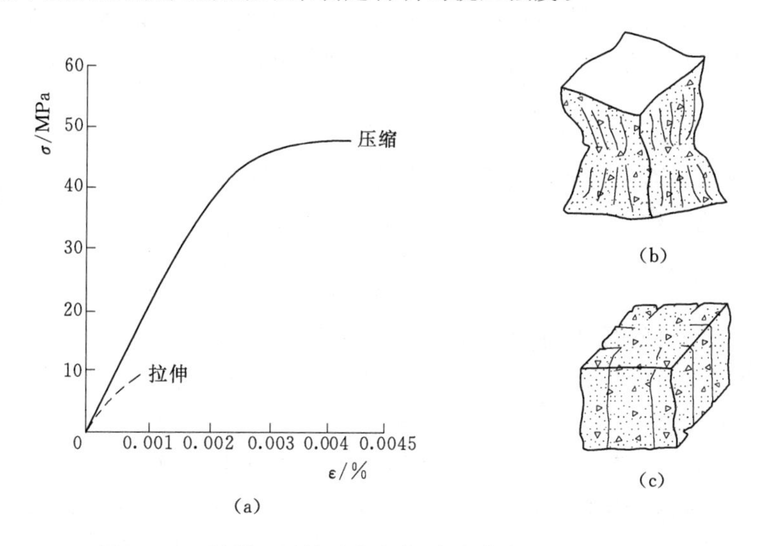

图 6－19　混凝土压缩时的应力-应变曲线及破坏形态图

综上所述，衡量材料力学性能的指标主要有：比例极限 σ_p（或弹性极限 σ_e）、屈服极限 σ_s、强度极限 σ_b、弹性模量 E、延伸率 δ 和断面收缩率 ψ 等。对于很多金属来说，这些量往往受温度、热处理等条件的影响。

6.5　许用应力及强度条件

前面几节我们学习了杆件在拉伸和压缩时的应力计算以及材料的力学性能，本节将在此基础上学习强度计算。

6.5.1　许用应力

材料发生断裂或出现明显的塑性变形而失去正常工作能力时的状态为极限状态，此时的应力为**极限应力**，用 σ_u 表示。对于塑性材料，当构件中的工作应力达到屈服极限 σ_s 时，构件将产生较大的塑性变形，此时构件虽为断裂，但已不能正常工作。因此，对于塑性材料，其极限应力取为屈服极限，即 $\sigma_u=\sigma_s$。对于脆性材料，取断裂时的强度极限 σ_b 为其极限应力 σ_u，即 $\sigma_u=\sigma_b$。

在工程设计中，显然不能用极限应力作为设计标准，因为必须考虑到许多不安全因素的存在，应该有一定的安全储备。所以，规定一个比极限应力小的应力作为设计依据，该应力称为**许用应力**，用符号 $[\sigma]$ 表示，即

$$[\sigma]=\frac{\sigma_u}{n} \tag{6-11}$$

其中，$n>1$，n 称为安全系数。塑性材料的安全系数为 n_s，脆性材料的安全系数为 n_b。工程上一般取 $n_s=1.4\sim1.7$，$n_b=2.0\sim3.0$。

6.5.2 强度条件

工程上把许用应力作为衡量构件是否能够正常工作的标准。构件在荷载作用下的最大工作应力不得大于材料的许用应力，这就是构件的强度条件。拉（压）杆的强度条件是

$$\sigma_{\max}=\left|\frac{F_N}{A}\right|_{\max}\leqslant[\sigma] \tag{6-12}$$

最大应力所在截面称为**危险截面**，对于等截面拉（压）杆件，最大应力就发生在轴力最大的截面，因此，构件安全工作应满足的条件是

$$\sigma_{\max}=\frac{F_{N\max}}{A}\leqslant[\sigma] \tag{6-13}$$

这就是拉（压）杆的强度条件。针对不同的具体情况，应用式（6-13）可以解决三种不同类型的强度计算问题。

1. 校核杆的强度

已知杆的材料、尺寸（即已知 $[\sigma]$ 和 A）和所承受的荷载（即已知内力 $F_{N\max}$），可用式（6-13）校核构件是否满足强度要求。若不满足，则考虑增加截面面积 A 或减小轴力 $F_{N\max}$。若 $\sigma_{\max}$ 超过 $[\sigma]$ 在5%范围内，工程中仍认为满足强度要求。

2. 选择杆的截面

已知杆的材料和所受的荷载（即已知 $[\sigma]$ 和 $F_{N\max}$），根据强度条件可求出杆件所需的横截面面积 A，即

$$A\geqslant\frac{F_{N\max}}{[\sigma]} \tag{6-14}$$

3. 确定杆的许可荷载

已知杆的材料、尺寸（即已知 $[\sigma]$ 和 A），根据强度条件可求出杆的最大许可荷载，即

$$F_{N\max}\leqslant A[\sigma] \tag{6-15}$$

以上三类问题，通常叫做强度设计，下面举例加以说明。

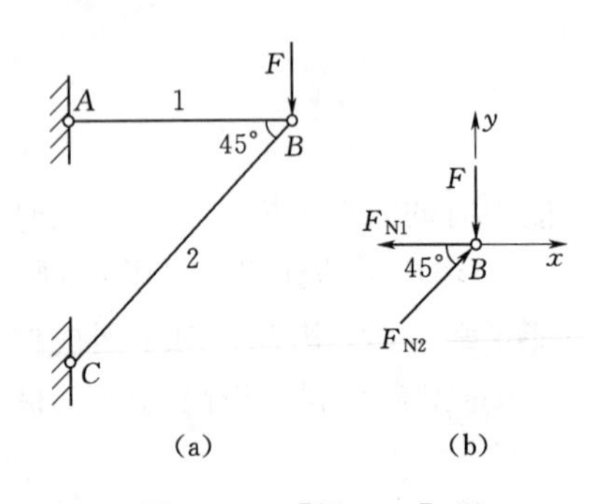

图6-20 ［例6-4］图

【例6-4】 简单钢桁架的受力情况如图6-20（a）所示，其中杆1横截面面积 $A_1=300\text{mm}^2$，杆2横截面面积 $A_2=500\text{mm}^2$，钢的许用应力 $[\sigma]=170\text{MPa}$。试进行下列计算。

（1）若 $F=30\text{kN}$，试校核结构的强度；

（2）试求结构的许可荷载 $[F]$；

(3) 在 $[F]$ 作用下，试设计杆 2 的横截面面积。

解：以结点 B 为研究对象，进行受力分析［图 6－20 (b)］，由平衡条件可求得两杆的内力与 F 之间的关系：

$$\sum F_y=0,\quad F_{N2}\sin45^\circ-F=0,\quad F_{N2}=\sqrt{2}F(\text{压})$$

$$\sum F_x=0,\quad F_{N2}\cos45^\circ-F_{N1}=0,\quad F_{N1}=F(\text{拉})$$

(1) 校核强度。当 $F=30\text{kN}$ 时，$F_{N1}=F=30\text{kN}$，$F_{N2}=\sqrt{2}F=30\sqrt{2}(\text{kN})$

$$\sigma_1=\frac{F_{N1}}{A_1}=\frac{30\times10^3}{300}=100(\text{MPa})<[\sigma]$$

$$\sigma_2=\frac{F_{N2}}{A_2}=\frac{30\sqrt{2}\times10^3}{500}=84.9(\text{MPa})<[\sigma]$$

显然两杆强度足够，且均有强度储备，可加大工作荷载 F。

(2) 确定许可荷载。由杆 1 的强度条件求许可荷载，有

$$F'=F_{N1}\leqslant A_1[\sigma]_1$$

$$F'=300\times170=51000(\text{N})=51(\text{kN})$$

由杆 2 的强度条件求许可荷载，有

$$\sqrt{2}F''=F_{N2}\leqslant A_2[\sigma]_2$$

$$F''=\frac{\sqrt{2}}{2}\times500\times170=60104(\text{N})=60.1(\text{kN})$$

为保证结构整体的安全，应取许可荷载 $[F]=\min(F',\ F'')=51(\text{kN})$。

可见杆 2 的横截面面积过大，材料没有得到充分利用。

(3) 设计截面。

$$A_2\geqslant\frac{F_{N2}}{[\sigma]}=\frac{\sqrt{2}\times51\times10^3}{170}=424(\text{mm}^2)$$

取 $A_2=420\text{mm}^2$。

由于 $\frac{424-420}{424}\times100\%=1\%$，误差 $1\%<5\%$，因此是允许的。

6.6 应力集中的概念

在轴向拉伸或压缩时，等直杆横截面的正应力是均匀分布的。在工程实际中，有些杆件因有凹槽、圆孔、螺纹、轴肩等，使横截面尺寸在这些部位发生突然变化。实验与理论研究结果表明，在尺寸发生突变的横截面上，应力并不是均匀分布的。例如图 6－21 中开有圆孔或凹槽的矩形板受拉时，在孔或槽的边缘，应力急剧增大，而离孔或槽边稍远处，

应力即迅速下降并趋向均匀，这种由于截面尺寸突然改变而引起局部应力急剧增大的现象，称为**应力集中**。发生应力集中截面的最大应力 σ_{max} 与该截面的平均应力 σ_m 之比值，称为**理论应力集中系数**，即

$$k=\frac{\sigma_{max}}{\sigma_m} \tag{6-16}$$

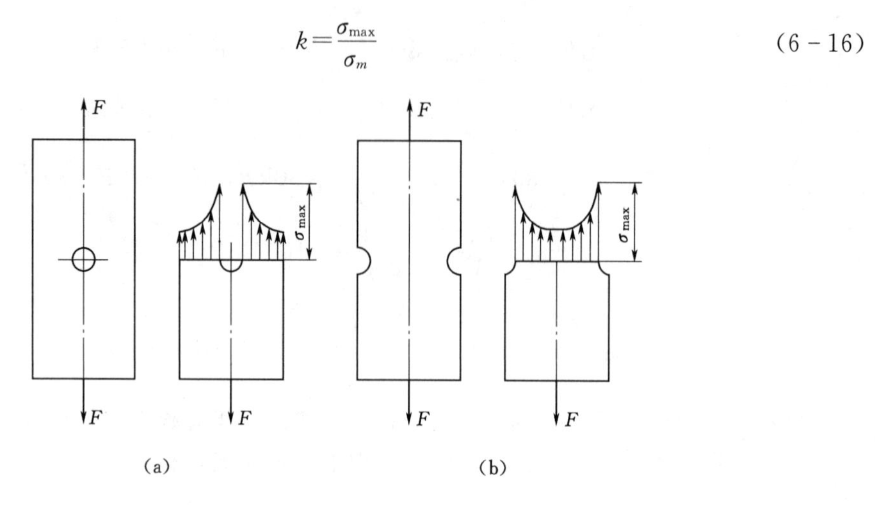

图6-21　应力集中

k 反映了应力集中的程度，是一个大于1的系数。实验结果表明：截面尺寸改变得越急剧，角越尖，孔越小，应力集中的程度就越严重。因此为了减小应力集中的影响，尽可能使得截面变化缓慢一些。

应力集中对杆件强度的影响还与杆件材料的性质有关。对于塑性材料，当应力集中处的最大应力达到材料的屈服极限时，该处的应力保持不变，发生塑性变形。当外力继续增加时，将使得发生应力集中处的截面上其他点的应力逐渐增大，最后当整个截面上的应力都达到材料的屈服极限时，杆件失去承载能力。对于脆性材料，当应力集中处的最大应力达到材料的极限应力时，杆件出现开裂，很快失去承载能力。在静荷载的条件下，用塑性材料制成的构件可以不考虑应力集中的影响；脆性材料由于没有屈服阶段，局部应力集中处的应力始终是最大的，该处将首先产生裂纹。所以用脆性材料制成的构件，即使在静荷载条件下也应考虑应力集中的影响，但是在动荷载作用下，则不论是塑性材料还是脆性材料，都应考虑应力集中的影响。

本章小结

本章讨论了轴向拉（压）杆的应力、变形及强度条件，同时在常温、静荷载条件下，研究了两种材料（塑性材料和脆性材料）的力学性能，最后给出了应力集中的概念。

（1）轴向拉伸与压缩时杆件的基本变形形式之一。当外力沿杆轴线作用时，杆件发生拉伸或压缩变形。

（2）截面上某点处内力集度，称为该点的应力。应力是矢量，应力的法向应力分量 σ 称为正应力，切向应力分量 τ 称为切应力。等直杆横截面上的应力为均匀分布，σ 的正负与轴力相同，拉应力为正，压应力为负。

(3) 了解纵向变形及横向变形的相关概念。熟练掌握轴向拉（压）杆的变形计算。理解胡克定律，了解弹性模量、泊松比、拉压刚度的概念。

胡克定律：
$$\Delta l=\frac{F_N l}{EA}\quad 或\quad \varepsilon=\frac{\sigma}{E}$$

(4) 材料的力学性能是通过试验来测定的。对塑性材料和脆性材料，其力学性能存在明显的不同。材料的力学性能主要通过应力-应变图反映。

低碳钢在拉和压时的两个强度指标分别为屈服极限 σ_s 和强度极限 σ_b；两个塑性指标为延伸率 δ 和断面收缩率 ψ。对于无明显屈服阶段的塑性材料，工程中规定产生塑性应变为 0.2%时的应力为名义屈服极限 $\sigma_{0.2}$。

铸铁与低碳钢相比，其抗拉强度低，塑性性能差；但铸铁的抗压性能远大于它的抗拉性能，混凝土材料也具有类似的特点。脆性材料无屈服极限，只有强度极限。

(5) 工程中将塑性材料的屈服极限 σ_s 或 $\sigma_{0.2}$ 和脆性材料的强度极限 σ_b 统称为极限应力，用 σ_u 表示，将材料的极限应力除以安全系数得到许用应力，作为材料的强度设计值。

为了保证拉（压）杆在工作时不因强度不够而破坏，杆内的最大工作应力 σ_{max} 不得超过材料的许用应力 $[\sigma]$，即
$$\sigma_{max}=\left|\frac{F_N}{A}\right|_{max}\leqslant[\sigma]$$

利用强度条件，可以解决三种强度计算问题：①强度校核；②选择截面尺寸；③确定许可荷载。

(6) 由于杆件外形的突然变化而引起局部应力急剧增大的现象，称为应力集中。

思　考　题

6-1　什么是应力？应力与内力有何区别？又有何联系？

6-2　两根直杆长度和横截面面积相同，两端所受的轴向外力也相同，其中一根为钢杆，另一根为木杆。试问：(1) 两杆横截面上的内力是否相同；(2) 两杆横截面上的应力是否相同；(3) 两杆的轴向线应变，轴向伸长、刚度是否相同。

6-3　低碳钢在拉伸过程中表现为几个阶段？有哪几个特征值？各代表何含义？

6-4　怎样区别塑性材料和脆性材料？试比较塑性材料和脆性材料的力学性质。

6-5　如何理解材料的极限应力？许用应力？

6-6　什么是强度条件？根据强度条件可以解决工程实际中的哪些问题？

6-7　如何理解应力集中？

习　题

6-1　试求习题 6-1 图所示各杆截面 1-1、截面 2-2、截面 3-3 上的轴力，并作轴力图。

6-2　等直杆受力如习题 6-2 图所示，直径为 20mm，试求其最大正应力。

6-3　习题 6-3 图所示结构中，各杆横截面面积均为 3000mm^2，水平力 $F=100$kN，试求各杆横截面上的正应力。

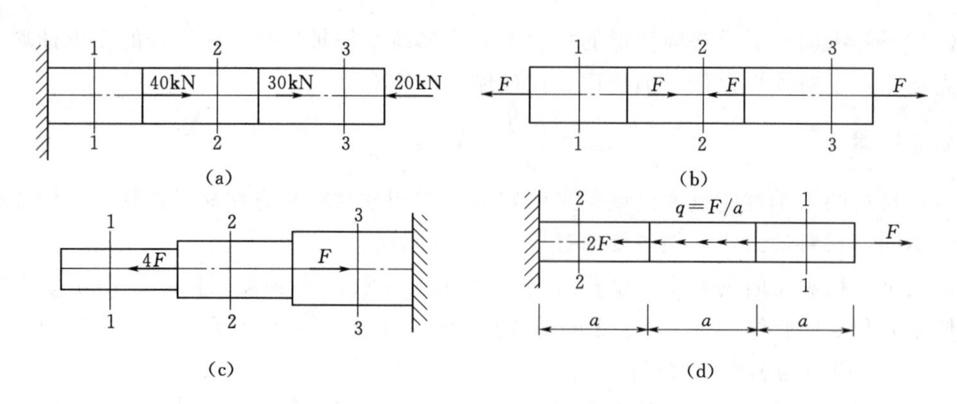

习题 6-1 图

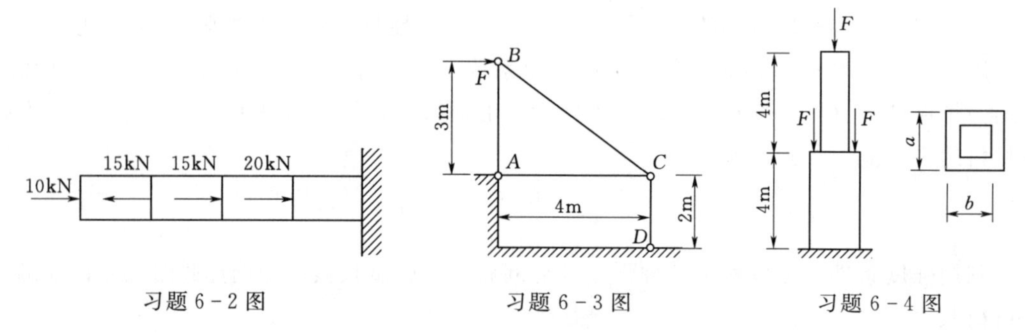

习题 6-2 图　　习题 6-3 图　　习题 6-4 图

6-4　一正方形截面的阶梯形柱受力如习题 6-4 图所示。已知：$a=200\text{mm}$，$b=100\text{mm}$，$F=100\text{kN}$，不计柱的自重，试计算该柱横截面上的最大正应力。

6-5　钢杆受轴向力如习题 6-5 图所示，横截面面积为 500mm^2，试求 ab 斜截面上的应力。

6-6　习题 6-6 图所示变截面圆杆，其直径为 $d_1=20\text{mm}$，$d_2=10\text{mm}$，杆件长度 $l=0.5\text{m}$，材料的弹性模量 $E=2\times10^5\text{MPa}$，试求杆的总变形。

6-7　习题 6-7 图所示杆件，横截面面积 $A=400\text{mm}^2$，材料的弹性模量 $E=2\times10^5\text{MPa}$，试求各段的变形、应变及全杆的总变形。

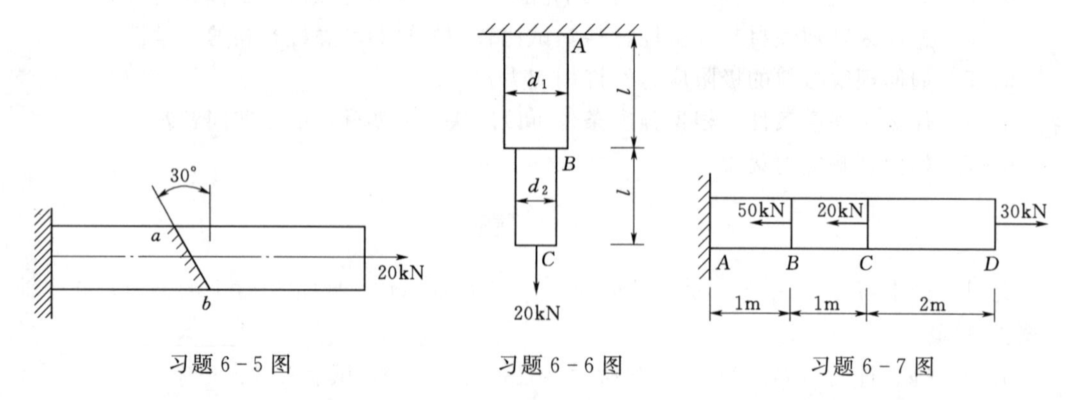

习题 6-5 图　　习题 6-6 图　　习题 6-7 图

6-8　用绳索起吊钢筋混凝土管子如习题 6-8 图所示，管子重 $W=10\text{kN}$，绳索直径 $d=40\text{mm}$，许用应力 $[\sigma]=10\text{MPa}$，试校核绳索的强度。

6－9　一结构受力如习题 6－9 图所示，杆 AB、AD 由两根等边角钢组成。已知材料的许用应力 $[\sigma]=170\text{MPa}$，试选择 AB、AD 杆的截面型号。

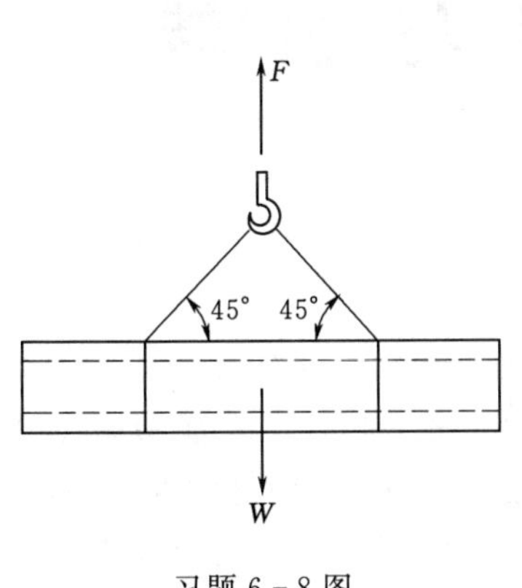

习题 6－8 图

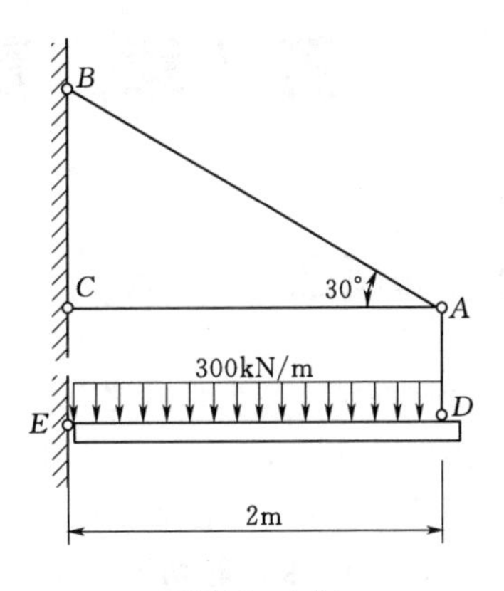

习题 6－9 图

6－10　起重机如习题 6－10 图所示，钢丝绳 AB 的横截面面积为 500mm^2，许用应力 $[\sigma]=40\text{MPa}$。试根据钢丝绳的强度求起重机的许可起重量 F。

6－11　习题 6－11 图所示结构中 AC 和 BC 杆都是圆截面直杆，直径均为 $d=20\text{mm}$，材料都是 Q235 钢，其许用应力 $[\sigma]=175\text{MPa}$，试求该结构的许可荷载。

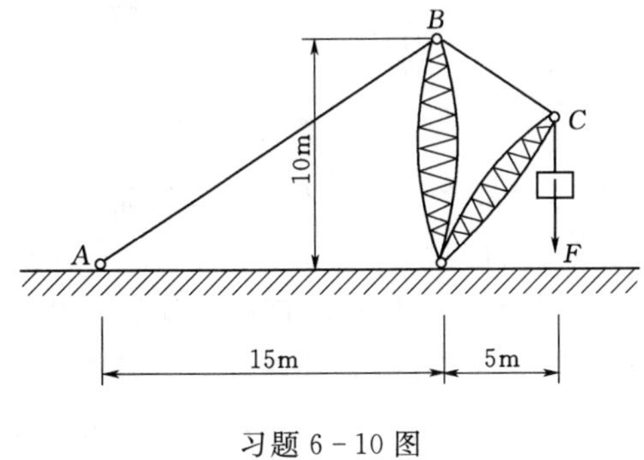

习题 6－10 图

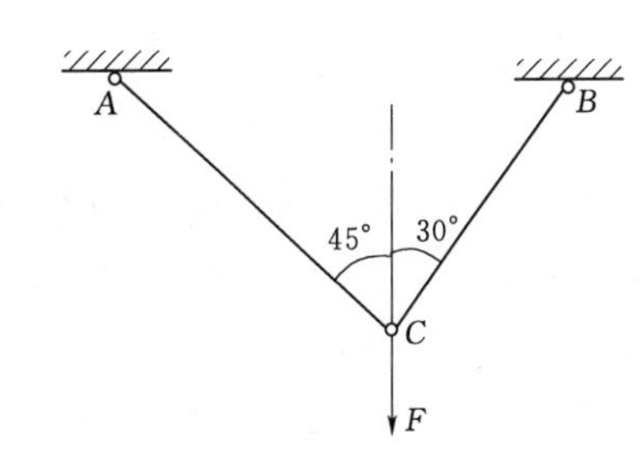

习题 6－11 图

第7章 剪切与扭转

7.1 剪切的概念

剪切是杆件的基本变形形式之一，当杆件受大小相等、方向相反、作用线相距很近的一对横向力作用时［图7-1（a)］，杆件发生剪切变形。此时，截面 cd 相对于截面 ab 将发生错动［图7-1（b)］。若变形过大，杆件将在 cd 面和 ab 面之间的某一截面 $m-m$ 处被剪断，截面 $m-m$ 称为**剪切面**。剪切面的内力称为**剪力**，与之相对应的应力称为**切应力**。

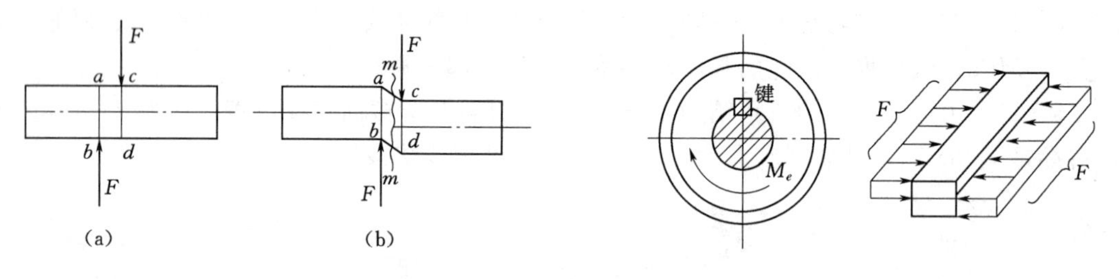

图7-1 剪切变形

图7-2 键连接

工程实际中，承受剪切的构件很多，特别是在连接接头中更为常见。例如机械中的轴与齿轮间的键连接（图7-2)，桥梁桁架节点处的铆钉或螺栓连接（图7-3)，吊装重物的销轴连接（图7-4）等。连接接头的变形往往是比较复杂的，而其本身的尺寸又比较小，在工程实际中，通常按照连接接头的破坏可能性，采用既能反映受力的基本特征，又能简化计算的假设，计算其名义应力，然后根据直接试验的结果，确定其许用应力来进行强度计算。这种简化计算的方法，称为**工程实用计算法**。连接接头的强度计算，在整个结构设计中占有重要的地位。

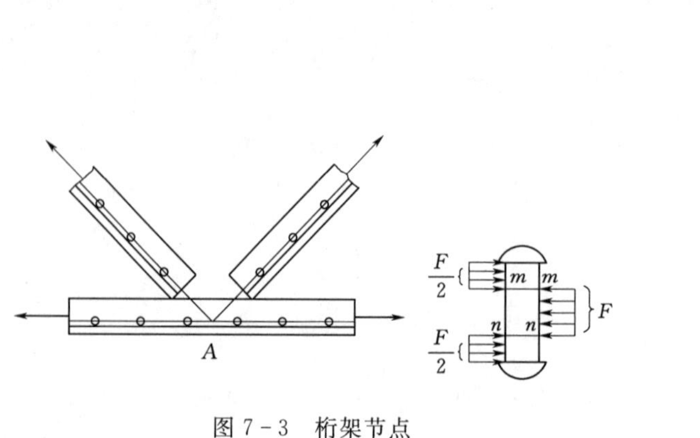

图7-3 桁架节点

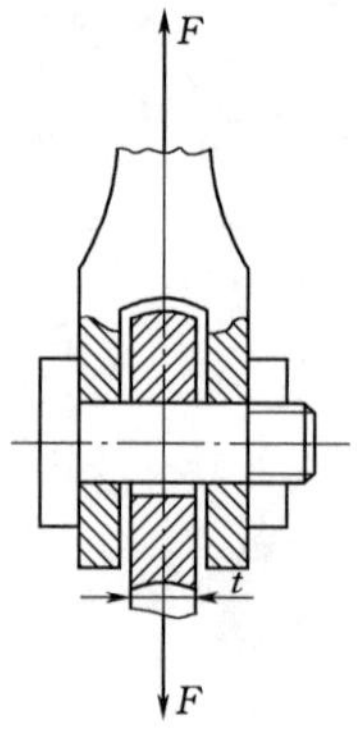

F

t

F

图7-4 销轴连接

7.2 连接接头的强度计算

在连接接头中，铆钉和螺栓连接是较为典型的连接方式，其强度计算对其他连接形式具有普遍意义。下面就以铆钉连接为例来说明连接接头的强度计算。

对如图 7-5（a）所示的铆接结构，实际分析表明，它的破坏可能有下列三种形式：

（1）铆钉沿剪切面 $m-m$ 被剪断，如图 7-5（b）所示。

（2）由于铆钉与连接板孔壁之间的局部挤压，使铆钉或板孔壁产生显著的塑性变形，从而导致连接松动而失效，如图 7-5（c）所示。

（3）连接板沿被铆钉孔削弱了的截面 $n-n$ 被拉断，如图 7-5（d）所示。

上述三种破坏形式均发生在连接接头处。若要保证连接结构安全正常地工作，首先要保证连接接头的正常工作。因此，往往要对上述三种情况进行强度计算。

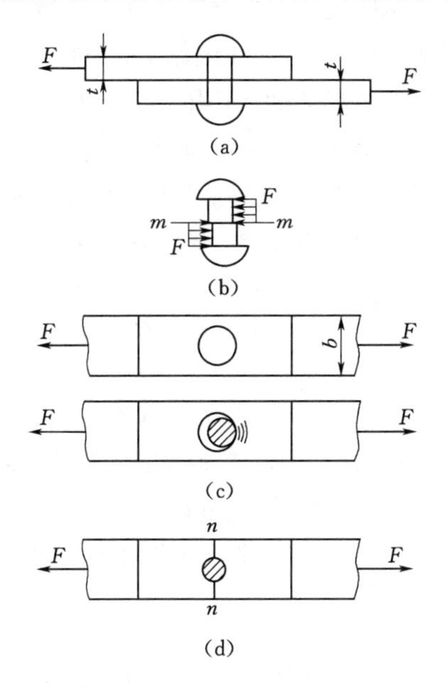

图 7-5 铆钉连接

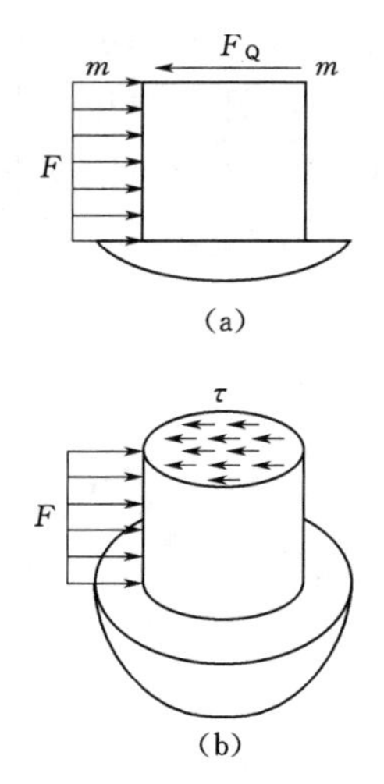

图 7-6 剪切面上的切应力

7.2.1 剪切实用计算

铆钉的受力如图 7-5（b）所示，板对铆钉的作用力是分布力，此分布力的合力等于作用在板上的力 F。用一假想截面沿剪切面 $m-m$ 将铆钉截为上、下两部分，暴露出剪切面上的内力 F_Q，如图 7-6（a）所示，即为剪力。取其中一部分为隔离体，由平衡方程：

$$\sum F_x=0, \quad F-F_Q=0$$

得

$$F_Q=F$$

在剪切实用计算中，假设剪切面上的切应力均匀分布，于是，剪切面上的名义切应力为

$$\tau=\frac{F_Q}{A_Q} \tag{7-1}$$

式中：A_Q 为剪切面的面积。

然后，通过直接试验得到剪切破坏时材料的极限切应力 τ_u，再除以安全系数，即得材料的许用切应力 $[\tau]$。于是，剪切强度条件可表示为

$$\tau=\frac{F_Q}{A_Q}\leqslant[\tau] \tag{7-2}$$

试验表明，对于钢连接接头的许用切应力 $[\tau]$ 与许用正应力 $[\sigma]$ 之间，有如下关系：

$$[\tau]=(0.6\sim0.8)[\sigma]$$

7.2.2 挤压实用计算

在如图7-5（c）所示的铆钉连接中，在铆钉与连接板相互接触的表面上，将发生彼此间的局部承压现象，称为**挤压**。挤压面上所受的压力称为**挤压力**，并记作 F_{bs}。因挤压而产生的应力称为**挤压应力**。铆钉与铆钉孔壁之间的接触面为圆柱形曲面，挤压应力 σ_{bs} 的分布如图7-7（a）所示，其最大值发生在 A 点，在直径两端 B、C 处等于零。要精确计算这样分布的挤压应力是比较困难的。在工程计算中，当挤压面为圆柱面时，假设挤压应力是均匀分布在直径平面上，取实际挤压面在直径平面上的投影面积，作为计算挤压面积 A_{bs}，如图7-7（b）所示。在挤压实用计算中，用挤压力除以计算挤压面积得到名义挤压应力，即

$$\sigma_{bs}=\frac{F_{bs}}{A_{bs}} \tag{7-3}$$

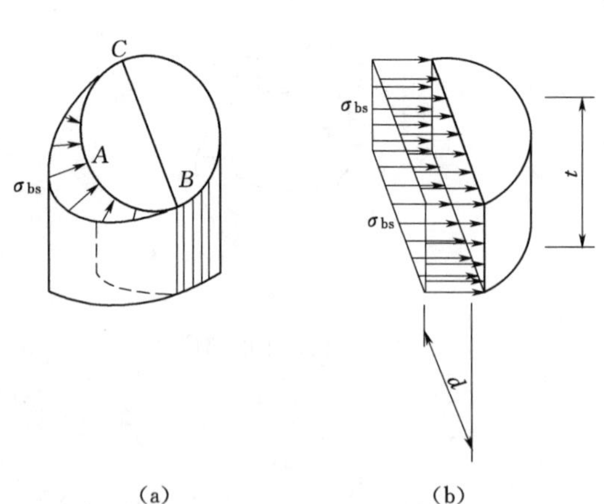

图7-7 挤压应力的计算

然后，通过直接试验，并按名义挤压应力的计算公式得到材料的极限挤压应力，再除以安全系数，即得许用挤压应力 $[\sigma_{bs}]$。于是，挤压强度条件可表示为

$$\sigma_{bs}=\frac{F_{bs}}{A_{bs}}\leqslant[\sigma_{bs}] \tag{7-4}$$

试验表明，对于钢连接件的许用挤压应力 $[\sigma_{bs}]$ 与许用正应力 $[\sigma]$ 之间，有如下关系：

$$[\sigma_{bs}]=(1.7\sim2.0)[\sigma]$$

应当注意，挤压应力是在连接件与被连接件之间相互作用，因而，当两者材料不同时，应校核其中许用挤压应力较低的材料的挤压强度。另外，当连接件与被连接件的接触面为平面时，计算挤压面积 A_{bs} 即为实际挤压面的面积。

铆钉连接在建筑结构中被广泛采用。铆接的方式主要有搭接［图7-8（a）］、单盖板对接［图7-8（b）］和双盖板对接［图7-8（c）］三种。搭接和单盖板对接中的铆钉具有一个剪切面，称为**单剪**，双盖板对接中的铆钉具有两个剪切面，称为**双剪**。在搭接和单

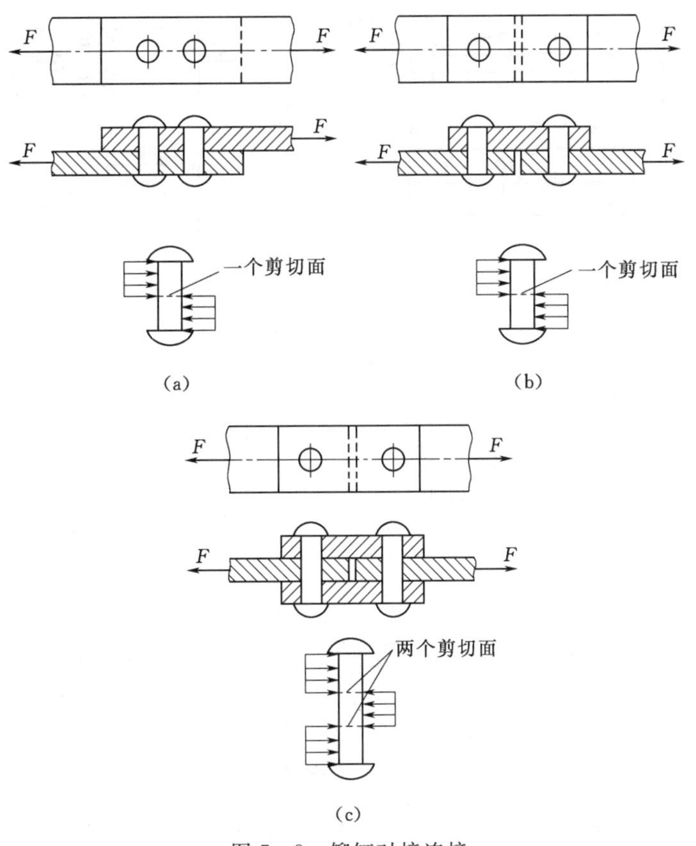

图 7-8 铆钉对接连接

盖板对接中，由铆钉的受力可见，铆钉（或钢板）显然将发生弯曲。在铆钉组连接中，如图 7-9 所示，由于铆钉和钢板的弹性变形，两端铆钉的受力与中间铆钉的受力并不完全相同。为简化计算，在铆钉组的计算中假设：①不论铆接的方式如何，均不考虑弯曲的影响；②外力的作用线通过铆钉组受剪面的形心，且同一组内各铆钉的材料与直径均相同，则每个铆钉的受力也相同。

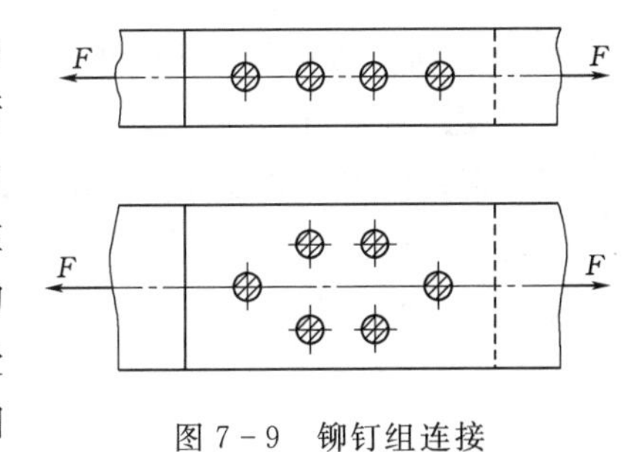

图 7-9 铆钉组连接

按照上述假设，就可得到每个铆钉的受力 F_1 为

$$F_1=\frac{F}{n}$$

式中：n 为铆钉组中的铆钉个数。

【例 7-1】 有两块钢板，其厚度分别为 $t_1=8\text{mm}$ 及 $t_2=10\text{mm}$，宽 $b=200\text{mm}$，用五个直径相同的铆钉搭接，受拉力 $F=200\text{kN}$ 的作用，如图 7-10（a）所示。设铆钉的许用应力分别为 $[\sigma]=160\text{MPa}$，$[\tau]=140\text{MPa}$，$[\sigma_{bs}]=320\text{MPa}$，求铆钉所需的直径 d。

解： 首先分析每个铆钉所受到的力。当各铆钉直径相同，且外力作用线通过该组铆钉截面形心时，可假定每个铆钉的受力相等。因此，在具有 n 个铆钉的接头上作用的外力为

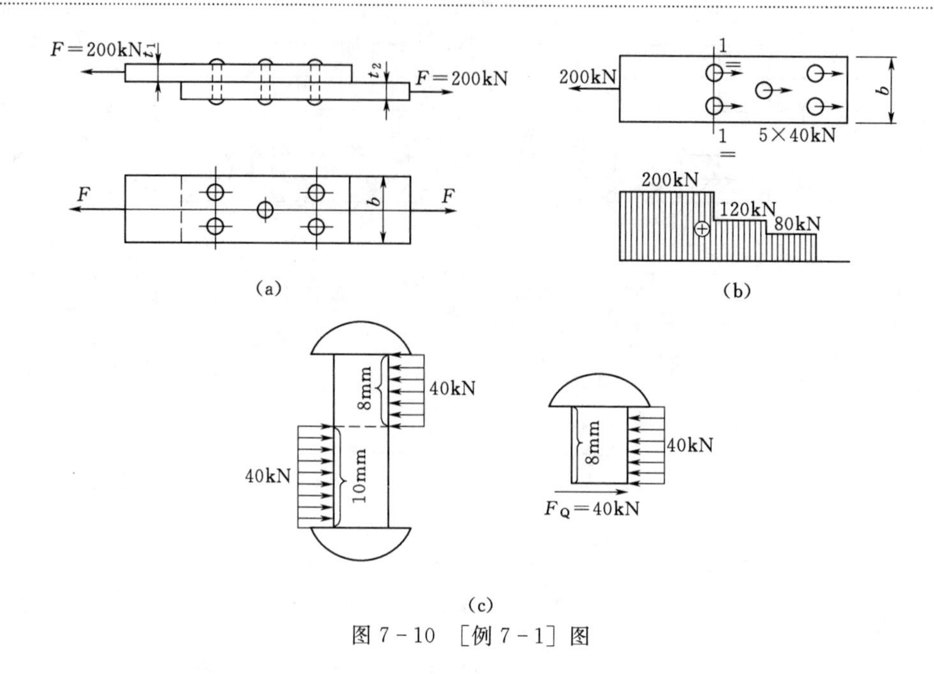

图 7-10 [例 7-1] 图

F 时，每个铆钉所受的力等于 F/n。本题中接头用 5 个铆钉，且外力作用线通过该组铆钉截面形心，故每个铆钉所受的力为

$$\frac{F}{n}=\frac{200}{5}=40(\text{kN})$$

根据上面的分析，绘出上钢板的受力图和轴力图，如图 7-10（b）所示。然后画铆钉的受力图，如图 7-10（c）所示。因为上钢板的厚度为 $t_1=8\text{mm}$，而下钢板的厚度为 $t_2=10\text{mm}$，所以无论是挤压强度还是抗拉强度，都是上钢板较危险。因此，只要对上钢板进行强度计算即可。

（1）铆钉的剪切强度计算。由于铆钉受单剪，则每个铆钉剪力 $F_Q=40\text{kN}$；铆钉的剪切面积为 $A_Q=\pi d^2/4$。

由剪切的强度条件：

$$\tau=\frac{F_Q}{A_Q}=\frac{F_Q}{\pi d^2/4}\leqslant[\tau]$$

得
$$d\geqslant\sqrt{\frac{4F_Q}{\pi[\tau]}}=\sqrt{\frac{4\times40\times10^3}{3.14\times140\times10^6}}=19.1\times10^{-3}(\text{m})=19.1(\text{mm})$$

（2）铆钉的挤压强度计算。由图 7-10（c）看出，每个铆钉的挤压力 $F_{bs}=F_Q=40\text{kN}$；挤压面面积 $A_{bs}=dt_1$。由挤压强度条件：

$$\sigma_{bs}=\frac{F_{bs}}{A_{bs}}=\frac{F_{bs}}{dt_1}\leqslant[\sigma_{bs}]$$

得
$$d\geqslant\frac{F_{bs}}{t_1[\sigma_{bs}]}=\frac{40\times10^3}{8\times10^{-3}\times320\times10^6}=15.6\times10^{-3}(\text{m})=15.6(\text{mm})$$

（3）上钢板的抗拉强度计算。由上钢板的受力图和轴力图［图 7-10（b）］可知，截面 1-1 最危险。该截面上的轴力 $F_{N1}=200\text{kN}$ 最大，而且又被两个铆钉孔所削弱，其净

面积为 $A_j=(b-2d)t_1$。由抗拉强度条件得

$$\sigma_{1-1}=\frac{F_{N1}}{A_j}=\frac{F_{N1}}{(b-2d)t_1}\leqslant[\sigma]$$

即
$$\frac{200\times10^3}{(0.2-2d)\times8\times10^{-3}}\leqslant160\times10^6$$

解得
$$d\leqslant0.022\text{m}=22\text{mm}$$

综合上述计算结果说明，铆钉的直径应该大于 19.1mm，以满足抗剪和挤压强度的要求，同时应小于 22mm，否则，钢板的抗拉强度就不够。故选择铆钉的直径为 20mm。

【例 7-2】 两块钢板用铆钉对接，如图 7-11（a）所示。已知 $F=300\text{kN}$，主板厚度 $t_1=15\text{mm}$，盖板厚度 $t_2=10\text{mm}$，主板和盖板的宽度 $b=150\text{mm}$，铆钉直径 $d=25\text{mm}$。铆钉的许用切应力 $[\tau]=100\text{MPa}$，钢板的许用拉应力 $[\sigma]=160\text{MPa}$，试对此铆接接头进行强度校核。

解：（1）校核铆钉的剪切强度。此结构为对接接头。铆钉和主板、盖板的受力情况如图 7-11（b）、图 7-11（c）所示。每个铆钉有两个剪切面，每个铆钉的剪切面所承受的剪力为

$$F_Q=\frac{F}{2n}=\frac{F}{6}$$

根据剪切强度条件式（7-2）：

$$\tau=\frac{F_Q}{A_Q}=\frac{F/6}{\frac{\pi}{4}d^2}=\frac{300\times10^3}{6\times\frac{\pi}{4}\times25^2}$$

$$=101.9(\text{MPa})>[\tau]$$

超过许用切应力 1.9%，这在工程上是允许的，故安全。

（2）校核挤压强度。由于每个铆钉有两个剪切面，铆钉有三段受挤压，上、下盖板厚度相同，所受挤压力也相同。

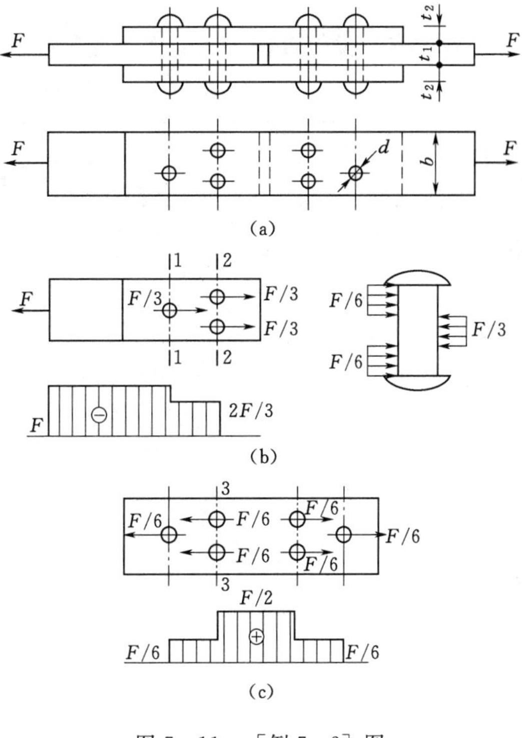

图 7-11 ［例 7-2］图

而主板厚度为盖板的 1.5 倍，所受挤压力却为盖板的 2 倍，故应该校核中段挤压强度。根据挤压强度条件式（7-4）：

$$\sigma_{bs}=\frac{F_{bs}}{A_{bs}}=\frac{F/3}{dt_1}=\frac{300\times10^3}{3\times25\times15}=266.67(\text{MPa})<[\sigma_{bs}]$$

剪切、挤压强度校核结果表明，铆钉安全。

（3）校核连接板的强度。为了校核连接板的强度，分别画出一块主板和一块盖板的受力图及轴力图，如图 7-11（b）和图 7-11（c）所示。

主板在截面 1-1 所受轴力 $F_{N1-1}=F$，为危险截面，即有

$$\sigma_{1-1}=\frac{F_{N1-1}}{A_{1-1}}=\frac{F}{(b-d)t_1}=\frac{300\times10^3}{(150-25)\times15}=160(\text{MPa})=[\sigma]$$

主板在截面2-2所受轴力 $F_{N2-2}=2F/3$，但横截面也较截面1-1为小，所以也应校核，有

$$\sigma_{2-2}=\frac{F_{N2-2}}{A_{2-2}}=\frac{2F/3}{(b-2d)t_1}=\frac{2\times300\times10^3}{3\times(150-2\times25)\times15}=133.33(\text{MPa})<[\sigma]$$

盖板在截面3-3受轴力 $F_{N3-3}=F/2$，横截面被两个铆钉孔削弱，应该校核，有

$$\sigma_{3-3}=\frac{F_{N3-3}}{A_{3-3}}=\frac{F/2}{(b-2d)t_2}=\frac{300\times10^3}{2\times(150-2\times25)\times10}=150(\text{MPa})<[\sigma]$$

结果表明，连接板安全。

7.3　扭转的概念

工程中有一类等直杆，其受力和变形特点是：杆件受力偶系作用，这些力偶的作用面都垂直于杆轴。如图7-12所示，截面 B 相对于截面 A 转了一个角度 φ，称为**扭转角**。同时，杆表面的纵向线将变成螺旋线。具有以上受力和变形特点的变形，称为**扭转变形**。

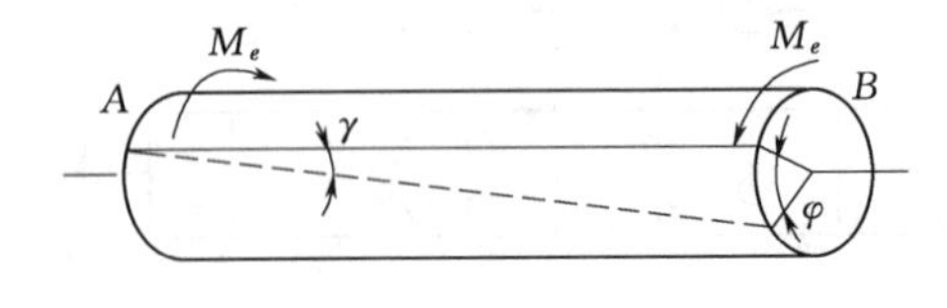

图7-12　圆轴扭转

工程中发生扭转变形的杆件很多。如汽车方向盘的操纵杆［图7-13（a）］，当驾驶员转动方

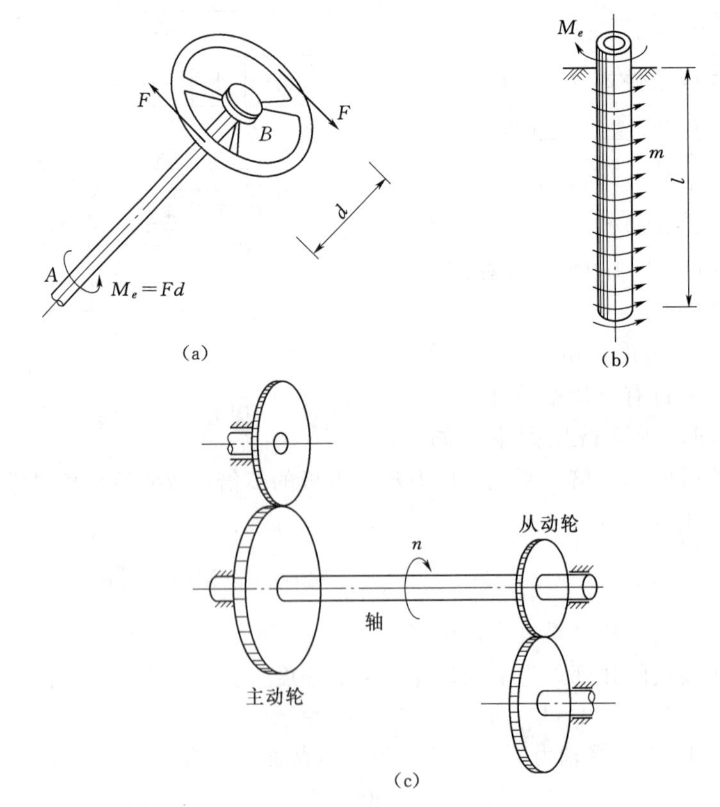

图7-13　工程机械的扭转

向盘时，把力偶矩 $M_e = Fd$ 作用在操纵杆的 B 端，在杆的 A 端则受到转向器的转向相反的阻抗力偶的作用，于是操纵杆发生扭转。单纯发生扭转的杆件不多，但以扭转为其主要变形之一的则不少，如钻探机的钻杆［图 7－13（b）］、机器中的传动轴［图 7－13（c）］、房屋的雨篷梁（图 7－14）等，都存在不同程度的扭转变形。工程中把以扭转为主要变形的直杆称为轴。

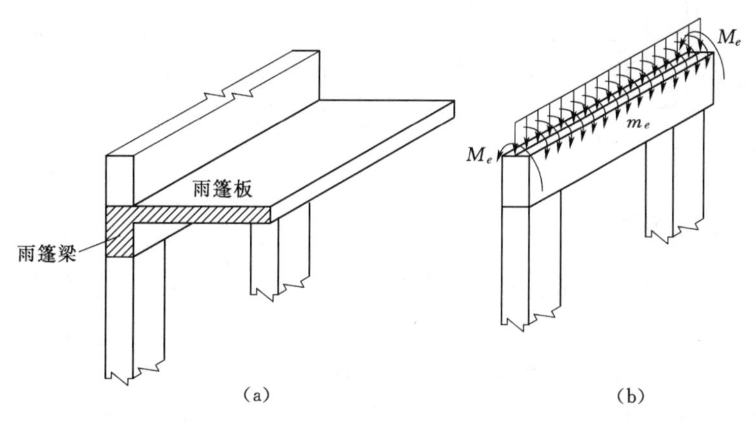

图 7－14　雨篷梁

本章只讨论圆轴扭转时的应力和变形计算，这是由于等截面圆轴的物性和横截面的几何形状具有极对称性，在发生扭转变形时，可以用材料力学的方法来求解。对于非圆截面杆件，例如矩形截面杆件的扭转问题，因需用到弹性力学的研究方法，故不多论述。

7.4　扭矩及扭矩图

7.4.1　外力偶矩的计算

传动轴为机械设备中的重要构件，其功能为通过轴的转动以传递动力。对于传动轴等转动构件，往往只知道它所传递的功率和转速。为此，需根据所传递的功率和转速，求出使轴发生扭转的外力偶矩。

有一传动轴，如图 7－15 所示，其转速为 n，轴传递的功率由主动轮输入，然后通过从动轮分配出去。设通过某一轮所传递的功率为 P，由动力学可知，力偶在单位时间内所做的功即为功率 P，等于该轮处力偶之矩 M_e 与相应角速度 ω 之乘积，即

$$P = M_e \omega \tag{a}$$

工程实际中，功率 P 的常用单位为 kW，力偶矩 M_e 与转速 n 的常用单位分别为 N·m 与 r/min。此外，又由于：

$$1\text{W} = 1(\text{N} \cdot \text{m})/\text{s}$$

于是在采用上述单位时，式（a）变为

$$P \times 10^3 = M_e \times \frac{2\pi n}{60} \tag{b}$$

由此得

$$M_e=9550\frac{P}{n} \tag{7-5}$$

如果功率 P 用马力（PS）表示 [1PS=735.5(N·m)/s]，则

$$M_e=7024\frac{P}{n} \tag{7-6}$$

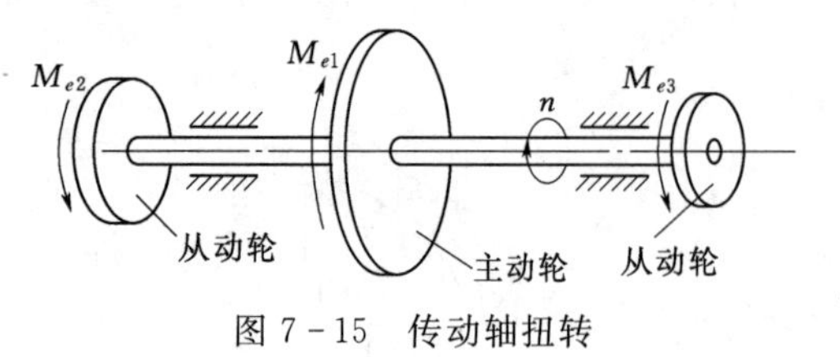

图 7-15 传动轴扭转

对于外力偶的转向，主动轮上的外力偶的转向与轴的转向相同，而从动轮上的外力偶的转向则与轴的转动方向相反，如图 7-15 所示。

7.4.2 扭矩及扭矩图

要研究受扭杆件的应力和变形，首先要计算内力。设有一圆轴受外力偶矩 M_e 作用，如图 7-16（a）所示。由截面法可知，圆轴任一横截面 $m-m$ 上的内力系必形成一力偶，如图 7-16（b）所示，该内力偶矩称为**扭矩**，并用 $\boldsymbol{T}$ 来表示。为使从两段杆所求得的同一截面上的扭矩在正负号上一致，可将扭矩按右手螺旋法则用力偶矢来表示，并规定当力偶矢指向截面的外法线一致时扭矩为正，反之为负。据此，图 7-16（b）和图 7-16（c）所示中同一横截面上的扭矩均为正。

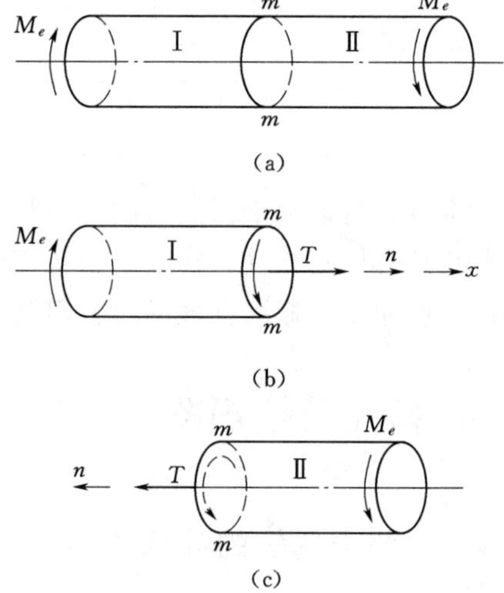

图 7-16 扭矩的正负规定

作用在传动轴上的外力偶往往有多个，因此，不同轴段上的扭矩也各不相同，可用截面法来计算轴横截面上的扭矩。

如图 7-17（a）所示，轴 AD 受外力偶矩 M_{e1}、M_{e2}、M_{e3}、M_{e4} 的作用。设 $M_{e3}=M_{e1}+M_{e2}+M_{e4}$，求截面Ⅰ-Ⅰ、截面Ⅱ-Ⅱ、截面Ⅲ-Ⅲ上的内力。

（1）假想用一个垂直于杆轴的平面沿截面Ⅰ-Ⅰ截开，取左段为隔离体，如图 7-17（b）所示。由平衡方程：

$$\sum M_x=0,\quad T_1-M_{e1}=0$$

得

$$T_1=M_{e1}$$

（2）沿截面Ⅱ-Ⅱ处截开，取左段为隔离体，如图 7-17（c）所示，由平衡方程：

$$\sum M_x=0,\ T_2-M_{e1}-M_{e2}=0$$

得

$$T_2=M_{e1}+M_{e2}$$

（3）沿截面Ⅲ-Ⅲ处截开，仍取左段为截离体，如图 7-17（d）所示，由平衡方程：

$$\sum M_x=0,\ T_3-M_{e1}-M_{e2}+M_{e3}=0$$

得

$$T_3=M_{e1}+M_{e2}-M_{e3}$$

将 $M_{e3}=M_{e1}+M_{e2}+M_{e4}$ 代入上式，得

$$T_3=-M_{e4}$$

为了表明沿杆轴线各横截面上扭矩的变化情况，从而确定最大扭矩及其所在截面的位置，常需画出扭矩随截面位置变化的函数图形，这种图形称为**扭矩图**，如图 7-17（e）所示，可仿照轴力图的做法绘制。

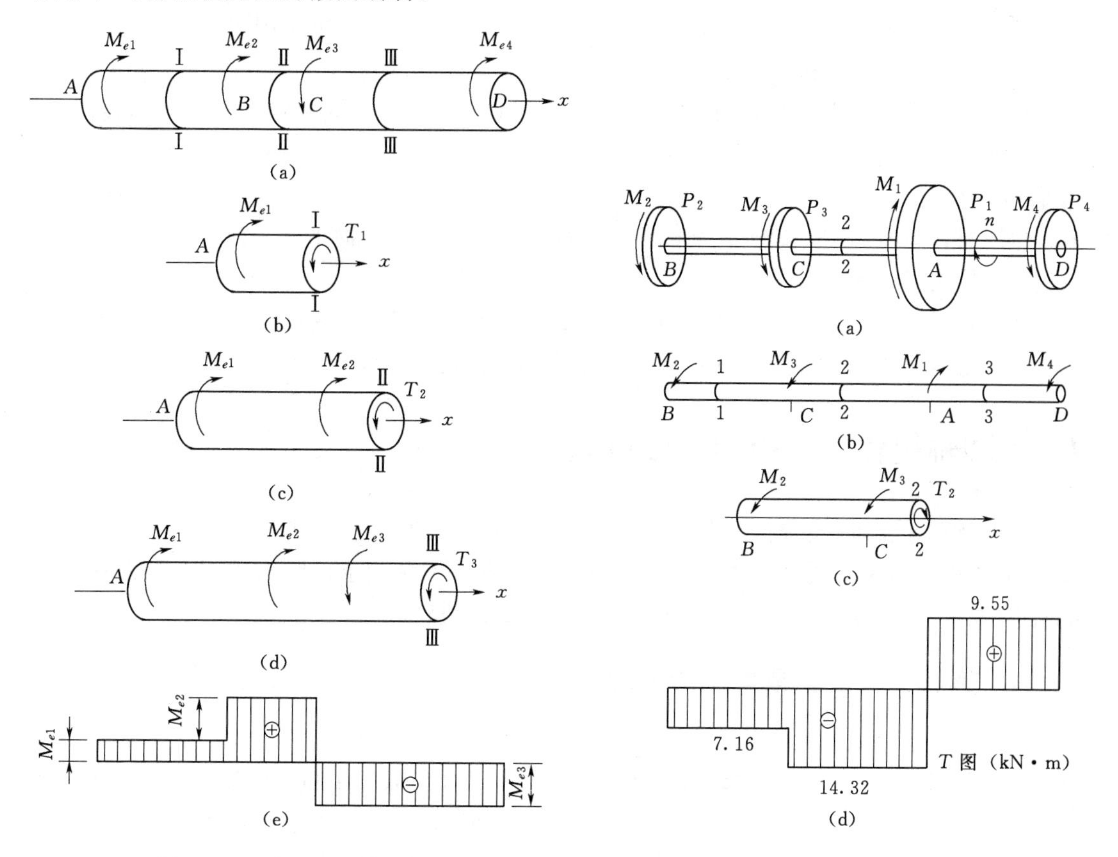

图 7-17　截面法计算扭矩　　　　图 7-18　［例 7-3］图

【例 7-3】 传动轴如图 7-18（a）所示，其转速 $n=200\text{r/min}$，功率由 A 轮输入，B、C、D 3 轮输出。若不计轴承摩擦所耗的功率，已知：$P_1=500\text{kW}$，$P_2=150\text{kW}$，$P_3=150\text{kW}$ 及 $P_4=200\text{kW}$。试作轴的扭矩图。

解：（1）计算外力偶矩。各轮作用于轴上的外力偶矩分别为

$$M_1=9550\times\frac{500}{200}=23.88\times10^3(\text{N}\cdot\text{m})=23.88(\text{kN}\cdot\text{m})$$

$$M_2=M_3=9550\times\frac{150}{200}=7.16\times10^3(\text{N}\cdot\text{m})=7.16(\text{kN}\cdot\text{m})$$

$$M_4=9550\times\frac{200}{200}=9.55\times10^3(\text{N}\cdot\text{m})=9.55(\text{kN}\cdot\text{m})$$

（2）取轴的计算简图，如图 7-18（b）所示，计算各段轴的扭矩。先计算 CA 段内任一横截面 2-2 上的扭矩。沿截面 2-2 将轴截开，并研究左边一段的平衡，由图 7-18

(c) 可知：

$$\sum M_x=0,\ T_2+M_2+M_3=0$$

得　　$T_2=-M_2-M_3=-14.32\text{kN}\cdot\text{m}$

同理，在 BC 段内：　　$T_1=-M_2=-7.16\text{kN}\cdot\text{m}$

在 AD 段内：　　$T_3=M_4=9.55\text{kN}\cdot\text{m}$

(3) 根据以上数据，作扭矩图，如图7-18 (d) 所示。由扭矩图可知，T_{max}发生在 CA 段内，其值为14.32kN·m。

扭矩图表明：①当所取截面从左向右无限趋近截面 C 时，其扭矩为 T_1，一旦越过截面 C，则为 T_2，扭矩在外力偶作用处发生突变，突变的大小和方向与外力偶矩相同；②外力偶之间的各截面（如 CA 段），扭矩相同。根据上述规律，可直接按外力偶矩画扭矩图。作图时，自左向右，遇到正视图中箭头向上的外力偶时，向上画，反之向下画。无外力偶处作轴的平行线。

请思考，若将 A 轮与 B 轮位置对调，试分析扭矩图是否有变化，如何变化？最大扭矩 T_{max}的值为多少？两种不同的荷载分布形式哪一种较为合理？

7.5　圆轴扭转时的应力与强度条件

上节阐明了圆轴扭转时，横截面上内力系合成的结果是一力偶，并建立了其力偶矩（扭矩）与外力偶矩的关系。现在进一步分析内力系在横截面上的分布情况，以便建立横截面上的应力与扭矩的关系。下面先研究薄壁圆筒的扭转应力。

7.5.1　圆轴扭转时横截面上的应力

为了分析圆截面轴的扭转应力，首先观察其变形。

取一等截面圆轴，并在其表面等间距地画上一系列的纵向线和圆周线，从而形成一系列的矩形格子。然后在轴两端施加一对大小相等、转向相反的外力偶。可观察到下列变形情况，如图7-19所示，各圆周线绕轴线发生了相对旋转，但形状、大小及相互之间的距离均无变化，所有的纵向线倾斜了同一微小角度 γ。

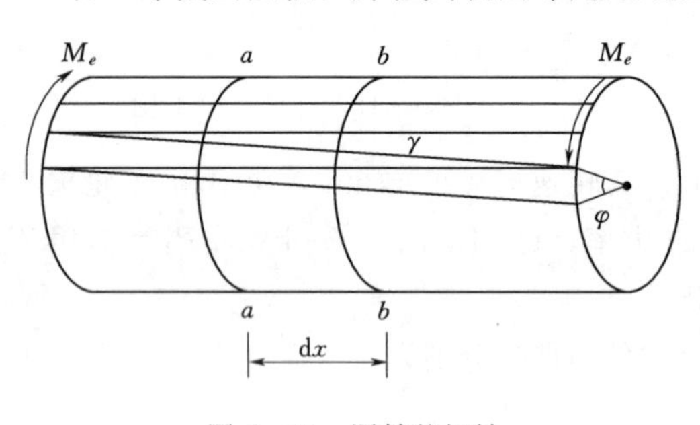

图7-19　圆轴的扭转

根据上述现象，对轴内变形作如下假设：变形后，横截面仍保持平面，其形状、大小与横截面间的距离均不改变，而且半径仍为直线。简言之，圆轴扭转时，各横截面如同刚性圆片，仅绕轴线作相对旋转。此假设称为圆轴扭转时的平面假设。

由此可得如下推论：横截面上只有切应力而无正应力。横截面上任一点处的切应力均沿其相对错动的方向，即与半径垂直。

下面将从几何条件、物理条件与静力学条件三个方面来研究切应力的大小、分布规律及计算。

1. 几何条件

为了确定横截面上各点处的应力，从圆杆内截取长为 dx 的微段（图 7-20）进行分析。根据变形现象，右截面相对于左截面转了一个微扭转角 $d\varphi$，因此其上的任意半径 O_2D 也转动了同一角度 $d\varphi$。由于截面转动，杆表面上的纵向线 AD 倾斜了一个角度 γ。由切应变的定义可知，γ 就是横截面周边上任一点 A 处的切应变。同时，经过半径 O_2D 上任意点 G 的纵向线 EG 在杆变形后也倾斜了一个角度 γ_ρ，即为横截面半径上任一点 E 处的切应变。设 G 点至横截面圆心点的距离为 ρ，由如图 7-20（a）所示的几何关系可得

$$\gamma_\rho \approx \tan\gamma_\rho = \frac{\overline{GG'}}{\overline{EG}} = \frac{\rho d\varphi}{dx}$$

即

$$\gamma_\rho = \rho \frac{d\varphi}{dx} \qquad (7-7)$$

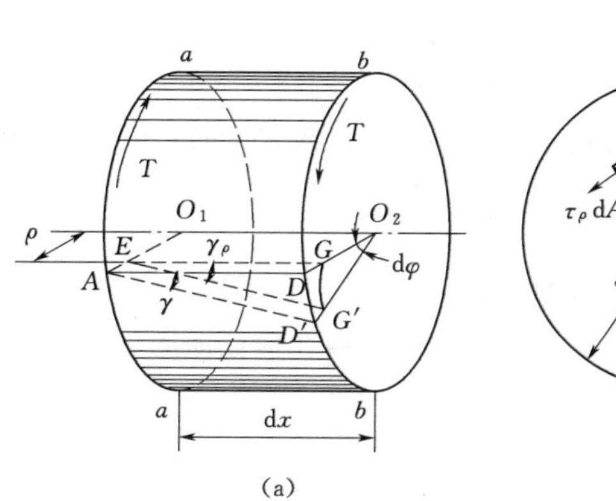

(a)

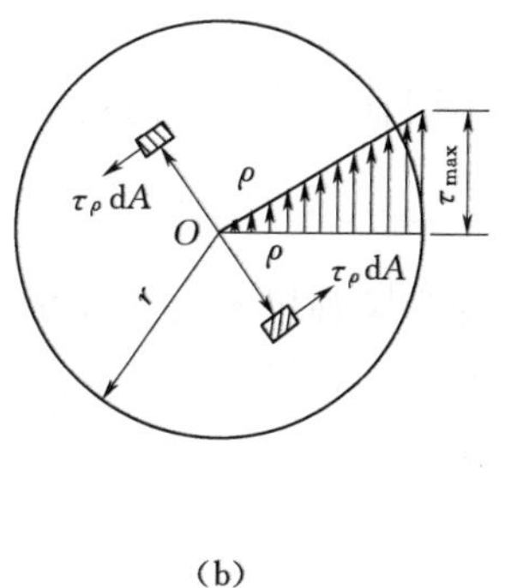

(b)

图 7-20　横截面上的应力分析

式中：$\frac{d\varphi}{dx}$为扭转角沿杆长的变化率，对于给定的横截面，该值是个常量。所以，此式表明切应变 γ_ρ 与 ρ 成正比，即沿半径按直线规律变化。

2. 物理条件

由剪切胡克定律 $\tau = G\gamma$ 可知，在剪切比例极限范围内，切应力与切应变成正比，所以，横截面上距圆心距离为 ρ 处的切应力为

$$\tau_\rho = G\gamma_\rho = G\rho \frac{d\varphi}{dx} \qquad (a)$$

式中的比例常数 G 称为材料的**切变模量**，其量纲与弹性模量 E 的相同。由式（a）可知，在同一半径 ρ 的圆周上各点处的切应力 τ_ρ 值均相等，其值与 ρ 成正比。实心圆截面杆扭转切应力沿任一半径的变化情况如图 7-21（a）所示。由于平面假设同样适用于空心圆截面杆，因此，空心

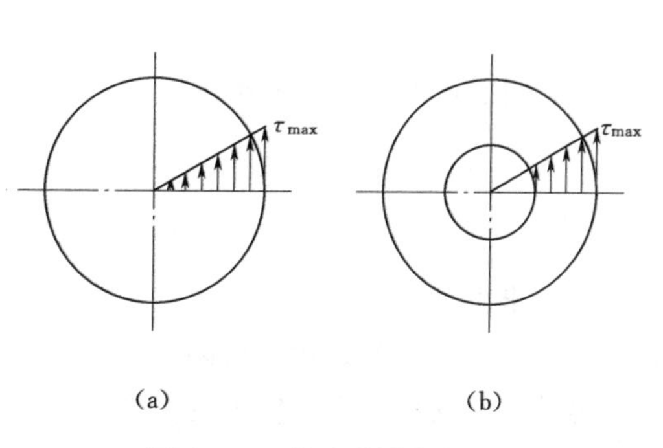

(a)　　(b)

图 7-21　切应力分布规律

圆截面杆扭转切应力沿任一半径的变化情况如图 7-21（b）所示。

3. 静力学条件

横截面上切应力变化规律表达式（a）中的$\frac{d\varphi}{dx}$是个待定参数，通过静力学方面的考虑来确定该参数。在距圆心ρ处的微面积 dA 上，作用有微剪力$\tau_\rho dA$，如图 7-20（b）所示，它对圆心 O 的力矩为$\rho\tau_\rho dA$。在整个横截面上，所有微力矩之和等于该截面的扭矩，即

$$\int_A \rho\tau_\rho dA = T \tag{b}$$

将式（a）代入式（b），经整理后即得

$$G\frac{d\varphi}{dx}\int_A \rho^2 dA = T$$

上式中的积分$\int_A \rho^2 dA$，即为横截面的极惯性矩 I_P，则有

$$\frac{d\varphi}{dx}=\frac{T}{GI_P} \tag{7-8}$$

式（7-8）为圆轴扭转变形的基本公式，将其代入式（a），即得

$$\tau_\rho=\frac{T}{I_P}\rho \tag{7-9}$$

式（7-9）即为圆轴扭转时横截面上任一点处切应力的计算公式。

由式（7-9）可知，当ρ等于最大值 $d/2$ 时，即在横截面周边上的各点处，切应力将达到最大，其值为

$$\tau_{max}=\frac{T}{I_P}\times\frac{d}{2}$$

在上式中，极惯性矩与半径都为横截面的几何量，令

$$W_P=\frac{I_P}{d/2}$$

那么

$$\tau_{max}=\frac{T}{W_P} \tag{7-10}$$

式中：W_P 称为**抗扭截面模量**，m^3。

圆截面的抗扭截面模量为

$$W_P=\frac{I_P}{d/2}=\frac{\pi d^3}{16}$$

空心圆截面的抗扭截面模量为

$$W_P=\frac{I_P}{D/2}=\frac{\pi(D^4-d^4)}{16D}=\frac{\pi D^3}{16}(1-\alpha^4)$$

其中

$$\alpha=d/D$$

应该指出，式（7-9）与式（7-10）仅适用于圆截面轴，而且横截面上的最大切应力不得超过材料的剪切比例极限。

另外，由横截面上切应力的分布规律可知，越靠近杆轴，切应力越小，故该处材料强度没有得到充分利用。如果将这部分材料挖下来放到周边处，就可以较充分地发挥材料的

作用，达到经济的效果。从这方面看，空心圆截面杆比实心圆截面杆更合理。

7.5.2 强度条件

为确保圆杆在扭转时不被破坏，其横截面上的最大工作切应力 τ_{max} 不得超过材料的许用切应力 $[\tau]$，即要求：

$$\tau_{max} \leqslant [\tau] \tag{7-11}$$

此式即为圆杆扭转的强度条件。对于等直圆杆，其最大工作应力存在于最大扭矩所在横截面（危险截面）的周边上任一点处，这些点即为**危险点**。于是，上述强度条件可表示为

$$\tau_{max} = \frac{T_{max}}{W_P} \leqslant [\tau] \tag{7-12}$$

利用此强度条件可进行强度校核、选择截面或计算许可荷载。

理论与实验研究均表明，材料纯剪切时的许用应力 $[\tau]$ 与许用正应力 $[\sigma]$ 之间存在下述关系：

对于塑性材料：　　$[\tau]=(0.5 \sim 0.577)[\sigma]$

对于脆性材料：　　$[\tau]=(0.8 \sim 1.0)[\sigma_t]$

式中：$[\sigma_t]$ 为许用拉应力。

【例 7-4】 某传动轴，轴内的最大扭矩 $T=1.5\text{kN}\cdot\text{m}$，若许用切应力 $[\tau]=50\text{MPa}$，试按下列两种方案确定轴的横截面尺寸，并比较其重量。

(1) 实心圆截面轴的直径 d_1。

(2) 空心圆截面轴，其内、外径之比为 $d/D=0.9$。

解：(1) 确定实心圆轴的直径。由强度条件式（7-12）得

$$W_P \geqslant \frac{T_{max}}{[\tau]}$$

而实心圆轴的扭转截面系数为　　$W_P = \dfrac{\pi d_1^3}{16}$

那么，实心圆轴的直径为

$$d_1 \geqslant \sqrt[3]{\frac{16T}{\pi[\tau]}} = \sqrt[3]{\frac{16 \times 1.5 \times 10^6}{3.14 \times 50}} = 53.5(\text{mm})$$

(2) 确定空心圆轴的内、外径。由扭转强度条件以及空心圆轴的扭转截面系数可知，空心圆轴的外径为

$$D \geqslant \sqrt[3]{\frac{16T}{\pi(1-\alpha^4)[\tau]}} = \sqrt[3]{\frac{16 \times 1.5 \times 10^6}{3.14 \times (1-0.9^4) \times 50}} = 76.3(\text{mm})$$

而其内径为

$$d = 0.9D = 0.9 \times 76.3 = 68.7(\text{mm})$$

(3) 重量比较。上述空心与实心圆轴的长度与材料均相同，所以，两者的重量之比 β 等于其横截面之比，即

$$\beta = \frac{\pi(D^2-d^2)}{4} \times \frac{4}{\pi d_1^2} = \frac{76.3^2 - 68.7^2}{53.5^2} = 0.385$$

上述数据充分说明，空心轴远比实心轴轻。

【例 7-5】 阶梯形圆轴如图 7-22(a)所示，AB 段直径 $d_1=100\text{mm}$，BC 段直径 $d_2=80\text{mm}$。扭转力偶矩 $M_A=14\text{kN}\cdot\text{m}$，$M_B=22\text{kN}\cdot\text{m}$，$M_C=8\text{kN}\cdot\text{m}$。已知材料的许用切应力 $[\tau]=85\text{MPa}$，试校核该轴的强度。

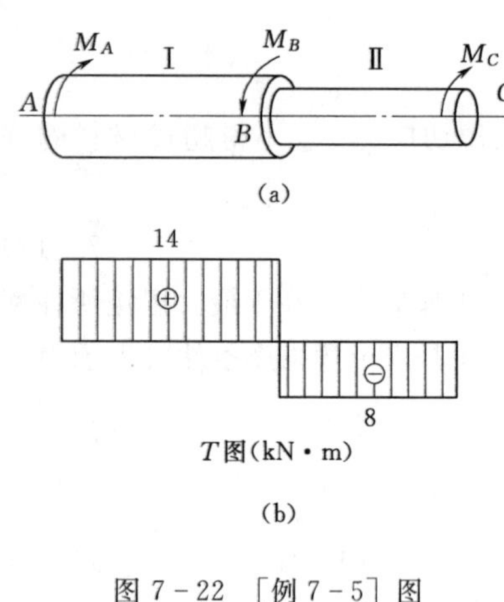

图 7-22 [例 7-5] 图

解：(1)作扭矩图。用截面法求得 AB、BC 段的扭矩，扭矩图如图 7-22(b)所示。

(2)强度校核。由于两段轴的直径不同，因此需分别校核两段轴的强度。

$$AB\text{段：}\tau_{1,\max}=\frac{T_1}{W_{P1}}=\frac{14\times10^6}{\frac{\pi}{16}\times100^3}=71.34(\text{MPa})<[\tau]$$

$$BC\text{段：}\tau_{2,\max}=\frac{T_2}{W_{P2}}=\frac{8\times10^6}{\frac{\pi}{16}\times80^3}=79.62(\text{MPa})<[\tau]$$

因此，该轴满足强度要求。

7.6 圆轴扭转时的变形与刚度条件

7.6.1 扭转变形公式

如前所述，轴的扭转变形，是用两横截面绕轴线的相对扭转角 φ 表示。

由式(7-8)可知，微段 $\mathrm{d}x$ 的扭转角变形为

$$\mathrm{d}\varphi=\frac{T}{GI_P}\mathrm{d}x$$

因此，相距 l 的两横截面间的扭转角为

$$\varphi=\int_l \mathrm{d}\varphi=\int_l \frac{T}{GI_P}\mathrm{d}x$$

由此可见，对于长为 l、扭矩 T 为常数的等截面圆轴，由上式得两端横截面间的扭转角为

$$\varphi=\frac{Tl}{GI_P} \tag{7-13}$$

φ 的单位为 rad。式(7-13)表明，扭转角 φ 与扭矩 T、轴长 l 成正比，与 GI_P 成反比。GI_P 称为圆轴的**扭转刚度**。

7.6.2 圆轴扭转刚度条件

等直圆轴扭转时，除需满足强度要求外，有时还需满足刚度要求。例如机器的传动轴，若扭转角过大，将会使机器在运转时产生较大的振动，或影响机床的加工精度等。圆轴在扭转时各段横截面上的扭矩可能并不相同，各段的长度也不相同。因此，在工程实际中，通常是限制扭转角沿轴线的变化率 $\mathrm{d}\varphi/\mathrm{d}x$ 或单位长度内的扭转角，使其不超过某一

规定的许用值 [θ]。由式（7－8）可知，扭转角的变化率为

$$\theta=\frac{d\varphi}{dx}=\frac{T}{GI_P}$$

所以，圆轴扭转的刚度条件为

$$\theta_{max}=\left(\frac{T}{GI_P}\right)_{max}\leqslant[\theta] \tag{7-14a}$$

对于等截面圆轴，则要求：

$$\frac{T_{max}}{GI_P}\leqslant[\theta] \tag{7-14b}$$

在上述式中，[θ] 为单位长度许用扭转角，单位是弧度每米（rad/m），将其单位换算为常用单位度每米（°/m），可得

$$\frac{T_{max}}{GI_P}\times\frac{180}{\pi}\leqslant[\theta] \tag{7-14c}$$

对于一般的传动轴，[θ] 为（0.5～2.5）°/m。对于精密机器的轴，[θ] 常取在（0.15～0.30）°/m。具体数值可在相关机械设计手册中查出。

【例 7－6】 某汽车传动轴简图如图 7－23（a）所示，转动时输入的力偶矩 M_e＝9.56kN·m，轴的内外直径之比 α＝1/2。钢的许用切应力 [τ]＝40MPa，切变模量 G＝80GPa，许可单位长度扭转角 [θ]＝0.3 °/m。试按强度条件和刚度条件选择轴的直径。

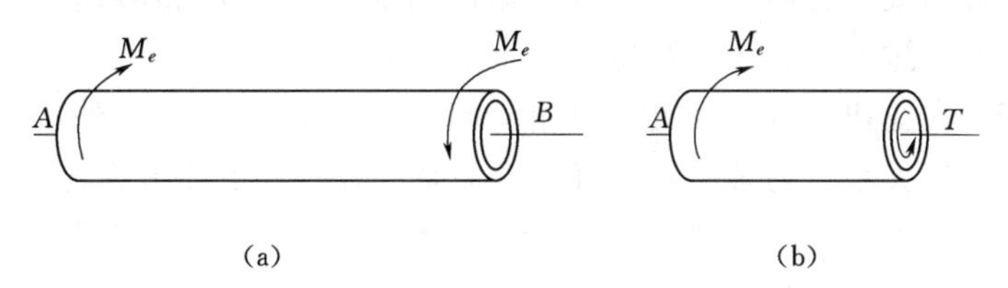

图 7－23 [例 7－6] 图

解：(1) 求扭矩 T。用截面法截取左段为隔离体，如图 7－23（b）所示，根据平衡条件得

$$T=M_e=9.56(kN\cdot m)$$

(2) 根据强度条件确定轴的外径。

由
$$W_P=\frac{\pi D^3}{16}(1-\alpha^4)=\frac{\pi D^3}{16}\left[1-\left(\frac{1}{2}\right)^4\right]=\frac{\pi D^3}{16}\times\frac{15}{16}$$

和
$$\frac{T_{max}}{W_P}\leqslant[\tau]$$

得
$$\begin{aligned}D&\geqslant\sqrt[3]{\frac{16T}{\pi(1-\alpha^4)[\tau]}}\\&=\sqrt[3]{\frac{16\times(9.56\times10^3)\times16}{15\pi(40\times10^6)}}\\&=109\times10^{-3}(m)\\&=109mm\end{aligned}$$

(3) 根据刚度条件确定轴的外径。

由
$$I_P=\frac{\pi D^4}{32}(1-\alpha^4)=\frac{\pi D^4}{32}\left[1-\left(\frac{1}{2}\right)^4\right]=\frac{\pi D^4}{32}\times\frac{15}{16}$$

和
$$\frac{T_{max}}{GI_P}\times\frac{180}{\pi}\leqslant[\theta]$$

得
$$D\geqslant\sqrt[4]{\frac{T}{G\times\frac{\pi}{32}(1-\alpha^4)}\times\frac{180}{\pi}\times\frac{1}{[\theta]}}$$
$$=\sqrt[4]{\frac{32\times9.56\times10^3\times16}{80\times10^9\times\pi\times15}\times\frac{180}{\pi}\times\frac{1}{0.3}}$$
$$=125.5\times10^{-3}(\mathrm{m})$$
$$=125.5(\mathrm{mm})$$

所以，空心圆轴的外径不能小于125.5mm，内径不能小于62.75mm。

本　章　小　结

本章重点讨论了杆件的剪切和扭转这两种基本变形。

剪切是杆件的基本变形之一。为了保证连接件的正常工作，一般需要进行连接接头的剪切强度、挤压强度计算。本章对剪切和挤压采用实用计算法简化计算进行了探讨。

扭转也是杆件的基本变形之一。本章根据传动轴的功率 P 和转速 n 来计算杆件所承受的外力偶矩，并通过截面法来计算扭矩并作扭矩图。

为了保证杆件在受扭情况下能正常工作，除了要满足强度要求外，还须满足刚度要求。本章从变形几何关系、物理关系和静力学关系三方面入手导出等直圆轴扭转时横截面上的切应力公式，并以此为基础建立了扭转的强度条件；同时在研究等直圆轴扭转变形的基础上，建立了扭转的刚度条件。

思　考　题

7-1　何谓剪切？剪切变形的特征是什么？

7-2　单剪与双剪，挤压与压缩有什么区别？

7-3　挤压面与计算挤压面是否相同？举例说明。

7-4　剪切实用计算中，假设切应力在剪切面上是如何分布的？

7-5　圆轴扭转切应力公式是如何建立的？假设是什么？

7-6　思考题7-6图所示实心与空心圆轴的扭转切应力分布图是否正确？

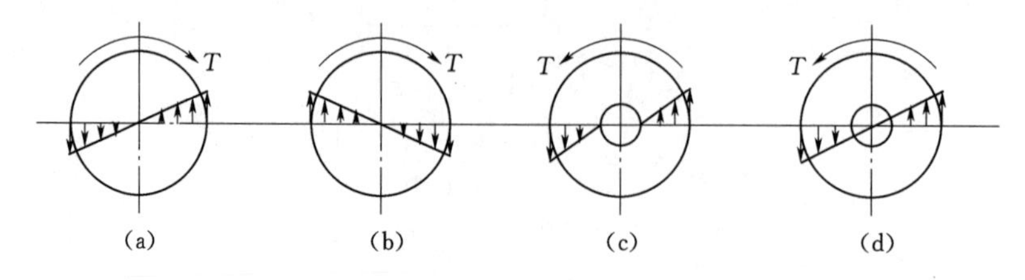

思考题7-6图

7-7　若将圆轴的直径增大一倍，其他条件不变，问最大切应力和扭转角将如何变化？

7－8　受扭空心圆轴要比实心圆轴节省材料的原因是什么？

习　题

7－1　如习题7－1图所示，两块厚度为10mm的钢板，用两个直径为17mm的铆钉连接在一起，钢板受拉力$F=60$kN。已知$[\tau]=140$MPa，$[\sigma_{bs}]=280$MPa。假定每个铆钉所受的力相同，试校核铆接件的强度。

7－2　试校核习题7－2图所示连接销钉的剪切强度。已知$F=100$kN，销钉直径$d=30$mm，材料的许用切应力$[\tau]=60$MPa。若强度不够，应改用多大的直径的销钉？

7－3　某螺栓连接接头如习题7－3图所示。已知$F=200$kN，$\delta=20$mm，螺栓材料的许用切应力$[\tau]=80$MPa，许用挤压应力$[\sigma_{bs}]=200$MPa，试求螺栓的直径。

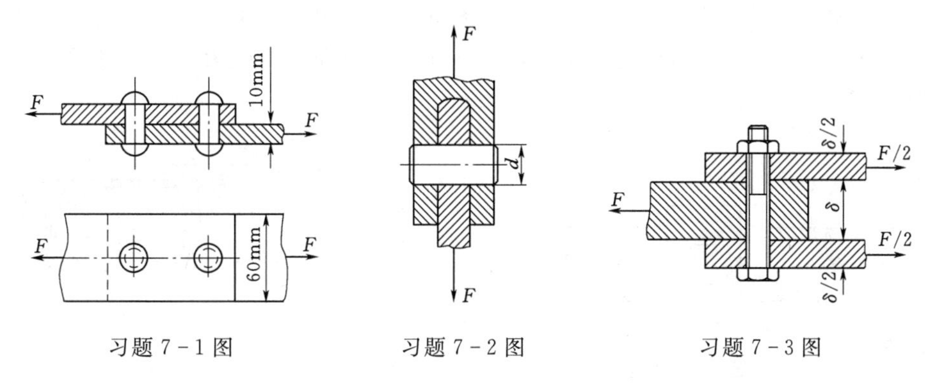

习题7－1图　　习题7－2图　　习题7－3图

7－4　已知习题7－4图所示铆接钢板的厚度$\delta=10$mm，铆钉直径$d=17$mm，铆钉的许用切应力$[\tau]=140$MPa，许用挤压应力$[\sigma_{bs}]=320$MPa，试作强度校核。

7－5　两块厚度$\delta=6$mm的钢板用3个铆钉连接，如习题7－5图所示。若$F=50$kN，许用切应力$[\tau]=100$MPa，许用挤压应力$[\sigma_{bs}]=280$MPa，求铆钉的直径。

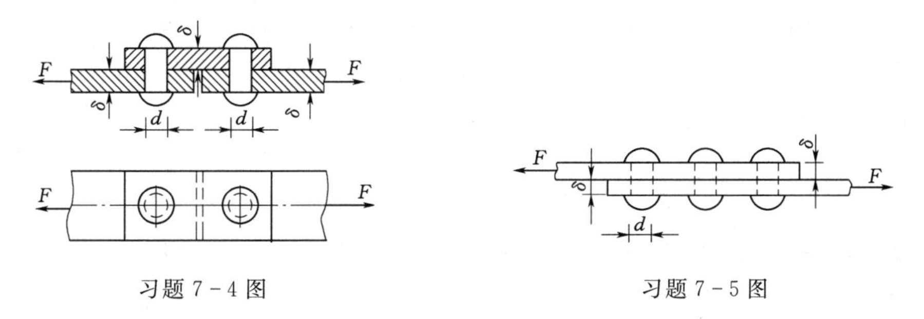

习题7－4图　　习题7－5图

7－6　试作习题7－6图所示扭转轴的扭矩图。

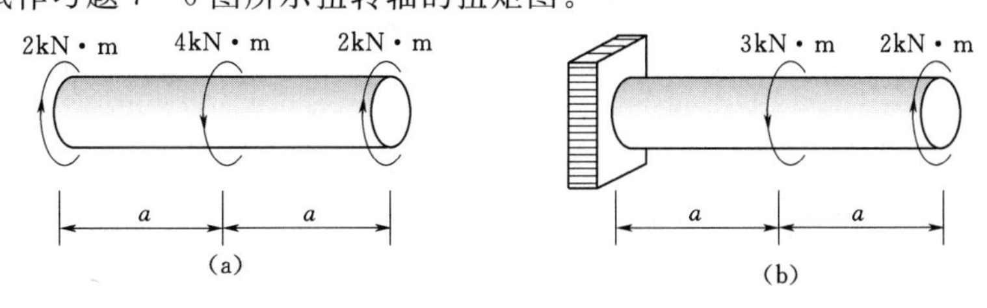

习题7－6图

7-7 圆轴的直径 $d=100$mm，承受扭矩 $T=100$kN·m，试求距圆心 $d/8$、$d/4$ 及 $d/2$ 处的切应力，并绘出横截面上切应力的分布图。

7-8 一受扭空心圆轴，横截面的外径 $D=42$mm，内径 $d=40$mm，承受扭矩 $T=500$N·m，切变模量 $G=75$GPa，求该圆轴的最大切应力。

7-9 如习题 7-9 图所示，实心圆轴和空心圆轴通过牙嵌式离合器连接在一起。已知轴的转速 $n=98$r/min，传递的功率 $P=7.4$kW，轴的许用切应力 $[\tau]=40$MPa。试选择实心轴的直径 d_1，及内外径比值为 1：2 的空心轴的外径 D_2 和内径 d_2。

7-10 一实心圆轴横截面的直径为 D、两端作用有等值反向的扭力矩。若以相同外形、材料和强度的空心圆轴（内外径之比为 0.8）代替之，试问可节约材料若干（以百分比计）？

7-11 阶梯形空心圆轴如习题 7-11 图所示，已知 A、B 和 C 处的扭力矩分别为 $M_A=500$N·m，$M_B=200$N·m、$M_C=300$N·m，轴的许用切应力 $[\tau]=300$MPa，试校核该轴的强度。

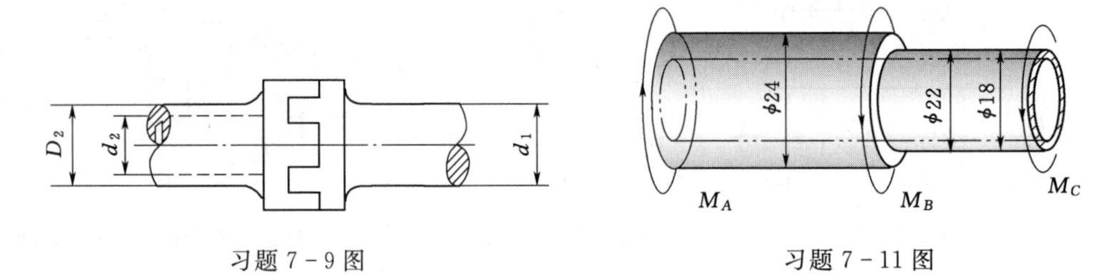

习题 7-9 图　　　　习题 7-11 图

7-12 如习题 7-12 图所示阶梯形圆轴，装有三个皮带轮，轴径 $d_1=40$mm、$d_2=70$mm。已知由轮 3 输入的功率 $P_3=30$kW，由轮 1 和轮 2 输出的功率分别为 $P_3=13$kW和 $P_2=17$kW，轴的转速 $n=200$r/min，材料的许用切应力 $[\tau]=60$MPa，切变模量$G=80$GPa，许用扭转角 $[\theta]=2°$/m，试校核该轴的强度与刚度。

7-13 如习题 7-13 图所示，圆轴两端固定。已知扭力矩 $M_A=400$N·m，$M_B=600$N·m，求固定端的反力偶矩。若材料的许用切应力 $[\tau]=40$MPa，切变模量 $G=80$GPa，许用扭转角 $[\theta]=0.25°$/m，试确定圆轴的直径。

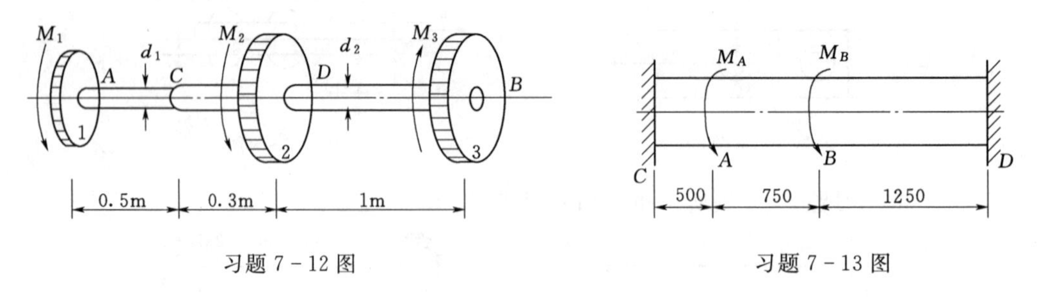

习题 7-12 图　　　　习题 7-13 图

第8章 梁 的 弯 曲

8.1 平面弯曲的概念

1. 平面弯曲的概念

凡是以弯曲变形为主的杆件，通常称为梁。在杆的一个纵向平面内，作用一对大小相等、转向相反的外力偶，这时杆将在纵向平面内弯曲，任意两横截面发生相对转动，这种变形形式称为**弯曲**，如图8-1所示。其受力特性为外力偶的作用平面在含杆轴线在内的纵向平面内；变形特征为杆件的轴线由直线变为曲线，任意两横截面发生相对转动。

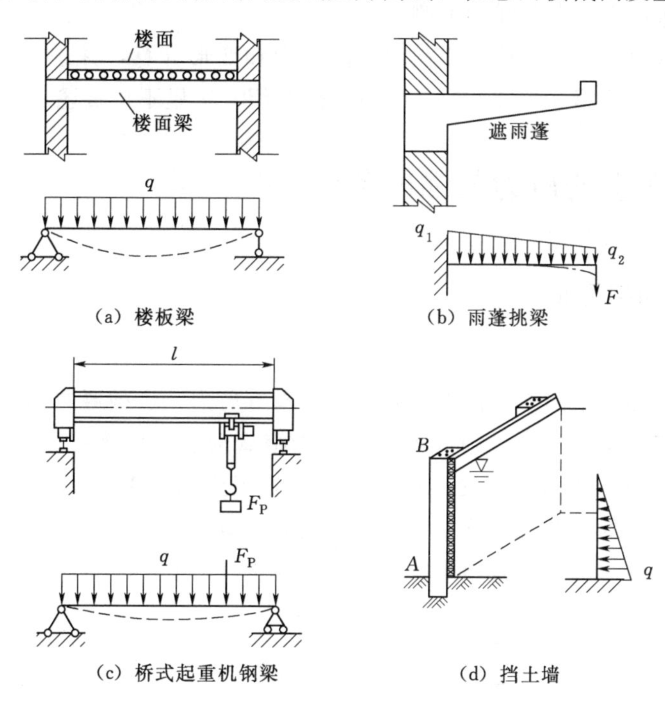

图8-1 工程中的简单梁

当梁上荷载位于纵向对称面内，通过且垂直于梁轴线，则变形后的梁轴线仍在此平面内，如图8-2(a)所示，这种弯曲变形称为**平面弯曲**，其计算简图如图8-2(b)所示。

若梁不具有纵向对称面，或者虽有纵向对称面，但外力并不作用在此平面内，这种弯曲变形称为**非对称弯曲**。

2. 平面弯曲梁的剪力图和弯矩图

梁的基本内力是剪力和弯矩，计算的基本方法是截面法。表示剪力和弯矩沿梁轴线方向变化的图线，分别称为梁的剪力图和弯矩图。平面弯曲梁的剪力图和弯矩图的绘制方法

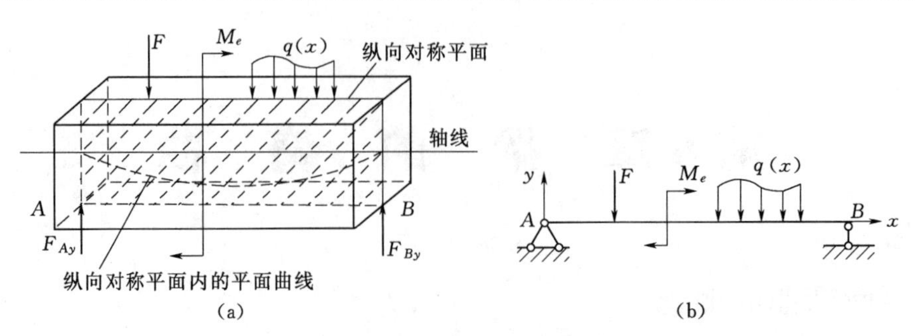

图 8-2 梁的平面弯曲

和前述轴力图、扭矩图的绘制方法基本相同。主要有两种绘制方法：①根据内力方程绘制；②利用剪力、弯矩与荷载之间的关系进行绘制。

剪力图、弯矩图规定：将正值的剪力画在轴线（以后称为基线）的上侧，负值的剪力画在基线的下侧；至于弯矩，工程上通常画在梁的受拉侧，因此，正值的弯矩画在基线的下侧，而负值的弯矩则画在基线的上侧。

本章以平面弯曲为主，讨论梁横截面上的应力和变形计算，并进行强度和刚度校核。对于弯曲内力已在前述第 5.1 节和第 5.2 节中已介绍，这里不再赘述。

8.2 梁横截面上的应力与强度条件

8.2.1 纯弯曲和横弯曲

1. 基本概念

平面弯曲时，如果梁的横截面上只有弯矩而没有剪力，这种弯曲称为**纯弯曲**；如果梁的横截面上既有弯矩又有剪力，则这种弯曲称为**横弯曲**。如图 8-3 所示梁，CD 段只有弯矩，没有剪力，为纯弯曲段，梁的横截面上只有正应力；AC、BD 段既有弯矩又有剪力，为横弯曲段，梁的横截面上既有正应力，又有切应力。

可将梁看成由许多纵向纤维组成，当梁发生图 8-4 所示的弯曲变形后，引起梁靠近

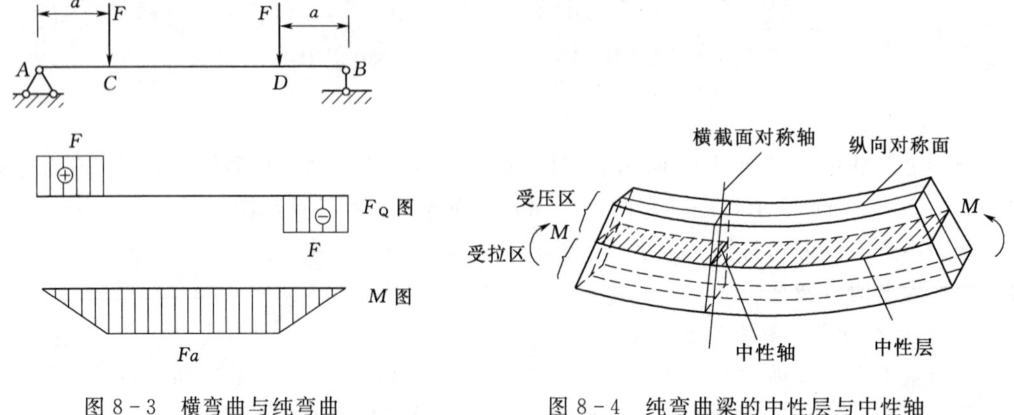

图 8-3 横弯曲与纯弯曲

图 8-4 纯弯曲梁的中性层与中性轴

底面的纤维伸长，靠近顶面的纤维缩短，而且梁中存在着一层纤维，该层纤维既不伸长，也不缩短，梁中的这一层纤维称为梁的**中性层**。中性层与梁横截面的交线称为该截面的**中性轴**。梁的横截面上，中性轴将横截面分为受拉区和受压区，分别承受拉应力和压应力，中性轴上各点不受力。

2. 纯弯曲梁的基本假设

(1) 平面假设：变形前和变形后，梁的横截面均为平面。

(2) 各纵向纤维间无挤压，纵向纤维处于单向拉伸或单向压缩应力状态。

(3) 同一层纤维的变形相同，所以正应力 σ 随在截面上的位置高度改变，沿截面上的宽度方向不变。

纯弯曲梁还需满足的条件：①平面弯曲；②材料服从胡克定律，且拉伸和压缩时的弹性模量相同；③梁的尺寸不能太薄，否则会侧向失稳；④跨度与高度之比 $l/h \geqslant 5$。

8.2.2 纯弯曲时梁横截面上的正应力

1. 纯弯曲时梁横截面上某一点的正应力 σ 计算公式 [图 8-5 (a)]

$$\sigma=\frac{M_z}{I_z}y \tag{8-1}$$

式中：M_z 为计算梁截面上的弯矩；y 为计算梁截面上距离中性轴为 y 距离的某一点；I_z 为截面惯性矩（EI_z 称为梁的弯曲刚度）。

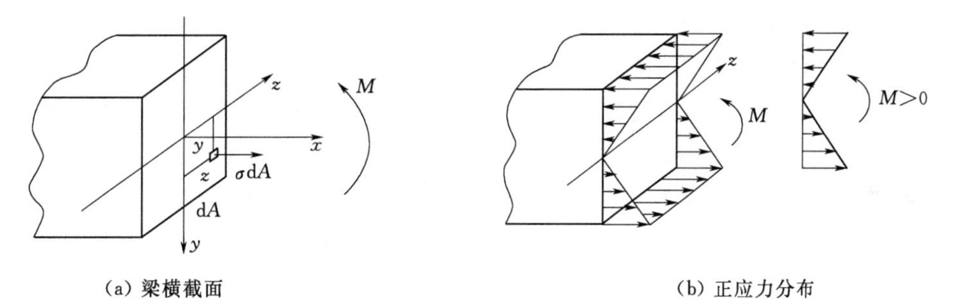

图 8-5 梁横截面上的正应力

式 (8-1) 虽然是由矩形截面导出的（推导过程可参考其他力学类书籍），但也适用于所有横截面形状对称于 y 轴的梁，如圆形截面梁、T 形、工字形截面梁等。

梁截面上的最大正应力：

$$\sigma_{\max}=\frac{M_z}{I_z}y_{\max} \tag{8-2}$$

令

$$W_z=\frac{I_z}{y_{\max}} \tag{8-3}$$

式中：W_z 称为抗弯截面模量，其与截面形状和尺寸有关，常用单位有 mm^3 等。

故

$$\sigma_{\max}=\frac{M_z}{W_z} \tag{8-4}$$

由式（8－3）和附录Ⅰ可知，矩形与圆形截面［图8－6（a)］和［图8－6（b)］的抗弯截面模量分别为

$$W_z=\frac{bh^2}{6} \tag{8-5}$$

$$W_z=\frac{\pi d^3}{32} \tag{8-6}$$

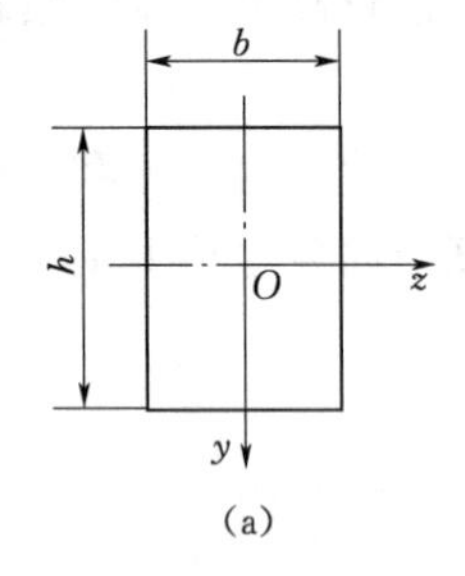

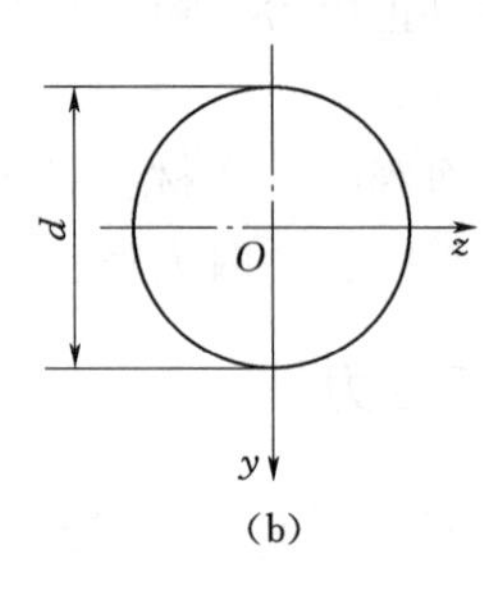

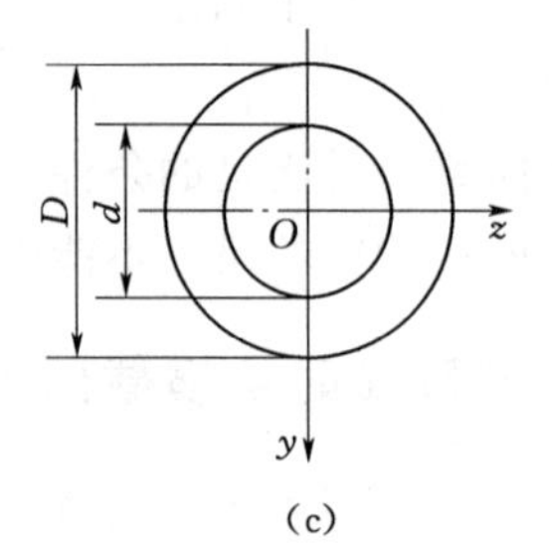

图8－6　截面形状

而空心圆截面［图8－6（c)］的抗弯截面模量为

$$W_z=\frac{\pi D^3}{32}(1-\alpha^4) \tag{8-7}$$

式中：$\alpha=d/D$，代表内、外径的比值。

梁受弯时，横截面既有拉应力也有压应力。对于矩形、圆形等中性轴为对称轴的截面，最大拉应力和最大压应力的绝对值相等［图8－7（a)］，可直接用式（8－2）求得；对于T形等中性轴不是对称轴的截面，如图8－7（b）所示，其最大拉应力和最大压应力的绝对值不等，可分别将截面受拉和受压一侧距中性轴最远的距离代入式（8－2），以求得相应的最大应力。

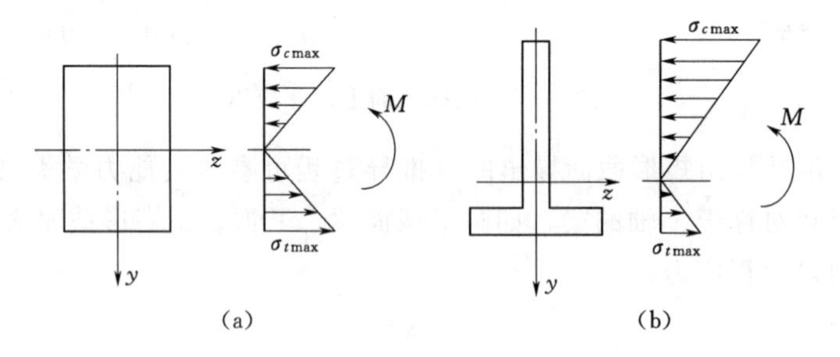

图8－7　矩形与T形截面梁拉、压应力分布

2. 正应力计算公式［式（8－1）］的说明

（1）受弯曲变形的梁，任一横截面上的弯矩 M_z、惯矩 I_z 是常数，因此，σ 与 y 成正比，σ 沿高度按直线规律分布。

（2）中性轴处 $\sigma=0$，$\sigma_{\max}$ 产生在离中性轴最远的边缘上，计算时可取绝对值，然后按变形判断正负号。

（3）若 z 为对称轴，则 $\sigma_{max+}=\sigma_{max-}$；否则不同。

3. 正应力计算公式［式（8－1）］的适用范围

（1）平面弯曲。

（2）对 $F_Q\neq0$（横力弯曲）近似适用。

（3）对无纵向对称面的纯弯曲，外力若作用在其中一形心主惯性平面内时适用。

（4）平面假设成立时。

对于横弯曲，截面翘曲对纵向纤维的伸长或缩短影响很小，此时，式（8－1）近似适用，计算结果虽有误差，但是误差在工程许可范围内，故而可以推广使用。

【例 8－1】 简支梁如图 8－8（a）所示，$b=50$mm，$h=100$mm，$l=2$m，$q=2$kN/m，试求：

（1）梁的截面竖着放，即荷载作用在沿 y 轴的对称平面内时，其最大正应力是多少？

（2）如果平着放，其最大正应力为多少？

（3）比较矩形截面梁竖着放和平着放的效果。

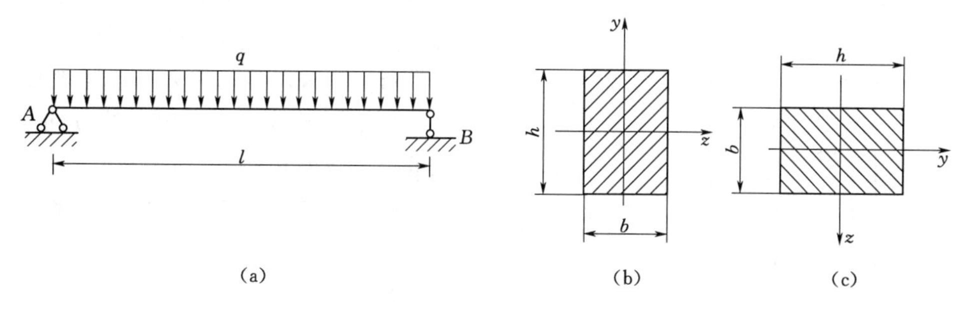

图 8－8 ［例 8－1］图

解：无论梁竖着放，还是平着放，两种情况下梁的最大弯矩 M_{max} 都发生在梁的中点，其值为

$$M_{max}=\frac{ql^2}{8}=\frac{2\times2^2}{8}=1(\text{kN}\cdot\text{m})$$

由式（8－4）得

$$\sigma_{max}=\frac{M_{max}}{W_z}$$

则 $W_z=\dfrac{bh^2}{6}$，同理，$W_y=\dfrac{hb^2}{6}$。

（1）梁竖放时［图 8－8（b）］，中性轴为 z 轴。

$$W_z=\frac{bh^2}{6}=\frac{50\times10^{-3}\times(100\times10^{-3})^2}{6}=83.3\times10^{-6}(\text{m}^3)$$

$$\sigma_{max1}=\frac{M_{max}}{W_z}=\frac{1\times10^3}{83.3\times10^{-6}}=12(\text{MPa})$$

（2）梁平放时［图 8－8（c）］，中性轴为 y 轴。

$$W_y=\frac{hb^2}{6}=\frac{100\times10^{-3}\times(50\times10^{-3})^2}{6}=41.6\times10^{-6}(\text{m}^3)$$

$$\sigma_{\max 2}=\frac{M_{\max}}{W_y}=\frac{1\times 10^3}{41.6\times 10^{-6}}=24(\text{MPa})$$

(3) 梁竖放和平放的比较。

$$\frac{\sigma_{\max 1}}{\sigma_{\max 2}}=\frac{12}{24}=\frac{1}{2}$$

由此看出，同一根梁，竖放比平放时的应力小1倍，也就是说竖放比平放具有较高的抗弯强度，更加经济、合理。

8.2.3 梁横截面上的切应力

1. 矩形截面梁

前面已述，梁在横力弯曲时，横截面上有剪力 F_Q，相应地在横截面上有切应力 τ。下面以矩形截面梁为例，首先对切应力分布规律作出适当假设，根据假设，给出矩形截面梁切应力公式，并对几种常用截面梁的切应力作简要介绍。

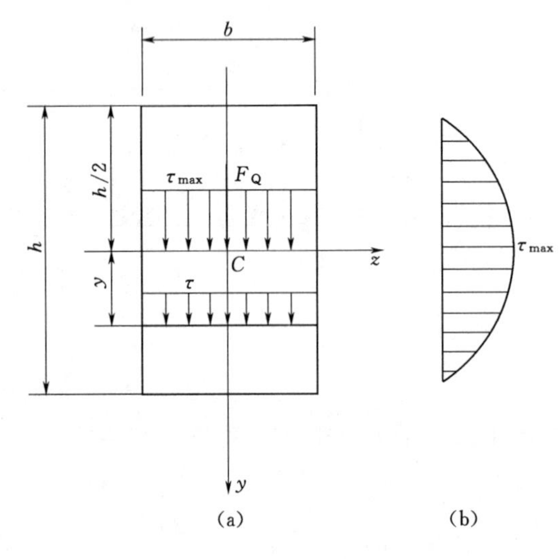

图8-9 矩形截面梁切应力

对于高度 h 大于宽度 b 的矩形截面梁，其横截面上剪力 F_Q 沿 y 轴方向，如图8-9(a) 所示，现假设切应力分布规律如下：

(1) 矩形截面上切应力的方向与截面上剪力的方向相同。

(2) 沿梁的宽度（即离中性轴等距离的各点）切应力值不变。

根据以上假设，可以推导出（推导过程略）横弯曲时梁横截面上任意一点处切应力的计算公式为

$$\tau=\frac{F_Q S_z^*}{I_z b} \tag{8-8}$$

式中：τ 为到中性轴距离为 y 的点的剪应力；F_Q 为横截面上的剪力；I_z 为横截面对中性轴的惯矩；S_z^* 为计算点以外的截面对中性轴的静矩（见附录Ⅰ）。

式 (8-8) 就是矩形截面梁弯曲切应力的计算公式。

矩形截面上切应力的分布为

$$\tau=\frac{F_Q S_z^*}{I_z b}=\frac{F_Q}{2I_z}\left(\frac{h^2}{4}-y^2\right) \tag{8-9}$$

式中：y 为计算切应力点到中性轴的距离；h 为矩形截面的高度。

由式 (8-9) 表明，矩形截面梁的切应力 τ 沿截面高度按二次抛物线规律变化［图8-9(b)］。当 $y=\pm h/2$ 时，即横截面上、下边缘处，切应力为零；在越靠近中性轴处切应力越大，当 $y=0$ 时，即中性轴上各点处，切应力达到最大值，大小为

$$\tau_{\max}=\frac{3}{2}\times\frac{F_Q}{A}=\frac{3}{2}\times\frac{F_Q}{bh} \tag{8-10}$$

可见，矩形截面梁横截面上的最大切应力值是平均切应力值的 1.5 倍。

2. 工字形截面梁

工字形截面由上、下翼缘和中间腹板组成［图 8-10（a）］。腹板上的切应力接近于均匀分布，翼缘上的切应力的数值比腹板上切应力的数值小很多，一般忽略不计。所以它的切应力可按矩形截面的切应力公式计算，即

$$\tau=\frac{F_Q S_z^*}{I_z d} \tag{8-11}$$

式中：d 为腹板的厚度；S_z^* 为横截面上所求切应力的水平线以下（或以上）至边缘部分面积 A^*［图 8-10（a）中的阴影部分］对中性轴的静矩。

工字形截面上的最大切应力仍然发生在中性轴上各点处，并沿中性轴均布分布，其值为

$$\tau_{max}\approx\frac{F_Q}{A_f} \tag{8-12}$$

式中：A_f 为腹板的面积，其他符号同前。

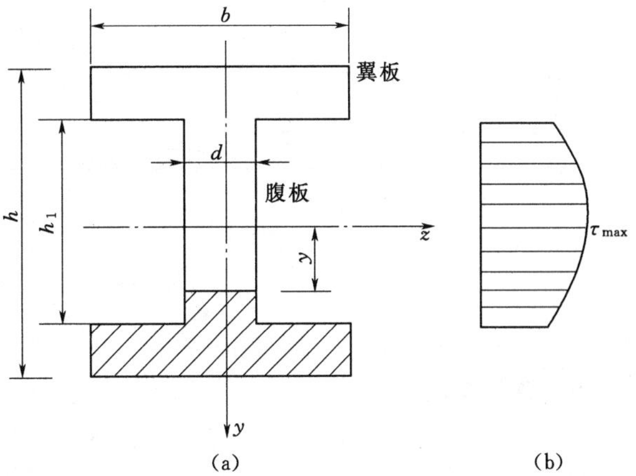

图 8-10 工字形截面梁的切应力

3. 圆形截面梁和薄壁环形截面梁

圆形截面和薄壁环形截面梁横截面上的最大切应力均发生在中性轴上各点处（图 8-11），并沿中性轴均匀分布，其值分别为

圆形截面梁：

$$\tau_{max}=\frac{4}{3}\frac{F_Q}{A} \tag{8-13}$$

可见，圆形截面梁横截面上最大切应力是平均切应力的 1.33 倍。

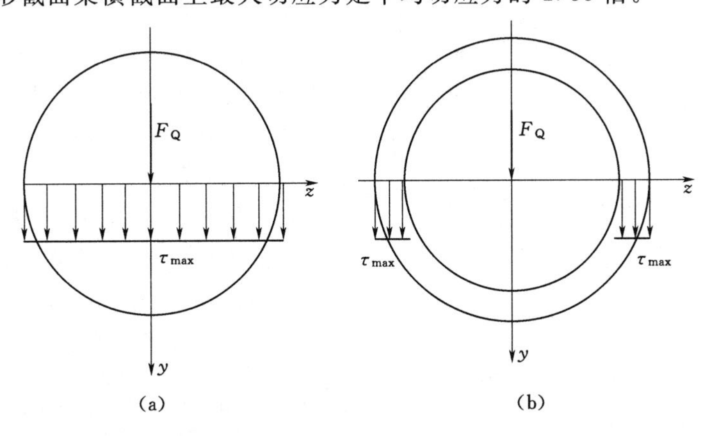

图 8-11 圆形截面梁和薄壁环形截面梁的切应力

薄壁圆环形截面梁：

$$\tau_{max}=2\frac{F_Q}{A} \tag{8-14}$$

可见，薄壁环形截面梁横截面上最大切应力是平均切应力的2倍。

【例8-2】 图8-12 (a) 所示矩形截面简支梁，受到 $F=3kN$ 集中荷载作用，已知 $l=3m$，$h=160mm$，$b=100mm$，$h_1=40mm$，求 $m-m$ 截面上 K 点处的切应力。

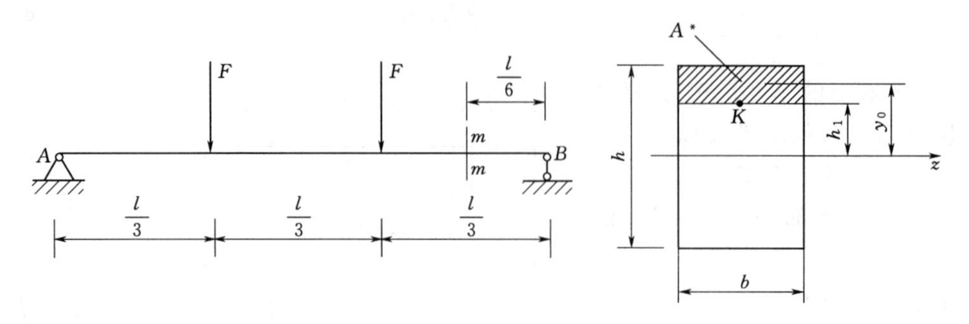

图8-12 [例8-2] 图

解：(1) 计算支座反力及截面 $m-m$ 的剪力。

由对称性易得

$$F_{Ay}=F_{By}=F=3(kN)(\uparrow)$$

利用截面法，从截面 $m-m$ 截开，取右侧为隔离体，得

$$F_{Qm-m}=-F_{By}=-3(kN)$$

(2) 计算截面惯性矩和静矩 S_z^*。如图8-12 (b) 所示，于是得到

$$I_z=\frac{bh^3}{12}=\frac{100\times160^3}{12}=3.41\times10^7(mm^4)$$

$$S_z^*=A^*y_0=100\times40\times60=2.4\times10^5(mm^3)$$

(3) 计算截面 $m-m$ 上 K 点处的切应力。

根据式 (8-8) 得

$$\tau=\frac{F_QS_z^*}{I_zb}=\frac{3\times10^3\times2.4\times10^5}{3.41\times10^7\times100}=0.21(MPa)$$

【例8-3】 图8-13 (a) 所示矩形截面简支梁，受均布荷载 q 作用。求梁的最大正应力和最大切应力，并进行比较。

解：(1) 绘出梁的剪力图和弯矩图。

根据第5.2节内力图的绘制方法，可以绘出原简支梁的剪力图和弯矩图，分别如图8-13 (b) 和图8-13 (c) 所示，由图可知，最大剪力和最大弯矩分别为

$$F_{Qmax}=\frac{1}{2}ql,\quad M_{max}=\frac{1}{8}ql^2$$

(2) 计算梁的最大正应力和最大切

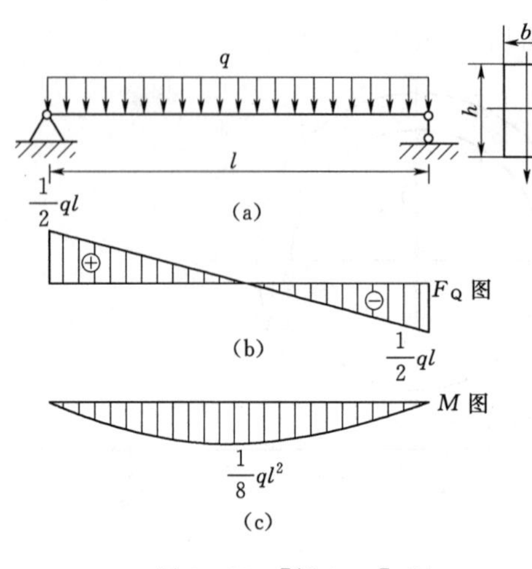

图8-13 [例8-3] 图

应力。

按照式（8－4）和式（8－10），由于是等截面梁，梁的最大正应力对应最大弯矩所在的截面，最大切应力对应最大剪力所在的截面，于是：

$$\sigma_{\max}=\frac{M_{\max}}{W_z}=\frac{\frac{1}{8}ql^2}{\frac{bh^2}{6}}=\frac{3ql^2}{4bh^2}$$

$$\tau_{\max}=\frac{3}{2}\frac{F_{Q\max}}{A}=\frac{3}{2}\frac{\frac{1}{2}ql}{bh}=\frac{3ql}{4bh}$$

（3）最大正应力与最大切应力的比较。

$$\frac{\sigma_{\max}}{\tau_{\max}}=\frac{\frac{3ql^2}{4bh^2}}{\frac{3ql}{4bh}}=\frac{l}{h}$$

由此可以看出，梁的最大正应力与最大切应力之比等于梁的跨度 l 与梁的高度 h 之比。通常情况下，梁的跨度远远大于梁的高度，所以，梁的主要应力是正应力。

8.2.4 梁的强度条件

在横向力的作用下，梁的横截面上一般同时存在弯曲正应力和弯曲切应力。从应力分布规律可知，最大弯曲正应力发生在距中性轴最远的位置；最大弯曲切应力一般发生在中性轴处。为了保证梁能安全地工作，必须使梁内最大应力不超过材料的许用应力，因此，对上述两种应力应分别建立相应的强度条件。

1. 梁的正应力强度条件

全梁上的最大正应力发生在弯矩最大截面上离中性轴最远的边缘点。对于等截面梁，则

$$\sigma_{\max}=\frac{M_{\max}y_{\max}}{I_z}=\frac{M_{\max}}{W_z}$$

梁的正应力强度条件：

$$\sigma_{\max}=\frac{M_{\max}}{W_z}\leqslant[\sigma] \tag{8-15}$$

对于式（8－15）仅适用于许用拉应力 $[\sigma]^+$ 与许用压应力 $[\sigma]^-$ 相同的梁；对于抗拉和抗压强度不等的脆性材料，应按拉伸与压缩分别进行强度计算。

可解决三类强度问题：强度计算；选择截面尺寸；确定许可荷载。

2. 梁的切应力强度条件

$$\tau_{\max}=\frac{F_{Q_{\max}}S_{z\max}^*}{I_zb}\leqslant[\tau] \tag{8-16}$$

对一般截面，最大切应力发生在中性轴处。

必须校核切应力强度的情况如下：

（1）梁很短、荷载很大或有很大的荷载作用于支座附近，此时 $M_{\max}$ 较小，$F_{Q\max}$ 很大，

τ大。

（2）由型钢铆接或焊接的组合截面梁，此时b很小，τ大。

（3）在木梁中，由于木材顺纹方向的抗剪强度较低，因抗剪能力差，易发生剪切破坏。

【例8－4】 如图8－14所示简易起重机梁，用工字钢制成。若荷载$F=20\text{kN}$，并可沿梁移动（$0<\eta<1$），试选择工字钢型号。已知梁的跨度$l=6\text{m}$，许用应力$[\sigma]=100\text{MPa}$，许用切应力$[\tau]=60\text{MPa}$。

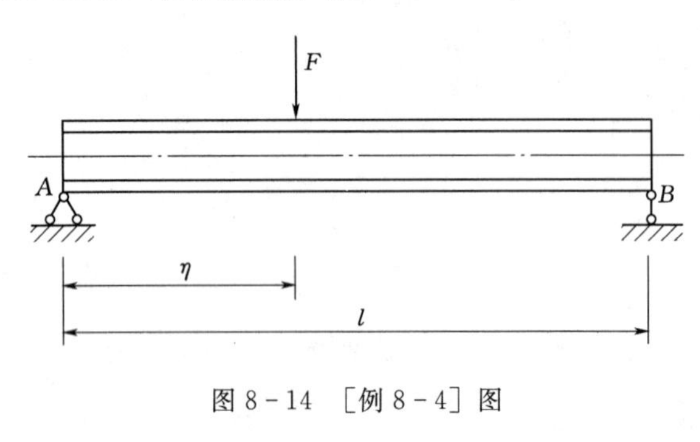

图8－14　［例8－4］图

解：（1）内力分析。

根据第5.2节的知识可知，当荷载位于梁跨度中点时，弯矩最大，其值为

$$M_{\max}=\frac{Fl}{4} \tag{a}$$

而当荷载靠近支座时，剪力最大，其值则为

$$F_{Q\max}=F \tag{b}$$

（2）按弯曲正应力强度条件选择截面。

由式（a）并根据弯曲正应力强度条件式（8－15），得

$$W_z\geqslant\frac{Fl}{4[\sigma]}=\frac{20\times10^3\times6}{4\times100\times10^6}=3.0\times10^{-4}(\text{m}^3)$$

由附录Ⅱ的型钢规格表查得，NO22a工字钢截面的抗弯截面模量$W_z=3.10\times10^{-4}\text{m}^3$，所以，选择NO22a工字钢作梁符合弯曲正应力强度条件。

（3）校核梁的剪切强度。

NO22a工字钢截面的$I_z/S_{z\max}=0.189\text{m}$，腹板厚度为$d=7.5\text{mm}$。由式（b）与式（8－16），得梁的最大弯曲切应力为

$$\tau_{\max}=\frac{F_{Q\max}}{\dfrac{I_z}{S_{z\max}}d}=\frac{20\times10^3}{0.189\times0.0075}=1.411\times10^7\text{Pa}=14.11(\text{MPa})<[\tau]$$

可见，选择NO22a工字钢作梁，将同时满足弯曲正应力与弯曲切应力强度条件。

【例8－5】 一外伸梁受力如图8－15（a）所示，横截面形式及尺寸如图8－15（b）所示，材料的许用拉应力$[\sigma_t]=40\text{MPa}$，许用压应力$[\sigma_c]=100\text{MPa}$，试按正应力强度条件校核梁的强度。

解：（1）作梁的弯矩图。

按照第5章5.2节的方法，绘制出其弯矩图如图8－15（c）所示。由此获知，梁的最大负弯矩在截面B上，其值为$M_B=20\text{kN}\cdot\text{m}$，最大正弯矩在截面$E$上，其值为$M_E=10\text{kN}\cdot\text{m}$。

（2）确定中性轴的位置，并计算截面对中性轴的惯性矩I_z。

由图8－15（b）可以看出，截面对称于y轴，横截面形心C位于对称轴y上，C点到截面下边缘距离为

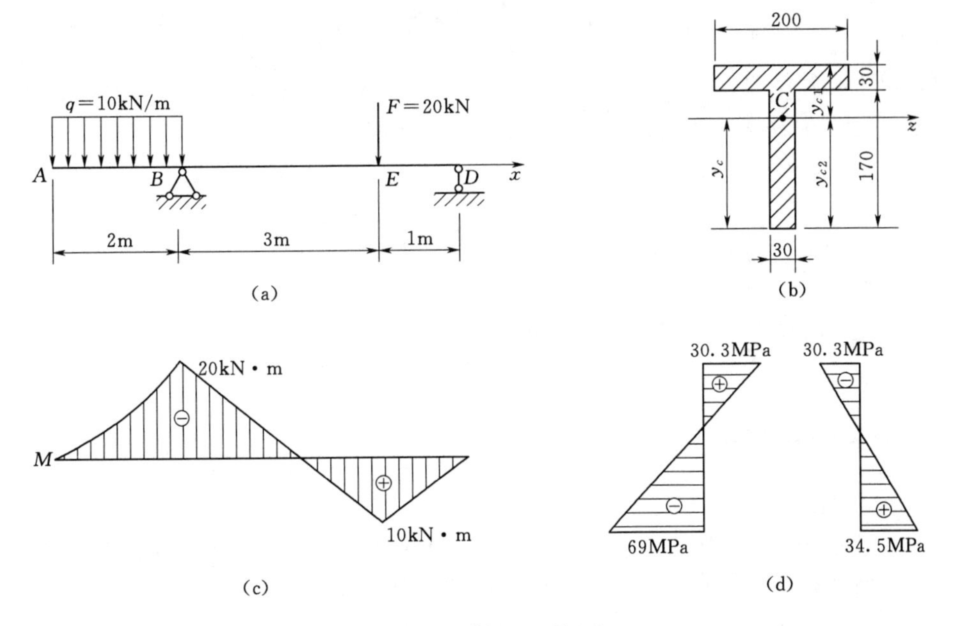

图 8-15 [例 8-5] 图

$$y_C=\frac{S_z}{A}=\frac{y_{1C}A_1+y_{2C}A_2}{A_1+A_2}=\frac{185\times200\times30+85\times30\times170}{200\times30+30\times170}=139(\text{mm})$$

式中：A_1 为上翼缘板的面积；A_2 为腹板的面积。

故中性轴距离底边 139mm，$y_{c1}=200-39=61$（mm），$y_{c2}=y_c=139$（mm），如图 8-15（b）所示。

截面对中性轴 z 的惯性矩，可以利用附录Ⅰ中的平行移轴公式进行计算，即

$$I_z=\left[\frac{200\times30^3}{12}+200\times30\times(15+31)^2+\frac{30\times170^3}{12}+30\times170\times(139-85)^2\right]$$
$$=40.3\times10^{-6}(\text{m}^4)$$

（3）校核梁的强度。

由于梁的截面对中性轴不对称，且正、负弯矩的数值相差较大，故截面 E 与 B 都可能是危险截面，须分别计算出这两个截面上的最大拉、压应力，比较后进而校核强度。

截面 B 上的弯矩 M_B 为负弯矩，故截面 B 上的最大拉、压应力分别发生在上、下边缘，如图 8-15（d）所示，其大小为

$$\sigma_{t\max,B}=\frac{M_By_{c1}}{I_z}=\frac{20\times10^3\times61\times10^{-3}}{40.3\times10^{-6}}=30.3(\text{MPa})$$

$$\sigma_{c\max,B}=\frac{M_By_{c2}}{I_z}=\frac{20\times10^3\times139\times10^{-3}}{40.3\times10^{-6}}=69(\text{MPa})$$

截面 E 上的弯矩 M_E 为正弯矩，故截面 E 上的最大压、拉应力分别发生在上、下边缘，如图 8-15（d）所示，其大小为

$$\sigma_{t\max,E}=\frac{M_Ey_{c2}}{I_z}=\frac{10\times10^3\times139\times10^{-3}}{40.3\times10^{-6}}=34.5(\text{MPa})$$

$$\sigma_{cmax,E}=\frac{M_E y_{c1}}{I_z}=\frac{10\times10^3\times61\times10^{-3}}{40.3\times10^{-6}}=15.1(\text{MPa})$$

比较以上计算结果，可知，该梁的最大拉应力σ_{tmax}发生在截面E下边缘各点，而最大压应力σ_{cmax}发生在截面B下边缘各点，作强度校核如下：

$$\sigma_{tmax}=\sigma_{tmax,E}=34.5(\text{MPa})<[\sigma_t]=40\text{MPa}$$

$$\sigma_{cmax}=\sigma_{cmax,B}=69(\text{MPa})<[\sigma_c]=90\text{MPa}$$

所以，该梁的抗拉和抗压强度都是足够的。

8.3　梁的弯曲变形与刚度条件

8.3.1　梁的弯曲变形

1. 梁的挠度和转角

在线弹性小变形条件下，梁变形主要特征是梁轴线变成了曲线，该曲线称为梁的挠曲线。在发生对称弯曲时，挠曲线与外力的作用平面重合或平行，是一条光滑平坦的平面曲线。由于通常忽略梁沿轴线x方向的位移，梁的变形可用挠度与转角两个量来描述。

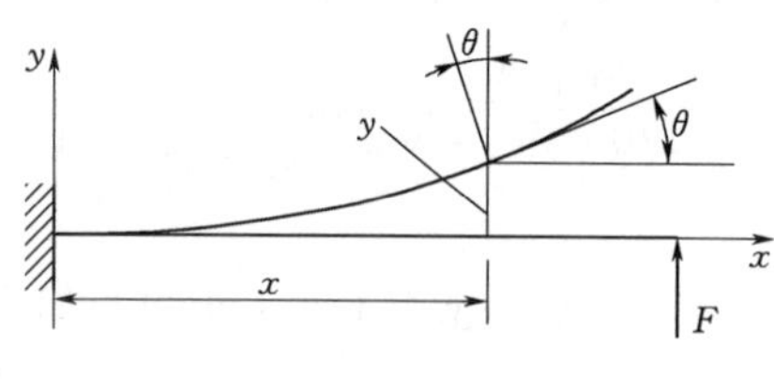

图8-16　挠度和转角

如图8-16所示，沿变形前的梁轴线选取x轴，竖直向上为y轴。梁横截面的形心C在梁变形后沿竖直方向的线位移，称为该点的挠度，用y表示，规定正值的挠度向上，负值的挠度向下。横截面绕中性轴所转动的角位移称为该截面的转角，用θ表示，规定正值的转角为逆时针转向，负值的转角为顺时针转向。

任一截面的挠度与转角都是截面位置x的函数，现用下式表达挠度函数，即

$$y=f(x) \tag{8-17}$$

式（8-17）称为挠曲线方程。实际工程中，梁的转角θ一般很小，则转角的表达式为

$$\theta\approx\tan\theta=\frac{\mathrm{d}y}{\mathrm{d}x}=f'(x) \tag{8-18}$$

式（8-18）称为转角方程，亦可写成$\theta=\theta(x)$的形式。挠曲线上任意一点切线的斜率等于该点处横截面的转角。

2. 挠曲线的近似微分方程

按所规定的x轴向右，y轴向上的直角坐标系中，挠曲线上任一点处的二阶导数y''与该处横截面上的弯矩$M(x)$的正负号相一致。当$M>0$，$y''>0$，弯矩图下凸；当$M<0$，$y''<0$，弯矩图上凸。

因梁的转角一般很小，因此$\left(\frac{\mathrm{d}y}{\mathrm{d}x}\right)^2\ll1$，则

$$y''=\frac{\mathrm{d}^2y}{\mathrm{d}x^2}=\frac{M(x)}{EI_z}=\frac{M(x)}{EI} \tag{8-19}$$

式（8-19）就是挠曲线的近似微分方程式。

近似的原因就是略去了剪力的影响，略去了 y'^2 项。

3. 积分法求梁的变形

对于等截面梁，其抗弯刚度 EI 为一常量，所以挠曲线近似微分方程可改写成如下形式：

$$EIy''=M(x)$$

将挠曲线近似微分方程对 x 积分一次得转角方程：

$$EIy' = EI\frac{\mathrm{d}y}{\mathrm{d}x} = EI\theta = \int M(x)\mathrm{d}x + C \tag{8-20}$$

对 x 积分两次得挠度方程：

$$EIy = \int\left[\int M(x)\mathrm{d}x\right]\mathrm{d}x + Cx + D \tag{8-21}$$

积分常数 C、D 由边界条件及连续条件确定。

边界条件：已知的位移条件。

连续条件：　　$y_{左}=y_{右}$（连续），$\theta_{左}=\theta_{右}$（光滑）

注意以下几点：

（1）坐标系中 x 轴向右，y 轴向上。

（2）原点任意，一般取在梁左端。

（3）弯矩的符号规则与以前相同，即使梁的下侧纤维受拉的弯矩为正。

（4）挠度 y 向下为正，单位为 mm。

（5）θ 以锐角计算，逆时针为正，顺时针为负。

4. 按叠加原理计算梁的挠度和转角

在小变形和材料线弹性范围内的情况下，梁的挠度和转角都是荷载的线性函数。所以，梁在几项荷载同时作用下某一截面的挠度和转角，分别等于每一项荷载单独作用下该截面的挠度和转角的叠加。当每一项荷载所引起的挠度为同一方向，其转角在同一平面内时，则叠加就是代数和。

$$\theta=\theta_{P_1}+\theta_{P_2}+\cdots+\theta_{P_n} \tag{8-22a}$$

$$y=y_{P_1}+y_{P_2}+\cdots+y_{P_n} \tag{8-22b}$$

表 8-1 给出了简单荷载作用下的几种常见梁的变形、转角和挠度，以便后续用叠加法计算梁的变形。

【例 8-6】 如图 8-17 所示梁，弯曲刚度 EI 均为常数。试根据梁的弯矩图与支承条件画出挠曲线的大致形状；并利用积分法计算梁的最大挠度与最大转角。

解：（1）求约束反力，根据图 8-17（b）的受力分析，可得 $M_A=M_e$。

（2）弯矩图，如图 8-17（c）所示。

（3）根据弯矩图，画挠曲线的大致形状，如图 8-17（d）所示。

（4）列弯矩方程，坐标系如图 8-17（b）所示，即

$$M(x)=M_e,\quad x\in[0,a] \tag{a}$$

（5）由式（8-19）得挠曲线近似微分方程：

表 8-1　　　　梁在简单荷载作用下的变形

序号	梁的计算简图	梁端截面转角	挠　度
1	A, M, B, x, θ_B, y_B, l	$\theta_B=-\dfrac{Ml}{EI}$	$y_B=-\dfrac{Ml^2}{2EI}$
2	F, A, B, x, θ_B, y_B, l	$\theta_B=-\dfrac{Fl^2}{2EI}$	$y_B=-\dfrac{Fl^3}{3EI}$
3	q, A, B, x, θ_B, y_B, l	$\theta_B=-\dfrac{ql^3}{6EI}$	$y_B=-\dfrac{ql^4}{8EI}$
4	A, M, θ_A, θ_B, B, x, l	$\theta_A=-\dfrac{Ml}{3EI}$ $\theta_B=\dfrac{Ml}{6EI}$	$x=(1-1/\sqrt{3})l$ $y_{\max}=-\dfrac{Ml^2}{9\sqrt{3}EI}$ $y_{l/2}=-\dfrac{Ml^2}{16EI}$
5	A, θ_A, θ_B, M, B, x, l	$\theta_A=-\dfrac{Ml}{6EI}$ $\theta_B=\dfrac{Ml}{3EI}$	$x=l/\sqrt{3}$ $y_{\max}=-\dfrac{Ml^2}{9\sqrt{3}EI}$ $y_{l/2}=-\dfrac{Ml^2}{16EI}$
6	$y_{\max}$, F, A, B, x, θ_A, θ_B, $l/2$, $l/2$	$\theta_A=-\theta_B$ $=-\dfrac{Fl^2}{16EI}$	$y_{\max}=-\dfrac{Fl^3}{48EI}$
7	q, A, B, x, θ_A, θ_B, $y_{\max}$, $l/2$, $l/2$	$\theta_A=-\theta_B$ $=-\dfrac{ql^3}{24EI}$	$y_{\max}=-\dfrac{5ql^4}{384EI}$

$$\frac{\mathrm{d}^2 y}{\mathrm{d}x^2}=\frac{M_e}{EI} \tag{b}$$

积分一次，得

$$\theta=y'=\frac{M_e}{EI}x+C \tag{c}$$

再积分一次，得

$$y=\frac{M_e}{EI}\frac{x^2}{2}+Cx+D \tag{d}$$

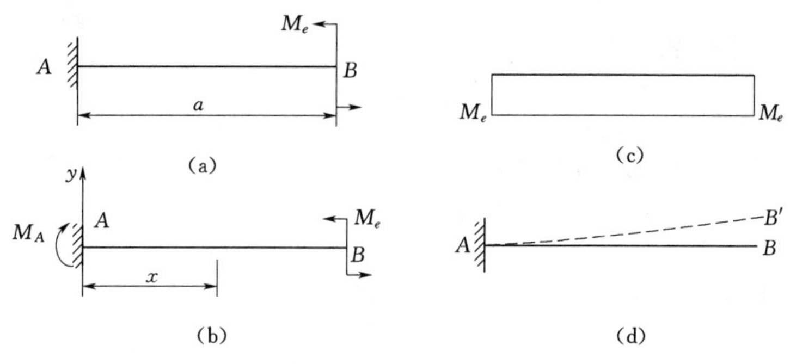

图 8-17 [例 8-6]图

(6) 确定积分常数，列出转角方程和挠曲线方程。

边界条件：

$x=0$ 处：$\theta=0$，$y=0$。

在 $x=0$ 处，$\theta=0$，由式（c）得 $C=0$。

在 $x=0$ 处，$y=0$，由式（d）得 $D=0$。

于是得到转角方程和挠曲线方程为

$$\theta=y'=\frac{M_e}{EI}x \tag{e}$$

$$y=\frac{M_e}{EI}\times\frac{x^2}{2} \tag{f}$$

(7) 计算最大转角与最大挠度。

由图中可知，此梁的最大挠度和最大转角都是在梁的自由端 $x=a$ 处，将 $x=a$ 代入式（e）和式（f）得 B 点的最大挠度和转角为

$$\theta_{\max}=y'=\frac{M_e a}{EI}(\circlearrowright),\quad y_{\max}=\frac{a^2M_e}{2EI}(\uparrow)$$

【例 8-7】 如图 8-18（a）所示等截面简支梁的抗弯刚度为 EI，受集中力 F 和均布荷载 q 作用，试求截面 C 处的挠度 y_C 和截面 A 的转角 θ_A。

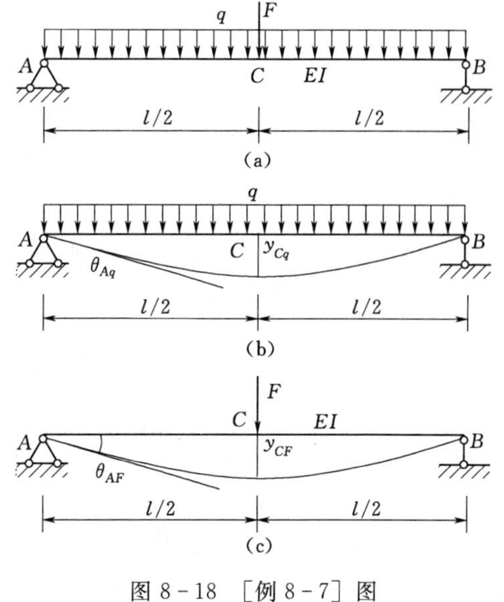

图 8-18 [例 8-7] 图

解：将荷载分解为两种简单荷载如图 8-18（b）和图 8-18（c）所示，由表 8-1 可查得

$$y_{C_q}=-\frac{5ql^4}{384EI},\quad \theta_{A_q}=-\frac{ql^3}{24EI};$$

$$y_{CF}=-\frac{Fl^3}{48EI},\quad \theta_{AF}=-\frac{Fl^2}{16EI}$$

式中：第一个下标表示截面位置；第二个下标表示引起该变形的原因。

将上述结果叠加，可得

$$y_C=y_{C_q}+y_{CF}=-\frac{5ql^4}{384EI}-\frac{Fl^3}{48EI}(\downarrow)$$

$$\theta_A=\theta_{A_q}+\theta_{AF}=-\frac{ql^3}{24EI}-\frac{Fl^2}{16EI}\ (\circlearrowleft)$$

8.3.2　梁的刚度条件

1. 梁的刚度校核

在建筑工程中，梁的刚度条件为

$$\frac{y_{max}}{l} \leqslant \left[\frac{y}{l}\right] \tag{8-23}$$

式中：$[y]$ 为梁的许可挠度。

在机械工程中，梁的刚度条件为

$$y_{max} \leqslant [y], \quad \theta_{max} \leqslant [\theta] \tag{8-24}$$

根据梁的刚度条件，可进行三个方面的刚度计算，即刚度校核、截面尺寸设计、确定梁的许可荷载。

2. 提高梁的刚度的措施

(1) 增大梁的抗弯刚度 EI。

(2) 调整跨长或改变结构。

【例 8-8】 如图 8-19 所示简支梁选用 32a 工字钢，其 $I_z = 11100\text{cm}^4$，$F = 20\text{kN}$，$l = 8.86\text{m}$，$E = 210\text{GPa}$，梁的许用挠度 $[y] = l/500$，试校核梁的刚度。

解：查表 8-1 得梁的跨中挠度为

$$y_{max} = -\frac{Fl^3}{48EI} = -\frac{20 \times 10^3 \times 8.86^3}{48 \times 210 \times 10^9 \times 11100 \times 10^{-8}} = -1.24 \times 10^{-2}(\text{m})$$

$$[y] = \frac{1}{500}l = \frac{8.86}{500} = 1.77 \times 10^{-2}(\text{m})$$

因为 $|y_{max}| < [y]$，所以，梁满足刚度条件。

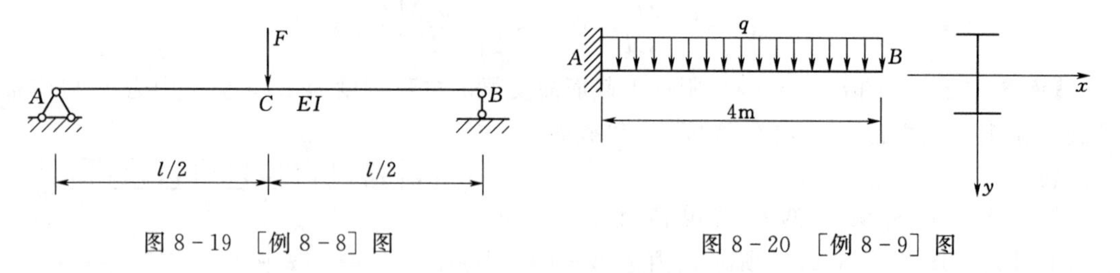

图 8-19 ［例 8-8］图　　图 8-20 ［例 8-9］图

【例 8-9】 如图 8-20 所示工字形截面悬臂梁，受均布荷载 $q = 5\text{kN/m}$ 作用。已知许用弯曲正应力 $[\sigma] = 170\text{MPa}$，梁的许可挠度与跨长之比值为 $[y/l] = 1/250$，材料的弹性模量 $E = 210\text{GPa}$，试选择工字钢的型号。

解：(1) 按强度条件选择截面。

在固定端截面，有最大弯矩：

$$M_{max} = \frac{1}{2}ql^2 = \frac{1}{2} \times 5 \times 4^2 = 40(\text{kN} \cdot \text{m})$$

所需抗弯截面系数为

$$W_z = \frac{M_{max}}{[\sigma]} = \frac{40 \times 10^3}{170 \times 10^6} = 0.235 \times 10^{-3}(\text{m}^3) = 235 \times 10^3(\text{mm}^3)$$

选用 20a 号工字钢，其截面系数 $W_z = 236.9 \times 10^3\text{mm}^3$，惯性矩 $I_z = 2369 \times 10^4\text{mm}^4$。

(2) 校核刚度。

梁的最大挠度在自由端截面，由表 8-1 查得，其值为

$$y_{\max}=\frac{ql^4}{8EI}=\frac{5\times10^3\times4^4}{8\times210\times10^9\times2370\times10^{-8}}=32.1\times10^{-3}(\text{m})=32.1(\text{mm})$$

梁的许可挠度：

$$[y]=\left[\frac{y}{l}\right]l=\frac{1}{250}\times4=\frac{4\times10^3}{250}=16(\text{mm})$$

故 $y_{\max}>[y]$，不满足刚度要求。

(3) 按刚度条件重新选择截面。

由刚度条件$\frac{y}{l}=\frac{ql^4}{8EIl}\leqslant\left[\frac{y}{l}\right]$得

$$I=\frac{ql^4}{8E[y]}=\frac{5\times10^3\times4^4}{8\times210\times10^9\times16\times10^{-3}}$$
$$=0.4762\times10^{-4}(\text{m}^4)=4762\times10^4(\text{mm}^4)$$

据此选用 25a 号工字钢，其 $I_z=5017\times10^4\text{mm}^4$，$W_z=401\times10^3\text{mm}^3$，这时梁的最大挠度为

$$y_{\max}=\frac{ql^4}{8EI}=\frac{5\times10^3\times4^4}{8\times210\times10^9\times5017\times10^{-8}}=15.2(\text{mm})<[y]$$

8.4 提高梁抗弯能力的措施

1. 合理配置梁的荷载和支座

为了降低梁的最大弯矩，可以合理地改变支座位置，也可以合理地布置荷载。

2. 合理选取截面形状

(1) 从正应力分布规律上看。合理的截面形式应尽可能地使材料布置在离中性轴较远的位置，因此，工字形、槽形等截面形式比矩形截面好，矩形截面又比圆形截面好，空心截面比实心截面好。

(2) 从抗弯截面模量 W_z 来看。合理的截面形式应在用料相同（A 相同）的情况下，W_z越大越好。因此，工字形、槽形等截面形式比矩形截面好，矩形截面又比圆形截面好。空心截面比实心截面好。

(3) 从材料的力学性能上看。合理的截面形式应使材料的上、下边缘点的最大拉、压应力同时达到材料的容许应力。对塑性材料，其抗拉能力与抗压能力相同，中性轴应为截面的对称轴；对脆性材料，其抗拉能力比抗压能力弱，因此，中性轴应靠近截面受拉的一侧，即中性轴不再是对称轴。

具体采用什么截面形式，除了考虑以上三方面外，还要综合考虑梁的用途及制造工艺等。

3. 合理设计梁的外形

为了充分发挥材料的潜力，节约材料并减轻自重，可将梁设计成变截面梁。若使梁各横截面上的最大正应力都相等，并均达到材料的容许应力，这样的梁则称为等强度梁。对

于等强度梁要注意按剪应力强度条件确定截面的最小高度或宽度，且因等强度梁的刚度较小，所以，要注意校核梁的刚度。正因为等强度梁的刚度较小，有较好的减振作用，故车辆的叠板弹簧就设计成等强度梁的形式。

本 章 小 结

本章主要讨论了平面弯曲的概念、弯曲应力和弯曲变形，以及其强度和刚度条件。

1. 平面弯曲的概念

当梁上荷载位于纵向对称面内，通过且垂直于梁轴线，则变形后的梁轴线仍在此平面内，这种弯曲变形称为平面弯曲。

2. 梁的弯曲应力及强度条件

纯弯曲梁横截面上正应力计算公式：$\sigma=\frac{M_z}{I_z}y$。

纯弯曲梁横截面正应力计算公式也可推广到横弯曲梁上。

横弯曲梁横截面上的切应力公式：$\tau=\frac{F_Q S_z^*}{I_z b}$。

梁的正应力强度条件和切应力强度条件分别为：$\sigma_{\max}\leqslant[\sigma]$，$\tau_{\max}\leqslant[\tau]$。

利用梁的强度条件可以进行强度校核，截面设计和许可荷载的计算。

3. 梁的弯曲变形及刚度条件

计算梁变形的方法很多，本章只介绍了两种方法。

（1）积分法。

梁的挠曲线的近似微分方程：$y''=\frac{M(x)}{EI}$。

转角方程：$EIy' = EI\theta = \int M(x)\mathrm{d}x + C$。

挠度方程：$EIy = \int\left[\int M(x)\mathrm{d}x\right]\mathrm{d}x + Cx + D$。

（2）叠加法。

适用于复杂荷载作用下梁的变形计算，一般有两种方法：一种是荷载叠加；另一种是某一截面的位移进行叠加。

梁的刚度条件：$\frac{y_{\max}}{l}\leqslant\left[\frac{y}{l}\right]$，$\theta_{\max}\leqslant[\theta]$。

利用梁的刚度条件可以进行刚度校核，截面设计和许可荷载的计算。

4. 提高梁的抗弯能力的措施

合理配置梁的荷载和支座；合理选取截面形状；合理设计梁的外形。

思 考 题

8-1　判断下列结论是否正确，正确画（√），不正确画（×）。

（1）平面弯曲时，中性轴一定通过截面形心。（　　）

(2) 平面弯曲时，等截面梁最大弯曲正应力一定发生在弯矩值最大的横截面上。(　　)

(3) 平面弯曲时，矩形截面上、下边缘的弯曲正应力和弯曲切应力都达到最大。(　　)

8-2　在推导弯曲正应力时，做了哪些假设？依据是什么？为什么要作这些假设？

8-3　在进行梁的强度校核时，什么情况下应特别注意梁的切应力强度？

8-4　何为挠曲线？何为挠度？何为转角？它们之间有何关系？

8-5　思考题8-5图中的连续条件和约束条件分别是什么？

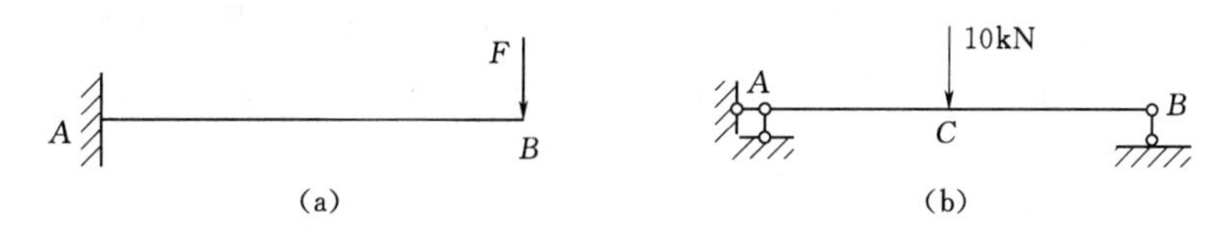

思考题8-5图

8-6　提高梁抗弯能力的措施有哪些？

习　题

8-1　一简支木梁，在全梁长度上受集度为 $q=5\text{kN/m}$ 的均布荷载作用。已知跨长 $l=7.5\text{m}$，矩形截面宽度 $b=300\text{mm}$ 和高度 $h=180\text{mm}$，木材的许用顺纹切应力为1MPa。试校核梁的切应力强度。

8-2　对于横截面边长为 $b\times 2b$ 的矩形截面梁，试求当外力偶分别作用在平行于截面长边及短边之纵向对称面内时，梁所能承担的许可弯矩之比，以及梁的弯曲刚度之比。

8-3　如习题8-3图所示一矩形截面木梁，$q=1.3\text{kN/m}$，矩形截面 $b\times h=60\text{mm}\times 120\text{mm}$，已知许用正应力 $[\sigma]=10\text{MPa}$，许用剪应力 $[\tau]=2\text{MPa}$，试校核梁的正应力强度和剪应力强度。

8-4　如习题8-4图所示，梁弯曲刚度 EI 均为常数，试用叠加法计算截面 B 的转角与截面 C 的挠度。

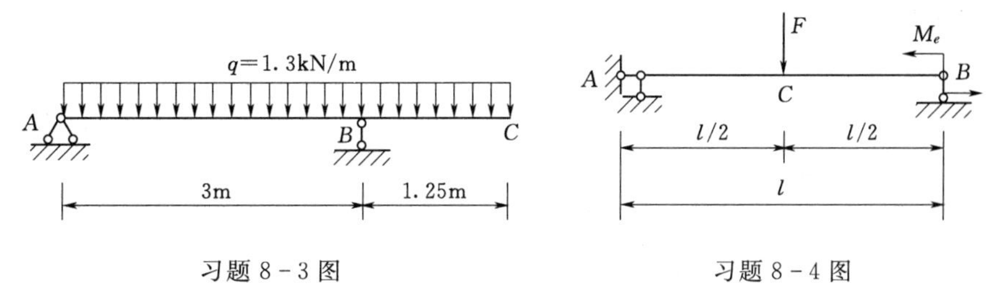

习题8-3图　　　　习题8-4图

8-5　如习题8-5图所示，一承受均布荷载的简支梁，已知 $l=6\text{m}$，$q=4\text{kN/m}$，$[y/l]=1/400$，梁采用22a号工字钢，已知工字钢弹性模量 $E=200\text{GPa}$，惯性矩为 $I=3.406\times 10^{-5}\text{m}^4$，试校核此梁的刚度。

8-6　工字钢截面简支梁如习题8-6图所示，已知梁上作用的荷载 $F=20\text{kN}$，$q=6\text{kN/m}$，梁的跨度 $l=6\text{m}$，材料的许用正应力 $[\sigma]=170\text{MPa}$，许用剪应力 $[\tau]=100\text{MPa}$，试选择工字钢的型号。

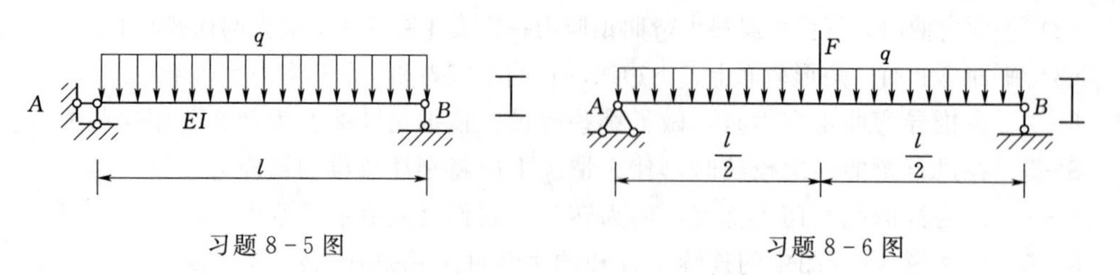

习题 8-5 图　　　　习题 8-6 图

8-7　如习题 8-7 图所示悬臂梁由三块木板胶合而成，梁的几何尺寸见图，已知：材料的许用正应力 $[\sigma]=10\text{MPa}$，许用剪应力 $[\tau]=1.1\text{MPa}$。胶合缝的许用切应力 $[\tau]=0.35\text{MPa}$，试求该梁的许可荷载 $[F]$。

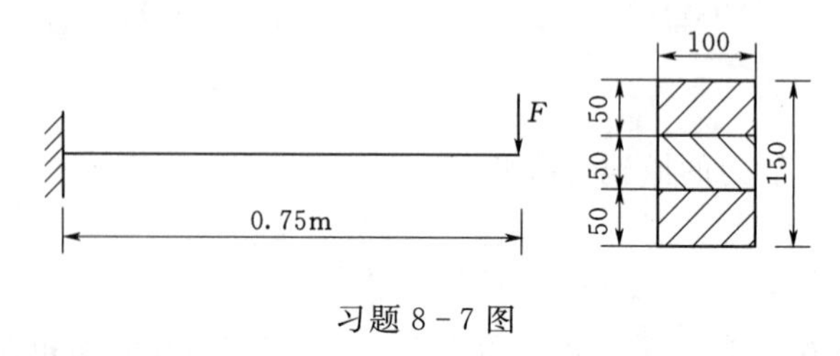

习题 8-7 图

第9章　结构的位移计算

9.1　概述

9.1.1　杆系结构的位移

杆系结构在荷载或其他因素作用下，会发生变形。由于变形，结构上各点的位移将会移动，产生**线位移**，杆件的横截面会转动，产生**角位移**，这些移动和转动称为**结构的位移**。

如图9-1（a）所示刚架，在荷载作用下发生图中虚线所示的变形，使A位置截面的形心A点移到A'点，线段AA'称为A点的**线位移**，记为Δ_A。若将Δ_A沿水平和竖向分解，则其分量Δ_{Ax}和Δ_{Ay}分别称为A点的水平线位移和竖向线位移［图9-1（b）］。同时截面A相对于变形前转动了一个角度，称为截面A的**角位移**。用θ_A表示。

上述线位移和角位移称为**绝对位移**。此外，在静定结构变形过程中还有相对位移。如图9-1（c）所示刚架，在荷载作用下发生虚线所示变形。C、D两点的水平线位移为Δ_C和Δ_D，它们水平位移之和$\Delta_{CD}=\Delta_C+\Delta_D$称为$C$、$D$两点的**水平相对线位移**。$A$、$B$两个截面的转角$\theta_A$和$\theta_B$，它们之和$\theta_{AB}(=\theta_A+\theta_B)$是$A$、$B$两个截面的相对转角，称为$A$、$B$两个截面的**相对角位移**。

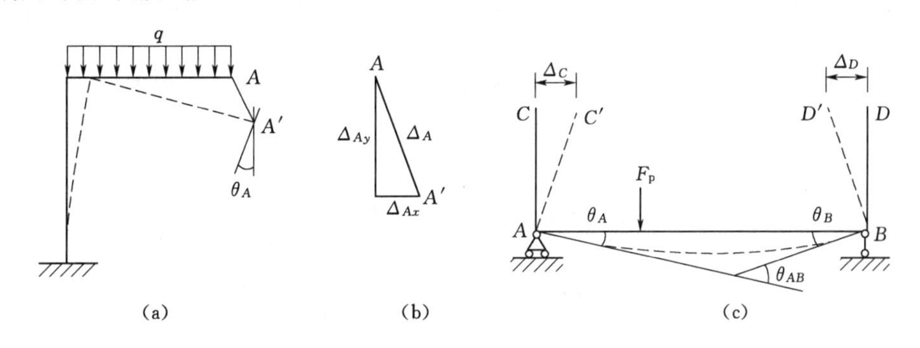

图9-1　刚架变形

将以上线位移、角位移及相对位移统称为**广义位移**。

除荷载外，温度改变、支座移动、材料收缩、制造误差等因素，也将会引起结构的位移，图9-2和图9-3分别是由于温度改变（$t_1>t_2$）产生的位移和支座移动产生的位移。

9.1.2　计算位移的目的

在工程设计和施工过程中，结构的位移计算很重要，概括地说，计算位移的目的有以下三方面：

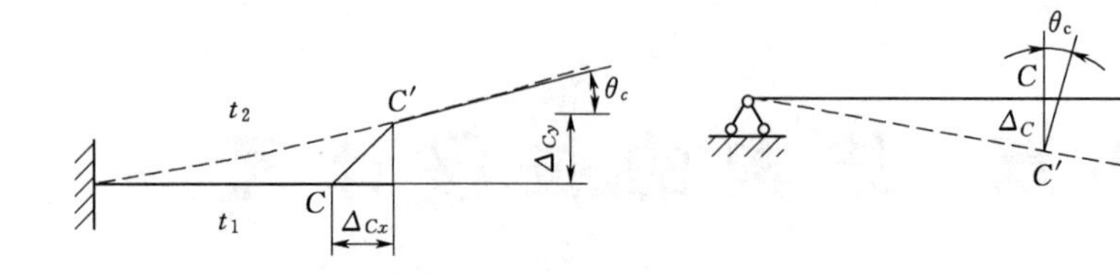

图 9-2　温度引起的位移　　　图 9-3　支座沉陷引起的位移

（1）校核结构或构件的刚度。即验算结构或构件的位移是否超过允许的位移限制值。

（2）为超静定结构的内力分析奠定基础。在计算超静定结构内力时，除利用静力平衡条件外，还需要考虑变形协调条件，因此需计算结构的位移。

（3）便于结构或构件的制作和施工。有时在结构的制作、架设、养护过程中，需要预先知道结构的变形情况，以便采取一定的施工措施，因而也需要进行位移计算。

结构的位移计算在实际工程中具有重要意义，结构位移计算的一般方法是以虚功原理为基础的单位荷载法。本章先介绍虚功原理，然后再讨论在荷载等外界因素的影响下静定结构的位移计算方法。

9.2　变形体的虚功原理

9.2.1　虚功的概念

1. 功

当一个物块在图 9-4（a）所示的力 F 的作用下，沿直线从 A 点移动到 B 点，发生的位移为 Δ，则作用于质点上的常力 F 在位移 Δ 上所做的功 W 为

$$W=F\Delta\cos\theta$$

可见，功是标量，它可以为正、为负或为零，视力与位移的夹角而定。

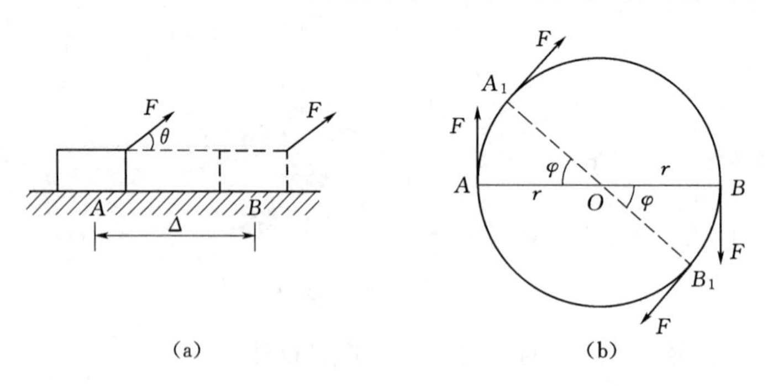

图 9-4　做功

若一对大小相等、方向相反的力 F 作用于圆盘 A、B 两点上，如图 9-4（b）所示，设圆盘转动时，力 F 的大小不变而方向始终垂直于直径 AB，当圆盘转过一个角度 φ 时，直径 AB 移动到 A_1B_1 处，则两力所做的功为

$$W=2Fr\varphi=M\varphi$$

式中：$M=2Fr$，即力偶所做的功等于力偶矩与角位移的乘积。

由上可知，功包含了两个因素，即力和位移。若用 $\boldsymbol{F}$ 表示广义力，用 $\boldsymbol{\Delta}$ 表示广义位移，则功可表示为

$$W=\boldsymbol{F}\cdot\boldsymbol{\Delta}$$

广义力可以有不同的量纲，相应地广义位移也可以有不同的量纲，但做功时其乘积功恒具有功的量纲。

2. 虚功及两种状态

根据力与位移的关系，可将功分为两种情况：

（1）实功。认为位移是由做功的力引起，例如图 9-4（a）所示的物块的位移，是由做功的力 F 引起的，图 9-4（b）所示的圆盘的转角 φ，是由力偶矩 M 引起的。把力在由自身引起的位移上所做的功称为**实功**。

（2）虚功。认为位移不是由做功的力引起的，而是由其他因素引起的。例如图 9-5（a）所示的简支梁受力 F 作用，变形至实曲线所示的位置，此时力 F 作实功。然后再在梁上作用力 F'，使梁继续发生变形达到虚线所示的位置。此时，力 F 作用点有位移 Δ，但是该位移不是力 F 引起的，而是由力 F' 所引起，我们把力在由其他因素引起的位移上所做的功称为**虚功**。

所谓虚功并非不存在，只是强调做功过程中力与位移彼此无关。正是基于这一点，可以将两者看成是同一体系两种彼此无关的状态，其中力系所属的状态称为力状态，如图 9-5（b）所示，力状态是真实的；位移所属的状态称为位移状态，如图 9-5（c）所示，位移状态是虚拟的。当然，我们也可以根据需要，取真实的位移状态，虚拟的力状态，即位移状态和力状态中的任何一个都可以是虚拟的。不过，虚拟的力状态必须满足力系的平衡条件，而虚拟的位移状态必须满足体系约束所容许的位移。

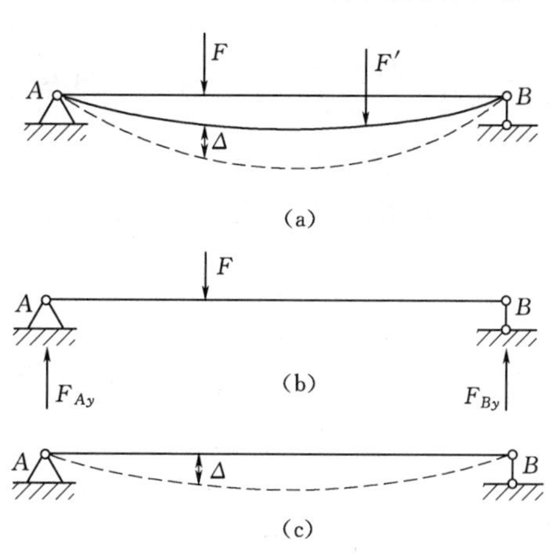

图 9-5　虚功及两种状态

9.2.2 变形体的虚功原理

变形体在外力的作用下要发生变形，同时还要产生相应的内力。变形体的虚功原理可表述为：**设变形体在力系作用下处于平衡状态，又设变形体由于其他原因产生符合约束条件的微小连续变形，则外力在位移上所作虚功 W_e 恒等于各个微段的应力合力在变形上所作的内虚功 W_i。即外力虚功等于内力虚功：**

$$W_e=W_i \tag{9-1}$$

式中：W_e 为外力虚功，即力状态中的外力在位移状态中的相应位移上所作的虚功总和；W_i 为内力虚功，即力状态中的内力在位移状态中的相应变形上所作的虚功总和。

式（9-1）称为变形体的虚功方程。变形体虚功原理的证明从略。需要指出的是，在

推导变形体的虚功方程时，并未涉及材料的物理性质，只要在小变形范围内，对于弹性、塑性、线性、非线性的变形体系，上述虚功方程都成立。若结构作为刚体看待时，则 $W_i=0$，于是变形体的虚功方程就转化为 $W_e=0$，即刚体的虚功方程。因此，刚体的虚功原理是变形体虚功原理的一个特例。

由于虚功原理中有两种彼此独立的状态，即力状态和位移状态，因此在应用虚功原理时，可根据不同需要，将其中的一个状态看做是虚设的，另一个状态则是问题的实际状态。于是，虚功原理有两种表述形式，用以解决两类问题。

（1）虚位移原理。此时位移状态是虚拟的，力状态是实际给定的，在虚拟位移状态和给定的实际力状态之间应用虚功原理，这种形式的虚功原理就称为**虚位移原理**。它代表力系的平衡方程，可用来求力系的某未知力。

（2）虚力原理。此时力状态是虚拟的，位移状态是实际给定的，在虚拟力状态和给定的实际位移状态之间应用虚功原理，这种形式的虚功原理就称为**虚力原理**。它代表几何协调方程，也可用于求给定变形状态中的某未知位移。

下面应用虚力原理推导出平面杆件结构位移计算的一般公式。

9.3 结构位移计算的一般公式

9.3.1 结构位移计算的一般公式

现以图 9-6（a）所示刚架为例来建立平面杆件结构位移计算的一般公式。设刚架由于荷载、支座移动和温度改变等因素而发生如图中虚线所示的变形，这是结构的实际位移状态。现要求该状态中结构上 K 点沿 $k-k$ 方向的位移。应用虚力原理，虚拟一个与所求位移相对应的虚单位荷载，即在 K 点沿 $k-k$ 方向施加一个虚单位力 $\overline{F}_K=1$（在力的符号上加一杠以表示虚拟），如图 9-6（b）所示。在该虚单位荷载作用下，结构将产生虚反力 $\overline{F}_R$ 和虚内力 $\overline{F}_N$，$\overline{F}_Q$、$\overline{M}$，它们构成了一个虚拟力系，这就是虚拟的力状态。

图 9-6（b）所示的虚拟力系在图 9-6（a）所示的实际位移状态上所作的外力虚功为

$$W_e=\overline{F}_K\Delta_K+\overline{F}_{R1}C_1+\overline{F}_{R2}C_2+\overline{F}_{R3}C_3$$

内力虚功为

$$W_i=\sum\int\overline{F}_N\mathrm{d}u+\sum\int\overline{M}\mathrm{d}\theta+\sum\int\overline{F}_Q\gamma\mathrm{d}s$$

根据式（9-1）得

$$\overline{F}_K\Delta_K+\overline{F}_{R1}C_1+\overline{F}_{R2}C_2+\overline{F}_{R3}C_3=\sum\int\overline{F}_N\mathrm{d}u+\sum\int\overline{M}\mathrm{d}\theta+\sum\int\overline{F}_Q\gamma\mathrm{d}s$$

或写为

$$\Delta_K=\sum\int\overline{F}_N\mathrm{d}u+\sum\int\overline{M}\mathrm{d}\theta+\sum\int\overline{F}_Q\gamma\mathrm{d}s-\sum\overline{F}_RC \tag{9-2}$$

式中：$\mathrm{d}u$、$\gamma\mathrm{d}s$、$\mathrm{d}\theta$ 为实际位移状态下微段的轴向变形、剪切变形、弯曲变形，如图 9-6（c）

所示；$\overline{F}_N$、$\overline{F}_Q$、$\overline{M}$为虚拟力状态下微段的轴力、剪力、弯矩，如图 9-6（d）所示。

式（9-2）即为平面杆件结构位移计算的一般公式。它既适用于静定结构，也适用于超静定结构；既适用于弹性材料，也适用于非弹性材料；既适用于荷载作用下的位移计算，也适用于由温度改变、支座移动等非荷载因素影响下的位移计算。我们把这种在所求位移方向施加一个虚单位力$\overline{F}_K=1$来计算结构位移的方法称为**单位荷载法**。

当然，在应用式（9-2）计算结构位移时，要求结构的材料要服从胡克定律，结构所产生的变形为小变形问题。

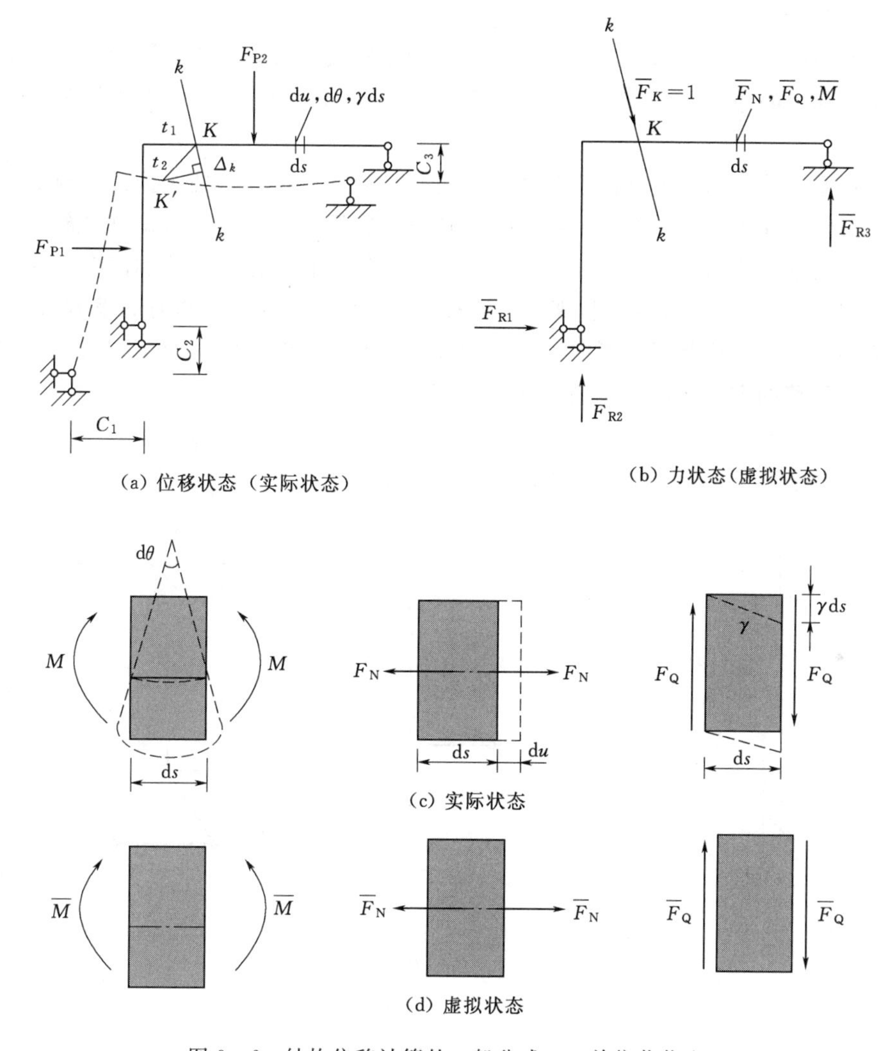

图 9-6 结构位移计算的一般公式——单位荷载法

9.3.2 虚单位荷载的设置

式（9-2）不仅可用于计算结构的线位移，而且可以计算任意的广义位移，只要所设的虚单位力与所计算的广义位移相对应即可。在计算各种位移时，可按以下方法设虚拟状态下的单位力。具体说明如下：

(1) 若要求某点沿某方向的线位移时，应在该点沿所求位移方向施加一个单位集中力。如图9-7 (a) 即为求 K 点水平位移时的虚力状态；如图9-7 (b) 即为求 K 点竖向位移时的虚力状态。

(2) 若要求结构上某一截面的角位移，则应在该截面上施加一个单位集中力偶，如图9-7 (c) 即为求 K 截面的角位移时的虚力状态；如图9-7 (d) 即为求桁架中 CD 杆的角位移时的虚力状态。由于桁架杆件只承受结点荷载，因此应在杆端施加一对与该杆垂直的集中力，大小为杆长的倒数，形成一个力偶，等效于在杆件上施加一个单位力偶的作用。

(3) 若要求计算结构上某两点沿指定方向的相对线位移，则应在该两点沿指定方向施加一对反向共线的单位集中力。如图9-7 (e) 即为求 KJ 两点的相对线位移时的虚力状态。

(4) 若要求计算结构上某两个截面的相对角位移，则应在这两个截面上施加一对反向单位集中力偶。如图9-7 (f) 即为求 K 两侧截面的相对角位移时的虚力状态。

(5) 若要求计算桁架中某两杆的相对角位移，则应在该两杆上施加两个方向相反的单位力偶。如图9-7 (g) 即为求桁架中 CD 杆与 CE 杆的相对角位移时的虚力状态。

应该指出，虚单位荷载的指向可任意假设，若按式 (9-2) 计算出来的结果是正的，则表示实际位移的方向与虚单位荷载的方向相同，否则相反。

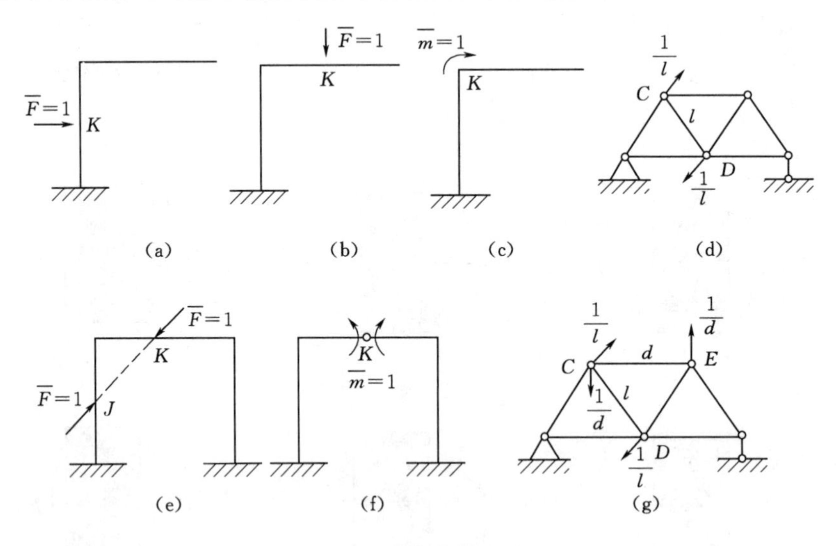

图9-7 单位荷载的设置

9.4 静定结构在荷载作用下的位移计算公式

9.4.1 荷载作用下的位移计算公式

当结构只受到荷载作用时，由于没有支座移动，故式 (9-2) 中的 $\sum \overline{F}_R C$ 一项为零，因而位移计算公式为

$$\Delta_{KP}=\sum\int\overline{F}_{N}du+\sum\int\overline{M}d\theta+\sum\int\overline{F}_{Q}\gamma ds \tag{a}$$

式中：$\overline{M}$、$\overline{F}_{N}$、$\overline{F}_{Q}$ 为虚拟状态中微段上的内力；du、$d\theta$、γds 是实际状态中微段的变形。

位移 Δ_{KP}采用双下标表示，第一个下标 K 表示该位移发生的地点和方向（K 点沿指定方向）；第二个下标 P 表示引起位移的原因（由广义力引起的）。若实际荷载引起的内力为 M_{P}、F_{NP}、F_{QP}，在线弹性范围内，可推导出（证明从略），由 M_{P}、F_{NP}和 F_{QP}分别引起的微段的弯曲变形、轴向变形和剪切变形为

$$d\theta=\frac{M_{P}ds}{EI} \tag{b}$$

$$du=\frac{F_{NP}ds}{EA} \tag{c}$$

$$\gamma ds=\frac{kF_{QP}ds}{GA} \tag{d}$$

式中：EA、GA、EI 为杆件的拉压、剪切、弯曲刚度；k 为切应力分布不均匀系数，是与截面形状有关的系数。例如，对于矩形截面取 1.2；对于圆形截面取$\frac{10}{9}$；对于薄壁圆环形截面取 2；对于工字形截面，取 $k=\frac{A}{A_1}$（A_1 为腹板面积）。

将式（b）～式（d）代入式（a）得

$$\Delta_{KP}=\sum\int\frac{\overline{F}_{N}F_{NP}ds}{EA}+\sum\int\frac{\overline{M}M_{P}ds}{EI}+\sum\int\frac{k\overline{F}_{Q}F_{QP}ds}{GA} \tag{9-3}$$

这就是平面杆件结构在荷载作用下的位移计算公式。

9.4.2 几种典型结构的位移计算公式

分析式（9-3）右边的三项，它们依次分别表示轴向变形、弯曲变形和剪切变形对位移的影响。计算表明，对不同形式的结构，这三项的影响量是不同的。对某一具体结构而言，某一项（或两项）的影响是显著的，其余项的影响可以忽略不计。因此，在结构位移计算中，对不同形式的结构可分别采用不同的简化计算公式。

1. 梁和刚架

在梁和刚架中，位移主要是弯矩引起的，轴力和剪力的影响较小，因此位移公式可简化为

$$\Delta_{KP}=\sum\int\frac{\overline{M}M_{P}ds}{EI} \tag{9-4}$$

2. 桁架

在桁架中，各杆只受轴力，而且每根杆的截面面积 A 以及轴力$\overline{F}_{N}$ 和 F_{NP}沿杆长一般都是常数，因此位移公式可简化为

$$\Delta_{KP}=\sum\int\frac{\overline{F}_{N}F_{NP}ds}{EA}=\sum\frac{\overline{F}_{N}F_{NP}}{EA}\int ds=\sum\frac{\overline{F}_{N}F_{NP}l}{EA} \tag{9-5}$$

3. 组合结构

在组合结构中，梁式杆主要承受弯矩，其变形主要是弯曲变形，在梁式杆中只考虑弯

曲变形对位移的影响；而链杆只承受轴力，只有轴向变形，故位移公式可简化为

$$\Delta_{KP}=\sum\int\frac{\overline{M}M_{P}\mathrm{d}s}{EI}+\sum\frac{\overline{F}_{N}F_{NP}l}{EA} \tag{9-6}$$

4. 曲杆与拱

只有当不考虑曲杆和拱的曲率影响时，才能利用式（9-4）计算位移，计算比较表明，当拱轴线与压力线比较接近（两者的距离与杆件的截面高度在同一个量级）或计算偏平拱$\left(\frac{f}{l}<\frac{1}{5}\right)$的水平位移时，才同时考虑弯曲变形和轴向变形的影响。而对于一般的曲杆和拱形结构，通常只要考虑弯曲变形的影响已足够精确。

$$\Delta_{KP}=\sum\int\frac{\overline{F}_{N}F_{NP}\mathrm{d}s}{EA}+\sum\int\frac{\overline{M}M_{P}d_{s}}{EI} \tag{9-7}$$

需要说明的是，在以上的位移计算中，都没有考虑杆件的曲率对变形的影响，这对直杆是正确的，对曲杆是近似的。不过，在常用的结构中，譬如拱结构、曲梁和有曲杆的刚架等，构件的曲率对变形的影响很小，可以略去不计。

【例9-1】　试求图9-8（a）所示刚架A点总的竖向位移Δ_{Ay}，各杆材料相同，截面I、A为常数。

解： 利用积分法求解，根据题意计算A点总的竖向位移，即要同时考虑轴向变形、剪切变形和弯曲变形对位移的影响。在列弯矩方程时，对于水平AB杆，假定下侧受拉为正；对于竖向BC杆，假定右侧受拉为正，并且两种状态（实际状态和虚拟状态）下弯矩正方向的假定必须相同。

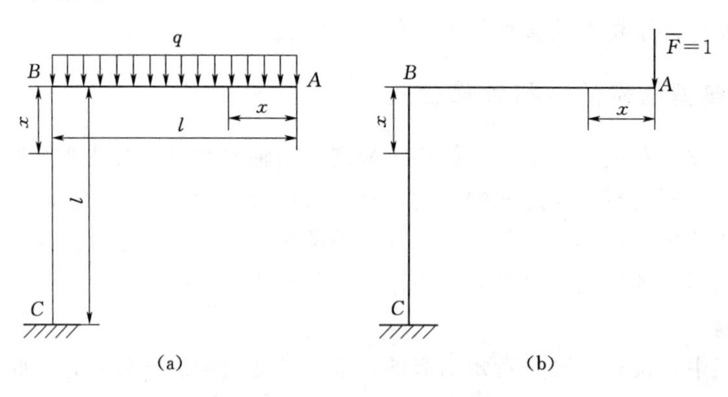

图9-8　[例9-1]图

（1）在A点加一竖向单位荷载作为虚拟状态，如图9-8（b）所示，并分别设各杆的x坐标如图所示，则各杆内力方程为

AB段：　$\overline{M}=-x$，$\overline{F}_{N}=0$，$\overline{F}_{Q}=1$

BC段：　$\overline{M}=-l$，$\overline{F}_{N}=-1$，$\overline{F}_{Q}=0$

（2）在实际状态中［图9-8（a）］，各杆内力方程为

AB段：　$M_{P}=-\frac{qx^{2}}{2}$，$F_{NP}=0$，$F_{QP}=qx$

BC段：　$M_{P}=-\frac{ql^{2}}{2}$，$F_{NP}=-ql$，$F_{QP}=0$

(3) 代入公式(9-3)得

$$\Delta_{Ay}=\sum\int\frac{\overline{M}M_{P}\mathrm{d}s}{EI}+\sum\int\frac{\overline{F}_{N}F_{NP}\mathrm{d}s}{EA}+\sum\int\frac{k\overline{F}_{Q}F_{QP}\mathrm{d}s}{GA}$$

$$=\int_{0}^{l}(-x)\left(-\frac{qx^{2}}{2}\right)\frac{\mathrm{d}x}{EI}+\int_{0}^{l}(-l)\left(-\frac{ql^{2}}{2}\right)\frac{\mathrm{d}x}{EI}+\int_{0}^{l}(-1)(-ql)\frac{\mathrm{d}x}{EA}+\int_{0}^{l}k(+1)(qx)\frac{\mathrm{d}x}{GA}$$

$$=\frac{5}{8}\frac{ql^{4}}{EI}+\frac{ql^{2}}{EA}+\frac{kql^{2}}{2GA}=\frac{5}{8}\frac{ql^{4}}{EI}\left[1+\frac{8}{5}\frac{I}{Al^{2}}+\frac{4}{5}\frac{kEI}{GAl^{2}}\right]$$

(4) 再一次讨论轴力与剪力对位移的影响，若设杆件的截面为矩形，其宽度为 b，高度为 h，则有 $A=bh$，$I=\frac{bh^{3}}{12}$，$k=1.2$，代入上式：

$$\Delta_{Ay}=\frac{5}{8}\frac{ql^{4}}{EI}\left[1+\frac{2}{15}\left(\frac{h}{l}\right)^{2}+\frac{2}{25}\frac{E}{G}\left(\frac{h}{l}\right)^{2}\right]$$

可以看出，杆件截面高度与杆长之比 $\frac{h}{l}$ 越大，则轴力和剪力影响所占的比重越大。例如 $\frac{h}{l}=\frac{1}{10}$，并取 $G=0.4E$，可算得

$$\Delta_{Ay}=\frac{5}{8}\frac{ql^{4}}{EI}\left[1+\frac{1}{750}+\frac{1}{500}\right]$$

可见轴力和剪力在细长杆情况影响是很小的，通常可以略去。

9.5 图乘法计算梁和刚架的位移

9.5.1 图乘法适用条件及图乘公式

1. 适用条件

当用上一节介绍的单位荷载法进行梁或刚架的位移时，需要计算积分：

$$\Delta_{KP}=\sum\int\frac{\overline{M}M_{P}}{EI}\mathrm{d}s \tag{a}$$

当杆件数目较多，荷载较复杂的情况下，上述积分的计算工作是比较麻烦的。但是，在一定条件下，这个积分可用 $\overline{M}$ 和 M_P 两个弯矩图相乘的方法（即图乘法）来代替，从而简化计算工作。其条件是：①杆轴为直线；② EI=常数；③ $\overline{M}$ 和 M_P 图中至少有一个为直线图形。对于等截面直杆，上述的前两个条件自然恒满足。至于第三个条件，虽然在均布荷载作用下，其 M_P 图为曲线图形，但 $\overline{M}$ 图却总是由直线段组成的，只要分段考虑就可得到满足。于是，对于等截面直杆（包括截面分段变化阶梯形的杆件）所组成的梁和刚架，在位移计算中，均可采用图乘法来代替积分运算。

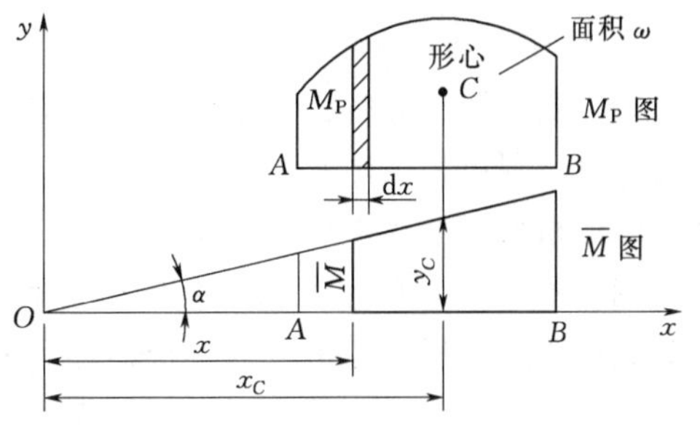

图 9-9 图形相乘

2. 图乘公式

现以图 9-9 所示的两个弯矩图来说明图

乘法与积分运算之间的关系。设等截面直杆 AB 段上的两个弯矩图中，$\overline{M}$图为直线图形，M_P 图为曲线形状。我们以杆轴为 x 轴，以$\overline{M}$图的延长线与 x 轴的交点 O 为原点并设置 y 轴，则积分公式（a）中的 ds 可用 dx 代替，EI 为常数。且因$\overline{M}$为直线变化，则有$\overline{M}=x\tan\alpha$，且 $\tan\alpha$ 为常数，则有

$$\int\frac{\overline{M}M_P}{EI}ds=\frac{\tan\alpha}{EI}\int xM_P dx=\frac{\tan\alpha}{EI}\int x d\omega \tag{b}$$

式中：$d\omega$ 为 M_P 图中有阴影线的微面积，$d\omega=M_P dx$，故 $xd\omega$ 为微面积 $d\omega$ 对 y 轴的静矩，根据合力矩定理，它应等于 M_P 图的面积 ω 乘以其形心 C 到 y 轴的距离 x_C，即

$$\int x d\omega=\omega x_C$$

代入式（b）有

$$\int\frac{\overline{M}M_P}{EI}ds=\frac{\tan\alpha}{EI}\omega x_C=\frac{\omega y_C}{EI} \tag{c}$$

这里 y_C 是 M_P 图的形心 C 处所对应的$\overline{M}$图的竖标。可见，上述积分式等于一个弯矩图的面积 ω 乘以其形心处所对应的另一个直线弯矩图上的竖标 y_C，再除以 EI，这就称为图乘法。

如果结构上所有各杆段均可图乘，则位移计算公式（9-5）可写为

$$\Delta_{KP}=\sum\int\frac{\overline{M}M_P}{EI}ds=\sum\frac{\omega y_C}{EI} \tag{9-8}$$

根据上面的推证过程可知，在应用图乘法时应注意下列各点：①必须符合上述前提条件；②竖标 y_C 只能取自直线图形；③ω 与 y_C 若在杆件的同侧乘积取正号，异侧则取负号。

9.5.2 图乘计算中的几个问题

1. 常见图形面积及形心位置

在应用图乘法时，需要计算图形的面积 ω 及该图形形心 C 的位置。现将几种常见图形的面积及其形心位置置于图 9-10 中，以备查。在应用抛物线图形公式时，必须注意抛物线为标准抛物线，所谓标准抛物线是指其顶点在中点或端点的抛物线，而“顶点”是指其切线平行于基线的点。不难理解，当弯矩图为标准抛物线时，在顶点处应有$\frac{dM}{dx}=0$，即顶点处截面的剪力应为零。

2. 图乘法应用技巧

（1）复杂图形分解为简单图形。在应用图乘法时，如遇到弯矩图的面积或形心位置不便确定时，则可将该图形分解为几个易于确定形心位置和面积的部分，将这些部分分别与另一图形相乘，然后把所得结果叠加。

例如图 9-11（a）所示两个梯形相乘时，可不必定出 M_P 图的梯形形心位置，而把它分解成两个三角形（也可分为一个矩形和一个三角形）。此时：

$$M_P=M_{P1}+M_{P2}$$

所以

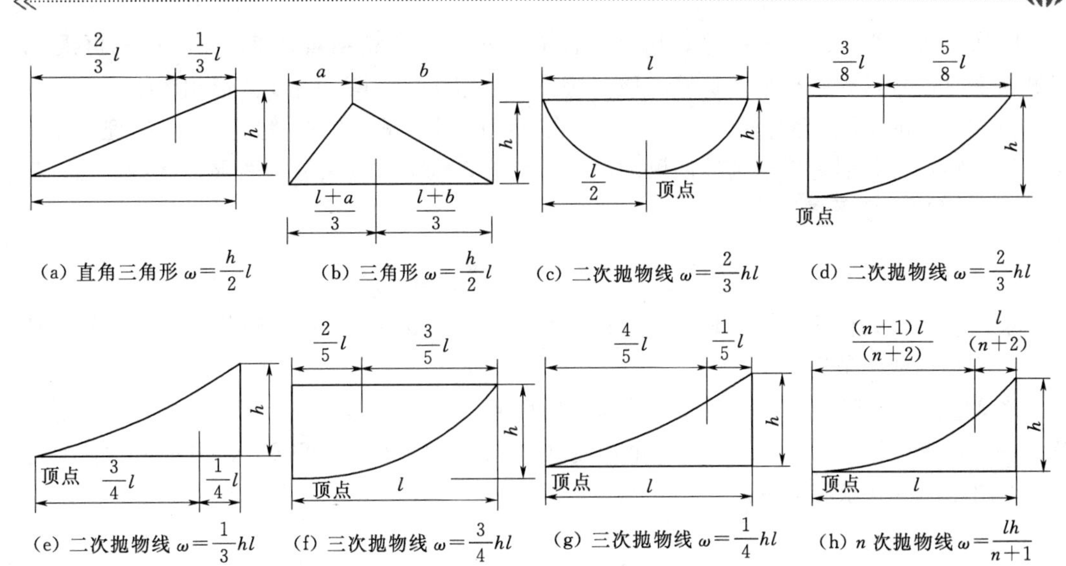

图 9-10 常见图形的面积公式和形心位置

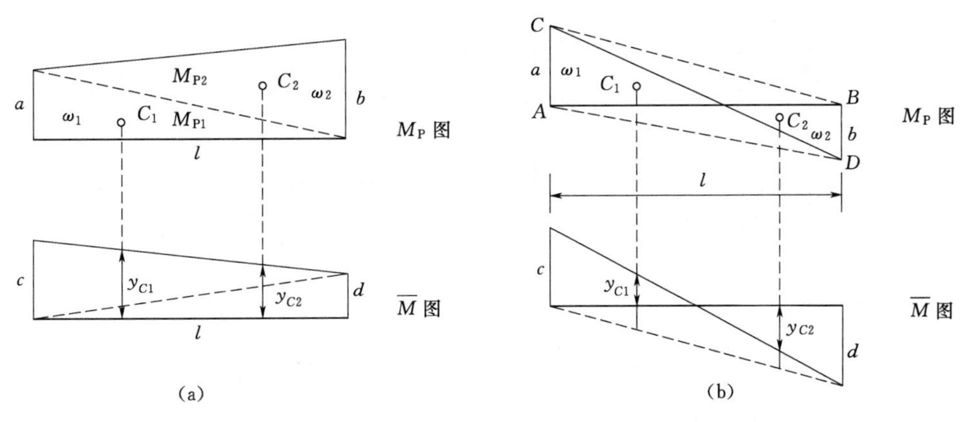

图 9-11 两个直线图形相图乘

$$\frac{1}{EI}\int \overline{M}M_{\mathrm{P}}\mathrm{d}x=\frac{1}{EI}\int \overline{M}(M_{\mathrm{P1}}+M_{\mathrm{P2}})\mathrm{d}x=\frac{1}{EI}\left[\int \overline{M}M_{\mathrm{P1}}\mathrm{d}x+\int \overline{M}M_{\mathrm{P2}}\mathrm{d}x\right]$$

$$=\frac{1}{EI}(\omega_1 y_{C1}+\omega_2 y_{C2})$$

式中

$$\omega_1=\frac{1}{2}al,\quad y_{C1}=\frac{2}{3}c+\frac{1}{3}d$$

$$\omega_2=\frac{1}{2}bl,\quad y_{C2}=\frac{1}{3}c+\frac{2}{3}d$$

所以

$$\frac{\omega y_c}{EI}=\frac{1}{EI}(\omega_1 y_1+\omega_2 y_2)$$

$$=\frac{1}{EI}\left[\frac{al}{2}\left(\frac{2}{3}c+\frac{1}{3}d\right)+\frac{bl}{2}\left(\frac{1}{3}c+\frac{2}{3}d\right)\right]$$

$$=\frac{l}{6EI}[2ac+2bd+ad+bc]$$

图乘口诀：六分之 l 乘括号，括号里面有四项；同旁相乘再乘 2，异旁相乘再乘 1；同侧相乘取正号，异侧相乘取负号。该口诀公式适用于任何两个直线图形相图乘。

当 M_P 图和$\overline{M}$图的竖标 a、b 或 c、d 不在基线的同一侧［图 9－11（b）］，处理原则仍和上面一样，可分解为位于基线两侧的两个三角形，按上述方法分别图乘，然后叠加。但式中的 y_{C1} 和 y_{C2} 按下式计算：

$$y_{C1}=\frac{2}{3}c-\frac{1}{3}d,\quad y_{C2}=\frac{2}{3}d-\frac{1}{3}c$$

上述口诀公式仍然适用，只不过将位于基线上侧的 a 和 c 竖标取正值，位于基线下侧的 b 和 d 竖标取负值即可。

当 M_P 图是由竖向均布荷载和杆端弯矩所引起，如图 9－12（a）所示，则可以将它分解为一个梯形［图 9－12（b）］和一个抛物线［图 9－12（c）］两部分，再将上述两图分别与$\overline{M}$图相图乘并求和即可。

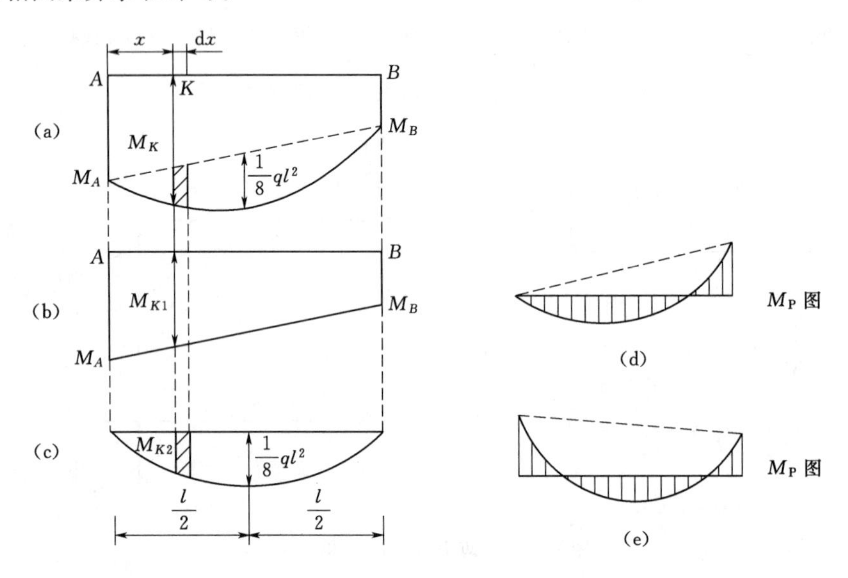

图 9－12　抛物线分解

必须指出，所谓弯矩图的叠加是指弯矩图竖标的叠加，而不是原图形状的剪贴拼合。因此，叠加后的抛物线图形的所有竖标仍应为竖向的，而不是垂直于 M_A 和 M_B 的连线。例如图 9－12（a）中，竖标 M_K 等于M_{K1}与 M_{K2}之和。由此可知，在图 9－12（a）中，虚线以下部分图形实际上就代表了图 9－12（c）中所示相应简支梁在均布荷载作用下的弯矩图。这样，叠加后的抛物线图形与原标准抛物线在形状上虽不同，但两者任一处对应的竖标 y 和微段长度 dx 仍相等，因而对应的每一窄条微分面积仍相等。因此可知，两个图形总面积大小和形心位置仍然是相同的。

图 9－12（d）和图 9－12（e）所示的 M_P 图是由竖向均布荷载和杆端弯矩所引起的另外两种情况，它们可分别分解为三角形（或梯形）和抛物线叠加。

（2）分段图乘。如果杆件（或杆段）的两个弯矩图的图形都不是直线图形，其中一个（或两个）图形为折线，则应分段图乘［图 9－13（a）］。另外，即使图形是直线形，但杆

件为阶梯杆，各段杆的弯曲刚度 EI 不是常数，也应分段图乘［图 9－13（b）］。

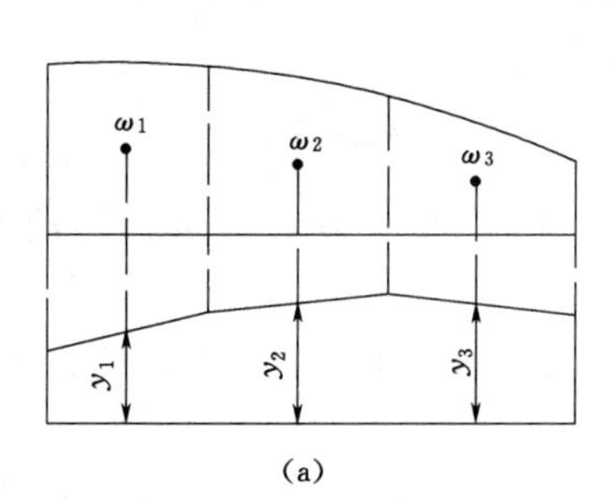

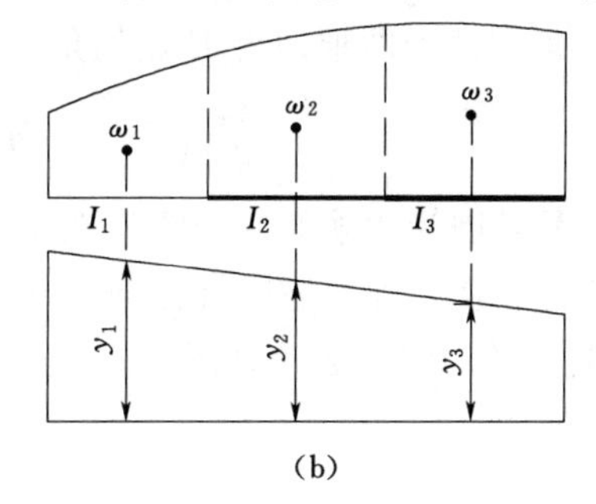

图 9－13 分段图乘

对于图 9－13（a）应为

$$\Delta=\frac{1}{EI}(\omega_1 y_1+\omega_2 y_2+\omega_3 y_3)$$

对于图 9－13（b）应为

$$\Delta=\frac{\omega_1 y_1}{EI_1}+\frac{\omega_2 y_2}{EI_2}+\frac{\omega_3 y_3}{EI_3}$$

【例 9－2】 试用图乘法计算图 9－14（a）所示简支梁跨中截面 C 的竖向位移 Δ_{Cy} 和 B 端的角位移 θ_B，设 EI 为常数。

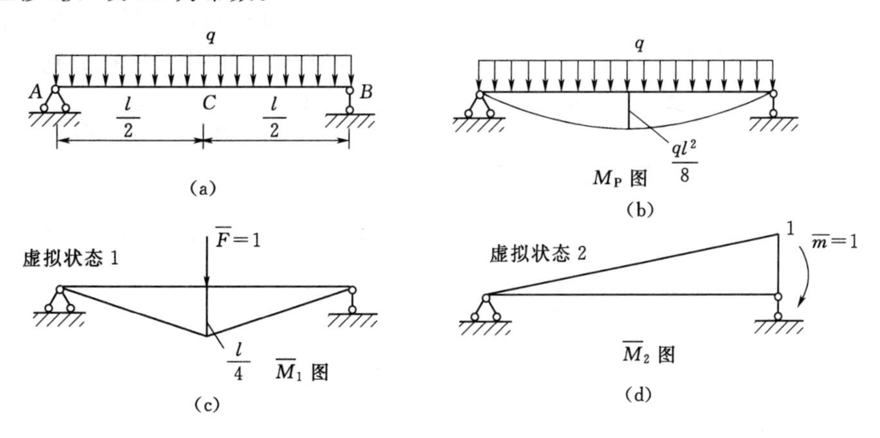

图 9－14 ［例 9－2］图

解：（1）计算 C 点的竖向位移 Δ_{Cy}。

首先作出原结构在荷载作用下的 M_P 图，如图 9－14（b）所示；然后在 C 点施加一个竖向集中荷载，得到其虚拟的力状态，并作其 $\overline{M}_1$ 图，如图 9－14（c）所示。

由于 $\overline{M}_1$ 图是折线，故需分段进行图乘，然后叠加。因两个弯矩图（M_P 和 $\overline{M}_1$）均为对称，故两者图乘时只需取一半进行计算再乘 2 即可。因此得 C 点竖向位移为

$$\Delta_{Cy}=\frac{2}{EI}\left[\left(\frac{2}{3}\times\frac{l}{2}\times\frac{1}{8}ql^2\right)\times\left(\frac{5}{8}\times\frac{l}{4}\right)\right]=\frac{5ql^4}{384EI}(\downarrow)$$

（2）计算 B 端角位移 θ_B。

同理，在 B 端加单位力偶，得到其虚拟的力状态，并作其 $\overline{M}_2$ 图，如图 9－14（d）

所示。

M_P 图与$\overline{M}_2$ 图两者图乘即得 B 点的角位移为

$$\theta_B=-\frac{1}{EI}\left(\frac{2}{3}l\times\frac{1}{8}ql^2\right)\times\frac{1}{2}=-\frac{ql^3}{24EI}(\circlearrowright)$$

式中的负号是因为相乘的两个图形在基线的两侧，负号表示 θ_B 实际转动方向与所加单位力偶的方向相反，即为逆时针方向转动。

【例 9-3】 试用图乘法计算图 9-15（a）所示外伸梁上点 C 的竖向位移Δ_{Cy}，已知梁的刚度 EI 为常数。

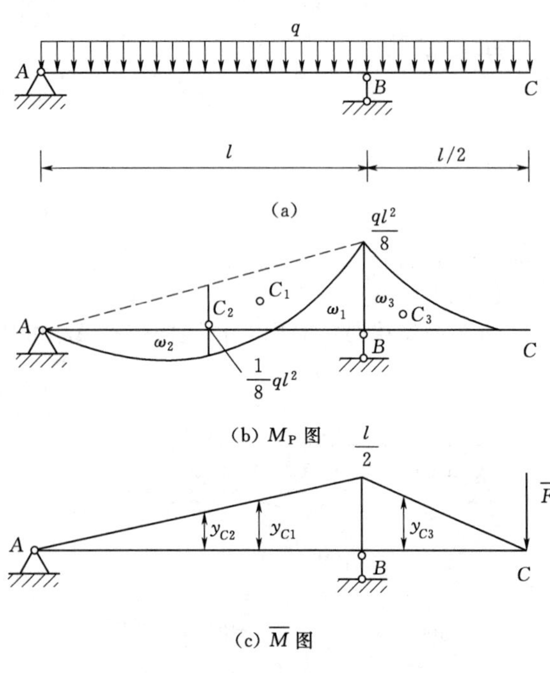

图 9-15 ［例 9-3］图

解：（1）作出虚拟的力状态，如图 9-15（c）所示。

（2）绘出虚拟力状态和实际位移状态中梁的弯矩图，分别如图 9-15（b）和图 9-15（c）所示。

（3）应用式（9-8）计算位移。

将 AB 段的 M_P 图分解为一个三角形（面积为 ω_1）减去一个标准抛物线（面积为 ω_2）；BC 段的 M_P 图则为一个标准抛物线。M_P 中各部分的面积与相应的$\overline{M}$图中的竖标分别为

$$\omega_1=\frac{1}{2}\times l\times\frac{1}{8}ql^2=\frac{ql^3}{16},\quad y_{C1}=\frac{2}{3}\times\frac{l}{2}=\frac{l}{3}$$

$$\omega_2=\frac{2}{3}\times l\times\frac{1}{8}ql^2=\frac{ql^3}{12},\quad y_{C2}=\frac{1}{2}\times\frac{l}{2}=\frac{l}{4}$$

$$\omega_3=\frac{1}{3}\times\frac{l}{2}\times\frac{1}{8}ql^2=\frac{ql^3}{48},\quad y_{C3}=\frac{3}{4}\times\frac{l}{2}=\frac{3l}{8}$$

代入图乘公式中，并考虑 ω 与 y_C 是否在同侧，得 C 点的竖向位移为

$$\Delta_{Cy}=\frac{1}{EI}\left(\frac{ql^3}{16}\times\frac{l}{3}-\frac{ql^3}{12}\times\frac{l}{4}+\frac{ql^3}{48}\times\frac{3l}{8}\right)=\frac{ql^4}{128EI}(\downarrow)$$

【例 9-4】 计算图 9-16（a）所示刚架结点 C 处的水平位移Δ_{Cx}。

解：（1）作出原结构的 M_P 图，如图 9-16（b）所示。

为了便于图乘，立柱 AC 的弯矩图形可以分解为两个简单的图形：一是简支梁受均布荷载作用的弯矩图；另一个是简支梁受梁端力偶 $2ql^2$ 作用的弯矩图，如图 9-16（c）所示。

（2）作出虚拟的力状态及其弯矩图$\overline{M}$图，如图 9-16（d）所示。

（3）利用图乘法公式进行位移计算。

图乘时，在 M_P 图上计算面积 ω，在$\overline{M}$图上取纵标 y_C。图乘的次序是先算横梁段，后

算立柱段。立柱段的 M_P 图按 9－16（c）中分解后的两个图形分别与立柱的$\overline{M}$图作图乘，得

$$\Delta_{Cx}=\frac{1}{EI}\left[\frac{1}{2}\times l\times 2ql^2\times\frac{2}{3}\times 2l+\frac{2}{3}\times 2l\times\frac{1}{2}ql^2\times l+\frac{1}{2}\times 2l\times 2ql^2\times\frac{2}{3}\times 2l\right]$$

$$=\frac{14ql^4}{3EI}(\rightarrow)$$

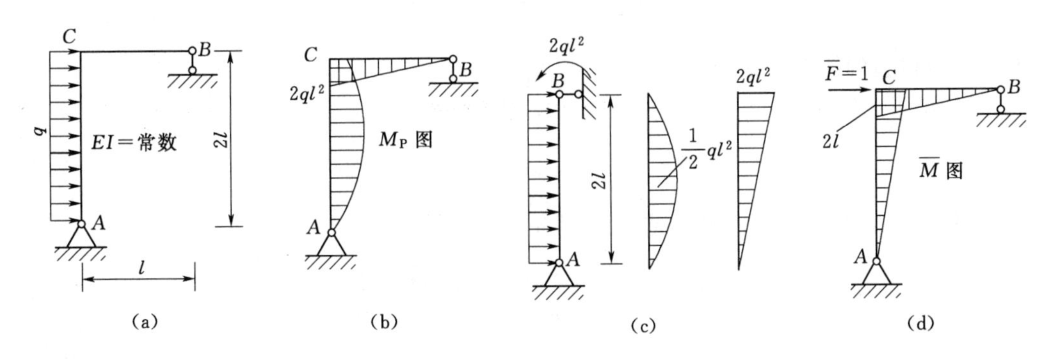

图 9－16 ［例 9－4］图

9.6 静定结构在非荷载因素作用下的位移计算

前已指出，对于静定结构，除荷载外，其他任何外因如温度变化、支座移动等，均不引起内力，本节将讨论温度改变和支座移动作用下的位移计算。

9.6.1 温度改变引起的位移计算

当静定结构的温度发生变化时，由于材料热胀冷缩，因而会使结构产生变形和位移。如图 9－17（a）所示刚架，设外侧温度升高为 t_1℃，内侧温度升高为 t_2℃，且 $t_2>t_1$，并假定温度沿截面的高度 h 为线性分布，则发生变形后，截面还将保持为平面。从杆件中取出一微段 ds［图 9－17（b）］，杆件轴线处的温度为 t_0 和上、下边缘的温差 Δt 分别为

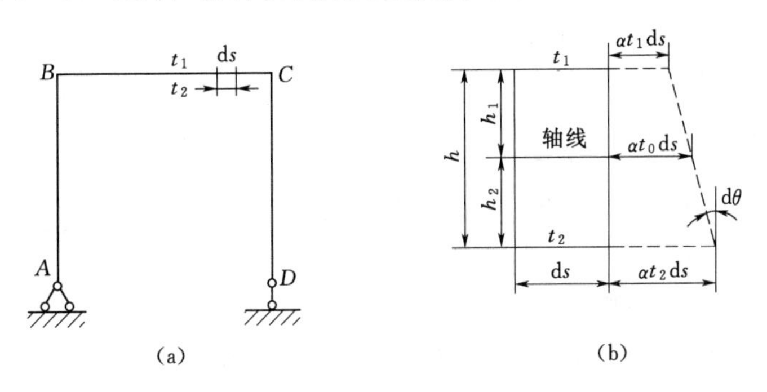

图 9－17 温度位移计算

$$t_0=\frac{h_1t_2+h_2t_1}{h},\quad \Delta t=t_2-t_1$$

式中：h 为杆件截面厚度；h_1 和 h_2 分别是由杆轴至上、下边缘的距离。

如果杆件的截面是对称截面，则

$$h_1=h_2=\frac{1}{2}h,\quad t_0=\frac{1}{2}(t_2+t_1)$$

在温度变化时，杆件不引起剪应变，引起的轴向伸长 du 和弯曲变形 dθ 分别为

$$\mathrm{d}u=\alpha t_0\mathrm{d}s,\quad \mathrm{d}\theta=\frac{\alpha(t_2-t_1)\mathrm{d}s}{h}=\frac{\alpha\Delta t}{h}\mathrm{d}s$$

式中：α 为材料的线膨胀系数。

将上列两式代入式（9-2），并令 $\gamma=0$，得

$$\Delta_{Kt}=\sum\int\overline{F}_{\mathrm{N}}\alpha t_0\mathrm{d}s+\sum\int\overline{M}\frac{\alpha\Delta t}{h}\mathrm{d}s \tag{9-9}$$

如果 t_0、Δt 和 h 沿每一杆件的全长为常数，则得

$$\Delta_{Kt}=\sum\alpha t_0\int\overline{F}_{\mathrm{N}}\mathrm{d}s+\sum\frac{\alpha\Delta t}{h}\int\overline{M}\mathrm{d}s$$

$$=\sum\alpha t_0\omega_{\overline{\mathrm{N}}}+\frac{\alpha\Delta t}{h}\sum\omega_{\overline{M}} \tag{9-10}$$

式（9-9）与式（9-10）是求温度引起位移的公式，$\omega_{\overline{\mathrm{N}}}$ 为$\overline{F}_{\mathrm{N}}$ 图的面积，$\omega_{\overline{M}}$ 为$\overline{M}$图的面积。积分包括杆的全长，求和包括结构各杆。轴力$\overline{F}_{\mathrm{N}}$ 以拉伸为正，t_0 以升高为正。弯矩$\overline{M}$和温差 Δt 引起的弯曲为同一方向时（即当$\overline{M}$和 Δt 使杆件的同一边产生拉伸变形时），其乘积取正值，反之取负值。

【例 9-5】 图 9-18（a）所示刚架施工时的温度为 20℃，试求夏季当外侧温度为 30℃，内侧温度为 20℃时，A 点的水平位移 Δ_{Ax} 和转角 θ_A。已知 $l=4$m，$\alpha=1.0\times10^{-5}$，各杆均为矩形截面，高度 $h=0.4$m。

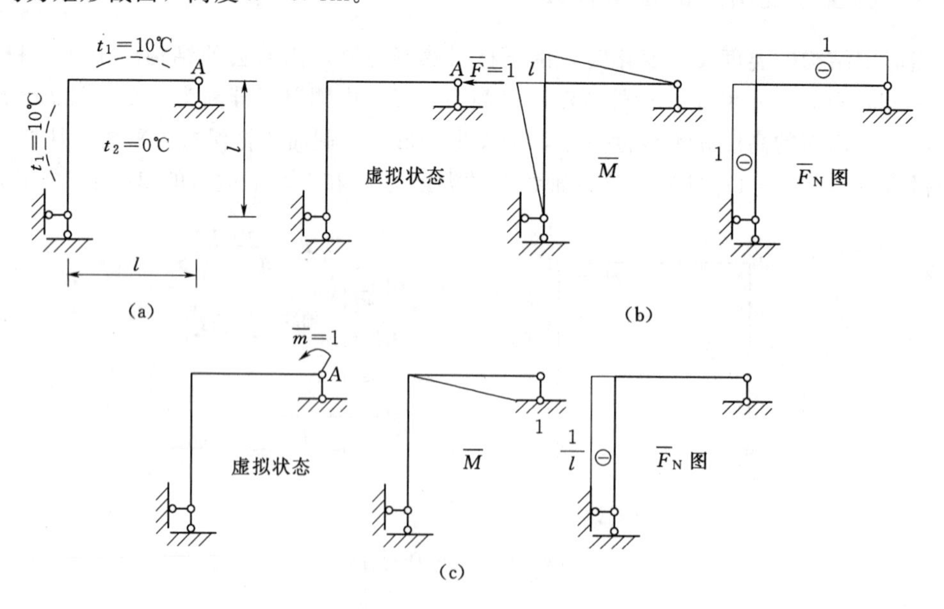

图 9-18 ［例 9-5］图

解：（1）温度变化的计算。

外侧温度变化为 $t_1=30-20=10℃$，内侧温度变化为 $t_2=20-20=0℃$，故有

$$t_0=\frac{1}{2}(t_1+t_2)=\frac{10+0}{2}=5℃,\quad \Delta t=|t_2-t_1|=10℃$$

温度引起的杆件的弯曲方向如图 9-18（a）所示，通常情况下 Δt 结果取正值，其引起的弯曲变形对位移的影响，是增大还是减小，由式（9-9）和式（9-10）第二项去决定。

（2）计算 Δ_{Ax}。

为此需作一个虚拟的力状态，即在 A 点施加一个水平方向的虚拟单位荷载，并绘制其$\overline{M}$图和$\overline{F}_N$ 图，如图 9-18（b）所示。由式（9-10）得

$$\begin{aligned}\Delta_{Ax}&=\sum\alpha t_0\omega_{\overline{N}}+\frac{\alpha\Delta t}{h}\sum\omega_{\overline{M}}=\alpha t_0(-1l-1l)+\frac{\alpha\Delta t}{h}\left(\frac{1}{2}l^2+\frac{1}{2}l^2\right)\\&=1.0\times10^{-5}\times5\times2\times4+\frac{1.0\times10^{-5}\times10}{0.4}\times4^2\\&=3.6\times10^{-3}\text{m}=3.6\text{mm}(\leftarrow)\end{aligned}$$

（3）计算 θ_A。

为此需作一个虚拟的力状态，即在 A 点施加一个单位力偶，并绘制其$\overline{M}$图和$\overline{F}_N$ 图，如图 9-18（c）所示。由式（9-10）得

$$\begin{aligned}\theta_A&=\sum\alpha t_0\omega_{\overline{N}}+\frac{\alpha\Delta t}{h}\sum\omega_{\overline{N}}=\alpha t_0\left(-\frac{1}{l}\times l\right)+\frac{\alpha\Delta t}{h}\left(\frac{1}{2}l\right)\\&=-1.0\times10^{-5}\times5-\frac{1.0\times10^{-5}\times10}{0.4}\times\frac{1}{2}\times4\\&=-5.5\times10^{-4}\text{rad}(\circlearrowleft)\end{aligned}$$

9.6.2 支座移动引起的位移计算

静定结构在支座移动时，只发生刚体位移，不产生内力和变形。例如图 9-19（a）所示的静定刚架由于支座 A 的移动发生图示虚线所示的刚体位移。如欲求刚架上点 K 沿竖向的位移 Δ_{Ky}，可在 K 点施加一竖向的单位荷载作为虚拟状态［图 9-19（b）］，则位移计算式（9-2）可简化为

$$\Delta_{Kc}=-\sum\overline{F}_RC\tag{9-11}$$

这就是静定结构在支座移动时的位移计算公式，式中$\overline{F}_R$ 为单位荷载作用下的支座反力［图 9-19（b）］，$\sum\overline{F}_RC$ 为反力虚功，当$\overline{F}_R$ 与实际支座位移 C 方向一致时其乘积取正，相反时为负。此外，上式右边前面还有一负号，系原来移项时所得，不可漏掉。

【例 9-6】 结构的支座位移如图 9-20（a）所示，求铰 C 处的竖向位移 Δ_{Cy}。

解：在 C 点施加一竖向单位力，作出其虚拟的力状态，并计算支座反力，如图 9-20（b）所示。

$$\Delta_{Cy}=-\sum\overline{F}_RC=-\left(-\frac{1}{2}\times0.04-\frac{3}{8}\times0.06\right)=0.0425(\text{m})(\downarrow)$$

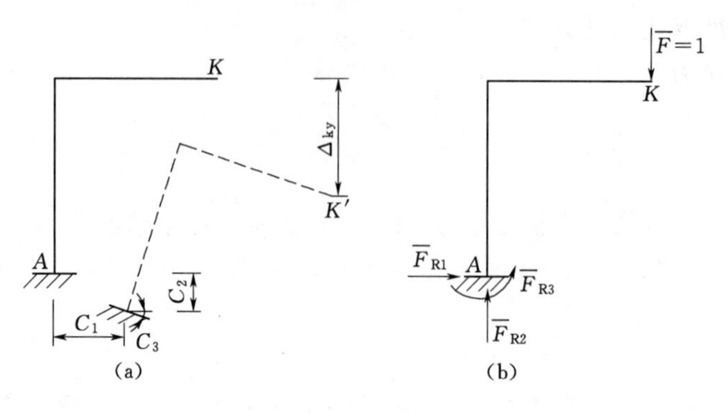

图 9－19　支座移动时的位移

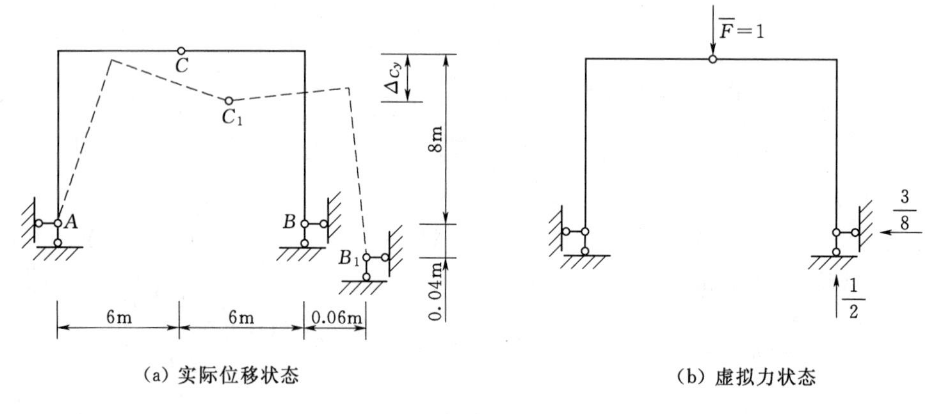

图 9－20　［例 9－6］图

9.7　线弹性结构的互等定理

线性变形体系有四个互等定理，即功的互等定理、位移互等定理、反力互等定理以及反力与位移互等定理。其中最基本的是功的互等定理，其他三个互等定理都可由功的互等定理推演而来。下面首先讨论功的互等定理。

9.7.1　功的互等定理

设有两组外力 F_1 和 F_2 分别作用于同一线弹性结构上，如图 9－21（a）和图 9－21（b）所示，分别称为结构的第一状态和第二状态。第一状态在外力 F_1 作用下，某微段 ds 的内力 F_{N1}、F_{Q1}、M_1，相应的变形为 du_1、$\gamma_1 ds$、$d\theta_1$。第二状态在 F_2 外力的作用下，同一微段 ds 的内力为 F_{N2}、F_{Q2}、M_2，相应的变形为 du_2、$\gamma_2 ds$、$d\theta_2$。

现在，将第一状态作为力状态，第二状态作为位移状态，计算第一状态的外力和内力在第二状态相应的位移和变形上分别所做的虚功，根据变形体的虚功方程（9－1），可知

$$F_1\Delta_{12}=\sum\int\frac{M_1M_2\,ds}{EI}+\sum\int\frac{F_{N1}F_{N2}\,ds}{EA}+\sum\int k\,\frac{F_{Q1}F_{Q2}\,ds}{GA} \tag{a}$$

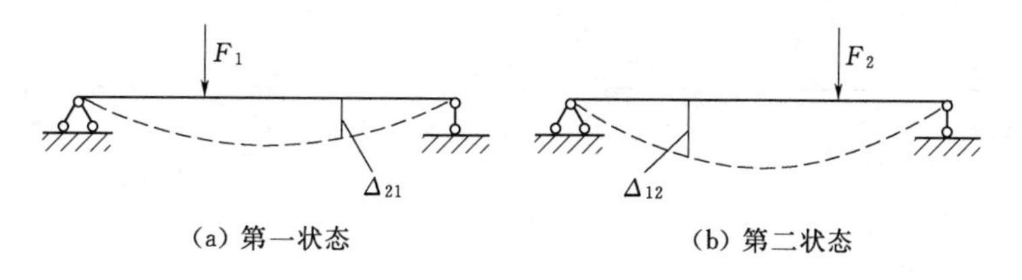

图 9-21 功的互等

如果将第二状态作为力状态，第一状态作为位移状态，计算第二状态的外力和内力在第一状态相应的位移和变形上分别所做的虚功，则有

$$F_2\Delta_{21}=\sum\int\frac{M_2M_1\,\mathrm{d}s}{EI}+\sum\int\frac{F_{N2}F_{N1}\,\mathrm{d}s}{EA}+\sum\int k\frac{F_{Q2}F_{Q1}\,\mathrm{d}s}{GA} \tag{b}$$

比较式（a）、式（b），可知两式右边是相等的，因此左边也应相等，即

$$F_1\Delta_{12}=F_2\Delta_{21} \tag{9-12a}$$

或写为

$$W_{12}=W_{21} \tag{9-12b}$$

这就是功的互等定理，它表明：**第一状态的外力在第二状态的位移上所做的功，等于第二状态的外力在第一状态的位移上所做的功。**

9.7.2 位移互等定理

图 9-22 所示为功的互等定理应用的一种特殊情形。设两个状态中的荷载都是单位力，即 $F_1=1$，$F_2=1$，则由功的互等定理式（9-12）有

$$1\cdot\delta_{12}=1\cdot\delta_{21}$$

即

$$\delta_{12}=\delta_{21} \tag{9-13}$$

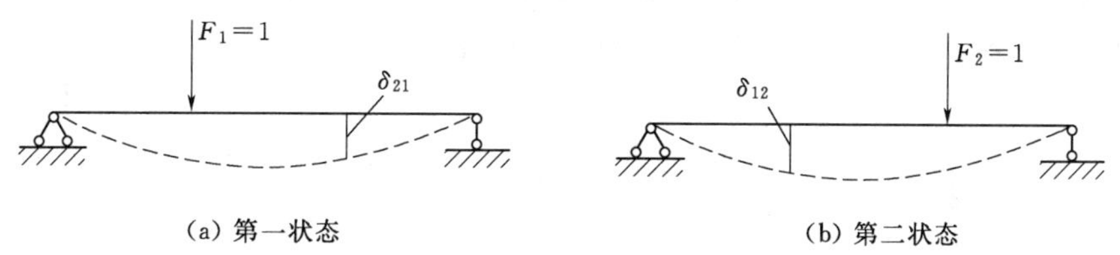

图 9-22 位移的互等

此处 δ_{12} 和 δ_{21} 都是由于单位力所引起的位移，这就是位移互等定理。它表明：**第二个单位力所引起的第一个单位力作用点沿其方向的位移，等于第一个单位力所引起的第二个单位力作用点沿其方向的位移。**

显然，单位力 F_1 及 F_2 都可以是广义力，而 δ_{12} 和 δ_{21} 则是相应的广义位移。

图 9-23 和图 9-24 所示为应用位移互等定理的两个例子。图 9-23 表示两个角位移互等的情况，即 $\theta_{12}=\theta_{21}$。图 9-24 表示线位移与角位移的互等情况，即 $\delta_{12}=\theta_{21}$。后者只是数值上相等，量纲则不同。

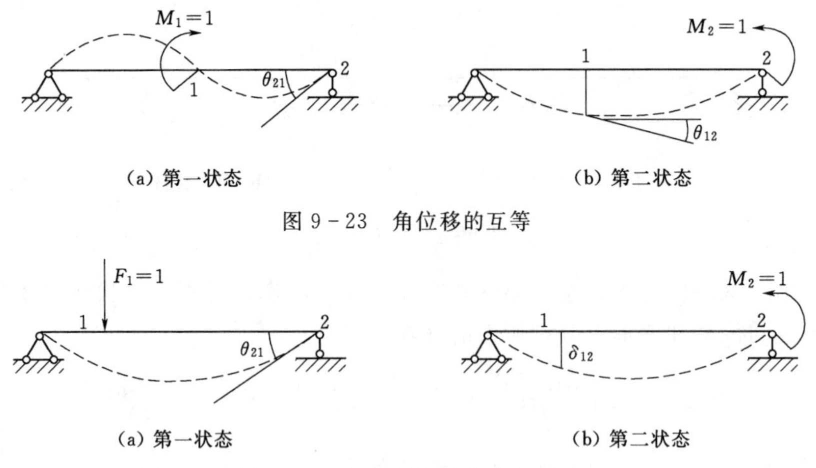

图 9-23 角位移的互等

图 9-24 角位移与线位移的互等

9.7.3 反力互等定理

反力互等定理也是功的互等定理的一种特殊情况。它用来说明在超静定结构中假设两个支座分别产生单位位移时，两个状态中反力的互等关系。图 9-25（a）表示支座 1 发生单位位移 $\Delta_1=1$ 的状态，此时使支座 2 产生的反力为 r_{21}；图 9-25（b）表示支座 2 发生单位位移 $\Delta_2=1$ 的状态，此时使支座 1 产生的反力为 r_{12}。根据功的互等定理，有

$$r_{21}\Delta_2=r_{12}\Delta_1$$

因 $\Delta_1=\Delta_2=1$，故得

$$r_{21}=r_{12} \tag{9-14}$$

这就是反力互等定理。它表明：**支座 1 发生单位位移所引起的支座 2 的反力，等于支座 2 发生单位位移所引起的支座 1 的反力。**

这一定理对结构上任何两个支座都适用，但应注意反力与位移在做功关系上应相对应，即力对应于线位移，力偶对应于角位移。例如图 9-25（c）和图 9-25（d）所示的

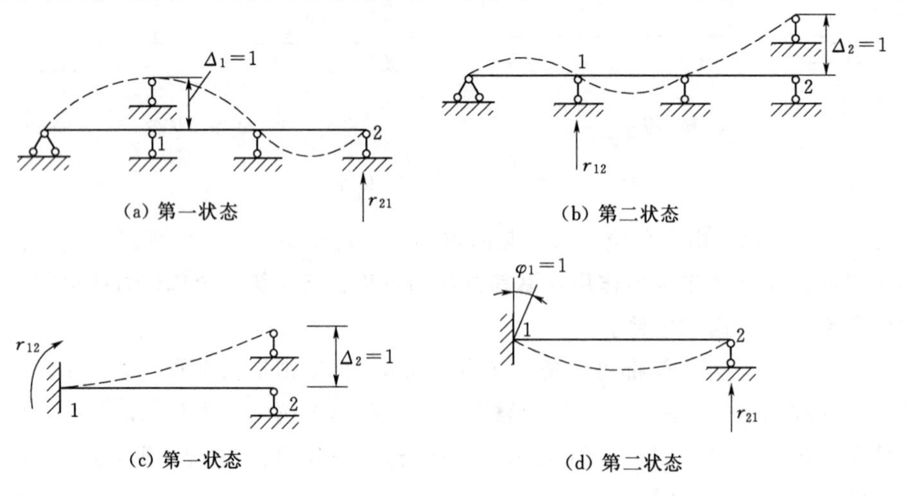

图 9-25 反力互等

两个状态中，应有 $r_{12}=r_{21}$，它们虽然一为单位位移引起的反力偶 r_{12}，一为单位转角引起的反力 r_{21}，含义不同，但此时在数值上是相等的。

9.7.4 反力位移互等定理

这个定理是功的互等定理的又一特殊情况，它说明一个状态中的反力与另一个状态中的位移具有的互等关系。图 9-26（a）表示单位荷载 $F_2=1$ 作用时，支座 1 的反力偶 r_{12}，其方向假设如图 9-26（a）所示。图 9-26（b）表示当支座 1 顺 r_{12} 的方向发生单位转角 $\theta_1=1$ 时，F_2 作用点沿其方向的位移为 δ_{21}。对这两个状态应用功的互等定理，就有

$$r_{12}\varphi_1+F_2\delta_{21}=0$$

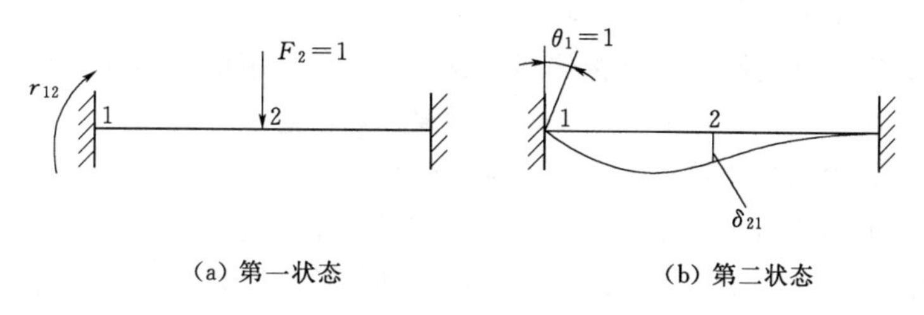

(a) 第一状态　　(b) 第二状态

图 9-26　反力位移互等

因 $\theta_1=1$，$F_2=1$，故有

$$r_{12}=-\delta_{21} \tag{9-15}$$

这就是反力位移互等定理。它表明：**单位力所引起的结构某支座反力，等于该支座发生单位位移时所引起的单位力作用点沿其方向的位移，但两者差一个负号。**

本 章 小 结

本章主要讨论应用虚功原理计算静定结构的位移。位移计算的目的是为了验算结构刚度，又是分析超静定结构的基础。因此，掌握好本章内容，有着重要意义。

（1）虚功与虚功原理是结构位移计算方法的理论依据。在虚功中，力与位移是两个彼此独立无关的因素。对于杆系结构变形体系的虚功原理，简单地说即为外力虚功等于变形虚功，可写为

$$W_e=W_i$$

虚功原理在具体应用时有两种方式：一种是对给定的力状态，另虚设一个位移状态，利用虚功原理求解力状态中的未知力；另一种是给定位移状态，另虚设一个力状态，利用虚功方程求解位移状态中的未知位移。本章讨论的结构位移的计算，就是虚设一个力状态的方式。

（2）位移计算的方法是单位荷载法。单位荷载法计算位移的一般公式是式（9-3）。

$$\Delta_K=\sum\int\overline{F}_N du+\sum\int\overline{M}d\theta+\sum\int\overline{F}_Q\gamma ds-\sum\overline{F}_R C$$

计算 K 点的位移 Δ_K，应根据拟求位移虚设单位荷载，并计算出虚拟单位荷载作用下的 $\overline{F}_N$、$\overline{F}_Q$、M 和 $\overline{F}_R$；而 du、$d\theta$、γds 和 C 为实际状态下的相应变形和支座位移。

(3) 荷载作用下的位移计算。对弹性材料，变形表达式为

$$d\theta=\frac{M_P ds}{EI},\quad du=\frac{F_{NP} ds}{EA},\quad \gamma ds=\frac{kF_{QP} ds}{GA}$$

则位移计算公式为

$$\Delta_{KP}=\sum\int\frac{\overline{F}_N F_{NP} ds}{EA}+\sum\int\frac{\overline{M}M_P ds}{EI}+\sum\int\frac{k\overline{F}_Q F_{QP} ds}{GA}$$

式中：M_P、F_{NP}、F_{QP}为实际荷载作用的内力。然而，根据不同类型结构的内力特点、其位移计算公式进一步简化为式（9-4）～式（9-7）。

(4) 计算荷载作用下梁和刚架的位移时，可用图乘法代替积分计算。注意图乘法的适用条件，掌握好图乘的分段和叠加技巧。

(5) 温度、支座移动影响的结构位移计算与荷载作用下的位移计算有所不同，但原理是相同的。难度在于正、负号的判断，学习中要加以注意。

(6) 位移计算中遇到的符号及正负号确定较多。一方面是计算过程中确定正负号；另一方面是计算结果的正负来确定位移的方向，在学习中一定要弄懂弄透。

(7) 线弹性体系的四个互等定理在静定结构和超静定结构分析中可得到具体应用，要从原理和概念上搞清楚。

思 考 题

9-1 没有变形就没有位移，此结论对吗？没有内力就没有位移，此结论是否成立？

9-2 何谓实功和虚功？两者的区别是什么？

9-3 说明变形体虚功原理与刚体虚功原理的区别。

9-4 结构上本来没有虚拟单位荷载作用，但在求位移时，却加上了虚拟单位荷载，这样求出的位移等于原来的实际位移吗？它包括了虚拟单位荷载引起的位移没有？

9-5 应用图乘法求位移，正负号怎样确定？

9-6 在温度变化引起的位移计算公式中，如何确定各项的正负号？

9-7 互等定理为何只适用于线弹性结构？

习 题

9-1 如习题9-1图所示，试用积分法计算图示悬臂梁B端的竖向位移和转角。

9-2 如习题9-2图所示，试用积分法计算图示外伸梁B截面的转角和C截面的竖向位移。

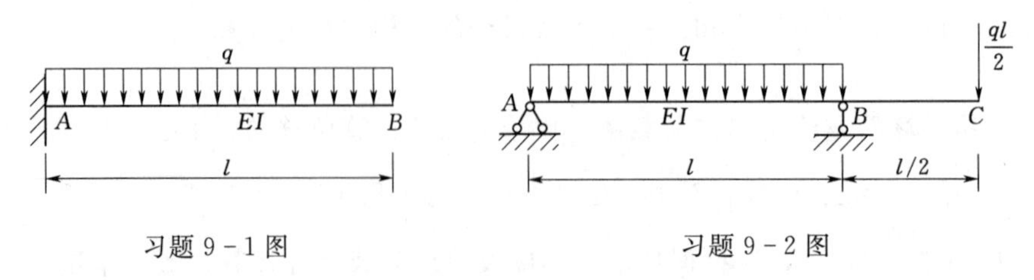

习题9-1图 习题9-2图

9-3 如习题9-3图所示，试用积分法计算图示刚架C点的水平位移，竖向位移和

转角。设各杆 EI 为常数。

9－4　如习题 9－4 图所示，试用图乘法计算图示梁截面 C 和 E 的挠度。已知已知 $E=2.0\times10^5$ MPa，$I_1=6560\text{cm}^4$，$I_2=12430\text{cm}^4$。

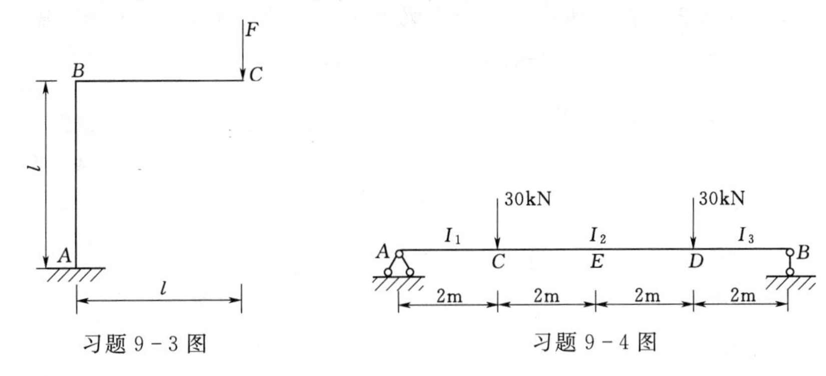

习题 9－3 图　　习题 9－4 图

9－5　如习题 9－5 图所示，试用图乘法计算刚架 C 点的竖向位移。

9－6　如习题 9－6 图所示，试用图乘法计算图示三铰钢架 C 点左右两截面的相对转角，EI 为常数。

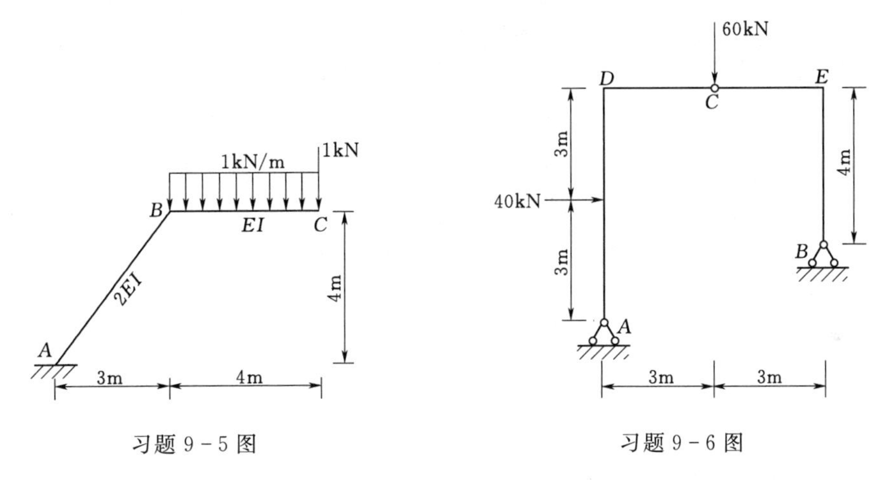

习题 9－5 图　　习题 9－6 图

9－7　计算习题 9－7 图所示桁架的 B 点的竖向位移和 DB 与 BE 杆之间的相对转角，设各杆 $A=10\text{cm}^2$，$E=21\times10^4\text{kN/cm}^2$。

9－8　如习题 9－8 图所示结构中 AB 杆的 EI 为常数，其他杆均为轴力杆，且 EA 等于常数，试求 C、D 两点的相对水平线位移。

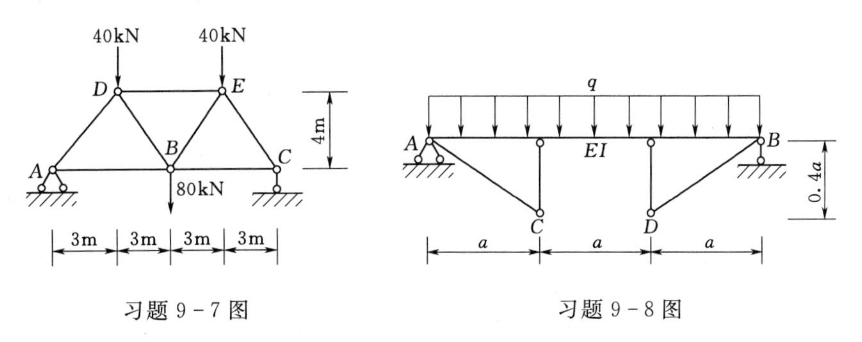

习题 9－7 图　　习题 9－8 图

9-9　求习题9-9图所示结构由于发生温度改变而引起的C点竖向位移（已知材料的线膨胀系数为α，截面高度$h=\dfrac{l}{10}$）。

9-10　试求习题9-10图所示多跨静定梁发生支座移动时，$C_{左}$和$C_{右}$截面的相对角位移。已知：$a=2\text{cm}$，$b=6\text{cm}$，$c=4\text{cm}$，$\varphi=0.01\text{rad}$。

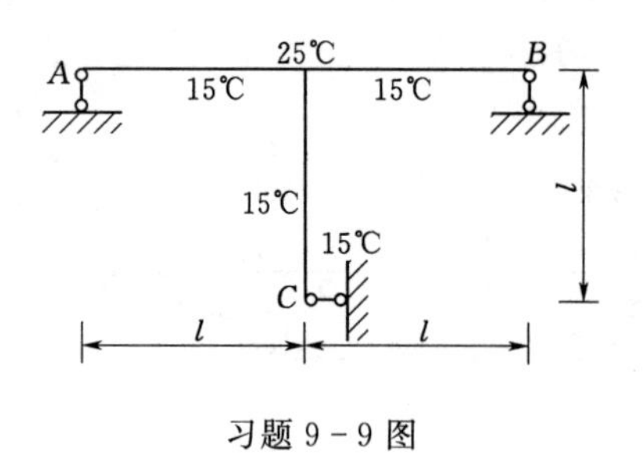

习题9-9图

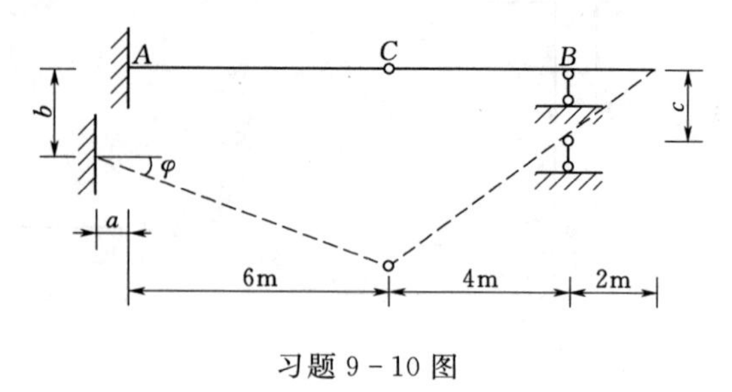

习题9-10图

第 10 章　超静定结构的内力计算

10.1　超静定结构概述

1. 超静定结构基本特性

(1) 几何构造特性：几何不变有多余约束体系。

(2) 静力解答的不唯一性：满足静力平衡条件的解答有无穷多组。

(3) 产生内力的原因：除荷载外，还有温度变化、支座移动、材料收缩、制造误差等，均可产生内力。

2. 超静定结构类型（图 10－1）

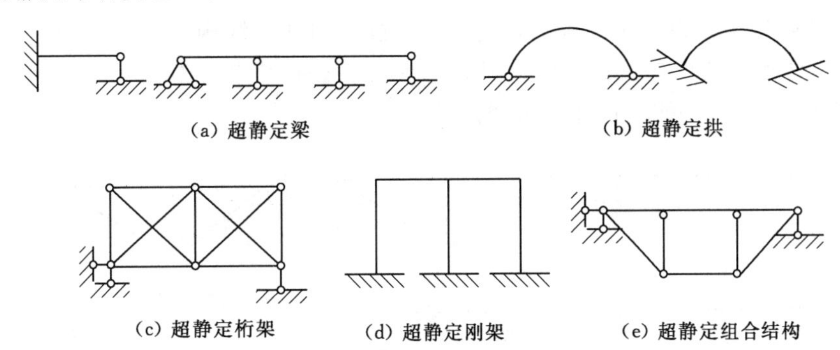

图 10－1　超静定结构的类型

3. 求解原理

(1) 平衡条件：解答一定是满足平衡条件的，平衡条件是必要条件但不是充分条件。

(2) 几何条件：或变形协调条件或约束条件等，指解答必须满足结构的约束条件与位移连续性条件等。

(3) 物理条件：求解过程中还需要用到荷载与位移之间的物理关系。

4. 基本方法

力法：以多余约束力作为求解的基本未知量。

位移法：以未知结点位移作为求解的基本未知量。

10.2　力法的基本原理

10.2.1　超静定次数的确定

超静定次数：多余约束的个数，也就是力法中基本未知量的个数。

确定方法：超静定结构去掉多余约束变成静定结构的形式，去掉的多余约束的个数即为超静定次数，也就是力法基本未知量的个数。

解除多余约束的方法：

（1）撤去一根支杆或者切断一根链杆，等于拆掉一个约束［图 10－2（b）、图 10－5（b）］。

（2）撤去一个铰支座或撤去一个单铰，等于拆掉两个约束［图 10－3（b）］。

（3）撤去一个固定端或切断一个梁式杆，等于拆掉三个约束［图 10－4（b）、图 10－4（c）］。

（4）在梁式杆上加上一个单铰或者将固定端变为固定铰支座，等于拆掉一个约束［图 10－4（d）］。

但需注意：①去掉的一定是多余约束，不能去掉必要约束；②结果一定是得到一个静定结构，也称力法基本结构；③一个结构中解除多余约束的方法有多种，但其最终的多余约束数目是确定的；④一个封闭框架的超静定次数为 3 次。

例如图 10－2（a）所示的组合结构，可以按照图 10－2（b）、图 10－2（c）、图 10－2（d）的方式解除多余约束，是正确的，得到一个静定的基本结构；但按照 10－2（e）、图 10－2（f）方式解除约束就是错误的，因为它解除了必要约束［图 10－2（e）］或多解除了约束［图 10－2（f）］使结构变为可变体系。

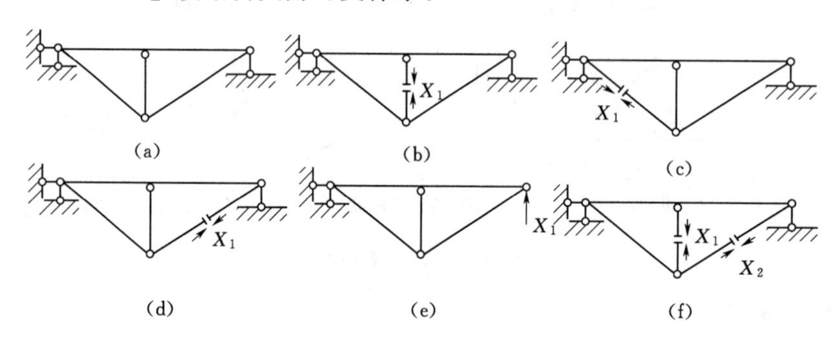

图 10－2　约束的解除

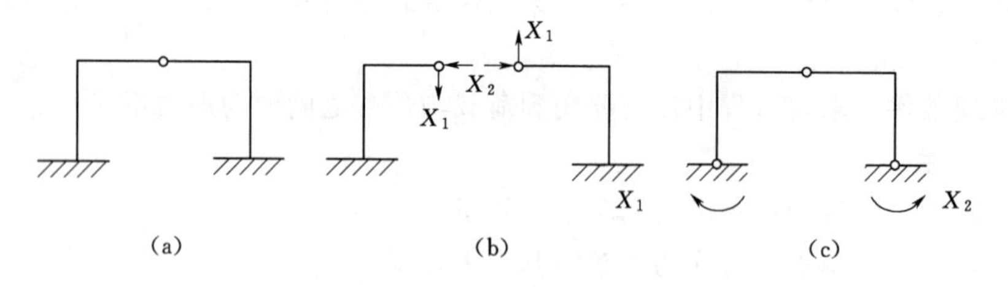

图 10－3　2 次超静定刚架

例如图 10－3～图 10－6 均给出了原结构解除多余约束的不同方式，得到了多种不同的体系，这在以后的力法计算中是允许的，但得到的不同体系，其计算的工作量是会有差别的，在以后的学习中，请大家认真地体会。

例如图 10－7（a）所示封闭框架，其内部含有 3 个多余约束，外部通过一个固定铰支座和一个活动铰支座与基础相连，故其为内部超静定外部静定的体系，解除多余约束后得

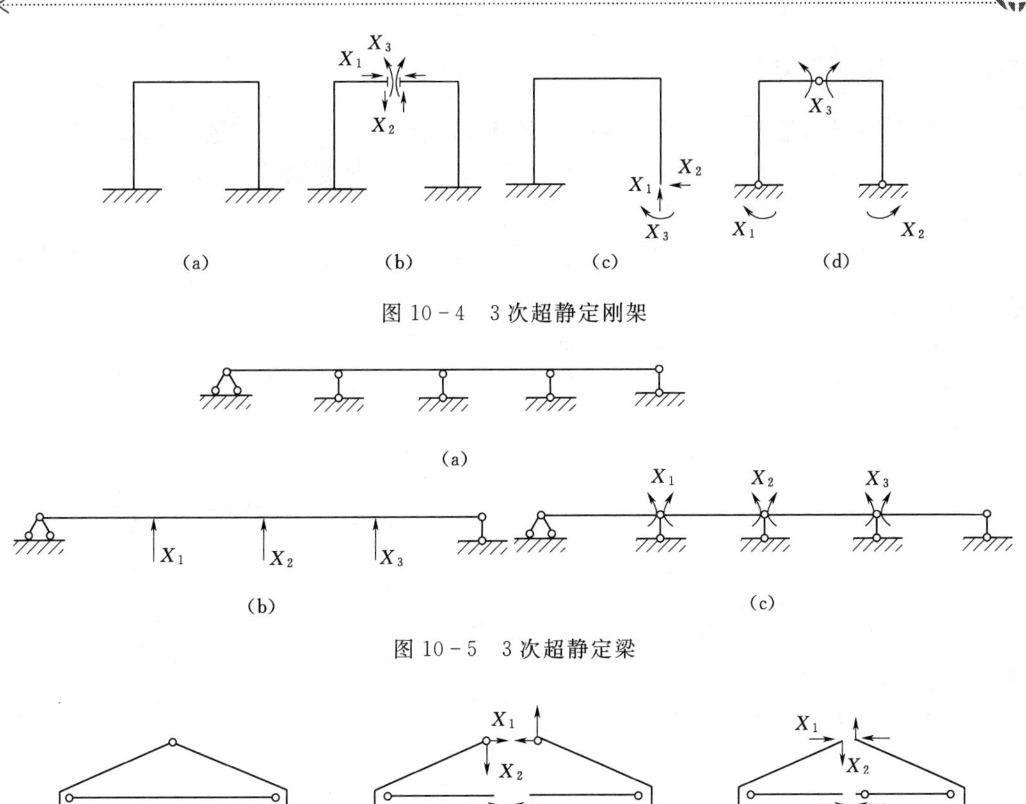

图 10-4　3 次超静定刚架

图 10-5　3 次超静定梁

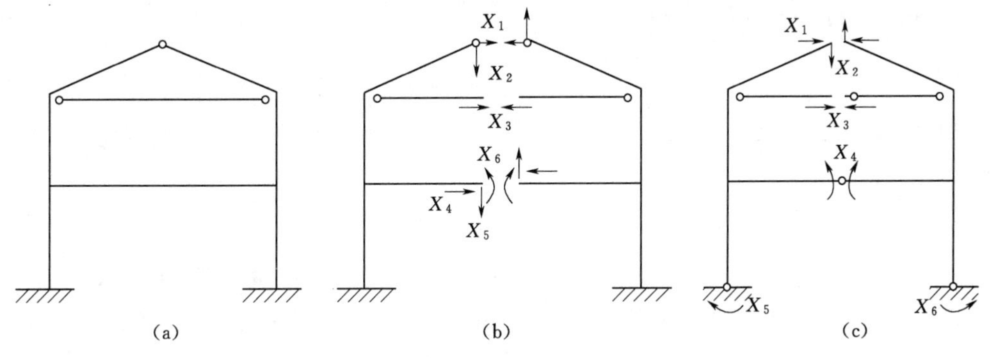

图 10-6　6 次超静定组合结构

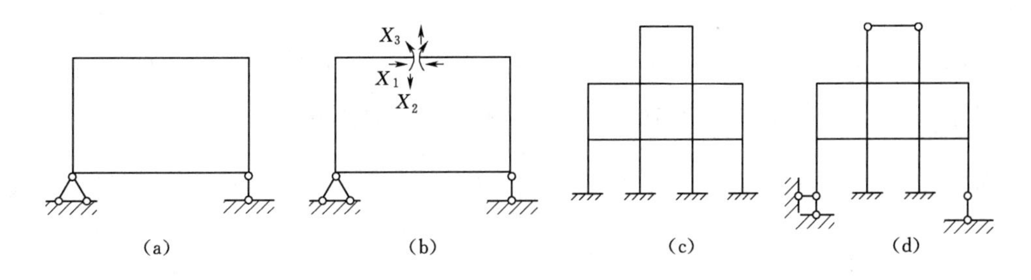

图 10-7　封闭框架

到图 10-7（b）所示的静定结构，图中同时还标明了多余约束力。由此可以确定出图 10-7（c）所示框架的超静定次数为 $7\times3=21$，即为 21 次超静定结构；图 10-7（d）所示框架的超静定次数为 $7\times3-(1+1+1+2)=16$，即用封闭框架数目所具有的超静定次数减去解除约束的数目，得到结构最终的超静定次数为 16 次。

10.2.2　力法的基本思路

力法的基本思路是把超静定结构的计算问题转化为静定结构的问题，即利用已熟悉的静定结构的计算方法达到计算超静定结构的目的。其基本思路如下：

（1）以结构中的多余未知力为基本未知量。

（2）根据基本体系上解除多余约束处的位移应与原结构的已知位移相等的变形条件，建立力法的基本方程，从而求得多余未知力。

（3）最后，在基本结构上，应用叠加原理作原结构的内力图。

下面用力法对图 10-8（a）所示的单跨超静定梁进行求解，以说明力法的基本思路，从而对用力法求解超静定结构有一个初步了解。

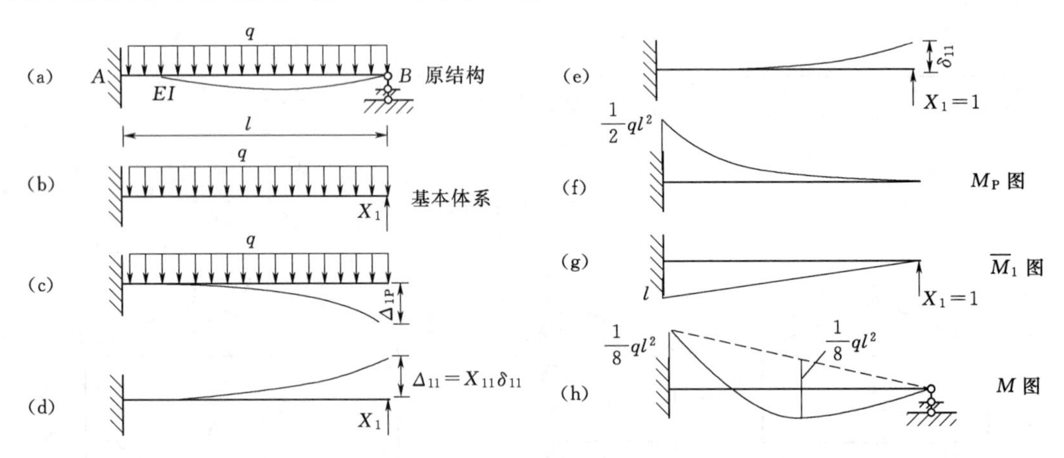

图 10-8　力法求解思路示意图

（1）一次超静定，去掉支座 B，得到力法基本结构与基本体系［图 10-8（b）］。

（2）要使基本结构与原结构等价，则要求荷载与 X_1 共同作用下，$\Delta_1=0$。

（3）由叠加原理的力法典型方程，即多余约束处的位移［图 10-8（c）、图 10-8（d）、图 10-8（e）］约束条件：

$$\Delta_1=\Delta_{11}+\Delta_{1P}=X_1\delta_{11}+\Delta_{1P}=0$$

（4）柔度系数 δ_{11} 与自由项 Δ_{1P} 均为力法基本结构（静定结构）上的位移，需作出 M_P 图［图 10-8（f）］和 $\overline{M}_1$ 图［图 10-8（g）］，然后由图乘法得

$$\delta_{11}=\frac{1}{EI}\left(\frac{1}{2}\times l\times l\times\frac{2}{3}l\right)=\frac{l^3}{3EI},\quad \Delta_{1P}=-\frac{1}{EI}\left(\frac{1}{3}\times l\times\frac{1}{2}ql^2\times\frac{3}{4}l\right)=-\frac{ql^4}{8EI},\quad X_1=-\frac{\Delta_{1P}}{\delta_{11}}=\frac{3}{8}ql$$

（5）X_1 已知，可作出原结构 M 图，如图 10-8（h）所示。

10.2.3　力法的典型方程

前面用一次超静定结构说明了力法计算的基本原理，下面以一个三次超静定结构为例进一步说明力法计算超静定结构的基本原理和力法的典型方程。

图 10-9（a）所示刚架为三次超静定结构，去掉固定端支座 B 处的多余约束，用多

余未知力 X_1、X_2、X_3 代替，得到如图 10-9（b）所示的基本体系。

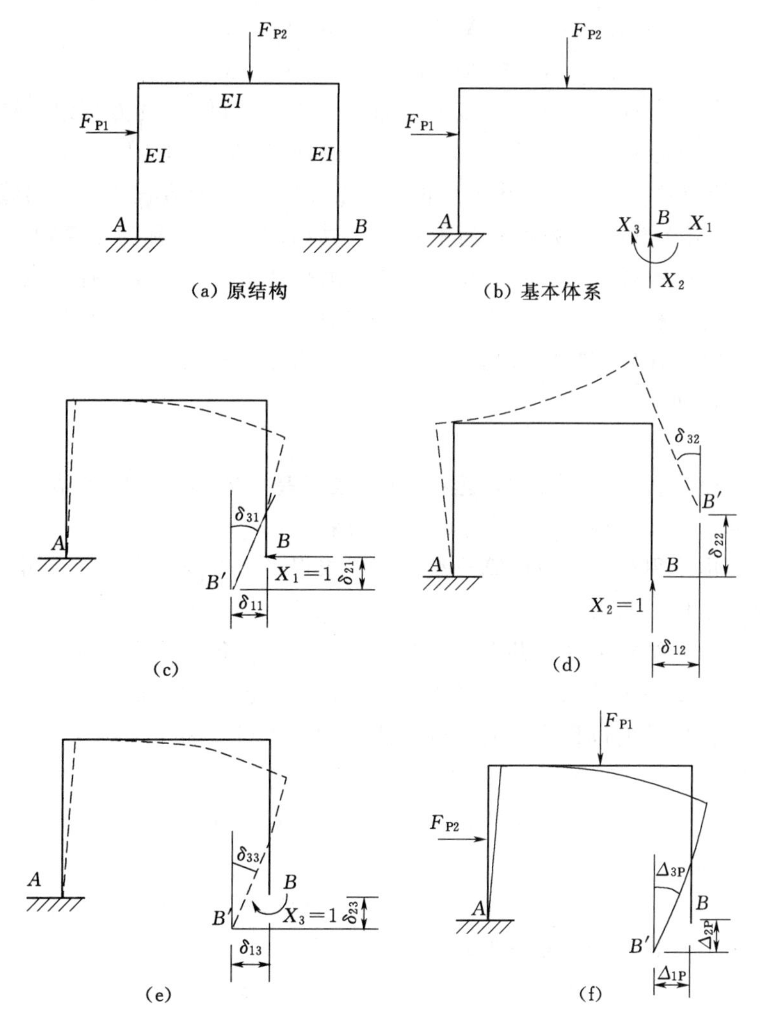

图 10-9 三次超静定结构示意图

在原结构中，B 处为固定端支座，其线位移和角位移都为零。所以，基本结构（悬臂刚架）在荷载 F_{P1}、F_{P2}和三个多余未知力 X_1、X_2、X_3 共同作用下，B 点沿 X_1 方向的位移（水平位移）Δ_1、沿 X_2 方向的位移（竖向位移）Δ_2 和沿 X_3 方向的位移（角位移）Δ_3 都应等于零，即基本体系应满足的位移条件为

$$\Delta_1=0,\quad \Delta_2=0,\quad \Delta_3=0$$

令 δ_{11}、δ_{21}和 δ_{31}分别表示当 $X_1=1$ 单独作用时，基本结构上 B 点沿 X_1、X_2 和 X_3 方向的位移［图 10-9（c)］；δ_{12}、δ_{22}和 δ_{32}分别表示当 $X_2=1$ 单独作用时，基本结构上 B 点沿 X_1、X_2 和 X_3 方向的位移［图 10-9（d)］；δ_{13}、δ_{23}和 δ_{33}分别表示当 $X_3=1$ 单独作用时，基本结构上 B 点沿 X_1、X_2 和 X_3 方向的位移［图 10-9（e)］；Δ_{1P}、Δ_{2P}和 Δ_{3P}分别表示当荷载（F_{P1}、F_{P2}）单独作用时，基本结构上 B 点沿 X_1、X_2 和 X_3 方向的位移［图 10-9（f)］。根据叠加原理，则位移条件可写为

$$\left.\begin{aligned}\Delta_1=0,\quad \delta_{11}X_1+\delta_{12}X_2+\delta_{13}X_3+\Delta_{1P}=0\\ \Delta_2=0,\quad \delta_{21}X_1+\delta_{22}X_2+\delta_{23}X_3+\Delta_{2P}=0\\ \Delta_3=0,\quad \delta_{31}X_1+\delta_{32}X_2+\delta_{33}X_3+\Delta_{3P}=0\end{aligned}\right\}\tag{10-1}$$

这就是根据位移条件建立的求解多余未知力 X_1、X_2 和 X_3 的方程组。这组方程的物理意义为：在基本体系中，由于全部多余未知力和已知荷载的作用，在去掉多余约束处（现即为 B 点）的位移应与原结构中相应的位移相等。在上列方程中，主斜线（从左上方的 δ_{11} 至右下方的 δ_{33}）上的系数 δ_{ii} 称为**主系数**，其余的系数 δ_{ij} 称为**副系数**，Δ_{iP}（如 Δ_{1P}、Δ_{2P} 和 Δ_{3P}）则称为**自由项**。所有系数和自由项，都是基本结构中在去掉多余约束处沿某一多余未知力方向的位移，并规定与所设多余未知力方向一致的为正。所以，主系数总是正的，且不会等于零，而副系数则可能为正、为负或为零。根据位移互等定理可以得知，副系数有互等关系，即

$$\delta_{ij}=\delta_{ji}$$

方程（10－1）通常称为**力法的典型方程**，或者**基本方程**，其中各系数和自由项都是基本结构的位移，因而可根据上一章求位移的方法求得。

系数和自由项求得后，即可解算典型方程以求得各多余未知力，然后再按照分析静定结构的方法求原结构的内力。

对于 n 次超静定结构来说，共有 n 个多余未知力，而每一个多余未知力对应着一个多余约束，也就对应着一个已知的位移条件，故可按 n 个已知的位移条件建立 n 个方程。当已知多余未知力作用处的位移为零时，则力法典型方程可写为

$$\left.\begin{aligned}&\delta_{11}X_1+\delta_{12}X_2+\cdots+\delta_{1n}X_n+\Delta_{1P}=\Delta_1=0\\ &\delta_{21}X_1+\delta_{22}X_2+\cdots+\delta_{2n}X_n+\Delta_{2P}=\Delta_2=0\\ &\vdots\\ &\delta_{n1}X_1+\delta_{n2}X_2+\cdots+\delta_{nn}X_n+\Delta_{nP}=\Delta_n=0\end{aligned}\right\}\tag{10-2a}$$

力法的典型方程也可写作矩阵形式：

$$\begin{bmatrix}\delta_{11} & \delta_{12} & \cdots & \delta_{1n}\\ \delta_{21} & \delta_{22} & \cdots & \delta_{2n}\\ \vdots & & & \\ \delta_{n1} & \delta_{n2} & \cdots & \delta_{nn}\end{bmatrix}\begin{Bmatrix}X_1\\ X_2\\ \vdots\\ X_n\end{Bmatrix}+\begin{Bmatrix}\Delta_{1P}\\ \Delta_{2P}\\ \vdots\\ \Delta_{nP}\end{Bmatrix}=0\tag{10-2b}$$

即

$$[\boldsymbol{\delta}]\{\boldsymbol{X}\}+\{\boldsymbol{\Delta}_P\}=0\tag{10-2c}$$

式中：$[\boldsymbol{\delta}]$ 称为柔度矩阵；$\{\boldsymbol{X}\}$ 称为未知力列阵；$\{\boldsymbol{\Delta}_P\}$ 称为广义荷载位移列阵。

如前所述，力法典型方程中的每个系数都是基本结构在某单位多余未知力作用下的位移，显然，结构的刚度越小，这些位移的数值越大。因此，这些系数又称为柔度系数，力法典型方程是柔度条件，也称为柔度方程，故力法又称为柔度法。

【例 10－1】 试用力法求解图 10－10（a）所示刚架，并作 $\boldsymbol{M}$ 图。

解：（1）此刚架超静定次数为 2 次，撤去铰支座 C，代之以多余未知力 X_1 和 X_2，基本体系如图 10－10（b）。

（2）列出力法典型方程。

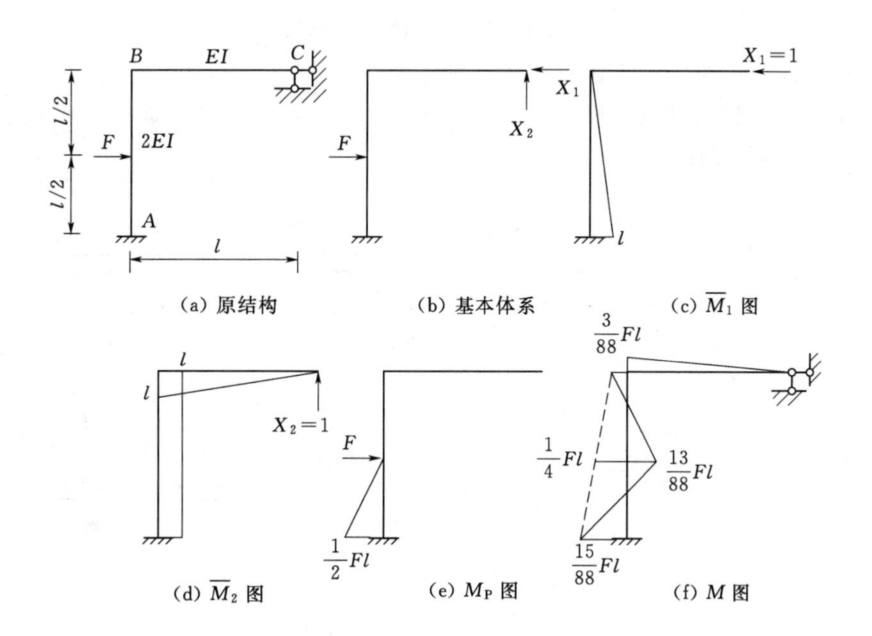

图 10-10 [例 10-1] 图

$$\left.\begin{aligned}\delta_{11}X_1+\delta_{12}X_2+\Delta_{1P}=0\\ \delta_{21}X_1+\delta_{22}X_2+\Delta_{2P}=0\end{aligned}\right\} \tag{a}$$

(3) 作出$\overline{M}_1$、$\overline{M}_2$、M_P 图，分别如图 10-10 (c)、图 10-10 (d)、图 10-10 (e) 所示，利用图乘法计算柔度系数与自由项，可得

$$\delta_{11}=\frac{1}{2EI}\times\frac{1}{2}\times l\times l\times\frac{2}{3}l=\frac{l^3}{6EI},\ \delta_{12}=\delta_{21}=\frac{1}{2EI}\times\frac{1}{2}\times l\times l\times l=\frac{l^3}{4EI}$$

$$\delta_{22}=\frac{1}{EI}\times\frac{1}{2}\times l\times l\times\frac{2}{3}l+\frac{1}{2EI}\times l\times l\times l=\frac{5l^3}{6EI}$$

$$\Delta_{1P}=-\frac{1}{2EI}\times\frac{1}{2}\times\frac{l}{2}\times\frac{Fl}{2}\times\frac{5}{6}l=-\frac{5Fl^3}{96EI}$$

$$\Delta_{2P}=-\frac{1}{2EI}\times\frac{1}{2}\times\frac{l}{2}\times\frac{Fl}{2}\times l=-\frac{Fl^3}{16EI}$$

(4) 将上述系数及自由项代入力法典型方程式 (a) 中，消去公因子$\frac{l^3}{EI}$，化解后得

$$\frac{1}{6}X_1+\frac{1}{4}X_2-\frac{5}{96}F=0$$

$$\frac{1}{4}X_1+\frac{5}{6}X_2-\frac{1}{16}F=0$$

解得

$$X_1=\frac{4}{11}F,\qquad X_2=-\frac{3}{88}F$$

(5) 计算最后杆端弯矩，利用叠加法绘制最终弯矩图。

$$M_{BC}=\frac{3}{88}F\times l=\frac{3}{88}Fl(\text{上侧受拉}),\quad M_{AB}=F\times\frac{l}{2}+\frac{3}{88}F\times l-\frac{4}{11}F\times l=\frac{15}{88}Fl(\text{左侧受拉})$$

$$M=\overline{M}_1X_1+\overline{M}_2X_2+M_P$$

作出最后的 M 图，如图 10－10（f）所示。

【例 10－2】 用力法求解图 10－11（a）所示两端固定超静定梁，梁 AB 的刚度 EI、EA 为常数，并作 M 图。

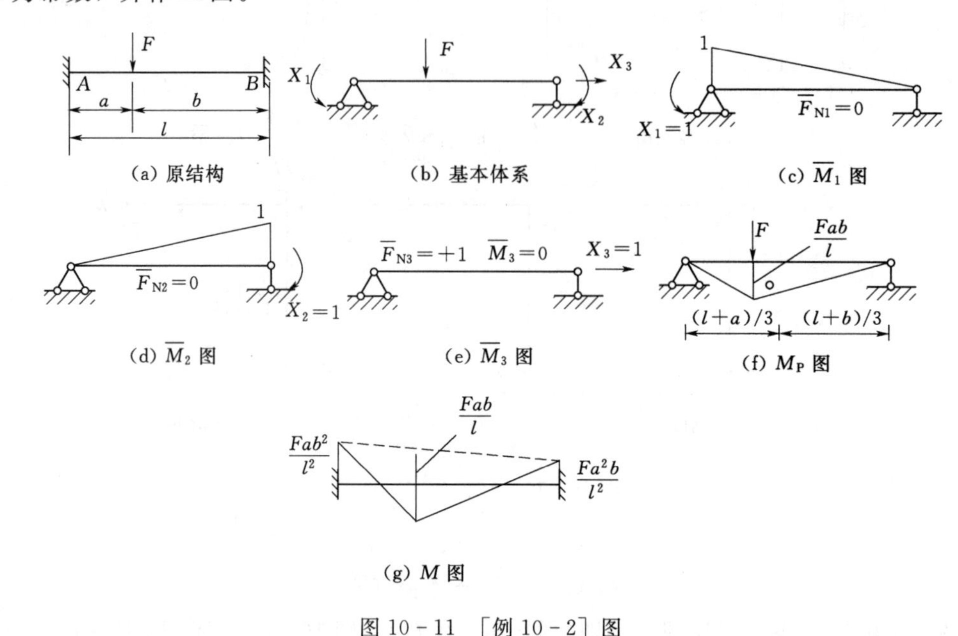

图 10－11 ［例 10－2］图

解：（1）此超静定梁的超静定次数为 3 次，将固定端 A 改为固定铰支座，并将固定端 B 改为活动铰支座，代之以多余未知力 X_1、X_2、X_3，基本体系如图 10－11（b）所示。

（2）列出力法典型方程：

$$\left.\begin{aligned}\delta_{11}X_1+\delta_{12}X_2+\delta_{13}X_3+\Delta_{1P}=0\\ \delta_{21}X_1+\delta_{22}X_2+\delta_{23}X_3+\Delta_{2P}=0\\ \delta_{31}X_1+\delta_{32}X_2+\delta_{33}X_3+\Delta_{3P}=0\end{aligned}\right\}\tag{a}$$

（3）作出$\overline{M}_1$、$\overline{M}_2$、$\overline{M}_3$、M_P 图，分别如图 10－10（c）～图 10－10（f）所示，利用图乘法计算柔度系数与自由项，可得

由于$\overline{M}_3=0$，故

$$\delta_{13}=\delta_{31}=0,\quad \delta_{23}=\delta_{32}=0,\quad \Delta_{3P}=0,\quad \delta_{33}=\frac{\overline{F}_{N3}^2}{EA}l=\frac{l}{EA}\neq0$$

则力法典型方程式（a）的第 3 个方程成为

$$\delta_{33}X_3=0$$

解得

$$X_3=0$$

于是力法的典型方程式（a）变为

$$\left.\begin{aligned}\delta_{11}X_1+\delta_{12}X_2+\Delta_{1P}=0\\ \delta_{21}X_1+\delta_{22}X_2+\Delta_{2P}=0\end{aligned}\right\}\tag{b}$$

其中

$$\delta_{11}=\frac{1}{EI}\times\frac{1}{2}\times l\times 1\times\frac{2}{3}=\frac{l}{3EI},\ \delta_{22}=\frac{l}{3EI},\ \delta_{12}=\delta_{21}=\frac{1}{EI}\times\frac{1}{2}\times l\times 1\times\frac{1}{3}=\frac{l}{6EI}$$

$$\Delta_{1P}=-\frac{Fab(l+b)}{6EIl},\quad \Delta_{2P}=-\frac{Fab(l+a)}{6EIl}$$

（4）将上述系数及自由项代入力法典型方程式（b）中，消去公因子$\frac{l}{EI}$，化解后得

$$X_1=\frac{Fab^2}{l^2},\ X_2=\frac{Fa^2b}{l^2}$$

（5）计算最后杆端弯矩，利用叠加法绘制最终弯矩图。

$$M_{AB}=\frac{Fab^2}{l^2}\times 1+0\times\frac{Fa^2b}{l^2}+0+0=\frac{Fab^2}{l^2}\text{（上侧受拉）}$$

$$M_{BA}=\frac{Fab^2}{l^2}\times 0+1\times\frac{Fa^2b}{l^2}+0+0=\frac{Fa^2b}{l^2}\text{（上侧受拉）}$$

$$M=\overline{M}_1X_1+\overline{M}_2X_2+\overline{M}_3X_3+M_P$$

作出最后的 M 图，如图 10－11（g）所示。

结论：无论是静定梁还是超静定梁，横向荷载作用下，水平反力为 0，这是梁受力的特点。

【例 10－3】 用力法求解图 10－12（a）所示超静定桁架，已知各杆 EA 为常数。

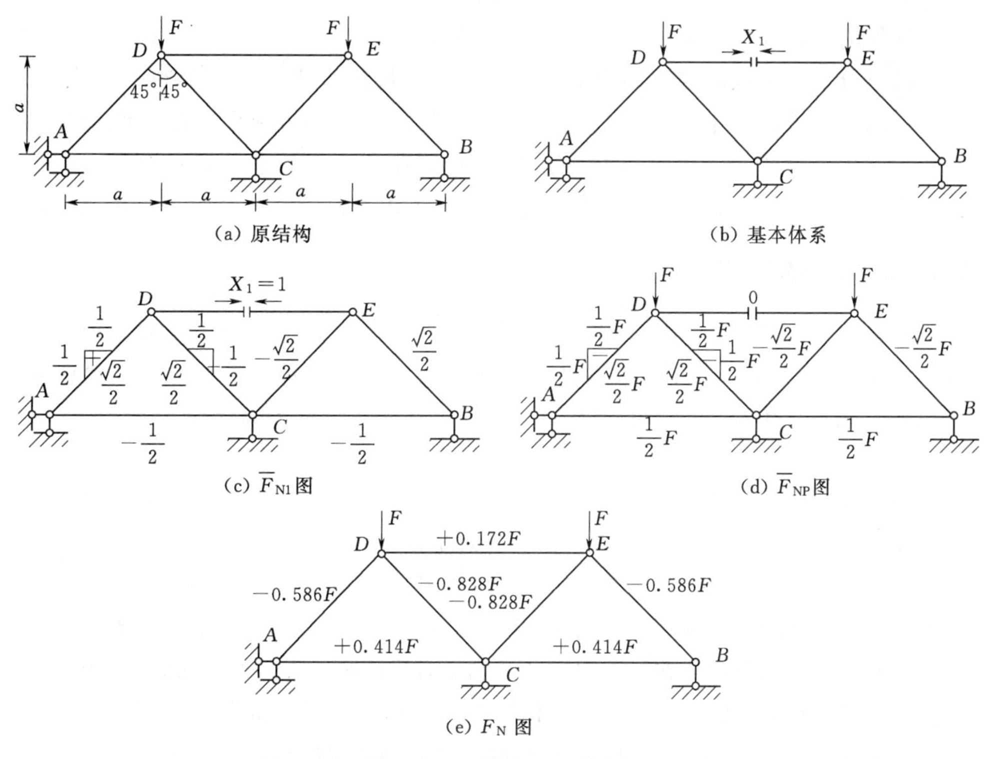

(a) 原结构　(b) 基本体系　(c) $\overline{F}_{N1}$图　(d) $\overline{F}_{NP}$图　(e) F_N 图

图 10－12 ［例 10－3］图

解：（1）此超静定桁架的超静定次数为 1 次，利用对称性，取对称的基本结构，将

DE 杆切断，代之以多余未知力 X_1，基本体系如图 10－12（b）所示。

（2）列出力法典型方程：

$$\delta_{11}X_1+\Delta_{1P}=0 \tag{a}$$

（3）作出$\overline{F}_{N1}$、$\overline{F}_{NP}$图，利用积分法计算柔度系数与自由项：

$$\delta_{11}=2\times\frac{1}{EA}\left[\left(\frac{\sqrt{2}}{2}\right)^2\times\sqrt{2}a+\left(-\frac{\sqrt{2}}{2}\right)^2\times\sqrt{2}a+\left(-\frac{1}{2}\right)^2\times2a\right]+\frac{1}{EA}\times1^2\times2a$$

$$=\frac{(3+2\sqrt{2})a}{EA}$$

$$\Delta_{1P}=2\times\frac{1}{EA}\left[\left(\frac{\sqrt{2}}{2}\right)\left(-\frac{\sqrt{2}}{2}F\right)\sqrt{2}a+\left(-\frac{\sqrt{2}}{2}\right)\left(-\frac{\sqrt{2}}{2}F\right)\sqrt{2}a+\left(-\frac{1}{2}\right)\left(\frac{F}{2}\right)2a\right]$$

$$=-\frac{Fa}{EA}$$

（4）将上述系数及自由项代入力法典型方程式（a）中，消去公因子$\frac{a}{EA}$，化解后得

$$X_1=-\frac{\Delta_{1P}}{\delta_{11}}=\frac{F}{3+2\sqrt{2}}=0.172F(\text{拉力})$$

（5）按叠加法求出杆件的最后轴力值。

$$F_N=X_1\overline{F}_{N1}+F_{NP}$$

所有杆件的内力计算结果如图 10－12（e）所示。

通过以上分析，可以总结出用力法计算超静定结构的步骤如下：①判断超静定次数，选择基本未知量，给出基本体系；②建立力法典型方程；③分别作出基本结构在 $X_i=1$ 和荷载作用下的内力图（或写出内力表达式），计算典型方程的系数和自由项；④求解典型方程，得出多余未知力；⑤利用叠加法绘制结构的内力图；⑥校核（一般可以省略）。

10.2.4　对称性的利用

用力法计算超静定结构要建立和解算力法方程，当结构的超静定次数增加时，计算力法方程中的系数和自由项的工作量将迅速增加。利用结构的对称性，恰当地选取基本结构，可以使力法方程中尽可能多的副系数等于零，从而使计算大为简化。

1. 对称结构与对称荷载

（1）对称结构。在工程中有许多这样一类的结构，它们的几何形状、杆件刚度及支承情况关于某一轴线都是对称的，这类结构称为**对称结构**。

例如图 10－13（a）、图 10－13（c）所示刚架具有一根对称轴，图 10－13（b）所示箱形结构有两根对称轴，它们均满足对称结构具备的三个条件，故都是对称结构。

（2）对称荷载。对称结构包括正对称荷载和反对称荷载。所谓正对称荷载是指力的大小相等、并且当结构绕对称轴对折后，力的作用线和指向完全重合的荷载［图 10－14（b）］。当结构绕对称轴对折后，虽然力的大小相等，力的作用线重合，但力的指向相反，这种荷载称为反对称荷载［图 10－14（c）］。不属于正对称或反对称的荷载称为一般荷载［图 10－14（a）］。

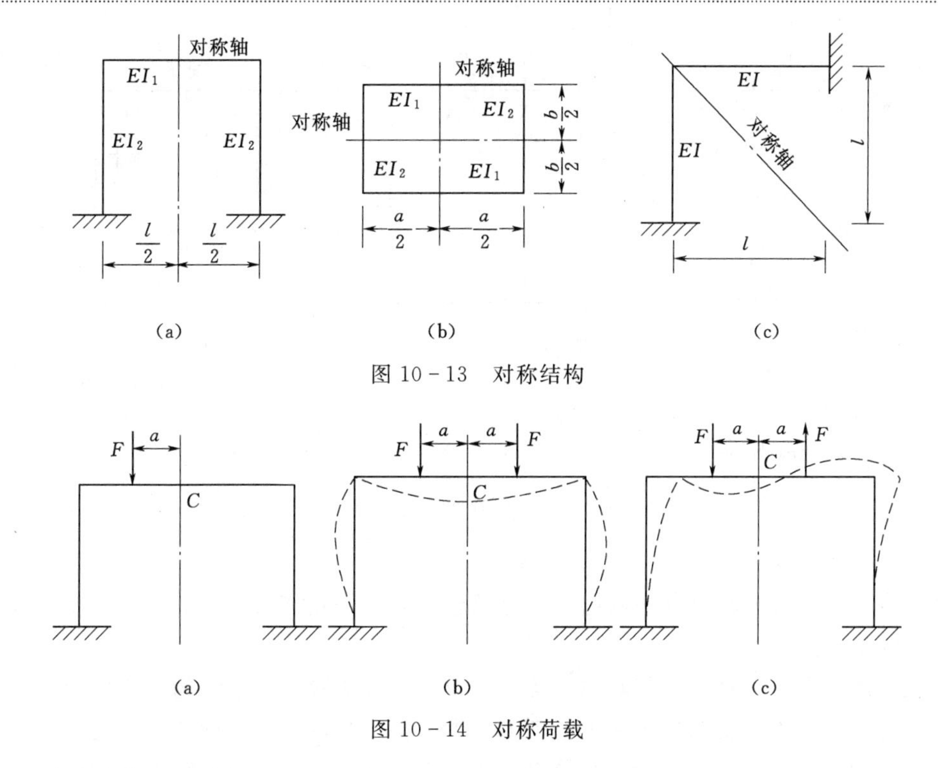

图 10-13　对称结构

图 10-14　对称荷载

2. 对称结构的计算

(1) 选取对称的基本结构。计算对称结构时，应考虑选取对称的基本结构。如图 10-15 (a) 所示的三次超静定刚架，可从横梁中点对称轴处切开，选取两个半悬臂刚架为其基本结构，同时在基本结构上标出多余约束力和外荷载，就成为基本体系，如图 10-15 (b) 所示。横梁的切口两侧有三对大小相等而方向相反的多余未知力，其中 X_1、X_2 为正对称的未知力，X_3 为反对称的未知力。根据基本结构在切口处相对位移为零的条件，建立力法方程为

$$\left.\begin{aligned}\delta_{11}X_1+\delta_{12}X_2+\delta_{13}X_3+\Delta_{1P}=0\\\delta_{21}X_1+\delta_{22}X_2+\delta_{23}X_3+\Delta_{2P}=0\\\delta_{31}X_1+\delta_{32}X_2+\delta_{33}X_3+\Delta_{3P}=0\end{aligned}\right\}$$

显然，正对称的未知力 $X_1=1$、$X_2=1$ 所产生的弯矩图$\overline{M}_1$ 图 [图 10-15 (c)]、$\overline{M}_2$ 图 [图 10-15 (d)] 是对称的；反对称的未知力 $X_3=1$ 所产生的弯矩图$\overline{M}_3$ 图 [图 10-15 (c)] 是反对称的。因此

$$\delta_{13}=\delta_{31}=\sum\int_l\frac{\overline{M}_1\overline{M}_3}{EI}ds=0$$

$$\delta_{23}=\delta_{32}=\sum\int_l\frac{\overline{M}_2\overline{M}_3}{EI}ds=0$$

于是，力法方程简化为

$$\left.\begin{aligned}\delta_{11}X_1+\delta_{12}X_2+\Delta_{1P}=0\\\delta_{21}X_1+\delta_{22}X_2+\Delta_{2P}=0\end{aligned}\right\}\qquad\text{(a)}$$

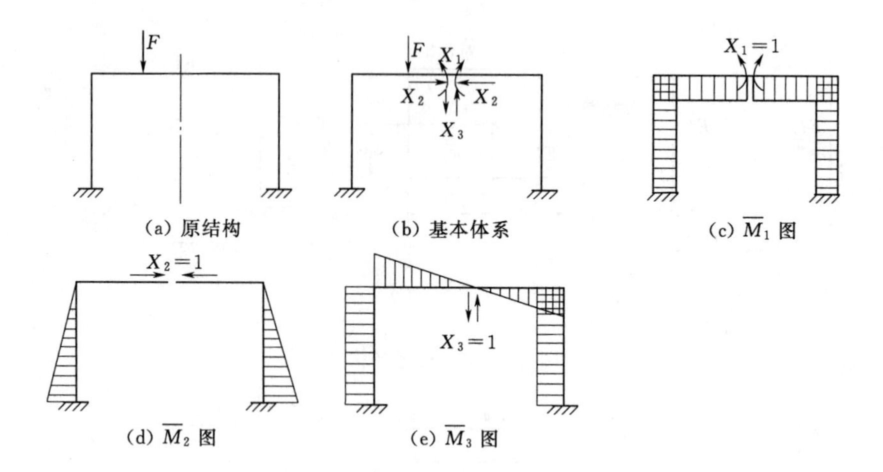

图 10－15　对称结构计算

$$\delta_{33}X_3+\Delta_{3P}=0 \tag{b}$$

可以看出，力法方程可分为两组：一组只包含正对称的未知力 X_1、X_2；另一组只包含反对称的未知力 X_3。

一般来说，用力法计算任何对称结构时，只要选取对称的基本结构，所取的基本未知量都是正对称未知力或反对称未知力，则力法方程必然分解成独立的两组，其中一组只包含正对称未知力；另一组只包含反对称未知力。这样一来，原来的高阶联立方程组就分解成两个独立的低阶方程组，因此使计算得到简化。

（2）对称结构承受正对称荷载作用。如图 10－16（a）所示，当对称结构上的荷载为正对称荷载时，同样从横梁对称轴处切开，选取图 10－16（b）所示的基本体系，这时力法方程的形式仍为式（a）和式（b）。荷载作用于基本结构的 M_P 图为对称图形，如图 10－16（c）所示。

$$\Delta_{1P}=\sum\int_l\frac{\overline{M}_1M_P}{EI}\neq 0$$

$$\Delta_{2P}=\sum\int_l\frac{\overline{M}_2M_P}{EI}\neq 0$$

$$\Delta_{3P}=\sum\int_l\frac{\overline{M}_3M_P}{EI}=0$$

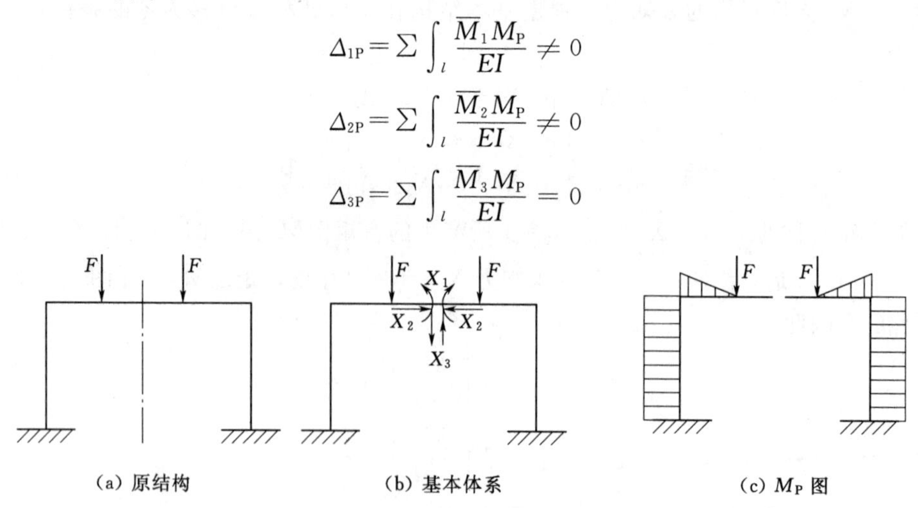

图 10－16　对称结构承受对称荷载作用

代入力法方程式（a）和方程式（b）中，则有

$$X_1 \neq 0, \ X_2 \neq 0$$
$$X_3 = 0$$

由此得出结论：**对称的超静定结构在正对称荷载作用下，只存在正对称的多余未知力，而反对称的多余未知力必为零。结构的内力和变形都是正对称的。**

（3）对称结构承受反对称荷载作用。图 10－17（a）所示对称刚架承受反对称荷载作用，同样选取图 10－17（b）所示的基本体系，其力法方程的形式也为式（a）和式（b）所示。绘出的荷载作用于基本结构的弯矩图为反对称图形，如图 10－17（c）所示。同理可得

$$\Delta_{1P} = 0, \quad \Delta_{2P} = 0, \quad \Delta_{3P} \neq 0$$

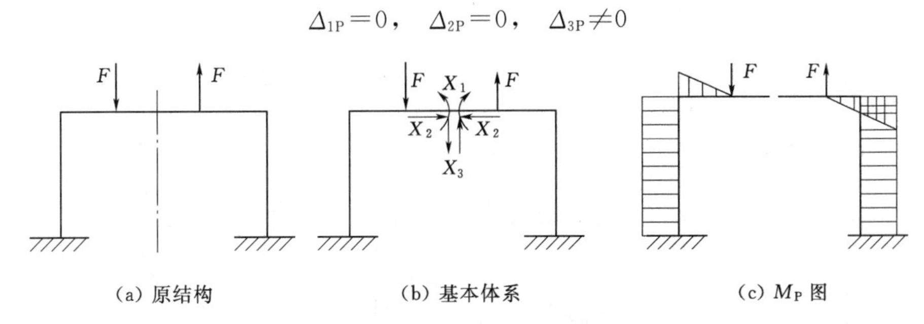

图 10－17　对称结构承受反对称荷载作用

代入力法方程式（a）和方程式（b）可得

$$X_1 = 0, \ X_2 = 0$$
$$X_3 \neq 0$$

于是可得结论：**对称的超静定结构在反对称荷载作用下，只存在反对称的多余未知力，而正对称的多余未知力必为零。结构的内力和变形都是反对称的。**

（4）荷载分组。当对称结构承受一般荷载作用外，除按式（a）和式（b）所示力法方程计算外，还可以把荷载分为正对称荷载作用和反对称荷载作用两种情况的叠加。如图 10－18（a）所示情况可分解为图 10－18（b）、图 10－18（c）两种情况的叠加。这样，可分别用力法对图 10－18（b）、图 10－18（c）进行计算，在对图 10－18（b）进行计算时，只设正对称的多余未知力；在对图 10－18（c）计算时，只设反对称的多余未知力，然后把计算结果叠加而得到图 10－18（a）所示刚架的内力。

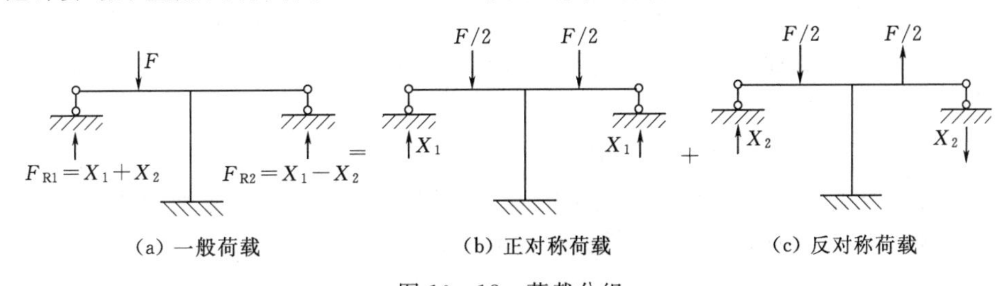

图 10－18　荷载分组

【例 10－4】 利用结构的对称性，试用力法计算图 10－19（a）所示刚架。并绘制其弯矩图。

解： 此结构为一个三次超静定对称刚架，荷载是一般荷载作用。将荷载分解为正对称

荷载和反对称荷载两种情况，分别如图 10－19（b)、图 10－19（c）所示。在正对称荷载作用下［图 10－19（b)］，如果忽略横梁的轴向变形，则只有横梁承受大小为$\frac{F}{2}$的轴向压力，其他杆件没有内力。故原结构的弯矩都是由反对称荷载［图 10－19（c)］引起，所以只需对反对称荷载作用的情况进行计算。

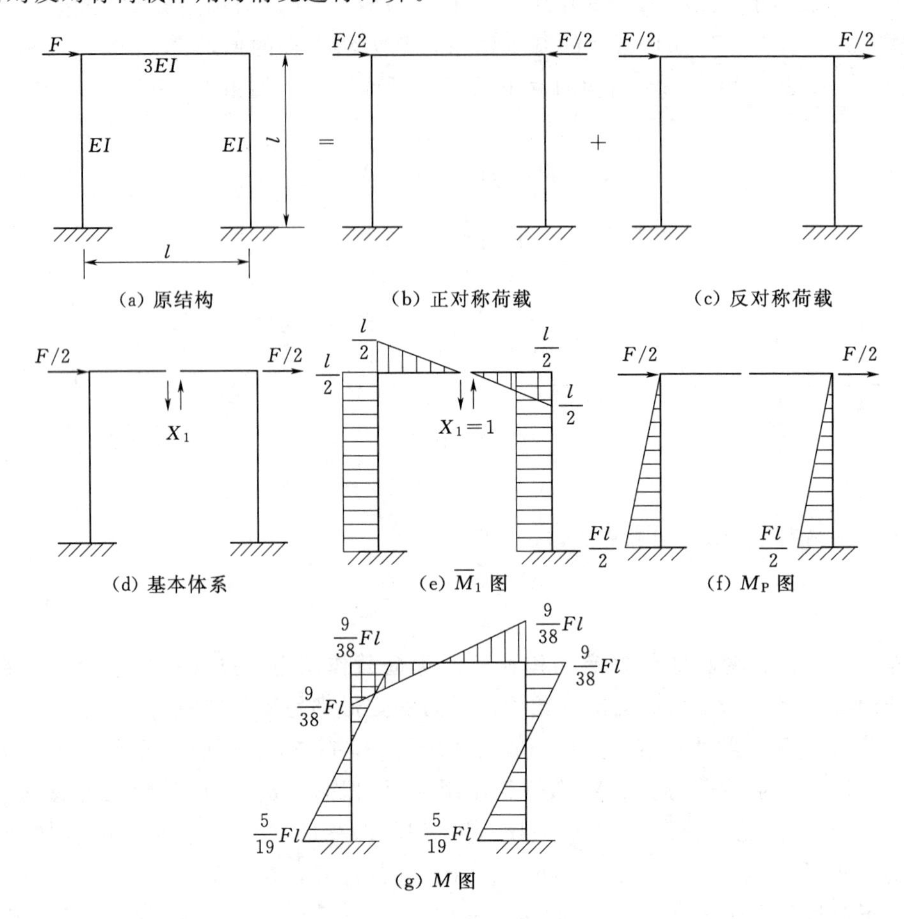

图 10－19　［例 10－4］图

在横梁中点处切开，选取图 10－19（d）所示的体系为基本体系，由于荷载是反对称的，由前述可知，正对称多余未知力为零。故切口处只有反对称未知力 X_1，建立力法典型方程为

$$\delta_{11}X_1+\Delta_{1P}=0$$

绘出基本结构在 $X_1=1$ 及荷载作用下的弯矩图$\overline{M}_1$ 图和 M_P 图，分别如图 10－19（e)、图 10－19（f）所示。由图乘法计算系数和自由项为

$$\delta_{11}=\frac{2}{3EI}\left(\frac{1}{2}\times\frac{l}{2}\times\frac{l}{2}\times\frac{2}{3}\times\frac{l}{2}\right)+\frac{2}{EI}\left(\frac{l}{2}\times l\times\frac{l}{2}\right)=\frac{19l^3}{36EI}$$

$$\Delta_{1P}=\frac{2}{EI}\left(\frac{1}{2}\times\frac{Fl}{2}\times l\times\frac{l}{2}\right)=\frac{Fl^3}{4EI}$$

将以上系数和自由项代入力法典型方程中，解得

$$X_1=-\frac{9}{19}F$$

根据叠加公式 $M=\overline{M}_1X_1+M_P$ 绘出最终的弯矩图，如图 10-19（g）所示。

3. 取半边结构计算

对称结构在正对称荷载作用下内力和变形都是对称的；在反对称荷载作用下内力和变形都是反对称的。根据这一特点，可截取整个结构的一半来进行计算。下面分别讨论奇数跨和偶数跨两种对称刚架的计算。

（1）正对称荷载作用下的对称结构。

1）奇数跨对称刚架。对于图 10-20（a）所示的单跨对称刚架，在正对称荷载作用下，其内力和变形都是正对称的。因此，位于横梁对称轴处的 C 截面上只有正对称的未知力（弯矩和轴力），而反对称未知力（剪力）应为零。而 C 截面上的位移也只能产生竖向位移，不可能发生转角位移和水平位移。故在取一半刚架进行计算时，C 截面处可用一个定向支座来代替原有的约束，得到图 10-20（b）所示的半刚架的计算简图。这样就使原来三次超静定结构降为两次超静定结构，从而使计算简化。

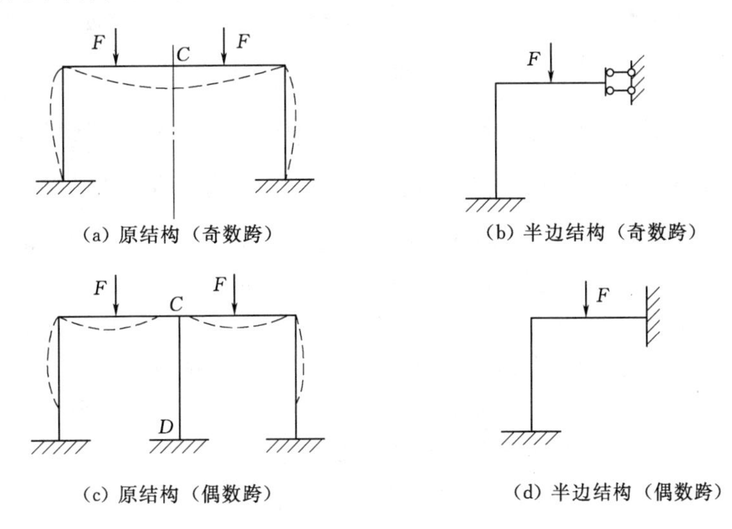

图 10-20　正对称荷载作用下的对称结构

2）偶数跨对称刚架。图 10-20（c）所示的两跨对称刚架，在正对称荷载作用下，其内力和变形都是正对称的。由于 CD 杆位于对称轴上，故无剪力和弯矩，只有轴力。从变形对称的角度来分析，C 截面上的转角和水平位移为零，又由于 C 截面上还有一竖杆，当不考虑杆件的轴向变形时，C 截面也不能产生竖向位移。故 C 截面相当于受固定端支座约束。因此，取半个刚架计算时，可不计算 CD 杆，取图 10-20（d）所示的计算简图。这样就使原来六次超静定结构降为三次超静定结构，从而使计算简化。

（2）反对称荷载作用下的对称结构。

1）奇数跨对称刚架。对于图 10-21（a）所示的刚架，在反对称荷载作用下，其内力和变形为反对称的。因此，在横梁对称轴处的 C 截面只有反对称的未知力（剪力），而正对称的未知力（弯矩和轴力）为零。C 截面的位移也只能产生转角位移和水平位移，而不能产生竖向位移。故取半个刚架计算时，C 截面可以用一根竖向支座链杆代替原有的约束作用，计算简图如图 10－21（b）所示。于是把原来的三次超静定结构降为一次超静定结构，从而使计算简化。

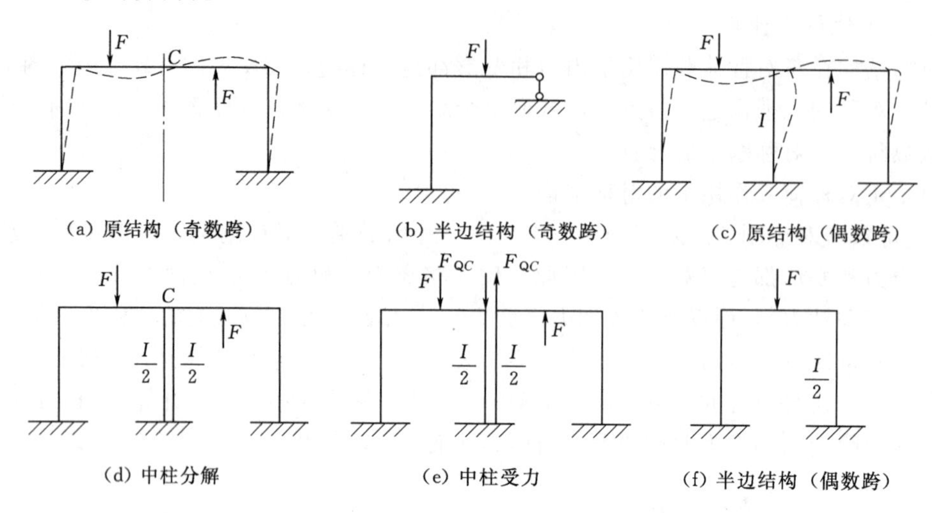

图 10－21　反对称荷载作用下的对称结构

2）偶数跨对称刚架。图 10－21（c）所示为两跨对称刚架，承受反对称荷载作用，其内力和变形为反对称。取半刚架时，可将其中间立柱设想为由两根截面惯性矩为$\frac{I}{2}$的立柱组成，如图 10－21（d）所示。将其沿对称轴切开，由于荷载是反对称的，故 C 截面上只有反对称的一对剪力 F_{QC}［图 10－21（e）］。当忽略杆件的轴向变形时，这一对剪力 F_{QC}对其他杆件均不产生内力，而仅在对称轴两侧的两根立柱中产生大小相等而性质相反的轴力，由于原有中间柱的内力是这两根立柱的内力之和，故叠加后剪力 F_{QC}对原结构的内力和变形均无影响。于是可将其略去，而取半刚架的计算简图如图 10－21（f）所示。于是把原来的六次超静定的结构降为三次超静定结构，从而使计算简化。

【例 10－5】 利用结构的对称性，试用力法求解图 10－22（a）圆环的内力，$EI=C$，试作弯矩图。

解：（1）原结构是以圆心的水平和竖向直线作为结构的两根对称轴，利用对称性可取结构的四分之一进行计算，如图 10－22（b）所示。这是一次超静定结构，基本体系如图 10－22（c）所示。

（2）列出力法典型方程：

$$\delta_{11}X_1+\Delta_{1P}=0$$

（3）对于小曲率曲杆结构，在通常情况下$\left(当\frac{h}{r}<20，r 指曲率半径，h 指杆截面高度\right)$，曲率的影响可以忽略不计。在位移计算中，也容许只考虑弯曲变形一项的影响。由图 10－22（d）、图 10－22（e）可知：

设下侧拉为正，$\overline{M}_1=1$，$M_P=-\frac{1}{2}FR\sin\varphi$

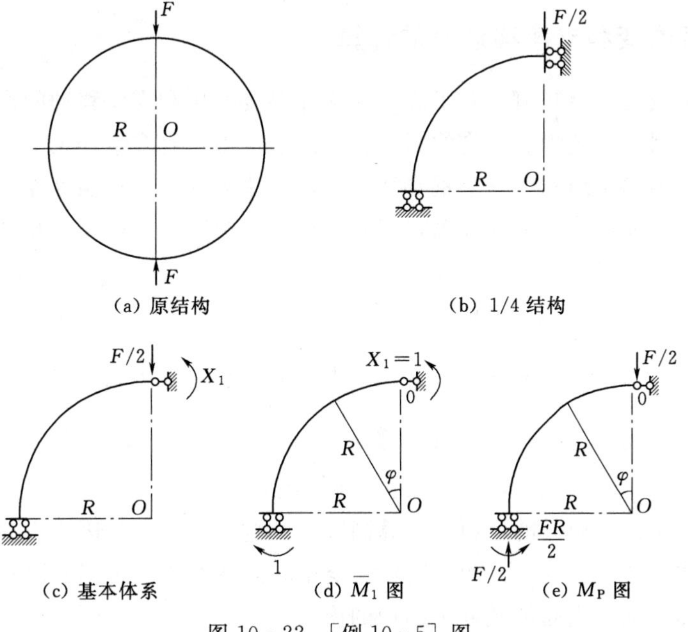

图 10-22 [例 10-5] 图

则

$$\delta_{11}=\int\frac{\overline{M}_1^2}{EI}\mathrm{d}s=\frac{1}{EI}\int_0^{\pi/2}1^2\times Rd\varphi=\frac{\pi R}{2EI}$$

$$\Delta_{1P}=\int\frac{\overline{M}_1 M_P}{EI}\mathrm{d}s=\frac{1}{EI}\int_0^{\pi/2}1\times\left(-\frac{1}{2}FR\sin\varphi\right)R\,\mathrm{d}\varphi=-\frac{FR^2}{2EI}$$

(4) 由力法典型方程，可得

$$X_1=-\frac{\Delta_{1P}}{\delta_{11}}=\frac{FR}{\pi}$$

(5) 由叠加法绘制最终的 M 图。

$M=X_1\overline{M}_1+M_P=FR\left(\frac{1}{\pi}-\frac{\sin\varphi}{2}\right)$可作出结构的弯矩图，如图 10-23 所示。

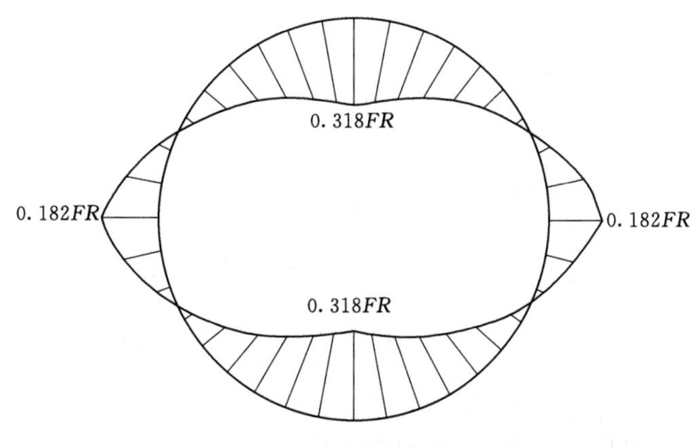

图 10-23 弯矩图

10.2.5　温度改变和支座移动时的计算

在第 9 章中我们已经知道，对于静定结构在温度变化和支座移动的作用下，不产生内力。但上述这些因素对超静定结构的影响就不同了，由于有多余约束的存在，通常使结构产生内力。这是超静定结构的一个重要特性。用力法来计算由于温度变化和支座移动对超静定结构的影响与荷载作用下的计算，其基本思路、原理和步骤基本相同，不同的只是力法典型方程中自由项的计算。

（1）由温度变化引起的自由项 Δ_{it} 计算：

$$\Delta_{it}=\sum(\pm)\int\overline{F}_{Ni}\alpha t_0\mathrm{d}s+\sum(\pm)\int\frac{\overline{M}_i\Delta t}{h}\mathrm{d}s=\sum(\pm)\alpha t_0\omega_{\overline{N}_i}+\sum(\pm)\frac{\alpha\Delta t}{h}\omega_{\overline{M}_i}$$

（2）由支座移动引起的自由项 Δ_{ic} 计算：

$$\Delta_{ic}=-\sum\overline{F}_R C$$

其实上述两种因素引起的自由项计算同静定结构中由这两种因素引起的位移的计算公式（9－9）或式（9－10）和式（9－11）完全相同。下面通过实例来说明如何用力法计算温度改变和支座移动所引起的超静定结构的内力。

1. 温度改变时的计算

在用力法计算温度改变引起的超静定结构的内力时，力法方程中自由项表示温度改变引起的基本结构上 $X_i=1$ 作用点沿 X_i 方向上的位移。

【例 10－6】 如图 10－24（a）所示刚架，各杆内侧温度升高为 15℃，外侧温度降低为 5℃，各杆线膨胀系数为 α，刚度 EI 为常数，截面形心轴为对称轴，截面高度 $h=0.4\text{m}$。试用力法计算该超静定结构，并绘制内力图。

解：（1）此刚架为一次超静定结构，基本体系如图 10－24（b）所示。

（2）列出力法典型方程：

$$\delta_{11}X_1+\Delta_{1t}=0$$

该方程的物理意义是基本结构（悬臂刚架）在多余未知力及温度改变共同作用下在 B 支座处引起的 X_1 方向上的位移应与原结构相同。

（3）作出 $\overline{M}_1$ 图、$\overline{F}_{N1}$ 图，分别如图 10－24（c）、图 10－24（d）所示。并且计算系数与自由项。

$$t_0=\frac{15-5}{2}=5℃;\quad \Delta t=|15-(-5)|=20℃$$

$$\delta_{11}=\frac{1}{EI}\left(\frac{1}{2}\times3\times3\times\frac{2}{3}\times3+3\times4\times3\right)=\frac{45}{EI}$$

$$\begin{aligned}\Delta_{1t}&=\sum(\pm)\alpha t_0\omega_{\overline{N}1}+\sum(\pm)\frac{\alpha\Delta t}{h}\omega_{\overline{M}1}\\&=\alpha\times5\times1\times4+\left[\frac{\alpha\times20}{0.4}\times\left(\frac{1}{2}\times3\times3+3\times4\right)\right]\\&=845\alpha\end{aligned}$$

（4）将上述系数及自由项代入力法典型方程中，解得

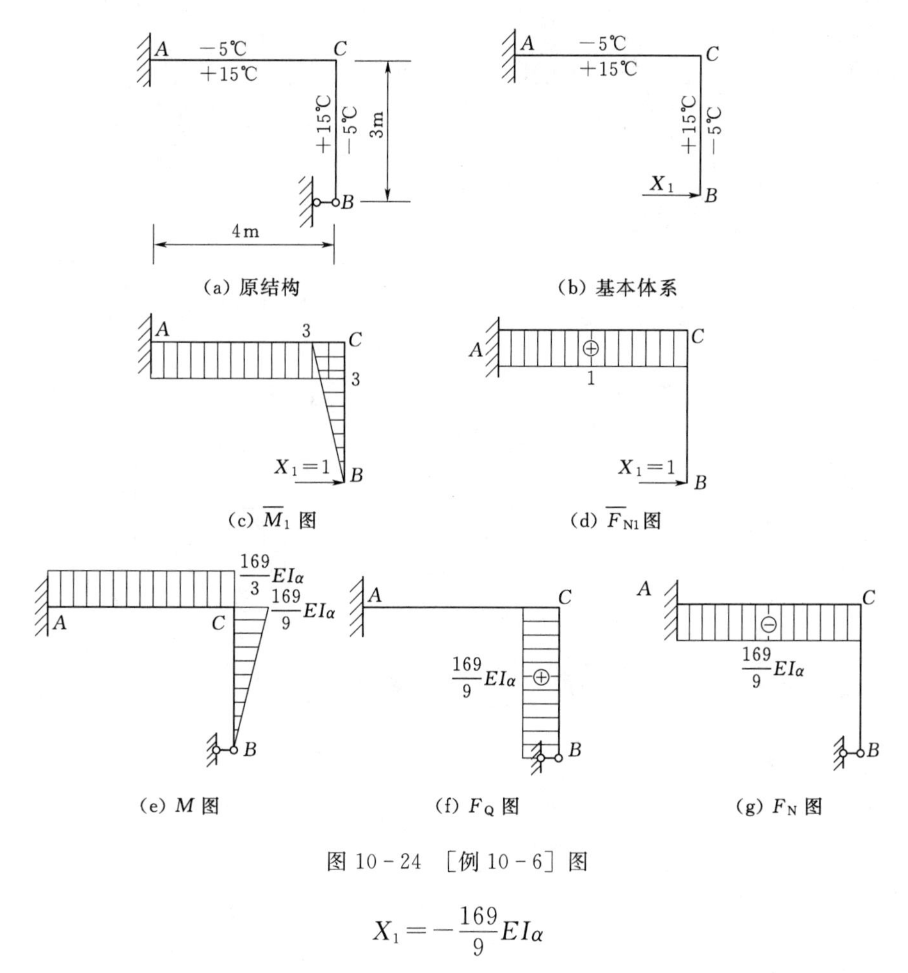

图 10-24 [例 10-6] 图

$$X_1=-\frac{169}{9}EI\alpha$$

(5) 根据叠加法绘制出最终的弯矩图。

由 $M=\overline{M}_1X_1$ 可以绘出最终的弯矩图，如图 10-24 (e) 所示。根据平衡条件可得其剪力图和轴力图，分别如图 10-24 (f)、图 10-24 (g) 所示。

2. 支座移动时的计算

在用力法计算支座移动引起的超静定结构的内力时，力法方程中自由项表示支座移动引起的基本结构上 $X_i=1$ 作用点沿 X_i 方向上的位移。

【例 10-7】 图 10-25 (a) 所示单跨超静定梁，支座 A 发生了顺时针的转角 θ，试用力法计算该结构，并绘制其内力图。

解：(1) 若不计轴向变形，原结构为二次超静定结构，取图 10-25 (b) 所示的基本体系。

(2) 列出力法典型方程：

$$\left.\begin{aligned}\delta_{11}X_1+\delta_{12}X_2+\Delta_{1c}=0\\ \delta_{21}X_1+\delta_{22}X_2+\Delta_{2c}=0\end{aligned}\right\}\qquad\text{(a)}$$

该方程的物理意义是基本结构（悬臂梁）在多余未知力（X_1、X_2）及温度改变共同作用下在 B 支座处引起的 X_1、X_2 方向上的位移应与原结构相同。

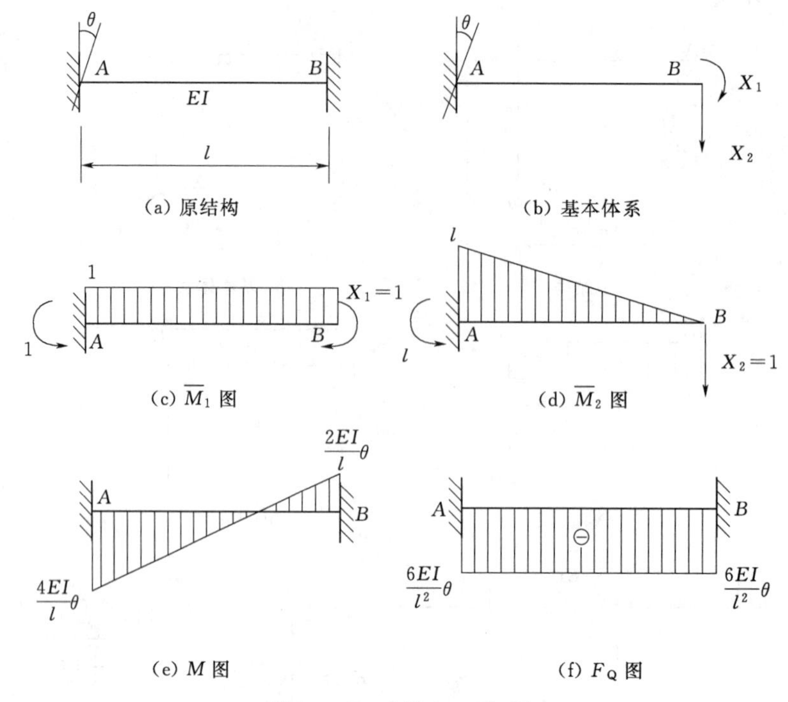

图 10－25 ［例 10－7］图

(3) 作出$\overline{M}_1$ 图、$\overline{M}_2$ 图，并计算图中 A 支座的反力，分别如图 10－25（c）、图 10－25（d）所示。同时计算系数与自由项。

$$\delta_{11}=\frac{1}{EI}\times 1\times l\times 1=\frac{l}{EI}$$

$$\delta_{12}=\delta_{21}=\frac{1}{EI}\times\frac{1}{2}\times l\times l\times 1=\frac{l^2}{2EI}$$

$$\delta_{22}=\frac{1}{EI}\times\frac{1}{2}\times l\times l\times\frac{2}{3}l=\frac{l^3}{3EI}$$

$$\Delta_{1c}=-\sum\overline{F}_R C=-(-1\times\theta)=\theta$$

$$\Delta_{2c}=-\sum\overline{F}_R C=-(-l\times\theta)=\theta l$$

(4) 将上述系数及自由项代入式（a）中，有

$$\left.\begin{array}{l}\dfrac{l}{EI}X_1+\dfrac{l^2}{2EI}X_2+\theta=0\\ \dfrac{l^2}{2EI}X_1+\dfrac{l^3}{3EI}X_2+\theta l=0\end{array}\right\}\qquad\text{(b)}$$

联立解得

$$X_1=\frac{2EI}{l}\theta,\quad X_2=-\frac{6EI}{l^2}\theta$$

(5) 根据叠加法绘制出最终的弯矩图。

由 $M=\overline{M}_1X_1+\overline{M}_2X_2$ 可以绘出最终的弯矩图，如图 10－25（e）所示。根据平衡条件可得其剪力图，如图 10－25（f）所示。

由上述例题得知，温度变化、支座移动等非荷载因素引起结构的内力与各杆弯曲刚度

EI 的绝对值成正比。因此，在计算中要采用刚度的绝对值。

10.3 位移法的基本原理

力法和位移法是计算超静定结构的两种基本方法，力法发展较早，位移法稍晚一些。力法把结构的多余力作为基本未知量，将超静定结构转变为静定结构，按照位移条件建立力法方程求解；而位移法则是以结构的某些位移作为未知量，先设法求出它们，再据以求出结构的内力和其他位移。并且由位移法的基本原理还可以衍生出其他几种在工程实际中应用十分普遍的计算方法，例如力矩分配法等。

10.3.1 基本未知量的确定

1. 基本未知量的确定

(1) 结点角位移的确定：结点角位移的数目＝刚结点的数目。

(2) 独立的结点线位移的确定。

结点线位移是位移法计算中的一个基本未知量，为了减少基本未知量的个数，使计算得到简化，常作以下假设：

(1) 忽略由轴力引起的轴向变形。

(2) 结点位移都很小。

(3) 直杆变形后，曲线两端的连线长度等于原直线长度。

独立的结点线位移可按如下方法确定：

(1) 对于简单的结点线位移，可通过观察判断确定。

(2) 对于复杂刚架结点线位移，可以用铰结体系自由度确定，即把刚结点都改为铰结点，固定端支座都改为固定铰支座，所得体系的自由度数为独立结点线位移的数目。

注意：

1) "铰化体系法"不适用于具有支杆平行于杆轴的可动铰支座或滑动支座的刚架，也不适用于含有自由端杆件的情况。

2) 当 $W>0$ 时，W 的数目即为独立的结点线位移数目；$W=0$ 时，若体系几何不变，则无结点线位移，若体系几何可变（瞬变），可以通过增加链杆使其几何不变，所需增加的链杆数目就是原结构独立的结点线位移数目。

(3) 附加链杆法。在结点处增加附加链杆以阻止全部可能发生的线位移所需的最少链杆数即为独立的结点线位移。

2. 位移法的基本结构

(1) 位移法的基本结构——由若干个单跨超静定梁组成。

(2) 基本结构的建立——在产生角位移的刚结点处增加附加刚臂"▽"阻止结点转动，在产生线位移的结点处增加附加链杆阻止其线位移，得到单跨超静定梁的组合体即为位移法的基本结构。

如图 10-26 (a) 所示，结构中有两个刚结点一个铰结点。在铰结点 F 处加附加一根水平支杆，这时结点 F 不能移动。由于 B 处为固定端，F、B 两结点不移动，结点 E 也

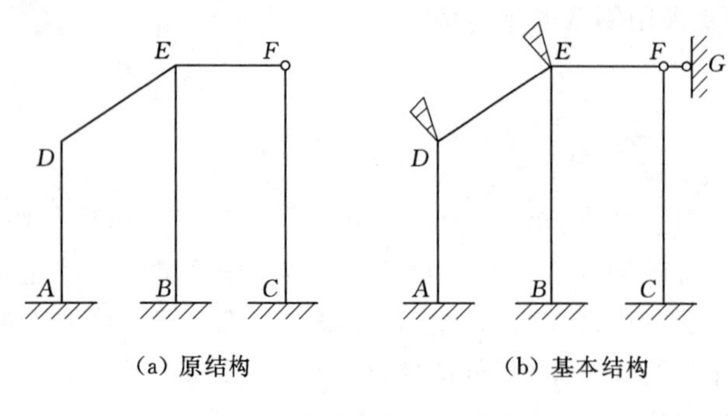

(a) 原结构　　(b) 基本结构

图 10－26　框架结构（固定端约束）

就不移动。A 处为固定端，E、A 两结点不移动，结点 D 也就不移动。可见，不管梁是水平的，还是斜的，只要加一根支杆，一排结点就都不能移动，故该结构有两个结点角位移和一个结点线位移，基本结构如图 10－26（b）所示。

如图 10－27（a）所示，结构有三个刚结点，故有三个结点角位移。当它结构化为铰结体系（未画出）不难看出，需加入两根附加支杆才能使其形成几何不变体系，如图 10－27（b）所示。故该结构有三个结点角位移和两个结点线位移。

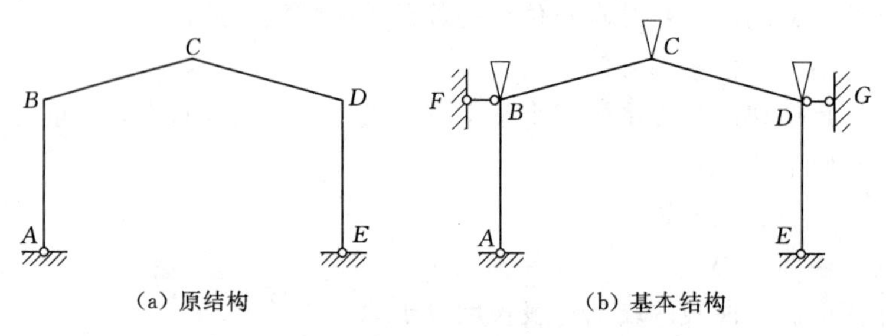

(a) 原结构　　(b) 基本结构

图 10－27　框架结构（固定铰支座约束）

如图 10－28（a）所示，该结构为一阶阶梯形梁，若用位移法计算，应将变截面处取为一个结点。铰结体系如图 10－28（b）所示，容易看出结点 C 能上下移动，需加入一附加支杆［图 10－28（c）］约束其移动。此外，还应在结点 C 处加入一附加刚臂约束其转动。故该结构有一个结点角位移和一个结点线位移，基本结构如图 10－28（d）所示。

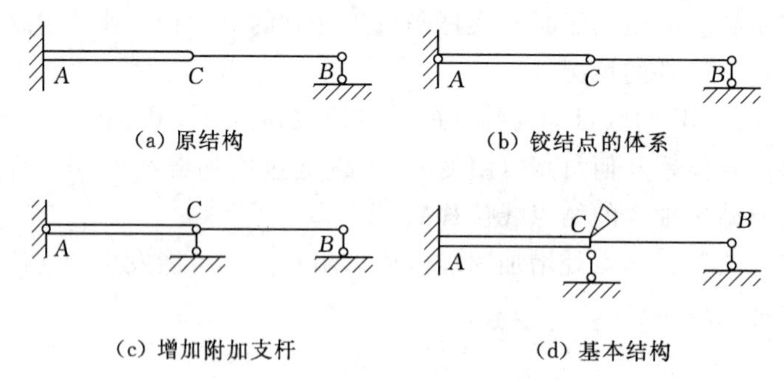

(a) 原结构　　(b) 铰结点的体系

(c) 增加附加支杆　　(d) 基本结构

图 10－28　阶梯形梁的位移数目确定

力法是取结构中的多余未知力作为基本未知量；位移法是以结点位移（线位移和角位移）作为基本未知量。力法的基本未知量的数目等于超静定次数，而位移法的基本未知量与超静定次数无关。

如图 10－29 所示：当用力法计算时，有 9 个基本未知量；当用位移法计算时，只有一个基本未知量。

10.3.2 等截面杆件的转角位移方程

图 10-29 基本未知量的比较

在位移法分析中，需要解决以下三个问题：

（1）基本未知量，选取结构上哪些结点位移作为基本未知量。

（2）杆件分析，确定杆件的杆端内力与杆端位移及荷载之间的关系。

（3）整体分析，建立求解这些基本未知量的位移法方程。

其中，第（1）个问题，上节内容已阐述。第（2）个问题，杆件的杆端内力与杆端位移及荷载之间的关系，称为**杆件的转角位移方程**。它是学习位移法的基础，本节利用力法的计算结果，确定在已知杆端位移和荷载作用下的杆端弯矩，再由叠加原理得到三种常用的等截面杆件的转角位移方程。

1. 杆端内力及杆端位移的正负号规定

为了计算的方便，在利用位移法求解超静定结构时，对杆端内力、杆端位移的正负符号作如下规定：

（1）杆端内力。对杆件的杆端而言，杆端弯矩以顺时针方向转动为正，反之为负；而对结点或支座而言，则以逆时针方向转动为正。如图 10-30（a）中，AB 杆件 A 端的杆端弯矩用 M_{AB} 表示，B 端的杆端弯矩用 M_{BA} 表示，图中 M_{AB} 为负，M_{BA} 为正。

杆端剪力和杆端轴力的正负号规定与前面的规定相同。

（2）杆端角位移。以顺时针转动为正，反之为负。如图 10-30（b）中，A 端的角位移 θ_A 为正，B 端角位移 θ_B 为负。

（3）杆端线位移。以杆的一端相对于另一端产生顺时针方向转动的线位移为正，反之为负。如图 10-30（c）中，Δ_{AB} 为正。

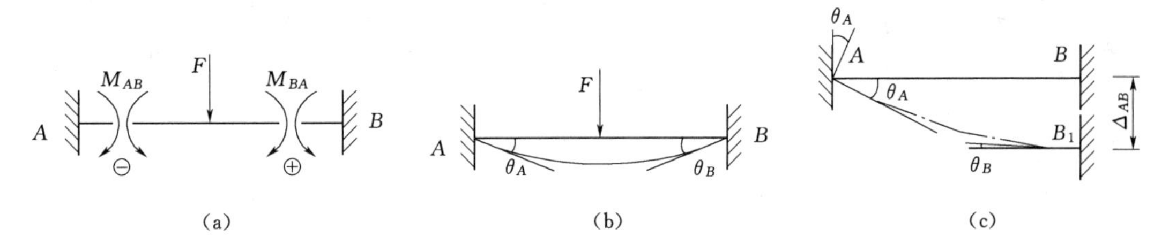

图 10-30 杆端内力及位移正负号规定

应当注意的是，这里仅针对杆端弯矩作了正负号的规定，对于杆件其他截面的弯矩并未规定其正负号，在作弯矩图时，应按此正负号规定，正确判定杆件横截面的受拉侧，将弯矩图画在受拉一侧。

2. 单跨超静定梁的形常数和载常数

位移法中用加约束的办法将结构中各杆件均变成单跨超静定梁。在不计轴向变形的情况下，单跨超静定梁有图 10-31 中所示的三种形式。它们分别为：两端固定梁［图 10-31（a）］；一端固定一端铰支梁［图 10-31（b）］；一端固定一端定向支座梁［图 10-31（c）］。

上述各单跨超静定梁因荷载作用产生的杆端力，因温度改变和支座移动产生的杆端力均可用力法求出，在位移法中是已知量。

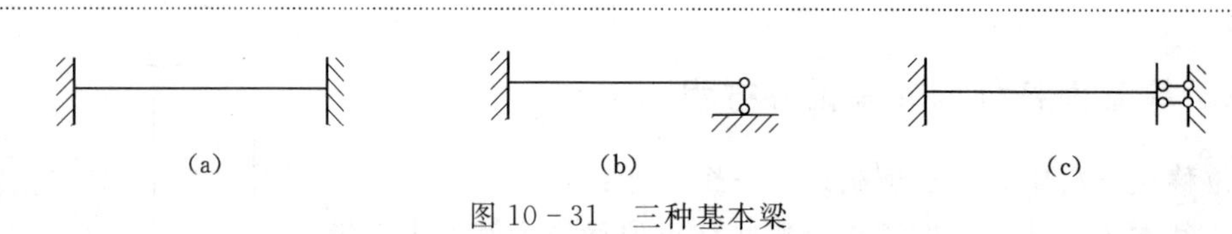
(a)　　(b)　　(c)

图 10-31　三种基本梁

由杆端（或支座）产生单位位移而引起的杆端内力，是与杆件尺寸、材料性质有关的常数，称为形常数，见表 10-1，EI 为抗弯刚度，l 为杆件长度，$i=\dfrac{EI}{l}$，称为杆件的**线刚度**。

由荷载或温度变化引起的杆端内力，称为载常数，见表 10-2，表中 M_{AB}^{F}、M_{BA}^{F} 分别表示 AB 杆 A、B 端的杆端弯矩，也称为**固端弯矩**；F_{QAB}^{F}、F_{QBA}^{F} 分别表示 AB 杆 A、B 端的杆端剪力，也称为**固端剪力**。

形常数和载常数在后面的章节中经常用到。在使用表 10-1 和表 10-2 时应当注意，表中的形常数和载常数是根据图示结构的支座位移和荷载的方向及大小计算得到的。当在实际应用计算某一个结构时，应当根据实际的单跨梁形式、实际的杆端位移和所受荷载，确定形常数和载常数的正负号及数值。

表 10-1　　等截面杆件的形常数

类型	序号	计算简图及变形图	弯矩图	杆端弯矩		杆端剪力	
				M_{AB}	M_{BA}	F_{QAB}	F_{QBA}
两端固定	1	$\theta=1$，A，B，l		$4i$	$2i$	$-\dfrac{6i}{l}$	$-\dfrac{6i}{l}$
	2	A，B，l，$\Delta=1$		$-\dfrac{6i}{l}$	$-\dfrac{6i}{l}$	$\dfrac{12i}{l^2}$	$\dfrac{12i}{l^2}$
一端固定一端铰支	3	$\theta=1$，A，B，l		$3i$	0	$-\dfrac{3i}{l}$	$-\dfrac{3i}{l}$
	4	A，B，l，$\Delta=1$		$-\dfrac{3i}{l}$	0	$\dfrac{3i}{l^2}$	$\dfrac{3i}{l^2}$
一端固定一端定向铰支座	5	$\theta=1$，A，B，l		i	$-i$	0	0
	6	A，B，$\theta=1$		$-i$	i	0	0

表 10 - 2 **等截面杆件的载常数**

类型	序号	计算简图	弯矩图	固端弯矩		固端剪力	
				M_{AB}^{F}	M_{BA}^{F}	F_{QAB}^{F}	F_{QBA}^{F}
两端固定	1			$-\frac{Fab^2}{l^2}$ 当 $a=b$ 时 $-\frac{Fl}{8}$	$\frac{Fa^2b}{l^2}$ $\frac{Fl}{8}$	$\frac{Fb^2}{l^2}\left(1+\frac{2a}{l}\right)$ $\frac{F}{2}$	$-\frac{Fb^2}{l^2}\left(1+\frac{2a}{l}\right)$ $\frac{F}{2}$
	2			$-\frac{ql^2}{12}$	$\frac{ql^2}{12}$	$\frac{ql}{2}$	$-\frac{ql}{2}$
一端固定一端铰支	3			$-\frac{Fab}{2l^2}(l+b)$ 当 $a=b$ 时 $-\frac{3Fl}{16}$	0	$\frac{Fb}{3l^3}(3l^2+b^2)$ $\frac{11F}{16}$	$-\frac{Fa^2}{2l^3}(2l+b)$ $-\frac{5F}{16}$
	4			$-\frac{ql^2}{8}$	0	$\frac{5ql}{8}$	$-\frac{3ql}{8}$
	5			$\frac{M}{2}$	M	$-\frac{3M}{2l}$	$-\frac{3M}{2l}$
一端固定一端定向铰支座	6			$-\frac{Fl}{2}$	$-\frac{Fl}{2}$	F	F
	7			$-\frac{ql^2}{3}$	$-\frac{ql^2}{6}$	ql	0
	8			$-\frac{Fa}{2l}(l+b)$ 当 $a=b$ 时 $-\frac{3Fl}{8}$	$-\frac{Fa^2}{2l}$ $-\frac{Fl}{8}$	F	0

3. 转角位移方程

转角位移方程就是由杆端位移引起的杆端力方程（也称为刚度方程）再叠加上荷载引起的固端力得到。

（1）两端固定梁。如图 10 - 32 所示，两端固定的等截面梁 AB，设 A 端角位移为 θ_A，B 端角位移为 θ_B，垂直于杆轴方向的相对线位移为 Δ，梁上还作用有外荷载。根据叠加原理，梁 AB 的杆端弯矩、杆端剪力应等于 θ_A、θ_B、Δ 和荷载单独作用下的杆端弯矩、杆端剪力的叠加。利用表 10 - 1 和表 10 - 2，可得

$$\left.\begin{aligned}M_{AB}&=4i\theta_A+2i\theta_B-\frac{6i}{l}\Delta+M_{AB}^{F}\\M_{BA}&=2i\theta_A+4i\theta_B-\frac{6i}{l}\Delta+M_{BA}^{F}\\F_{QAB}&=-\frac{6i}{l}\theta_A-\frac{6i}{l}\theta_B+\frac{12i}{l^2}\Delta+F_{QAB}^{F}\\F_{QBA}&=-\frac{6i}{l}\theta_A-\frac{6i}{l}\theta_B+\frac{12i}{l^2}\Delta+F_{QBA}^{F}\end{aligned}\right\}\quad(10-3)$$

式（10－3）就是两端固定梁的转角位移方程。

其中，M_{AB}和M_{BA}为AB杆的杆端弯矩；F_{QAB}、F_{QBA}为AB杆的杆端剪力；固端弯矩M_{AB}^{F}、M_{BA}^{F}为杆AB在荷载作用下的杆端弯矩，固端剪力F_{QAB}^{F}、F_{QBA}^{F}为杆AB在荷载作用下的杆端剪力，可查表10－2。该方程实际上就是用形常数和载常数来表达的杆端弯矩和杆端剪力的计算公式，它反映了杆端弯矩和杆端剪力与杆端位移及荷载之间的关系。图10－32中的β称为杆件的**弦转角**，即$\beta=\frac{\Delta}{l}$。

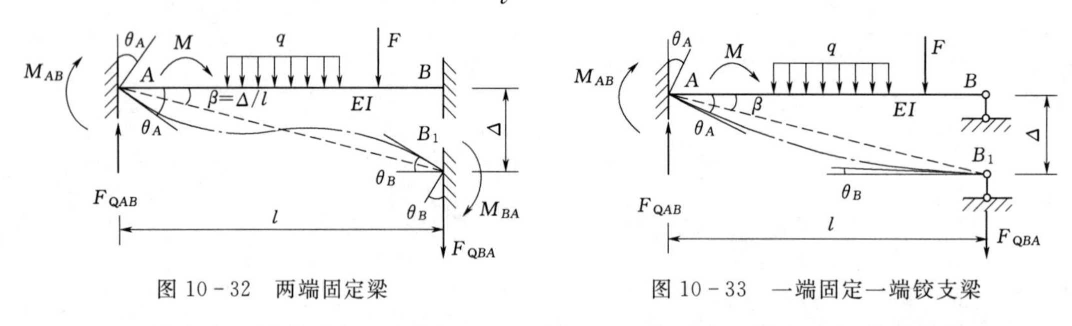

图 10－32 两端固定梁

图 10－33 一端固定一端铰支梁

（2）一端固定一端铰支梁。如图10－33所示，一端固定一端铰支的等截面梁AB，设A端角位移为θ_A，两端相对线位移为Δ，梁上还作用有外荷载。根据叠加原理，利用表10－1和表10－2，可得

$$\left.\begin{aligned}M_{AB}&=3i\theta_A-\frac{3i}{l}\Delta+M_{AB}^{F}\\M_{BA}&=0\\F_{QAB}&=-\frac{3i}{l}\theta_A+\frac{3i}{l^2}\Delta+F_{QAB}^{F}\\F_{QBA}&=-\frac{3i}{l}\theta_A+\frac{3i}{l^2}\Delta+F_{QBA}^{F}\end{aligned}\right\}\quad(10-4)$$

式（10－4）就是一端固定一端铰支梁的转角位移方程。

（3）一端固定一端定向支座梁。如图10－34所示，一端固定一端定向支座的等截面梁AB，设A端角位移为θ_A，B端角位移为θ_B，梁上还作用有外荷载。根据叠加原理，利用表10－1和表10－2，可得

$$\left.\begin{aligned}M_{AB}&=i\theta_A-i\theta_B+M_{AB}^{F}\\M_{BA}&=-i\theta_A+i\theta_B-\frac{6i}{l}\Delta+M_{BA}^{F}\\F_{QAB}&=F_{QAB}^{F}\\F_{QBA}&=0\end{aligned}\right\}\quad(10-5)$$

式（10－5）就是一端固定一端定向支座梁的转角位移方程。

式（10－3）～式（10－5）中的杆端剪力，也可以由杆端弯矩通过平衡条件导出：

$$\left.\begin{aligned}F_{QAB}&=-\frac{M_{AB}+M_{BA}}{l}+F_{QAB}^{0}\\F_{QBA}&=-\frac{M_{AB}+M_{BA}}{l}+F_{QBA}^{0}\end{aligned}\right\}\qquad(10-6)$$

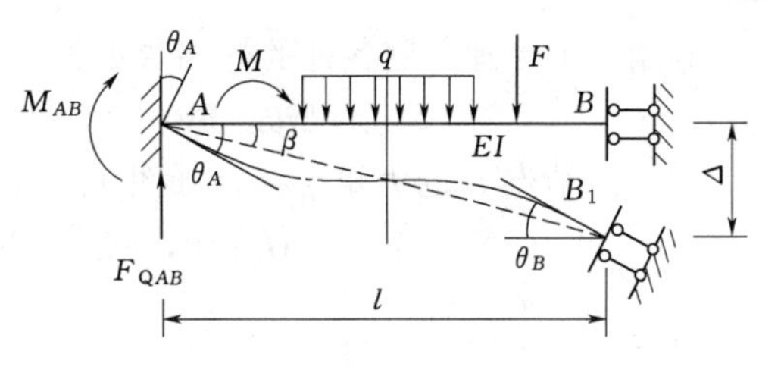

图 10－34　一端固定一端定向支座梁

式（10－6）中，F_{QAB}^{0}和F_{QBA}^{0}分别表示相应简支梁在荷载作用下的杆端剪力。

利用以上转角位移方程计算超静定结构的方法，称为平衡方程法。其计算步骤如下：

（1）确定基本未知量。根据结构的变形特点，确定某些结点位移（线位移和角位移）为基本未知量。

（2）列出转角位移方程。把每根杆件视为单跨超静定梁，建立每根杆件杆端内力与结点位移及荷载之间的函数关系，即转角位移方程。

（3）建立平衡方程。根据结点的力矩平衡条件和杆件剪力的投影平衡条件，建立以结点位移为未知量的平衡方程。

（4）求解结点位移。根据力矩平衡条件和杆件剪力投影平衡条件，求解结点位移。

（5）计算杆端内力。将求得的结点位移回代入转角位移方程中，计算结构的杆端内力，并作内力图。

【例 10－8】 试用位移法计算图 10－35（a）所示的连续梁，作出 M 图。已知 EI 为常数。

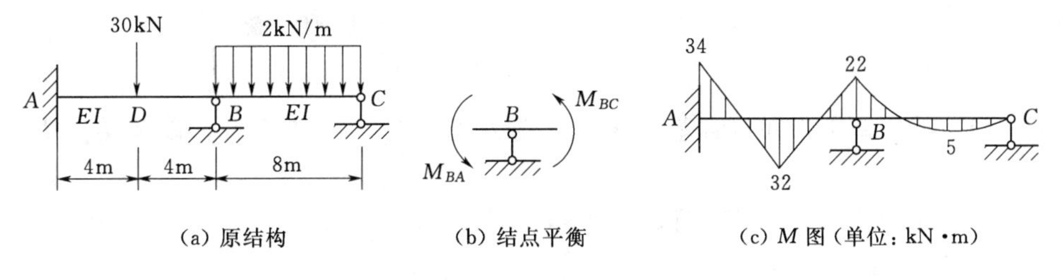

图 10－35 ［例 10－8］图

解：（1）确定基本未知量。以支座 B 处的角位移 θ_B 为基本未知量。

（2）列转角位移方程，计算杆端弯矩。

令 $i=EI/8$，由杆端位移引起的杆端弯矩为

$$M_{AB}=2i\theta_B,\ M_{BA}=4i\theta_B,\ M_{BC}=3i\theta_B$$

由荷载作用引起的固端弯矩为

$$M_{AB}^{F}=-\frac{Fl}{8}=-\frac{30\times8}{8}=-30(\text{kN}\cdot\text{m})$$

$$M_{BA}^{F}=\frac{Fl}{8}=\frac{30\times8}{8}=30(\text{kN}\cdot\text{m})$$

$$M_{BC}^{F}=-\frac{ql^2}{8}=-\frac{2\times8^2}{8}=-16(\text{kN}\cdot\text{m})$$

利用叠加原理，则各杆的杆端弯矩为

$$M_{AB}=2i\theta_B-30,\ M_{BA}=4i\theta_B+30,\ M_{BC}=3i\theta_B-16$$

（3）由结点 B 的力矩平衡，如图 10-35（b）所示，得

$$\sum M_B=0,\ M_{BA}+M_{BC}=0,\ 7i\theta_B+14=0$$

解得

$$\theta_B=-\frac{2}{i}$$

（4）确定各杆的杆端弯矩。

$$M_{AB}=2i\theta_B-30=-34(\text{kN}\cdot\text{m})$$

$$M_{BA}=4i\theta_B+30=22(\text{kN}\cdot\text{m})$$

$$M_{BC}=3i\theta_B-16=-22(\text{kN}\cdot\text{m})$$

（5）作出连续梁的 M 图，如图 10-35（c）所示。

【例 10-9】 刚架受力如图 10-36（a）所示，已知抗弯刚度 EI=常数。求做刚架的内力图。

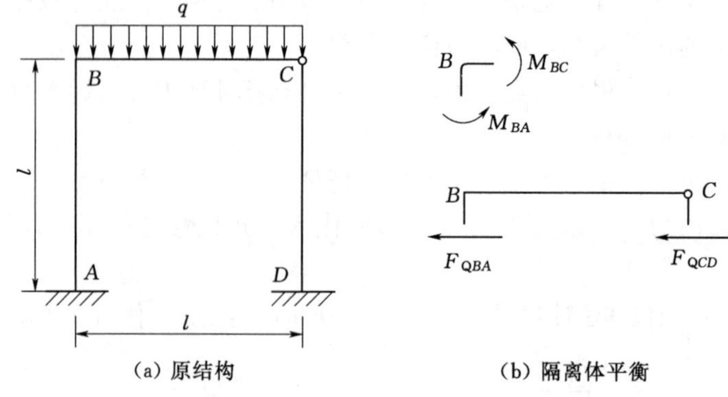

(a) 原结构　　(b) 隔离体平衡

图 10-36 ［例 10-9］图

解：（1）确定基本未知量。基本未知量选为刚结点 B 的转角 θ_B，以及结点 B、C 的水平线位移 Δ。

（2）列转角位移方程，计算杆端弯矩和杆端剪力。

令 $i=\dfrac{EI}{l}$，由杆端位移和荷载共同引起的杆端力为

AB 杆：看成两端固定梁

$$\left.\begin{aligned}M_{BA}&=4i\theta_B-\frac{6i}{l}\Delta\\M_{AB}&=2i\theta_B-\frac{6i}{l}\Delta\\F_{QBA}&=F_{QAB}=-\frac{6i}{l}\theta_B+\frac{12i}{l^2}\Delta\end{aligned}\right\}\qquad(a)$$

BC 杆：看成一端固定一端铰支梁

$$\left.\begin{aligned}M_{BC}&=3i\theta_B-\frac{ql^2}{8}\\F_{QBC}&=-\frac{3i}{l}\theta_B+\frac{5ql}{8}\\F_{QCB}&=-\frac{3i}{l}\theta_B-\frac{3ql}{8}\end{aligned}\right\}\qquad(b)$$

DC 杆：看成一端固定一端铰支梁

$$\left.\begin{aligned} M_{DC}&=-\frac{3i}{l}\Delta \\ F_{QDC}=F_{QCD}&=\frac{3i}{l^2}\Delta \end{aligned}\right\} \tag{c}$$

（3）由结点 B 的力矩平衡和 BC 杆的投影平衡，如图 10－36（b）所示，得

$$\left.\begin{aligned} M_{BA}+M_{BC}=0 \\ F_{QBA}+F_{QCD}=0 \end{aligned}\right\} \tag{d}$$

把式（a）～式（c）中有关各式代入式（d）后得

$$\left.\begin{aligned} 7i\theta_B-\frac{6i}{l}\Delta-\frac{ql^2}{8}=0 \\ -\frac{6i}{l}\Delta+\frac{15i}{l^2}\Delta=0 \end{aligned}\right\} \tag{e}$$

求解式（e）后得

$$\left.\begin{aligned} \theta_B=\frac{5ql^2}{184i} \\ \Delta=\frac{ql^3}{92i} \end{aligned}\right\} \tag{f}$$

（4）确定各杆的杆端弯矩和杆端剪力。

把式（f）代回式（a）～式（c）得

AB 杆：　$M_{AB}=-\dfrac{ql^2}{92}$；$M_{BA}=\dfrac{ql^2}{23}$；$F_{QAB}=F_{QBA}=-\dfrac{3ql}{92}$

BC 杆：　$M_{BC}=-\dfrac{ql^2}{23}$；$F_{QBC}=\dfrac{25ql}{46}$；$F_{QBC}=\dfrac{25ql}{46}$

CD 杆：　$M_{DC}=-\dfrac{3ql^2}{92}$；$F_{QCD}=F_{QDC}=\dfrac{3ql}{92}$

（5）作出刚架的最终内力图。

由以上杆端力可画出弯矩图与剪力图。再由各结点上力的投影平衡条件求出杆端轴力，并画出轴力图。三个图分别如图 10－37 所示。

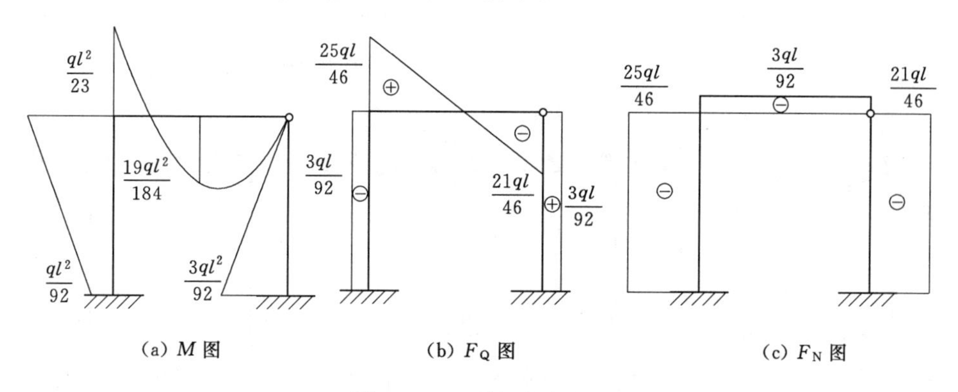

图 10－37　刚架的内力图

10.3.3　典型方程法

针对位移法需要解决的第三个问题，本节将进一步讨论如何建立位移法方程（利用位移法的典型方程法）来求解基本未知量。

1. 位移法的典型方程

图 10－38（a）所示刚架有一个独立的结点角位移 Z_1 和一个独立的结点线位移 Z_2，共有两个基本未知量。在产生独立角位移的结点 C 处加以附加刚臂，在产生水平线位移处（结点 C 或结点 D）加一水平附加支座链杆，便得到基本结构。此时的基本结构就是由三个单跨超静定梁 CD、AC、BD 组成，在此基本结构上，令附加刚臂发生与原结构相同的转角 Z_1，同时令附加链杆发生与原结构相同的线位移 Z_2，再加上原结构的荷载作用，就得到基本体系，如图 10－38（b）所示。基本体系的变形和内力与原结构完全一致，因此可知在结点位移 Z_1、Z_2 和荷载共同作用下，附加刚臂上的反力矩 R_1 和附加链杆上的反力 R_2 都等于零。设由 Z_1、Z_2 和 F 单独作用时，所引起的附加刚臂上的反力矩分别为 R_{11}、R_{12}、R_{1P}，所引起附加链杆上的反力分别为 R_{21}、R_{22} 和 R_{2P}，如图 10－38（c）～图 10－38（e）所示，根据叠加原理可得

$$\left.\begin{aligned} R_1 = R_{11} + R_{12} + R_{1P} = 0 \\ R_2 = R_{21} + R_{22} + R_{2P} = 0 \end{aligned}\right\} \tag{10-7}$$

现以 r_{11}、r_{12} 分别表示单位位移 $\overline{Z}_1=1$ 和 $\overline{Z}_2=1$ 所引起的附加刚臂上的反力矩，有 $R_{11}=r_{11}Z_1$、$R_{12}=r_{12}Z_2$；以 r_{21}、r_{22} 分别表示单位位移 $\overline{Z}_1=1$ 和 $\overline{Z}_2=1$ 所引起的附加链杆上的反力，有 $R_{21}=r_{21}Z_1$、$R_{22}=r_{22}Z_2$，则式（10－7）可写为

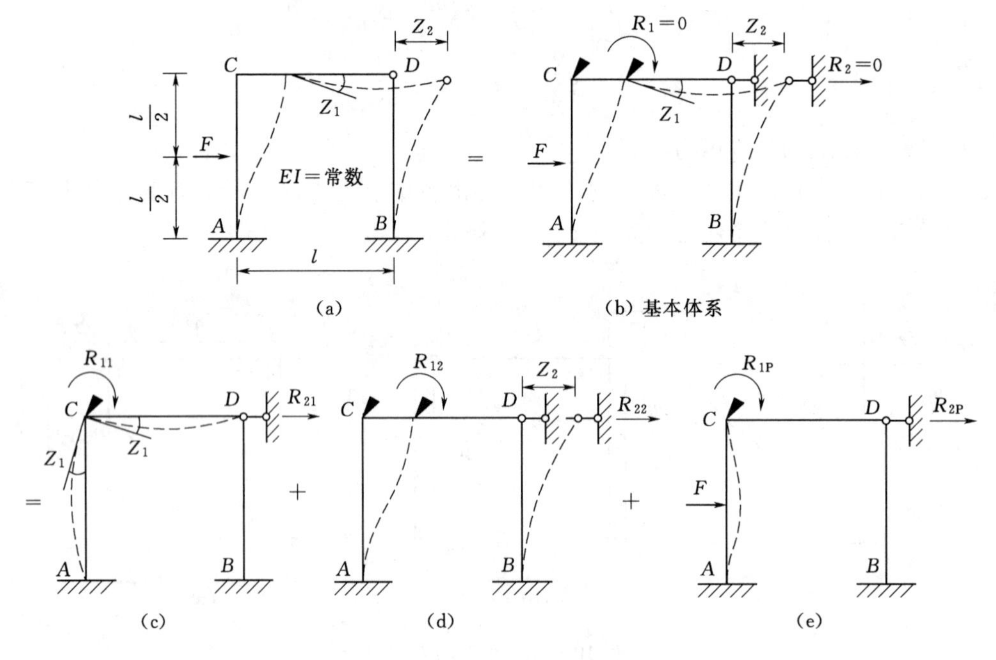

图 10－38　位移法的典型方程建立

$$\left.\begin{aligned}r_{11}Z_1+r_{12}Z_2+R_{1P}=0\\r_{21}Z_1+r_{22}Z_2+R_{2P}=0\end{aligned}\right\}\qquad(10-8)$$

方程（10－8）是求解 Z_1 和 Z_2 的线性方程组，称该方程为位移法基本方程，又称为位移法的典型方程。其物理意义是：基本结构在荷载等外界因素和结点位移的共同作用下，每一个附加约束上的附加反力矩和附加反力都等于零。它实质上反映了原结构的静力平衡条件。

同理，对于具有 n 个独立结点位移的结构，相应地在基本结构中需要加入 n 个附加约束，根据每个附加约束的附加反力矩或附加反力均应为零的平衡条件，同样可建立如下 n 个方程：

$$\left.\begin{aligned}r_{11}Z_1+\cdots r_{1i}Z_i+\cdots+r_{1n}Z_n+R_{1P}=0\\\vdots\qquad\qquad\\r_{i1}Z_1+\cdots r_{ii}Z_i+\cdots+r_{in}Z_n+R_{iP}=0\\\vdots\qquad\qquad\\r_{n1}Z_1+\cdots r_{ni}Z_i+\cdots+r_{nn}Z_n+R_{nP}=0\end{aligned}\right\}\qquad(10-9)$$

在上述典型方程式（10－9）中，主斜线上的系数 r_{ii} 称为主系数；其他系数 r_{ij} 称为副系数；R_{iP}称为自由项。系数和自由项的符号规定是：以与附加约束所设位移方向一致为正。主反力 r_{ii} 总是与所设位移 Z_i 的方向一致，故恒为正，且不会为零；副系数和自由项则可能为正、负或零。此外，根据反力互等定理可知，主斜线两边处于对称位置的两个副系数 r_{ij} 和 r_{ji} 的数值相等，即 $r_{ij}=r_{ji}$。

典型方程中的系数和自由项，可借助于表 10－1、表 10－2 绘出基本结构在$\overline{Z}_1=1$、$\overline{Z}_2=1$ 和荷载分别作用下的弯矩图$\overline{M}_1$ 图、$\overline{M}_2$ 图和 M_P 图，如图 10－39 所示，然后由平衡条件求出系数和自由项。

系数和自由项分为两类：一类是附加刚臂上的反力矩 r_{11}、r_{12}、R_{1P}；另一类是附加链杆上的反力 r_{21}、r_{22}、R_{2P}。对于刚臂上的反力矩，可分别在图 10－39 中取结点 C 为隔离体，由力矩平衡条件$\sum M_C=0$ 求得

$$r_{11}=7i;\quad r_{12}=-\frac{6i}{l};\quad R_{1P}=\frac{Fl}{8}$$

对于附加链杆上的反力，可以分别在图 10－39 中用截面法截断两柱顶端，取柱的顶端以上横梁部分为隔离体，并由表 10－1 和表 10－2 查出柱 AC、BD 的杆端剪力，由投影方程$\sum F_x=0$ 求得为

$$r_{21}=-\frac{6i}{l};\ r_{22}=\frac{15i}{l^2};\ R_{2P}=-\frac{F}{2}$$

将系数和自由项代入典型方程式（10－8）中，有

$$\begin{cases}7iZ_1-\dfrac{6i}{l}Z_2+\dfrac{Fl}{8}=0\\-\dfrac{6i}{l}Z_1+\dfrac{15i}{l^2}Z_2-\dfrac{F}{2}=0\end{cases}$$

解方程可得

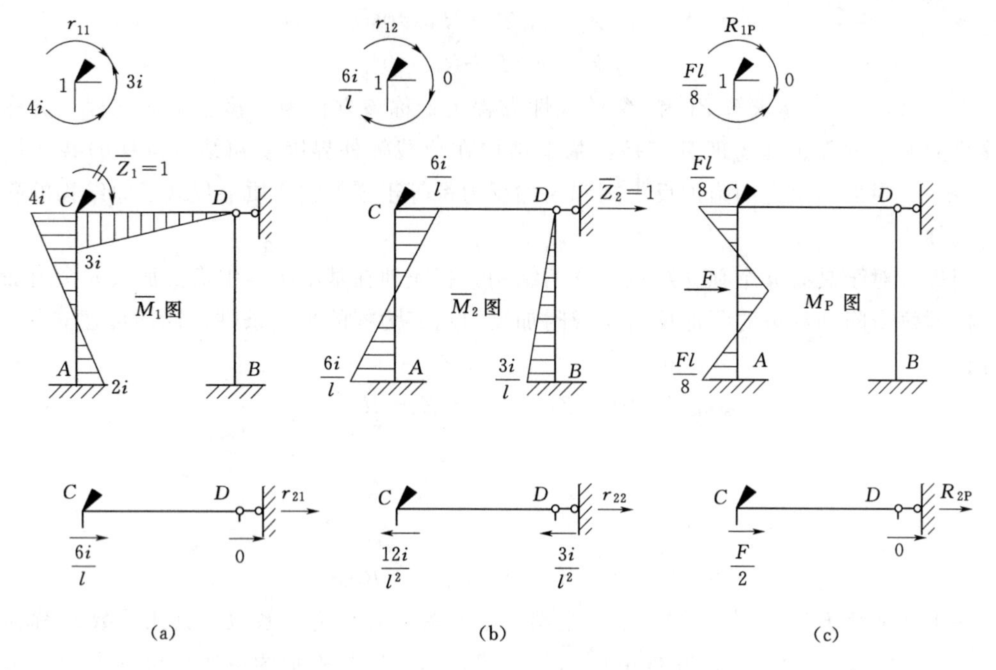

图 10－39　$\overline{M}_1$、$\overline{M}_2$ 和 M_P 图

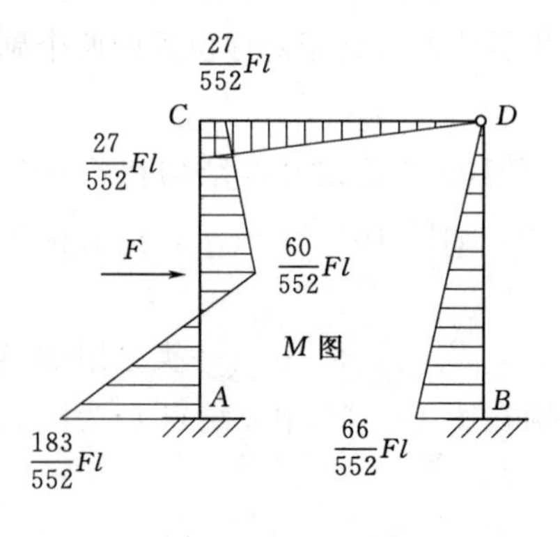

图 10－40　M 图

$$Z_1=\frac{9}{552}\frac{Fl}{i},\ Z_2=\frac{22}{552}\frac{Fl^2}{i}$$

所得均为正值，说明 Z_1、Z_2 与所设方向相同。

结构的最后弯矩图可由叠加法绘制：

$$M=\overline{M}_1Z_1+\overline{M}_2Z_2+M_P$$

例如，杆端弯矩 M_{CA} 之值为

$$M_{CA}=2i\times\frac{9}{552}\frac{Fl}{i}-\frac{6i}{l}\times\frac{22}{552}\frac{Fl^2}{i}-\frac{Fl}{8}=-\frac{183}{552}Fl$$

同理，可算得其他各杆端的弯矩，最后弯矩图如图 10－40 所示。求出 M 图后，F_Q 图和 F_N 图可由平衡条件求出，此处略。

2. 典型方程法的应用

利用位移法的典型方程法求解超静定结构的一般步骤如下：

(1) 确定原结构基本未知量，添加附加约束得到基本结构，使基本结构作用原荷载，并在各附加约束处发生与原结构相同的结点位移，从而建立基本体系。

(2) 建立位移法典型方程。根据基本结构在荷载等外在因素和各结点位移共同作用下，各附加约束上的反力或反力矩为零的条件。

(3) 绘制基本结构在各结点的单位位移作用下的弯矩图和荷载作用下的弯矩图，由结构上的局部平衡条件求出各系数和自由项。

(4) 解算典型方程，求出全部的基本未知量。

(5) 按叠加法绘制最后弯矩图。计算公式为 $M=\overline{M}_1Z_1+\overline{M}_2Z_2+\cdots+M_P$。

【**例 10-10**】 绘制图 10-41 (a) 所示连续梁的弯矩图。

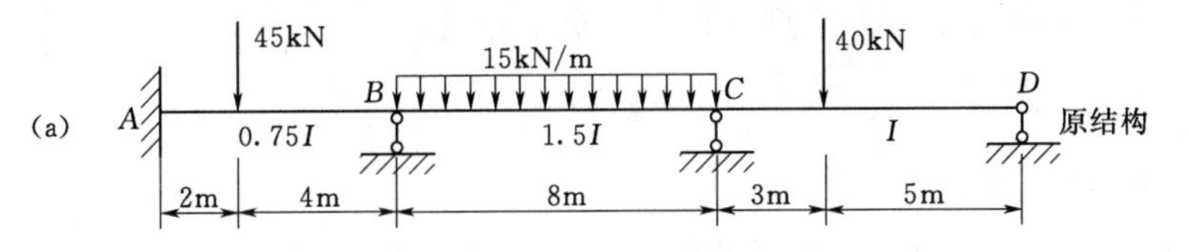

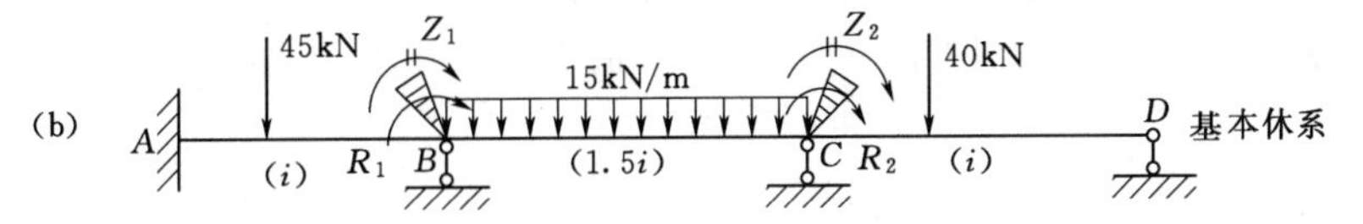

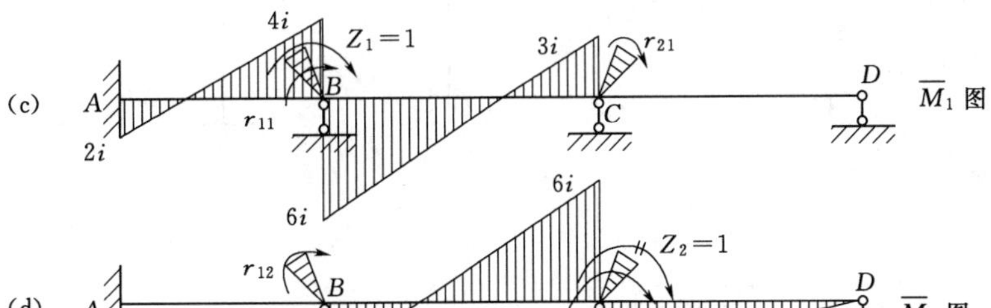

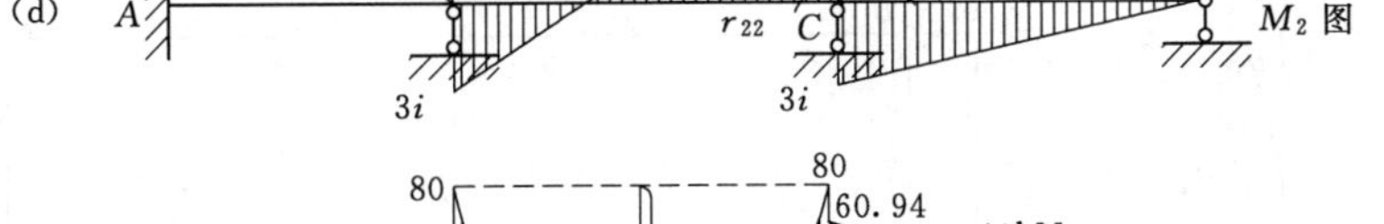

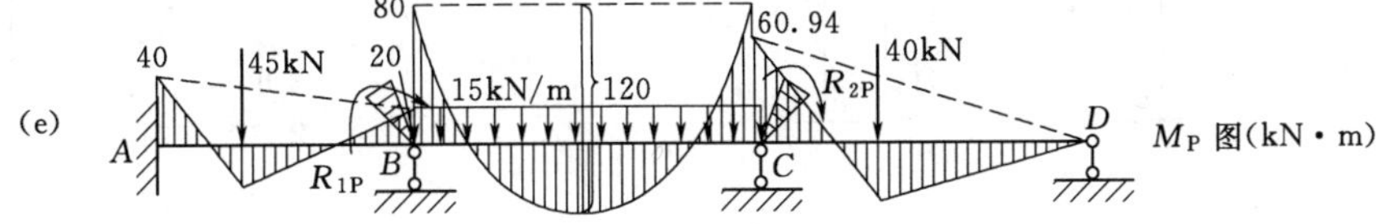

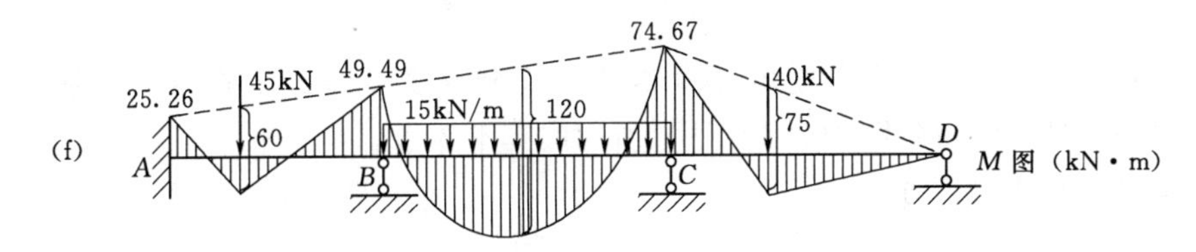

图 10-41 [例 10-10] 图

解:(1) 确定基本未知量,建立基本体系。

结构有两个刚结点 B 和 C,无结点线位移。其位移法基本体系如图 10-41 (b) 所示。

(2) 建立位移法典型方程。

基本结构受荷载及结点转角 Z_1、Z_2 共同作用,根据基本结构附加刚臂上的反力矩等于零这一条件,按叠加法可建立位移法典型方程如下:

$$r_{11}Z_1+r_{12}Z_2+R_{1P}=0$$

$$r_{21}Z_1+r_{22}Z_2+R_{2P}=0$$

(3) 求系数和自由项。

需作出$\overline{M}_1$、$\overline{M}_2$ 和 M_P 图,分别如图 10-41 (c) ~图 10-41 (e) 所示。

$$r_{11}=4i+6i=10i;\ r_{12}=r_{21}=3i;\ r_{22}=6i+3i=9i$$

$$R_{1P}=20-80=-60(kN\cdot m);\quad R_{2P}=80-60.94=19.06(kN\cdot m)$$

(4) 将上述系数及自由项代入典型方程中，求未知量。

$$Z_1=\frac{7.37}{i},\quad Z_2=-\frac{4.57}{i}$$

(5) 由叠加法绘制弯矩图。

根据 $M=\overline{M}_1Z_1+\overline{M}_2Z_2+M_P$ 得到最终的弯矩图，如图 10-41 (f) 所示。

【例 10-11】 用位移法计算图 10-42 (a) 所示刚架，并绘 M 图。

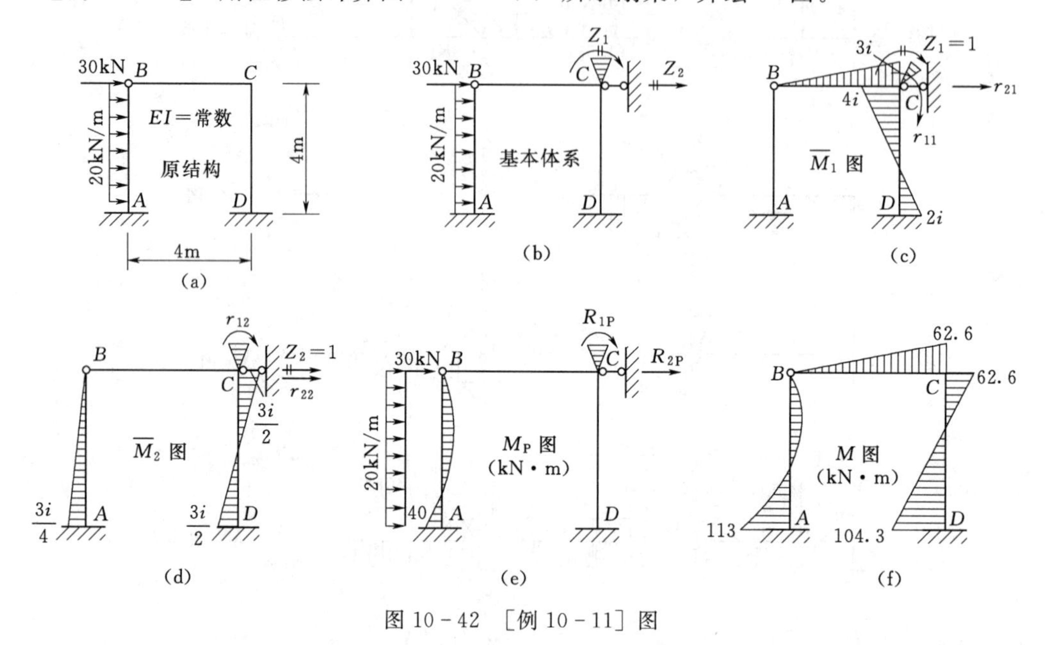

图 10-42 [例 10-11] 图

解：(1) 此刚架具有一个独立角位移 Z_1 和一个独立线位移 Z_2。在结点 C 加入一个附加刚臂和附加支杆，便得到图 10-42 (b) 所示的基本体系。

(2) 建立位移法典型方程。

$$r_{11}Z_1+r_{12}Z_2+R_{1P}=0$$
$$r_{21}Z_1+r_{22}Z_2+R_{2P}=0$$

(3) 求各系数和自由项。

需作出$\overline{M}_1$、$\overline{M}_2$ 和 M_P 图，分别如图 10-42～图 10-42 (e) 所示。系数 r_{21}、r_{22}的计算可以从 AB、DC 柱的上端截开，取隔离体如图 10-43 (a) 和图 10-43 (b) 所示。自由项 R_{1P}、R_{2P}的计算同理。

$$r_{11}=4i+3i=7i;\quad r_{12}=r_{21}=-1.5i;\quad r_{22}=\frac{3i}{16}+\frac{3i}{4}=\frac{15i}{16}$$

$$R_{1P}=0;\quad R_{2P}=-\frac{3}{8}ql-30=-60(kN)$$

(4) 将上述系数及自由项代入典型方程中，求未知量。

$$Z_1=\frac{20.87}{i},\quad Z_2=\frac{97.39}{i}$$

(5) 由叠加法绘制弯矩图。

根据 $M=\overline{M}_1Z_1+\overline{M}_2Z_2+M_P$ 得到最终的弯矩图，如图 10-42 (f) 所示。

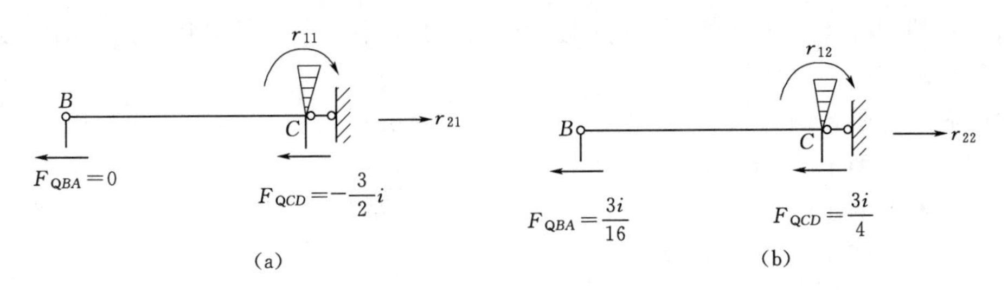

图 10-43　BC 隔离体

10.4　力矩分配法的基本原理

力矩分配法为美国人克罗斯（H. Cross）于 1930 年提出，其后各国学者又做了不少改进和推广。它是以杆端弯矩为计算对象，采用逐步修正并逼近精确结果的一种渐近法，适用于计算连续梁和无结点线位移（简称无侧移）刚架。注意：在本节分析中，杆端转角、杆端弯矩以及固端弯矩的正负号规定与位移法相同。

10.4.1　转动刚度

转动刚度表示杆端对转角变形的抵抗能力，它在数值上等于使杆端产生单位转角时需要施加的力矩大小。例如图 10-44 所示等截面直杆，为了使杆件 AB 某一端（例如 A 端）转动单位角度，A 端需要施加的力矩为该杆端的转动刚度，用 S_{AB} 表示。其大小与杆件的线刚度 $i=\frac{EI}{l}$ 和杆件远端的支承情况有关，其中产生转角的一端（A 端）称为近端，另一端（B 端）称为远端。等截面直杆远端为不同约束时的转动刚度如图 10-44 所示，其具体数值可由位移法中介绍的转角位移方程导出。

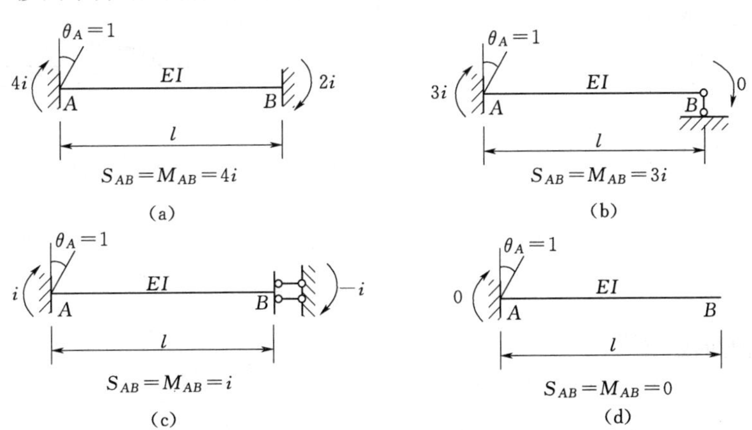

图 10-44　等截面直杆的转动刚度

10.4.2　传递系数

在图 10-44 中，若当 A 端由于外荷载因素发生转角 θ_A 时，于是各梁的近端（A 端）

和远端（B 端）将产生杆端弯矩。由位移法中的转角位移方程（或利用上述转动刚度的概念）可得杆端弯矩的具体数值如下：

远端固定［图 10－44（a）］：$M_{AB}=4i\theta_A$，$M_{BA}=2i\theta_A$。

远端铰支［图 10－44（b）］：$M_{AB}=3i\theta_A$，$M_{BA}=0$。

远端滑动［图 10－44（c）］：$M_{AB}=i\theta_A$，$M_{BA}=-i\theta_A$。

远端自由［图 10－44（d）］：$M_{AB}=0$，$M_{BA}=0$。

将远端弯矩与近端弯矩的比值称为**传递系数**，用 C_{AB} 来表示，即 $C_{AB}=\dfrac{M_{BA}}{M_{AB}}$，系数 C_{AB} 称为由 A 端向 B 端的弯矩传递系数。

汇总以上分析，等截面直杆的转动刚度和传递系数见表 10－3。

表 10－3　　等截面直杆的转动刚度及传递系数

远端支承情况	转动刚度 S	传递系数 C
固定	$4i$	0.5
铰支	$3i$	0
滑动	i	－1
自由	0	0

10.4.3　分配系数

图 10－45（a）所示刚架由等截面杆件组成，只有一个结点 1，且只能转动不能移动，3 端为固定端，4 端为滑动支座，2 端为铰支座。外力偶矩 M 作用于结点 1，使结点 1 产生转角 θ_1，各杆发生图 10－45（a）所示的虚线变形。由刚结点的特点知，各杆在 1 端均发生转角 θ_1，然后达到平衡。试求杆端弯矩 M_{12}、M_{13} 和 M_{14}。

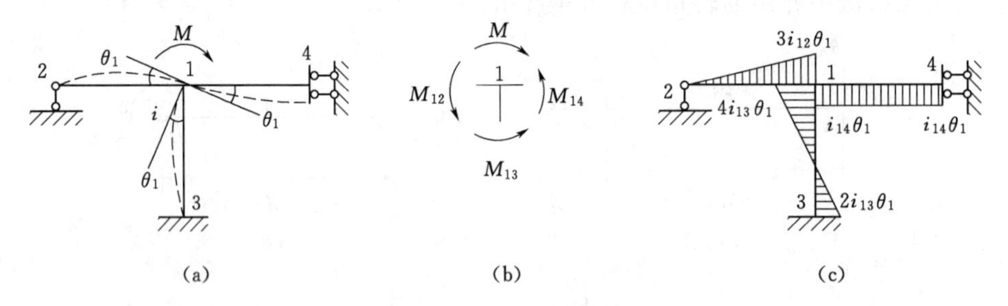

图 10－45　分配系数的概念

由转动刚度的定义［图 10－45（c）］可知：

$$\left.\begin{aligned}M_{12}&=S_{12}\theta_1=3i_{12}\theta_1\\M_{13}&=S_{13}\theta_1=4i_{13}\theta_1\\M_{14}&=S_{14}\theta_1=i_{14}\theta_1\end{aligned}\right\}\qquad\text{(a)}$$

取结点 1 为隔离体，如图 10－45（b）所示，由结点 1 的力矩平衡条件得：

$$M=M_{12}+M_{13}+M_{14}=S_{12}\theta_1+S_{13}\theta_1+S_{14}\theta_1$$

因而得到

$$\theta_1=\frac{M}{S_{12}+S_{13}+S_{14}}=\frac{M}{\sum_1 S}$$

式中：$\sum_1 S$ 为汇交于结点 1 的各杆在 1 端的转动刚度之和。

将所求得 θ_1 代入式（a），得

$$\left.\begin{aligned}M_{12}&=\frac{S_{12}}{\sum_1 S}M\\M_{13}&=\frac{S_{13}}{\sum_1 S}M\\M_{14}&=\frac{S_{14}}{\sum_1 S}M\end{aligned}\right\}\tag{b}$$

由此可知，各杆 1 端得弯矩与各杆 1 端得转动刚度成正比。

令
$$\mu_{1j}=\frac{S_{1j}}{\sum_1 S}\tag{10-10}$$

式（10-10）中的下标 j 为汇交于结点 1 的各杆之远端，在本例中即为 2、3、4 端。这里 μ_{1j} 称为各杆在近端（即 1 端）的**分配系数**。如 μ_{12} 为杆 12 在 1 端的分配系数，它等于杆 12 的转动刚度与汇交于结点 1 的各杆的转动刚度之和的比值。汇交于同一刚结点的各杆杆端的分配系数之和恒等于 1，即

$$\sum_1 \mu_{1j}=\mu_{12}+\mu_{13}+\mu_{14}=1$$

利用这一性质可检验分配系数的计算是否正确。

式（b）的计算结果可以用公式表示为

$$M_{1j}=\mu_{1j}M\tag{10-11}$$

式（10-11）表示施加于结点 1 的外力偶矩 M，可按各杆杆端的分配系数分配给各杆的近端。因而杆端弯矩 M_{1j} 称为**分配弯矩**。各杆端的分配弯矩与该杆端转动刚度成正比，转动刚度越大，则该杆端所产生的弯矩就越大。

远端弯矩称为**传递弯矩**，按式（10-12）计算：

$$M_{j1}=C_{1j}M_{1j}\tag{10-12}$$

由此可知，对于图 10-45（a）所示的只有一个刚结点的结构，在结点上受一力偶矩 M 的作用，则该结点只产生角位移，其杆端弯矩的求解方程可分为两步：第一步，按各杆的分配系数求出近端弯矩，亦即分配弯矩，此步称为分配过程；第二步，根据各杆远端的支承情况，将近端弯矩乘以传递系数得到远端弯矩，亦即传递弯矩，此步称为传递过程。经过分配和传递得到各杆的杆端弯矩，这种求解方法就是**力矩分配法**。

在实际的超静定结构中，连续梁和无侧移刚架中的刚结点往往不止一个，通常根据所计算结构中刚结点的数量将力矩分配法划分为：单结点的力矩分配和多结点的力矩分配。

10.4.4 单结点的力矩分配

下图 10-46（a）所示为具有一个刚结点的两跨连续梁，以此为例来说明单结点力矩

分配的基本思路。

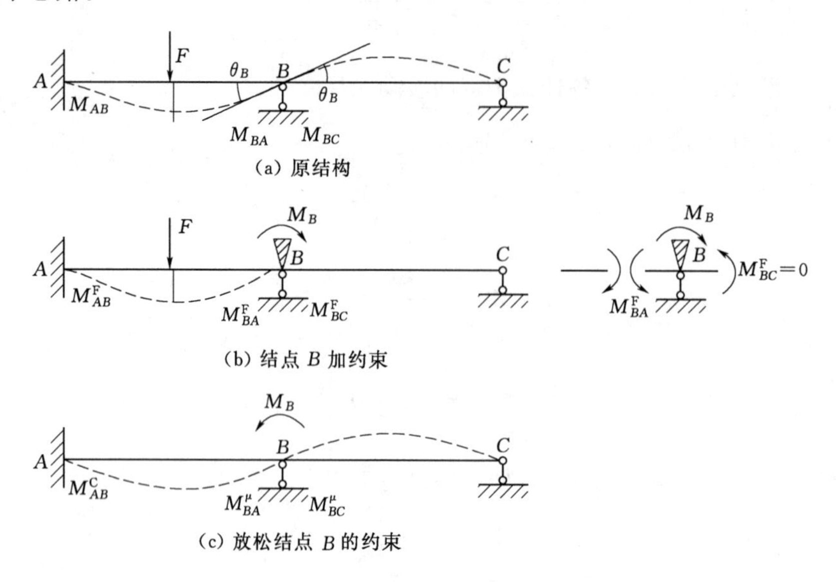

图 10－46　单结点结构的力矩分配

图 10－46（a）所示的连续梁在 AB 跨上作用一个集中荷载 F，其变形如图 10－46（a）中的虚线所示，计算在荷载 F 作用下梁的最终杆端弯矩，可以按照以下步骤进行：

（1）固定结点：在结点 B 上加入刚臂，限制其转动，如图 10－46（b）所示，此时结点有不平衡力矩 M_B，它暂时由刚臂承担，该结点的不平衡力矩等于汇交于该结点各杆端的固端弯矩代数和。

$$M_B = M_{BA}^F + M_{BC}^F$$

需要注意的是由于 BC 跨上无荷载作用，所以其固端弯矩 $M_{BC}^F=0$。根据结点 B 远端的约束情况，可计算各杆端的分配系数。

（2）放松结点：即取消结点 B 上的刚臂，让结点 B 自由转动，无集中荷载 F 作用，为了叠加后能将不平衡力矩 M_B 消除，则必须在结点 B 上施加一个反向的力矩，大小也应为 M_B，这个反号的不平衡力矩将按分配系数的大小分配到各近端，于是各近端得到分配弯矩（M_{BA}^μ 和 M_{BC}^μ），同时各自按传递系数向远端传递，于是各远端得到传递弯矩（M_{AB}^C）。此时梁发生图 10－46（c）所示的变形。

（3）最后，将图 10－46（b）和图 10－46（c）所示的两种情况叠加，就消去了约束力偶矩，也就消去了附加刚臂的约束作用，同时梁上的荷载和结点 B 的转角与原梁完全一致。各近端弯矩等于分配弯矩加固端弯矩；各远端弯矩等于传递弯矩加固端弯矩。

$$M_{BA} = M_{BA}^\mu + M_{BA}^F;\quad M_{AB} = M_{AB}^F + M_{AB}^C$$

【例 10－12】 试作图 10－47（a）所示连续梁的弯矩图。

解：（1）计算各杆端分配系数、固端弯矩以及 B 结点的不平衡力矩。

$$i_{BA} = \frac{2EI}{12} = \frac{EI}{6},\quad i_{BC} = \frac{EI}{8}$$

所以　$$S_{BA} = 3i_{BA} = 3\times\frac{EI}{6} = \frac{EI}{2},\quad S_{BC} = 4i_{BC} = 4\times\frac{EI}{8} = \frac{EI}{2}$$

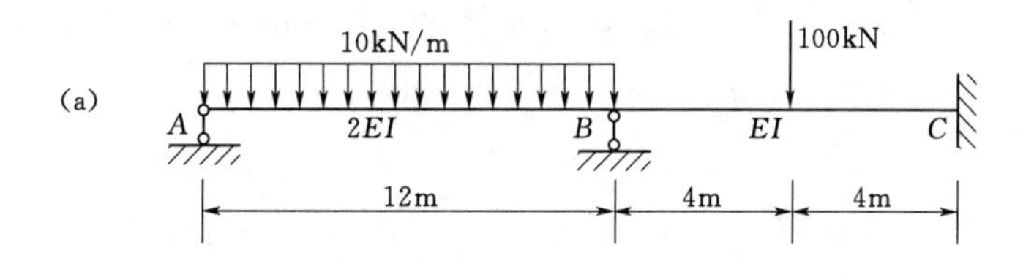

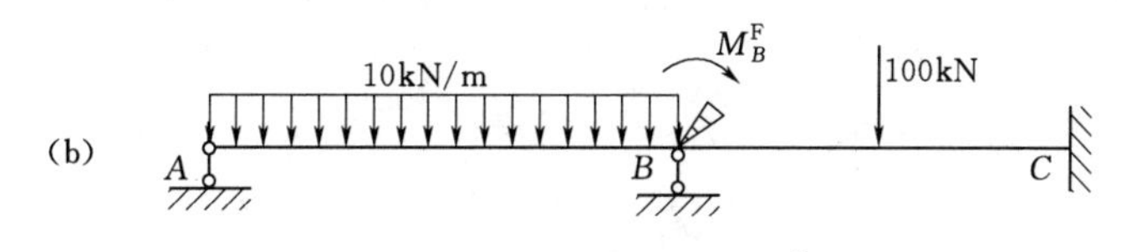

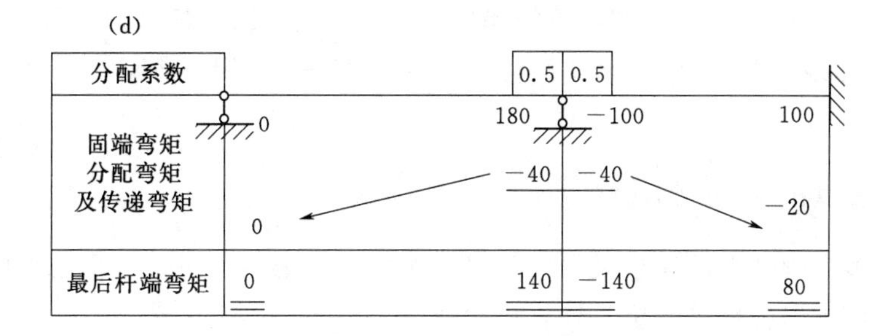

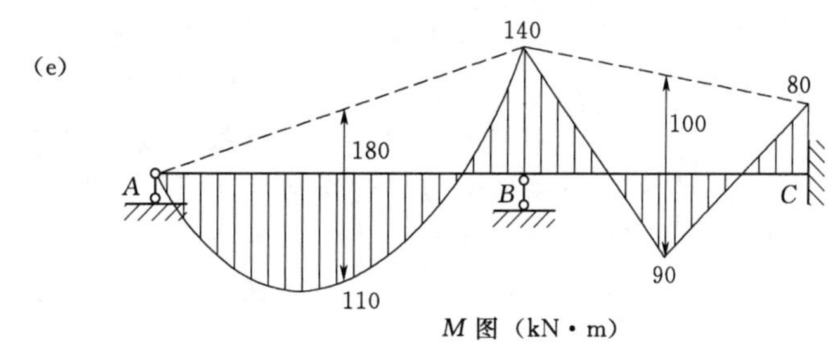

图 10-47 [例 10-12] 图

则 $$\mu_{BA}=\frac{S_{BA}}{S_{BA}+S_{BC}}=0.5,\quad \mu_{BC}=\frac{S_{BC}}{S_{BA}+S_{BC}}=0.5$$

$$M_{BA}^{F}=\frac{1}{8}ql^{2}=180(\text{kN}\cdot\text{m})$$

$$M_{BC}^{F}=-\frac{1}{8}Pl=-100(\text{kN}\cdot\text{m})$$

$$M_{CB}^{F}=\frac{1}{8}Pl=100(\text{kN}\cdot\text{m})$$

由结点 B 的平衡条件求得约束力矩：

$$\sum M_B=0,\quad M_B^{F}=180-100=80(\text{kN}\cdot\text{m})$$

(2) 计算分配弯矩及传递弯矩。将结点 A 的不平衡力矩反号后按分配系数分配到各近端得到分配弯矩，同时各自按传递系数向远端传递得到传递弯矩。

$$M_{BA}^{\mu}=\mu_{BA}M_B=0.5\times(-80)=-40(\text{kN}\cdot\text{m})$$
$$M_{BC}^{\mu}=\mu_{BC}M_B=0.5\times(-80)=-40(\text{kN}\cdot\text{m})$$
$$M_{AB}^{C}=C_{BA}M_{BA}^{\mu}=0$$
$$M_{CB}^{C}=C_{BC}M_{BC}^{\mu}=0.5\times(-40)=-20(\text{kN}\cdot\text{m})$$

（3）计算各杆最后杆端弯矩。近端弯矩等于分配弯矩加固端弯矩，远端弯矩等于传递弯矩加固端弯矩。

$$M_{AB}=M_{AB}^{C}+M_{AB}^{F}=0+0=0$$
$$M_{BA}=M_{BA}^{\mu}+M_{BA}^{F}=-40+180=140(\text{kN}\cdot\text{m})$$
$$M_{BC}=M_{BC}^{\mu}+M_{BC}^{F}=-40-100=-140(\text{kN}\cdot\text{m})$$
$$M_{CB}=M_{CB}^{C}+M_{CB}^{F}=-20+100=80(\text{kN}\cdot\text{m})$$

图 10－47 也给出了详细的分析过程：①固定结点，如图 10－47（b）所示；②放松结点，如图 10－47（c）所示；③弯矩的分配与传递，如图 10－47（d）所示；④叠加计算最后杆端弯矩。以上过程通常列表进行计算，如图 10－47（d）所示。于是得到最后的弯矩图如图 10－47（e）所示。

10.4.5　多结点的力矩分配

对于具有多个刚结点的连续梁和无侧移的刚架，只要逐次对每一个结点应用上一节的基本运算，就可求出各杆端弯矩。计算步骤如下：

（1）计算汇交于各结点的各杆端的分配系数，并确定传递系数。

（2）根据荷载计算各杆端的固端弯矩及各结点的约束力矩。

（3）逐次循环放松各结点，并对每个结点按分配系数将约束力矩反号分配给汇交于该结点的各杆，然后将各杆端的分配弯矩乘以传递系数传递至另一端。按此步骤循环计算直至各结点上的传递弯矩小到可以略去时为止。

（4）将各杆端的固端弯矩与历次的分配弯矩和传递弯矩相加，即得各杆端的最后弯矩。

（5）叠加分配及传递弯矩得到最终杆端弯矩，于是可绘制弯矩图，进而可作剪力图和轴力图。

【例 10－13】　试用力矩分配法作图 10－48（a）所示连续梁的弯矩图。

解：（1）计算分配系数。

结点 B：$S_{BA}=3i_{BA}=3\times\dfrac{4EI}{2}=6EI$；$S_{BC}=4i_{BC}=4\times\dfrac{9EI}{3}=12EI$

$$\mu_{BA}=\frac{S_{BA}}{S_{BA}+S_{BC}}=\frac{1}{3};\ \mu_{BC}=\frac{S_{BC}}{S_{BA}+S_{BC}}=\frac{2}{3}$$

结点 C：　　$S_{BC}=S_{CB}=12EI$；$S_{CD}=4i_{CD}=4\times\dfrac{4EI}{2}=8EI$

$$\mu_{CB}=\frac{S_{CB}}{S_{CB}+S_{CD}}=0.6;\ \mu_{CB}=\frac{S_{CD}}{S_{CB}+S_{CD}}=0.4$$

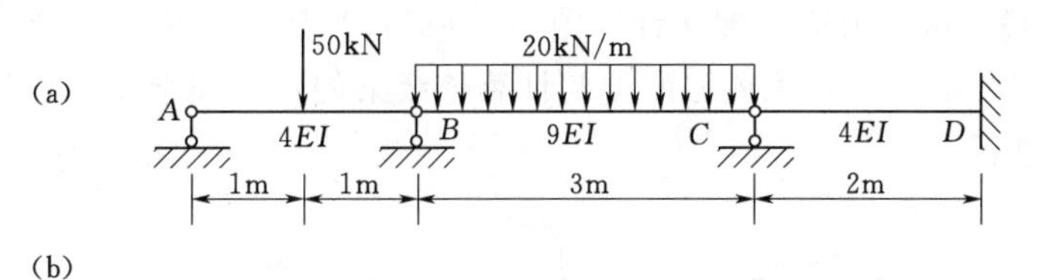

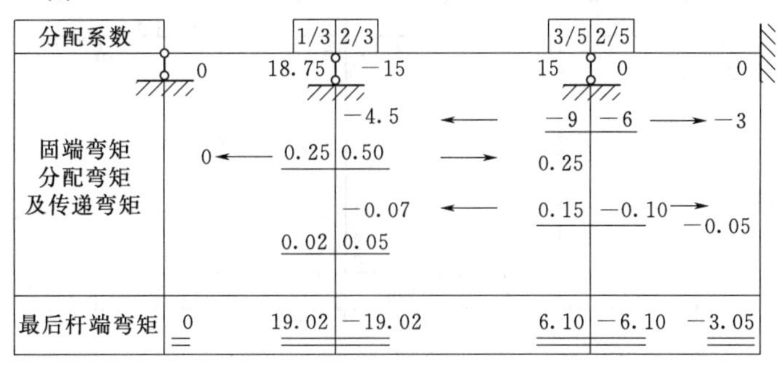

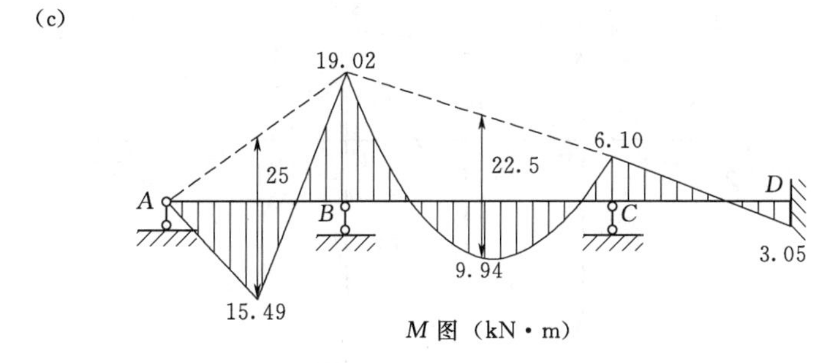

图 10－48 ［例 10－13］图

（2）计算固端弯矩。

$$M_{BA}^{F}=\frac{3}{16}Fl=\frac{3}{16}\times 50\times 2=18.75(\text{kN}\cdot\text{m})$$

$$M_{BC}^{F}=-\frac{1}{12}ql^{2}=-\frac{1}{12}\times 20\times 3^{2}=-15(\text{kN}\cdot\text{m})$$

$$M_{CB}^{F}=\frac{1}{12}ql^{2}=\frac{1}{12}\times 20\times 3^{2}=15(\text{kN}\cdot\text{m})$$

（3）进行力矩的分配与传递，求杆端最终弯矩并绘制弯矩图。

以上全部分析计算过程如图 10－48（b）所示，结构最终的弯矩图如图 10－48（c）所示。

对于具有多个刚结点的结构，可按任意选定的次序轮流放松结点，但为了使计算收敛得快些，通常先分配约束力矩较大的结点。就本题而言，即从结点 C 开始进行力矩分配并向远端传递，然后对 B 点进行力矩分配与传递。

按照上述步骤，在结点 C 和 B 轮流进行第二次力矩分配与传递，计算结果填入图 10－48（b）相应位置。这样轮流放松、固定各结点，进行力矩分配与传递。

由上看出，经过两轮计算后，结点的约束力矩已经很小，附加刚臂的作用基本解除，结构已接近于实际的平衡状态，若认为已经满足计算精度要求时，计算工作便可以停止。

【**例 10-14**】 试用力矩分配法计算图 10-49（a）所示刚架，并绘制其弯矩图。

解：用力矩分配法计算无侧移刚架与计算连续梁的步骤完全相同，为了方便起见，全部计算可列表进行。

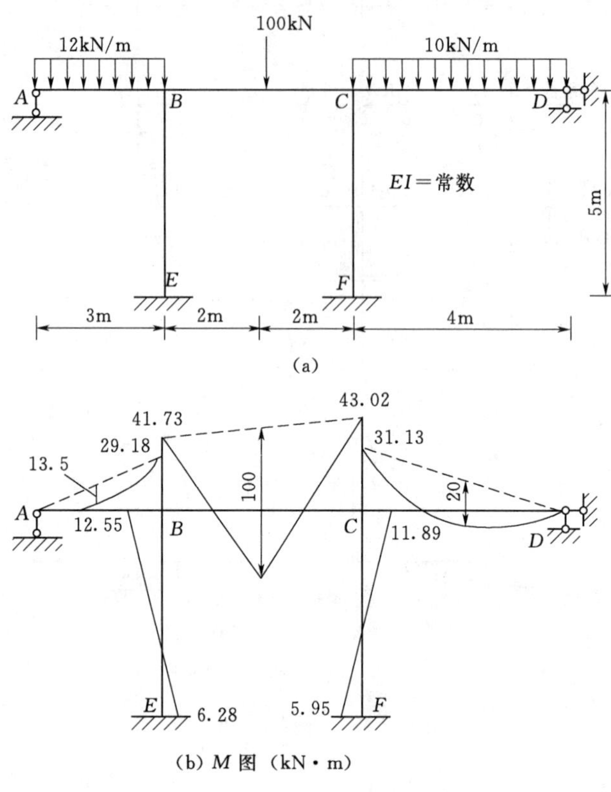

(b) M 图（kN·m）

图 10-49　［例 10-14］图

(1) 计算结点 B、结点 C 处各杆的分配系数。

结点 B：$S_{BA}=3i_{BA}=3\times\frac{EI}{3}=EI$；$S_{BC}=4i_{BC}=4\times\frac{EI}{4}=EI$；$S_{BE}=4i_{BE}=4\times\frac{EI}{5}=0.8EI$

$$\sum_B S = EI + EI + 0.8EI = 2.8EI$$

所以

$$\mu_{BA} = \frac{S_{BA}}{\sum_B S} = \frac{EI}{2.8EI} = 0.357;\quad \mu_{BC} = \frac{S_{BC}}{\sum_B S} = \frac{EI}{2.8EI} = 0.357;$$

$$\mu_{BE} = \frac{S_{BE}}{\sum_B S} = \frac{0.8EI}{2.8EI} = 0.286$$

验算：$\sum_B \mu = \mu_{BA} + \mu_{BC} + \mu_{BE} = 0.357 + 0.357 + 0.286 = 1$

结点 C：

$S_{CB}=4i_{CB}=4\times\frac{EI}{4}=EI$；　$S_{CD}=3i_{CD}=3\times\frac{EI}{4}=0.75EI$；　$S_{CF}=4i_{CF}=4\times\frac{EI}{5}=0.8EI$

$$\sum_C S = EI + 0.75EI + 0.8EI = 2.55EI$$

所以

$$\mu_{CB}=\frac{S_{CB}}{\sum_{C}S}=\frac{EI}{2.55EI}=0.392;\quad \mu_{CD}=\frac{S_{CD}}{\sum_{C}S}=\frac{0.75EI}{2.55EI}=0.294;$$

$$\mu_{CF}=\frac{S_{CF}}{\sum_{C}S}=\frac{0.8EI}{2.55EI}=0.314$$

验算：$$\sum_{C}\mu=\mu_{CB}+\mu_{CD}+\mu_{CF}=0.392+0.294+0.314=1$$

（2）在结点 B、结点 C 加上附加刚臂，计算固端弯矩

$$M_{AB}^{F}=0;\quad M_{BA}^{F}=\frac{1}{8}ql^{2}=\frac{1}{8}\times12\times3^{2}=13.5(\mathrm{kN\cdot m})$$

$$M_{BC}^{F}=-\frac{Fl}{8}=-\frac{100\times4}{8}=-50(\mathrm{kN\cdot m})$$

$$M_{BE}^{F}=0;\quad M_{EB}^{F}=0$$

$$M_{CB}^{F}=\frac{Fl}{8}=\frac{100\times4}{8}=50(\mathrm{kN\cdot m})$$

$$M_{CD}^{F}=-\frac{1}{8}ql^{2}=-\frac{1}{8}\times10\times4^{2}=-20(\mathrm{kN\cdot m})$$

$$M_{CF}^{F}=0;\quad M_{FC}^{F}=0;\quad M_{DC}^{F}=0$$

则结点 B 的不平衡力矩为

$$M_{B}=\sum M^{F}=M_{BA}^{F}+M_{BC}^{F}+M_{BE}^{F}=13.5-50+0=-36.5(\mathrm{kN\cdot m})$$

则结点 C 的不平衡力矩为

$$M_{C}=\sum M^{F}=M_{CB}^{F}+M_{CD}^{F}+M_{CF}^{F}=50-20+0=30(\mathrm{kN\cdot m})$$

（3）轮流放松结点 B、结点 C 并计算分配弯矩和传递弯矩。

先放松结点 B，将结点 B 的不平衡力矩反号乘以各杆端分配系数进行分配，同时向远端传递；再放松结点 C，并固定结点 B，进行分配和传递；重复以上步骤，达到一定的精度后，即停止分配和传递，最后叠加所有的固端弯矩、分配弯矩（或传递弯矩）得到最后的杆端弯矩。整个计算过程可列表进行，见表 10-4。

表 10-4　多结点刚架力矩分配计算表

结点	A	B			C			D	E	F
杆端	AB	BA	BC	BE	CB	CD	CF	DC	EB	FC
分配系数		0.357	0.357	0.286	0.392	0.294	0.314			
固端弯矩	0	13.5	−50	0	50	−20	0	0	0	0
B 一次分配传递	0	13.03	13.03	10.44	6.52				5.22	
C 一次分配传递			−7.16		−14.31	−10.74	−11.47	0		−5.74
B 二次分配传递	0	2.56	2.56	2.04	1.28				1.02	
C 二次分配传递			−0.25		−0.50	−0.38	−0.40	0		−0.20
B 三次分配传递	0	0.09	0.09	0.07	0.05					
C 三次分配传递					−0.02	−0.01	−0.02	0		−0.01
最后弯矩/kN·m	0	29.18	−41.73	12.55	43.02	−31.13	−11.89	0	6.28	−5.95

由此可绘制刚架的最后弯矩图，如图 10－49（b）所示。

10.5　超静定结构的基本特性

超静定结构是工程中广泛应用的结构，与静定结构相比较，超静定结构存在多余约束，因而超静定结构具有以下一些重要特性：

（1）**超静定结构的反力和内力用静力平衡条件无法全部确定。**由于存在多余约束，相应地就有多余约束力。因此，超静定结构的反力和内力用静力平衡条件不能唯一确定，必须同时考虑变形条件后才能完全确定。

（2）**任何因素都会引起超静定结构的内力。**由于多余约束的存在，结构的变形受到多余约束的限制。所以，只要有变形因素（如荷载作用、温度变化、支座移动、制造误差等），通常都会使超静定结构产生内力。而在静定结构中，除荷载以外，其他任何因素都不会引起内力。

（3）**超静定结构的内力分布均匀。**由于存在多余约束，有多余约束力的影响，在局部荷载作用下，内力分布范围大，峰值小，且变形小，刚度大。

例如图 10－50（a）所示的三跨连续梁，在中跨受到荷载作用时，由于梁的连续性，两边跨也产生内力，因而内力分布较均匀、变形较小；而对于图 10－50（b）所示的静定梁，当中跨受荷载作用时，由于没有多余约束，两边跨不产生内力，因而中跨的内力和变形都比连续梁大。

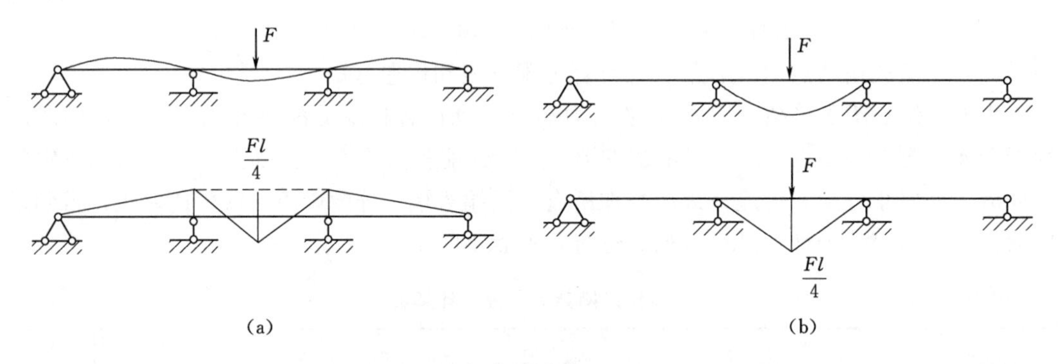

图 10－50　超静定结构和静定结构内力的比较

（4）**超静定结构具有较强的抵抗突然破坏的能力。**由于具有多余约束，在多余约束被破坏时，超静定结构仍为几何不变体系，因而还具有一定的承载能力。而静定结构的任一约束遭到破坏后，立即变成几何可变体系，完全丧失承载能力。因此，在设计防护结构时，应选择超静定结构。

本　章　小　结

本章介绍了超静定结构的概念和超静定次数的确定方法；重点介绍计算超静定结构的常用方法，即力法、位移法和力矩分配法的基本概念、解题思路和计算方法；最后对超静

定结构的特性进行了分析总结。

1. 力法

力法是计算超静定结构的基本方法之一。力法是以多余约束力为基本未知量，以去掉多余约束后得到的静定结构作为基本结构，利用基本结构在荷载和多余约束力共同作用下与原结构等效的位移条件建立力法方程，从而求解多余未知力。求得多余约束力后，超静定问题就转化为静定问题，可用平衡条件求解所有未知力。

2. 位移法

位移法是计算超静定结构的另一基本方法。位移法是以结构的结点位移作为基本未知量，由平衡条件建立位移法方程求解结点位移，利用杆端位移和杆端内力之间的关系计算杆件和结构的内力，从而把超静定结构的计算问题转化为单跨超静定梁的计算问题。其适用于超静定次数较高的连续梁和刚架，同时它又是力矩分配法和无剪力分配法等渐近法的基础。

3. 力矩分配法

力矩分配法是在位移法基础上发展起来的一种渐近解法，它不需计算结点位移，而是直接分析结构的受力情况，从开始的近似状态逐步修正，通过代数运算直接得到杆端弯矩值。因此，是工程中广泛使用的一种手算方法。力矩分配法适用于计算连续梁和无结点线位移的刚架。

对于一个具体结构来说，采用不同的计算方法其工作量有大小之别，所以选择适当的计算方法是简化计算的关键问题。凡是多余约束数少且结点位移数多的结构，宜采用力法；凡是多余约束数多且结点位移数少的结构，宜采用位移法。用力矩分配法适宜计算连续梁和无结点线位移的刚架。

4. 超静定结构的基本特性

(1) 超静定结构的反力和内力用静力平衡条件无法全部确定。

(2) 任何因素都会引起超静定结构的内力。

(3) 超静定结构的内力分布均匀。

(4) 超静定结构具有较强的抵抗突然破坏的能力。

思 考 题

10-1 试判断思考题10-1图所示结构的超静定次数。

10-2 判断思考题10-2图所示结构用位移法计算时基本未知量的数目。

10-3 力法典型方程的物理意义和实质是什么？力法典型方程中各系数物理意义是什么？

10-4 位移法典型方程的物理意义和实质是什么？位移法典型方程中各系数物理意义是什么？

10-5 力矩分配法中所涉及的基本概念有哪些？单结点力矩分配与多结点力矩分配的异同点有哪些？

10-6 与静定结构相比，超静定结构有哪些特性？

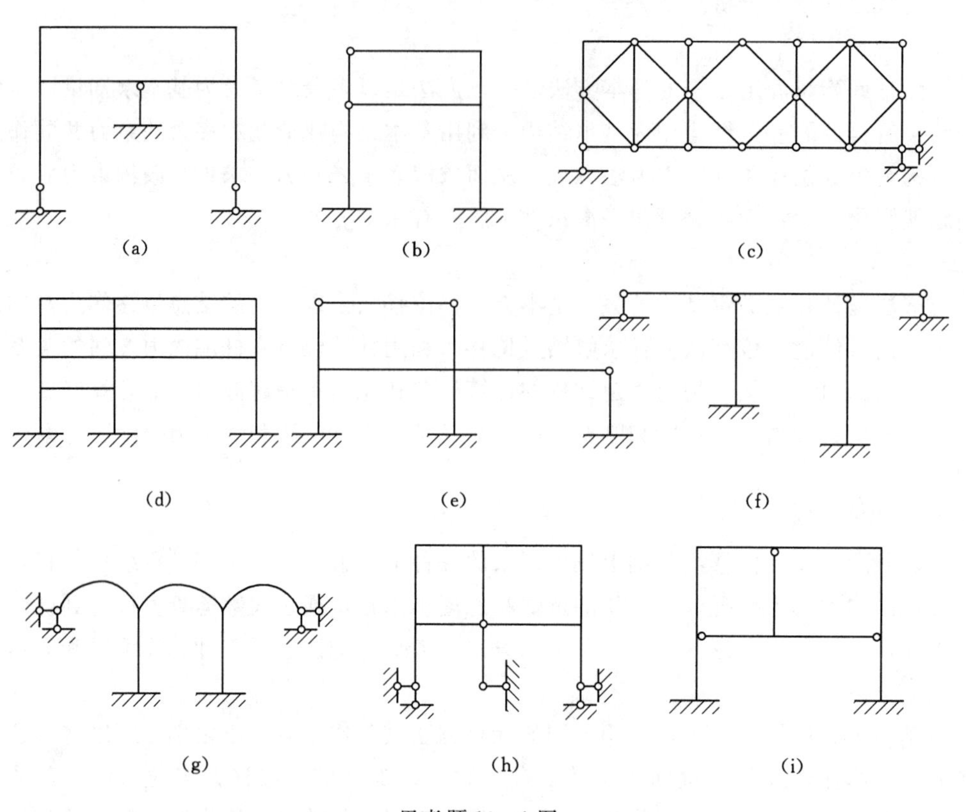

思考题 10－1 图

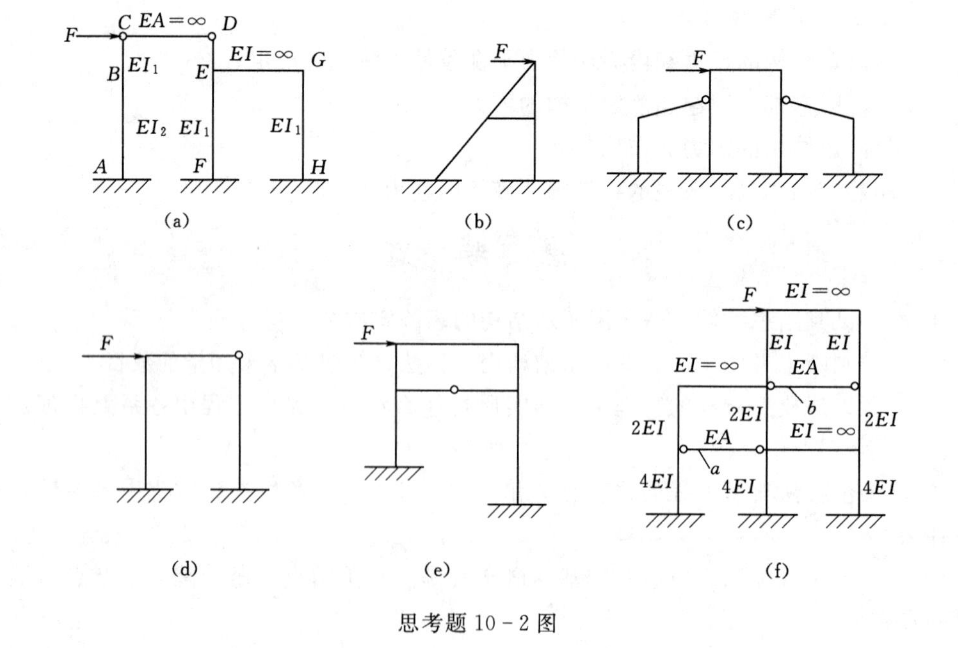

思考题 10－2 图

习　题

10－1　用力法作习题10－1图所示结构的M图。

10－2　用力法作习题10－2图所示排架的M图。已知$A=0.2\mathrm{m}^2$，$I=0.05\mathrm{m}^4$，弹性模量为常数。

10－3　用力法计算并作习题10－3图所示结构的M图。

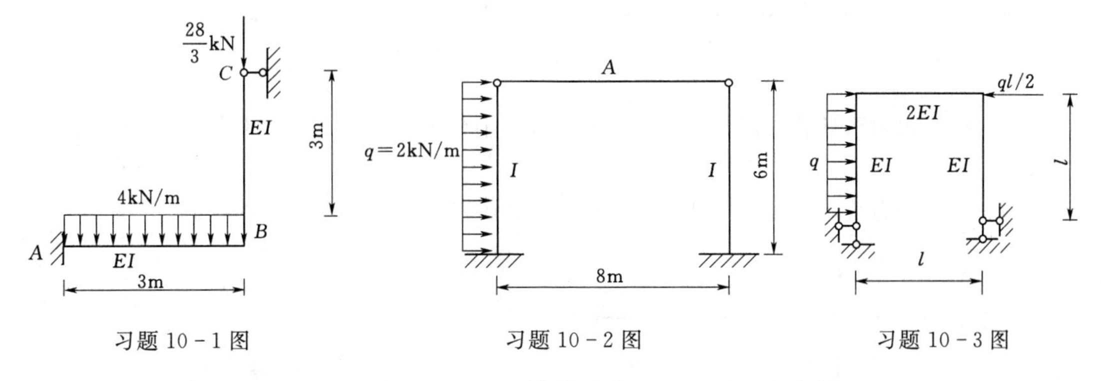

习题10－1图　　习题10－2图　　习题10－3图

10－4　用力法计算习题10－4图所示结构并作M图。EI＝常数。

10－5　用力法计算习题10－5图所示结构并作弯矩图。

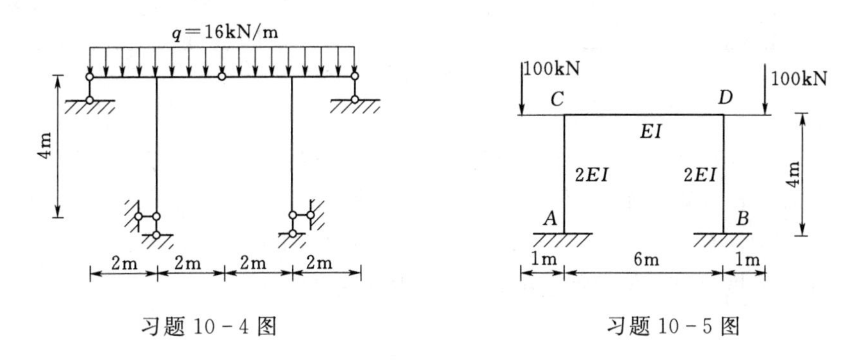

习题10－4图　　习题10－5图

10－6　已知EI＝常数，用力法计算并作习题10－6图所示对称结构的M图。

10－7　用力法计算并作习题10－7图所示结构的M图。E＝常数。

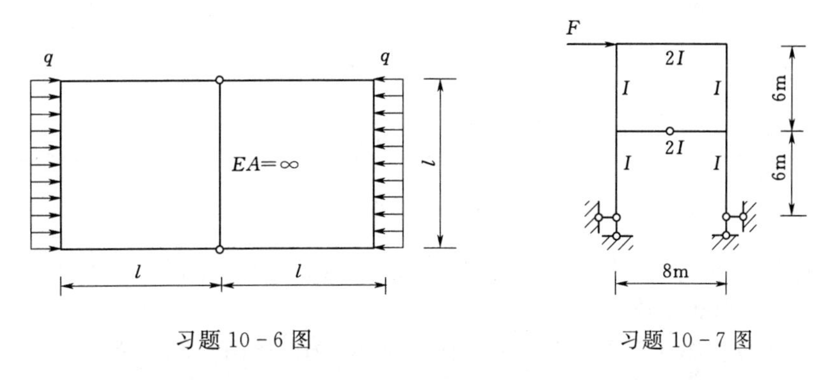

习题10－6图　　习题10－7图

10－8　用力法计算习题10－8图所示结构并作M图。EI＝常数。

10－9　用力法求习题 10－9 图所示桁架杆 AC 的轴力。各杆 EA 相同。

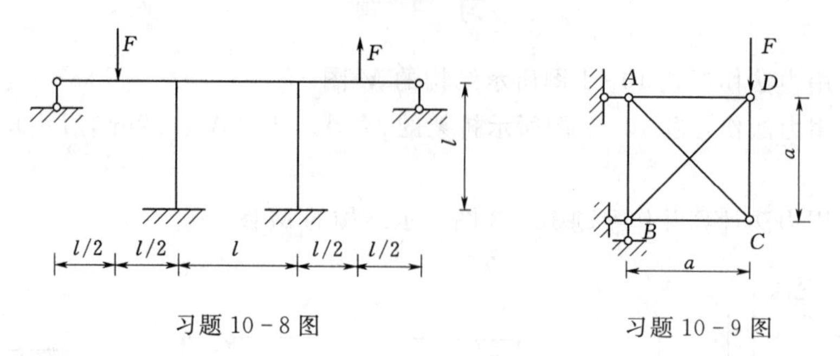

习题 10－8 图　　习题 10－9 图

10－10　用力法计算习题 10－10 图所示桁架中杆件 1、2、3、4 的内力，各杆 EA＝常数。

10－11　用力法求习题 10－11 图所示桁架 DB 杆的内力。各杆 EA 相同。

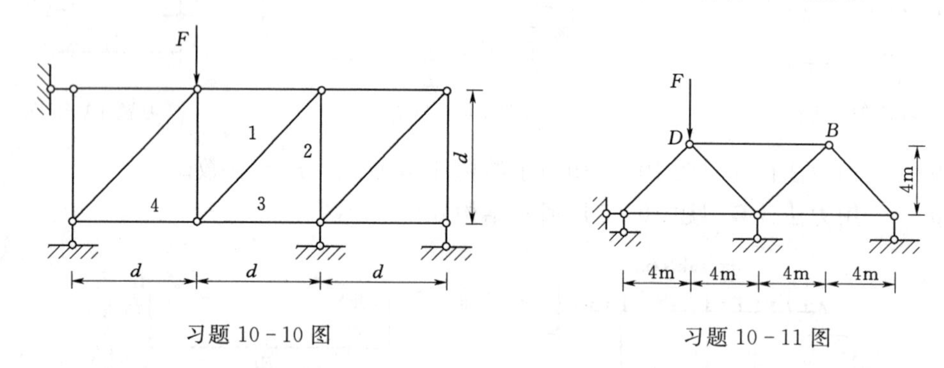

习题 10－10 图　　习题 10－11 图

10－12　习题 10－12 图所示结构支座 A 转动 θ，EI＝常数，用力法计算并作 M 图。

10－13　用力法计算并作习题 10－13 图所示结构由支座移动引起的 M 图。EI＝常数。

10－14　用力法做习题 10－14 图所示结构的 M 图。EI＝常数，截面高度 h 均为 1m，t＝20℃，＋t 为温度升高，－t 为温度降低，线膨胀系数为 α。

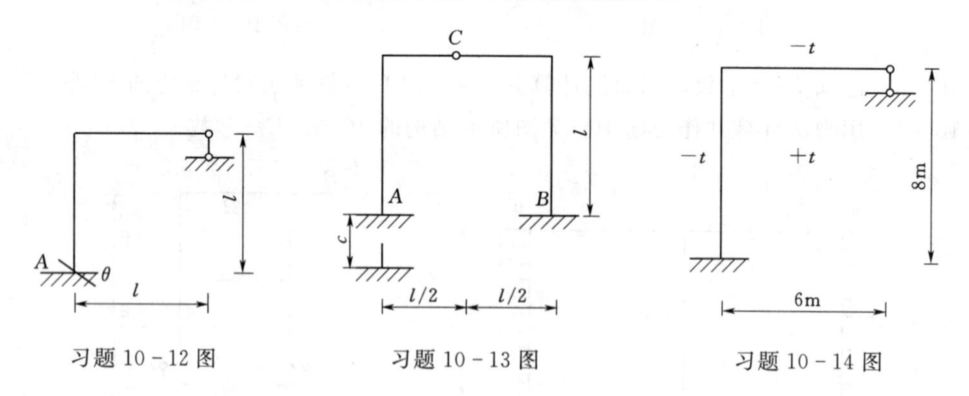

习题 10－12 图　　习题 10－13 图　　习题 10－14 图

10－15　用力法计算习题 10－15 图所示结构由于温度改变引起的 M 图。杆件截面为矩形，高为 h，线膨胀系数为 α。

10－16　用位移法计算习题 10－16 图所示结构并作 M 图。EI＝常数。

10－17　用位移法计算习题 10－17 图所示结构并作 M 图。

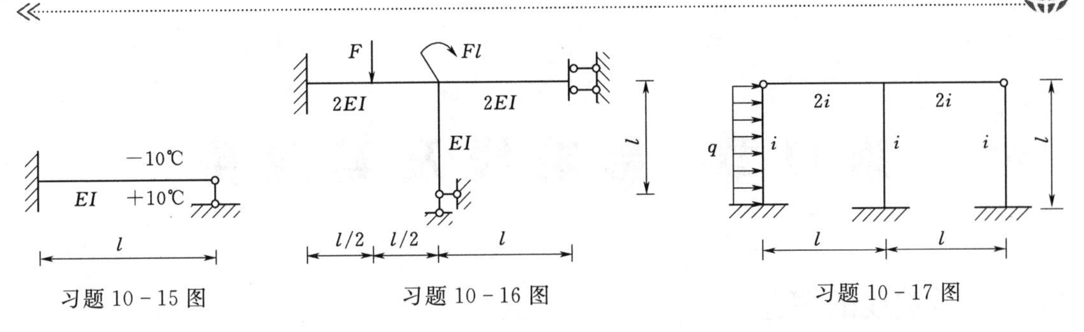

习题 10－15 图　　习题 10－16 图　　习题 10－17 图

10－18　用位移法计算习题 10－18 图所示结构并作 M 图。其中 $l=4\mathrm{m}$。

10－19　用位移法计算习题 10－19 图所示结构并作 M 图。

10－20　用位移法做习题 10－20 图所示结构 M 图。$EI=$常数。

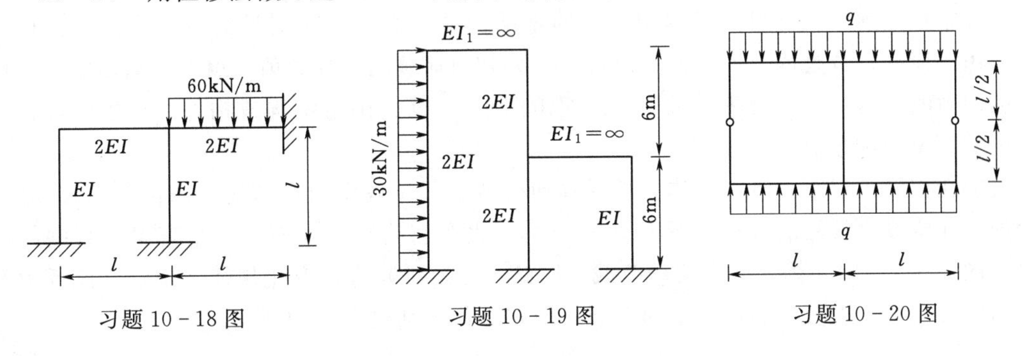

习题 10－18 图　　习题 10－19 图　　习题 10－20 图

10－21　如习题 10－21 图所示，用力矩分配法计算连续梁并求支座 B 的反力。

10－22　如习题 10－22 图所示，用力矩分配法作图示梁的弯矩图。EI 为常数。

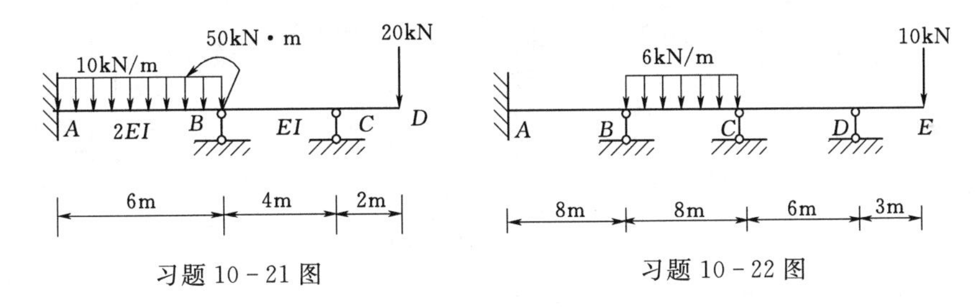

习题 10－21 图　　习题 10－22 图

10－23　用力矩分配法做习题 10－23 图所示结构的 M 图。已知：$F=10\mathrm{kN}$，$q=2\mathrm{kN/m}$，横梁抗弯刚度为 $2EI$，柱抗弯刚度为 EI。

10－24　用力矩分配法计算并作习题 10－24 图所示结构 M 图。$EI=$常数。

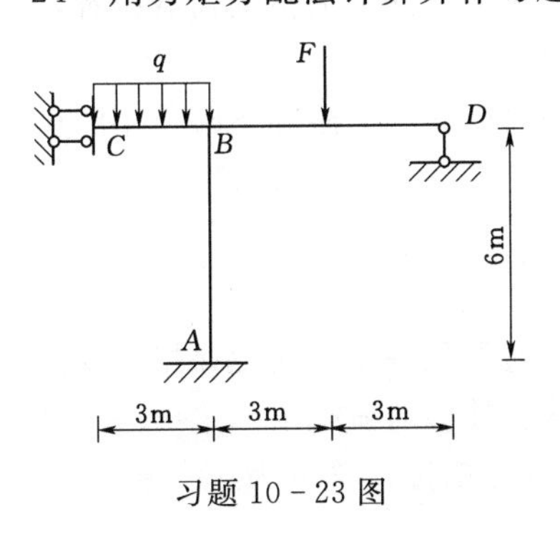

习题 10－23 图

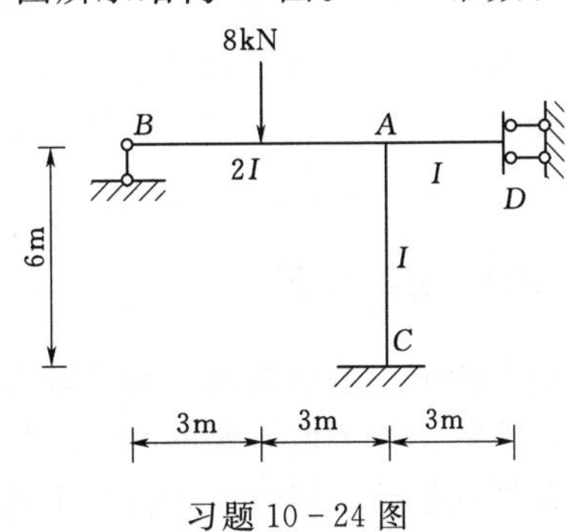

习题 10－24 图

第11章 影响线及其应用

11.1 影响线的概念

11.1.1 问题的提出

在本章之前，我们讨论了静定和超静定结构在固定荷载作用下的内力分析和位移计算。由于荷载位置是固定不变的，所以，只要知道荷载的实际数值，就可以给出结构或构件的内力图（弯矩、剪力图、轴力图及扭矩图），并据此确定结构或构件中产生的最大应力的截面位置和数值。

但在实际工程中，有些结构要承受移动荷载，即荷载作用在结构上的位置是移动的。例如，在桥梁上行驶的汽车［图 11-1（a）］、火车和活动的人群、在吊车梁上行驶的吊车［图 11-1（b）］等，均为移动荷载。因此，必须研究这种变化规律，确定支座反力和内力的最大值，以及达到最大值时荷载的位置，作为结构设计的依据。

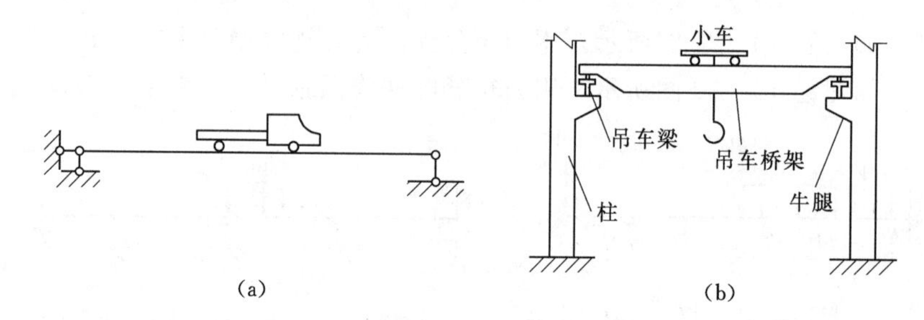

图 11-1 汽车及吊车荷载

为此需要解决以下问题：

（1）找出各量值 S 随荷载位置 x 变化的规律。若用函数表示，即为影响线方程 $S=f(x)$；若用图形表示，即为下面将讨论的影响线。

（2）从以上各量值的变化规律中，找出使某一量值达到最大值的荷载位置，称为荷载的最不利位置，并求出相应的最不利值。

（3）确定结构各截面上内力变化的范围，即内力变化的上限和下限。用图形表示就是本章要讨论的内力包络图。

11.1.2 影响线的定义

在实际工程中，所遇到的移动荷载类型很多，通常是一系列间距保持不变的平行集中荷载和均布活载。为了使研究的问题简化，可以从各种移动荷载中抽象出一个最简单、最基本、最典型的移动荷载——单位集中荷载 $F=1$（无单位，量纲为 1），研究其在结构上

移动时，某一量值的变化规律。图 11-2（a）所示的简支梁，当竖向单位移动荷载 $F=1$ 分别移动到各等分点 A、C、D、E、B 上时，反力 F_{Ay} 的数值分别为 1、3/4、1/2、1/4、0。若以水平线为基线，将以上各数值用竖标绘出，并将各竖标顶点连起来，则所得图形［图 11-2（b）］就表示了单位移动荷载 $F=1$ 在梁上移动时反力 F_{Ay} 的变化规律。这一图形就称为反力 F_{Ay} 的影响线。

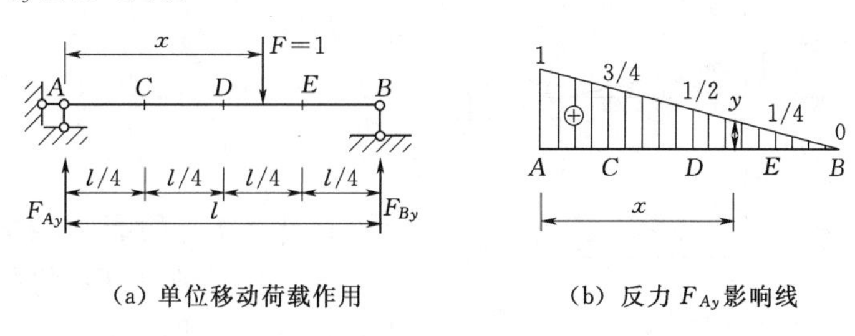

（a）单位移动荷载作用　　（b）反力 F_{Ay} 影响线

图 11-2　反力影响线

一般地说，影响线的定义如下：**当一个指向不变的单位集中荷载（通常是竖直向下的）沿结构移动时，表示结构某一处指定量值（反力、内力、位移等）变化规律的图形，称为该量值的影响线。**

影响线表明单位集中荷载在结构上各个位置时对某一量值所产生的影响，它是研究移动荷载作用的基本工具。影响线上任一点的横坐标 x 表示荷载的位置参数，纵坐标 y 表示 $F=1$ 作用于此点时该量值的数值。

11.2 用静力法作简支梁的影响线

绘制影响线有两种基本方法：**静力法**和**机动法**。本节介绍用静力法绘制简支梁的支座反力和内力的影响线。静力法是以单位移动荷载 $F=1$ 的作用位置 x 为变量，利用静力平衡条件列出某量值与 x 之间的关系，即影响线方程，然后由影响线方程绘出该量值的影响线。

11.2.1 反力影响线

如图 11-3（a）所示，单位荷载 $F=1$ 在简支梁 AB 上移动，取梁的左端 A 为坐标原点，x 轴向右为正，以坐标 x 表示荷载 $F=1$ 的位置，设反力向上为正。取整体为隔离体，由平衡条件 $\sum M_B=0$，得

$$F_{Ay}l-F(l-x)=0$$

解得

$$F_{Ay}=\frac{l-x}{l}\quad(0\leqslant x\leqslant l)$$

这就是 F_{Ay} 的影响线方程。由于它是 x 的一次函数，故知 F_{Ay} 的影响线为一直线，只需定出两点：

当 $x=0$，$F_{Ay}=1$；当 $x=l$，$F_{Ay}=0$。

因此，只需在左支座处取等于 1 的竖标，以其顶点和右支座处的零点相连，即可作出

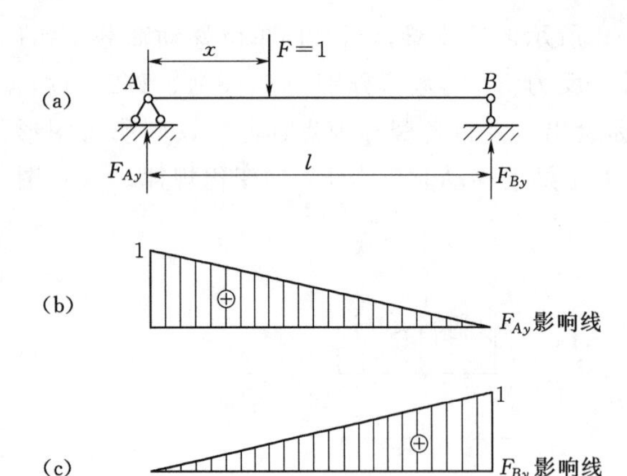

图 11－3　简支梁反力影响线

F_{Ay}的影响线，如图 11－3（b）所示。

绘制影响线时，规定把正的竖标绘在基线上边，负的竖标绘制在基线下边，并在图中标注正负号。

对于 F_{By}的影响线，取整体为隔离体，由$\sum M_A=0$，得

$$F_{By}l-Fx=0$$

解得　$F_{By}=\dfrac{x}{l}$（$0\leqslant x\leqslant l$）

这就是 F_{By} 的影响线方程，它也是 x 的一次函数，故知 F_{By} 的影响线也是一段直线，只需定出两点：

当 $x=0$，$F_{By}=0$；当 $x=l$，$F_{By}=1$。

便可绘出 F_{By}的影响线，如图 11－3（c）所示。

11.2.2　弯矩影响线

设要绘制简支梁［图 11－4（a)］上某指定截面 C 的弯矩影响线。仍取 A 为原点，以 x 表示荷载 $F=1$ 的位置。当 $F=1$ 在截面 C 以左的梁段 AC 上移动时，为计算简便起见，取截面 C 以右部分为隔离体，以 F_{By}对 C 点取矩，并规定以使梁的下边纤维受拉的弯矩为正，则有

$$M_C=F_{By}b=\frac{x}{l}b\ (0\leqslant x\leqslant a)$$

由此可知，M_C 的影响线在截面 C 以左部分为一直线。

当 $x=0$ 时，$M_C=0$；当 $x=a$ 时，$M_C=\dfrac{ab}{l}$。

于是只需在截面 C 处取一个等于$\dfrac{ab}{l}$的竖标，然后以其顶点与左端的零点相连，即可得出当荷载 $F=1$ 在截面 C 以左移动时 M_C 的影响线［图 11－4（b）的左直线］。

当荷载 $F=1$ 在截面 C 以右的梁段 CB 上移动时，上面所求得的影响线方程则不再适用。因此，需另行列出 M_C 的表达式才能作出相应部分的影响线。这时，为了计算简便，可取截面 C 以左部分为隔离体，以 F_{Ay}对 C 点取矩，即得当荷载 $F=1$ 在截面 C 以右移动时 M_C 的影响线方程：

$$M_C=F_{Ay}a=\left(\frac{l-x}{l}\right)a\quad (a\leqslant x\leqslant l)$$

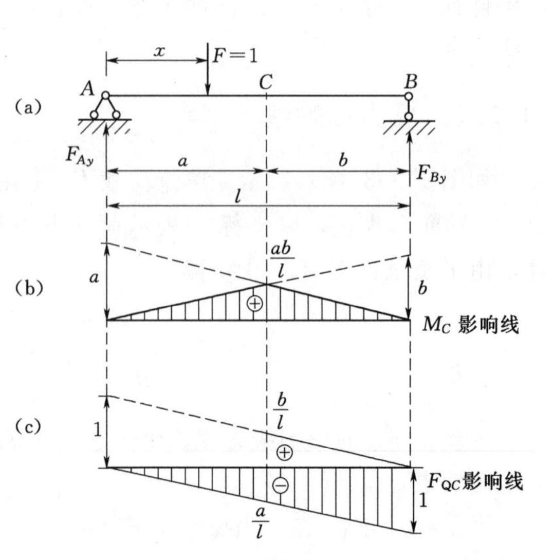

图 11－4　简支梁截面 C 内力影响线

上式表明，M_C 的影响线在截面 C 以右部分也是一直线。

当 $x=a$ 时，$M_C=\frac{ab}{l}$；当 $x=l$ 时，$M_C=0$。

据此，即可作出当荷载 $F=1$ 在截面 C 以右移动时 M_C 的影响线［图 11－4（b）的右直线］。可见，M_C 的影响线是由两段直线所组成的，其相交点就在截面 C 的下面。

从上列弯矩影响线方程可以看出：左直线可由反力 F_{By} 的影响线将竖标放大到 b 倍而成，而右直线则可由反力 F_{Ay} 的影响线将竖标放大到 a 倍而成。因此，可以利用 F_{Ay} 和 F_{By} 的影响线来绘制 M_C 的影响线。其具体的绘制方法是：在左、右两支座处分别取竖标 a、b［图 11－4（b）］，将它们的顶点各与右、左两支座处的零点用直线相连，则这两条直线的交点与左右零点相连的部分就是 M_C 的影响线。这种利用某一已知量值的影响线来作其他量值的影响线的方法是很方便的，以后还会经常用到。

由于已假定 $F=1$ 为无量纲量，故弯矩影响线的量纲为长度。

11.2.3 剪力影响线

剪力正负号的规定与以前一样，即以隔离体有顺时针转动者为正，反之为负。当 $F=1$ 在 AC 段移动时（$0\leqslant x\leqslant a$），取截面 C 以右部分为隔离体，可得

$$F_{QC}=-F_{By}$$

这表明，F_{By} 的影响线反号并取其 AC 段，即得 F_{QC} 影响线的左直线［图 11－4（c）］所示。

当 $F=1$ 在 CB 段移动时（$a\leqslant x\leqslant l$），取截面 C 以左部分为隔离体，可得

$$F_{QC}=F_{Ay}$$

因此，可直接利用 F_{Ay} 的影响线并取其 CB 段，即得 F_{QC} 影响线的右直线［图 11－4（c）］。由上可知，F_{QC} 的影响线由两段相互平行的直线组成，其竖标在 C 点处有一突变，也就是当 $F=1$ 由 C 点的左侧移到其右侧时，截面 C 的剪力值将发生突变，其突变值等于 1。而当 $F=1$ 恰作用于 C 点时，F_{QC} 值是不定的。

【例 11－1】 试用静力法绘制图 11－5（a）所示外伸梁的 F_{Ay}、F_{By}、F_{QC}、M_C、F_{QD}、M_D 的影响线。

解：（1）绘制反力 F_{Ay}、F_{By} 的影响线。

取 A 为坐标原点，横坐标 x 以右为正。当荷载 $F=1$ 作用于梁上任一点 x 时，分别求得反力 F_{Ay}、F_{By} 的影响线方程为

$$F_{Ay}=\frac{l-x}{l}\quad(-l_1\leqslant x\leqslant l+l_2)$$

$$F_{By}=\frac{x}{l}\quad(-l_1\leqslant x\leqslant l+l_2)$$

以上两个方程与相应的简支梁的反力影响线方程完全相同，只是 x 的取值范围有所扩大，因此，只需将相应简支梁的反力影响线向两个伸臂部分延长，即可绘出整个外伸梁的反力 F_{Ay}、F_{By} 的影响线，分别如图 11－5（b）、图 11－5（c）所示。

（2）绘制剪力 F_{QC}、弯矩 M_C 的影响线。

当 $F=1$ 作用于截面 C 以左时，取截面 C 右边为隔离体，求得影响线方程为

$$F_{QC}=-F_{By}\quad(-l_1\leqslant x<a)$$

$$M_C=F_{By}b\quad(-l_1\leqslant x\leqslant a)$$

当 $F=1$ 作用于截面 C 以右时，取截面 C 左边为隔离体，求得影响线方程为

$$F_{QC}=F_{Ay}\quad(a<x\leqslant l+l_2)$$

$$M_C=F_{Ay}a\quad(a\leqslant x\leqslant l+l_2)$$

由上可知，F_{QC} 和 M_C 的影响线方程也与简支梁的相同。因而与绘制反力影响线一样，只需将相应简支梁的 F_{QC} 和 M_C 的影响线向两外伸臂部分延长，即可得到外伸梁的 F_{QC} 和 M_C 的影响线，分别如图 11-5（c）、图 11-5（d）所示。

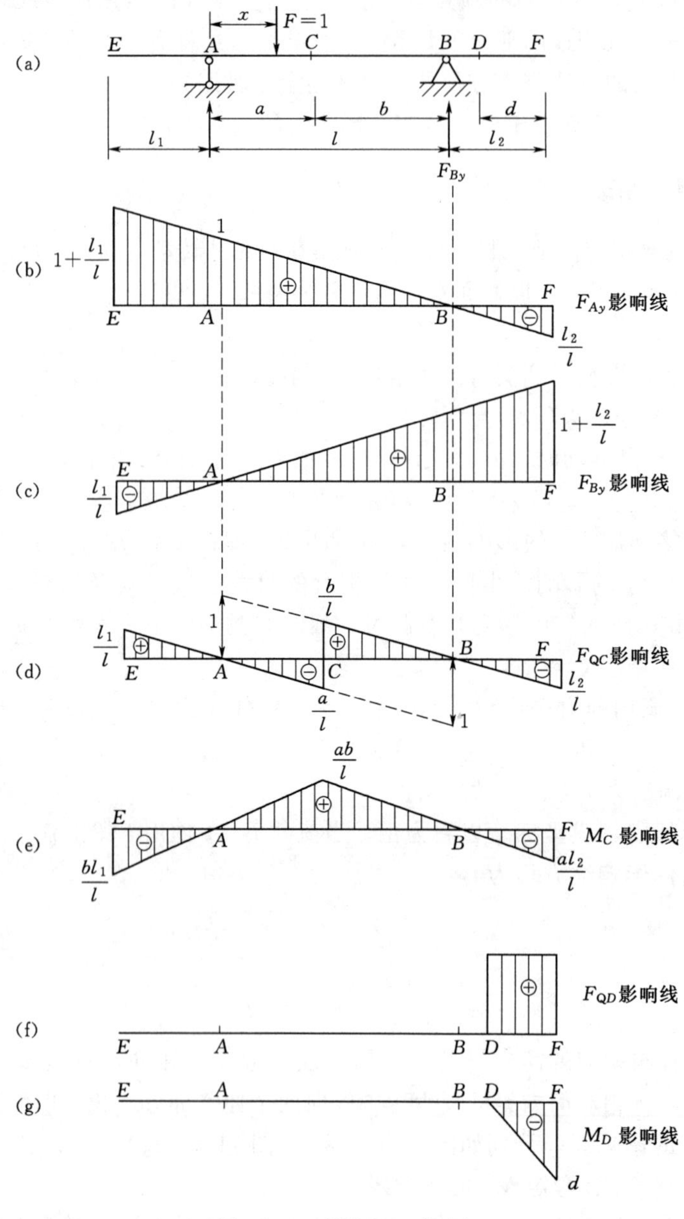

图 11-5 ［例 11-1］图

(3) 绘制剪力 F_{QD}、弯矩 M_D 的影响线。

当 $F=1$ 作用于截面 D 以左时，取截面 D 右边为隔离体，求得影响线方程为

$$F_{QD}=0 \quad (-l_1 \leqslant x < l+l_2-d)$$

$$M_D=0 \quad (-l_1 \leqslant x < l+l_2-d)$$

当 $F=1$ 作用于截面 D 以右时，取截面 D 右边为隔离体，求得影响线方程为

$$F_{QD}=1 \quad (l+l_2-d < x \leqslant l+l_2)$$

$$M_D=-(x-l-l_2+d) \quad (l+l_2-d \leqslant x \leqslant l+l_2)$$

由上述方程可绘出 F_{QD} 和 M_D 的影响线分别如图 11-5 (f)、图 11-5 (g) 所示。

11.2.4 内力的影响线与内力图的区别

内力的影响线与内力图虽然都表示内力的变化规律，而且它们在形状上也有些相似，但二者在概念上却有本质的区别。对此，初学者容易混淆。现以图 11-6 (a)、图 11-6 (b) 所示弯矩影响线与弯矩图为例，说明两者的区别。

(1) 荷载类型不同。绘弯矩的影响线时，所受的荷载是单位移动荷载 $F=1$；而绘弯矩图时，所受的荷载则是固定荷载 F。

(2) 自变量 x 表示的含义不同。弯矩影响线方程的自变量 x 表示单位移动荷载 $F=1$ 的作用位置，而弯矩方程中的自变量 x 表示的是截面位置。

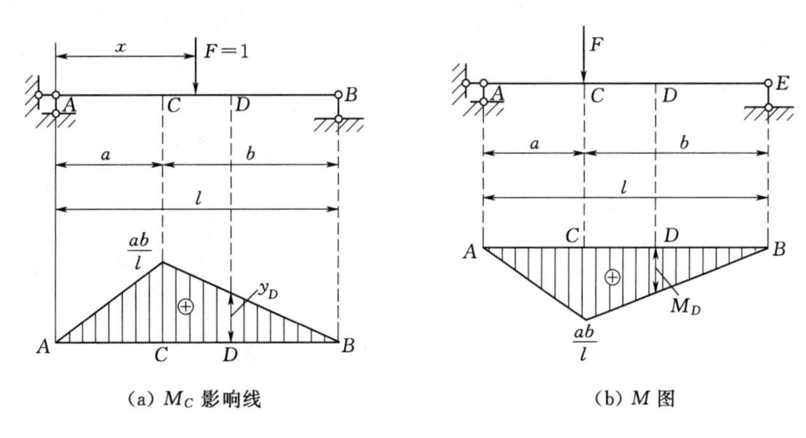

图 11-6 弯矩影响线与弯矩图的比较

(3) 竖标表示的意义不同。M_C 的影响线中任一点 D 的竖标表示单位移动荷载 $F=1$ 作用于 D 时，截面 C 上弯矩的大小，即 M_C 的影响线只表示截面 C 上的弯矩 M_C 在单位荷载移动时的变化规律，与其他截面上的弯矩无关。而弯矩图中任一点 D 的竖标表示的是在点 C 作用于固定荷载 F 时，在截面 D 上引起的弯矩值，即 M 图表示在固定荷载作用下各个截面上的弯矩 M 的大小。

(4) 绘制规定不同。M_C 的影响线中的正弯矩绘在基线的上方，负弯矩绘在基线的下方，标明正负号。而弯矩图则绘在杆件的受拉一侧，不标注正负号。

总之，内力的影响线反映的是某一截面上的某一内力量值与单位移动荷载作用位置之间的关系；内力图反映的是在固定荷载作用下某一内力量值在各个截面上的大小。

11.3　用机动法作简支梁的影响线

作静定梁的反力和内力影响线时，除可采用静力法外，还可采用机动法。机动法作影响线的依据是虚位移原理，即刚体系在力系作用下处于平衡的必要与充分条件是：在任何微小的虚位移中，力系所作的虚功总和为零。下面就以图11－7（a）所示简支梁的反力影响线为例，来说明机动法作影响线的概念和步骤。

为了求反力 F_{Ay}，将与它相应的约束去掉而以力 F_{Ay} 代替其作用，如图11－7（b）所示。此时原结构变成具有一个自由度的几何可变体系，而以力 F_{Ay} 代替了原有约束的作用，故它仍能维持平衡。然后，给此体系以微小的虚位移，使刚片 AB 绕 B 点作微小转动，并以 δ_A 和 δ 分别表示力 F_{Ay} 和 F 的作用点沿力作用方向上的虚位移，则由于该机构在力 F_{Ay}、F 和反力 F_{By} 的共同作用下处于平衡，故它们所做的虚功总和为零，虚功方程为

$$F_{Ay}\delta_A+F\delta+F_{By}\times 0=0$$

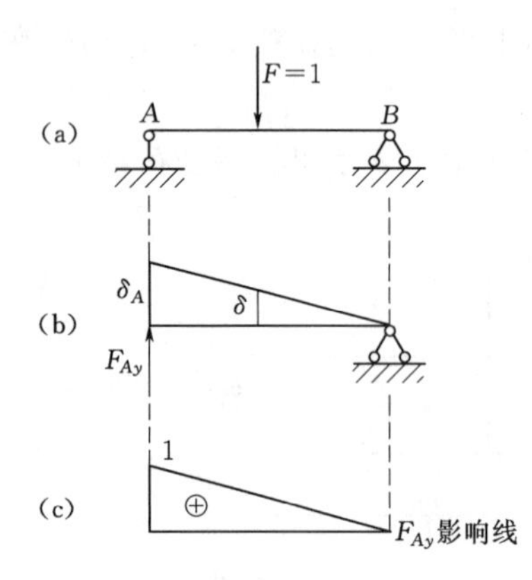

图11－7　机动法绘制简支梁反力影响线

在作影响线时，取 $F=1$，故

$$F_{Ay}=-\frac{\delta}{\delta_A}$$

其中，δ_A 为力 F_{Ay} 的作用点沿其方向的位移，在给定虚位移的情况下它是一个常数；而 δ 则为荷载 $F=1$ 的作用点沿其方向的位移，由于 $F=1$ 是移动的，因而 δ 就是荷载所沿着移动的各点的竖向虚位移图。可见，F_{Ay} 的影响线与位移图 δ 是成正比的，将位移图 δ 的竖标除以 δ_A 常数并反号，就得到 F_{Ay} 的影响线。为了方便，可令 $\delta_A=1$，则上式成为 $F_{Ay}=-\delta$，也就是此时的虚位移图 δ 便代表 F_{Ay} 的影响线［图11－7（c）］，只不过符号相反。但注意到 δ 是以与力F方向一致为正，即以向下为正，因而可知：当 δ 向下时，F_{Ay} 为负；当 δ 向上时，F_{Ay} 为正。这就恰与在影响线中正值的竖标绘在基线的上方相一致。

由上可知，为了作出某量值 X 的影响线，只需将 X 相应的约束去掉，并使所得机构沿 X 的正方向发生单位位移，则由此得到的虚位移图即代表 X 的影响线，如 F_{Ay} 的影响线［图11－7（c）］。这种做影响线的方法便称为**机动法**。

机动法的优点在于不必经过具体计算就能迅速绘出影响线的轮廓，这对于设计工作是很方便，同时也便于对静力法所做影响线进行校核。

【例11－2】 试用机动法绘制图11－8（a）所示简支梁截面 C 上的弯矩 M_C 和剪力 F_{QC} 的影响线。

解：（1）绘制弯矩 M_C 的影响线。

将与 M_C 相对应的转动约束去掉，即将截面 C 处的刚结改为铰结连接，并以一对大小为 M_C 的力偶代替转动约束的作用。然后使 M_C 的作用面沿 M_C 的正方向发生单位虚

位移，即 $\delta_{C-C}=\alpha+\beta=1$是 C 点左右两截面的相对转角，如图 11-8（b）所示。所得的虚位移图即表示 M_C 的影响线，如图 11-8（c）中实线所示，根据几何关系，求得 C 点的竖标为$\frac{ab}{l}$。

（2）绘制剪力 F_{QC}的影响线。

将与 F_{QC} 相对应的约束去掉，即将截面截开，在切口处用两根与梁轴平行且等长的链杆相连，如图 11-8（d）所示。此时，在截面 C 处只能发生相对的竖向位移，而不能发生相对转动和水平移动。以剪力 F_{QC}代替去掉约束的作用，并使 F_{QC}的作用面沿 F_{QC}的正方向发生单位虚位移，即 $\delta_{C-C}=CC_1+CC_2=1$［图 11-8（d）］。所得的虚位移图即表示 F_{QC}的影响线，由几何关系可确定影响线的各控制点的竖标，求得 C 左截面的竖标为$\frac{a}{l}$，C 右截面的竖标为$\frac{b}{l}$。

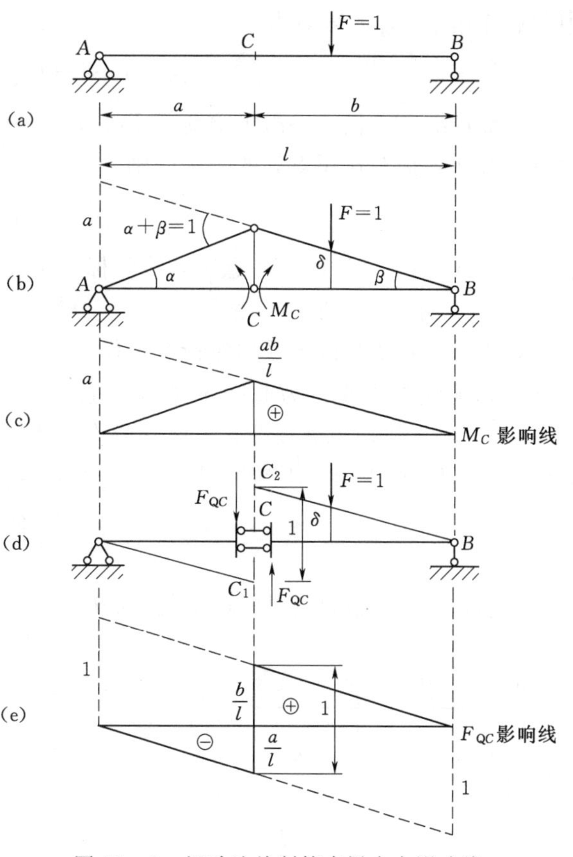

图 11-8　机动法绘制简支梁内力影响线

11.4　影响线的应用

绘制影响线的目的是利用它求出结构在移动荷载作用下的最大反力和最大内力，为结构设计提供依据。为此，尚需解决两方面的问题：一是当实际的移动荷载在结构上的位置已知时，如何利用某量值的影响线求出该量值的数值；二是如何利用某量值的影响线确定实际移动荷载对该量值的最不利荷载位置，下面分别加以讨论。

11.4.1　计算实际荷载作用下的影响量

绘制影响线时，考虑的是单位移动荷载。根据叠加原理，可利用影响线求实际荷载作用下产生的总影响量。

1. 集中荷载作用下的影响量

设有一组集中荷载 F_1、F_2、F_3 作用于简支梁上，位置已知，如图 11-9（a）所示。计算简支梁在该组荷载作用下截面 C 的剪力 F_{QC}之值。为此先作出剪力 F_{QC}的影响线，如图 11-9（b）所示。设在荷载作用点的竖标依次为 y_1、y_2、y_3，则由 F_1 产生的 F_{QC}等于 F_1y_1，F_2 产生的 F_{QC}等于 F_2y_2，F_3 产生的 F_{QC}等于 F_3y_3。根据叠加原理，可知在这组集

中荷载作用下 F_{QC} 的数值为

$$F_{QC}=F_1y_1+F_2y_2+F_3y_3$$

一般情况下，设有一组集中荷载 F_1、F_2、…、F_n 作用于结构上，而结构的某量值 S 的影响线在各荷载作用点处的竖标分别为 y_1、y_2、…、y_n，则有

$$S=F_1y_1+F_2y_2+\cdots+F_ny_n=\sum F_iy_i \tag{11-1}$$

应用式（11-1）时，注意影响线竖标 y_i 的正负号。

2. 均布荷载作用下的影响量

如果结构在 DE 段承受均布荷载 q 作用［图 11-10（a）］，欲求此均布荷载作用下量值 S 的影响线的大小。为此，先作出量值 S 的影响线，以 y 表示 S 影响线的竖标［图 11-10（b）］，将均布荷载沿其长度分成许多微段 dx，把微段 dx 上的荷载 $q\mathrm{d}x$ 可看作一集中荷载，则作用于结构上的全部均布荷载对量值 S 的影响线为

$$S=\int_D^E yq\,\mathrm{d}x=q\int_D^E y\,\mathrm{d}x=q\omega \tag{11-2}$$

这里，ω 表示影响线图形在受载段 DE 上的面积。

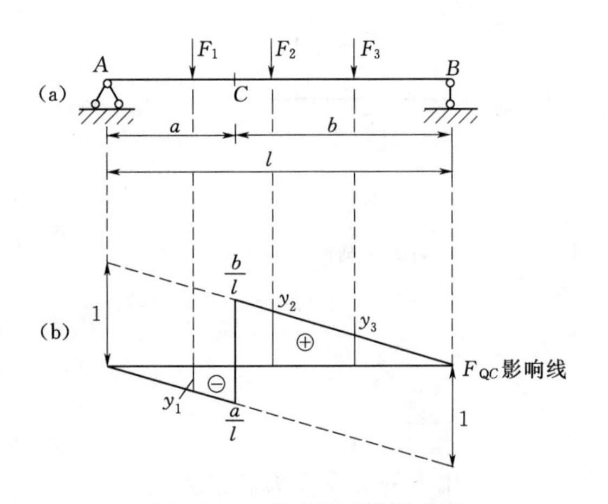

图 11-9　简支梁 F_{QC} 影响线

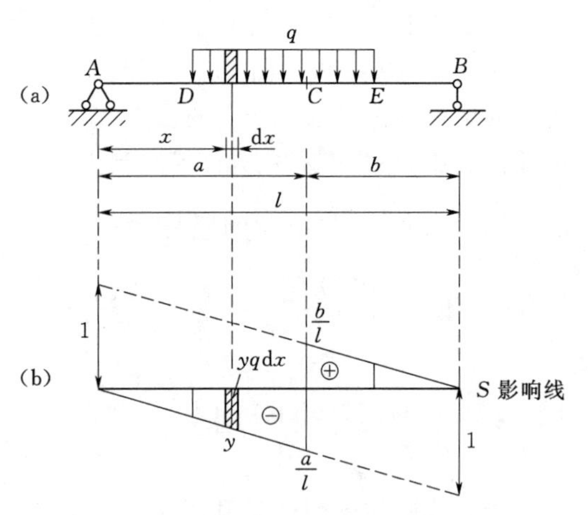

图 11-10　简支梁截面 C 某量值影响线

由此可知，在均布荷载作用下某量值 S 的大小，等于荷载集度乘以受载段的影响线面积。应用式（11-2）时，要注意影响线面积 ω 的正负号。

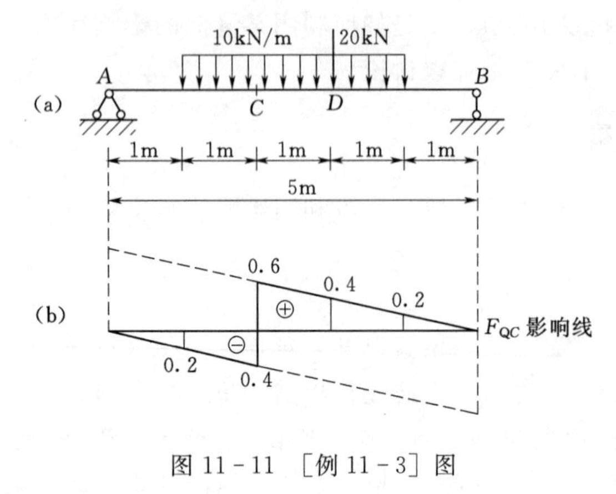

图 11-11［例 11-3］图

【例 11-3】 利用影响线求图 11-11（a）所示简支梁在图示荷载作用下截面 C 的剪力 F_{QC} 的数值。

解： 先绘制 F_{QC} 的影响线，如图 11-11（b）所示，并计算有关竖标值。然后，根据叠加原理，可算得

$$F_{QC}=Fy_D+q\omega=20\times0.4+10\times\left(\frac{0.6+0.2}{2}\times2-\frac{0.2+0.4}{2}\times1\right)$$
$$=8+5=13(\text{kN})$$

11.4.2 确定最不利荷载位置

如果荷载移动到某一位置，使某量值达到最大值，则此荷载位置称为该量值的**最不利荷载位置**。下面按照荷载的类型分别讨论如何利用影响线来确定最不利荷载位置。

1. 集中荷载

（1）对于单个集中荷载的情况，则将 F 置于 S 影响线的最大竖标处即产生 S_{max} 值；而将 F 置于 S 影响线的最小竖标处即产生 S_{min}。如图 11－12（a）所示。

（2）对于多个集中荷载的情况，则首先要确定一个临界荷载，临界荷载就是使得该量值达到极值时对应的集中荷载，称为临界荷载，一般用 F_{cr} 表示，其对应的位置称为临界位置。其次要从荷载的临界位置中选出荷载的最不利位置，也就是从该量值计算的所有极大值中选出最大值或从该量值计算的所有极小值中选出最小值。

一般情况下，最不利荷载位置是数值较大且排列紧密的荷载位于影响线最大竖标处的附近。

利用高等数学中求极值的方法，可以证明，当影响线为三角形时，临界荷载 F_{cr} 用下式判别：

$$\left.\begin{aligned}\frac{\sum F_{左}+F_{cr}}{a}\geqslant\frac{\sum F_{右}}{b}\\ \frac{\sum F_{左}}{a}\leqslant\frac{F_{cr}+\sum F_{右}}{b}\end{aligned}\right\}\tag{11-3}$$

式中：$\sum F_{左}$、$\sum F_{右}$ 分别为临界荷载 F_{cr} 以左或以右荷载的合力［图 11－12（b）］。

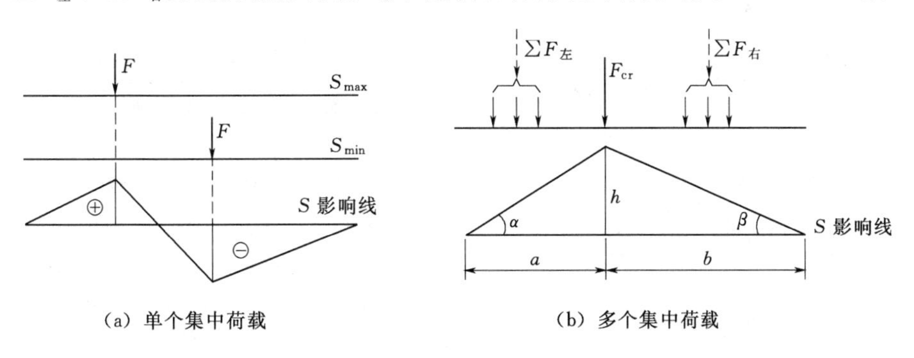

图 11－12　集中荷载下最不利荷载位置的确定

临界荷载 F_{cr} 的特点是：将 F_{cr} 计入哪一边，哪一边的荷载平均集度就大。有时临界荷载可能不止一个，须将相应的极值分别算出，进行比较。产生最大极值的那个荷载位置就是最不利荷载位置，该极值即为所求量值的最大值。

应当注意，在荷载向左或向右移动过程中，可能会有某一个集中荷载离开了梁，在利用临界荷载判别式（11－3）时，$\sum F_{左}$ 和 $\sum F_{右}$ 不应包含已离开了梁上的荷载。

2. 均布荷载

(1) 移动荷载是长度固定，可以任意布置的荷载（如人群、货物等）。由式（11－2）即 $S=q\omega$ 可知。当均布荷载布满对应影响线正号面积的部分时，则量值 S 将产生最大值 S_{max}；反之，当均布荷载布满对应影响线负号面积的部分时，则量值 S 将产生最小值 S_{min}。例如，要求计算图11－13（a）所示外伸梁截面 C 的弯矩最大值 M_{Cmax} 和最小值 M_{Cmin}，需作出其弯矩 M_C 的影响线［图11－13（b）］，则相应的最不利荷载位置如图11－13（c）、图11－13（d）所示。

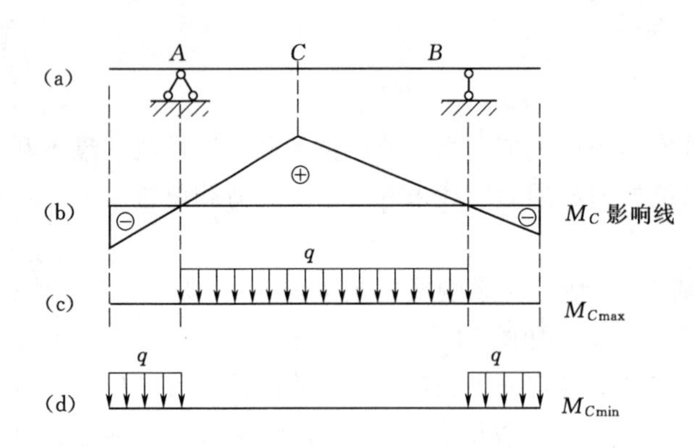

图11－13　外伸梁 M_C 影响线及最不利荷载布置

(2) 移动荷载是长度固定的均布荷载，分布长度小于影响线的基线长度（图11－14）。在三角形影响线的情况下，根据式（11－2），最不利荷载位置是使均布荷载对应的面积 ω_0 为最大。可以证明，只有当 $y_C=y_D$ 时，ω_0 才能最大。因此，最不利荷载位置是使均布荷载两端点对应的影响线竖标相等的位置。

(3) 移动荷载是长度固定的均布荷载，分布长度大于影响线的基线长度（图11－15）。在三角形影响线的情况下，可由高等数学极值的确定条件给出临界荷载的判别式为

$$\frac{\sum F_{左}}{a}=\frac{\sum F_{右}}{b} \tag{11-4}$$

即左右两边的平均荷载应相等。

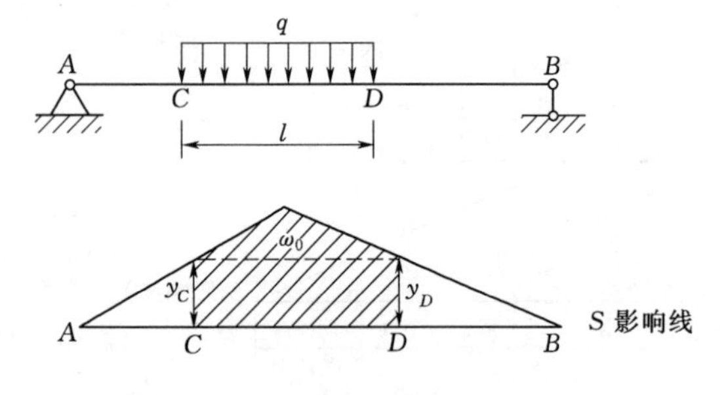

图11－14　均布荷载跨过影响线顶点
（部分覆盖基线）

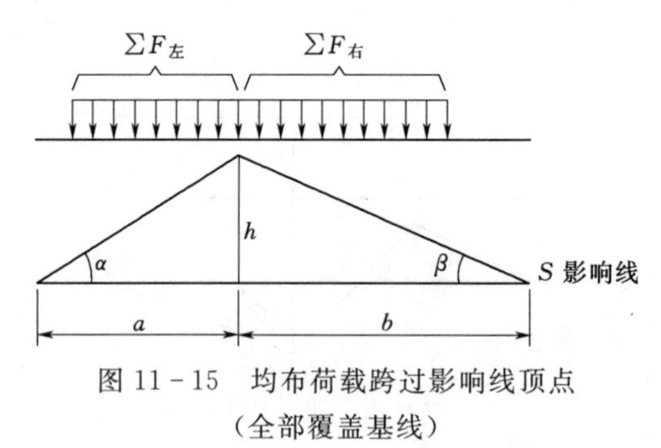

图11－15　均布荷载跨过影响线顶点
（全部覆盖基线）

【例11－4】 试求图11－16（a）所示简支梁 AB 在汽－15级车辆荷载作用下截面 C 的最大弯矩。

解：(1) 绘制简支梁截面 C 的弯矩影响线。

由本章第2节的知识，很容易绘出 M_C 的影响线，为三角形，如图11－16（b）所示。

(2) 当车队从右向左行驶时，确定相应的 M_C 的极值。

按照尽可能将大的集中荷载布置在影响线峰值竖标附近的原则，将130kN的力置于

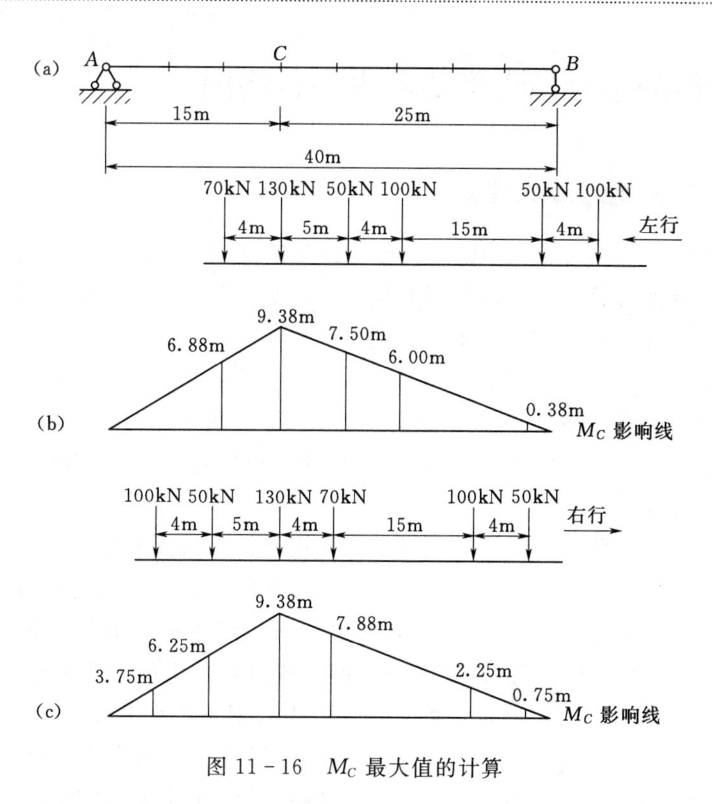

图 11-16　M_C 最大值的计算

影响线的顶点 C，荷载布置如图 11-16（b）所示。然后根据式（11-3）来判别临界荷载：

右移
$$\frac{70}{15}<\frac{130+200}{25}$$

左移
$$\frac{70+130}{15}>\frac{200}{25}$$

满足临界荷载的判别条件，故知这是一临界位置，相应的 M_C 值为

$$M_C=70\times6.88+130\times9.38+50\times7.50+100\times6.00+50\times0.38=2694(\text{kN}\cdot\text{m})$$

（3）当车队从左向右行驶时，确定相应的 M_C 的极值。

仍将 130kN 的力置于影响线的顶点 C，荷载布置如图 11-16（c）所示。然后根据式（11-3）来判别临界荷载：

右移
$$\frac{150}{15}<\frac{130+220}{25}$$

左移
$$\frac{150+130}{15}>\frac{220}{25}$$

满足临界荷载的判别条件，故知这又是一临界位置，相应的 M_C 值为

$$\begin{aligned}M_C&=100\times3.75+50\times6.25+130\times9.38+70\times7.88+100\times2.25+50\times0.75\\&=2720(\text{kN}\cdot\text{m})\end{aligned}$$

经比较得知图 11-16（c）对应的 M_C 值更大，即该位置为最不利荷载位置。M_C 的最大值为 2720kN·m。

11.5 简支梁的绝对最大弯矩和内力包络图

11.5.1 简支梁的绝对最大弯矩

在移动荷载作用下，弯矩图中的最大竖标即是简支梁各截面的所有最大弯矩中的最大值，称它为**绝对最大弯矩**。绝对最大弯矩与两个可变的条件有关，即截面位置的变化和荷载位置的变化。也就是说，欲求绝对最大弯矩，不仅要知道产生绝对最大弯矩的截面所在，而且要知道相应于此截面的最不利荷载位置。为了解决上述问题，可以把各个截面的最大弯矩都求出来，然后加以比较。实际上，由于梁上截面有无限多个，所以不可能把梁上各个截面的最大弯矩都求出来一一加以比较，因而只能选取有限多个截面来进行比较，以求得问题的近似解答。

按照上述的分析思路，简支梁的绝对最大弯矩与任一截面的最大弯矩是既有区别又有联系的。求某一截面的最大弯矩时，该截面的位置是已知的，而求绝对最大弯矩时，其截面位置却是未知的。根据 11.4 所述可知，对于任一已知截面 C 而言，它的最大弯矩发生在某一临界荷载 F_{cr} 位于其影响线的顶点时，即当截面 C 发生最大弯矩时，临界荷载 F_{cr} 必定位于截面 C 上。因此，可以断定，绝对最大弯矩必定发生在某一集中荷载的作用点处。剩下的问题只是确定它究竟发生在哪一个荷载的作用点处及该点位置。为此，可采用试算的办法，即任选一集中荷载作为临界荷载，然后看它在哪一位置时可使其所在截面的弯矩达到最大值。这样，将各个荷载分别作为临界荷载，求出其相应的最大弯矩，再加以比较，即可得出绝对最大弯矩。

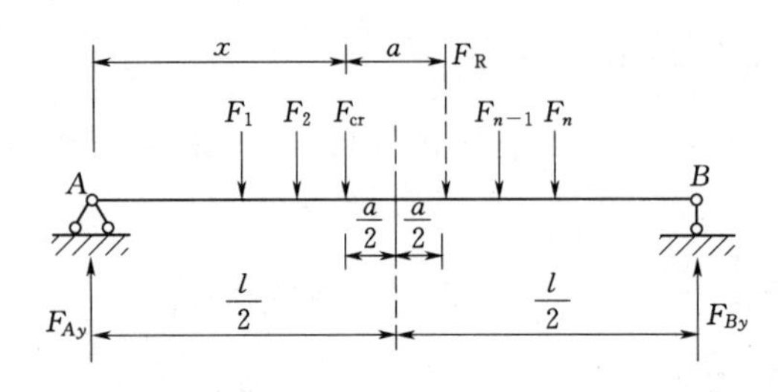

图 11－17 绝对最大弯矩分析图

如图 11－17 所示简支梁，试取某一集中荷载，研究它的作用点的弯矩何时成为最大，以 x 表示 F_{cr} 与 A 的距离，a 表示梁上荷载的合力 F_R 与 F_{cr} 的作用线之间的距离。由 $\sum M_B=0$，得左支座反力为

$$F_{Ay}=\frac{F_R}{l}(l-x-a)$$

F_{cr} 作用点的弯矩为

$$M_x=F_{Ay}x-M_{cr}=\frac{F_R}{l}(l-x-a)x-M_{cr}$$

其中，M_{cr} 表示 F_{cr} 以左梁上荷载对 F_{cr} 作用点的力矩之和，它是一个与 x 无关的常数。当 M_x 为极大时，由极值条件

$$\frac{dM_x}{dx}=\frac{F_R}{l}(l-2x-a)=0$$

得

$$x=\frac{l}{2}-\frac{a}{2} \tag{11-5}$$

式（11－5）说明，F_{cr} 作用点的弯矩为最大时，梁的中线正好平分 F_{cr} 与 F_R 之间的距

离。此时最大弯矩为

$$M_{max}=\frac{F_R}{l}\left(\frac{l}{2}-\frac{a}{2}\right)^2-M_{cr} \tag{11-6}$$

应用式（11－5）和式（11－6）时，须注意 F_R 是梁上实有荷载的合力。在安排 F_{cr} 与 F_R 的位置时，有些荷载可能来到梁上或者离开梁上，这时应重新计算合力 F_R 的数值和位置。至于 F_R 作用线的位置，可用合力矩定理来确定。

但计算经验表明：简支梁的绝对最大弯矩总是发生在梁跨中点附近的截面上；使梁跨中截面产生最大弯矩的临界荷载，通常就是产生绝对最大弯矩的临界荷载。因此，计算简支梁的绝对最大弯矩可按如下步骤进行：

（1）用上一节所述临界荷载的判定方法，求出使梁跨中截面产生最大弯矩的临界荷载 F_{cr}。

（2）使 F_{cr} 与梁上全部荷载的合力 F_R 对称于梁中点布置。

（3）计算该荷载 F_{cr} 位置时作用截面上的弯矩，即为绝对最大弯矩。

【例 11－5】 试求图 11－18（a）所示简支梁在吊车荷载作用下的绝对最大弯矩。

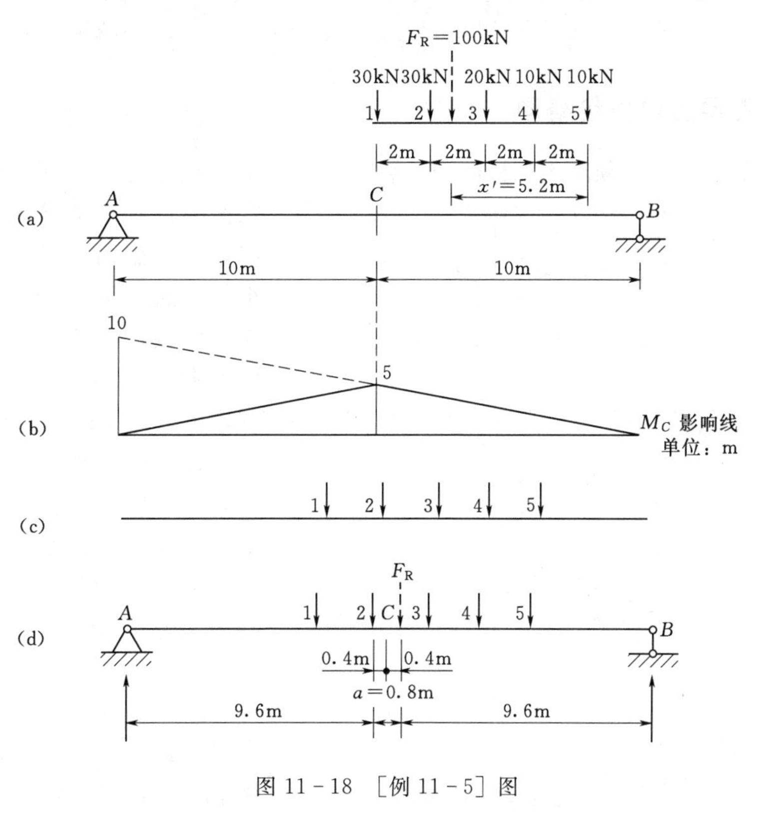

图 11－18 ［例 11－5］图

解：（1）求梁跨中截面 C 上产生最大弯矩的临界荷载。

首先绘出梁跨中截面 C 处的弯矩 M_C 的影响线，如图 11－18（b）所示。将轮 2 作用于力置于影响线的顶点［图 11－18（c）］，按临界荷载判别式（11－3），有

$$\frac{30+30}{10}>\frac{20+10+10}{10},\quad \frac{30}{10}<\frac{30+20+10+10}{10}$$

验算其他荷载均不满足判别式，故轮 2 作用力是使梁跨中截面 C 产生最大弯矩的临界荷载 F_{cr}。

（2）求梁的绝对最大弯矩。

此时梁上作用力的合力为　　$F_R=30+30+20+10+10=100(kN)$

将轮 2 作用力与合力 F_R 对称于梁的中点布置，如图 11-18（d）所示。设合力 F_R 距离轮 5 作用力的距离为 x'，则

$$F_R x'=10\times2+20\times4+10\times6+30\times6+30\times8=520$$

解得

$$x'=\frac{520}{100}=5.2(m)$$

故合力 F_R 与临界荷载轮 2 作用力之间的距离为 $a=0.8m$。

由式（11-5），轮 2 作用力距离 A 支座的距离为

$$x=\frac{l}{2}-\frac{a}{2}=\frac{20}{2}-\frac{0.8}{2}=9.6(m)$$

故绝对最大弯矩发生在轮 2 作用力的截面上，由式（11-6）可得绝对最大弯矩为

$$M_{max}=\frac{F_R}{l}\left(\frac{l}{2}-\frac{a}{2}\right)^2-M_{cr}=\frac{100}{20}\times9.6^2-30\times2=400.8(kN\cdot m)$$

11.5.2　简支梁的内力包络图

在结构计算中，通常须求出在恒载和活载共同作用下各截面的最大内力和最小内力，以作为设计或验算的依据。如果将梁上各截面的最大内力值和最小内力值按同一比例标在图上，连成曲线，则这种曲线图形就称为内力包络图。梁的内力包络图有弯矩包络图和剪力包络图。

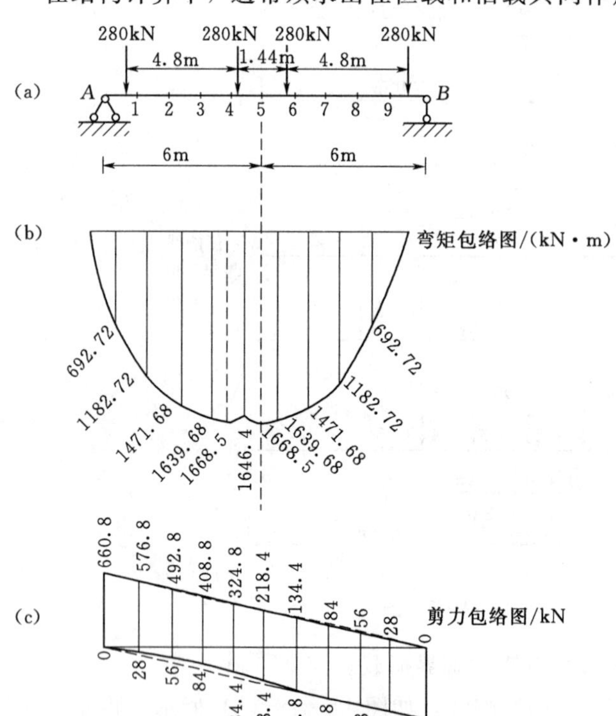

图 11-19　简支梁的内力包络图

梁在恒载作用下，各截面的内力值（即内力图）大家都已经很熟悉了，故这里不再介绍。下面将梁在移动的吊车荷载作用下的内力包络图如何绘制作简单阐述。

图 11-19（a）所示为一吊车梁，跨度 $l=12m$。移动荷载为两台吊车，四个轮压均为 280kN，各力之间的距离如图中所示。绘制其弯矩包络图时，通常将梁分为 10 等份（可根据设计精度的要求分为 6、8、10 或 12 等份），再利用影响线求出各

等分截面弯矩的最大值（在简支梁的各截面上部产生负弯矩，所以没有最小值）。最后，按同一比例把各等分截面的弯矩最大值用竖标标出，并将各竖标顶点连成一光滑曲线，即得到图 11-19（b）所示的弯矩包络图。

同理，作出各等分点的剪力影响线，求出各等分点剪力的最大值和最小值，即可绘制剪力包络图，如图 11-19（c）所示的实线图。在实用中主要是只求支座附近处截面的剪力值，故常以两根直线代替原来的两根曲线，即只要求出两端支座处截面上剪力的最大值和最小值，就可以近似地作出剪力图，如图 11-19（c）所示的虚线图。

11.6　连续梁的影响线和内力包络图

11.6.1　连续梁的影响线

连续梁是工程中常用的一种结构，例如桥梁中的主次梁结构、房屋建筑中的梁板结构等，都按连续梁进行计算。连续梁属于超静定梁，欲求影响线方程，必须先解超静定结构，并且反力、内力的影响线都为曲线，绘制较繁琐。

建筑工程中通常遇到的多跨连续梁在活载作用下的计算，大多是可动均布荷载的情况（如楼面上的人群荷载）。此时，只需知道影响线的轮廓，就可确定最不利荷载位置，而不必求出影响线竖标的数值。因此，对于活载作用下的连续梁，通常采用机动法绘制影响线的轮廓。

用机动法绘制连续梁影响线的方法与绘制静定梁影响线的方法类似。这里略去推导过程，直接给出绘制某量值 X_K（例如弯矩 M_K，图 11-20）影响线的步骤如下：

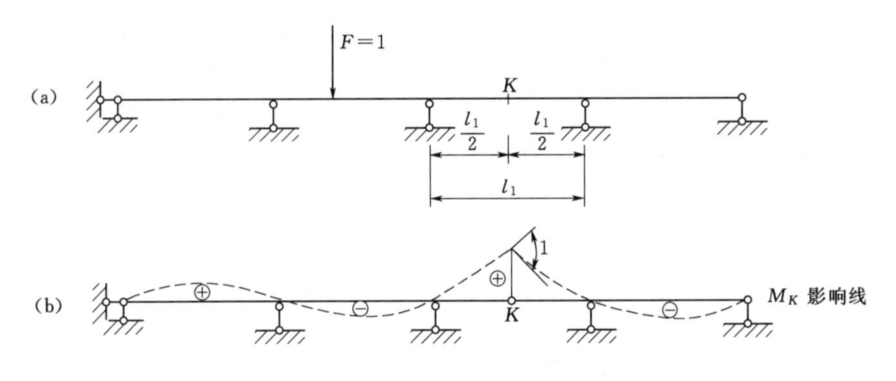

图 11-20　机动法绘制 M_K 影响线

（1）去掉与 X_K 相应的约束，并用 X_K 代替其作用。

（2）使所得结构沿 X_K 的正向产生单位虚位移，由此得到梁的虚竖向位移图即代表 X_K 的影响线。

（3）在梁轴线上方的图形标注正号，下方标注负号。

根据上述方法，很容易绘出剪力和支座反力的影响线，如图 11-21 所示。

上述方法也适用于绘制其他超静定结构的影响线。

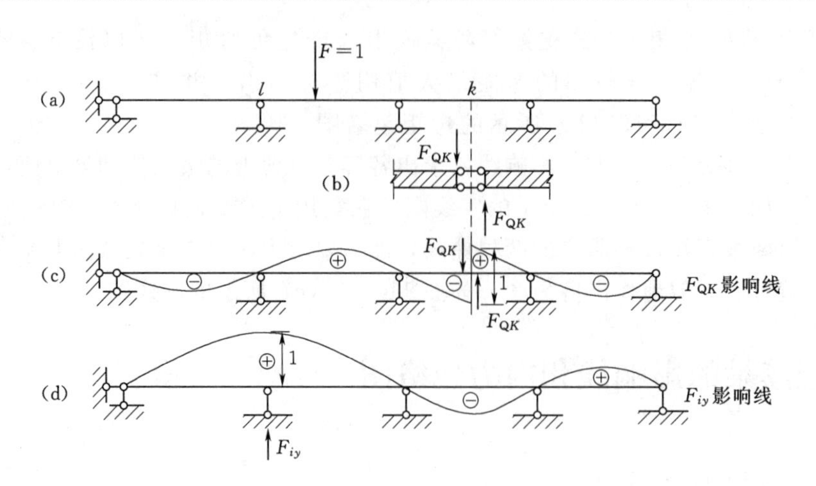

图 11-21 机动法绘制 F_{QK}和 F_{iy}影响线

11.6.2 连续梁的内力包络图

1. 连续梁在均布活载作用下的最不利荷载位置

连续梁承受恒载和活载的共同作用，设计时应考虑两者的共同影响，求出各个截面上的最大内力值和最小内力值，以此作为设计截面尺寸的依据。

连续梁在恒载作用下所产生的内力是固定不变的，而在活载作用下所产生的内力则随活载分布的不同而改变。因此，只需将活载作用下各截面上的最大内力和最小内力求出，然后叠加上恒载所产生的内力，即得各个截面上的最大内力和最小内力值。

计算在活载作用下的最大内力和最小内力，必须先确定活载的最不利布置情况，这需要利用影响线来解决。例如，欲求图 11-22（a）所示连续梁截面 C 上的弯矩 M_C 的最不利荷载位置，可先绘出弯矩 M_C 的影响线［图 11-22（b）］，将均布活载布满影响线的正号部分时，就是弯矩 M_C 为最大值时最不利荷载分布情况，如图 11-22（c）所示；将均布活载布满影响线的负号部分时，就是弯矩 M_C 为最小值（即负值）时最不利荷载分布情况，如图 11-22（d）所示。

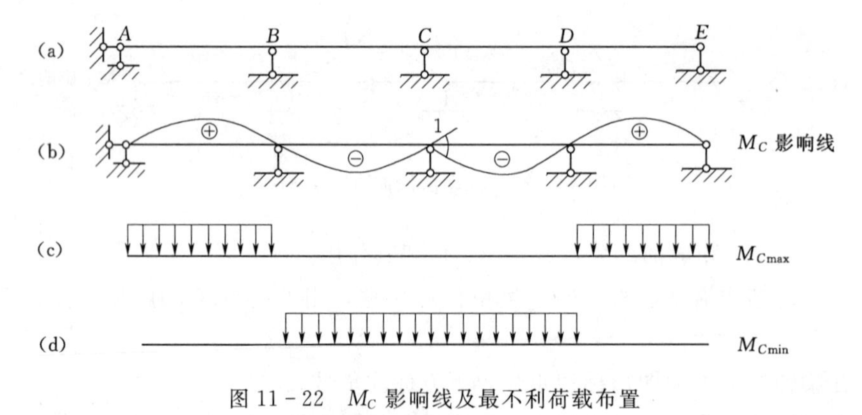

图 11-22 M_C 影响线及最不利荷载布置

一般的，连续梁最不利活载的布置规律如下：

(1) 求某跨跨中截面上的最大正弯矩时，应在该跨布满活载，其余每隔一跨布满活载。

(2) 求某支座截面上的最大负弯矩时，应在该支座相邻两跨布满活载，其余每隔一跨布满活载。

(3) 求某支座截面上的最大剪力时，活载布置与求该截面上的最大负弯矩相同。

最不利荷载位置确定之后，可以用力矩分配法计算最大、最小弯矩值。也可查阅有关工程手册进行计算。

2. 连续梁内力包络图的绘制

求出了连续梁在活载作用下各截面上的最大内力和最小内力后，再叠加上恒载所产生的内力，将竖标用曲线相连，就得到连续梁的内力包络图。

当连续梁受均布活载作用时，各截面上弯矩的最不利荷载位置是在若干跨内布满荷载。若对于连续梁的每一跨单独布满活载的情况逐一绘出其弯矩图，然后就任一截面，将这些弯矩图中的对应的所有正弯矩值相加，则可得在活载作用下该截面上的最大正弯矩值；同样，将对应的所有的负弯矩值相加，则可得在活载作用下该截面上的最大负弯矩值。因此，对于均布活载作用下的连续梁，绘制其弯矩包络图的步骤如下：

(1) 绘出恒载作用下的弯矩图。

(2) 依次按每一跨上单独布满活载的情况，逐一绘出其弯矩图。

(3) 将各跨分为若干等份，对每一分点处的截面，将恒载弯矩图中各截面的竖标值与所有各个活载弯矩图中对应的正（负）竖标值叠加，便得到各截面的最大（小）弯矩值。

(4) 将上述各最大（小）弯矩值按同一比例用竖标表示，并以曲线相连，即得到弯矩包络图。

连续梁的弯矩包络图有两条曲线组成，其中一条为各截面上的最大正弯矩，另一条为各截面上的最大负弯矩。

连续梁的剪力包络图绘制步骤与弯矩包络图相同，由于在均布活载作用下剪力最大值（包括正、负最大值）发生在支座两侧截面上。因此，通常只将各跨两端靠近支座处截面上的最大剪力值和最小剪力值求出，在跨中以直线相连，得到近似剪力包络图。显然，剪力包络图也有两条直线组成。

【例 11-6】 求图 11-23 (a) 所示三跨等截面连续梁的弯矩包络图和剪力包络图。梁上承受的恒载为 $q=16\text{kN/m}$，活载 $p=30\text{kN/m}$。

解： (1) 绘制弯矩包络图。

1) 应用力矩分配法绘制恒载作用下的弯矩图，如图 11-23 (b) 所示。

2) 绘出各跨分别承受活载时的弯矩图，分别如图 11-23 (c) ～图 11-23 (e) 所示。

3) 将梁的每一跨分为四等份，求得各弯矩图中各等分点处的竖标值，然后将恒载弯矩图中各等分点处的竖标值与各个活载弯矩图中对应的正（负）竖标值叠加，即得最大（最小）弯矩值。例如在第一跨 2 等分点处，其弯矩值为

$$M_{2(\max)}=19.20+44.01+4.00=67.21(\text{kN/m})$$

$$M_{2(\min)}=19.20-12.01=7.19(\text{kN/m})$$

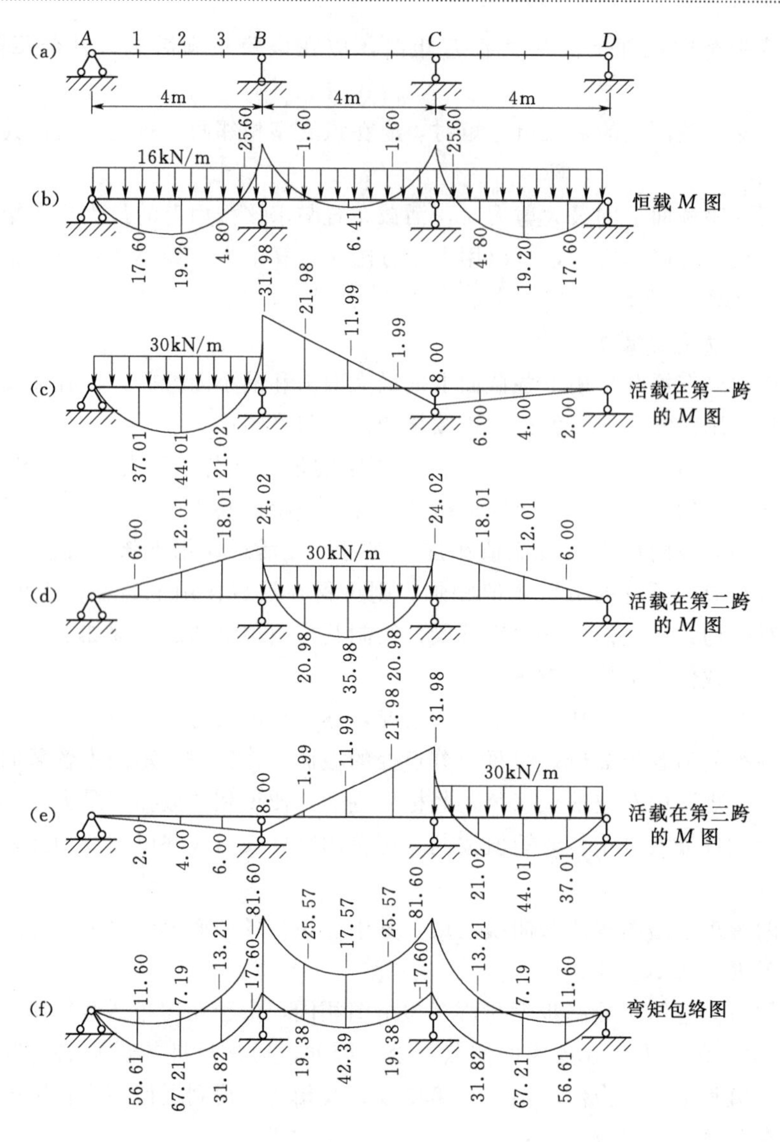

图 11-23 连续梁弯矩包络图（单位：kN·m）

4）将各个截面的最大弯矩值与最小弯矩值分别用曲线相连，即得弯矩包络图，如图 11-23（f）所示。

（2）绘制剪力包络图。

1）先利用恒荷载弯矩图作出恒载作用下的剪力图，如图 11-24（a）所示。

2）绘出各跨分别承受活载时的剪力图，分别如图 11-24（b）～图 11-24（d）所示。

3）将恒载剪力图中各支座左、右两侧截面处的竖标值和各个活载剪力图中对应的正（负）竖标值相加，便得到最大（小）剪力值。例如在支座 B 左侧截面上：

$$F_{QB(\max)}^{L}=(-38.40)+2.00=-36.40(\text{kN})$$

$$F_{QB(\min)}^{L}=(-38.40)+(-67.99)+(-6.00)=112.39(\text{kN})$$

4）将各跨两端截面上的最大剪力值和最小剪力值的竖标用直线相连，便得到近似剪力包络图，如图 11-24（e）所示。

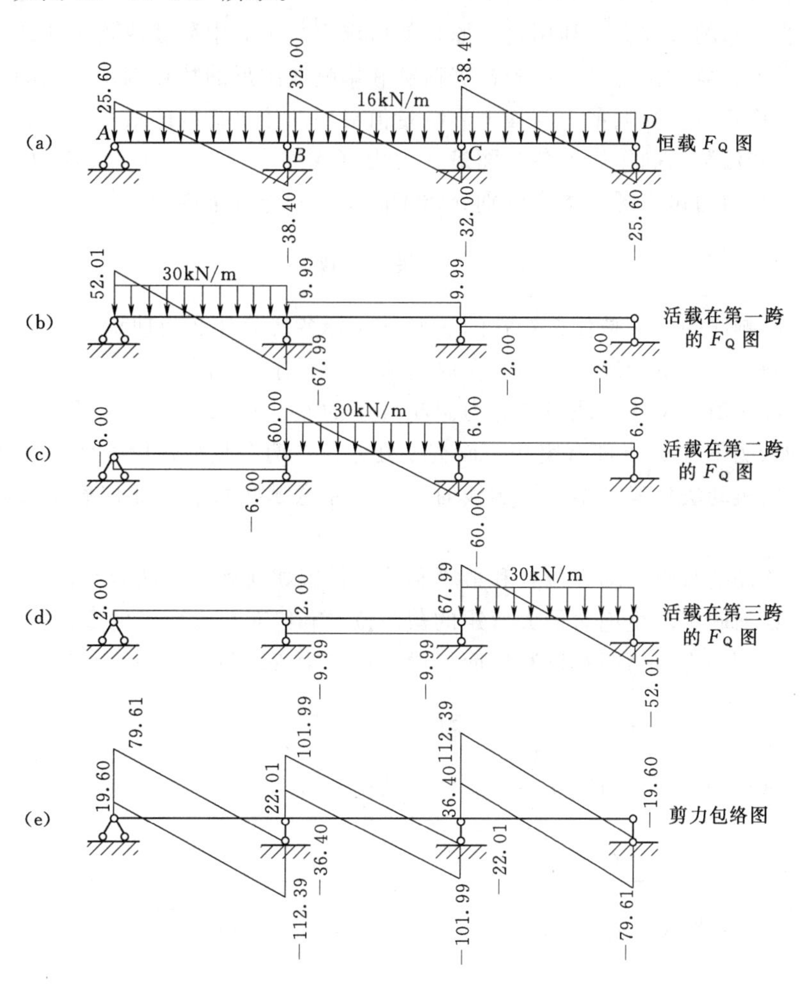

图 11-24　连续梁剪力包络图（单位：kN）

本 章 小 结

当结构承受作用位置不断改变的移动荷载时，结构的支座反力、各截面的内力及位移也将随之而变化。结构上各量值（内力、反力等）随荷载位置移动而变化的规律，要用影响线来表示。

（1）影响线的绘制方法有静力法和机动法。静力法是绘制静定结构影响线的最基本的方法，应熟练掌握。静力法以单位移动荷载 $F=1$ 的作用位置 x 为变量，利用静力平衡条件列出某指定量值与 x 之间的关系，从而绘制影响线。机动法作影响线是以刚体虚位移原理为依据。用机动法作静定结构某量值 Z 影响线时，先在结构中撤去与 Z 相应的约束，代以相应的约束力；再沿 Z 的正方向给虚位移，得到的与 $F=1$ 作用点及方向对应的位移

图 δ 即为影响线的形状。在位移图的纵坐标中，令 $\delta_z=1$，即得到影响线的纵坐标值。

（2）影响线的应用主要有两个方面：一为计算影响量值，一为确定荷载的最不利位置。在影响线概念的基础上，利用叠加原理就可求出一组集中荷载或均布荷载作用时的影响量。确定最不利荷载位置时，应先根据荷载和影响线图形的特点判定荷载的临界位置和临界荷载，计算相应的影响量；与最大影响量值对应的才是荷载的最不利位置。

（3）恒载和活载共同作用下各截面最大内力（或最小内力）的连线称为内力包络图，分弯矩包络图和剪力包络图。本章分别介绍了简支梁和连续梁内力包络图的做法。

思　考　题

11-1　影响线的含义是什么？它的 x 和 y 坐标各代表什么物理意义？

11-2　静力法和机动法作影响线在原理和方法上有何不同？

11-3　说明简支梁任一截面的剪力影响线中的左、右二直线必定平行的理由。剪力 F_{QC} 影响线和剪力图在 C 点都有突变，而突变处左、右两个竖标各代表什么含义？

11-4　用机动法作静定梁的影响线时，应当注意哪些特点？如何确定影响线竖标及其符号？

11-5　移动荷载组的临界位置和最不利荷载位置如何确定？两者有何联系和区别？

11-6　如何确定产生绝对最大弯矩的截面位置和绝对最大弯矩的数值？

11-7　何谓内力包络图？试写出简支梁和连续梁弯矩包络图的绘制步骤。

习　　题

11-1　试用静力法做习题 11-1 图所示结构中指定量值的影响线，并用机动法校核。

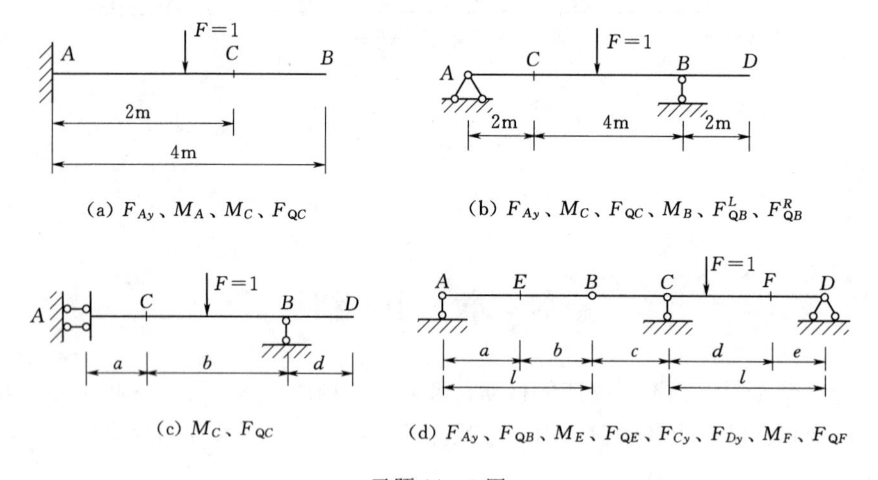

习题 11-1 图

11-2　如习题 11-2 图所示，外伸梁上面作用一集中荷载 30kN 及一段均布荷载 $q=20\text{kN/m}$，试利用影响线求截面 C 的弯矩和剪力。

11-3　试求习题 11-3 图所示简支梁在移动荷载作用下截面 C 的最大弯矩，最大正剪力和最大负剪力。

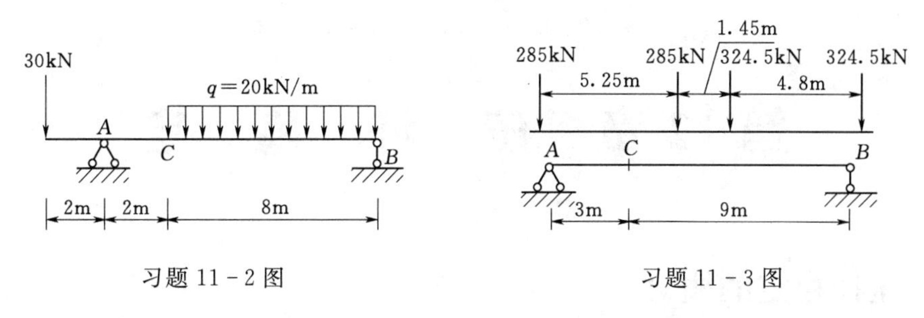

习题 11-2 图　　　　习题 11-3 图

11-4　试求习题 11-4 所示简支梁在移动荷载作用下的绝对最大弯矩，并与跨中截面的最大弯矩作比较。

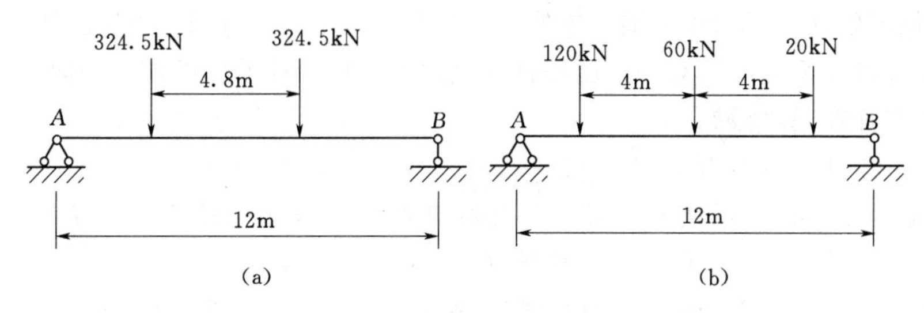

习题 11-4 图

11-5　试绘出习题 11-5 图所示连续梁中 F_B、M_A、M_C、M_K、F_{QK}、$F_{QB左}$、$F_{QB右}$ 的影响线的轮廓。

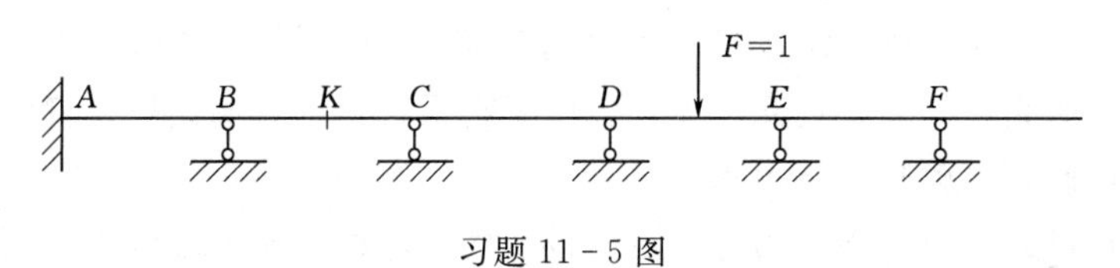

习题 11-5 图

11-6　如习题 11-6 图所示，连续梁各跨除承受均布恒载 $q=10\text{kN/m}$ 外，还受有均布活载 $p=20\text{kN/m}$ 的作用，试绘制其弯矩包络图和剪力包络图。EI=常数。

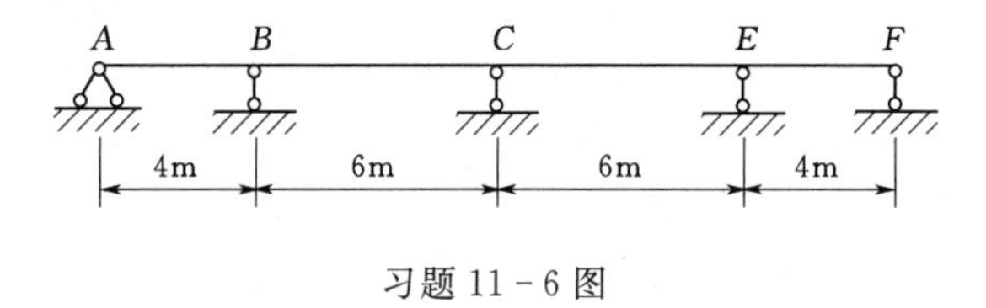

习题 11-6 图

第12章 压 杆 稳 定

12.1 压杆稳定的概念

在前面章节所讨论的轴向拉伸（压缩）杆件的强度问题时，认为只要满足直杆拉（压）时的强度条件，就能保证轴向拉伸（压缩）杆件的正常工作。实践表明，这个结论对轴向拉伸杆件是符合的，对轴向压缩杆件只适用于短粗杆件。而细长轴向受压杆件，其破坏的形式与强度问题截然不同。

例如，抗压许用应力为170MPa的一根长300mm的钢制直杆（锯条），其横截面积为$6.6mm^2$（宽度11mm、厚度0.6mm），如果按照其抗压强度计算，其抗压承载力应为1122N。但是实际上，当轴向压力加载到约4N时，直杆就发生了明显的弯曲变形，丧失了其在直线形状下保持平衡的能力从而导致破坏，最大承载力是4N，远低于按抗压强度计算的1122N，说明细长压杆丧失直线平衡状态时的临界压力（最小压力）比发生强度破坏时的压力小得多。这明确反映了细长压杆的失效与强度不同。早期人们对这一问题没有深入认识，1907年在修建加拿大圣劳伦斯河上的魁北克大桥时，悬臂桁架中受压最大的下弦杆失去稳定，致使桥梁在施工过程中突然倒塌。这引起了工程设计人员对压杆的稳定性问题的重视和研究，尤其是近几十年来，由于高强材料的普遍使用，杆件的截面尺寸越来越小，稳定性问题也就越发显得重要了。

对于细长杆件受压时，表现出与强度失效全然不同的性质。杆件不会直接因压缩变形而产生破坏，而会发生较大的弯曲变形，且随着轴向力的增大，弯曲变形也增大，最后丧失承载能力。

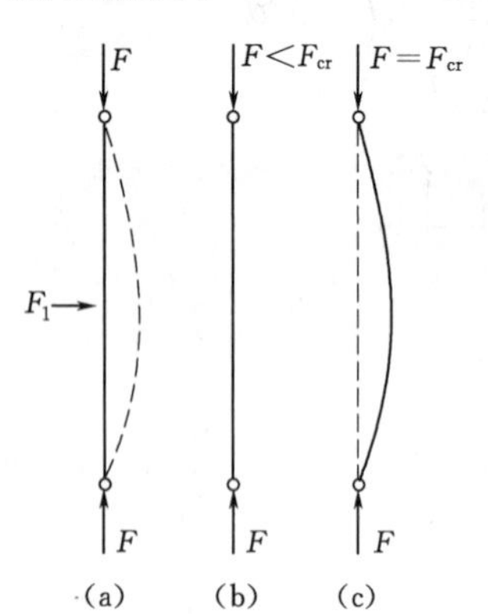

图12-1 两端铰支细长压杆

现以图12-1所示的两端铰支的细长压杆来说明这类问题。将压杆抽象为由均质材料制成、轴线为直线且外加压力的作用线与压杆轴线重合的理想“中心受压直杆”力学模型。当压力逐渐增加，但小于某一极限值时，杆件一直保持直线形状的平衡，即使用微小的侧向干扰力使其暂时发生轻微弯曲[图12-1(a)]；当干扰力解除后，它仍将恢复直线形状[图12-1(b)]。这表明压杆直线形状的平衡是稳定的。当压力逐渐增加到某一极限值时，压杆的直线平衡变为不稳定，这时如再用微小的侧向干扰力使其发生轻微弯曲，干扰力解除后，它将保持曲线形状的平衡，不能恢复原有的直线形状[图12-1(c)]。上述压力的极限值称为**临界荷载**或**临界力**，用F_{cr}来表示。压杆丧失其直线形状的平衡而过渡为曲线形状的平衡，称为丧失稳定，简称**失稳**，也称**屈曲**。

压杆失稳后，压力的微小增加将引起弯曲变形的显著增大，从而使杆件丧失承载能力。因失稳而造成的失效，可以导致整个机器或结构的损坏。但细长压杆失稳时，应力并不一定很高，有时甚至低于比例极限。可见这种形式的失效，并非强度不足，而是稳定性不够。

在实际工程中，不仅压杆有稳定问题，其他类型的构件如梁、拱、板、壳、薄壁结构等也有稳定问题。例如，圆柱薄壳在均匀外压力作用下［图 12－2（a）］，壁内应力为压应力，当外压力到达临界值时，薄壳的圆形平衡就变为不稳定，会突然变成由双点画线表示的椭圆形。与此相似，板条或工字梁在最大抗弯刚度平面内弯曲时，会因荷载到达临界值而发生侧向弯曲［图 12－2（b）］。这些都是稳定性问题。本教材只讨论压杆的平衡稳定问题。

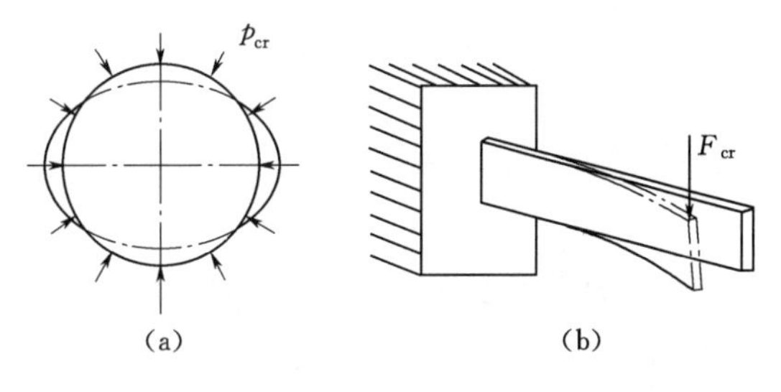

图 12－2　其他构件的失稳

12.2　细长压杆的临界力

12.2.1　细长压杆临界力的欧拉公式

细长压杆在临界力作用下，处于不稳定平衡的直线形态，其材料仍处于线弹性范围内。这类稳定问题称为线弹性稳定问题，它是压杆稳定问题中最简单也是最基本的情况。现以两端铰支压杆为例，给出欧拉临界力的推导过程。

设细长压杆的两端为球铰支座［图 12－3（a）］，轴线为直线，压力与轴线重合。由前所述，当压力 F 达到临界值 F_{cr} 时，压杆将由直线平衡形态转变为曲线平衡形态，且只有在临界荷载作用下才有可能在微弯形态下维持平衡。选取坐标系如图 12－3（b）所示，距原点为 x 的任意截面的挠度为 υ，则弯矩为

$$M(x)=F_{cr}\upsilon \tag{a}$$

对于微小的弯曲变形，压杆的挠曲线近似微分方程为

$$\frac{d^2\upsilon}{dx^2}=-\frac{M(x)}{EI} \tag{b}$$

由于两端是球铰，允许压杆在任意纵向平面内发生弯曲变形，因而压杆的微小弯曲变形一定发生在抗弯能力最小的纵向平面内，所以，上式（b）中的 I 应是横截面最小的惯性矩。将式（a）代入式（b），得

$$\frac{d^2\upsilon}{dx^2}=-\frac{F_{cr}\upsilon}{EI} \tag{c}$$

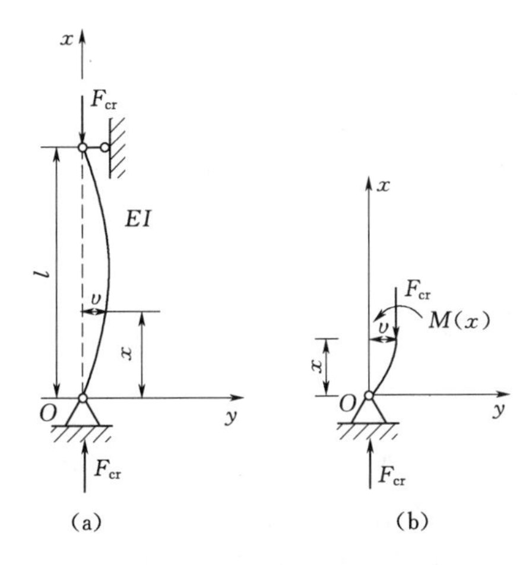

图 12－3　两端铰支细长压杆的临界力

令

$$k^2=\frac{F_{cr}}{EI} \tag{d}$$

则式（b）可以写成如下形式的二阶常系数线性微分方程

$$\frac{d^2v}{dx^2}+k^2v=0 \tag{e}$$

其通解为

$$v=A\sin kx+B\cos kx \tag{f}$$

式中：A、B 为积分常数。杆件的边界条件是 $x=0$ 和 $x=l$ 时，$v=0$。

由此求得

$$B=0,\ A\sin kl=0 \tag{g}$$

后面的公式只有在 $A=0$ 或 $\sin kl=0$ 时才能成立，显然，若 $A=0$，由于 B 已经等于零，则由式（f）知 $v=0$，这与压杆失稳发生了微小弯曲相矛盾。因此，要使压杆失稳时在微弯形态下维持平衡，必须有 $\sin kl=0$。

由此求得

$$k=\frac{n\pi}{l}\quad (n=0,1,2,3,\cdots) \tag{h}$$

把式（h）代回式（d），得

$$F_{cr}=\frac{n^2\pi^2EI}{l^2} \tag{i}$$

因为 n 是 1、2、…等整数中的任意一个，故上式表明，使杆件保持为曲线平衡的压力，理论上是多值的。在这些压力中，使杆件保持微小弯曲的最小压力，才是临界荷载 F_{cr}。如取 $n=0$，则 $F_{cr}=0$，表示杆件上并无压力，自然不是所需要的。这样，只有取 $n=1$，才使压力为最小值。于是得临界荷载为

$$F_{cr}=\frac{\pi^2EI}{l^2} \tag{12-1}$$

这就是两端铰支细长压杆临界荷载的计算公式。由于此公式最早是由欧拉（L. Euler）导出，所以通常称为**欧拉公式**。

当取 $n=1$ 时，$k=\frac{\pi}{l}$。故由常数 $B=0$ 及式（f）可知，压杆的挠曲线方程为

$$v=A\sin\frac{\pi x}{l} \tag{j}$$

可见，压杆过渡为曲线平衡后，轴线弯成半个正弦波曲线。

12.2.2 其他支承形式的压杆的临界力

以上讨论的是两端铰支的细长压杆的临界力计算。对于其他支承形式的压杆，也可用同样的方法导出其临界力的计算公式。这里不再一一推导，只把计算结果列入表 12-1 中。

从表中可以看出，各种细长压杆的临界力公式基本相似，只是分母中 l 前边的系数不同，因此，可以写成统一形式的欧拉公式，即

表 12-1 各种支承情况下等截面细长杆的临界力公式

支承情况	两端铰支	一端铰支 一端固定	两端固定	一端固定 一端自由
失稳时挠曲线形状	F_{cr}, l	F_{cr}, l, $0.7l$	F_{cr}, l, $1/4l$, $1/2l$, $1/4l$	F_{cr}, l, $2l$
临界力	$F_{cr}=\frac{\pi^2EI}{l^2}$	$F_{cr}=\frac{\pi^2EI}{(0.7l)^2}$	$F_{cr}=\frac{\pi^2EI}{(0.5l)^2}$	$F_{cr}=\frac{\pi^2EI}{(2l)^2}$
长度因素	$\mu=1$	$\mu=0.7$	$\mu=0.5$	$\mu=2$

$$F_{cr}=\frac{\pi^2EI}{(\mu l)^2} \tag{12-2}$$

其中，μ 反映了杆端支承对临界力的影响，称为**长度因素**，它与杆端约束有关，杆端约束越强，μ 值越小；μl 称为压杆的**相当长度**。

12.3 压杆的临界应力

12.3.1 临界应力的概念

当压杆受临界力 F_{cr}作用而在直线平衡形式下维持不稳定平衡时，横截面上的压应力可按公式 $\sigma=\frac{F}{A}$进行计算。于是，各种支承情况下压杆横截面上的应力为

$$\sigma_{cr}=\frac{F_{cr}}{A}=\frac{\pi^2EI}{(\mu l)^2A}=\frac{\pi^2E}{\left(\frac{\mu l}{i}\right)^2} \tag{12-3}$$

式中：σ_{cr}为临界应力；i 为压杆横截面对中性轴的**惯性半径**，$i=\sqrt{\frac{I}{A}}$。

令

$$\lambda=\frac{\mu l}{i} \tag{12-4}$$

式中：λ 为压杆的长细比或柔度。

它综合反映了压杆的杆端约束、杆长、杆横截面的形状和尺寸等因素对临界应力的影响。λ 越大，临界应力越小，使压杆失稳所需的压力越小，压杆的稳定性越差。反之，λ 越小，压杆的稳定性越好。

则式（12-3）可改写为

$$\sigma_{cr}=\frac{\pi^2E}{\lambda^2} \tag{12-5}$$

式（12-5）是临界应力的欧拉公式，是式（12-2）的另一种表达式，两者并无实质性的差别。

12.3.2 欧拉公式的适用范围

在前面推导临界力的欧拉公式过程中，使用了挠曲线近似微分方程。而挠曲线近似微分方程的适用条件是小变形、线弹性范围内。因此，欧拉公式（12-5）只适用于小变形且临界应力不超过材料比例极限 σ_p，亦即

$$\sigma_{cr} \leqslant \sigma_p$$

将式（12-5）代入上式中，得

$$\frac{\pi^2 E}{\lambda^2} \leqslant \sigma_p$$

或写成

$$\lambda \geqslant \pi\sqrt{\frac{E}{\sigma_p}} = \lambda_p \tag{12-6}$$

式中：λ_p 为能够应用欧拉公式的压杆柔度的界限值。通常称 $\lambda \geqslant \lambda_p$ 的压杆为大柔度压杆，或细长压杆。而当压杆的柔度 $\lambda < \lambda_p$ 时，就不能应用欧拉公式。

对于Q235钢制成的压杆，$E=206\text{GPa}$，$\sigma_p=200\text{MPa}$，其判别柔度 λ_p 为

$$\lambda_p = \pi\sqrt{\frac{206\times 10^3}{200}} \approx 100$$

若压杆的柔度 λ 小于 λ_p，称为**中、小柔度杆或非细长杆**。中、小柔度杆的临界应力大于材料的比例极限，这时的压杆将产生塑性变形，称为弹塑性稳定问题。

12.3.3 超过比例极限时压杆的临界应力

对于中、小柔度压杆，其临界应力通常采用经验公式进行计算。经验公式是根据大量试验结果建立起来的，目前常用的有直线公式和抛物线公式两种。

1. 直线公式

对于由合金钢、铝合金、铸铁与松木等制作的非细长压杆，可采用直线型经验公式计算临界应力，该公式的一般表达式为

$$\sigma_{cr} = a - b\lambda \tag{12-7}$$

式中：a 和 b 是与材料性能有关的常数，MPa，具体取值可以查看相关设计规范及参考书。

式（12-7）适用于临界应力小于屈服强度的情形，材料失效时对应的柔度值记为 λ_0，则

塑性材料 $$\lambda_0 = \frac{a-\sigma_s}{b}$$

脆性材料 $$\lambda_0 = \frac{a-\sigma_b}{b}$$

λ_0 称为中、小柔度杆的柔度界限。一般将称 $\lambda < \lambda_0$ 为小柔度杆；$\lambda_0 \leqslant \lambda < \lambda_p$ 称为中柔度杆。对于小柔度杆，无论施加多大的轴向压力，压杆都不会因发生弯曲变形而失稳，因

此只考虑杆的强度问题。

2. 抛物线公式

在我国钢结构规范中常采用抛物线公式，其表达式为

$$\sigma_{cr}=\sigma_s-b\lambda^2 \tag{12-8}$$

式中：σ_s 为材料的屈服极限，MPa；b 为与材料有关的系数，MPa。具体取值可以查看相关设计规范及参考书。例如，Q235 钢：$\sigma_{cr}=235-0.00668\lambda^2$；16 锰钢：$\sigma_{cr}=343-0.00142\lambda^2$。

3. 临界应力总图

实际压杆的柔度值不同，临界应力的计算公式也将不同。为了直观地表达这一点，可以绘出临界应力随柔度的变化曲线，这种图线称为压杆的**临界应力总图**。

图 12-4 为直线型公式计算的压杆的临界应力总图，它全面地反映了大、中、小柔度压杆的临界应力随柔度变化情况。

图 12-5 为 Q235 钢压杆的临界应力总图。图中抛物线和欧拉曲线在 C 处光滑连接，C 点对应的柔度 $\lambda_c=123$，临界应力为 134MPa。由于经验公式更符合压杆的实际情况。故在实用中，对 Q235 钢制成的压杆，当 $\lambda\geqslant\lambda_c=123$ 时才按欧拉公式计算临界应力，当 $\lambda<123$ 时，采用抛物线公式计算临界应力。

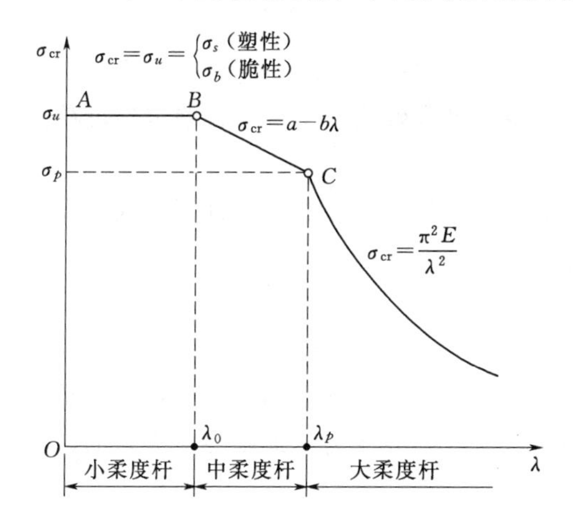

图 12-4 直线型公式计算压杆的临界应力总图

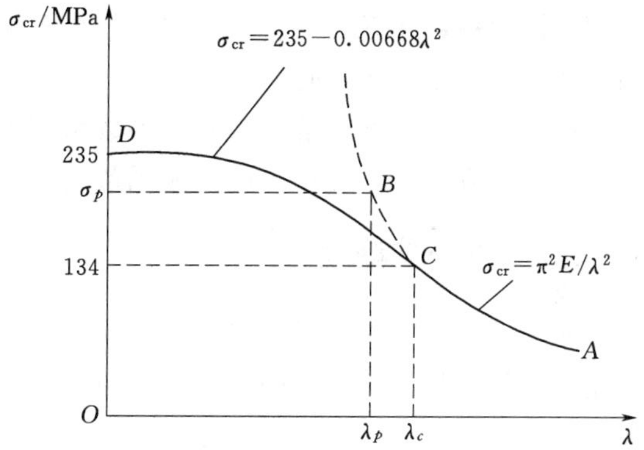

图 12-5 Q235 钢压杆的临界应力总图

稳定计算中，无论是欧拉公式，还是经验公式，都是以压杆的整体变形为基础，即压杆在临界力作用下可保持微弯状态的平衡，以此作为压杆失稳时的整体变形形态。局部削弱（如螺钉孔等）对压杆的整体变形影响很小，所以计算临界应力时，应采用未经削弱的横截面积 A（毛面积）和惯性矩 I。

【例 12-1】 图 12-6 所示矩形截面压杆，其支承情况为：在 xz 平面内，两端固定；在 xy 平面内，下端固定，上端自由。已知 $l=3$m，$b=0.1$m，材料的弹性模量 $E=200$GPa，比例极限 $\sigma_p=200$MPa。试计算该压杆的临界力。

解：（1）判断失稳方向。

由于杆的上端在两个平面内的支承情况不同，所以压杆在两个平面内的长细比也不

同，压杆将首先在 λ 值大的平面内失稳。两个平面内的 λ 值分别为

在 xz 平面：

$$\lambda_y=\frac{\mu_1 l}{i_y}=\frac{\mu_1 l}{\sqrt{I_y/A}}=\frac{\mu_1 l}{b/\sqrt{12}}=\frac{0.5\times3}{0.1/\sqrt{12}}=51.96$$

在 xy 平面：

$$\lambda_z=\frac{\mu_2 l}{i_z}=\frac{\mu_2 l}{\sqrt{I_z/A}}=\frac{\mu_2 l}{2b/\sqrt{12}}=\frac{2\times3}{2\times0.1/\sqrt{12}}=103.92$$

因 $\lambda_z>\lambda_y$，所以杆若失稳，将发生在 xy 平面内。

（2）判定该压杆可否能用欧拉公式计算临界力。

$$\lambda_p=\pi\sqrt{\frac{E}{\sigma_p}}=\pi\sqrt{\frac{200\times10^3}{200}}=99.35$$

因 $\lambda_z>\lambda_p$，故可用欧拉公式求临界力，其值为

$$F_{cr}=\frac{\pi^2 EI}{(\mu_2 l)^2}=\frac{\pi^2\times200\times10^9\times\frac{0.1\times0.2^3}{12}}{(2\times3)^2}=3655.4\times10^3(\mathrm{N})=3655.4(\mathrm{kN})$$

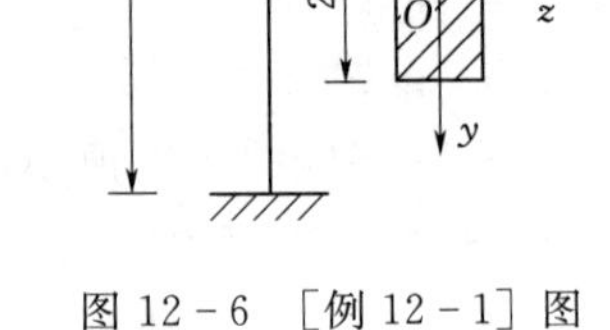

图 12-6 ［例 12-1］图

12.4 压杆的稳定计算

压杆的稳定计算与强度计算相似，在实际工程中也可以解决稳定校核、确定许可荷载和截面设计三个方面的问题。

压杆的稳定计算通常采用安全系数法和折减系数法。稳定校核、确定许可荷载用安全系数法比较方便，截面设计用折减系数法比较方便。

12.4.1 安全系数法

实际工程中，为了保证受压杆件不丧失稳定，并具有必要的安全储备、压杆应满足的稳定条件为：压杆横截面的压力（或应力）不能超过压杆临界压力（或临界应力）的许用值，即

$$F\leqslant\frac{F_{cr}}{n_{st}}=[F]_{st}\quad 或\quad \sigma\leqslant\frac{\sigma_{cr}}{n_{st}}=[\sigma]_{st} \tag{12-9}$$

整理得到压杆的稳定条件为

$$n=\frac{F_{cr}}{F}\geqslant n_{st}\quad 或\quad n=\frac{\sigma_{cr}}{\sigma}\geqslant n_{st} \tag{12-10}$$

式中：F 为压杆的实际工作荷载；F_{cr} 为压杆的临界荷载；$[F]_{st}$ 为稳定许用压力；σ 为压杆的实际工作应力；σ_{cr} 为压杆的临界应力；$[\sigma]_{st}$ 为稳定许用应力；n 为压杆的工作安全系数；n_{st} 为压杆的稳定安全系数。

在选择稳定安全系数时，除要考虑一般的安全因素外，还需要考虑外荷载可能出现的偏心及制造误差等不利因素的影响。因此，稳定安全系数 n_{st} 一般大于强度安全系数。其值可以从有关设计规范和手册中查得。

12.4.2 折减系数法

为了计算方便，稳定的许用应力也常常写为

$$[\sigma]_{st}=\varphi[\sigma] \tag{12-11}$$

于是得到压杆的稳定条件为

$$\sigma=\frac{F}{A}\leqslant\varphi[\sigma] \tag{12-12}$$

式中：φ 为小于 1 的系数，称为折减系数，也称为稳定因数。

因为压杆的临界应力总是随柔度而改变，柔度越大，临界应力越低，所以，在压杆的稳定计算中，需要将材料的抗压许用应力乘以一个随柔度而变的稳定因数 $\varphi=\varphi(\lambda)$。表 12－2 给出了 Q235 钢 b 类截面轴心受压构件的稳定因素 φ 的取值。

表 12－2　　Q235 号钢 b 类截面中心受压直杆的稳定系数 φ

λ	0	1	2	3	4	5	6	7	8	9
0	1.000	1.000	1.000	0.999	0.999	0.998	0.997	0.996	0.995	0.994
10	0.992	0.991	0.989	0.987	0.985	0.983	0.981	0.978	0.976	0.973
20	0.970	0.967	0.963	0.960	0.957	0.953	0.950	0.946	0.943	0.939
30	0.936	0.932	0.929	0.925	0.922	0.918	0.914	0.910	0.906	0.903
40	0.899	0.895	0.891	0.887	0.882	0.878	0.874	0.870	0.865	0.861
50	0.856	0.852	0.847	0.842	0.838	0.833	0.828	0.823	0.818	0.813
60	0.807	0.802	0.797	0.791	0.786	0.780	0.774	0.769	0.763	0.757
70	0.751	0.745	0.739	0.732	0.726	0.720	0.714	0.707	0.701	0.694
80	0.688	0.681	0.675	0.668	0.661	0.655	0.648	0.641	0.635	0.628
90	0.621	0.614	0.608	0.601	0.594	0.588	0.581	0.575	0.568	0.561
100	0.555	0.549	0.542	0.536	0.529	0.523	0.517	0.511	0.505	0.499
110	0.493	0.487	0.481	0.475	0.470	0.464	0.458	0.453	0.447	0.442
120	0.437	0.432	0.426	0.421	0.416	0.411	0.406	0.402	0.397	0.392
130	0.387	0.383	0.378	0.374	0.370	0.365	0.361	0.357	0.353	0.349
140	0.345	0.341	0.337	0.333	0.329	0.326	0.322	0.318	0.315	0.311
150	0.308	0.304	0.301	0.298	0.295	0.291	0.288	0.285	0.282	0.279
160	0.276	0.273	0.270	0.267	0.265	0.262	0.259	0.256	0.254	0.251
170	0.249	0.246	0.244	0.241	0.239	0.236	0.234	0.232	0.229	0.227
180	0.225	0.223	0.220	0.218	0.216	0.214	0.212	0.210	0.208	0.206
190	0.204	0.202	0.200	0.198	0.197	0.195	0.193	0.191	0.190	0.188
200	0.186	0.184	0.183	0.181	0.180	0.178	0.176	0.175	0.173	0.172
210	0.170	0.169	0.167	0.166	0.165	0.163	0.162	0.160	0.159	0.158
220	0.156	0.155	0.154	0.153	0.151	0.150	0.149	0.148	0.146	0.145
230	0.144	0.143	0.142	0.141	0.140	0.138	0.137	0.136	0.135	0.134
240	0.133	0.132	0.131	0.130	0.129	0.128	0.127	0.126	0.125	0.124
250	0.123	—	—	—	—	—	—	—	—	—

【例 12-2】 如图 12-7 所示一端固定、另一端自由的工字钢立柱，高 $h=1.8\text{m}$，顶部受轴向压力设计值 $F=200\text{kN}$ 的作用，材料是 Q235 钢，压应力强度设计值 $[\sigma]=215\text{MPa}$。试选择工字钢型号。

解： 此题属于压杆的截面设计，用稳定系数法求解。由式(12-12)可知，立柱的横截面面积为

$$A\geqslant\frac{F}{\varphi[\sigma]} \tag{a}$$

然而，稳定系数 φ 是与截面面积 A 有关的，在 A 未知时，φ 也是未知的。所以要用逐次渐近法进行试算来确定压杆的截面。

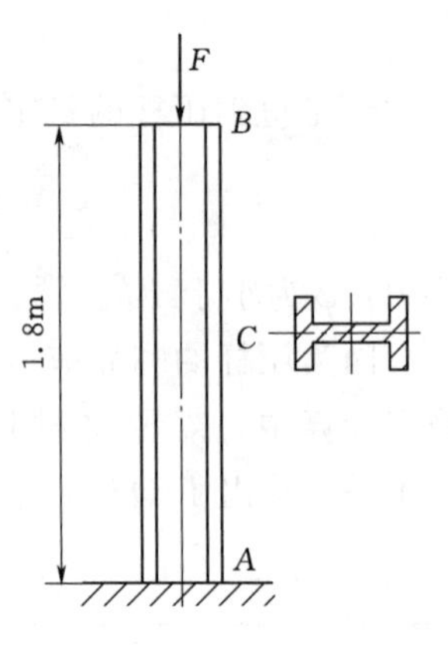

图 12-7 ［例 12-2］图

(1) 第一次试算。

设取 $\varphi_1=0.5$，则有

$$A\geqslant\frac{200\times10^3}{0.5\times215\times10^6}=18.6(\text{cm}^2)$$

从附录Ⅱ型钢表中查得，14 号工字钢的面积 $A=21.5\text{cm}^2$，如选用该种型号，查得 $i_{\min}=17.3\text{mm}$，则其长细比和横截面上的应力分别为

$$\lambda=\frac{\mu l}{i_{\min}}=\frac{2\times1800}{17.3}=208;\quad \sigma=\frac{F}{A}=\frac{200\times10^3}{21.5\times10^{-4}}=93.0(\text{MPa})$$

查表 12-2，并使用直线插值法，得相应于 $\lambda=208$ 时的稳定系数 $\varphi_1'=0.173$。所以

$$\varphi_1'[\sigma]=0.173\times215=37.2(\text{MPa})<\sigma=93.0(\text{MPa})$$

由上式可知．工作应力 σ 超过许用值过多，需进一步试算。

(2) 第二次试算。

设取 $$\varphi_2=\frac{1}{2}(\varphi_1+\varphi_1')=\frac{1}{2}\times(0.5+0.173)=0.337$$

则有 $$A\geqslant\frac{200\times10^3}{0.337\times215\times10^6}=27.6(\text{cm}^2)$$

从附录Ⅱ型钢表中查得 20a 号工字钢的面积 $A=35.5\text{cm}^2$，如选用该种型号，查得 $i_{\min}=21.1\text{mm}$。则其长细比和横截面上的应力分别为

$$\lambda=\frac{\mu l}{i_{\min}}=\frac{2\times1800}{21.1}=171;\quad \sigma=\frac{F}{A}=\frac{200\times10^3}{35.5\times10^{-4}}=56.3(\text{MPa})$$

查表 12-2，并使用直线插值法，求得相应于 $\lambda=171$ 时的压杆稳定系数 $\varphi_2'=0.247$，所以

$$\varphi_2'[\sigma]=0.247\times215=53.1(\text{MPa})<\sigma=56.3(\text{MPa})$$

由上式可知，工作应力 σ 仍超过许用值，需再进一步试算。

(3) 第三次试算。

设取 $$\varphi_3=\frac{1}{2}(\varphi_2+\varphi_2')=\frac{1}{2}\times(0.337+0.247)=0.292$$

则有 $$A\geqslant\frac{200\times10^3}{0.292\times215\times10^6}=31.8(\text{cm}^2)$$

从附录Ⅱ型钢表中查得，22a 号工字钢的面积 $A=42.1\text{cm}^2$，如选用该种型号，查得

$i_{\min}=23.2\text{mm}$，则其长细比和横截面上的应力分别为

$$\lambda=\frac{\mu l}{i_{\min}}=\frac{2\times1800}{23.2}=155;\quad \sigma=\frac{F}{A}=\frac{200\times10^3}{42.1\times10^{-4}}=47.5(\text{MPa})$$

由表 12－2 查得，相应于 $\lambda=155$ 时的压杆稳定系数 $\varphi_3'=0.292$，所以

$$\varphi_3'[\sigma]=0.292\times215=62.78(\text{MPa})>\sigma=47.5\text{MPa}$$

这时，工作应力 σ 已小于许用值，可见，最终选择 22a 号工字钢符合稳定性要求。

12.5　提高压杆稳定性的措施

提高压杆的稳定性，就是要提高压杆的临界力。从临界力或临界应力公式可以看出，影响临界力的主要因素不外乎如下几个方面：压杆的截面形状、压杆的长度、约束情况及材料性质等。下面分别加以说明。

1. 选择合理的截面形状

压杆的临界力与其横截面的惯性矩成正比。因此，应该选择截面惯性矩较大的截面形状。并且，当杆端各方向的约束相同时，应尽可能使杆截面在各方向的惯性矩相等。图 12－8 所示的两种压杆截面，在面积相同的情况下，图 12－8（b）所示的截面比图 12－8（a）所示的截面合理，因为图 12－8（b）所示的截面惯性矩较大。由槽钢制成的压杆，有两种摆放形式，如图 12－9 所示，图 12－9（b）所示的截面比图 12－9（a）所示的截面合理，因为 12－9（a）所示的截面在两个对称轴方向上的惯性矩相差太大，降低了临界力。

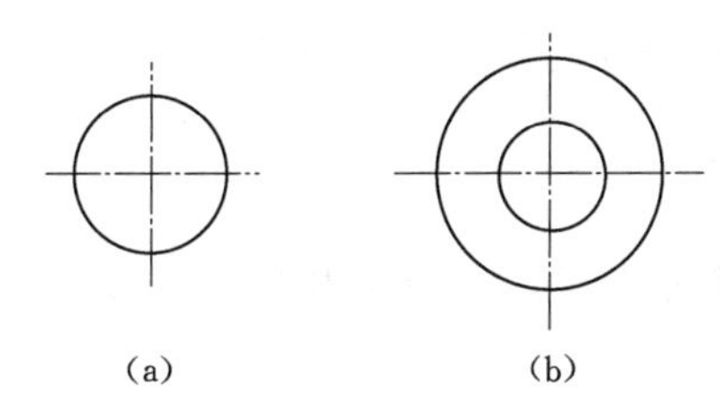

图 12－8　不同的压杆截面

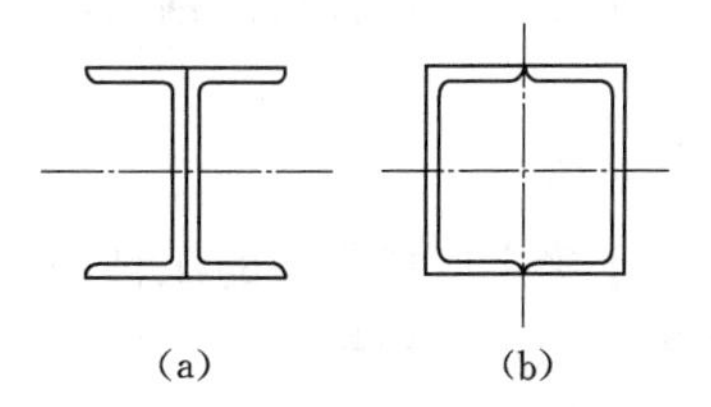

图 12－9　不同的摆放形式

2. 减小压杆长度

对于细长杆，其临界压力与杆长度的平方成反比。因此，减小压杆长度，可以显著地提高压杆的承载能力。在某些情况下，由于客观条件限制，杆长不能减小，杆件的稳定性又达不到要求，则可考虑在杆件中部增加支座，以达到减小压杆长度、提高压杆承载能力的目的。

3. 改善支承情况

长度因素 μ 反映了压杆的支承情况，μ 值越小，柔度 λ 越小，临界力就越大。所以，在结构条件允许的情况下，应尽可能使杆端约束牢固些，以提高压杆的稳定性。例如图 12－10 所示的细长压杆，将两端铰支约束的细长杆［图

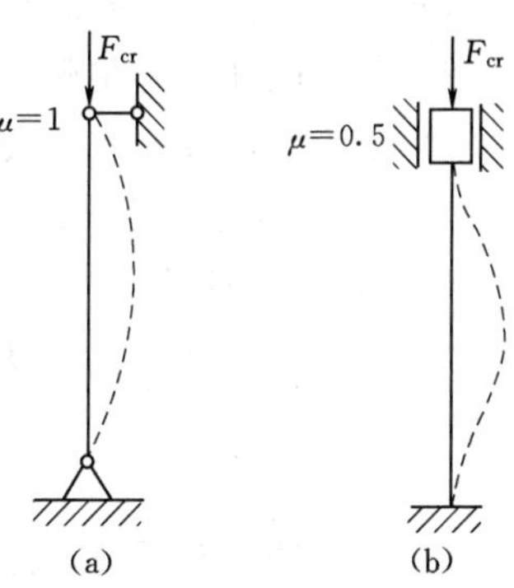

图 12－10　不同约束的压杆

12-10 (a)] 变成两端固定约束的情形 [图 12-10 (b)]，其 μ 值由 1 减小为 0.5，相应的临界压力提高为原来的 4 倍。

4. 合理选择材料

欧拉临界力与压杆材料的弹性模量成正比。弹性模量高的材料制成的压杆，其稳定性好。合金钢等优质钢材虽然强度指标比普通低碳钢高，但其弹性模量与低碳钢的相差无几。所以，大柔度杆选用优质钢材对提高压杆的稳定性作用不大。而对中小柔度杆，其临界力与材料的强度指标有关，强度高的材料，其临界力也大，所以，选择高强度材料对提高中小柔度杆的稳定性有一定作用。

本 章 小 结

(1) 本章讨论的是与强度、刚度问题截然不同的稳定问题，读者应首先理解稳定、失稳等概念，掌握压杆的欧拉临界力计算方法。

(2) 压杆的欧拉临界力是讨论压杆稳定问题中一个重要的物理量，它只是一个数值，既非外力，也非内力，是压杆在一定条件下所具有的反映自身承载能力的一个标志。不同的压杆具有不同的临界力，该值与压杆的长度、截面形状和尺寸、压杆两端的约束情况以及压杆的材料有关。

(3) 欧拉临界力的计算公式为 $F_{cr}=\frac{\pi^2 EI}{(\mu l)^2}$。

(4) 压杆在欧拉临界力作用下，横截面上的平均应力称为临界应力。临界应力的大小与压杆的长细比有关，长细比越大，临界应力越小，反之越大。计算公式为

$$\sigma_{cr}=\frac{\pi^2 E}{\lambda^2}$$

(5) 用于确定压杆截面的压杆稳定计算方法分为稳定系数法和折减系数法 。掌握折减系数法进行稳定性校核。

$$\sigma=\frac{F}{A}\leqslant\varphi[\sigma]$$

计算时应注意：

1) 根据压杆的支承情况，确定压杆长度系数 μ。

2) 判断压杆可能在哪个平面内失稳，选择惯性矩最小的主轴计算截面回转半径 i。

3) 由于稳定系数 φ 与截面面积 A 有关，在 A 未知时，φ 也是未知的。所以要用逐次渐近法进行试算来确定压杆的截面。

(6) 提高压杆稳定性可以从这几方面考虑：①选择合理的截面形状；②减小压杆长度；③改善支承情况；④合理选择材料。

思 考 题

12-1 试回答下列问题：

(1) 压杆的稳定与压杆的强度破坏有何不同?

(2) 压杆因失稳而产生的弯曲变形与梁在横力作用下产生的弯曲变形有何不同?

12-2　对于杆端约束情况相同的压杆，计算临界力时，为什么要用横截面惯性矩的最小值 I_{min}?

12-3　同样材料、长度、截面积、壁厚的薄壁圆管和方管，做压杆时，哪一种截面承载力大?

12-4　一圆形截面的细长压杆，分别在长度增加一倍和直径增加一倍情况下临界力有何变化?

12-5　柔度 λ 的物理意义是什么? 它与哪些量有关系，各个量如何确定?

12-6　提高压杆的稳定性可以采取哪些措施? 采用优质钢材对提高细长压杆稳定性的效果如何?

习　题

12-1　三根圆截面压杆，直径均为 $d=160$mm，两端均为铰支，长度分别为 l_1、l_2 和 l_3，且 $l_1=2$m、$l_2=4$m、$l_3=5$m。材料是 Q235 钢，弹性模量 $E=206$GPa，$\sigma_s=240$MPa，试求各杆的临界荷载。

12-2　千斤顶丝杆内径 $d=52$mm，长度 $l=500$mm，材料是 45 号钢，$\sigma_s=360$MPa，$[\sigma]=324$MPa，假定丝杆下端固定，上端自由，若千斤顶可能承载的最大压力设计值为 $F=400$kN。试校核丝杆的稳定性。

12-3　25a 号工字钢柱，柱长 $l=7$m，两端固定，材料是 Q235 钢，弹性模量 $E=206$GPa，$\sigma_s=235$MPa，$[\sigma]=215$MPa。试求钢柱所能承受的荷载设计值。

12-4　习题 12-4 图所示一钢管，上端铰支，下端固定，外径 $D=76$mm，内径 $d=25$mm，长度 $l=2.5$m，弹性模量 $E=215$GPa。试用欧拉公式求此钢管柱的临界荷载。

12-5　由横梁 AB 与立柱 CD 组成的结构如习题 12-5 图所示，荷载 $F=10$kN，$l=600$mm，立柱的直径 $d=20$mm，两端铰支，材料是 Q235 钢，弹性模量 $E=206$GPa。

(1) 试用欧拉公式校核立柱的稳定性。

(2) 已知压应力强度设计值 $[\sigma]=215$MPa，$\sigma_s=235$MPa，试选择横梁 AB 的工字钢型号。

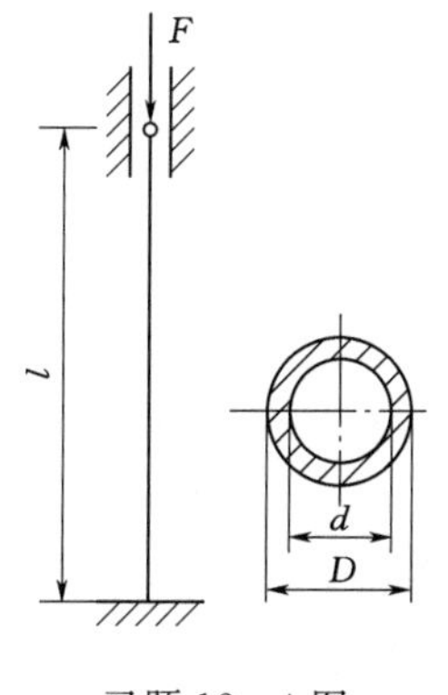

习题 12-4 图

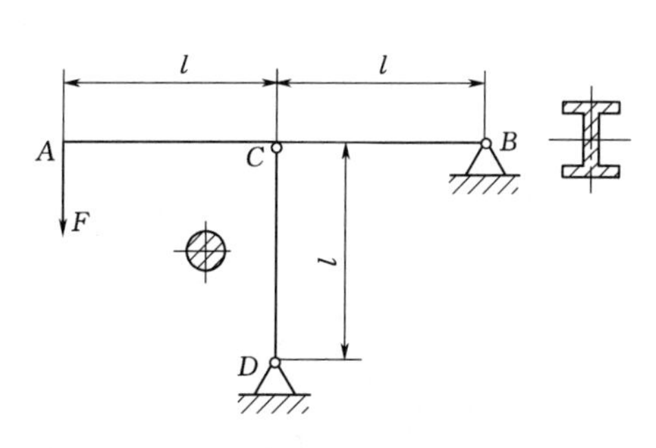

习题 12-5 图

12-6 角钢支架有4个等边角钢组成，边长400mm，支架高度是3m。两端铰支，最大压力为200kN，材料应力强度设计值 $[\sigma]=160\text{MPa}$。试选择钢号。

12-7 习题12-7图所示结构中，AC 与 CD 杆均用Q235钢制成，AC 为圆截面杆，CD 为矩形截面杆。C、D 两处均为球铰。已知 $d=20\text{mm}$，$b=100\text{mm}$，$h=180\text{mm}$；$E=200\text{GPa}$，$\sigma_s=235\text{MPa}$，$\sigma_b=400\text{MPa}$；强度安全系数 $n=2.0$，稳定安全系数 $n_{st}=3.0$，试确定该结构的最大许可荷载。

12-8 习题12-8图所示结构中，CD 杆为Q235轧制钢管，许用应力 $[\sigma]=170\text{MPa}$，钢管内直径 $d=26\text{mm}$，外直径 $D=36\text{mm}$。试对其进行稳定性校核。

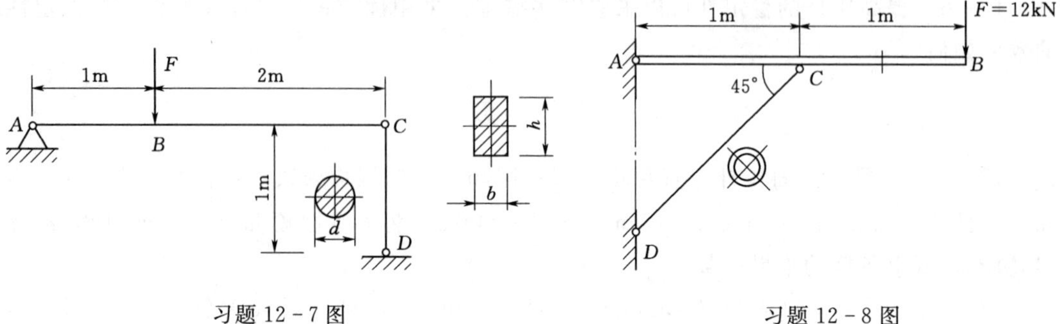

习题12-7图

习题12-8图

附录Ⅰ 截面的几何性质

在结构设计中，总希望在满足安全使用的条件下选取横截面面积较小而承载力较大的构件，以取得较好的经济效益，因此，经常会遇到一些与构件截面的形状和尺寸有关的几何量。例如拉伸（压缩）时遇到的横截面面积 A、弯曲时遇到的惯性矩 I 等，我们把这些几何量统称为截面的几何性质。截面的几何性质是影响构件承载力的一个重要因素，因此对截面几何性质的研究非常重要。本章将集中介绍经常遇到的一些截面几何性质的基本概念和计算方法。

Ⅰ.1 静矩和形心

Ⅰ.1.1 静矩

图Ⅰ-1所示的平面图形代表任意截面，其面积为 A。坐标系 zOy 为图形所在平面内的坐标系。在坐标为 (z,y) 处取微面积 $\mathrm{d}A$，则 $y\mathrm{d}A$ 和 $z\mathrm{d}A$ 分别为该微面积 $\mathrm{d}A$ 对 z 轴和 y 轴的**静矩**（又称**面积矩**）。将上述乘积沿整个图形积分，即得平面图形对于 z 轴和 y 轴的静矩为

$$\left.\begin{aligned} S_z &= \int_A y\,\mathrm{d}A \\ S_y &= \int_A z\,\mathrm{d}A \end{aligned}\right\} \qquad (\text{Ⅰ}-1)$$

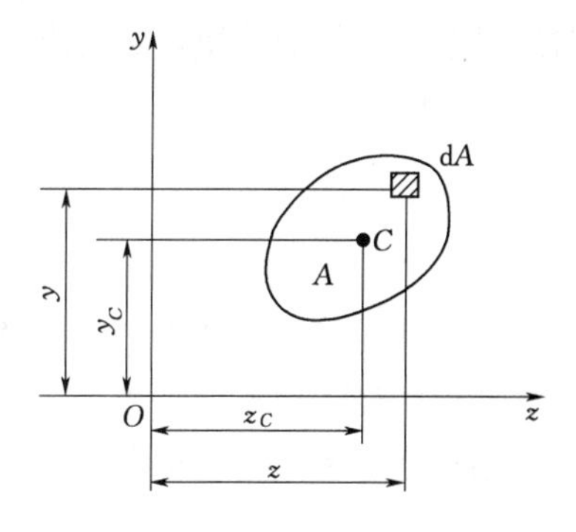

图Ⅰ-1 形心和静矩

由定义可知，截面的静矩是对某一坐标轴而言的，同一截面对于不同的坐标轴，其静矩不同。静矩的数值可能为正，可能为负，也可能为零。静矩的量纲是长度的三次方，常用单位为 m^3 或 mm^3。

Ⅰ.1.2 形心

截面图形是没有物理意义的，只有几何意义。由几何学可知，任何图形有一个几何中心，简称为**形心**。截面图形形心位置的确定，可以借助于求均质薄板重心位置的方法。

对于均质薄板，当薄板的厚度极其微小时，其重心就是该薄板平面图形的形心。若用 C 表示平面图形的形心，z_C 和 y_C 表示形心的坐标（图Ⅰ-1），根据求均质薄板的重心公式，则有

$$\left.\begin{aligned} z_C &= \frac{\int_A z\,\mathrm{d}A}{A} \\ y_C &= \frac{\int_A y\,\mathrm{d}A}{A} \end{aligned}\right\} \qquad (\text{Ⅰ}-2)$$

由于上式中的积分$\int_A z\mathrm{d}A$和$\int_A y\mathrm{d}A$为式（Ⅰ-1）中的静矩，则可将上式改写为

$$\left.\begin{aligned} z_C&=\frac{S_y}{A} \\ y_C&=\frac{S_z}{A} \end{aligned}\right\} \tag{Ⅰ-2a}$$

因此，在已知截面对于y轴和z轴的静矩及其面积时，即可按式（Ⅰ-2a）确定截面形心在zOy坐标系中的坐标。式（Ⅰ-2a）也可改写为

$$\left.\begin{aligned} S_z&=y_CA \\ S_y&=z_CA \end{aligned}\right\} \tag{Ⅰ-2b}$$

则在已知截面面积及其形心在zOy坐标系中的坐标时，即可按式（Ⅰ-2b）计算该截面对于z轴和y轴的静矩。

由式（Ⅰ-2a）与式（Ⅰ-2b）可以看出：若截面对于某轴的静矩为零，则该轴必然通过截面的形心；反之，若某轴通过截面的形心，则截面对于该轴的静矩一定为零，因为截面的对称轴一定通过形心，所以截面对于对称轴的静矩总是等于零。

Ⅰ.1.3 组合截面的静矩和形心

在实际计算中，对于简单图形，例如矩形、圆形和三角形等，其形心位置可直接判断，面积可直接计算，这时可直接用式（Ⅰ-2b）计算静矩。而如果一个图形是由若干个简单图形组合而成时，可根据静矩的定义，先将其分解为若干个简单图形，算出每个简单图形对于某一轴的静矩，然后求其总和，即等于整个图形对于同一轴的静矩，具体公式为

$$\left.\begin{aligned} S_z&=\sum_{i=1}^{n}A_iy_{Ci} \\ S_y&=\sum_{i=1}^{n}A_iz_{Ci} \end{aligned}\right\} \tag{Ⅰ-3}$$

式中：A_i和z_{Ci}、y_{Ci}分别为任一简单图形的面积及其形心在zOy坐标系中的坐标；n为组成该截面的简单图形的个数。

根据静矩和形心坐标的关系，还可以得出计算组合图形形心坐标的公式为

$$\left.\begin{aligned} z_C&=\frac{S_y}{A}=\frac{\sum\limits_{i=1}^{n}A_iz_{Ci}}{\sum\limits_{i=1}^{n}A_i} \\ y_C&=\frac{S_z}{A}=\frac{\sum\limits_{i=1}^{n}A_iy_{Ci}}{\sum\limits_{i=1}^{n}A_i} \end{aligned}\right\} \tag{Ⅰ-4}$$

【例Ⅰ-1】 求图Ⅰ-2所示三角形对z轴的静矩S_z及形心坐标y_C。

解： 取微面积$\mathrm{d}A=b(y)\mathrm{d}y$

因为$b(y)=\frac{h-y}{h}b$，故$\mathrm{d}A=\frac{b(h-y)}{h}\mathrm{d}y$

则图形对 z 轴的静矩

$$S_z = \int_A y \mathrm{d}A = \int_0^h y \frac{b(h-y)}{h} \mathrm{d}y = \frac{1}{6} bh^2$$

形心坐标 y_C 为

$$y_C = \frac{S_z}{A} = \frac{\frac{1}{6}bh^2}{\frac{1}{2}bh} = \frac{1}{3}h$$

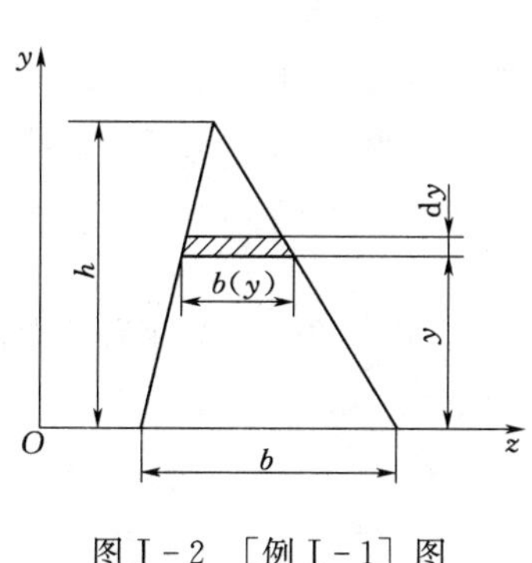

图Ⅰ-2 ［例Ⅰ-1］图

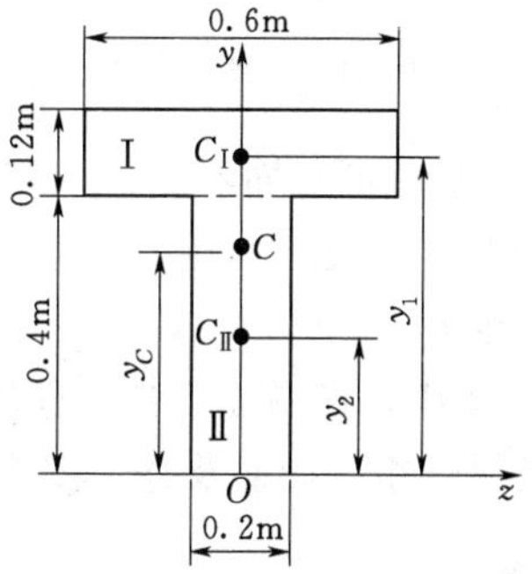

图Ⅰ-3 ［例Ⅰ-2］图

【例Ⅰ-2】 求图Ⅰ-3所示T形截面形心 C 的位置。

解： 因图形对称，其形心在对称轴 y 轴上，即 $z_C=0$。只需计算 y_C 值。

选取如图所示的坐标系 zOy，将截面分成Ⅰ、Ⅱ两个矩形，每个矩形的面积和形心位置为

$$A_1 = 0.6 \times 0.12 = 0.072(\mathrm{m}^2); \quad y_1 = 0.4 + 0.06 = 0.46(\mathrm{m})$$

$$A_2 = 0.4 \times 0.2 = 0.08(\mathrm{m}^2); \quad y_2 = 0.2(\mathrm{m})$$

由式（Ⅰ-4）得

$$y_C = \frac{\sum_{i=1}^{n} A_i y_{Ci}}{\sum_{i=1}^{n} A_i} = \frac{A_1 y_1 + A_2 y_2}{A_1 + A_2} = \frac{0.072 \times 0.46 + 0.08 \times 0.2}{0.072 + 0.08}$$

$$\approx 0.323(\mathrm{m})$$

Ⅰ.2 惯性矩和惯性积

Ⅰ.2.1 惯性矩

1. 轴惯性矩

图Ⅰ-4所示的平面图形为任一截面，其面积为 A。坐标系 zOy 为图形所在平面内的坐标系。在坐标为（z,y）处取微面积 $\mathrm{d}A$，则 $y^2\mathrm{d}A$ 和 $z^2\mathrm{d}A$ 分别称为微面积 $\mathrm{d}A$ 对 z 轴和 y 轴的惯性矩，而遍及整个图形面积 A 的以下积分：

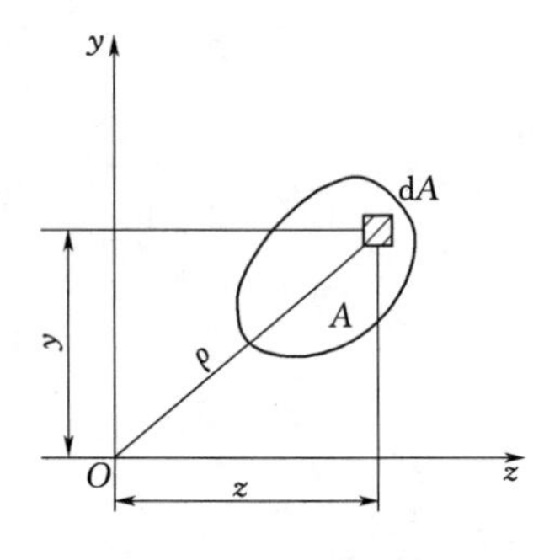

图Ⅰ-4 惯性矩和惯性积

$$\left.\begin{aligned} I_z &= \int_A y^2 \mathrm{d}A \\ I_y &= \int_A z^2 \mathrm{d}A \end{aligned}\right\} \qquad (Ⅰ-5)$$

则分别定义为平面图形对 z 轴和 y 轴的**惯性矩**。

由定义可知，图形的惯性矩也是对某一坐标轴而言的。同一平面图形对于不同坐标轴的惯性矩是不同的。由于 y^2 和 z^2 总是正的，所以 I_z 和 I_y 永远是正值。惯性矩的量纲是长度的四次方，常用单位为 m^4 或 mm^4。

另外，惯性矩的大小不仅与图形面积有关，而且与图形面积相对于坐标轴的分布有关，面积离坐标轴越远，惯性矩越大；反之，面积离坐标轴越近，惯性矩越小。

2. 极惯性矩

在图Ⅰ-4 中，设微面积到坐标原点 O 的距离为 ρ，则乘积 $\rho^2 \mathrm{d}A$ 称为该微面积对坐标原点 O 的极惯性矩，而遍及整个图形面积 A 的以下积分：

$$I_\mathrm{p} = \int_A \rho^2 \mathrm{d}A \qquad (Ⅰ-6)$$

则定义为平面图形对坐标原点 O 的**极惯性矩**。

由以上定义可知，极惯性矩是对一定的点而言的，同一平面图形对于不同的点一般有不同的极惯性矩。极惯性矩恒为正值，它的量纲是长度的四次方，常用单位为 m^4 或 mm^4。

从图Ⅰ-4 看出，微面积 $\mathrm{d}A$ 到坐标原点 O 的距离 ρ 和它到两个坐标轴的距离 z、y 有如下关系：

$$\rho^2 = z^2 + y^2$$

则

$$I_\mathrm{p} = \int_A \rho^2 \mathrm{d}A = \int_A (z^2 + y^2) \mathrm{d}A = \int_A z^2 \mathrm{d}A + \int_A y^2 \mathrm{d}A = I_y + I_z \qquad (Ⅰ-7)$$

上式说明，平面图形对于原点 O 的极惯性矩等于它对两个直角坐标轴的惯性矩之和。

3. 惯性半径

在工程中，为了便于计算，常将惯性矩 I_z 和 I_y 分别写成

$$I_z = i_z^2 A; \quad I_y = i_y^2 A$$

于是得

$$i_z = \sqrt{\frac{I_z}{A}}; \quad i_y = \sqrt{\frac{I_y}{A}} \qquad (Ⅰ-8)$$

通常把式（Ⅰ-8）中的 i_z 和 i_y 分别称为平面图形对 z 轴和 y 轴的惯性半径（或回转半径）。惯性半径为正值，它的大小反映了图形面积对于坐标轴的聚焦程度。惯性半径的量纲是长度的一次方，常用单位为 m 或 mm。在偏心压缩、压杆稳定的计算时会涉及与此有关的一些问题。

Ⅰ.2.2 惯性积

在图Ⅰ-4 中，微面积 $\mathrm{d}A$ 与其到两轴距离的乘积 $zy\mathrm{d}A$ 称为微面积 $\mathrm{d}A$ 对 z、y 两轴

的惯性积，而遍及整个图形面积 A 的以下积分：

$$I_{zy}=\int_A zy\mathrm{d}A \tag{Ⅰ-9}$$

则定义为图形对 z、y 轴的**惯性积**。

由以上定义可知，惯性积也是对一定的轴而言的，同一截面对于不同坐标轴的惯性积是不同的。惯性积的数值可以为正，可以为负，也可以等于零。惯性积的量纲是长度的四次方，常用单位为 m^4 或 mm^4。

另外，若平面图形在所取的坐标系中，有一个轴是图形的对称轴，则平面图形对于这对轴的惯性积必然为零。以图Ⅰ-5为例，图中 y 轴是图形的对称轴，如果在 y 轴左右两侧的对称位置处，各取一微面积 $\mathrm{d}A$，两者的 y 坐标相同，而 z 坐标数值相等但符号相反。这时，两微面积对于 z、y 轴的惯性积数值相等，符号相反，在积分中相互抵消，将此推广到整个截面，则有

$$I_{zy}=\int_A zy\mathrm{d}A=0$$

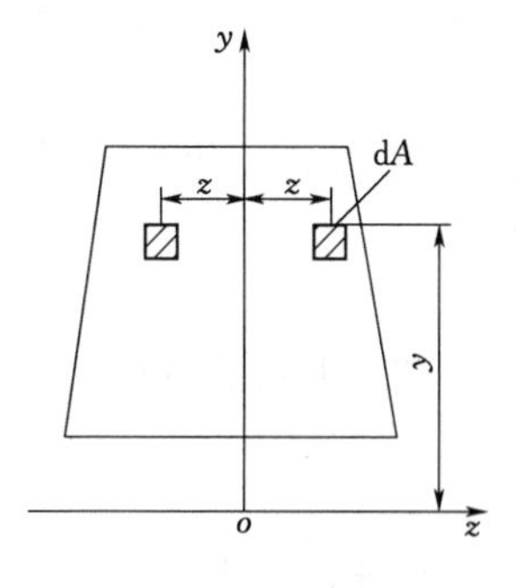

图Ⅰ-5　梯形截面

由此可推知，图Ⅰ-6中各截面对坐标轴 z，y 的惯性积 I_{zy} 均等于零。

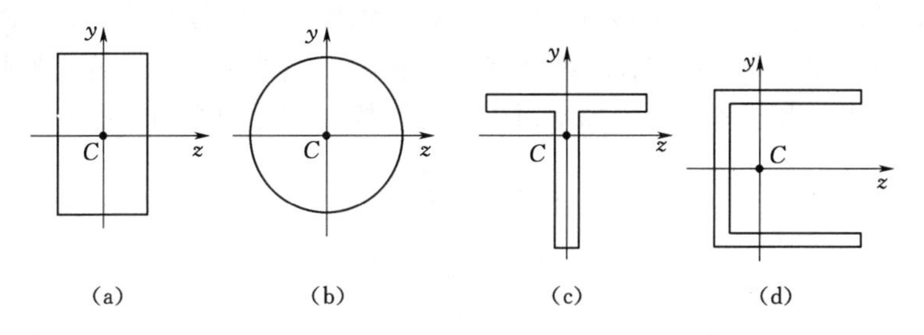

图Ⅰ-6　惯性积为零的截面

【例Ⅰ-3】 试计算图Ⅰ-7所示矩形截面对于其对称轴 z 和 y 的惯性矩及对 z、y 两轴的惯性积。矩形的高为 h，宽为 b。

解：（1）先求对 z 轴的惯性矩。取平行于 z 轴的狭长微面积 $\mathrm{d}A$，则 $\mathrm{d}A=b\mathrm{d}y$，故

$$I_z=\int_A y^2\mathrm{d}A=\int_{-\frac{h}{2}}^{\frac{h}{2}}y^2b\mathrm{d}y=\frac{bh^3}{12}$$

（2）用相同的方法可以求得

$$I_y=\frac{hb^3}{12}$$

（3）因为 z、y 轴是对称轴，所以 $I_{zy}=0$。

【例Ⅰ-4】 试计算图Ⅰ-8所示圆形对其圆心的极惯性矩和对其形心轴的惯性矩。

解：（1）在距圆心 O 为 ρ 处取宽度为 $\mathrm{d}\rho$ 的圆环，圆环图形微面积 $\mathrm{d}A$，则 $\mathrm{d}A=2\pi\rho\mathrm{d}\rho$。

图形对其圆心的极惯性矩为

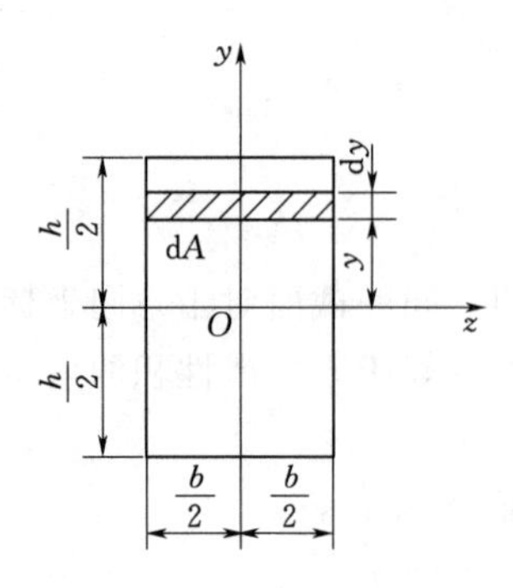

图Ⅰ-7 [例Ⅰ-3] 图

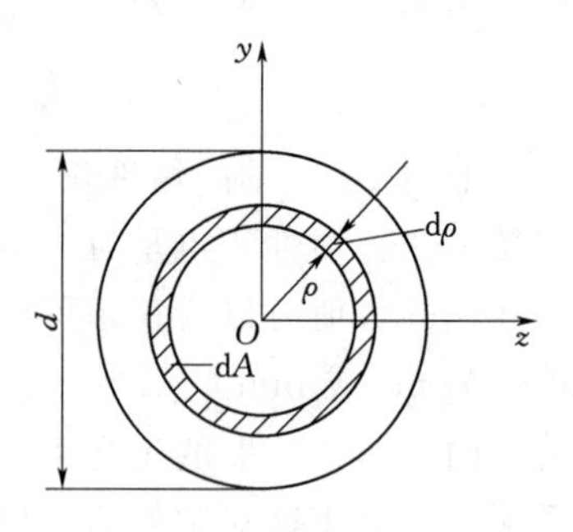

图Ⅰ-8 [例Ⅰ-4] 图

$$I_p = \int_A \rho^2 \mathrm{d}A = \int_0^{\frac{d}{2}} 2\pi\rho^3 \mathrm{d}\rho = \frac{\pi d^4}{32}$$

(2) 由圆的对称性可知：$I_z = I_y$，根据式（Ⅰ-7）可得

$$I_z = I_y = \frac{\pi d^4}{64}$$

另外，因为 z、y 轴是对称轴，所以 $I_{zy}=0$。

Ⅰ.2.3 组合图形的惯性矩和惯性积

组合图形是由若干个简单图形组合而成。根据惯性矩和惯性积的定义，组合图形对某个坐标轴的惯性矩等于各个简单图形对于同一坐标轴的惯性矩之和；组合图形对于某对垂直坐标轴的惯性积，等于各个简单图形对于该对坐标轴惯性积之和，即

$$\left.\begin{aligned} I_z &= \sum_{i=1}^{n} I_{zi} \\ I_y &= \sum_{i=1}^{n} I_{yi} \\ I_{zy} &= \sum_{i=1}^{n} I_{zyi} \end{aligned}\right\} \qquad (Ⅰ-10)$$

例如可以把图Ⅰ-9所示的空心圆，看作是由直径为 D 的实心圆减去直径为 d 的圆，由式（Ⅰ-10），并使用例Ⅰ-4所得结果，即可求得

$$I_y = I_z = \frac{\pi D^4}{64} - \frac{\pi d^4}{64} = \frac{\pi}{64}(D^4 - d^4); \quad I_p = \frac{\pi D^4}{32} - \frac{\pi d^4}{32} = \frac{\pi}{32}(D^4 - d^4)$$

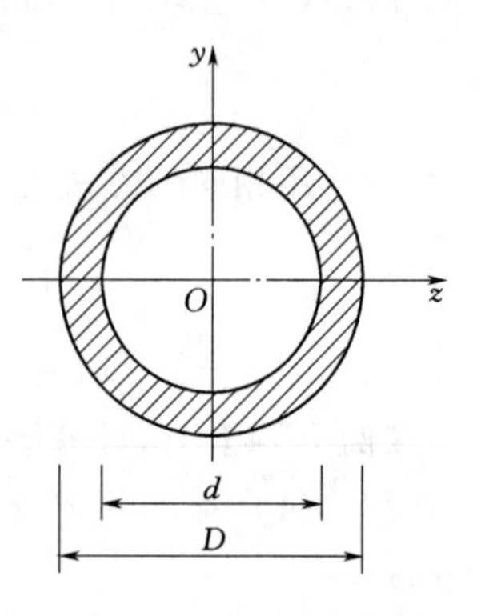

图Ⅰ-9 空心圆截面

【例Ⅰ-5】 试求图Ⅰ-10（a）所示工字形截面对其形心轴 z、y 轴的惯性矩。

解：(1) 求截面对 z 轴的惯性矩。

对于图示工字形截面，可看成是由图Ⅰ-10（b）中面积为 BH 的大矩形，减去两个面积为 $\frac{1}{2}bh$ 的小矩形（图中画有阴影部分）而得到的。故工字形截面对 z 轴的惯性矩应是大矩形对 z 轴的惯性矩与小矩形对 z 轴的惯性矩之差，即

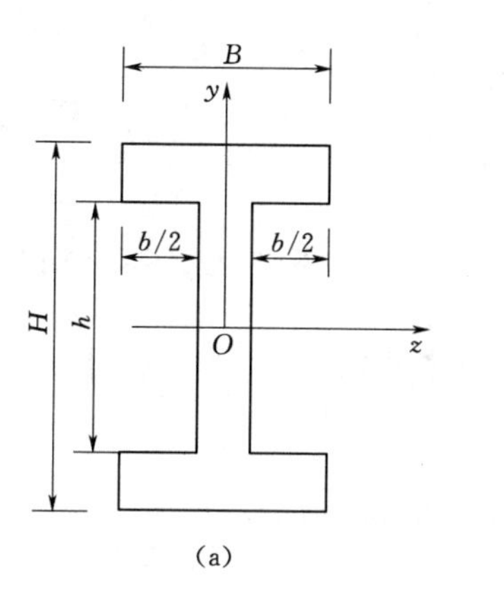

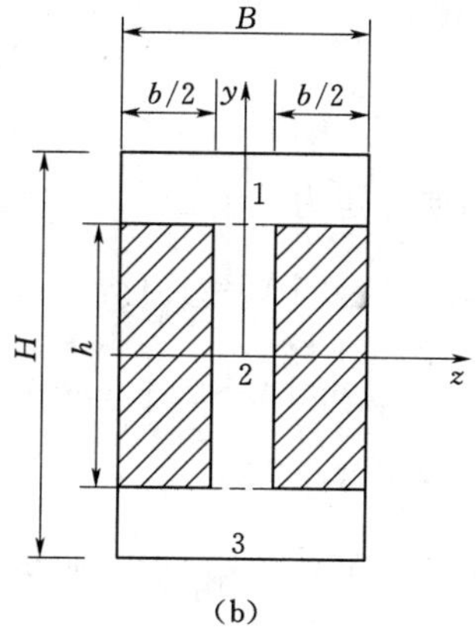

图Ⅰ-10 [例Ⅰ-5]图

$$I_z=\frac{1}{12}BH^3-\frac{1}{12}\times 2\times\frac{1}{2}bh^3=\frac{1}{12}(BH^3-bh^3)$$

(2) 求截面对 y 轴的惯性矩。

对于图示工字形截面，也可看成是由图Ⅰ-10 (b) 所示的1、2、3三个矩形组成。

矩形1、3对 y 轴的惯性矩均为：$\dfrac{\frac{1}{2}(H-h)B^3}{12}$。

矩形2对 y 轴的惯性矩为：$\dfrac{h(B-b)^3}{12}$。

工字形截面对 y 轴的惯性矩等于此三个矩形对 y 轴的惯性矩之和，即

$$I_y=2\times\frac{\frac{1}{2}(H-h)B^3}{12}+\frac{h(B-b)^3}{12}=\frac{(H-h)B^3+h(B-b)^3}{12}$$

Ⅰ.3 平行移轴公式

同一截面对于不同坐标轴的惯性矩和惯性积虽然各不相同，但它们之间都存在着一定的关系，利用这些关系，可以使计算简化，有助于应用简单平面图形的结果来计算组合平面图形的惯性矩和惯性积，有助于计算截面对于某些特殊轴的惯性矩和惯性积。本节将介绍当坐标轴转换时，截面对于两对不同坐标轴的惯性矩和惯性积之间的关系。

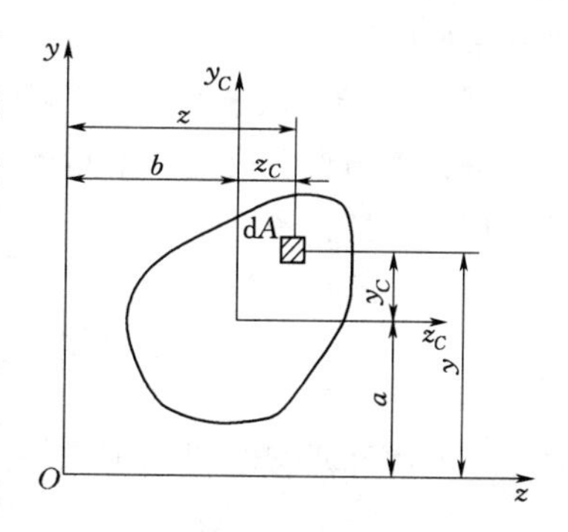

图Ⅰ-11 平面任意图

图Ⅰ-11所示的平面图形代表一任意截面，C 为图形的形心，z_C 轴、y_C 轴是平面图形的形心轴。选取另一坐标系 zOy，其中 z 轴、y 轴是分别与 z_C 轴、y_C 轴平行的坐标轴，且形心 C 在该坐标系中的坐标为 (b,a)。显然，z 轴和 z_C 轴之间的距离为 a，y 轴和 y_C 轴之间的距

离为 b。由图中可看出：

$$\left.\begin{aligned} z &= z_C + b \\ y &= y_C + a \end{aligned}\right\} \tag{a}$$

图形对 z 轴的惯性矩为

$$\begin{aligned} I_z &= \int_A y^2 \mathrm{d}A = \int_A (y_C + a)^2 \mathrm{d}A = \int_A (y_C^2 + 2ay_C + a^2)\mathrm{d}A \\ &= \int_A y_C^2 \mathrm{d}A + 2a\int_A y_C \mathrm{d}A + a^2\int_A \mathrm{d}A \end{aligned} \tag{b}$$

在上式右边出现了 3 个积分式：

积分 $\int_A y_C^2 \mathrm{d}A$ 为平面图形对于 z_C 轴的惯性矩，记为 I_{z_C}。

积分 $\int_A y_C \mathrm{d}A$ 为平面图形对于 z_C 轴的静矩，记为 S_{z_C}。由于 z_C 轴为平面图形的形心轴，所以 $S_{z_C} = \int_A y_C \mathrm{d}A = 0$ 。

积分 $\int_A \mathrm{d}A$ 为平面图形的面积，记为 A。

将上式结果代入式（b）中，即得

$$I_z = I_{z_C} + a^2 A \tag{Ⅰ-11a}$$

同理可得

$$I_y = I_{y_C} + b^2 A, \quad I_{zy} = I_{z_C y_C} + abA \tag{Ⅰ-11b}$$

式（Ⅰ-11a）与式（Ⅰ-11b）为惯性矩和惯性积的平行移轴公式，该式表明：截面对于任一轴的惯性矩，等于截面对于与该轴平行的形心轴的惯性矩加上截面的面积与两轴距离平方的乘积；截面对于任意两轴的惯性积，等于截面对于与该两轴平行的形心轴的惯性积加上截面的面积与两对平行轴间距离的乘积。

由以上公式可以看出，图形对一簇平行轴的惯性矩中，以对形心轴的惯性矩为最小。另外，公式中的 a 和 b 是形心 C 在 zOy 坐标系中的坐标，可为正，也可为负；公式中 I_{z_C}、I_{y_C} 和 $I_{z_C y_C}$ 为图形对形心轴的惯性矩和惯性积，即 z_C、y_C 轴必须通过截面的形心，对于这两点，在具体使用公式时应加以注意。

在工程实际中常会遇到组合图形，计算其惯性矩和惯性积需用到式（Ⅰ-10），而此式中 I_{zi}、I_{yi}、I_{zyi} 的计算常会用到平行移轴公式式（Ⅰ-11a）和式（Ⅰ-11b），对此下面将用例题来加以说明。

【例Ⅰ-6】 试求图Ⅰ-12 所示图形对其形心轴的惯性矩和惯性积。

解：将图形看成是两个矩形Ⅰ、Ⅱ的组合，取其对称轴为 y 轴，其与另一垂直轴 z' 轴组成参考坐标系。

（1）$z_c = 0$。

$$y_c = \frac{A_1 y_1 + A_2 y_2}{A_1 + A_2} = \frac{100 \times 20 \times 150 + 20 \times 140 \times 70}{100 \times 20 + 20 \times 140} = 103.3(\mathrm{mm})$$

（2）求图形对 y 轴的惯性矩。

$$I_y = I_{y1} + I_{y2} = \frac{20 \times 100^3}{12} + \frac{140 \times 20^3}{12} = 176 \times 10^4 (\mathrm{mm}^4)$$

(3) 求图形对 z 轴的惯性矩。

$$a_1=150-103.3=46.7(\mathrm{mm})$$

$$a_2=103.3-70=33.3(\mathrm{mm})$$

$$I_{z1}=\frac{100\times20^3}{12}+46.7^2\times100\times20=443\times10^4(\mathrm{mm}^4)$$

$$I_{z2}=\frac{20\times140^3}{12}+33.3^2\times20\times140=768\times10^4(\mathrm{mm}^4)$$

$$I_z=I_{z1}+I_{z2}=443\times10^4+768\times10^4=1211\times10^4(\mathrm{mm}^4)$$

(4) 求图形对 z、y 轴的惯性积。

因为 y 轴是对称轴，故 $I_{zy}=0$。

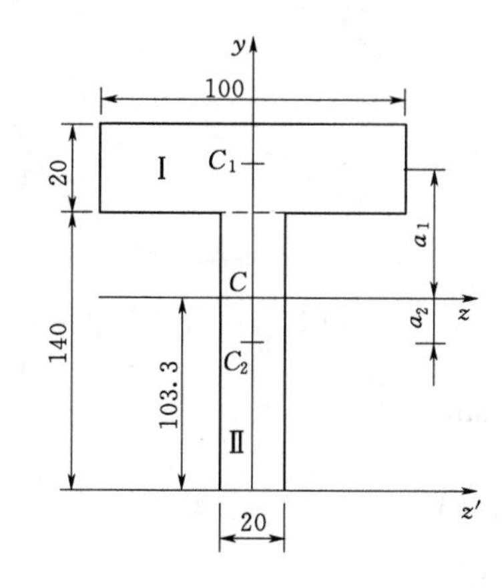

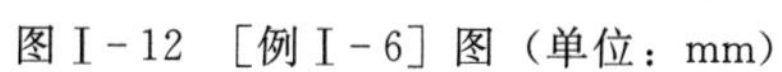
图Ⅰ-12 [例Ⅰ-6] 图（单位：mm）

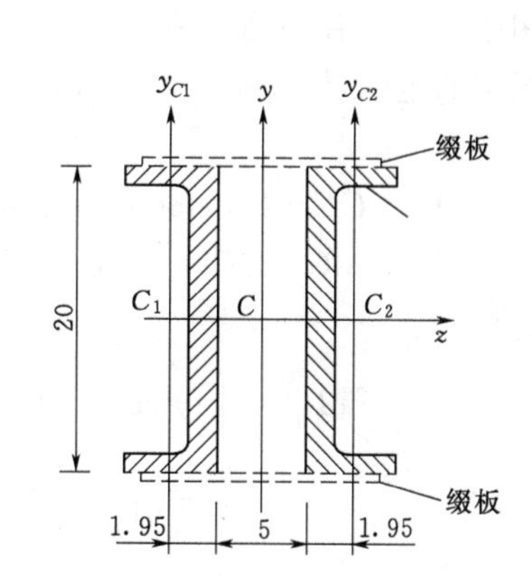

图Ⅰ-13 [例Ⅰ-7] 图（单位：cm）

【例Ⅰ-7】 图Ⅰ-13 所示截面，由 2 个 20b 号槽钢用缀板连接而成，试求此组合截面分别对形心轴 z、y 轴的惯性矩。

解：先把 20 号槽钢的有关数据从附录Ⅱ中的型钢表中查出。槽钢形心到腹板边缘的距离为 1.95cm，槽钢面积 $A_1=A_2=32.83\mathrm{cm}^2$。

槽钢对各自形心轴的惯性矩为

$$I_{z_{C1}}=I_{z_{C2}}=1914(\mathrm{cm}^4)$$

$$I_{y_{C1}}=I_{y_{C2}}=143.6(\mathrm{cm}^4)$$

(1) 计算截面对 z 轴的惯性矩。

$$I_z=I_{z_{C1}}+I_{z_{C2}}=1913.7+1913.7=3827.4(\mathrm{cm}^4)$$

(2) 计算截面对 y 轴的惯性矩。

两槽钢的形心轴 y_{C1} 和 y_{C2} 与 y 轴之间的距离为

$$b_1=b_2=CC_1=CC_2=1.95+2.5=4.45(\mathrm{cm})$$

于是

$$\begin{aligned}I_y&=I_{y_{C1}}+A_1b_1^2+I_{y_{C2}}+A_2b_2^2\\&=2\times(143.6+32.83\times4.45^2)\\&=1587.4(\mathrm{cm}^4)\end{aligned}$$

Ⅰ.4 转轴公式、主惯性轴和主惯性矩

Ⅰ.4.1 转轴公式

图Ⅰ-14 所示为一任意平面图形，其对 z 轴和 y 轴的惯性矩和惯性积为 I_z、I_y 和 I_{zy}。若将坐标轴绕坐标原点旋转 α 角（规定 α 角逆时针旋转为正，顺时针旋转为负），得到一对新坐标轴 z_1 轴和 y_1 轴，图形对 z_1 轴、y_1 轴的惯性矩和惯性积为 I_{z_1}、I_{y_1}、$I_{z_1y_1}$。

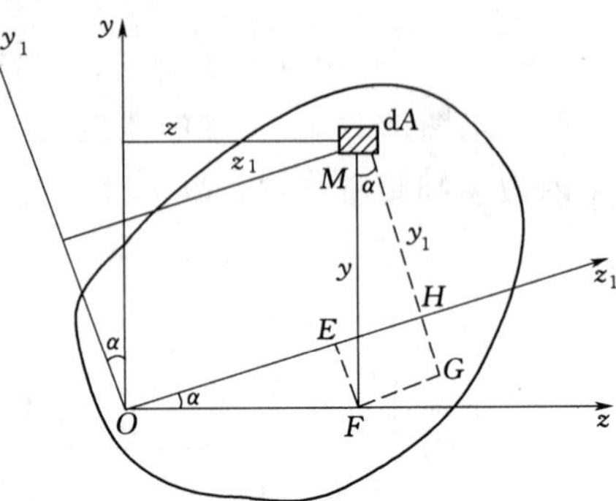

图Ⅰ-14 平面任意图形

从图Ⅰ-14 中任取微面积 dA，其在新旧两个坐标系中的坐标（z_1, y_1）和（z, y）之间有如下关系：

$$z_1 = OH = OE + FG = z\cos\alpha + y\sin\alpha$$

$$y_1 = MH = MG - EF = y\cos\alpha - z\sin\alpha$$

于是

$$\begin{aligned} I_{z_1} &= \int_A y_1^2 \mathrm{d}A = \int_A (y\cos\alpha - z\sin\alpha)^2 \mathrm{d}A \\ &= \cos^2\alpha \int_A y^2 \mathrm{d}A + \sin^2\alpha \int_A z^2 \mathrm{d}A - 2\sin\alpha\cos\alpha \int_A zy \mathrm{d}A \\ &= I_z \cos^2\alpha + I_y \sin^2\alpha - I_{zy} \sin 2\alpha \end{aligned}$$

将 $\cos^2\alpha = \dfrac{1+\cos^2\alpha}{2}$，$\sin^2\alpha = \dfrac{1-\cos 2\alpha}{2}$代入，整理得

$$I_{z_1} = \frac{I_z + I_y}{2} + \frac{I_z - I_y}{2}\cos 2\alpha - I_{zy}\sin 2\alpha \tag{Ⅰ-12a}$$

同理可得

$$I_{y_1} = \frac{I_z + I_y}{2} - \frac{I_z - I_y}{2}\cos 2\alpha + I_{zy}\sin 2\alpha \tag{Ⅰ-12b}$$

$$I_{z_1y_1} = \frac{I_z - I_y}{2}\sin 2\alpha + I_{zy}\cos 2\alpha \tag{Ⅰ-12c}$$

式（Ⅰ-12）即为惯性矩和惯性积的转轴公式。显然，惯性矩和惯性积都是 α 角的函数。转轴公式反映了惯性矩和惯性积随 α 角变化的规律。

若将式（Ⅰ-12a）和式（Ⅰ-12b）两式相加，可得

$$I_{z_1} + I_{y_1} = I_z + I_y$$

这说明平面图形对于通过同一点的任意一对相互垂直的轴的两惯性矩之和为一常数。

Ⅰ.4.2 主惯性轴和主惯性矩

由式（Ⅰ-12）可以看出，截面对某一坐标系两轴的惯性矩和惯性积随着 α 取值的不同将发生周期性的变化。现将对式（Ⅰ-12a）对 α 求导数，以确定惯性矩的极值。于是有

$$\left.\frac{\mathrm{d}I_{z_1}}{\mathrm{d}\alpha}\right|_{\alpha=\alpha_0}=0$$

即：

$$-(I_z-I_y)\sin 2\alpha_0-I_{zy}\cos 2\alpha_0=0$$

由此得出

$$\tan 2\alpha_0=-\frac{2I_{zy}}{I_z-I_y} \tag{Ⅰ-13}$$

由式（Ⅰ-13）可以解出相差90°的两个角度 α_0 和 $\alpha_0+90°$，从而可确定一对相互垂直的坐标轴 z_0 轴、y_0 轴。图形对这对轴的惯性矩一个取得最大值 I_{max}，另一个取得最小值 I_{min}，将 α_0 和 $\alpha_0+90°$分别代入式（Ⅰ-12a）和式（Ⅰ-12b）中，经简化得惯性矩极值的计算公式为

$$\left.\begin{aligned}I_{z_0}&=\frac{1}{2}(I_z+I_y)+\frac{1}{2}\sqrt{(I_z-I_y)^2+4I_{zy}^2}\\I_{y_0}&=\frac{1}{2}(I_z+I_y)-\frac{1}{2}\sqrt{(I_z-I_y)^2+4I_{zy}^2}\end{aligned}\right\} \tag{Ⅰ-14}$$

由式（Ⅰ-14）可知，I_{z_0} 即为极大值 I_{max}，I_{y_0} 为极小值 I_{min}。

将 α_0 和 $\alpha_0+90°$代入式（Ⅰ-12c）中，可得惯性积 $I_{z_0y_0}=0$。因此，图形对于某一对坐标轴 z_0 和 y_0 取得极值的同时，图形对该坐标轴的惯性积为零。那么，常常将惯性积为零的这对轴为**主惯性轴**，简称**主轴**。图形对主惯性轴的惯性矩称为**主惯性矩**，主惯性矩的值是图形对通过同一点的所有坐标轴的惯性矩的极值，具体计算公式为式（Ⅰ-14）。

如果主惯性轴通过形心，则该轴称为**形心主惯性轴**，简称**形心主轴**，而相应的惯性矩称为**形心主惯性矩**。由于图形对于对称轴的惯性积等于零，而对称轴又过形心，所以图形的对称轴就是形心主惯性轴。

综上所述，形心主惯性轴是通过形心且由 α_0 角定向的一对互相垂直的坐标轴，而形心主惯性矩则是图形对通过形心的所有坐标轴的惯性矩的极值。

对于一般没有对称轴的截面，为了确定形心主轴的位置和计算形心主惯性矩的数值，就必须先确定截面形心，并且计算出截面对某一对互相垂直的形心轴的惯性矩和惯性积，然后应用式（Ⅰ-13）和式（Ⅰ-14）来进行计算。

【例Ⅰ-8】 求图Ⅰ-15所示图形的形心主惯性轴的方位和形心主惯性矩。

解：（1）确定形心位置。

由于图形有对称中心 C_2（或 O），故点 O 即为图形的形心。以形心 O 作为坐标原点，平行于图形棱边的 z、y 轴作为参考坐标系，把图形看作是3个矩形Ⅰ、Ⅱ和Ⅲ的组合图形。矩形Ⅱ的形心 C_2 与 O 重合。矩形Ⅰ、Ⅲ的形心在所选坐标系中的坐标为

$a_{\text{Ⅰ}}=40\text{mm}$，$b_{\text{Ⅰ}}=-20\text{mm}$；$a_{\text{Ⅲ}}=-40\text{mm}$，$b_{\text{Ⅲ}}=20\text{mm}$。

（2）计算图形对 z 轴和 y 轴的惯性矩和惯性积。

$$\begin{aligned}I_z&=(I_z)_1+(I_z)_2+(I_z)_3=2\times(I_z)_1+(I_z)_2\\&=2\times\left(\frac{60\times20^3}{12}+60\times20\times40^2\right)+\frac{20\times60^3}{12}=0.428\times10^7(\text{mm}^4)\end{aligned}$$

$$\begin{aligned}I_y&=(I_y)_1+(I_y)_2+(I_y)_3=2\times(I_y)_1+(I_y)_2\\&=2\times\left(\frac{20\times60^3}{12}+60\times20\times20^2\right)+\frac{60\times20^3}{12}\\&=0.172\times10^7(\text{mm}^4)\end{aligned}$$

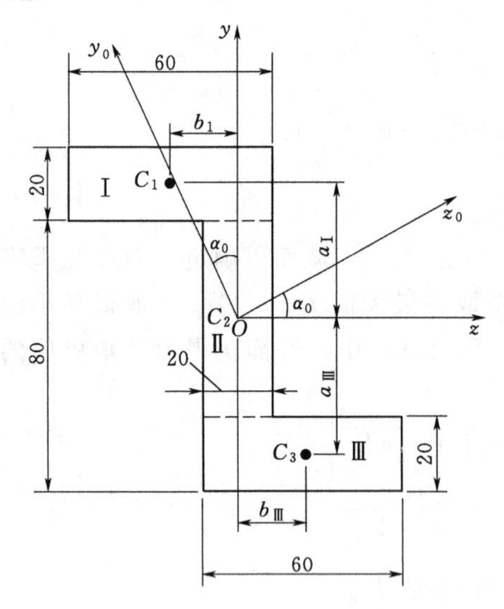

图Ⅰ-15　[例Ⅰ-8] 图（单位：mm）

由于三个矩形都具备对称轴，故对其自身形心的惯性积始终为零，所以：

$$I_{zy}=(I_{zy})_1+(I_{zy})_2+(I_{zy})_3=(I_{zy})_1+0+(I_{zy})_3$$
$$=[40\times(-20)\times60\times20]+[(-40)\times20\times60\times20]$$
$$=-0.192\times10^7(\text{mm}^4)$$

(3) 确定形心主惯性轴的位置。

将求得的 I_z、I_y 和 I_{zy} 代入式（Ⅰ-13）得

$$\tan2\alpha_0=-\frac{2I_{zy}}{I_z-I_y}=-\frac{2\times(-0.192\times10^7)}{(0.428\times10^7-0.172\times10^7)}$$
$$=1.5$$

由此得　　　$\alpha_0=28.15°$

由于 α_0 为正值，故将 z 轴绕 O 点逆时针旋转 28.15°，即得到形心主惯性轴 z_0 的位置，另一形心主轴 y_0 与 z_0 垂直。

(4) 求形心主惯性矩。

将求得的 I_z、I_y 和 I_{zy} 代入式（Ⅰ-14），可得

$$I_{z_0}=I_{\max}=\frac{I_z+I_y}{2}+\frac{1}{2}\sqrt{(I_z-I_y)^2+4I_{zy}^2}$$
$$=\frac{(0.428+0.172)\times10^7}{2}+\frac{1}{2}\sqrt{[(0.428-0.172)\times10^7]^2+4\times(-0.192\times10^7)^2}$$
$$=0.531\times10^7(\text{mm}^4)$$

$$I_{y_0}=I_{\min}=\frac{I_z+I_y}{2}-\frac{1}{2}\sqrt{(I_z-I_y)^2+4I_{zy}^2}$$
$$=\frac{(0.428+0.172)\times10^7}{2}-\frac{1}{2}\sqrt{[(0.428-0.172)\times10^7]^2+4\times(-0.192\times10^7)^2}$$
$$=0.69\times10^6(\text{mm}^4)$$

小　结

附录Ⅰ从定义出发，研究讨论了平面图形的几何性质，重点是静矩、惯性矩和惯性积的概念和惯性矩的计算；另外还讨论了主轴、主惯性矩、形心主轴、形心主惯性矩的定义及计算公式。

对本章内容的具体要求如下：

(1) 掌握平面图形的静矩、形心、惯性矩、惯性积的概念，牢记矩形和圆形图形惯性矩的计算结果。

(2) 掌握惯性矩的平行移轴公式，学会应用平行移轴公式计算组合图形对形心轴的惯性矩。

(3) 了解主轴、主惯性矩、形心主轴和形心主惯性矩的意义。

(4) 学会使用型钢表。

思 考 题

Ⅰ-1　截面的几何性质与哪些因素有关？

Ⅰ-2　什么是静矩？静矩和形心有何关系？静矩为零的条件是什么？

Ⅰ-3　试述确定组合截面形心的方法和步骤。

Ⅰ-4　试述截面的惯性矩、惯性积和极惯性矩的定义，各有什么特点？

Ⅰ-5　惯性矩的平行移轴公式是什么？有什么用处？应用它有什么条件？为什么说各平行轴中以形心轴的惯性矩为最小？

Ⅰ-6　何谓形心主惯性轴、形心主惯性矩？形心主惯性矩有何特点？大致画出思考题Ⅰ-6图所示各平面图形的形心主惯性轴的位置，并分别指出哪一个图形的形心主惯性矩为最大和最小。

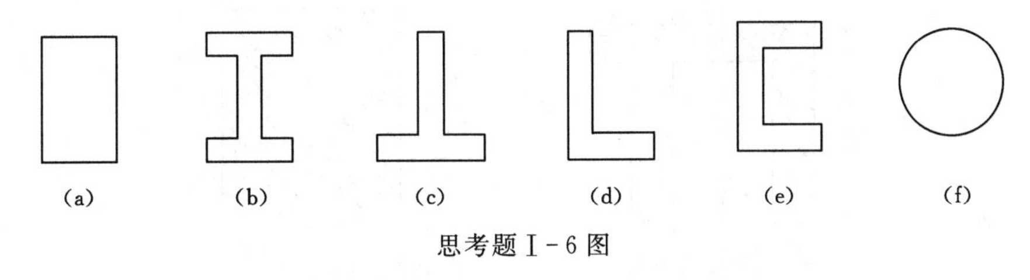

思考题Ⅰ-6图

习 题

Ⅰ-1　试求习题Ⅰ-1图所示平面图形的形心位置，并计算平面图形对 z 轴的静矩（单位：m）。

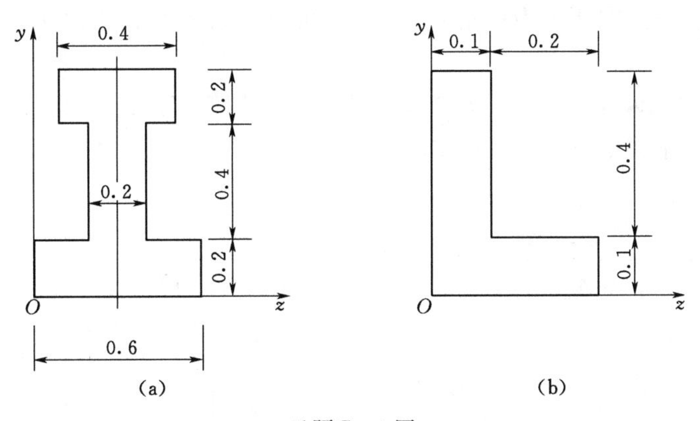

习题Ⅰ-1图

Ⅰ-2　在习题Ⅰ-2图所示的对称倒T形截面中，$b_1=0.3\text{m}$，$b_2=0.6\text{m}$，$h_1=0.5\text{m}$，$h_2=0.14\text{m}$。

（1）求形心 C 的位置。

（2）求阴影部分对 z_0 轴的静矩。

（3）问 z_0 轴以上部分的面积对 z_0 轴的静矩与阴影部分对 z_0 轴的静矩有何关系？

Ⅰ-3　求习题Ⅰ-3图所示三角形截面对过形心的 z_0 轴（z_0 轴平行于底边）与 z_1 轴的惯性矩。

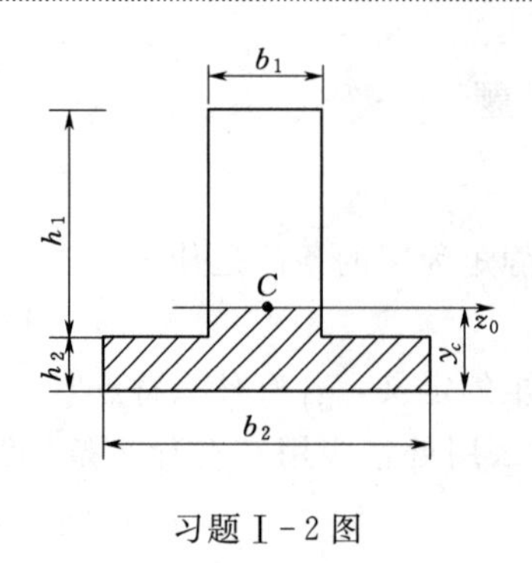

习题Ⅰ-2图

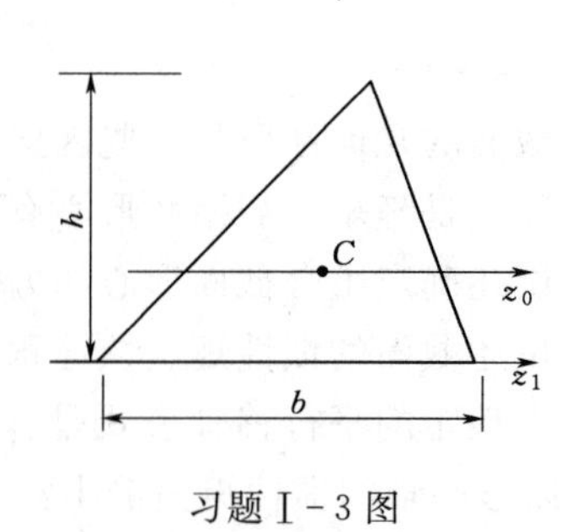

习题Ⅰ-3图

Ⅰ-4 试求习题Ⅰ-4图所示各平面图形对形心轴的惯性矩。

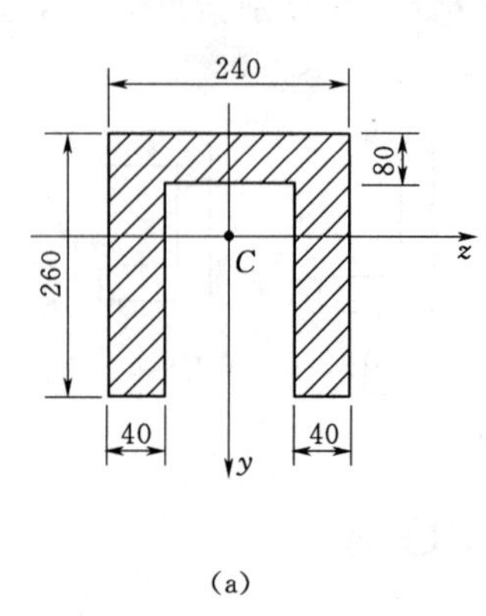

(a)

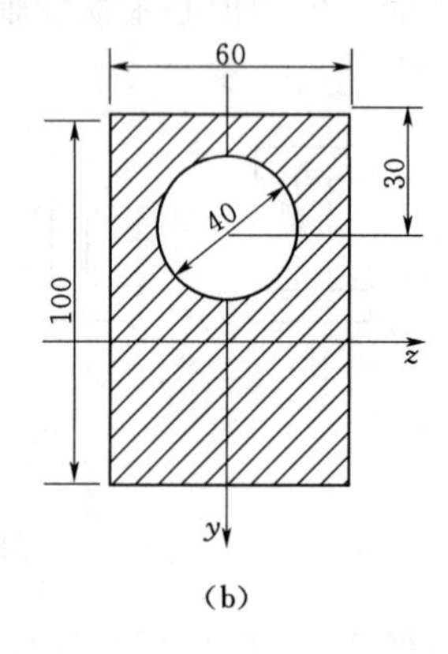

(b)

习题Ⅰ-4图

Ⅰ-5 习题Ⅰ-5图所示为一箱形截面，z 轴过形心且平行于底边，求截面对 z 轴的惯性矩。

Ⅰ-6 一正方形截面（边长为 a）如习题Ⅰ-6图所示，z、y 为截面的两个对称轴，z_1、y_1 为与 z、y 轴成 α 角的一对正交轴。

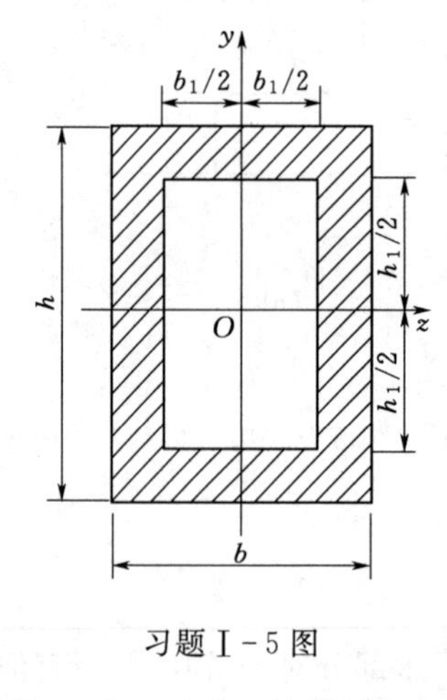

习题Ⅰ-5图

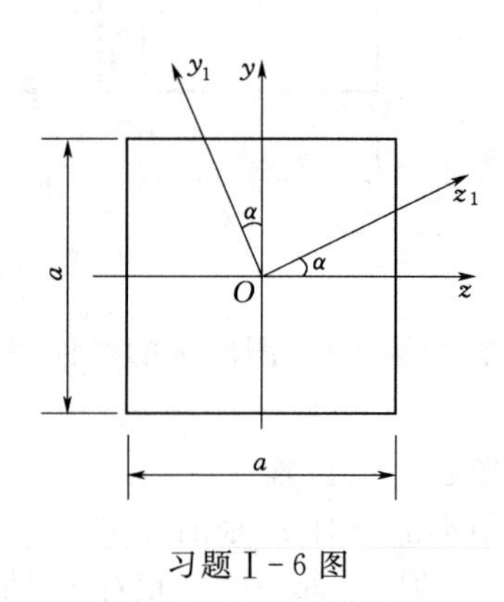

习题Ⅰ-6图

（1）求截面对 z_1 和 y_1 轴的惯性矩，并将 I_{z_1}、I_{y_1} 值与 I_z、I_y 值相比较。

（2）z_1、y_1 轴是否为主轴？由此可得出什么结论？

附录Ⅱ 型 钢 表

表Ⅱ-1 热轧等边角钢（GB/T 706—2008）

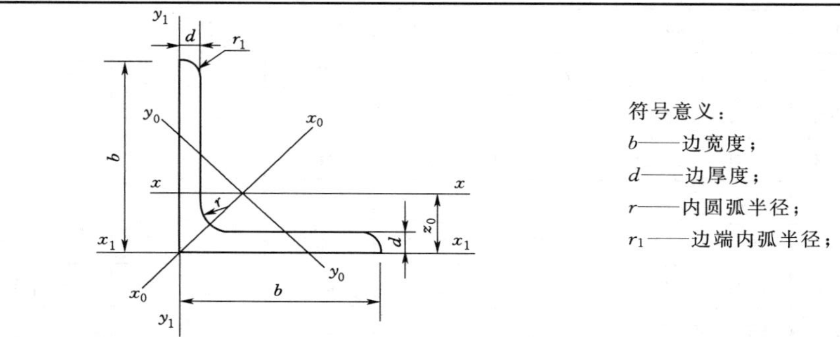

符号意义：

b——边宽度；
d——边厚度；
r——内圆弧半径；
r_1——边端内弧半径；
I——惯性矩；
i——惯性半径；
W——截面系数；
z_0——重心距离。

型号	截面尺寸/mm			截面面积 /cm²	理论重量 /(kg/m)	外表面积 /(m²/m)	参考数值										
							$x-x$			x_0-x_0			y_0-y_0			x_1-x_1	z_0 /cm
	b	d	r				I_x /cm⁴	i_x /cm	W_x /cm³	I_{x0} /cm⁴	i_{x0} /cm	W_{x0} /cm³	I_{y0} /cm⁴	i_{y0} /cm	W_{y0} /cm³	I_{x1} /cm4	
2	20	3	3.5	1.132	0.889	0.078	0.40	0.59	0.29	0.63	0.75	0.45	0.17	0.39	0.20	0.81	0.60
		4		1.459	1.145	0.077	0.50	0.58	0.36	0.78	0.73	0.55	0.22	0.38	0.24	1.09	0.64
2.5	25	3		1.432	1.124	0.098	0.82	0.76	0.46	1.29	0.95	0.73	0.34	0.49	0.33	1.57	0.73
		4		1.859	1.459	0.097	1.03	0.74	0.59	1.62	0.93	0.92	0.43	0.48	0.40	2.11	0.76
3.0	30	3	4.5	1.749	1.373	0.117	1.46	0.91	0.68	2.31	1.15	1.09	0.61	0.59	0.51	2.71	0.85
		4		2.276	1.786	0.117	1.84	0.90	0.87	2.92	1.13	1.37	0.77	0.58	0.62	3.63	0.89
3.6	36	3		2.109	1.656	0.141	2.58	1.11	0.99	4.09	1.39	1.61	1.07	0.71	0.76	4.68	1.00
		4		2.756	2.163	0.141	3.29	1.09	1.28	5.22	1.38	2.05	1.37	0.70	0.93	6.25	1.04
		5		3.382	2.654	0.141	3.95	1.08	1.56	6.24	1.36	2.45	1.65	0.70	1.09	7.84	1.07

续表

型号	截面尺寸/mm			截面面积/cm²	理论重量/(kg/m)	外表面积/(m²/m)	参考数值										
							$x-x$			x_0-x_0			y_0-y_0			x_1-x_1	z_0 /cm
	b	d	r				I_x /cm⁴	i_x /cm	W_x /cm³	I_{x0} /cm⁴	i_{x0} /cm	W_{x0} /cm³	I_{y0} /cm⁴	i_{y0} /cm	W_{y0} /cm³	I_{x1} /cm4	
4.0	40	3	5.0	2.359	1.852	0.157	3.59	1.23	1.23	5.69	1.55	2.01	1.49	0.79	0.96	6.41	1.09
		4		3.086	2.422	0.157	4.60	1.22	1.60	7.29	1.54	2.58	1.91	0.79	1.19	8.56	1.13
		5		3.791	2.976	0.156	5.53	1.21	1.96	8.76	1.52	3.01	2.30	0.78	1.39	10.74	1.17
4.5	45	3	5	2.659	2.088	0.177	5.17	1.40	1.58	8.20	1.76	2.58	2.14	0.90	1.24	9.12	1.22
		4		3.486	2.736	0.177	6.65	1.38	2.05	10.56	1.74	3.32	2.75	0.89	1.54	12.18	1.26
		5		4.292	3.369	0.176	8.04	1.37	2.51	12.74	1.72	4.00	3.33	0.88	1.81	15.25	1.30
		6		5.076	3.985	0.176	9.33	1.36	2.95	14.76	1.70	4.64	3.89	0.88	2.06	18.36	1.33
5.0	50	3	5.5	2.971	2.332	0.197	7.18	1.55	1.96	11.37	1.96	3.22	2.98	1.00	1.57	12.50	1.34
		4		3.897	3.059	0.197	9.26	1.54	2.56	14.70	1.94	4.16	3.82	0.99	1.96	16.69	1.38
		5		4.803	3.770	0.196	11.21	1.53	3.13	17.79	1.92	5.03	4.64	0.98	2.31	20.90	1.42
		6		5.688	4.465	0.196	13.05	1.52	3.68	20.68	1.91	5.85	5.42	0.98	2.63	25.14	1.46
5.6	56	3	6.0	3.343	2.624	0.221	10.19	1.75	2.48	16.14	2.20	4.08	4.24	1.13	2.02	17.56	1.48
		4		4.390	3.446	0.220	13.18	1.73	3.24	20.92	2.18	5.28	5.46	1.11	2.52	23.43	1.53
		5		5.415	4.251	0.220	16.02	1.72	3.97	25.42	2.17	6.42	6.61	1.10	2.98	29.33	1.57
		6		6.442	5.040	0.220	18.69	1.71	4.68	29.66	2.15	7.49	7.73	1.10	3.40	35.26	1.61
		7		7.404	5.812	0.219	21.23	1.69	5.36	33.63	2.13	8.49	8.82	1.09	3.80	41.23	1.64
		8		8.367	6.568	0.219	23.63	1.68	6.03	37.37	2.11	9.44	9.89	1.09	4.16	47.24	1.68
6.0	60	5	6.5	5.829	4.576	0.236	19.89	1.85	4.59	31.57	2.33	7.44	8.21	1.19	3.48	36.05	1.67
		6		6.914	5.427	0.235	23.25	1.83	5.41	36.89	2.31	8.70	9.60	1.18	3.98	43.33	1.70
		7		7.977	6.262	0.235	26.44	1.82	6.21	41.92	2.29	9.88	10.96	1.17	4.45	50.65	1.74
		8		9.020	7.081	0.235	29.47	1.81	6.98	46.66	2.27	11.00	12.28	1.17	4.88	58.02	1.78

续表

型号	截面尺寸/mm			截面面积/cm²	理论重量/(kg/m)	外表面积/(m²/m)	参考数值										
							$x-x$			x_0-x_0			y_0-y_0			x_1-x_1	z_0 /cm
	b	d	r				I_x /cm⁴	i_x /cm	W_x /cm³	I_{x0} /cm⁴	i_{x0} /cm	W_{x0} /cm³	I_{y0} /cm⁴	i_{y0} /cm	W_{y0} /cm³	I_{x1} /cm4	
6.3	63	4	7	4.978	3.907	0.248	19.03	1.96	4.13	30.17	2.46	6.78	7.89	1.26	3.29	33.35	1.70
		5		6.143	4.822	0.248	23.17	1.94	5.08	36.77	2.45	8.25	9.57	1.25	3.90	41.73	1.74
		6		7.288	5.721	0.247	27.12	1.93	6.00	43.03	2.43	9.66	11.20	1.24	4.46	50.14	1.78
		7		8.412	6.603	0.247	30.87	1.92	6.88	48.96	2.41	10.99	12.79	1.23	4.98	58.60	1.82
		8		9.515	7.469	0.247	34.46	1.90	7.75	54.56	2.40	12.25	14.33	1.23	5.47	67.11	1.85
		10		11.657	9.151	0.246	41.09	1.88	9.39	64.85	2.36	14.56	17.33	1.22	6.36	84.31	1.93
7	70	4	8	5.570	4.372	0.275	26.39	2.18	5.14	41.80	2.74	8.44	10.99	1.40	4.17	45.74	1.86
		5		6.875	5.397	0.275	32.21	2.16	6.32	51.08	2.73	10.32	13.34	1.39	4.95	57.21	1.91
		6		8.160	6.406	0.275	37.77	2.15	7.48	59.93	2.71	12.11	15.61	1.38	5.67	68.73	1.95
		7		9.424	7.398	0.275	43.09	2.14	8.59	68.35	2.69	13.81	17.82	1.38	6.34	80.29	1.99
		8		10.667	8.373	0.274	48.17	2.12	9.68	76.37	2.68	15.43	19.98	1.37	6.98	91.92	2.03
7.5	75	5	9	7.367	5.818	0.295	39.97	2.33	7.32	63.30	2.92	11.94	16.63	1.50	5.77	70.56	2.04
		6		8.797	6.905	0.294	46.95	2.31	8.64	74.38	2.90	14.02	19.51	1.49	6.67	84.55	2.07
		7		10.160	7.976	0.294	53.57	2.30	9.93	84.96	2.89	16.02	22.18	1.48	7.44	98.71	2.11
		8		11.503	9.030	0.294	59.96	2.28	11.20	95.07	2.88	17.93	24.86	1.47	8.19	112.97	2.15
		9		12.825	10.068	0.294	66.10	2.27	12.43	104.71	2.86	19.75	27.48	1.46	8.89	127.30	2.18
		10		14.126	11.089	0.293	71.98	2.26	13.64	113.92	2.84	21.48	30.05	1.46	9.56	141.71	2.22
8	80	5		7.912	6.211	0.315	48.79	2.48	8.34	77.33	3.13	13.67	20.25	1.60	6.66	85.36	2.15
		6		9.397	7.376	0.314	57.35	2.47	9.87	90.89	3.11	16.08	23.72	1.59	7.65	102.50	2.19
		7		10.860	8.525	0.314	65.58	2.46	11.37	104.07	3.10	18.40	27.09	1.58	8.58	119.70	2.23
		8		12.303	9.658	0.314	73.49	2.44	12.83	116.60	3.08	20.61	30.39	1.57	9.46	136.97	2.27
		9		13.725	10.774	0.314	81.11	2.43	14.25	128.60	3.06	22.73	33.61	1.56	10.29	154.31	2.31
		10		15.126	11.874	0.313	88.43	2.42	15.64	140.09	3.04	24.76	36.77	1.56	11.08	171.74	2.35

续表

型号	截面尺寸/mm			截面面积 /cm²	理论重量 /(kg/m)	外表面积 /(m²/m)	参考数值										
							$x-x$			x_0-x_0			y_0-y_0			x_1-x_1	z_0 /cm
	b	d	r				I_x /cm⁴	i_x /cm	W_x /cm³	I_{x0} /cm⁴	i_{x0} /cm	W_{x0} /cm³	I_{y0} /cm⁴	i_{y0} /cm	W_{y0} /cm³	I_{x1} /cm4	
9	90	6	10	10.637	8.350	0.354	82.77	2.79	12.61	131.26	3.51	20.63	34.28	1.80	9.95	145.87	2.44
		7		12.301	9.656	0.354	94.83	2.78	14.54	150.47	3.50	23.64	39.18	1.78	11.19	170.30	2.48
		8		13.944	10.946	0.353	106.47	2.76	16.42	168.97	3.48	26.55	43.97	1.78	12.35	194.80	2.52
		9		15.566	12.219	0.353	117.52	2.75	18.27	186.77	3.46	29.35	48.66	1.77	13.46	219.39	2.56
		10		17.167	13.476	0.353	128.58	2.74	20.07	203.90	3.45	32.04	53.26	1.76	14.52	244.07	2.59
		12		20.306	15.940	0.352	149.22	2.71	23.57	236.21	3.41	37.12	62.22	1.75	16.49	293.76	2.67
10	100	6	12	11.932	9.366	0.393	114.95	3.10	15.68	181.98	3.90	25.74	47.92	2.00	12.69	200.07	2.67
		7		13.796	10.830	0.393	131.86	3.09	18.10	208.97	3.89	29.55	54.74	1.99	14.26	233.54	2.71
		8		15.638	12.276	0.393	148.24	3.08	20.47	235.07	3.88	33.24	61.41	1.98	15.75	267.09	2.76
		9		17.462	13.708	0.392	164.12	3.07	22.79	260.30	3.86	36.81	67.95	1.97	17.18	300.73	2.80
		10		19.261	15.120	0.392	179.51	3.05	25.06	284.68	3.84	40.26	74.35	1.96	18.54	344.48	2.84
		12		22.800	17.898	0.391	208.90	3.03	29.48	330.95	3.81	46.80	86.84	1.95	21.08	402.34	2.91
		14		26.256	20.611	0.391	236.53	3.00	33.73	374.06	3.77	52.90	99.00	1.94	23.44	470.75	2.99
		16		29.627	23.257	0.390	262.53	2.98	37.82	414.16	3.74	58.57	110.89	1.94	25.63	539.80	3.06
11	110	7		15.196	11.928	0.433	177.16	3.41	22.05	280.94	4.30	36.12	73.38	2.20	17.51	310.64	2.96
		8		17.238	13.532	0.433	199.46	3.40	24.95	316.49	4.28	40.69	82.42	2.19	19.39	355.20	3.01
		10		21.261	16.690	0.432	242.19	3.38	30.60	384.39	4.25	49.42	99.98	2.17	22.91	444.65	3.09
		12		25.200	19.782	0.431	282.55	3.35	36.05	448.17	4.22	57.62	116.93	2.15	26.15	534.60	3.16
		14		29.056	22.809	0.431	320.71	3.32	41.31	508.01	4.18	65.31	133.40	2.14	29.14	625.16	3.24

续表

型号	截面尺寸/mm			截面面积/cm²	理论重量/(kg/m)	外表面积/(m²/m)	参考数值										
							$x-x$			x_0-x_0			y_0-y_0			x_1-x_1	z_0/cm
	b	d	r				I_x/cm⁴	i_x/cm	W_x/cm³	I_{x0}/cm⁴	i_{x0}/cm	W_{x0}/cm³	I_{y0}/cm⁴	i_{y0}/cm	W_{y0}/cm³	I_{x1}/cm4	
12.5	125	8	14	19.750	15.504	0.492	297.03	3.88	32.52	470.89	4.88	53.28	123.16	2.50	25.86	521.01	3.37
		10		24.373	19.133	0.491	361.67	3.85	39.97	573.89	4.85	64.93	149.46	2.48	30.62	651.93	3.45
		12		28.912	22.696	0.491	423.16	3.83	40.17	671.44	4.82	75.96	174.88	2.46	35.03	783.42	3.53
		14		33.367	26.193	0.490	481.65	3.80	54.16	763.73	4.78	86.41	199.57	2.45	39.13	915.61	3.61
		16		37.739	29.625	0.489	537.31	3.77	60.93	850.98	4.75	96.28	223.65	2.43	42.96	1048.62	3.68
14	140	10		27.373	21.488	0.551	514.65	4.34	50.58	817.27	5.46	82.56	212.04	2.78	39.20	915.11	3.82
		12		32.512	25.522	0.551	603.68	4.31	59.80	958.79	5.43	96.85	248.57	2.76	45.02	1099.28	3.90
		14		37.567	29.490	0.550	688.81	4.28	68.75	1093.56	5.40	110.47	284.06	2.75	50.45	1284.22	3.98
		16		42.539	33.393	0.549	770.24	4.26	77.46	1221.81	5.36	123.42	318.67	2.74	55.55	1470.07	4.06
15	150	8		23.750	18.644	0.592	521.37	4.69	47.36	827.49	5.90	78.02	215.25	3.01	38.14	899.55	3.99
		10		29.373	23.058	0.591	637.50	4.66	58.35	1012.79	5.87	95.49	262.21	2.99	45.51	1125.09	4.08
		12		34.912	27.406	0.591	748.85	4.63	69.04	1189.97	5.84	112.19	307.73	2.97	52.38	1351.26	4.15
		14		40.367	31.688	0.590	855.64	4.60	79.45	1359.30	5.80	128.16	351.98	2.95	58.83	1578.25	4.23
		15		43.063	33.804	0.590	907.39	4.59	84.56	1441.09	5.78	135.87	373.69	2.95	61.90	1692.10	4.27
		16		45.739	35.905	0.589	958.08	4.58	89.59	1521.02	5.77	143.40	395.14	2.94	64.89	1806.21	4.31
16	160	10	16	31.502	24.729	0.630	779.53	4.98	66.70	1237.30	6.27	109.36	321.76	3.20	52.76	1365.33	4.31
		12		37.411	29.391	0.630	916.58	4.95	78.98	1455.68	6.24	128.67	377.49	3.18	60.74	1639.57	4.39
		14		43.296	33.987	0.629	1048.36	4.92	90.95	1665.02	6.20	147.17	431.70	3.16	68.24	1914.68	4.47
		16		49.067	38.518	0.629	1175.08	4.89	102.63	1865.57	6.17	164.89	484.59	3.14	75.31	2190.82	4.55
18	180	12		42.241	33.159	0.710	1321.35	5.59	100.82	2100.10	7.05	165.00	542.61	3.58	78.41	2332.80	4.89
		14		48.896	38.388	0.709	1514.48	5.56	116.25	2407.42	7.02	189.14	625.53	3.56	88.38	2723.48	4.97
		16		55.467	43.542	0.709	1700.99	5.54	131.13	2703.37	6.98	212.40	698.60	3.55	97.83	3115.29	5.05
		18		61.955	48.634	0.708	1875.12	5.50	145.64	2988.24	6.94	234.78	762.01	3.51	105.14	3502.43	5.13

续表

型号	截面尺寸/mm			截面面积/cm^2	理论重量/(kg/m)	外表面积/(m^2/m)	参考数值										
							$x-x$			x_0-x_0			y_0-y_0			x_1-x_1	z_0/cm
	b	d	r				I_x/cm^4	i_x/cm	W_x/cm^3	I_{x0}/cm^4	i_{x0}/cm	W_{x0}/cm^3	I_{y0}/cm^4	i_{y0}/cm	W_{y0}/cm^3	I_{x1}/cm4	
20	200	14	18	54.642	42.894	0.788	2103.55	6.20	144.70	3343.26	7.82	236.40	863.83	3.98	111.82	3734.10	5.46
		16		62.013	48.680	0.788	2366.15	6.18	163.65	3760.89	7.79	265.93	971.41	3.96	123.96	4270.39	5.54
		18		69.301	54.401	0.787	2620.64	6.15	182.22	4164.54	7.75	294.48	1076.74	3.94	135.52	4808.13	5.62
		20		76.505	60.056	0.787	2867.30	6.12	200.42	4554.55	7.72	322.06	1180.04	3.93	146.55	5347.51	5.69
		24		90.661	71.168	0.785	3338.25	6.07	236.17	5294.97	7.64	374.41	1381.53	3.90	166.55	6457.16	5.87
22	220	16		68.664	53.901	0.866	3187.36	6.81	199.55	5063.73	8.59	325.51	1310.99	4.37	153.81	5681.62	6.03
		18		76.752	60.250	0.866	3534.30	6.79	222.37	5615.32	8.55	360.97	1453.27	4.35	168.29	6395.93	6.11
		20		84.756	66.533	0.865	3871.49	6.76	244.77	6150.08	8.52	395.34	1592.90	4.34	182.16	7112.04	6.18
		22		92.676	72.751	0.865	4199.23	6.73	266.78	6668.37	8.48	428.66	1730.10	4.32	195.45	7830.19	6.26
		24		100.512	78.902	0.864	4517.83	6.70	288.39	7170.55	8.45	460.94	1865.11	4.31	208.21	8550.57	6.33
		26		108.264	84.987	0.864	4827.58	6.68	309.62	7656.98	8.41	492.21	1998.17	4.30	220.49	9273.39	6.41
25	250	18	24	87.842	68.956	0.985	5268.22	7.74	290.12	8369.04	9.76	473.42	2167.41	4.97	224.03	9379.11	6.84
		20		97.045	76.180	0.984	5779.34	7.72	319.66	9181.94	9.73	519.41	2376.74	4.95	242.85	10426.97	6.92
		24		115.201	90.433	0.983	6763.93	7.66	377.34	10742.67	9.66	607.70	2785.19	4.92	278.38	12529.74	7.07
		26		124.154	97.461	0.982	7238.08	7.63	405.50	11491.33	9.62	650.05	2984.84	4.90	295.19	13585.18	7.15
		28		133.022	104.422	0.982	7700.60	7.61	433.22	12219.39	9.58	691.23	3181.81	4.89	311.42	14643.62	7.22
		30		141.807	111.318	0.981	8151.80	7.58	460.51	12927.26	9.55	731.28	3376.34	4.88	327.12	15705.30	7.30
		32		150.508	118.149	0.981	8592.01	7.56	487.39	13615.32	9.51	770.20	3568.71	4.87	342.33	16770.41	7.37
		35		163.402	128.271	0.980	9232.44	7.52	526.97	14611.16	9.46	826.53	3853.72	4.86	364.30	18374.95	7.48

注 截面图中的 $r_1=\frac{1}{3}d$ 及表中的 r 的数据用于孔型设计，不做交货条件。

表Ⅱ-2 热轧不等边角钢（GB/T 706—2008）

符号意义：

B——长边宽度；　b——短边宽度；

d——边厚度；　r——内圆弧半径；

r_1——边端内弧半径；　I——惯性矩；

i——惯性半径；　W——截面系数；

x_0——y_1 轴与 y 轴的间距；　y_0——x_1 轴与 x 轴的间距；

u——形心主轴。

型号	截面尺寸/mm				截面面积/cm²	理论重量/(kg/m)	外表面积/(m²/m)	参考数值												
								$x-x$			$y-y$			x_1-x_1		y_1-y_1		$u-u$			
	B	b	d	r				I_x/cm⁴	i_x/cm	W_x/cm³	I_y/cm⁴	i_y/cm	W_y/cm³	I_{x1}/cm⁴	y_0/cm	I_{y1}/cm⁴	x_0/cm	I_u/cm⁴	i_u/cm	W_u/cm³	$\tan\alpha$
2.5/1.6	25	16	3	3.5	1.162	0.912	0.080	0.70	0.78	0.43	0.22	0.44	0.19	1.56	0.86	0.43	0.42	0.14	0.34	0.16	0.392
			4		1.499	1.176	0.079	0.88	0.77	0.55	0.27	0.43	0.24	2.09	0.90	0.59	0.46	0.17	0.34	0.20	0.381
3.2/2	32	20	3		1.492	1.171	0.102	1.53	1.01	0.72	0.46	0.55	0.30	3.27	1.08	0.82	0.49	0.28	0.43	0.25	0.382
			4		1.939	1.522	0.101	1.93	1.00	0.93	0.57	0.54	0.39	4.37	1.12	1.12	0.53	0.35	0.42	0.32	0.374
4/2.5	40	25	3	4.0	1.890	1.484	0.127	3.08	1.28	1.15	0.93	0.70	0.49	6.39	1.32	1.59	0.59	0.56	0.54	0.40	0.386
			4		2.467	1.936	0.127	3.93	1.26	1.49	1.18	0.69	0.63	8.53	1.37	2.14	0.63	0.71	0.54	0.52	0.381
4.5/2.8	45	28	3	5.0	2.149	1.687	0.143	4.45	1.44	1.47	1.34	0.79	0.62	9.10	1.47	2.23	0.64	0.80	0.61	0.51	0.383
			4		2.806	2.203	0.143	5.69	1.42	1.91	1.70	0.78	0.80	12.13	1.51	3.00	0.68	1.02	0.60	0.66	0.380
5/3.2	50	32	3	5.5	2.431	1.908	0.161	6.24	1.60	1.84	2.02	0.91	0.82	12.49	1.60	3.31	0.73	1.20	0.70	0.68	0.404
			4		3.177	2.494	0.160	8.02	1.59	2.39	2.58	0.90	1.06	16.65	1.65	4.45	0.77	1.53	0.60	0.87	0.402
5.6/3.6	56	36	3	6.0	2.743	2.153	0.181	8.88	1.80	2.32	2.92	1.03	1.05	17.54	1.78	4.70	0.80	1.73	0.79	0.87	0.408
			4		3.590	2.818	0.180	11.45	1.79	3.03	3.76	1.02	1.37	23.39	1.82	6.33	0.85	2.23	0.79	1.13	0.408
			5		4.415	3.466	0.180	13.86	1.77	3.71	4.49	1.01	1.65	29.25	1.87	7.94	0.88	2.67	0.78	1.36	0.404

续表

型号	截面尺寸/mm				截面面积	理论重量	外表面积	参考数值													
								$x-x$			$y-y$			x_1-x_1		y_1-y_1		$u-u$			
	B	b	d	r	/cm^2	/(kg/m)	/(m^2/m)	I_x /cm^4	i_x /cm	W_x /cm^3	I_y /cm^4	i_y /cm	W_y /cm^3	I_{x1} /cm^4	y_0 /cm	I_{y1} /cm^4	x_0 /cm	I_u /cm^4	i_u /cm	W_u /cm^3	$\tan\alpha$
6.3/4	63	40	4	7.0	4.058	3.185	0.202	16.49	2.02	3.87	5.23	1.14	1.70	33.30	2.04	8.63	0.92	3.12	0.88	1.40	0.398
			5		4.993	3.920	0.202	20.02	2.00	4.74	6.31	1.12	2.71	41.63	2.08	10.86	0.95	3.76	0.87	1.71	0.396
			6		5.908	4.638	0.201	23.36	1.96	5.59	7.29	1.11	2.43	49.98	2.12	13.12	0.99	4.34	0.86	1.99	0.393
			7		6.802	5.339	0.201	26.53	1.98	6.40	8.24	1.10	2.78	58.07	2.15	15.47	1.03	4.97	0.86	2.29	0.389
7/4.5	70	45	4	7.5	4.547	3.570	0.226	23.17	2.26	4.86	7.55	1.29	2.17	45.92	2.24	12.26	1.02	4.40	0.98	1.77	0.410
			5		5.609	4.403	0.225	27.95	2.23	5.92	9.13	1.28	2.65	57.10	2.28	15.39	1.06	5.40	0.98	2.19	0.407
			6		6.647	5.218	0.225	32.54	2.21	6.95	10.62	1.26	3.12	68.35	2.32	18.58	1.09	6.35	0.98	2.59	0.404
			7		7.657	6.011	0.225	37.22	2.20	8.03	12.01	1.25	3.57	79.99	2.36	21.84	1.13	7.16	0.97	2.94	0.402
7.5/5	75	50	5	8.0	6.125	4.808	0.245	34.86	2.39	6.83	12.61	1.44	3.30	70.00	2.40	21.04	1.17	7.41	1.10	2.74	0.435
			6		7.260	5.699	0.245	41.12	2.38	8.12	14.70	1.42	3.88	84.30	2.44	25.37	1.21	8.54	1.08	3.19	0.435
			8		9.467	7.431	0.244	52.39	2.35	10.52	18.53	1.40	4.99	112.50	2.52	34.23	1.29	10.87	1.07	4.10	0.429
			10		11.590	9.098	0.244	62.71	2.33	12.79	21.96	1.38	6.04	140.80	2.60	43.43	1.36	13.10	1.06	4.99	0.423
8/5	80	50	5		6.375	5.005	0.255	41.96	2.56	7.78	12.82	1.42	3.32	85.21	2.60	21.06	1.14	7.66	1.10	2.74	0.388
			6		7.560	5.935	0.255	49.49	2.56	9.25	14.95	1.41	3.91	102.53	2.65	25.41	1.18	8.85	1.08	3.20	0.387
			7		8.724	6.848	0.255	56.16	2.54	10.58	16.96	1.39	4.48	119.33	2.69	29.82	1.21	10.18	1.08	3.70	0.384
			8		9.867	7.745	0.254	62.83	2.52	11.92	18.85	1.38	5.03	136.41	2.73	34.32	1.25	11.38	1.07	4.16	0.381
9/5.6	90	56	5	9.0	7.212	5.661	0.287	60.45	2.90	9.92	18.32	1.59	4.21	121.32	2.91	29.53	1.25	10.98	1.23	3.49	0.385
			6		8.557	6.717	0.286	71.03	2.88	11.74	21.42	1.58	4.96	145.59	2.95	35.58	1.29	12.90	1.23	4.18	0.384
			7		9.880	7.756	0.286	81.01	2.86	13.49	24.36	1.57	5.70	169.66	3.00	41.71	1.33	14.67	1.22	4.72	0.382
			8		11.183	8.779	0.286	91.03	2.85	15.27	27.15	1.56	6.41	194.17	3.04	47.93	1.36	16.34	1.21	5.29	0.380

续表

型号	截面尺寸/mm				截面面积/cm²	理论重量/(kg/m)	外表面积/(m²/m)	参考数值													
								$x-x$			$y-y$			x_1-x_1		y_1-y_1		$u-u$			
	B	b	d	r				I_x /cm⁴	i_x /cm	W_x /cm³	I_y /cm⁴	i_y /cm	W_y /cm³	I_{x1} /cm⁴	y_0 /cm	I_{y1} /cm⁴	x_0 /cm	I_u /cm⁴	i_u /cm	W_u /cm³	$\tan\alpha$
10/6.3	100	63	6	10.0	9.617	7.550	0.320	99.06	3.21	14.64	30.94	1.79	6.35	199.71	3.24	50.50	1.43	18.42	1.38	5.25	0.394
			7		11.111	8.722	0.320	113.45	3.20	16.88	35.26	1.78	7.29	233.00	3.28	59.14	1.47	21.00	1.38	6.02	0.393
			8		12.584	9.878	0.319	127.37	3.18	19.08	39.39	1.77	8.21	266.32	3.32	67.88	1.50	23.50	1.37	6.78	0.391
			10		15.467	12.142	0.319	153.81	3.15	23.32	47.12	1.74	9.98	333.06	3.40	85.73	1.58	28.33	1.35	8.24	0.387
10/8	100	80	6		10.637	8.350	0.354	107.04	3.17	15.19	61.24	2.40	10.16	199.83	2.95	102.68	1.97	31.65	1.72	8.37	0.627
			7		12.304	9.656	0.354	122.73	3.16	17.52	70.08	2.39	11.71	233.20	3.00	119.98	2.01	36.17	1.72	9.60	0.626
			8		13.944	10.946	0.353	137.92	3.14	19.81	78.58	2.37	13.21	266.61	3.04	137.37	2.05	40.58	1.71	10.80	0.625
			10		17.167	13.176	0.353	166.87	3.12	24.24	94.65	2.35	16.12	333.63	3.12	172.48	2.13	49.10	1.69	13.12	0.622
11/7	110	70	6		10.637	8.350	0.354	133.37	3.54	17.85	42.92	2.01	7.90	265.78	3.53	69.08	1.57	25.36	1.54	6.53	0.403
			7		12.301	9.656	0.354	153.00	3.53	20.60	49.01	2.00	9.09	310.07	3.57	80.82	1.61	28.95	1.53	7.50	0.402
			8		13.944	10.946	0.353	172.04	3.51	23.30	54.87	1.98	10.25	354.39	3.62	92.70	1.65	32.45	1.53	8.45	0.401
			10		17.167	13.476	0.353	208.39	3.48	28.54	65.88	1.96	12.48	443.13	3.70	116.83	1.72	39.20	1.51	10.29	0.397
12.5/8	125	80	7	11.0	14.096	11.066	0.403	227.98	4.02	26.86	74.42	2.30	12.01	454.99	4.01	120.32	1.80	43.81	1.76	9.92	0.408
			8		15.989	12.551	0.403	256.77	4.01	30.41	83.49	2.28	13.56	519.99	4.06	137.85	1.84	49.75	1.75	11.18	0.407
			10		19.712	15.474	0.402	312.04	3.98	37.33	100.67	2.26	16.56	650.09	4.14	173.40	1.92	59.45	1.74	13.64	0.404
			12		23.351	18.330	0.402	364.41	3.95	44.01	116.67	2.24	19.43	780.39	4.22	209.67	2.00	69.35	1.72	16.01	0.400
14/9	140	90	8	12.0	18.038	14.160	0.453	365.64	4.50	38.48	120.69	2.59	17.34	730.53	4.50	195.79	2.04	70.83	1.98	14.31	0.411
			10		22.261	17.475	0.452	445.50	4.47	47.31	146.03	2.56	21.22	913.20	4.58	245.92	2.12	85.82	1.96	17.48	0.409
			12		26.400	20.724	0.451	521.59	4.44	55.87	169.79	2.54	24.95	1096.09	4.66	296.89	2.19	100.21	1.95	20.54	0.406
			14		30.456	23.908	0.451	594.10	4.42	64.18	192.10	2.51	28.54	1279.26	4.74	348.82	2.27	114.13	1.94	23.52	0.403

续表

型号	截面尺寸/mm				截面面积 /cm²	理论重量 /(kg/m)	外表面积 /(m²/m)	参考数值													
								$x-x$			$y-y$			x_1-x_1		y_1-y_1		$u-u$			
	B	b	d	r				I_x /cm⁴	i_x /cm	W_x /cm³	I_y /cm⁴	i_y /cm	W_y /cm³	I_{x1} /cm⁴	y_0 /cm	I_{y1} /cm⁴	x_0 /cm	I_u /cm⁴	i_u /cm	W_u /cm³	$\tan\alpha$
15/9	150	90	8	12.0	18.839	14.788	0.473	442.05	4.84	43.86	122.80	2.55	17.47	898.35	4.92	195.96	1.97	74.14	1.98	14.48	0.364
			10		23.261	18.260	0.472	539.24	4.81	53.97	148.62	2.53	21.38	1122.85	5.01	246.26	2.05	89.86	1.97	17.69	0.362
			12		27.600	21.666	0.471	632.08	4.79	63.79	172.85	2.50	25.14	1347.50	5.09	297.46	2.12	104.95	1.95	20.80	0.359
			14		31.856	25.007	0.471	720.77	4.76	73.33	195.62	2.48	28.77	1572.38	5.17	349.74	2.20	119.53	1.94	23.84	0.356
			15		33.952	26.652	0.471	763.62	4.74	77.99	206.50	2.47	30.53	1684.93	5.21	376.33	2.24	126.67	1.93	25.33	0.354
			16		36.027	28.281	0.470	805.51	4.73	82.60	217.07	2.45	32.27	1797.55	5.25	403.24	2.27	133.72	1.93	26.82	0.352
16/10	160	100	10	13.0	25.315	19.872	0.512	668.69	5.14	62.13	205.03	2.85	26.56	1362.89	5.24	336.59	2.28	121.74	2.19	21.92	0.390
			12		30.054	23.592	0.511	784.91	5.11	73.49	239.06	2.82	31.28	1635.56	5.32	405.94	2.36	142.33	2.17	25.79	0.388
			14		34.709	27.247	0.510	896.30	5.08	84.56	271.20	2.80	35.83	1908.50	5.40	476.42	2.43	162.23	2.16	29.56	0.385
			16		39.281	30.835	0.510	1003.04	5.05	95.33	301.60	2.77	40.24	2181.79	5.48	548.22	2.51	182.57	2.16	33.44	0.382
18/11	180	110	10	14.0	28.373	22.273	0.571	956.25	5.80	78.96	278.11	3.13	32.49	1940.40	5.89	447.22	2.44	166.50	2.42	26.88	0.376
			12		33.712	26.464	0.571	1124.72	5.78	93.53	325.03	3.10	38.32	2328.38	5.98	538.94	2.52	194.87	2.40	31.66	0.374
			14		38.967	30.589	0.570	1286.91	5.75	107.76	369.55	3.08	43.97	2716.60	6.06	631.95	2.59	222.30	2.39	36.32	0.372
			16		44.139	34.649	0.569	1443.06	5.72	121.64	411.85	3.06	49.44	3105.15	6.14	726.46	2.67	248.94	2.38	40.87	0.369
20/12.5	200	125	12		37.912	29.761	0.641	1570.90	6.44	116.73	483.16	3.57	49.99	3193.85	6.54	787.74	2.83	285.79	2.74	41.23	0.392
			14		43.867	34.436	0.640	1800.97	6.41	134.65	550.83	3.54	57.44	3726.17	6.62	922.47	2.91	326.58	2.73	47.34	0.390
			16		49.739	39.045	0.639	2023.35	6.38	152.18	615.44	3.52	64.69	4258.86	6.70	1058.86	2.99	366.21	2.71	53.32	0.388
			18		55.526	43.588	0.639	2238.30	6.35	169.33	677.19	3.49	71.74	4792.00	6.78	1197.13	3.06	404.83	2.70	59.18	0.385

注 截面图中的 $r_1=\frac{1}{3}d$ 及表中的 r 的数据用于孔型设计，不做交货条件。

表Ⅱ-3　　热轧普通槽钢（GB/T 706—2008）

符号意义：

h——高度；　　r_1——腿端圆弧半径；

b——腿宽度；　　I——惯性矩；

d——腰厚度；　　W——截面系数；

t——平均腿厚度；　　i——回转半径；

r——内圆弧半径；　　z_0——$y-y$ 轴与 y_1-y_1 轴间距。

型号	截面尺寸/mm						截面面积 /cm²	理论重量 /(kg/m)	$x-x$ 轴			$y-y$ 轴			y_1-y_1 轴	z_0 /cm
	h	b	d	t	r	r_1			I_x /cm⁴	W_x /cm³	i_x /cm	I_y /cm⁴	W_y /cm³	i_y /cm	I_{y1} /cm⁴	
5	50	37	4.5	7.0	7.0	3.5	6.92	5.44	26	10.4	1.94	8.3	3.5	1.10	20.9	1.35
6.3	63	40	4.8	7.5	7.5	3.8	8.45	6.63	51	16.3	2.46	11.9	4.6	1.19	28.3	1.39
6.5	65	40	4.3	7.5	7.5	3.8	8.55	6.71	55	17.0	2.54	12.0	4.59	1.19	28.3	1.38
8	80	43	5.0	8.0	8.0	4.0	10.24	8.04	101	25.3	3.14	16.6	5.8	1.27	37.4	1.42
10	100	48	5.3	8.5	8.5	4.2	12.74	10.00	198	39.7	3.94	25.6	7.8	1.42	54.9	1.52
12	120	53	5.5	9.0	9.0	4.5	15.36	12.06	346	57.7	4.75	37.4	10.2	1.56	77.7	1.62
12.6	126	53	5.5	9.0	9.0	4.5	15.69	12.31	389	61.7	4.98	38.0	10.3	1.56	77.8	1.59
14a	140	58	6.0	9.5	9.5	4.8	18.51	14.53	564	80.5	5.52	53.2	13.0	1.70	107.2	1.71
14b		60	8.0				21.31	16.73	609	87.1	5.35	61.2	14.1	1.69	120.6	1.67
16a	160	63	6.5	10.0	10.0	5.0	21.95	17.23	866	108.3	6.28	73.4	16.3	1.83	144.1	1.79
16b		65	8.5				25.15	19.75	935	116.8	6.1	83.4	17.6	1.82	160.8	1.75

续表

型号	截面尺寸/mm						截面面积 /cm²	理论重量 /(kg/m)	x-x 轴			y-y 轴			y_1-y_1 轴	z_0 /cm
	h	b	d	t	r	r_1			I_x /cm⁴	W_x /cm³	i_x /cm	I_y /cm⁴	W_y /cm³	i_y /cm	I_{y1} /cm⁴	
18a	180	68	7.0	10.5	10.5	5.2	25.69	20.17	1273	141.4	7.04	98.6	20.0	1.96	189.7	1.88
18b		70	9.0				29.29	22.99	1370	152.2	6.84	111.0	21.5	1.95	210.1	1.84
20a	200	73	7.0	11.0	11.0	5.5	28.83	22.63	1780	178.0	7.86	128.0	24.2	2.11	244.0	2.01
20b		75	9.0				32.83	25.77	1914	191.4	7.64	143.6	25.9	2.09	268.4	1.95
22a	220	77	7.0	11.5	11.5	5.8	31.84	24.99	2394	217.6	8.67	157.8	28.2	2.23	298.2	2.1
22b		79	9.0				36.24	28.45	2571	233.8	8.42	176.5	30.1	2.21	326.3	2.03
24a	240	78	7.0	12.0	12.0	6.0	34.22	26.86	3050	254.0	9.45	174.0	30.5	2.25	325.0	2.10
24b		80	9.0				39.02	30.63	3280	274.0	9.17	194.0	32.5	2.23	355.0	2.03
24c		82	11.0				43.82	34.40	3510	293.0	8.96	213.0	34.4	2.21	388.0	2.00
25a	250	78	7.0	12.0	12.0	6.0	34.91	27.40	3359	268.7	9.81	175.9	30.7	2.24	324.8	2.07
25b		80	9.0				39.91	31.33	3619	289.6	9.52	196.4	32.7	2.22	355.1	1.99
25c		82	11.0				44.91	35.25	3690	295.2	9.07	218.4	35.9	2.21	384.0	1.92
27a	270	82	7.5	12.5	12.5	6.2	39.28	30.84	4360	323.0	10.5	216.0	35.3	2.34	393.0	2.13
27b		84	9.5				44.68	35.08	4690	347.0	10.3	239.0	37.7	2.31	428.0	2.06
27c		86	11.5				50.08	39.32	5020	372.0	10.1	261.0	39.8	2.28	467.0	2.03
28a	280	82	7.5				40.02	31.42	4753	339.5	10.9	217.9	35.7	2.33	393.3	2.09
28b		84	9.5				45.62	35.81	5118	365.6	10.59	241.5	37.9	2.3	428.5	2.02
28c		86	11.5				51.22	40.21	5496	393.0	10.35	267.6	40.3	2.28	463.0	1.95

续表

型号	截面尺寸/mm						截面面积/cm²	理论重量/(kg/m)	x-x 轴			y-y 轴			y_1-y_1 轴	z_0/cm
	h	b	d	t	r	r_1			I_x/cm⁴	W_x/cm³	i_x/cm	I_y/cm⁴	W_y/cm³	i_y/cm	I_{y1}/cm⁴	
30a	300	85	7.5	13.5	13.5	6.8	43.90	34.46	6050	403.0	11.70	260.0	41.1	2.43	467.0	2.17
30b		87	9.5				49.90	39.17	6500	433.0	11.40	289.0	44.0	2.41	515.0	2.13
30c		89	11.5				55.90	43.88	6950	463.0	11.20	316.0	46.4	2.38	560.0	2.09
32a	320	88	8.0	14.0	14.0	7.0	48.5	38.07	7511	469.4	12.44	304.7	46.4	2.51	547.5	2.24
32b		90	10.0				54.9	43.10	8057	503.5	12.11	335.6	49.1	2.47	592.9	2.16
32c		92	12.0				61.3	48.12	8690	543.1	11.85	374.2	52.6	2.47	642.7	2.09
36a	360	96	9.0	16.0	16.0	8.0	60.89	47.8	11874	659.7	13.96	455	63.6	2.73	818.5	2.44
36b		98	11.0				68.09	53.45	12652	702.9	13.63	496.7	66.9	2.70	880.5	2.37
36c		100	13.0				75.29	59.1	13429	746.1	13.36	536.6	70.0	2.67	948.0	2.34
40a	400	100	10.5	18.0	18.0	9.0	75.04	58.91	17578	878.9	15.30	592.0	78.8	2.81	1057.9	2.49
40b		102	12.5				83.04	65.19	18644	932.2	14.98	640.6	82.6	2.78	1135.8	2.44
40c		104	14.5				91.04	71.47	19711	985.6	14.71	687.8	86.2	2.75	1220.3	2.42

注 表中 r、r_1 的数据用于孔型设计，不做交货条件。

表Ⅱ-4　　热轧普通工字钢（GB/T 706—2008）

符号意义：

h——高度；

b——腿宽度；

d——腰厚度；

t——平均腿厚度；

r——内圆弧半径；

r_1——腿端圆弧半径；

I——惯性矩；

W——截面系数；

i——惯性半径；

S_x——半截面的静矩。

型号	截面尺寸/mm						截面面积 /cm²	理论重量 /(kg/m)	x－x 轴				y－y 轴		
	h	b	d	t	r	r_1			I_x /cm⁴	W_x /cm³	i_x /cm	I_x/S_x /cm	I_y /cm⁴	W_y /cm³	i_y /cm
10	100	68	4.5	7.6	6.5	3.3	14.30	11.20	245	49.0	4.14	8.69	33	9.7	1.52
12	120	74	5.0	8.4	7.0	3.5	17.82	13.96	436	72.7	4.95	10.41	47	12.7	1.62
12.6	126	74	5.0	8.4	7.0	3.5	18.10	14.20	488	77.0	5.19	11.00	47	12.7	1.61
14	140	80	5.5	9.1	7.5	3.8	21.50	16.90	712	102.0	5.75	12.20	64	16.1	1.73
16	160	88	6.0	9.9	8.0	4.0	26.10	20.50	1127	141.0	6.57	13.90	93	21.1	1.89
18	180	94	6.5	10.7	8.5	4.3	30.70	24.10	1660	185.0	7.37	15.40	122	26.2	2.00
20a	200	100	7.0	11.4	9.0	4.5	35.50	27.90	2369	237.0	8.16	17.40	158	31.6	2.11
20b		102	9.0				39.50	31.10	2502	250.0	7.95	17.10	169	33.1	2.07
22a	220	110	7.5	12.3	9.5	4.8	42.10	33.00	3406	310.0	8.99	19.20	226	41.1	2.32
22b		112	9.5				46.50	36.50	3570	325.0	8.78	18.90	240	42.9	2.27

续表

型号	截面尺寸/mm						截面面积/cm^2	理论重量/(kg/m)	x－x 轴				y－y 轴		
	h	b	d	t	r	r_1			I_x /cm^4	W_x /cm^3	i_x /cm	I_x/S_x /cm	I_y /cm^4	W_y /cm^3	i_y /cm
24a	240	116	8.0	13.0	10.0	5.0	47.74	37.48	4570	381	9.77	20.81	280	48.4	2.42
24b		118	10.0				52.54	41.24	4800	400	9.57	20.52	297	50.4	2.38
25a	250	116	8.0				48.50	38.10	5017	401	10.20	21.70	280	48.4	2.40
25b		118	10.0				53.50	42.00	5283	422	9.93	21.40	309	52.4	2.40
27a	270	122	8.5	13.7	10.5	5.3	54.55	42.83	6550	485	10.9	23.39	345	56.6	2.51
27b		124	10.5				59.95	47.06	6870	509	10.7	23.03	366	58.9	2.47
28a	280	122	8.5				55.40	43.50	7115	508	11.3	24.30	344	56.4	2.49
28b		124	10.5				61.00	47.90	7481	534	11.1	24.00	379	61.2	2.49
30a	300	126	9.0	14.4	11.0	5.5	61.25	48.08	8950	597	12.1	25.87	400	63.5	2.55
30b		128	11.0				67.25	52.79	9400	627	11.8	25.51	422	65.9	2.50
30c		130	13.0				73.25	57.50	9850	657	11.6	25.19	445	68.5	2.46
32a	320	130	9.5	15.0	11.5	5.8	67.10	52.70	11080	692	12.8	27.70	459	70.6	2.62
32b		132	11.5				73.50	57.70	11626	727	12.6	27.10	501	76.0	2.61
32c		134	13.5				79.90	62.70	12173	761	12.3	26.90	543	81.2	2.61
36a	360	136	10.0	15.8	12.0	6.0	76.40	60.00	15796	878	14.4	31.00	555	81.6	2.69
36b		138	12.0				83.60	65.60	16574	921	14.1	30.60	584	84.6	2.64
36c		140	14.0				90.80	71.30	17351	964	13.8	30.20	614	87.7	2.6
40a	400	142	10.5	16.5	12.5	6.3	86.10	67.60	21714	1086	15.9	34.40	660	92.9	2.77
40b		144	12.5				94.10	73.80	22781	1139	15.6	33.90	693	96.2	2.71
40c		146	14.5				102.00	80.10	23847	1192	15.3	33.50	727	99.7	2.67

续表

型号	截面尺寸/mm						截面面积 /cm^2	理论重量 /(kg/m)	x-x 轴				y-y 轴		
	h	b	d	t	r	r_1			I_x /cm^4	W_x /cm^3	i_x /cm	I_x/S_x /cm	I_y /cm^4	W_y /cm^3	i_y /cm
45a		150	11.5				102.00	80.40	32241	1433	17.7	38.50	855	114.0	2.89
45b	450	152	13.5	18.0	13.5	6.8	111.00	87.40	33759	1500	17.4	38.10	895	118.0	2.84
45c		154	15.5				120.00	94.50	35278	1568	17.1	37.60	938	122.0	2.79
50a		158	12.0				119.00	93.6	46472	1859	19.7	42.90	1122	142.0	3.07
50b	500	160	14.0	20.0	14	7.0	129.00	101.00	48556	1942	19.4	42.30	1171	146.0	3.01
50c		162	16.0				139.00	109.00	50639	2026	19.1	41.90	1224	151.0	2.96
55a		166	12.5				134.18	105.34	62900	2290	21.6	46.95	1370	164.0	3.19
55b	550	168	14.5				145.18	113.97	65600	2390	21.2	46.35	1420	170.0	3.14
55c		170	16.5	21.0	14.5	7.3	156.18	122.61	68400	2490	20.9	45.87	1480	175.0	3.08
56a		166	12.5				135.00	106.00	65586	2342	22.0	47.70	1370	165.0	3.18
56b	560	168	14.5				146.45	115.00	68512	2447	21.6	47.20	1487	174.0	3.16
56c		170	16.5				158.00	124.00	71439	2551	21.3	46.70	1558	183.0	3.16
63a		176	13.0				155.00	122.00	94004	2984	24.7	53.80	1702	194.0	3.32
63b	630	178	15.0	22	15	7.5	167.00	131.00	98171	3117	24.2	53.20	1812	203.0	3.29
63c		180	17.0				180.00	141.00	102251	3298	23.8	52.60	1925	214.0	3.27

注　表中 r、r_1 的数据用于孔型设计，不做交货条件。

附录Ⅲ　部分习题参考答案

第2章　静力学基础

2-1　(a) $F_R=1086.66N$，指向左下方，与 y 轴负方向的夹角为 38.54°；

(b) $F_R=407.48N$，指向左下方，与 y 轴负方向的夹角为 63.49°。

第3章　平面力系的合成与平衡

3-1　(a) $F_R=1086.66N$，$\alpha=-128.54°$；(b) $F_R=407.48N$，$\alpha=-153.49°$。

3-2　$M=260N\cdot m$。

3-3　$F_{BC}=5kN$（拉），$F_{AC}=17.32kN$（压）。

3-4　$F_{AB}=54.64kN$（拉），$F_{CB}=74.64kN$（压）。

3-5　$247N\cdot m$。

3-6　$M_2=2kN\cdot m$。

3-7　①$F_{FG}=qa$（拉力）；②$F_{Ax}=0$，$F_{Ay}=qa$（↑），$M_A=-2qa^2$（↻）；

③$F_{CD}=\sqrt{2}qa$（压力）。

3-8　$F_1:F_2=0.6124$。

3-9　$F_A=0.354F$，$F_B=0.791F$。

3-10　(a) $F_{Ax}=0$，$F_{Ay}=\frac{M}{2a}-0.5F$，$F_{By}=1.5F-\frac{M}{2a}$；

(b) $F_{Ax}=0$，$F_{Ay}=F$（↑），$F_{By}=F$（↑）；

(c) $F_{Ax}=0$，$F_{Ay}=\frac{M}{2a}$（↑），$F_{By}=\frac{M}{2a}$（↓）；

(d) $F_{Ax}=0$，$F_{Ay}=\frac{1}{4}qa$（↑），$F_{By}=\frac{7}{4}qa$（↑）；

(e) $F_{Ax}=0$，$F_{Ay}=18kN$（↑），$F_{By}=14kN$（↑）；

(f) $F_{Ax}=0$，$F_{Ay}=0$，$M_A=0$。

3-11　$F_T=\frac{Fa\cos\alpha}{2h}$；$F_{Ax}=F_T$，$F_{Ay}=\frac{Fa}{2l}$。

3-12　$F_{Ax}=0$，$F_{Ay}=400N$（↑），$M_A=-1192.8N\cdot m$（↻）。

3-13　$F_{Ax}=0$，$F_{Ay}=-100N$（↓）；$F_{Bx}=0$，$F_{By}=200N$（↑）；$F_{Cy}=300N$（↑）；$F_{Dy}=200N$（↑）。

3-14　$F_{Ax}=0$，$F_{Ay}=3qa$（↑），$M_A=9qa^2$（↻）；$F_{By}=qa$（↑）；$F_{Dx}=0$，$F_{Dy}=qa$（↑）。

3-15　$F_{Ax}=0$，$F_{Ay}=-\frac{M}{2a}$（↓）；$F_{Bx}=0$，$F_{By}=-\frac{M}{2a}$（↓）；$F_{Dx}=0$，$F_{Dy}=\frac{M}{a}$（↑）。

3-16　(1) 10N时摩擦力为10N，物块平衡；(2) 20N时摩擦力为20N，物块平衡；

(3) 40N时摩擦力为30N，物块运动。

3-17 (1) 下滑，摩擦力为32.91N；(2) 82.91N。

3-18 不动，因为 $F_x=0.4226P$，最大静摩擦力 $F_{max}=0.694P$，$F_x<F_{max}$。

3-19 $P\dfrac{\sin(\alpha-\varphi_m)}{\cos\varphi_m}\leqslant F_1\leqslant P\dfrac{\sin(\alpha+\varphi_m)}{\cos\varphi_m}$。

3-20 $\alpha\leqslant\arctan\dfrac{fl}{a}$。

第4章 平面体系的几何组成分析

4-1 (a)、(b)、(f)、(h)、(i)、(j)、(k)、(m)、(n)、(o)、(r) 无多余约束的几何不变体系；

(c)、(d)、(g)、(q) 瞬变体系，其中4-17相对基础有3个自由度；

(e) 有3个多余约束的几何不变体系；

(l)、(p) 有1个多余约束的几何不变体系。

第5章 静定结构的内力计算

5-1 轴力图如下图所示。

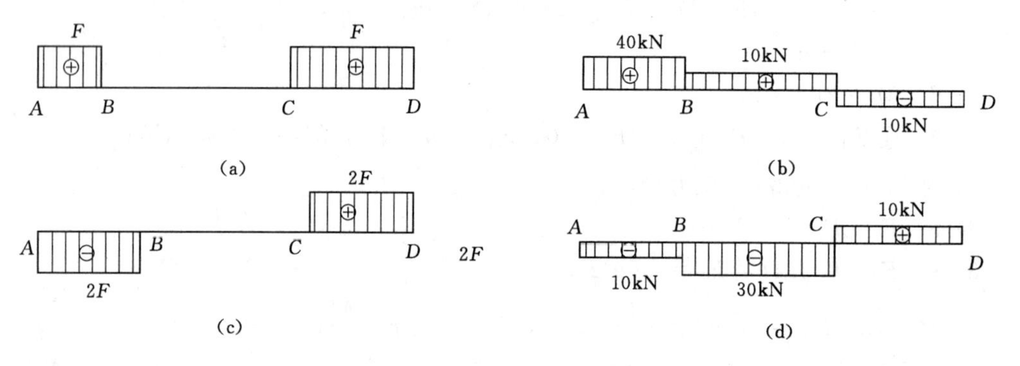

习题5-1 轴力图

5-2 (a) $F_{Q1}=0$，$M_1=-2\text{kN}\cdot\text{m}$（上侧受拉）；

$F_{Q2}=-5\text{kN}$，$M_2=-12\text{kN}\cdot\text{m}$（上侧受拉）。

(b) $F_{Q1}=-qa$，$M_1=-\dfrac{1}{2}qa^2$（上侧受拉）；

$F_{Q2}=-qa$，$M_2=-\dfrac{3}{2}qa^2$（上侧受拉）。

(c) $F_{Q1}=-F$，$M_1=-Fa$（上侧受拉）；$F_{Q2}=-F$，$M_2=2Fa$（下侧受拉）；

$F_{Q3}=-F$，$M_3=Fa$（下侧受拉）。

(d) $F_{Q1}=-1\text{kN}$，$M_1=3\text{kN}\cdot\text{m}$（下侧受拉）；

$F_{Q2}=-1\text{kN}$，$M_2=1.5\text{kN}\cdot\text{m}$（下侧受拉）；

$F_{Q3}=-1\text{kN}$，$M_3=0\text{kN}\cdot\text{m}$。

5-3 (a) $F_{QA}^R=-\dfrac{Fa}{l}$，$M_B=-Fa$（上侧受拉）。

(b) $F_{QA}^R=-\dfrac{qa^2}{2l}$，$M_B=-\dfrac{1}{2}qa^2$（上侧受拉）。

(c) $F_{QA}^{R}=2ql$，$M_A=-\frac{3}{2}ql^2$（上侧受拉）。

(d) $F_{QA}^{R}=\frac{3}{2}qa$，$M_C^L=3qa^2$（下侧受拉），$M_C^R=-qa^2$（上侧受拉）。

5-4 (a) $F_{QA}^{R}=5\text{kN}$，$M_B=-20\text{kN}\cdot\text{m}$（上侧受拉）。

(b) $F_{QA}^{R}=\frac{1}{2}ql$，$M_A=M_B=-0.125ql^2$（上侧受拉）。

(c) $F_{QA}^{R}=-10\text{kN}$，$M_D^L=-40\text{kN}\cdot\text{m}$（上侧受拉），$M_D^R=0\text{kN}\cdot\text{m}$。

(d) $F_{QA}^{R}=22\text{kN}$，$M_D=12\text{kN}\cdot\text{m}$（下侧受拉），$M_E=16\text{kN}\cdot\text{m}$（下侧受拉）。

5-5 (a) ABC 为基本部分，CD 为附属部分；$F_{Ay}=20\text{kN}$（↑），$F_{By}=140\text{kN}$（↑），$F_{Dy}=40\text{kN}$（↑）；$M_B=-120\text{kN}\cdot\text{m}$（上侧受拉），$F_{QB}^{L}=-60\text{kN}$，$F_{QB}^{R}=80\text{kN}$。

(b) $ABCDE$ 和 GH 为基本部分，EFG 为附属部分；$F_{By}=65\text{kN}$（↑），$F_{Dy}=15\text{kN}$（↓），$F_{Hy}=30\text{kN}$（↑）；$M_H=60\text{kN}\cdot\text{m}$（↺）；$M_C=10\text{kN}\cdot\text{m}$（下侧受拉），$M_D=20\text{kN}\cdot\text{m}$（下侧受拉），$F_{QB}^{R}=45\text{kN}$。

(c) $ABCDE$ 和 GH 为基本部分，EFG 为附属部分；$F_{By}=77.5\text{kN}$（↑），$F_{Dy}=-2.5\text{kN}$（↓），$F_{Hy}=5\text{kN}$（↑）；$M_H=15\text{kN}\cdot\text{m}$（↺）；$M_C=22.5\text{kN}\cdot\text{m}$（下侧受拉），$F_{QC}=-2.5\text{kN}$。

(d) AB 为基本部分，BCD 及 DE 为附属部分；$F_{Ay}=77.5\text{kN}$（↑），$F_{Cy}=2.5\text{kN}$（↑），$F_{Ey}=30\text{kN}$（↑）；$M_A=230\text{kN}\cdot\text{m}$（↺）；$M_C^L=70\text{kN}\cdot\text{m}$（下侧受拉），$F_{QC}^{L}=-2.5\text{kN}$。

5-6 (a) $M_{AB}=Fa$（左侧受拉），$F_{QAB}=0$，$F_{NAB}=-F$。

(b) $M_{BA}=\frac{1}{2}qa^2$（左侧受拉），$F_{QBA}=0$，$F_{NBA}=-2qa$。

(c) $M_{CA}=160\text{kN}\cdot\text{m}$（右侧受拉），$F_{QCA}=0$，$F_{NCA}=30\text{kN}$。

(d) $M_{CA}=24\text{kN}\cdot\text{m}$（右侧受拉），$F_{QCA}=0$，$F_{NCA}=3\text{kN}$。

(e) $M_{DA}=\frac{1}{4}ql^2$（右侧受拉），$F_{QDA}=-\frac{1}{4}ql$，$F_{NDA}=\frac{1}{4}ql$。

(f) $M_{DA}=0.5Fa$（右侧受拉），$M_{EC}=0$；$F_{QDA}=0.5F$，$F_{NDA}=-F$。

(g) $M_K=470\text{kN}\cdot\text{m}$（下侧受拉），$M_F=640\text{kN}\cdot\text{m}$（右侧受拉），$M_{EF}=320\text{kN}\cdot\text{m}$（上侧受拉）；$F_{QK}^{L}=-\frac{170}{6}\text{kN}$，$F_{QFB}=80\text{kN}$，$F_{QEF}=40\text{kN}$；$F_{NIJ}=0$，$F_{NFB}=\frac{410}{6}\text{kN}$，$F_{NEF}=-80\text{kN}$。

5-7 $F_{Ay}=100\text{kN}$（↑），$F_{By}=100\text{kN}$（↑），$F_H=125\text{kN}$；$M_D=125\text{kN}\cdot\text{m}$，$F_{QD}^{L}=46.5\text{kN}$，$F_{QD}^{R}=-46.4\text{kN}$，$F_{ND}^{L}=153.2\text{kN}$，$F_{ND}^{R}=116.1\text{kN}$；$M_E=0$，$F_{QE}=-0.05\text{kN}$，$F_{NE}=134.6\text{kN}$。

5-8 $y=\frac{x}{27}\left(21-\frac{2x}{a}\right)$。

5-9 (a) $F_{N1}=\frac{1}{9}F$；(b) $F_{N1}=8\sqrt{2}=11.31\text{kN}$，$F_{N2}=\frac{38}{3}\sqrt{5}=28.3\text{kN}$。

5-10 (a) $F_{N27}=-5\sqrt{2}$kN，$F_{N47}=15\sqrt{2}$kN。

(b) $F_{N29}=35\sqrt{5}$kN，$F_{N48}=15\sqrt{5}$kN。

5-11 (a) 7根；(b) 11根；(c) 20根；(d) 9根。

5-12 (a) $F_{NBD}=-10\sqrt{5}$kN，$F_{NCD}=\frac{160}{11}$kN，$M_B=\frac{480}{11}$kN·m。

(b) $F_{NBA}=108.2$kN，$F_{NBD}=67.08$kN，CD梁与DG梁的跨中弯矩均为45kN·m。

第6章 轴向拉伸与压缩

6-1 (a) $F_{N1}=50$kN，$F_{N2}=10$kN，$F_{N3}=-20$kN。

(b) $F_{N1}=F$，$F_{N2}=0$，$F_{N3}=F$。

(c) $F_{N1}=0$，$F_{N2}=4F$，$F_{N3}=3F$。

(d) $F_{N1}=F$，$F_{N2}=-2F$。

6-2 $\sigma_{max}=-95.5$MPa。

6-3 $\sigma_{AB}=25$MPa；$\sigma_{BC}=-41.7$MPa；$\sigma_{AC}=33.3$MPa；$\sigma_{CD}=-25$MPa。

6-4 $\sigma_{max}=-10$MPa。

6-5 $\sigma_{30^\circ}=30$MPa，$\tau_{30^\circ}=17.3$MPa。

6-6 $\Delta l_{AC}=0.8$mm。

6-7 $\Delta l_{AB}=-0.5$mm，$\Delta l_{BC}=0.125$mm，$\Delta l_{CD}=0.75$mm；$\varepsilon_{AB}=-0.5‰$，$\varepsilon_{BC}=0.125‰$，$\varepsilon_{CD}=0.375‰$；$\Delta l_{AD}=0.375$mm。

6-8 绳索中的应力$\sigma=5.63\text{MPa}<[\sigma]=10$MPa。

6-9 AB杆2∠100×10，AD杆2∠80×6。

6-10 $F_{max}=33.3$kN。

6-11 $F_{max}<67.4$kN。

第7章 剪切与扭转

7-1 $\tau=132$MPa，$\sigma_{bs}=176$MPa。

7-2 $\tau=70.7$MPa，$d\geqslant32.6$mm。

7-3 $d\geqslant50$mm。

7-4 $\tau=106$MPa，$\sigma_{bs}=141$MPa。

7-5 $d\geqslant15$mm。

7-6 扭矩图为

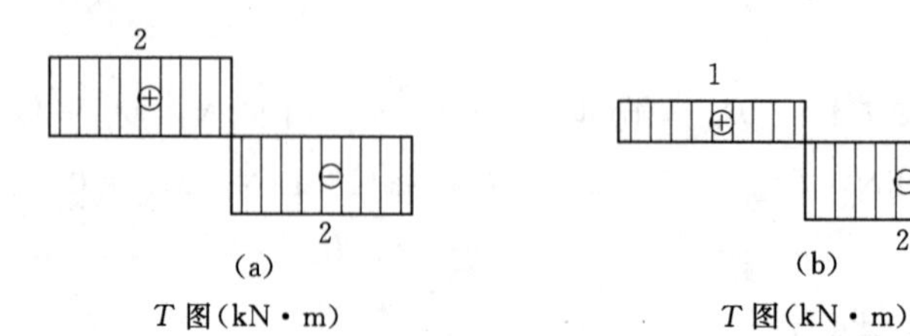

习题7-6答案

7-7 127MPa，255MPa，509MPa。

7-8 $\tau_{max}=193MPa$。

7-9 45mm，46mm，23mm。

7-10 约50%。

7-11 $\tau_{max}=269MPa$。

7-12 $\tau_{max}=49.4MPa$，$\theta_{max}=1.77°/m$。

7-13 $M_C=620N\cdot m$，$M_D=380N\cdot m$，65.2mm。

第8章 梁的弯曲

8-1 $\tau_{max}=0.521MPa<[\tau]=1MPa$，安全。

8-2 $\dfrac{[M_1]}{[M_2]}=2$，$\dfrac{EI_{z,1}}{EI_{z,2}}=4$。

8-3 $\sigma_{max}=7.049MPa<[\sigma]$，$\tau_{max}=0.477MPa<[\tau]$，安全。

8-4 $\theta_B=\dfrac{Fl^2}{16EI}+\dfrac{M_el}{3EI}$，$y_C=-\dfrac{Fl^3}{48EI}-\dfrac{M_el^2}{16EI}$。

8-5 $\dfrac{y_{max}}{l}=\dfrac{1}{600}<\left[\dfrac{y}{l}\right]=\dfrac{1}{400}$，满足刚度要求。

8-6 NO22b。

8-7 $[F]=3.94kN$。

第9章 结构的位移计算

9-1 $\Delta_{By}=\dfrac{ql^4}{8EI}$（↓），$\theta_B=\dfrac{ql^3}{6EI}$（↶）。

9-2 $\theta_B=\dfrac{ql^3}{24EI}$（↶），$\Delta_{Cy}=\dfrac{ql^4}{24EI}$（↓）。

9-3 $\Delta_{Cx}=\dfrac{Fl^3}{2EI}$（→），$\Delta_{Cy}=\dfrac{4Fl^3}{3EI}$（↓），$\theta_C=\dfrac{3Fl^2}{2EI}$（↶）。

9-4 $\Delta_{Cy}=1.58cm$（↓），$\Delta_{Ey}=2.06cm$（↓）。

9-5 $\Delta_{Cy}=\dfrac{1985}{6EI}$（↓）。

9-6 $\varphi_{C-C}=-\dfrac{638}{EI}$（↷↶）。

9-7 $\Delta_{By}=0.768cm$（↓），$\theta_{DBE}=0.001rad$（↷↶）。

9-8 $\Delta_{CD}=\dfrac{11qa^4}{15EI}$（←→）。

9-9 $\Delta_{Cy}=35\alpha l$（↑）。

9-10 $\theta_{C-C}=-0.03rad$（↷↶）

第10章 超静定结构的内力计算

10-1 $M_{AB}=31kN\cdot m$（上侧受拉）；$M_{BC}=15kN\cdot m$（右侧受拉）。

10-2 $X_1=2.219kN$（压力）（水平链杆轴力）。

10-3 $\delta_{11}=\dfrac{7l^3}{6EI}$，$\Delta_{1P}=-\dfrac{ql^4}{24EI}$，$X_1=\dfrac{ql}{28}$（←）（右侧支座水平反力）。

10-4 如下图所示。

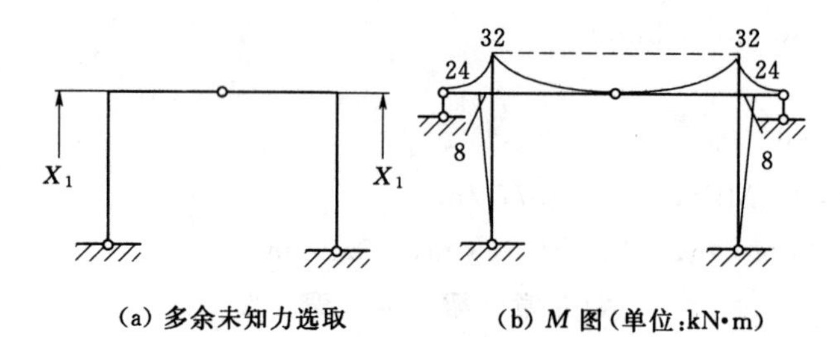

(a) 多余未知力选取 (b) M 图(单位:kN·m)

习题 10-4 答案

10-5 $M_{CA}=85.71\text{kN}\cdot\text{m}$（右侧受拉）。

10-6 四角处弯矩值：$M=\dfrac{ql^2}{20}$（外侧受拉）。

10-7 如下图所示。

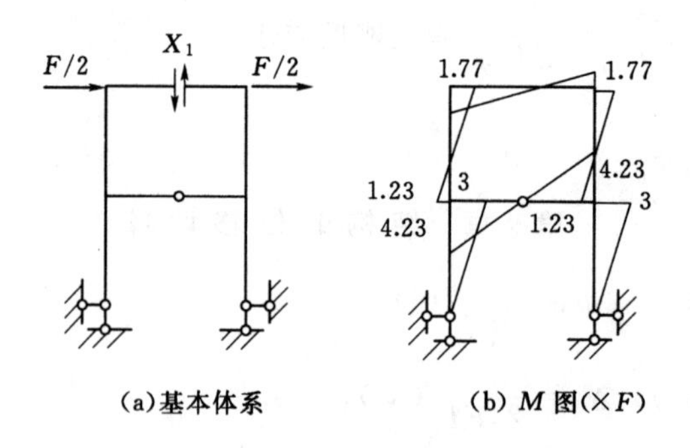

(a)基本体系 (b) M 图($\times F$)

习题 10-7 答案

10-8 如下图所示。

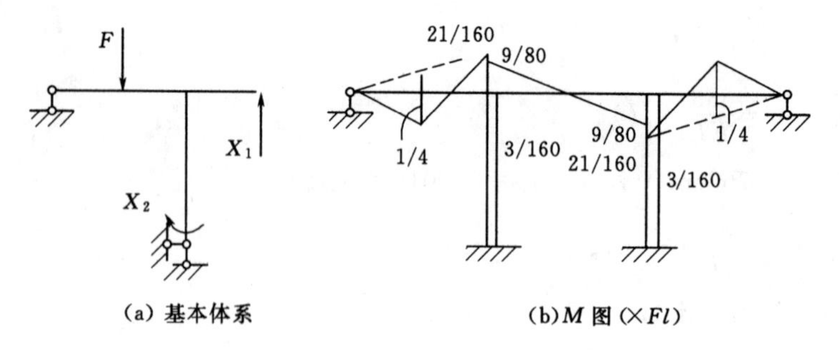

(a) 基本体系 (b)M 图 ($\times Fl$)

习题 10-8 答案

10-9 $X_1=F_{NAC}=0.561F$。

10-10 $F_{N1}=\dfrac{\sqrt{2}F}{2}$，$F_{N2}=\dfrac{-F}{2}$，$F_{N3}=0$，$F_{N4}=\dfrac{F}{2}$。

10-11 $F_{NDB}=0.086F$（拉力）。

10－12～10－15题的 M 图如下图所示。

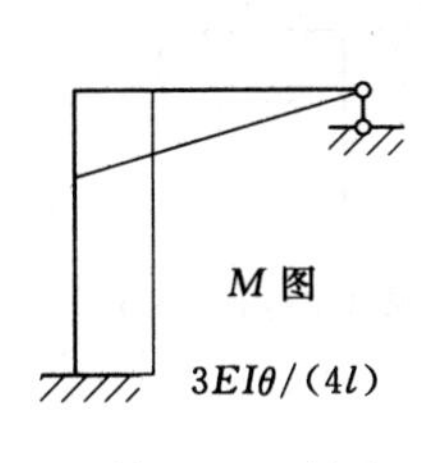

习题 10－12 答案

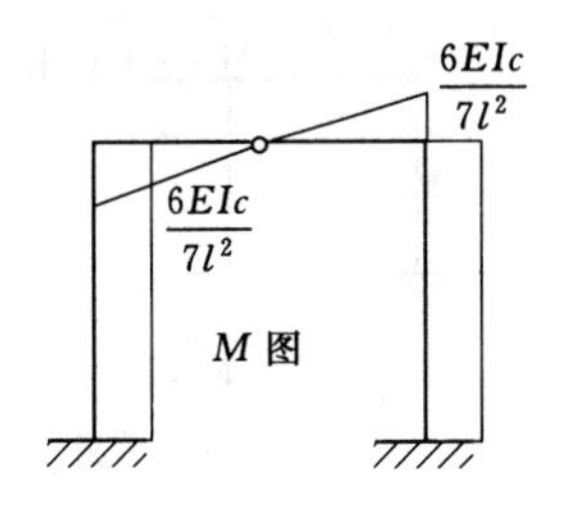

习题 10－13 答案

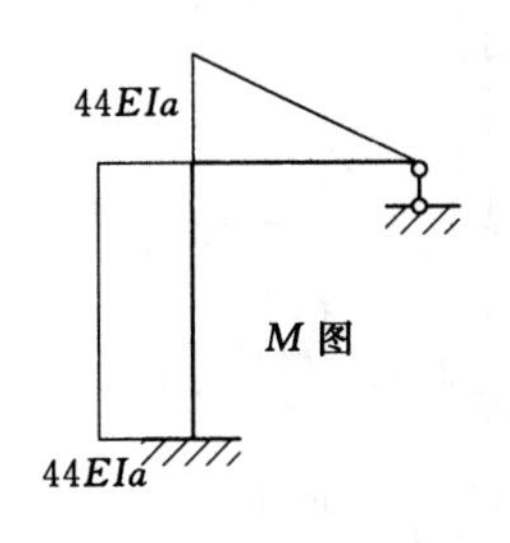

习题 10－14 答案

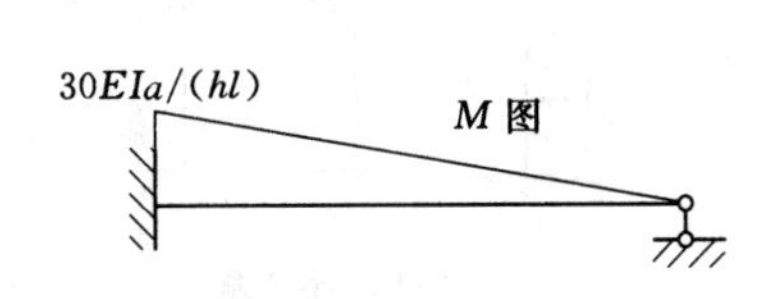

习题 10－15 答案

10－16　弯矩图如下图所示。

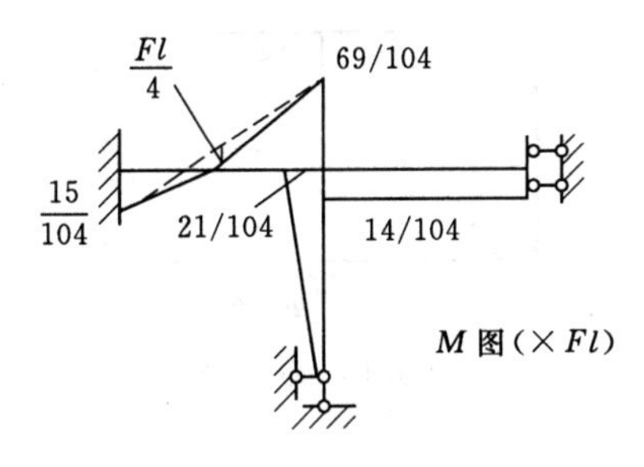

习题 10－16 答案

10－17　如下图所示。

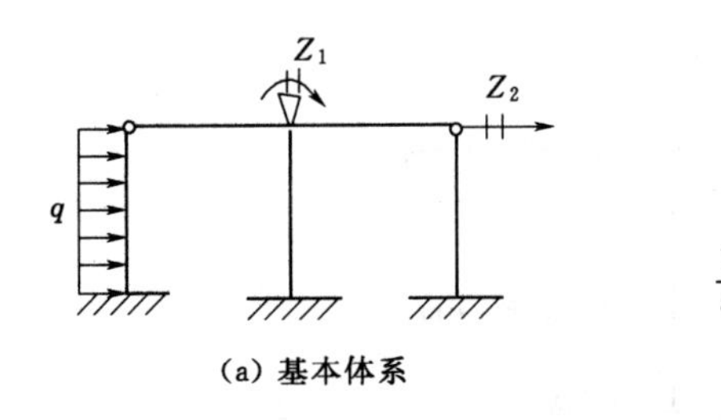

习题 10－17 答案

10－18　如下图所示。

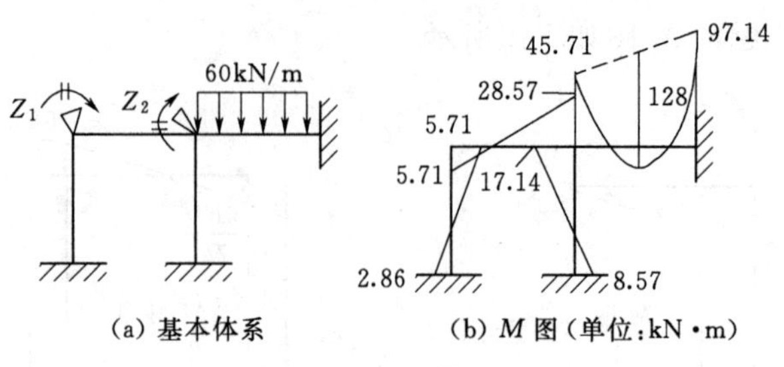

(a) 基本体系 (b) M 图（单位：kN·m）

习题 10－18 答案

10－19 如下图所示。

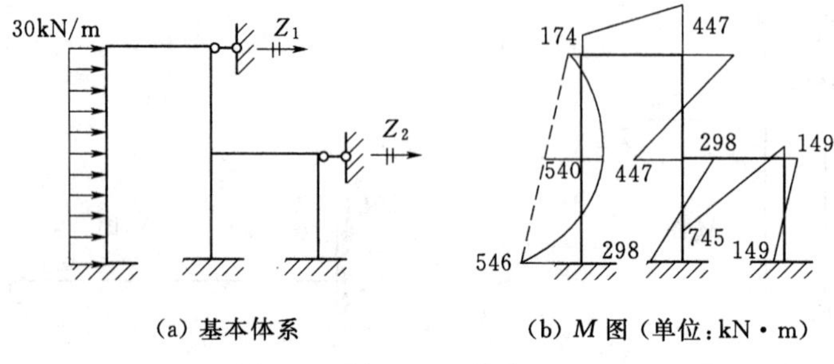

(a) 基本体系 (b) M 图（单位：kN·m）

习题 10－19 答案

10－20 如下图所示。

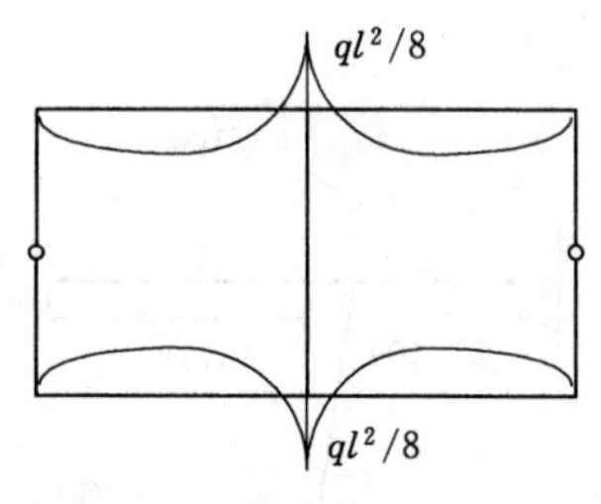

习题 10－20 答案

10－21 $F_{By}=8$kN（↑）。

10－22 $M_{AB}=11.63$kN·m（下侧受拉）；$M_{BC}=23.25$kN·m（上侧受拉）；$M_{CD}=13.97$kN·m（上侧受拉）。

10－23 如下图所示。

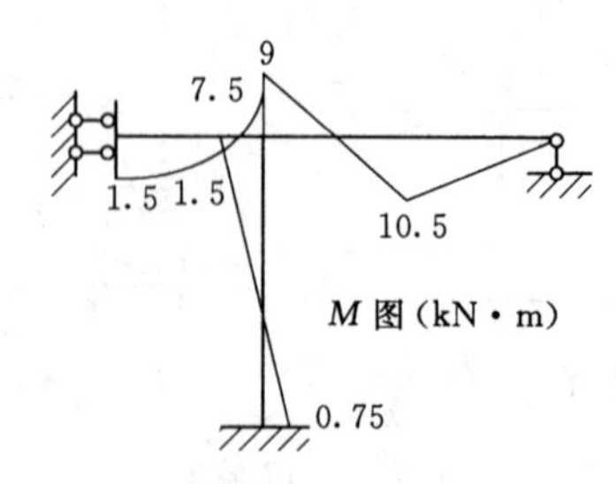

习题 10－23 答案

10－24 $M_{AB}=4.5$kN·m（上侧受拉），$M_{AD}=1.5$kN·m（上侧受拉）。

第11章　影响线及其应用

11－1　(a) $F_{Ay}=1$，$M_A=-x$，

$$M_C=\begin{cases}0 & (0\leqslant x\leqslant 2)\\-(x-2) & (2\leqslant x\leqslant 4)\end{cases}$$

$$F_{QC}=\begin{cases}0 & (0\leqslant x\leqslant 2)\\1 & (2\leqslant x\leqslant 4)\end{cases}$$

(b) $F_{Ay}=1$（A点的值），$M_C=1.333$（C点的值），$M_B=-2$（D点的值），$F_{QB}^L=-1$，$F_{QB}^R=1$。

(c) $M_C=-d$（D点的值），$F_{QC}=1$。

(d) $F_{Ay}=1$（A点的值），$F_{QB}=1$（B点的值），$M_E=\frac{ab}{l}$（E点的值），$F_{QE}=-\frac{a}{l}$（E点的值），$F_{Cy}=\frac{l+c}{l}$（B点的值），$F_{Dy}=-\frac{c}{l}$（B点的值），$M_F=-\frac{ce}{l}$（B点的值），$F_{QF}=\frac{c}{l}$（B点的值）。

11－2　$M_C=80\text{kN}\cdot\text{m}$，$F_{QC}=70\text{kN}\cdot\text{m}$。

11－3　$M_{C\max}=1476.84\text{kN}\cdot\text{m}$，$F_{QC\max}=510.17\text{kN}$，$F_{QC\min}=-81.1\text{kN}$。

11－4　(a) $M_{\max}=1248\text{kN}\cdot\text{m}$；(b) $M_{\max}=426.7\text{kN}\cdot\text{m}$。

11－6　$M_{C\max}=-22.94\text{kN}\cdot\text{m}$，$M_{C\min}=-106.48\text{kN}\cdot\text{m}$，$F_{QC\max}=98.23\text{kN}$，$F_{QC\min}=26.46\text{kN}$。

第12章　压　杆　稳　定

12－1　$F_{cr1}=4823\text{kN}$，$F_{cr2}=4082\text{kN}$，$F_{cr3}=2612\text{kN}$。

12－2　$\sigma=188.4\text{MPa}$。

12－3　$F=336.8\text{kN}$。

12－4　$F_{cr}=1119\text{kN}$。

12－5　$F_{cr}=44.3\text{kN}$，选用10号工字钢。

12－6　$\angle 10036$。

12－7　$[F]=15.5\text{kN}$。

12－8　CD杆，$\frac{F}{\varphi A}=155.7\text{MPa}<[\sigma]$。

附录Ⅰ　截面的几何性质

Ⅰ－1　(a) (0.3,0.357)，0.1m^3；(b) (0.093,0.193)，0.0135m^3。

Ⅰ－2　(1) $y_C=0.275\text{m}$；(2) $0.02\ \text{m}^3$；(3) 相等。

Ⅰ－3　$\frac{bh^3}{36}$，$\frac{bh^3}{12}$。

Ⅰ－4　(a) 18818.56cm^4；(b) 428.15cm^4。

Ⅰ－5　$I_z=\frac{bh^3}{12}-\frac{b_1 h_1{}^3}{12}$。

Ⅰ－6　(1) $I_z=I_y=I_{z_1}=I_{y_1}=\frac{a^4}{12}$。

(2) 如果一个平面图形对两个直角坐标轴的惯性矩相等，并且此两轴为主轴，则转轴后的坐标轴也应该是主轴，并且惯性矩不变。

参 考 文 献

［1］ 郭玉明，申向东．结构力学［M］．北京：中国农业出版社，2004.
［2］ 申向东．结构力学［M］．北京：中国水利水电出版社，2013.
［3］ 申向东．材料力学［M］．北京：中国水利水电出版社，2012.
［4］ 沈养中．建筑力学［M］．北京：中国建筑工业出版社，2010.
［5］ 李前程，安学敏．建筑力学［M］．2版．北京：高等教育出版社，2013.
［6］ 张维祥．建筑力学［M］．北京：清华大学出版社，2013.
［7］ 邹建奇，姜浩，段文峰．建筑力学［M］．北京：北京大学出版社，2010.
［8］ 韩志型，李丹．建筑力学［M］．成都：西南交通大学出版社，2014.
［9］ 刘安中．建筑力学［M］．合肥：合肥工业大学出版社，2006.
［10］ 同济大学航空航天与力学学院．建筑力学［M］．上海：同济大学出版社，2005.
［11］ 肖明葵，张来仪，黄超．建筑力学［M］．北京：中国建材工业出版社，2012.